Tunnelbaugeologie

Die geologischen Grundlagen des Stollen- und Tunnelbaues

Von

Ing. Dr. phil. Josef Stini

vormals Professor a. d. Universität in Graz.

Mit 192 Textabbildungen

Wien

Springer-Verlag

1950

ISBN 978-3-7091-7764-8   ISBN 978-3-7091-7763-1 (eBook)
DOI 10.1007/978-3-7091-7763-1

Der Technischen Hochschule Graz

der dankbare einstige Hörer

Vorwort.

Die hohe Bedeutung des Tunnelbaues geht schon daraus hervor, daß nach J. S i e d e n t o p 1631 Tunnel mit 727.3 km Länge allein die Alpen durchbohren (Stand 1930 etwa). Dazu gesellen sich die an Zahl immer noch von Jahr zu Jahr zunehmenden Stollen für Wasserkraftnutzung, Be- und Entwässerung, für Wasserleitungen usw. Die Ausführung aller dieser und verwandter Anlagen unter der Erdoberfläche setzt eine genaue Kenntnis des Untergrundes voraus, welcher die Bauwerke aufzunehmen hat. Die Tunnelbaugeologie ist daher eine wichtige Hilfswissenschaft der rein technischen Tunnelbaukunst. Dem Stollenbauer Einblick in dieses für ihn so unentbehrliche Grenzgebiet zwischen Geologie und Bauwesen zu geben, ist eines der Ziele dieses Buches; es verfolgt daneben den zweiten Hauptzweck, dem Geologen, welcher sich mit der Beratung von Stollenbauten beschäftigen will, zu zeigen, was der Ingenieur von ihm verlangt; nur gegenseitiges Verstehen führt zu brauchbaren und vollnützlichen geologisch-technischen Gutachten.

Ich habe das Büchlein gerne niedergeschrieben. Hat mich doch fast jeder Absatz an Begehungen erinnert, welche ich mit meinen Freunden aus Ingenieurkreisen ausgeführt habe. Viele davon waren einstens meine Schüler; kommt ihnen das Buch in die Hand, so werden sie sich öfters der Worte erinnern, welche ich einmal zu ihnen als Lehrer sprach. Zahlreiche andere Ingenieure sind mir durch gemeinsame berufliche Tätigkeit liebe Freunde geworden, von denen ich technisch viel gelernt habe. Trotz einiger eigener bergbaulicher und bautechnischer Tätigkeit habe ich aus dem Umgange mit Bauingenieuren in den verschiedensten Stellungen stets den größten, fachlichen Nutzen gezogen; ich lernte die Denkweise des Bauingenieurs verstehen und erfuhr, was er vom Geologen erwartet.

Trotzdem bin ich überzeugt, daß meine Zusammenstellung der Wechselbeziehungen zwischen Geologie und Tunnelbau voll von Schwächen und Unzulänglichkeiten ist. Es fehlt mir vor allem der Einblick in das neuere, ausländische Schrifttum. Besonders unbefriedigend sind ferners noch immer unsere Möglichkeiten, den Gebirgsdruck anzuschätzen. Hier konnte ich nicht mehr geben, als das Schrifttum bisher geboten hat. Wenn ich trotzdem mich nicht gescheut habe, meine Niederschrift Ende 1945 in die Hände des bekannten Verlages S p r i n g e r zu legen, so leitete mich dabei der Gedanke, daß auch die Darstellung des gegenwärtigen Standes unserer tunnelgeologischen Kenntnisse für den Leser Wert haben kann; eine solche Zusammenfassung fehlt bis jetzt. Vielleicht kann dies Buch die Lücke solange ausfüllen, bis die Zusammenarbeit von Ingenieuren und Geologen die Frage des wirksamen Bergdruckes in einer den Baubedürfnissen entsprechenden Weise geklärt hat; dies ist auch heuer noch nicht der Fall, wo es endlich gelungen ist, das Buch auf den Markt zu bringen.

Um den Umfang des Buches nicht zu sehr auszudehnen, habe ich die weiten Hohlräume, wie Hallen u. dgl. nur ganz kurz behandelt; ihre ausführlichere Darstellung hat bereits eine Fachzeitschrift gebracht (S t i n i Josef, Baugeologische Randbemerkungen zu den Hohlraumbauten der letzten Jahre in Österreich. Geologie und Bauwesen. Jhg. 16, H. 1). Außerdem mußte ich mir die Beschränkung auferlegen, auf eine Beschreibung der bisher ausgeführten, bemerkenswerten Tunnelanlagen einschließlich der Wasserstollen und auf eine Übersicht der Bauerfahrungen in den einzelnen durchörterten Bergarten zu verzichten und sie, wenn möglich, in einem gesonderten Büchlein herauszugeben. Dieses wäre als Nachschlagewerk für alle Ingenieure und Geologen gedacht, welche sich mit Tunnelbau beschäftigen und aus den bereits gewonnenen Bauerfahrungen Nutzen ziehen wollen.

So sende ich das Büchlein in die Welt hinaus mit der Bitte an alle Leser, mich auf Druckfehler und Versehen aufmerksam zu machen und mir ihre eigenen Anschauungen und Erfahrungen mitzuteilen.

Dem Verlage danke ich für vielfach bewiesenes Entgegenkommen und für die gute Ausstattung des Buches. Meinem Berufskameraden Prof. v. R a b c e w i c z bin ich zu Dank verpflichtet für manche fachliche Unterhaltung, welche mich seine auf reiche Erfahrungen gegründeten Anschauungen kennen lehrte; ihren Einflusse konnte ich mich nicht entziehen, nach meiner Überzeugung zum Vorteile der Sache. Prof. v. R a b c e w i c z wird demnächst im gleichen Verlage ein Lehrbuch des Tunnelbaues herausgeben; die vorliegende Tunnelbaugeologie ist eine Art Vorläufer des zu erwartenden, größeren technischen Tunnelwerkes.

W i e n, anfangs 1950.

Josef S t i n i.

Inhaltsverzeichnis.

Inhaltsverzeichnis. IX

Inhaltsverzeichnis.   XI

A. Die geologischen Vorarbeiten und ihre Nützlichkeit.

Begriffe. Baugeologisches Gutachten.

Die Notwendigkeit, die geologischen Verhältnisse des zu durchörternden Gebirges schon im Zuge der Planung zu klären, hat in letzter Zeit besonders L. v. R a b c e w i c z (10) betont. Im allgemeinen hat man umsomehr Vorarbeiten zu leisten, je länger der Tunnel ausfällt, je tiefer er unter die Geländeoberfläche taucht und je verwickelter das zu durchfahrende Gebirge gebaut ist. Die Frucht der Vorarbeiten pflückt das baugeologische Gutachten; dieses nimmt im Gegensatze zur rein geologischen Voraussage bis in alle Einzelheiten Bezug auf die bautechnischen Auswirkungen der geologischen Verhältnisse; es versetzt den Tunnelbauer in die Lage, seine Trassenwahl zu überprüfen, die Kostenvoranschläge zu entwerfen, die Bauzeit zu beurteilen, die geeignete Bauweise zu wählen und alle Baueinrichtungen und Anordnungen so zu treffen, daß sie die Durchführung der Arbeit auf die rascheste, sicherste und billigste Weise gewährleisten.

Unter den Begriff der unterirdischen Hohlraumbauten fallen nicht bloß Stollen aller Art und Tunnel für Verkehrswege, sowie für Bäche (Bachtunnel), sondern auch die Hallen für untertägige Betriebe, unterirdische Krafthäuser, Umformerkammern, Kraftwagenschuppen (Garagen), Kammern (Kavernen) für Geschütze, Munition, Truppen u. dgl.

Die Bergwerkstollen fallen wohl eindeutig in den Wirkungskreis des Bergingenieurs; an ihn wendet sich dies Büchlein nicht. Dem Tiefbauingenieur obliegt die Ausführung von Stollen für Trinkwasser- und Abwasser-Leitungen, für Triebwasserführungen, für Bewässerungsanlagen, Zwecke des Luftschutzes, der Aufstappelung von Waren (große Weinkellereien) u. dgl.; eine besondere technische Behandlung erheischen dabei die Druckstollen der Wasserkraftanlagen. Ungewöhnliche Vorgangsweisen verlangt auch die Herstellung von Hohlräumen für Kriegszwecke während eines Krieges; man will tunlichst rasch und ohne größeren Aufwand an Baustoffen den Bau vollenden und sucht daher Bergarten auf, welche sich leicht lösen lassen und doch eine möglichst große Standfestigkeit gewährleisten, wie z. B. Gips, Anhydrit, manche Kalksteine, Sandsteine usw.

Auch die Tunnelanlagen widmet man verschiedenen Verwendungen, von denen wiederum ihre Bauausführung, ihre Ausstattung usw. abhängt. Manche von ihnen liegen im Zuge von Wasserstraßen, die meisten aber dienen dem Straßenverkehre oder dem Eisenbahnbetriebe, einige wenige der Ableitung von Flüssen (Silltunnel, Eisacktunnel, Bachtunnel der Linie Pilsen—Deggendorf).

Die Ausdrücke „Stollen" und „Tunnel" werden verschieden gebraucht. L. v. Rabzewicz nennt Stollen alle langgestreckten Hohlräume, deren Querschnitt so klein ist, daß er vorteilhafterweise in einem Arbeitsvorgange ausgebrochen werden kann. Langhohlräume mit einem größeren Lichtraume heißen nach ihm „Tunnel"; die derzeit in Europa gebräuchlichen Hilfsmittel legen die Grenze zwischen Stollen und Tunnel bei etwa 15 m² Querschnittsfläche. Der Schnitt ist unvermeidlicherweise willkürlich und unscharf.

Randzio legt die Grenze zwischen „Stollen" und „Tunnel" bei 16 m² Querschnitt, hebt jedoch ganz besonders die Unfertigkeit der „Stollen" gegenüber dem fertigen „Tunnel" hervor. Im weiteren Verlaufe seiner Erörterungen erklärt er sich aber damit einverstanden, daß man auch fertige Bauwerke „Stollen" und nicht „kleinquerschnittige Tunnel" nennt. Er paßt sich dabei dem Sprachgebrauche der Wasserbauer an, welche auch großräumige Röhrengänge Stollen nennen (Druckstollen, Freispiegelstollen). Auch Schoen, Mackensen, Wegele u. a. gehen bei der Wahl der Bezeichnung Stollen oder Tunnel von der Größe des Querschnittes aus.

Wie wäre es, wenn man nach dem eingebürgerten Sprachgebrauche den Ausdruck „Tunnel" beschränken würde auf unterirdische Gänge für Verkehrszwecke (Eisenbahnen, Straßen, Schifffahrt)? „Stollen" heißen dann alle übrigen Langhohlräume ohne Rücksicht auf ihre Querschnittsgröße einschließlich der einschlägigen Hilfsbauten für Verkehrstunnel (Richtstollen usw.).

Ein Ingenieur, welcher sich bei der Planung eines Hohlraumes um die geologischen Verhältnisse des zu durchörternden Gebirges nicht weiter kümmert, würde schlimmer handeln als ein Baumeister, welcher vor der Errichtung eines bedeutsamen, gewichtigen Bauwerkes den Baugrund nicht untersucht. Er würde hinsichtlich der anzuwendenden Geräte und Maschinen, der Stärke des vorübergehenden und endgiltigen Einbaues, bezüglich der günstigsten Querschnittform des Hohlraumes, rücksichtlich der Bauzeit sowie der Baukosten und schließlich im Belange vieler anderer einschlägiger Fragen vollständig im Dunklen tappen; er würde es dem reinen

Zufalle überlassen, ob seine Voraussetzungen für den Bau zutreffen oder nicht. Eine solche Vorgangsweise wäre imstande, schwere, wirtschaftliche Verluste herbeizuführen, ja unter Umständen das ganze Unternehmen, kaum begonnen, zum Scheitern zu bringen. Geologische Vorarbeiten sind daher schon bei der ersten, grundsätzlichen Planung eines untertägigen Bauwerkes unerläßlich; es folgen ihnen dann ausführliche, geologische Erkundungen für die Zwecke der Einzelplanung und schließlich die geologische Überwachung während des Baues selbst; landformenkundliche Erwägungen sind aus diesen geologischen Erhebungen nicht wegzudenken; sie fallen ohnedies in den Fachbereich des Baugeologen. Die geologischen Vorarbeiten für Hohlraumbauten spielen sich nur zum kleineren Teile im Arbeitszimmer, dagegen im überwiegenden Ausmaße im Felde ab.

a) Die geologischen Vorarbeiten im Arbeitsraume (im Amte).

Der umsichtige Ingenieur zieht bereits zur Zeit, da er den ersten Plan zur Herstellung eines untertägigen Hohlraumes faßt, einen Geologen bei; dieser schließt entweder auf Grund früher erworbener Ortskenntnisse oder unter Heranziehung geologischer Karten und Schriften alle jene Örtlichkeiten von der Auswahl aus, an welchen ungünstige, geologische Verhältnisse den Bau sehr erschweren oder so gut wie unmöglich machen würden. Geologische Karten kleineren Maßstabes eignen sich für diese erste Beurteilung des Bauvorhabens und für die Auswahl der Örtlichkeit des Bauwerkes nur bedingt; ihr Maßstab gestattet in der Regel nicht, gewisse, oft recht maßgebende Feinheiten des geologischen Baues, der Verbreitung der Gesteine usw. so genau darzustellen, daß keine Zweifel über die geologische Eignung des Baugeländes im weitesten Sinne des Wortes mehr übrig blieben; es können sich z. B. mitten im ungünstigen, geologischen Gelände Inseln oder Streifen besserer Bergarten finden, deren Ausscheidung der kleine Maßstab der Karte nicht ermöglichte. Umgekehrt nisten sich zuweilen in technisch günstige Gesteinmassen kleinere, aber häufige Vorkommen von Schlechtgestein ein. Zudem nehmen die älteren geologischen Kartenwerke auf die t e c h n i s c h e Beschaffenheit der von ihnen dargestellten Schichtglieder nur in den seltensten Fällen Rücksicht und stellen bloß den w i s s e n s c h a f t l i c h e n Niederschlag der Feldaufnahme dar. Immerhin geben auch kleinmaßstabige geologische Karten oft einen willkommenen ersten Überblick über die grundsätzlichen Möglichkeiten des geplanten Baues. In einem späteren, vorgeschrittenen Entwicklungszustande der Planung geht man dann entweder auf Darstellungen großen Maßstabes über und tritt in die Durchsicht geologischer Schnitte des Schrifttumes ein oder begibt sich, wenn solche Behelfe fehlen oder kein genügend klares Bild geben, sofort hinaus in die Natur und überprüft einmal grundsätzlich das Gelände hinsichtlich seiner Ausformung und seines geologischen Aufbaues.

Zu den Vorarbeiten im Arbeitsraume zählen auch verschiedene Untersuchungen, welche sich während der Planung aus den Feldaufnahmen, den Schürfungen usw. ergeben; so die mikroskopische Durchmusterung gezogener Gesteinproben, die bodenmechanische und die technologische Prüfung von Proben der zu durchörternden Gesteine, die Bestimmung solcher Versteinerungen, welche für die Enträtselung des Gebirgsbaues ausschlaggebend sind, die Untersuchung der Quellen und sonstigen Wässer der Berggebiete und eine Reihe anderer, sich aus bestimmten, örtlichen Verhältnissen ergebender Aufgaben. Auf sie kann ich im Rahmen dieser Darstellung nicht weiter eingehen; man lese sie im Bedarffalle in einschlägigen Schriften nach.

Schon die geologischen Vorarbeiten im Arbeitszimmer bestimmen öfters die Verlegung in Aussicht genommener Trassen oder die Wahl anderer Baustellen für das Bauwerk; die Feldaufnahmen bringen dann meist nur kleinere Verschiebungen der Ansteckpunkte oder der Achsenlage in lotrechter oder wagrechter Richtung; aber auch diese geringfügigen Abänderungen des Planes können zuweilen von hoher Bedeutung für seine Ausführung sein.

b) Feldaufnahmen.

Vor dem Beginne der Feldaufnahme sieht man die verfügbaren geologischen Karten und das einschlägige Schrifttum ein. Man greift auch auf die Erfahrungen zurück, welche man selbst oder welche andere bei Hohlgangbauten in der Nachbarschaft der Baustelle oder überhaupt unter geologisch ähnlichen Verhältnissen gesammelt haben.

Geologische Karten größeren Maßstabes und jüngerer Herstellung zieht man im allgemeinen älteren Karten und solchen kleineren Maßstabes vor; doch kennt man auch Ausnahmen, wie sie sich durch die Erfahrung, die Kenntnisse, den Eifer und die Begehungsfreudigkeit des aufnehmenden Geologen ergeben. Bei der Verwendung geologischer Karten, namentlich solcher aus älterer Zeit, denke man stets daran, daß die meisten von ihnen rein wissenschaftlichen Zwekken dienen wollten; erst in letzter Zeit berücksichtigen die Aufnahmsgeologen in der Kartendarstellung auch die Bedürfnisse des Bauwesens, allerdings in verschiedenem Ausmaße; der Grad der technischen Brauchbarkeit dieser neueren Karten hängt u. a. auch sehr von dem Vermögen des betreffenden Geologen ab, sich in die Bedürfnisse des Tunnelbauers oder des Ingenieurs überhaupt einzufühlen.

Auf keinen Fall entheben Schrifttum und Karten den Begutachter von Hohlraumbauten einer besonderen, e i g e n e n Feldaufnahme. Die Unsitte, geologische Gutachten vom grünen Tisch aus zu erstatten, ist bei Tunnelplanungen am allerwenigsten am Platze; auch dann nicht, wenn der Verfasser das betreffende Gelände von früher her kennt. Selbst die beste geologische Karte im Maßstabe von etwa 1 : 25.000 besitzt noch gewisse Unvollkommenheiten oder behandelt gewisse Einzelheiten nur flüchtig oder gar nicht, welche für die geologische Voraussage im Hohlraumbaue von mehr oder minder großer Bedeutung sind.

Die tastenden, ersten Begehungen im Gelände lösen meist nur grundsätzliche Fragen und sind daher bald abgeschlossen. Ist man sich über die Möglichkeit des Baues in einem bestimmten Bereiche des Geländes so sehr im klaren, daß geologisch bedingte Trassenverschiebungen in lotrechter und wagrechter Richtung nur mehr in engen Grenzen sich bewegen können, dann schreite man an die gründliche geologische Vorbereitung des Einzelplanes bezw. der ausführlichen Wahlpläne für das Unternehmen.

Zu dieser sozusagen endgiltigen Vorklärung aller für den Bau wichtigen, erdkundlichen Fragen reicht die bloße Feldaufnahme oft nicht aus; sie genügt nur dann, wenn der geologische Aufbau des Gebietes durchaus einfach und klar ist; dies trifft besonders bei kürzeren und seichtliegenden Hohlräumen öfters zu. Lange Hohlgänge lassen sich erdkundlich in der Regel schwer überblicken, besonders in Gegenden, deren Gebirgsbau verwickelt und mehr oder minder heftig gestört ist; eine tiefe Lage der Tunnelsohle erschwert dann noch zusätzlich den Einblick in die erdkundlichen Verhältnisse des Baugeländes. In diesem Falle sind Bohrungen unerläßlich; sie gehören zur Vorbereitung eines Tunnelbaues genau so unbedingt, als sie aus Baugrunduntersuchungen für große Brücken- und Hochbauten nicht wegzudenken sind. Viele Tunnelbauten der neueren Zeit in Italien, Nordamerika usw. haben von diesem Klärungsmittel sonst schwer zu beantwortender erdkundlicher Fragen schon Gebrauch gemacht (Maastunnel zu Rotterdam: 125 Bohrungen von 30 bis 40 m Tiefe).

Die Anzahl der erforderlichen Bohrlöcher und die Auswahl der Bohrstellen bestimmt der Geologe. Diesem obliegt auch die gesteinkundliche Überwachung der Bohrarbeiten und die Verfassung des abschließenden Bohrberichtes.

Bei allen wichtigen Bauvorhaben untertags empfiehlt es sich sehr, Probestollen in das zu durchörternde Gebirge vorzutreiben; man legt sie gewöhnlich so an, daß sie der Bauherr später als Glieder in sein Bauwerk einbeziehen kann; so wird man z. B. bei Lehnenstollen die Anfangstrecke von Fensterstollen Versuchszwecken dienstbar machen. Wichtig ist, daß man die Versuchsstrecken nicht etwa noch in der Verwitterungsschwarte oder im Talzuschubstreifen des Gebirges einstellt, sondern bis ins gesunde, vom Hauptbauwerke zu durchfahrende Gebirge vortreibt. Will man die Standfestigkeit des Berges in weiten Hohlräumen richtig beurteilen, dann gibt man einem genügend langen Teile der Versuchstrecke bereits die Ausmaße des künftigen Hohlraumes. Messungen des Bergdruckes lohnen sich.

Versuchstollen bieten wertvolle Anhaltspunkte für die Beurteilung der Bohrbarkeit des Gesteins, für die Wahl der Durchmesser, und der Länge der Bohrlöcher, für die Anwendung des wirtschaftlichsten Sprengmittels, für die Ermittlung der Größe und Form der anfallenden Ausbruchstücke, für die Bestimmung der günstigsten Angriffweise an der Arbeitsbrust, der empfehlenswertesten Betriebs- und Bauweise u. a. m.

Probestollen ermöglichen den besten Einblick in die Größe des zu erwartenden, unvermeidlichen Mehrausbruches (Überquerschnitt). Je weiter — bis zu einer gewissen, oberen Grenze — die Klüfte voneinander abstehen, je betonter sie sind, je verwitterter oder je zerrütteter das Gebirge ist, desto schwerer fällt es im allgemeinen, die gewünschte Querschnittform rein herauszuarbeiten. Im Granit des Partensteinstollens ergaben sich Vor- und Rücksprünge der Felskanten von 1 m und mehr. Der feste und wenig zerklüftete Gneis des Druckstollens „Barberine" ließ sich sehr schön formen. Auch Bergschläge können erheblichen Mehrausbruch herbeiführen.

In manchen Fällen leisten auch ergänzende, geophysikalische Untersuchungen gute Dienste. So z. B. dann, wenn man die Mächtigkeit einer dem gewachsenen Fels vorgelagerten Schuttmasse wissen will.

Die Erkundung des Baugrundes darf nicht auf der Sohlhöhe des Stollens Halt machen, sondern muß sich je nach den örtlichen Verhältnissen auch noch auf jene Schichten erstrecken, welche mehrere Meter und tiefer unterhalb der Hohlraumsohle anstehen. Man hat es z. B. in Luftschutzstollen, welche man von einem Schleppschachte aus auffuhr, schon öfters erlebt, daß gespanntes Wasser die dünne undurchlässige Trennungsschichte zwischen dem Grundwasserführer und der Stollensohle durchbrach und mit mehr oder weniger großer Gewalt in den Hohlraum einströmte. Die Erweiterung der geologischen Voruntersuchung auf den Untergrund der Stollensohle ermöglicht ferners zuweilen eine günstigere Festlegung der Höhenlage der Stollensohle und eine richtigere Beurteilung mancher anderer Fragen; sie gibt z. B. Auskunft darüber, inwieweit eine Entwässerung des Stollens nach tieferliegenden, durchlässigen

Schichten hin möglich ist, ob man die Gefahr von Sohlenauftrieben zu fürchten hat usw.

Bei der Untersuchung des Baugeländes ist es wichtig, die Beschaffenheit der zu durchörternden Gesteine nach t e c h n i s c h e n Gesichtspunkten richtig zu kennzeichnen. Die gesteinkundliche Benennung tritt mehr in den Hintergrund. Die Feststellung, ob Granit, Tonalit oder Diorit ansteht, hat vorwiegend wissenschaftliche Bedeutung; wesentlich für den Bau ist nur die Beobachtung, daß z. B. ein völlig frisches, gesundes, weitständig zerklüftetes, standfestes, massig ausgebildetes Hartgestein auszufahren ist.

Unter den technischen Eigenschaften der Bergarten, welchen man bei der geologischen Untersuchung des Stollengeländes besondere Aufmerksamkeit schenken muß, seien hervorgehoben.

1. Die Lagerung des Gesteins: söhlig, sanft geneigt, steil aufgerichtet, gefaltet, überschoben usw.

2. Die Mächtigkeit der Einzelschichten; Einheitlichkeit der Gesteinfolge oder Wechsel der Bergarten (Häufigkeit der Wechsellagerung).

3. Mineralische Zusammensetzung (schädliche Gemengteile).

4. Verband: gleichkörnig, porphyrisch usw.

5. Kornbindung: fest, schwach; mittelbar, unmittelbar.

6. Härte des Gesteins: Bearbeitbarkeit (Bohrbarkeit, Schießbarkeit usw.), Lösbarkeit (Gewinnungsfestigkeit) usw.

7. Ausbildung (Tracht) der Bergart: massig, geschichtet, geschiefert, gebändert usw.

8. Gefüge: lückig, dicht geschlossen, schlackig, schaumig usw.

9. Beanspruchung des Gesteins durch die Gebirgsbildung [Klüftung, erhoben durch sorgfältige Kluftmessungen, Zerrüttungsstreifen, Verwerfungen, Überschiebungen und sonstige Störungen des Gebirgsbaues, Gesteinverderbnis (Verglimmerung, Vertonung, Kaolinisierung usw.)].

10. Die voraussichtliche Scherfestigkeit und Zugfestigkeit des Gebirges (nicht des Gesteins) in den verschiedenen Strecken des Hohlganges.

11. Die Standfestigkeit des Gebirges; Art und Größe des Gebirgsdruckes, mit welchem man voraussichtlich zu rechnen hat.

12. Das Einheitsgewicht (die Wichte) jeder zu durchfahrenden Bergart.

13. Die voraussichtliche Wetterbeständigkeit der zu durchörternden Felsarten; die Länge der mit Rücksicht auf Frostschäden zu verkleidenden Eingangsstrecken.

Endzweck der geologischen Feldaufnahme und der Schürfungen ist die Klarlegung des Gebirgsbaues, soweit er das Bauvorhaben beeinflußt. Er findet seine Schilderung und baugeologische Auswertung im geologischen Gutachten. Dieses vervollständigt man durch die Erörterung nachstehender Fragen, mit denen man sich schon während der Feldaufnahme entsprechend sorgfältig beschäftigt hat.

14. Die Mächtigkeit der Überlagerung in jedem Punkte des Tunnels, getrennt nach Festgestein und Lockermassen; zu diesen ist auch der Witterschutt zu rechnen.

15. Die Wärmeverhältnisse des Gebirges.

16. Die Wasserverhältnisse des Baugeländes und seiner weiteren Umgebung. Mit der Aufnahme der Quellen und Wasserläufe der Umrahmung des Baugeländes beginne man so frühzeitig als möglich, um späteren Beschwerden wegen Wasserentzug oder Wasserzuleitung Beweisstücke entgegen halten zu können; die Messungen müssen durch mehrere Jahre hindurch fortgesetzt werden. Auf schädliche Wässer mache man den Ingenieur aufmerksam.

17. Die Möglichkeit des Auftretens schädlicher Gase.

18. Die Gefährdung des Bauwerkes durch Erdbeben und künstliche Erschütterungen.

19. Die Ausformung des Geländes.

20. Die Möglichkeit der Unterbringung des Ausbruches (Halde, Kippe).

21. Die Bedrohung des Bauwerkes, besonders der Mundlöcher durch Naturgewalten wie Lahnen, Steinschlag, Bergstürze, Rutschungen, Muren usw.

Hat das erdkundliche Gutachten den Aufbau des Gebirges richtig erfaßt und bietet es die Untersuchungsergebnisse des Geologen dem Ingenieur in einer diesem verständlichen und mundgerechten Art dar, dann kann seine Nützlichkeit überaus groß, ja so hoch sein, daß man die Wichtigkeit der Geologenarbeit jener der Ingenieur-Tätigkeit gleichsetzen darf. Der Nutzen der geologischen Voraussage wird sich umso stärker auswirken können, je inniger die beiden Fachleute miteinander arbeiten und sich gegenseitig zu verstehen suchen. Klare geologische Voraussagen bedürfen natürlich auch eines gewissen Reifezustandes der Planung; der Geologe muß seine Feldbeobachtungen an die Vermessungszeichen im Gelände anknüpfen können; der Landmesser soll daher die Trasse des Hohlganges obertags genau abstecken und dem Geologen kenntlich machen. Der beratende Geologe darf aber nicht bloß vom Ingenieur Verständnis für seine Arbeiten heischen, sondern muß umgekehrt auch mit dem Bauwesen soweit vertraut sein, daß er genau weiß, welchen Einfluß erdkundliche Feststellungen auf das Bauwerk auszuüben vermögen; mit anderen Worten: der Tunnelbauer soll sich nur von Geologen beraten lassen, welche die Bezeichnung „Baugeologen“ in dem Sinne verdienen, wie ich es seit Jahren schon fordere und wie in letzter Zeit es besonders B e n d e l in seiner Ingenieurgeologie in besonders scharfer, aber zutreffender Art klargelegt hat. In allen schwierigen Fällen wird der Baugeologe natürlich einen zweiten Geologen beiziehen, geradeso, wie auch die Ärzte besondere Fälle meistens nicht allein meistern; dann ist der örtlich eingearbeitete Aufnahmsgeologe der gegebene und auch stets willkommene Mitarbeiter des Baugeologen.

Auf den Wert eines erdkundlichen Gutachtens nehmen neben der fachlichen Tüchtigkeit und der technischen Einfühlung des Geologen noch verschiedene, scheinbar mehr nebensächliche Umstände Einfluß. So vor allem die Zeit und die Mittel, welche man für die geologischen Vorarbeiten einschließlich der Schürfungen usw. aufwenden will oder auslegen darf. Je gründlicher man die erdkundlichen Untersuchungen ausführen kann, desto mehr werden sich ihre Ergebnisse mit dem tatsächlichen Schichtenbaue decken, über welchen die Natur oft einen schwer zu durchschauenden Schleier aus Pflanzenwuchs, Verwitterungsschutt und anderem Tarnzeug gebreitet hat.

Es gibt jedoch Fälle, in welchen der Geologe mit den ihm durchschnittlich zur Verfügung stehenden Mitteln nicht imstande ist, alle jene Fragen zu beantworten, welche der Tunnelbauer an ihn stellen möchte. Sein Gutachten muß dann die Unsicherheit oder

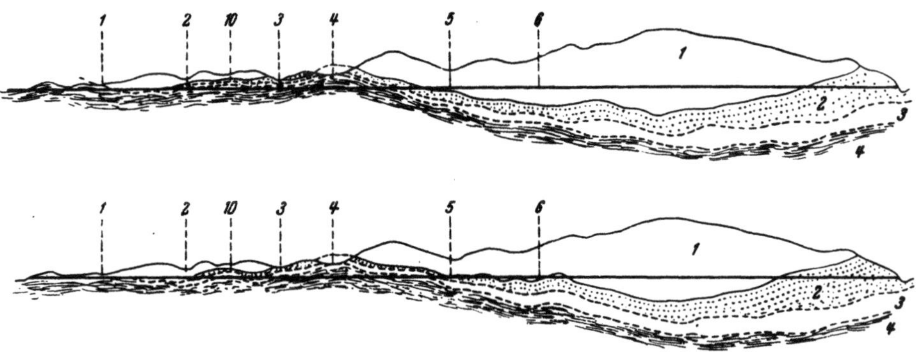

Abb. 1. Geologischer Querschnitt durch den Harmanezer Tunnel (Slovakei). Oben: Vorhersage; unten: nach Auffahrung. Ziffern über den gestrichelten Linien: Bohrlöcher. 1 Dolomit, 2 Gutensteiner Kalk der Chotschdecke, 3 Dolomite der Krischnadecke, 4 Neokom. Nach Zaruba-Pfeffermann und Andrusow Dimitry.

Unmöglichkeit einer Vorhersage gewisser Verhältnisse offen zugeben und kurz begründen. Die erdkundliche Voraussicht kann besonders dann teilweise oder gänzlich versagen, wenn in der zu durchörternden Schichtfolge technisch sehr verschiedenartige Gesteine häufig und gesetzlos wechseln; oder wenn ein Hauptgestein Linsen, Schollen, Nester usw. anderer Bergarten so regellos und so reichlich umschließt, daß man ihr Vorkommen und ihre Verteilung mit einer wirtschaftlichen Anzahl von Bohrlöchern nicht erfassen kann; manchmal läßt sich auch der Gebirgsbau wegen seiner Verwickeltheit nicht so genau entziffern, als die geplante Anlage dies verlangen würde; doch tritt dieser Ausnahmefall weniger oft und wohl nur dann ein, wenn der Bauherr mit den Mitteln für die erforderlichen Schürfungen zu sehr spart.

Die geologische Vorhersage beim Baue des 4690 m langen Harmanezer-T. wurde durch Bohrungen erleichtert. Sie stimmte in ihren Hauptzügen mit den Aufschlüssen im Richtstollen gut überein. Die Abweichungen des tatsächlichen Befundes von der Voraussage betreffen nur Einzelheiten. Es waren von der Gesamttunnellänge zu durchörtern

	nach der Vorhersage	im Richtstollen
im Dolomit	50 v. H.	47 v. H.
im Gutensteinerkalk	16 v. H.	19 v. H.
im Mergelkalk der Unterkreide	34 v. H.	34 v. H.

Eine bessere Übereinstimmung zwischen den Aufschlüssen im Tunnel und der Geologischen Vorhersage darf man dort nicht verlangen, wo das Gelände schlecht aufgeschlossen und der Gebirgsbau verwickelt ist. Der Hermanezer T. z. B. durchstößt 2 bez. 3 Baueinheiten des Gebirges; zu unterst liegen die wasserundurchlässigen Kalkmergel und Mergelkalke der Unterkreide; mit einer Überschiebungsfläche breiten sich in geringer Mächtigkeit darüber graue, ladinische Dolomite, welche nach Z a r u b a - P f e f f e r m a n n Quido und A n d r u s o v Dimitrij einer Verfingerung (Teildecke) der subtatrischen Decke (Krischna-Decke) angehören, deren Neokom der T. auf der gegen Diviaky zu gelegenen Seite durchfährt. Über dieser unteren Decke und ihrer Abspaltung liegen dann die anisischen Gutensteiner Kalke und Chotschdolomite (ladinisch) der höheren Chotschdecke. Die Überschiebungsflächen verlaufen, wie die Tunnelaufschlüsse beweisen, sanft wellig (Abb. 1); diese Ausbildung erschwert eine genauere Voraussage.

Auswahl aus dem Schrifttum.

1. B e n d e l, L., Ingenieurgeologie. Wien 1944. Springer-Verlag. — 2. B r a u n s, Dr., Technische Geologie. Halle 1878. Schwetschke. — 3. C h o f f a t, Paul, Etude Geologique du Tunnel du Rocio. Lisbonne 1889. — 4. D u h m, Julius, Stollen- und Tunnelbau. Wien 1947. Georg Fromme & Co — 5. E c k e l, Edwin C., The relation of geology to railway tunnel location. Eng News, 1914, Bd. 72, H. 16, S. 776 ff. — 6. K r a n z, W., Geologische Voraussage und Befund bei Tunnelbauten. Deutsches Bauwesen, Bd. 6, H. 5. 1930, S. 112—116. — 7. L e g g e t, Robert F., Geology. and Engineering. New York and London 1939. — 8. L u c a s, G., Der Tunnel. Berlin 1920. W. Ernst & Sohn. — 9. P r e l i n i, Charles und Charles S. H i l l, Tunneling. New York-London 1901. — 10. R a b c e w i c z, L. v., Gebirgsdruck und Tunnelbau. Wien 1944. Springer-Verlag. — 11. R i e s H. und Thomas L. W a t s o n, Engineering Geology. New York 1921. — 12. R z i h a, Franz, Lehrbuch der gesamten Tunnelbaukunst. Berlin 1874, Ernst & Sohn. Im 2. Bande, S. 531 bis 552 nennt der Altmeister des Tunnelbaues die Untersuchung des Geländes „die bedeutendste Vorarbeit bei einem beabsichtigten Tunnelbau" und behandelt sie mit einer Gründlichkeit, welche meines Wissens weder früher noch später ein Lehrbuch des Tunnelbaues überboten hat. — 13. S c h o e n, G., Der Tunnelbau. Wien 1874. A. Hölder. — 14. S t i n y, J., Technische Geologie. Stuttgart 1921. Ferdinand Enke. — 15. T e r z a g h i, K. v., „Tunnelgeologie" in der Ingenieurgeologie von Redlich-Terzaghi-Kampe, Wien und Berlin. J. Springer 1929. — 16. W i l s e r, J., Grundriß der angewandten Geologie. Berlin 1921. Gebrüder Bornträger. — 17. Z a r u b a - P f e f f e r m a n n Guido und A n d r u s o w Dimitrj, Ein Vergleich zwischen den geologischen Pro-

filen des Harmanezer T. der Bahn Neusohl-Diviaky in der Slowakei. Technicky obzor, 74. Jhgg., 1939. — 18. R i c h a r d s o n, Leopold Ward und Robert v. M a y o, Practical tunnel driving. New York and London 1941, Mc Graw-Hill Book Company Inc.

B. Die Lagerung der zu durchörternden Schichten. Der Gebirgsbau in seiner Beziehung zum Tunnelbau.

Die Lagerung der auszufahrenden Schichten und der sich aus ihr ergebende Bau des zu durchörternden Gebirges beeinflussen natürlich den Tunnelbau in mehr als einer Weise. Ihre Beziehungen zur Hereingewinnungsarbeit, zur Standfestigkeit des Gebirges, zur Wasserführung, zu den Bauweisen usw. erörtern die einschlägigen Abschnitte näher. An dieser Stelle handelt es sich nur um eine erste Übersicht und um eine kurze Zusammenfassung der wichtigsten Wechselbeziehungen; Wiederholungen vermag allerdings diese Stoffeinteilung nicht zu vermeiden.

E i n h e i t l i c h k e i t des Gesteins vereinfacht, beschleunigt und verbilligt den Vortrieb und den ganzen Bau. Je verschiedenartigere und je zahlreichere Bergarten das zu durchtunnelnde Gebirge zusammensetzen, desto verwickelter, zeitraubender und teurer gestalten sich die Arbeitsvorgänge; die Arbeiter müssen sich immer wieder auf ein anderes Gestein umstellen (Abb. 2). Dabei kommt es nicht auf die Gleichheit der Bergart ihrer wissenschaftlichen Bezeichnung nach an, sondern es ist die Gleichmäßigkeit der maßgebenden technischen Eigenschaften selbst dann entscheidend, wenn die Gesteins a r t wechselt.

S c h i c h t u n g s f r e i e r Aufbau des Tunnelgeländes erweist sich für den Baufortschritt günstiger als lagenweiser Aufbau des Gebirges aus einzelnen Schichten oder aus schiefrigen Gesteinen. Von diesem Gesichtspunkte aus verhalten sich unter sonst gleichen Umständen mehr oder weniger günstig die massig ausgebildeten Tiefengesteine, wie z. B. Granit oder massige Brausgesteine (Kalke und druckgeschonte Dolomite mit massiger Tracht), massiger Gips, Anhydrit usw.

S c h i c h t u n g und S c h i e f e r u n g sind, wie folgende Abschnitte näher beleuchten sollen, für den Stollenbau umsoweniger günstig, je ausgeprägter und je engständiger sie sind. Im übrigen hängt ihr Verhalten entscheidend von ihrer Lagerung ab.

Allgemein gesprochen, begünstigt s t e i l e Lagerung der Schichten das Eindringen der Verwitterungsvorgänge in den Bergleib und verdickt dadurch die Auflockerungsschale der Erdkruste; dies muß der Tunnelbauer bei der Beurteilung der Druckverhältnisse in

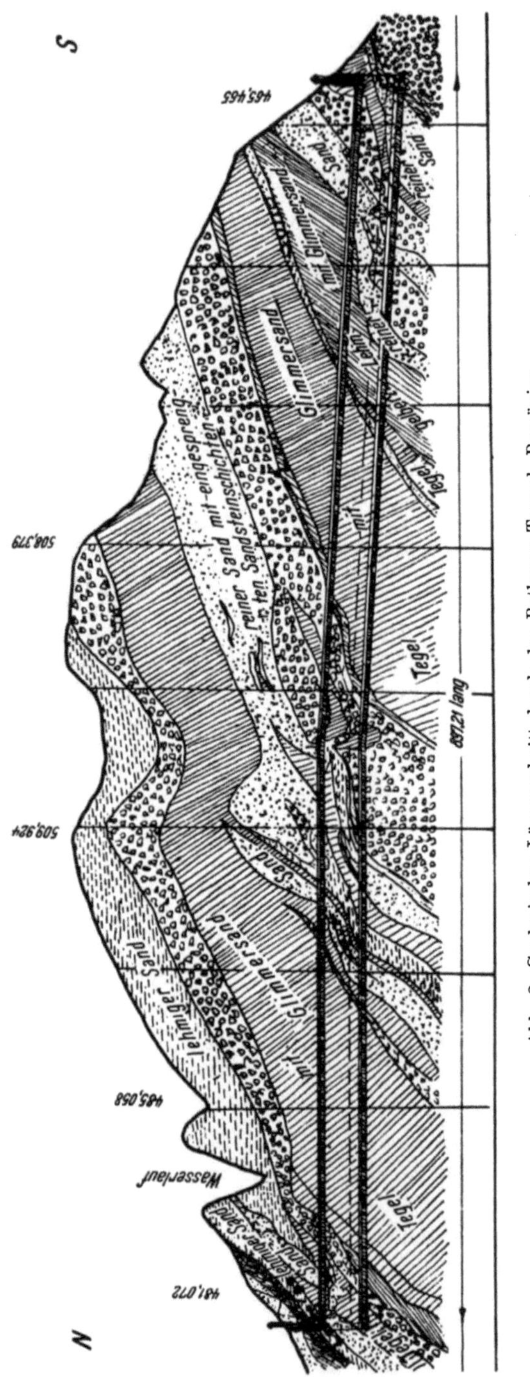

Abb. 2. Geologischer Längenschnitt durch den Batkonya-Tunnel, Rumänien.

Anfangstrecken und insbesonders in seichtliegenden Hohlgängen berücksichtigen. Schichten, welche dem Stollen zufallen, leiten dem Bauwerk meist Wasser zu und zwar in aller Regel mehr als bei söhliger Lagerung, bei welcher nur Klüfte Wasserbringer sein können. Der Wasserzudrang wird im allgemeinen lästiger und stärker sein, wenn die Schichten gegen den Ulm und nicht zur Arbeitsbrust einfallen. Im übrigen bestehen noch folgende Wechselbeziehungen zwischen Tunnelbau und Lagerung der Gesteine.

Söhlige Lagerung dickbankiger, fester Gesteine begünstigt im allgemeinen den Vortrieb schmaler Stollen (Abb. 3), deren Firste sich ihr anpaßt. Weite Hohlräume (Abb. 4) leiden dagegen unter Sargdeckelbildung, wenn die Schichten nur Plattendicke oder noch geringere Mächtigkeit besitzen oder wenn mehr oder weniger engständige Klüfte sie durchsetzen (Abb. 5); dann wird die Firste selbst in bankigen bis dickbankigen Gesteinen nachbrüchig.

Eine bereits bestehende Neigung von Schichtgesteinen und kristallinen Schiefern zu Ablösungen erhöht sich durch eine flache Lagerung der Bergarten und zwingt, wie der Bau des Hauenstein-Sokkeltunnels lehrte, zu einer Verstärkung der Ausmauerung, oder wie im Vosburgtunnel, zur Einziehung eines Firstgewölbes auch in scheinbar standfesten Schichten. Von der Gebirgsbildung und

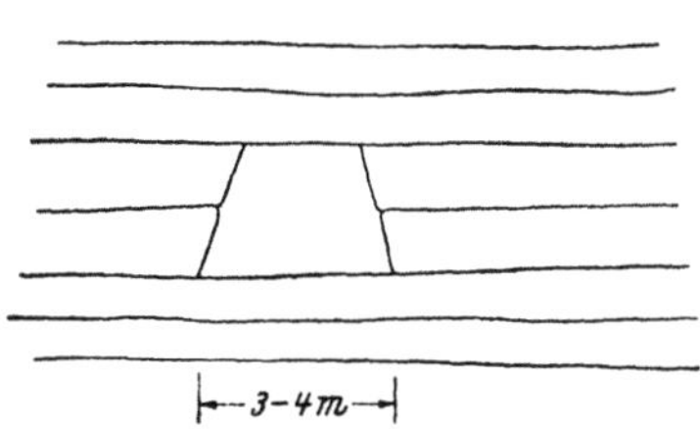

Abb. 3. Schmaler Stollen in einem dickbankigen, festen Gestein.

von den Schollenverstellungen wenig beansprucht, grobschichtige Bergarten, wie z. B. die Leithakalksandsteine des pannonischen Bekkens und seiner Ausläufer, gestatten die Ausbildung söhliger Decken bis zu Spannweiten von 15 bis 20 m (Kroisbach bei Ödenburg, Aflenz bei Leibnitz). Wünscht man in dünnplattigen bis plattigen Gesteinen eine naturbelassene Firste, dann bildet man sie spitzbogig aus, etwa nach Art der Abb. 6. Unterläßt man diese Vorsichtsmaßregel, dann wird die Firste früher oder später laut (nachbrüchig) und heischt Einbauten. Häufiges Abklopfen

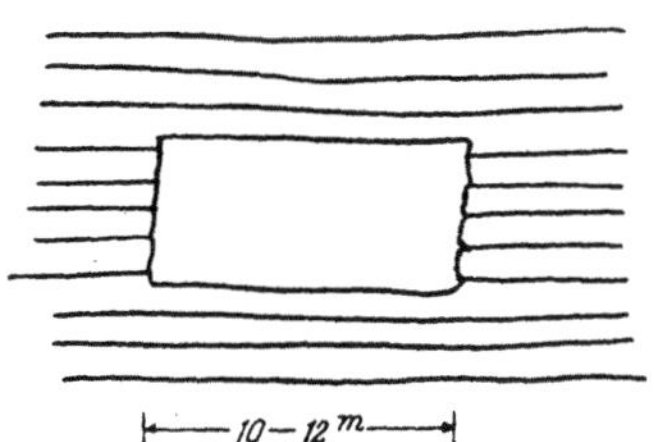

Abb. 4. Weiter Hohlraum im plattigen oder schichtigen Gestein mit sehr weitständigen Klüften.

und Absichern der Firste schützt zwar vor Unglücksfällen, erspart jedoch dem Ingenieur nicht die Notwendigkeit, einzubauen. Größere

Vorkragungen der Schichtköpfe zu belassen, hat keinen Sinn, da die auskragenden Kanten leicht ausbrechen.

Abweichungen von der söhligen Lagerung machen sich bis zum Betrage von 5 bis 10 Grad in der Regel beim Stollenbau noch in keiner Weise bemerkbar, es wäre denn, daß besonders gleitfähige Einlagerungen das Hauptgestein durchsetzen.

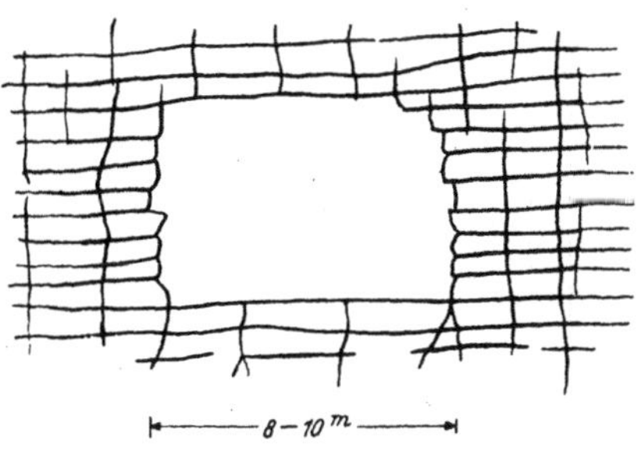

Abb. 5. Weiter Hohlraum in plattigen bis dünnschichtigen Gesteinen mit engständigen Klüften.

Geneigte Lagerung verursacht umso abweichenderes Verhalten, je steiler die Schichten einschießen; übersteigt der Einfallwinkel etwa 70—75⁰, dann kann man die Lagerung des Schichtstoßes vom Standpunkte des Tunnelbaues aus als saiger betrachten. In geneigten Schichtfolgen hat man das Streichen der Schichten zu beachten; seine Grenzfälle sind die Winkel 0 und 90⁰, welche die Streichlinie der Schichtstöße mit der Achse des Hohlganges einschließen; Zwischenbeträge zeitigen ein zwischenstufiges Verhalten des Gebirges (Streichen der Schichten schräg zur Tunnelachse).

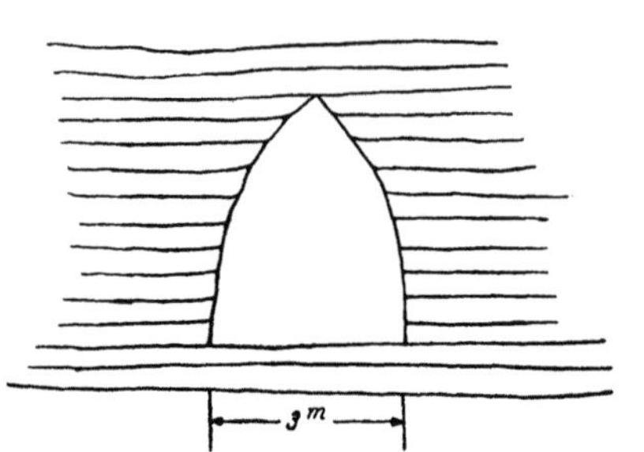

Abb. 6. Spitzbogige Gestaltung der Firste ahmt die Natur nach und erhöht die Stehwilligkeit des Gebirges.

Günstiger als ein Zusammenfallen von Schichtenstreichen und Richtung der Tunnelachse ist eine mehr oder weniger rechtwin-

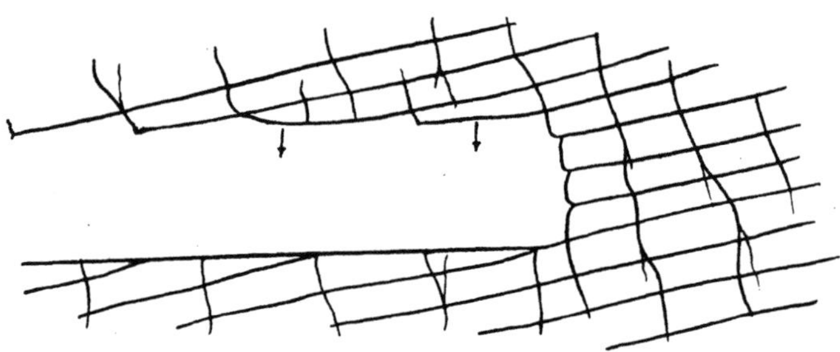

Abb. 7. Sargdeckelbildung (Pfeile) in Schichten, welche der Arbeitsbrust flach zufallen.

kelige Verquerung der Hohlraumulmen durch die Schichten. Bei flachem Einfallen der Bergart bilden sich allerdings häufig Sargdeckel (Abb. 7); steiles Einschießen der Schichten aber begünstigt umsomehr das Zustandekommen einer guten, gewölbeartigen Verspannung der Gesteinstöße in der Querrichtung, je weniger der Neigungswinkel der Schichten von 90⁰ abweicht (Abb. 8). Wie be-

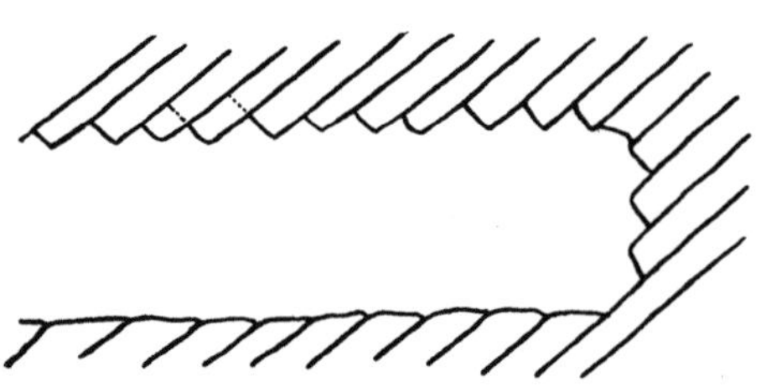

Abb. 8. Schichten, welche der Arbeitsbrust steil zufallen, tragen sich umso besser, je größer ihr Einfallwinkel ist.

reits R a b c e w i c z (A 6) betont hat, erlaubt das senkrechte Durchstreichen steil geneigter bis saigerer Schichtstöße die zeitsparende
und betrieblich vorteilhafte, durchlaufende Bauweise anzuwenden,
da jede Schichte in sich gewölbeartig ver-
spannt ist. In vielen Fällen verbindet auch
eine gewisse Haftung die Schichten eines
dünneren oder dickeren Stoßes miteinander;
dann kommt es auch in der Längsrichtung
des Stollens öfters zu einer gewissen Bogen-
wirkung, wenigstens innerhalb der einzelnen,
durch offene Fugen voneinander getrennten
Schichtpacke. Wo weder Aneinanderhaften,
noch bindemittelartige Bestege die einzelnen
Schichten miteinander vereinen, wird man
mit einem gewissen, wenn auch meist geringem Schube in der Längsrichtung des Tunnels zu rechnen haben, soferne die Lichtweite
des Hohlganges einigermaßen groß wird.

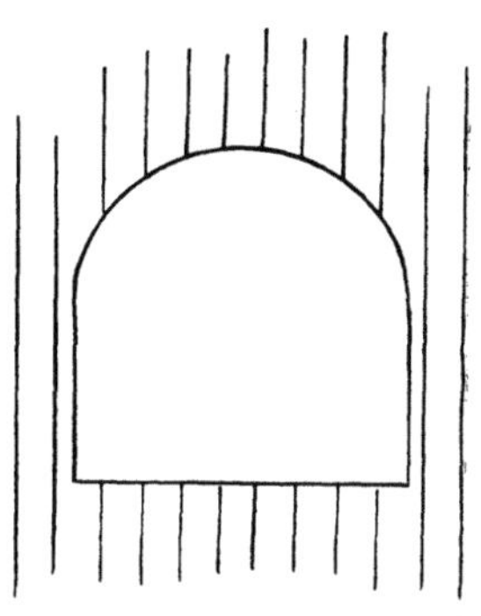

Abb. 9. Saigere Schichten
streichen mit der Stollenachse
gleich.

Freilich bringt die senkrechte Verquerung steil aufgerichteter
Schichten hin und wieder auch gewisse Nachteile. So z. B. wirken
dann im stark verschieferten Gestein die S p r e n g s c h ü s s e
schlecht. Durch die Schieferungsfugen entweichen Teile der Sprenggase; insbesonders aber pflanzen sich die Sprengschläge in den
vielen Unstetigkeitsflächen federnd gewordener Massen schlecht,
langsam und abgeschwächt fort. In
der Richtung des Streichens ist
federndes Ausweichen gar nicht oder
nur in geringem Grade möglich.

G l e i c h l a u f e n von Stollenachse und Gesteinstreichen ist kaum
jemals vorteilhaft. Stehen die Schichten auf dem Kopfe (Abb. 9), dann
bildet die Firste eine Art freitragen-
den, scheitrechten Gewölbes nur in
dem nicht sehr häufigen Falle, daß
die Schichten fugenfrei und lückenlos aneinanderhaften und gleichzeitig die Lichtweite des Hohl-

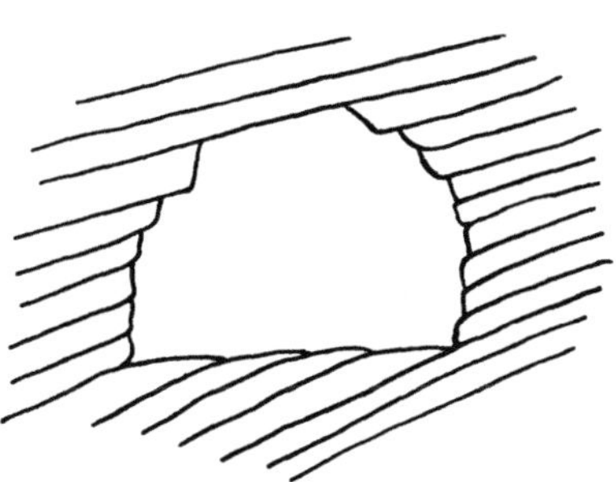

Abb. 10. Schräg gegen die Ulmen einfallende Schichten bestimmen mehr oder
weniger empfindlich die Rohform der
Firste.

ganges eine mäßige ist; andernfalls gleiten kluftbegrenzte Platten der Schichten oder ganze Stöße, aus mehreren Schichten
zusammengesetzt, in den Hohlraum; Lettenbestege auf den
Schichtflächen, Sickerwasser usw. begünstigen derartige Firsten-

brüche. Viel leichter als in der Querrichtung verspannt sich das Gebirge in der Richtung der Tunnelachse, jedoch auch nur über eine bestimmte Erstreckung hin. Das vollkommene oder annähernde Zusammenfallen von Stollenachse und Richtung des Streichens der

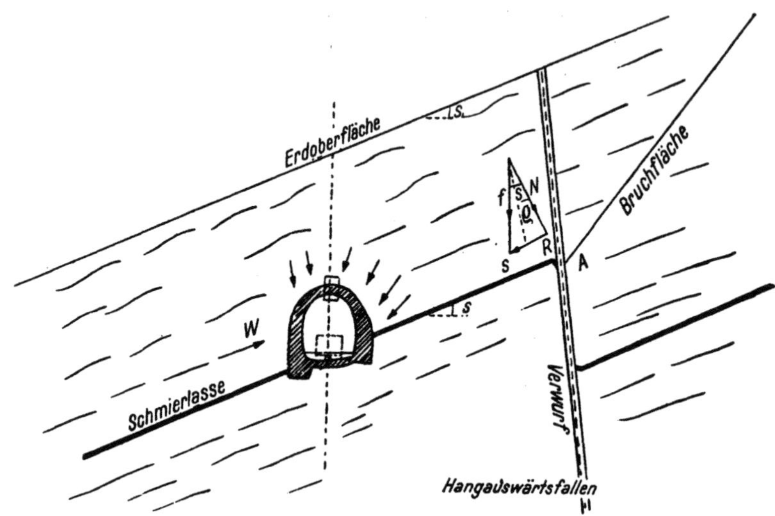

Abb. 11. Hangauswärtsfallen der Schichten in Lehnentunneln kann gewaltigen Ulmendruck bringen und schwere Lehnenbewegungen auslösen. Hausrucktunnel nach K. I m h o f.

Bergarten widerrät die fortlaufende Betriebsweise mit Langschwellenzimmerung und empfiehlt entweder Querträgerbauweisen oder, bei Anwendung von Langschwellenzimmerung, die Anordnung ringweisen Betriebes.

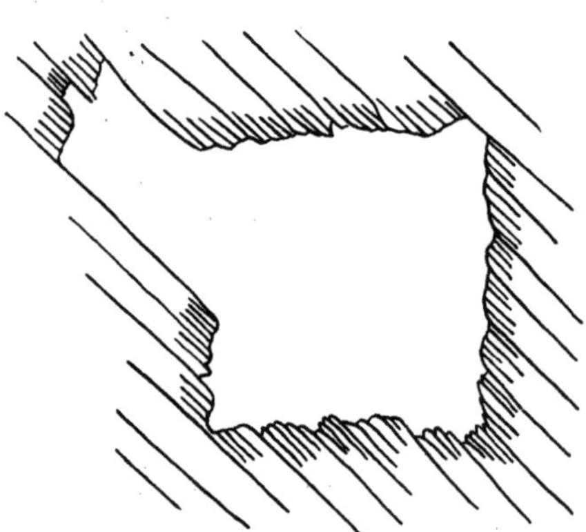

Abb. 12. Eingleiten von Schieferplatten in einen Stollen, dessen Achse mit dem Streichen des Gesteins einen spitzen Winkel einschließt. Quarzphyllit des Rosannatales, Tirol.

Weicht der Neigungswinkel mit der Stollenachse gleich streichender Schichten wesentlich von 90⁰ ab, dann formt man in der Regel die Firste unwillkürlich nach dem Verflächen der Schichten (Abb. 10). In Lehnentunneln kann Hangauswärtsverflächen der Schichten zu bösen Abrutschungen führen (Abb. 11). Aber auch ferne der Oberfläche gleiten selbst in kleineren Querschnitten bewegungsbereite Schieferplatten aus den Ulmen heraus (Abb. 12); spitzbogige Firstausbildung vermag die Ausbrüche nur hinauszuschieben und örtlich einzuengen, nicht aber ganz zu verhindern (Abb. 13). Selbst gutartige Gneise neigen zur Formung unspiegelbildlicher Querschnitte (Abb. 14). Daß unter solchen Umständen in weiteren Lichträumen Schieferplatten und Schichtpacke selbst aus der Firste herausschieben, wird höchstens ganz Ahnungslose überraschen.

Faltung der Schichten ruft Pressung im Kern und Zerrung im Scheitel des Gewölbeteiles einer Falte hervor; beide Beanspru-

Abb. 13. Schießen stollenachsengleich streichende Schichten mehr oder minder steil ein, dann vermag auch eine Spitzbogenfirste zuweilen die Ablösung und den Ausbruch von Platten nicht zu verhindern.

chungsarten verschlechtern das Gebirge für die Durchörterung umsomehr, je stärker die seitliche Zusammendrückung der Schichten wirkte und je steiler sie die Mittelschenkel aufrichtete. Ein Stollen von der Lage 3 der Abb. 15 muß mehr oder minder zerhackte Bergarten, unter Umständen Quetschgesteine (Myonite) ausfahren und wird heftigem Gebirgsdrucke begegnen. Die Lage 2 wiederum bringt Wasserzudrang aus dem aufgelockerten Gebirge und hat mit einer gewissen Nachbrüchigkeit der gezerrten Massen zu kämpfen. Günstiger ist die Mittellage 1, welche gedachtermaßen während der Faltung weder unter Zug noch unter Druckwirkungen zu leiden hatte. Dies gilt auch von den Lagen 4 und 5 im Mittelschenkel bez. am Außenschenkel des Gewölbes; hier wird sich aber der Widerlagerschub des Sattels in Form eines stärkeren Gebirgsdruckes äußern. So erklärt sich ungezwungen die Beobachtung, daß bei der Durchtunnelung eines Sattels quer zu seiner Achse die Anfangsstrecken (g der Abb. 16) trotz der geringeren Überlagerung unter stärkeren Bergdruck geraten als das Mitteltrum (Kl) mit seiner großen Überlagerungshöhe.

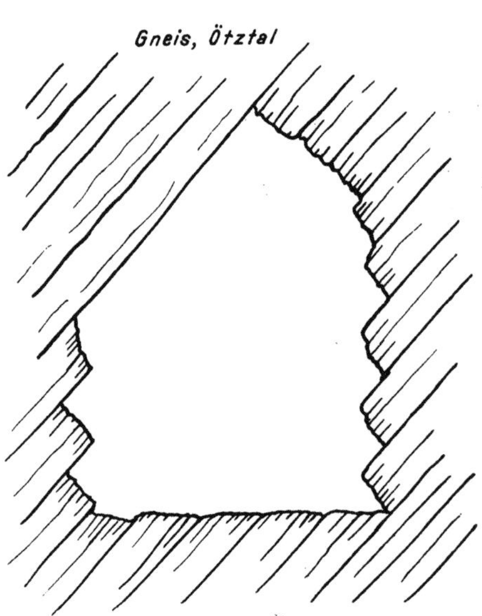

Abb. 14. Selbst in gutartigen Bergarten erzeugt stollenachsengleiches Streichen geneigter Schichtstöße unspiegelbildliche Hohlraumquerschnitte und unerwünscht hohen Mehrausbruch.

Bei allen Stollen, welche gefaltete Räume durchörtern, hat man selbstverständlich den Abtrag zu berücksichtigen, welchen der Sattel seit seiner Aufwölbung erlitten hat (Luftsättel). Es kann dann unter Umständen ein Stollen trotz hoher Lage im Bergleibe schon das gepreßte und zerquetschte Gebirge durchfahren (Abb. 17), weil das Zerrungsgebiet des Gewölbes bereits dem Abtrage zum Opfer gefallen ist.

Ähnliche Erwägungen stellt man an, wenn geologische Mulden zu durchörtern sind. Läuft die Stollenachse mit jener der Falte gleich, dann liegt der Hohlraum zur Gänze entweder im Druckbereiche (Kern der Mulde), im Zerrungsgebiete (Muldenumbiegung) oder im gedachtermaßen von zusätzlichen Beanspruchungen durch die Faltung verschont gebliebenen Teile der Bergmasse. Die Mulde verquerende Tunnel leiden häufig in den Anfangstrecken (Kl der Abb. 18) unter geringerem Bergdrucke als in ihrer Mitte; hier gesellt sich zu dem Überlagerungsdrucke je nach der Höhenlage der Röhre noch die Nachbrüchigkeit des Gesteins, welche die Quetschung im Kern oder die Auflockerung im Umbiegungsbereiche der Mulde hervorgerufen hat. Zusätzlich kann sich auch ein Schub in der Längsrichtung des Stollens dort äußern, wo Gleitflächen die Schichten trennen und ihr Einfallswinkel entsprechend groß ist.

An der Außenseite der Muldenbiegung wirken sich die speichenförmig angeordneten Zerrungsklüfte in der Regel umso ungünstiger aus, je niedriger die Größenordnung der Falte ist (Brachysynklinalen und Brachyantiklinalen; Kleinfalten, Kleinsättel, Kleinmulden). Die Abb. 19 soll veranschaulichen, wie das Auseinanderlaufen der Längsklüfte a die Sargdeckelbildung an der Stollenfirste fördert und auch den Ausbruch höher hinaufreichender Glocken verursachen kann.

Ähnlich ungünstig wirkt sich enggepreßte Faltung aus, deren Achse mit dem Stollenstreichen gleichläuft. Fährt man ihren Mulden entlang (Abb. 34), dann verhindert die Gewölbewirkung größere Nachbrüche nur in festen Schichten ohne erweichbare oder an sich mürbe, brüchige Zwischenlagen; gerät jedoch der Vortrieb in Sättel, dann

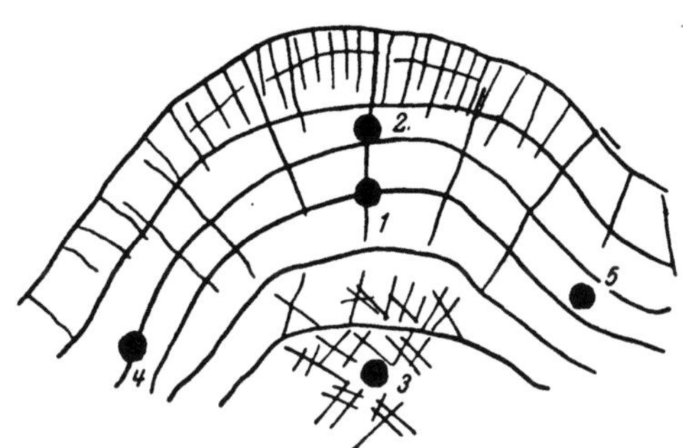

Abb. 15. Verschiedene Lagen von Stollen (1—5) im Bereiche eines Schichtsattels.

begünstigt diese Schichtlagerung Ausbrüche aus der Firste in hohem Grade (Abb. 15, Lage 2).

Gehen wir von der mehr oder minder bildsamen Verformung der Schichtstöße zum brechenden Bauplane über, dann begeben wir

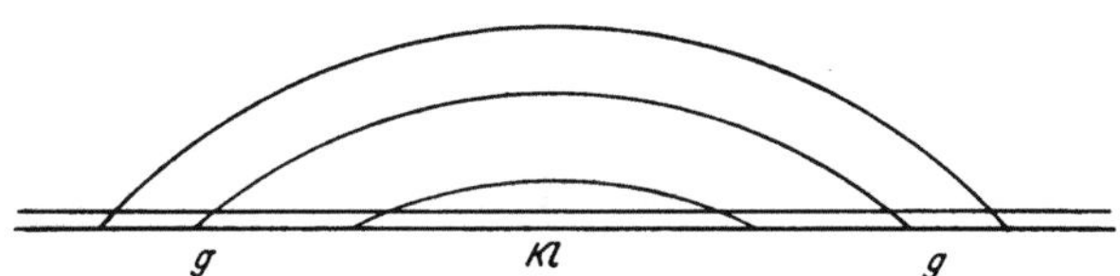

Abb. 16. Größerem Drucke (g) in den Anfangstrecken steht geringerer Bergdruck (Kl) unter dem Gewölbescheitel gegenüber.

uns in ein Gebiet der Geologie, welches für den Tunnelbau von höchster Bedeutung ist. Verformung unter Bruch erschwert nicht bloß die Deutung des Gebirgsbaues, sondern auch die Bauausführung in mehr oder minder hohem Grade.

Am harmlosesten für den Tunnelbau selbst gestalten sich noch die Fälle, in welchen die Erdkruste bei der Beanspruchung in einzelne Schollen zerbrach, welche ruhig aneinander vorbeiglitten, ohne daß die benachbarten Gesteinmassen nennenswert zerhackt wurden. Derartige einfache Verwerfungen erheischen Maßnahmen, welche sich nur auf ein ganz kurzes Stück der Röhre erstrecken und daher verhältnismäßig leicht zu bewirken sind. Die Bewegungskluft ist dann häufig mit Kluftletten verschmiert; in anderen Fällen klafft sie und bringt Wasser. Auf diese Weise haben manchesmal selbst größere Verwerfungen dem Baue keine besonderen Erschwernisse gebracht. Aber so günstig verlaufen Schollenverschiebungen vergleichsweise selten. Meist begleiten Nebenstörungen die Hauptverwerfung; oft hat man ganze Bündel (Scharen) von Bewegungflächen niederer Ordnung auszulängen; man kann noch froh sein, wenn auch diese Begleitstörungen die Salbänder nicht erheblich zerstört haben.

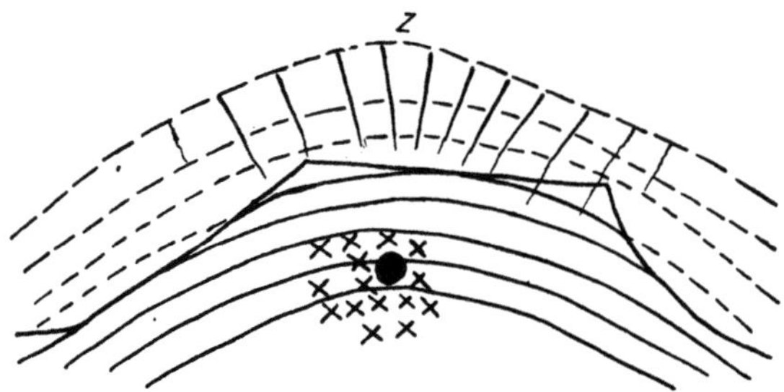

Abb. 17. Der Abtrag hat bereits den Scheitel des Gewölbes und ausgedehnte Teile der Sattelschenkel entfernt; der Tunnel (Vollkreis) muß daher Quetschgesteine (Andreaskreuze) durchörtern.

In der Regel aber haben die Gleitvorgänge das Nachbargestein der eigentlichen Bewegungfläche mehr oder minder stark verschiefert oder zertrümmert; die Mächtigkeit des zerrütteten Begleitstreifens der eigentlichen Störung schwankt dann von wenigen Zentimetern bis zu mehreren Hunderten von Metern. Bei Überschiebungen reicht die Gesteinzerstörung meist in das Liegende nicht so weit hinab als in die Hangendscholle hinauf. Auch bei gewöhnlichen Sprüngen kann das Ausmaß der Zerrüttung und die Breite des Streifens, den sie erfaßt hat, zu beiden Seiten der Verwerfung verschieden sein. Die Bauausführung im Gebirge mit Zerrüttungstreifen wird noch dadurch erschwert, daß ähnlich den einfachen Bewegungsflächen auch die Ruschelstreifen gerne gesellig auftreten und sich manchesmal örtlich so häufen, daß die zwischen ihnen liegenden, geschonteren Teile des Berges gegenüber den zerrütteten Strecken mehr oder weniger zurücktreten. Diese Erscheinung beobachtet man z. B. in einzelnen Trümern des Stollens der Teigitschwerke; hier überholte keine nachträgliche, ausgiebige

Kristallisation die Gesteinzerstörung, so daß der Bau örtlich mit ziemlichen Schwierigkeiten zu kämpfen hatte.

Der Grad der Zerrüttung des Gesteins durch die Gebirgbildung und durch Krustenbewegungen ist natürlich außerordentlich verschieden je nach dem Verhalten der Bergart und je nach der Größe und Art der wirksam gewesenen Kräfte. Spröde Gesteine, wie beispielsweise Dolomit, Quarzschiefer und Quarzfels verformen sich besonders leicht und weitgehend brechend; in ihnen erfüllt oft loser Sand und Grus den Zerrüttungstreifen. Man darf sich nicht wundern, wenn ein derart zerquetschtes Gestein von den Bohrmeistern, den Vorarbeitern oder sogar von vielen Ingenieuren verkannt wird;

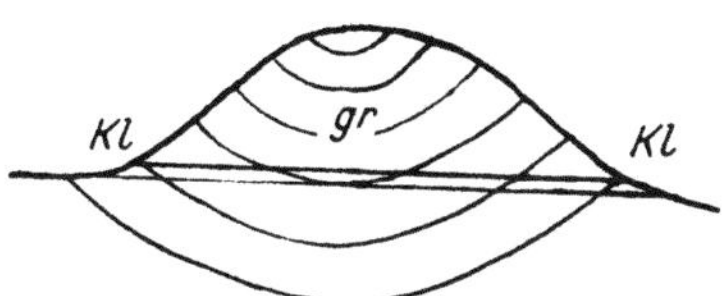

Abb. 18. Tunnel, welche eine geologische Mulde verqueren, leiden in ihrer Mittelstrecke (*gr*) unter stärkerem Bergdrucke als in ihren Anfangbereichen.

so schreiben z. B. ältere Berichte über den Bau der Tunnels der Semmeringbahn öfters, daß man „Sand“ oder Schotter durchfahren habe, während es sich tatsächlich um die Gewältigung von Ruschelstreifen im Quarzschiefer, in den Rauhwacken oder im Dolomit handelte. Die Zerreibung des Nachbargesteins von Bewegungflächen kann bis zur Zermalung des Mittels gehen; dann erfüllen tonfeine

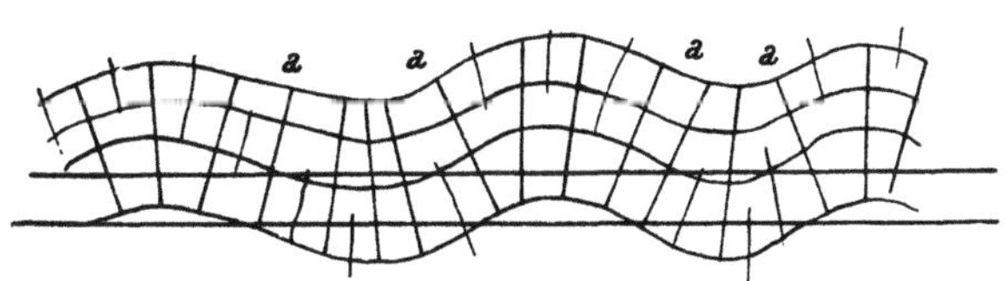

Abb. 19. Verlauf der Längsklüfte *a* im wellig gefalteten Gebirge; kleine Mulden wechseln mit kleinen Sätteln (Brachyantiklinalen) ab.

Massen die Zerrüttungstreifen und schließen nicht selten gröbere und kleinere Bruchstücke des Nebengesteins ein. Die Feuchtigkeit im Berginnern macht diese Massen schmierig und bewegungsbereit oder verwandelt sie unter Umständen gar in einen Brei. Erschweren schon trockene Ruschelstreifen den Bau, so werden die Rütterstreifen besonders lästig, wenn sie so reichlich Wasser führen, daß es auch das gröbere Zerreibsel und selbst geschonte Blöcke ihres Haltes beraubt und in den Stollen hineindrückt.

Von erheblicher Bedeutung für die Gewältigung von Ruschelstreifen ist die Richtung, in welcher man sie ausfährt. Verquert sie der Tunnel annähernd senkrecht auf ihr Streichen, dann darf man eher auf gelegentliche

Verspannungen hoffen und hat nur ihre söhlig gemessene Mächtigkeit zu durchörtern. Dort aber, wo mangelhafte geologische Vorarbeit oder eine unbedingte Notwendigkeit dazu zwingen, den Stollen in die Streichrichtung der Störungen zu legen, wird man einen einmal angefahrenen Zerrüttungstreifen von einiger Breite nicht so bald wieder los. Im Gebirge mit häufigen Gleitzerrüttungen, welche bekanntlich mit dem Streichen der Schichten gleichgehen und nur im Einfallen um höchstens 10 bis 15 Grade von dem Neigungswinkel der Schichten abweichen, soll man demgemäß ein Zusammenfallen der Tunnelachse mit dem Schichtstreichen besonders sorgfältig meiden. Beim Baue der Triebwasserführung für das Gerloswerk in Zell/Ziller hat sich das annähernde Gleichlaufen der Druckstollen mit dem Streichen der von Gleitzerrüttungen durchschwärmten Schiefer sehr unangenehm bemerkbar gemacht.

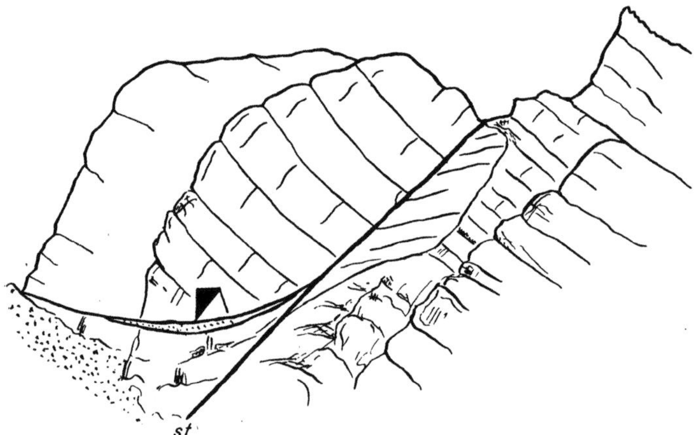

Abb. 20. Man steckt den Stollen abseits der Störung (*st*) an.

Störungen im Gebirgsbau verraten sich dann, wenn sie jüngeren Alters sind, fast immer durch eine Kerbe, eine Mulde, einen Sattel oder eine Talung im Landschaftsbilde; sie sind ja Schwächestreifen, längs deren Verwitterung und Abtrag jeder Art leichtes Spiel haben. Ältere Verwerfungen sind meist schon ausgeglichen, außer wenn sie mit einer weitgehenden Zerrüttung der Gesteinsmassen verknüpft waren. Auf breitere Ruschelstreifen im kristallinen Grundgebirge wird man auch durch die Beobachtung des Pflanzenwuchses aufmerksam. Im Teigitsch-Sammelgebiete z. B. tragen die Zerrüttungstreifen vorwiegend Wiesen, deren Gräser (vielfach Seggen!) für die höhere Feuchtigkeit des Bodens dankbar sind; die Formen dieses Wiesengeländes, dem da und dort Quellen entspringen und zahlreiche Naßgallen eingesprengt sind, erscheinen im Vergleiche zu ihrer Umgebung sanft und weich. Wo der Mensch die Wiesen wenig pflegt, schießen Erlenbüsche auf und trachten das Grasland zu erobern. Geschontes Gestein dagegen trägt Nadelwald; seine Formen

erscheinen an sich schon steiler; örtlich steigern sich ihre Höhen-
gegensätze zu Schroffen und Wandeln, Rippen und förmlichen Gra-
ten; die Hänge sind trocken und seichtgründig und reizten daher
nie zur Rodung und landwirtschaftlichen Benutzung an.

Einige Beispiele mögen das Gesagte beleuchten. Der Geologe setzte die
Verschiebung des Anschlagpunktes eines Untertagraumes an die in der
Abb. 20 bezeichneten Stelle durch, wo man für die Zugänglichmachung der
Baustelle mehr Arbeit aufwenden mußte als in der Furche rechts davon, in
welcher man den Stollen ursprünglich anschlagen wollte. In der Furche St
streicht nämlich eine Störung durch den Dachsteinkalk durch; sie hätte den

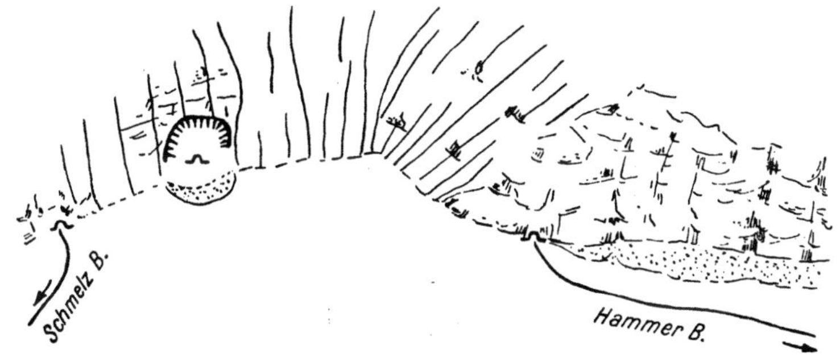

Abb. 21. Die Schroffen der Peggauer Wand (rechts) verraten die größere Standfestigkeit des
Schöckelkalkes an dieser Stelle. Links schließt mit scharfer Grenze ein Steilhang an; vom
Gebirgsdruck stärker beansprucht, leistete der Kalk hier den abböschenden Vorgängen weniger
Widerstand; die kräftigere Zerklüftung des Gesteins schließt auch der Steinbruch deutlich auf.

Vortrieb des Zugangstollens schädlich beeinflußt, dessen Achse mit dem Streichen der Störung annähernd gleichlief.

Der Schöckelkalk der Peggauer Wand bewies im Stollenbau eine mittlere
Standfestigkeit; sie nahm in der Richtung gegen den Austritt des Hammer-
baches ab und deckte damit die Ursache auf, warum sich der Höhlenbach
gerade hier seinen Weg bahnte (Abb. 21). An den jähen Abfall der Peggauer
Wand schließt sich unvermittelt im Norden (im Kärtchen links) ein bewaldeter
Steilhang ohne Wandbildungen an; da und dort aus dem Gehängeschutte her-
austauchende Schroffen geringer Ausdehnung verraten zwar, daß auch hier
das geplante Netz von Hohlgängen rasch gewachsenen Fels angefahren
hätte. Die weniger wilden Hangformen wiesen jedoch eindringlich auf eine
stärkere Zerklüftung und leichtere Ausräumbarkeit dieses Geländestreifens
hin, den eine Bewegungsfläche scharf von dem widerständigerem, weil ge-
schonterem Gestein der Peggauer Wand scheidet. Die Zerlegung des Schöckelkalkes des bewaldeten Steilhanges in kleinere, plattige Stücke hätte in Hohlräumen von 5 und mehr Metern Spannweite sicherlich zu häufigen und
umfangreichen Nachbrüchen geführt; die Besichtigung des nahe gelegenen
Steinbruches bewies die Richtigkeit dieser Annahme. Da der Schöckelkalk
nördlich des Austrittes des Schmelzbaches aus der Schmelzgrotte wieder
Wände bildet (Badlwand), ist die Auffassung wohl berechtigt, daß zwischen
Peggauer Wand und Schmelzgrotte ein breiter, für den Untertagbau ungünstiger Schwächestreifen des Gebirges durchstreicht. Vom Hammerbach gegen

Süden zu scheinen Höhlenreichtum der Wand und Vorlage einer nicht unbedeutenden Schutthalde wieder auf eine größere Klüftigkeit des Schöckelkalkes in diesem Bereiche hinzuweisen.

Beim Baue einer Luftschutzanlage riet der Geologe, einen der Zugangstollen in einem Wandl aus Semmering-Mittelzeitkalk anzustecken, welches feste Felsbeschaffenheit verriet (Abb. 22, bei 2); man sollte auf diese Weise die seichte Mulde 1 meiden, hinter welcher sich nach dem geologischen Gefühle ein Ruschelstreifen verbarg. Die Bauleitung beachtete die Platzwahl des Geologen nicht und trieb, um einige Meter Stollenlänge zu ersparen, den Hohlgang von der Mulde aus vor; ihr wohlgemeintes Streben nach Zeitersparnis war fehl am Platze; sie bezahlte es mit einem schwierigen Vortriebe in einem Ruschelstreifen; erst nach einiger Auslängung fuhr der Zugangstollen standfesten Fels jenseits des Zerrüttungstreifens an.

Man trachtet mit unterirdischen Hohlräumen nicht bloß Verwerfungen, Blattverschiebungen usw. aus dem Wege zu gehen, sondern weicht nach Tunlichkeit auch Abbeugungen (Flexuren) aus. Ähnlich wie bei Faltungen, drohen auch in knieförmig abgebogenen Schichten dem Tunnelbaue Zerrungserscheinungen (Abb. 23, z) und Druckmassen (d) im Gestein.

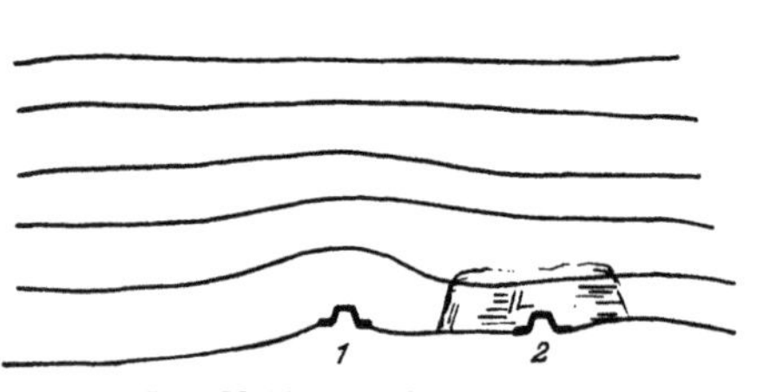

Abb. 22. Die Mulde (1) lockt zum Anstecken des Stollens an; sie entstand jedoch in einem Zerrüttungstreifen und bringt Druck, während die Örtlichkeit 2 standfesten Fels darbietet.

Auch in der Nähe von Überschiebungsbahnen erwarten den Stollenbauer Quetschgesteine, Nachbrüche und meist auch Wasserandrang. Das geologische Gutachten soll nicht bloß auf solche Schubbahnen hinweisen,

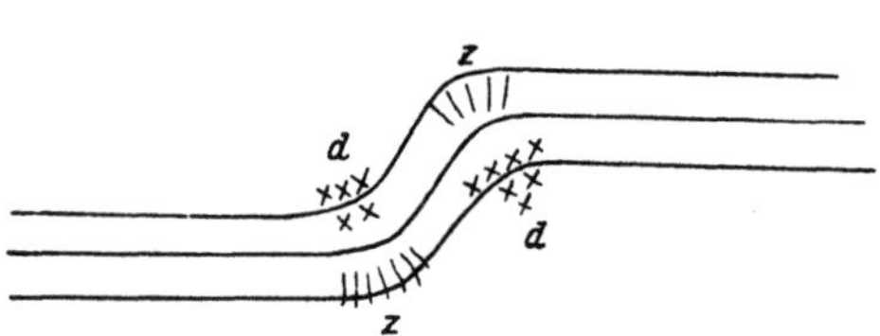

Abb. 23. Schichtabbeugung mit Zerrungen (z) und Quetschstreifen (d).

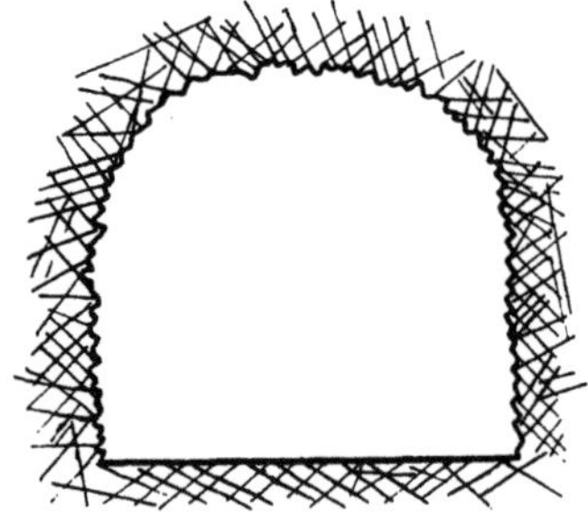

Abb. 24. Unregelmäßig zerhacktes Gebirge.

sondern auch den Grad der Gesteinverderbnis anschätzen und angeben, wie weit voraussichtlich die Zerrüttung in das Hangende und in das Liegende der Bewegungsfläche hineingreift.

Bei der Beurteilung unregelmäßig zerhackter Felsmassen, wie man sie in Dolomitstößen nicht selten antrifft (Abb. 24), hat man

zu prüfen, ob tonige Bestege die Begrenzungsflächen der Bruchstücke schmieren und zu Gleitflächen gestalten, ob neben der Zer-
brechung der Scholle auch eine unter dem Mikroskope wahrnehmbare innere Schädigung der Bruchstücke eingetreten ist und ob
Sickerwässer die zerhackten Massen oder Teile derselben über die
gewöhnliche Bergfeuchtigkeit hinaus durchnässen. In den trockenen
Schlerndolomiten des Loibl z. B. stand trotz ihrer Zerlegung in
schottergroße Stücke die aus-
gebrochene Firstwölbung frei
auf 6 bis 10 m Spannweite;
die Risse des zerhackten Dolomites zeigten allerdings
keine Tonbeläge; seine Bruchstücke waren in ihrem In-
nern heil und schlossen sich
gut an- und ineinander; nirgends traf man Anzeichen von
gegenseitigen Verschiebungen

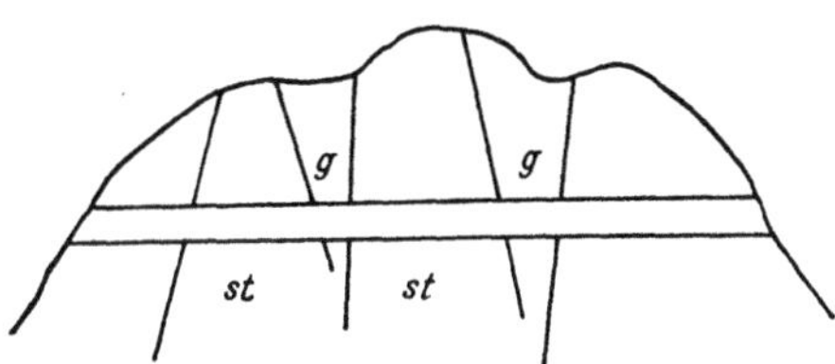

Abb. 25. Keilschollengebirge. *st* Schollen, welche
starken, *g* Felskeile, welche geringen Druck
bringen

der Bruchstücke von der Art, daß sie mörtelkranzähnliche, weitergehende Zerstörungen, Absplitterungen usw. erzeugt hätten. Sogar die

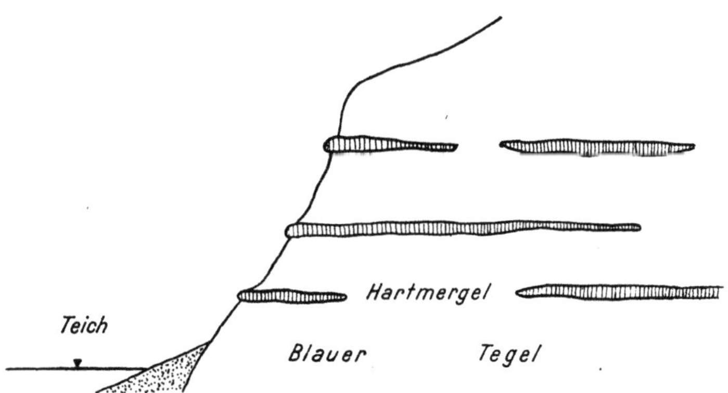

Abb. 26. In die blaugrauen Tegel schalten sich Linsen und Platten fester, meist mergeliger
Sandsteine ein.

Truggneise rund 5 6 m weiter Hallen im unteren Mürztale unweit
des gewaltigen Störungsstreifens der sog. Trofajachlinie erwiesen sich
beim Vollausbruche als vorübergehend viel standfester, als man ihnen
anfangs zugetraut hätte.

Nach den vorausgegangenen Erörterungen wird es nicht überraschen, wenn die Säume von geologischen Gräben und Horsten
dem Hohlraumbaue im allgemeinen nicht förderlich sind; hier kommt

es meistens zu einer Häufung gleichlaufender Sprünge; die Bergarten haben dann auch innerhalb ihrer Zwischenstreifen oft schädliche Beanspruchungen verschiedenen Grades erfahren.

In Keilschollengebirgen (Abb. 25) bringen gewöhnlich jene
Blöcke stärkeren Druck, deren Grenzflächen nach dem Hohlraum
zu auseinanderweichen (st), während nach unten zu sich verschmä-
lernde Schollen zwischen ihren Nachbarn gut verspannt sein können und dann dem Stollen wenig Druck bringen werden (g). Selbst
schmale oder besser gesagt, gerade wenig breite Keile von Letten,
von Zerrüttungsmassen u. dgl. bringen unerwartet großen Druck,
wenn die Wangen der Keile oberhalb der Firste zusammenlaufen
und einigermaßen hoch hinaufreichen.

Die Schichtfolge.

In den Abschnitt „Lagerung der Gesteine" fügt sich auch die
Erörterung der Schichtfolge ein. Bereits weiter oben wurde betont,
daß eine vollkommen einheitliche Schichtfolge die günstigsten Bedingungen für einen Hohlraumbau abgeben würde. Wiederholte
Wechsellagerung von Bergarten recht verschiedenen technischen
Verhaltens erschwert und verteuert nicht bloß den Vortrieb, sondern auch den endgiltigen Ausbau. Die Zerlegung der Röhre in
kurze Abschnitte (Ringe) empfiehlt sich dann oft am meisten; die
fortlaufende Bauweise ist nicht am Platze.

In die pannonischen Tegel des Wiener Beckens schalten sich häufig feste
Platten und zuweilen auch Bänke von sandigen Hartmergeln oder von mergeligen Standsteinen ein (Abb. 26). Gelingt es, eine derartige, in der Stollenachse ziemlich weit anhaltende, biegungsfeste Platte in die Firste zu bekommen, dann hilft sie in schmäleren Hohlräumen ganz wesentlich, Rüstholz zu
sparen und erleichtert den Vortrieb bedeutend. Sinnlos ist es, einen Stollen
im festen Kalk mühsam auszulängen, wenn man knapp darunter die Möglichkeit einer rascheren und leichteren Ausfahrung im Sand hat (Abb. 27);
auch hier wäre es ratsam gewesen, die Firste mit der Sohlfläche des Kalksteines zusammenfallen zu lassen. Ähnlich liegt der Fall, den Abb. 28 vor-
führt. Obwohl die Überlagerung innerhalb der Lage von tertiären Konglomeraten bereits ausreichend gewesen wäre, vermied man doch das Aussprengen des Hohlraumes in ihr, indem man den Stollen im Liegenden der Konglomerate in den an sich schon halbwegs standfesten Sanden ansteckte und
in ihnen auslängte.

Es ist natürlich schwer oder vielfach ganz unmöglich, in unregel-
mäßig gebauten Schichtstößen mit ihren gesetzlos angeordneten
Einlagerungen eine auch nur annähernd genaue, geologische Vor-
aussage zu machen (vgl. auch die Bemerkungen auf S. 9); selbst
Bohrungen sind manchesmal nicht imstande, die Lage gewisser
Linsen, Nester usw. von Fremdgesteinen restlos zu klären. Manches-

mal gelingt es aber dennoch, Anhaltspunkte über die Lage und Größe einer eingebetteten Scholle zu gewinnen.

So beißen z. B. oberhalb des neuen Wasserleitungsstollens der Stadt Wien zwischen den Gehöften Bichl und Anzlöd zwei Schollen von Kalkstein aus, welche mitten in Flyschschichtstößen stecken. Es tauchte die Frage auf, ob

Abb. 27. Man hätte den Stollen nicht im Kalkfels (schwarzer Streifen), sondern im leicht ausräumbaren Liegendsande (Punkte) auffahren sollen; der feste Kalkstein war in die Firste zu nehmen.

der Stollen die beiden Schollen anfahren werde oder nicht; die Antwort war, besonders hinsichtlich des größeren Kalkklotzes für den Bau wichtig, weil eine stärkere Quelle, welche am Fuße der von der Scholle gebildeten Wand entspringt, einen unangenehmen Wassereinbruch beim Anfahren des Klotzes befürchten ließ. Die oberhalb der kräftigen Quelle aufsteigende Felswand mit

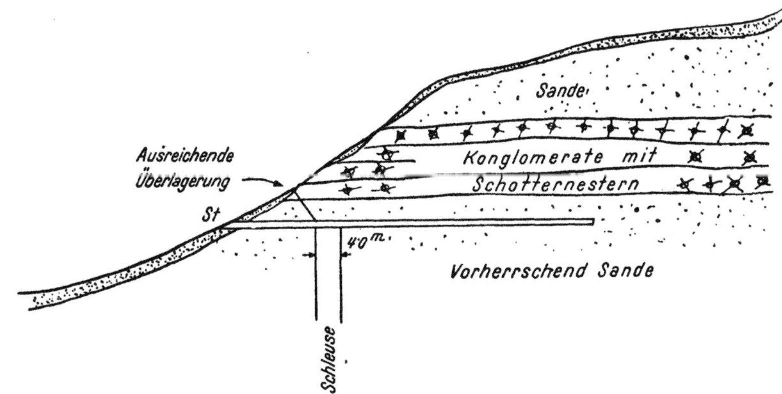

Abb. 28. Die Konglomerate im Hangenden des Stollens *St* halten den Druck vom Hohlraume ferne.

ihrer mächtigen Vorlage von Blockschutt legte die Vermutung nahe, daß der größere Teil des in seiner Flyschhülle steckenden Kalkklotzes schon abgetragen sei (Abb. 28, k oben); der Rest reichte dann voraussichtlich nicht mehr bis zur Stollenfirste herab. Der kleinere Ausbiß aber schien erst vor geologisch kurzer Zeit vom Abtrage bloßgelegt worden zu sein; nichts deutete bei ihm an, daß er nur der Rest eines einst viel größer gewesenen Blockes sei. Da in dem behandelten Gebiete bisher nur größere Fremdschollen (Klippen) im Flysch festgestellt worden waren, konnte man annehmen, daß der Kalkstein des Ausbisses bis zum Stollen hinab sich fortsetzen werde. Die Auffahrung des Stollens bestätigte beide Annahmen.

In Gebieten, welche Lockermassen aufbauen, taucht zuweilen die Frage auf, ob ein Tunnel durch diese jüngeren Ablagerungen auch Aufragungen des Grundgebirges anfahren werde oder nicht. Je nach den Absichten des Bauherren kann letzteres erwünscht sein oder nicht. In dem Falle der Abb. 30 deutete ein Ausbiß des Grundgebirges eine seichte Aufbuckelung des Kristallins an. Die geologische Aufnahme machte es unwahrscheinlich, daß das Hohlgangnetz das Grundgebirge im Bergleibe verritzen würde; die geophysikalische Untersuchung des Berges lieferte ein einwandfreies, mit den geologischen Feststellungen übereinstimmendes Bild des Aufbaues des Berges, dem auch die Bauerfahrungen nicht widersprachen.

Die Gefährdung von Untertagräumen durch Erdbeben.

Das japanische E r d b e b e n von 1923 beschädigte die meisten Einschnitte und Tunnel der Atami-Linie schwer. Rutschungen zerstörten Teilstrecken, die am Fuße steiler Kliffe entlang führten. Von den 68.465 Fuß Tunnelstrecken im Erdbebengebiet wurden 4.624 Fuß in 36 Tunneln beschädigt (rund 7 v. H.); geringe Schäden traten im Tamasan-Tunnel auf, der sich im Bau befand.

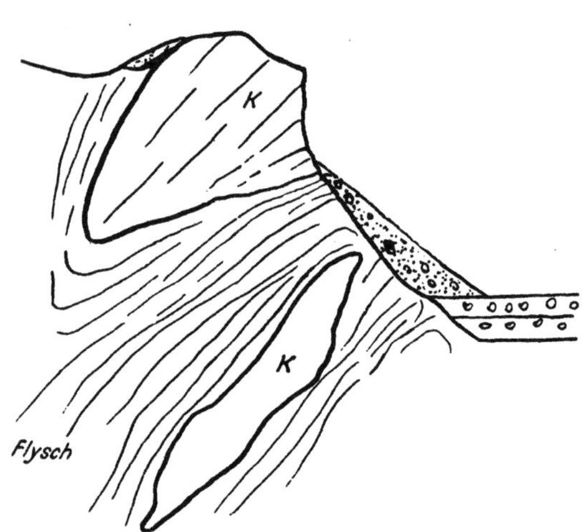

Abb. 29. Riesige Schollen von Kalk (*K*) wickelt der Flysch ein und erschwert so die geologische Vorhersage.

Diese und andere Beobachtungen von Schädigungen der Tunnel durch Erderschütterungen verpflichten den Baugeologen zur genauen Prüfung der Frage, ob Erdbebenlinien das geplante Bauwerk kreuzen oder in seiner Nähe vorüberziehen. Dabei ist die Erfahrung zu berücksichtigen, daß Störungen im Gebirgsbau die Fortpflanzung der Erschütterungen in der Richtung der Bewegungsfläche begünstigen, quer dazu jedoch dämpfen. Stollen, welche Lockermassen durchörtern, leiden stärker als solche in festem Fels. Die Hauptfortpflanzungslinien der Erdbeben fallen nicht immer mit Störungsstreifen zusammen, welche man an der Erdoberfläche feststellen kann.

Licht in die Frage, ob selbst schwächere Erdbeben imstande sind, Untertagräume zu schädigen, bringen auch die Beobachtungen in Bergbauen, über welche H a u s s m a n n berichtet (3). In festen Schichten wirken sich die Bodenschwingungen weit weniger aus, als in weichem Untergrunde. Die Unfälle durch Kohlen- und Gesteinfall waren in Oberschlesien während Erdbeben einige Stunden nachher erheblich (um 36 bis 95 v. H.) größer als in den erschütterungsfreien Zwischenzeiten. Für Westdeutschland konnte meines Wissens bisher kein Zusammenhang zwischen Erdbeben und Schlagwettern, Gesteins- und Kohlenfall nachgewiesen werden. Auf die Wirkung von Erdbeben auf Untertagbaue sind jedenfalls Stärke der Erschütterung, Art der Deckschichten, Mächtigkeit der Überlagerung, Größe des Hohlraumes usw. von entscheidendem Einflusse.

Den Berichten über Erdbebenschäden an Tunneln stehen auch gegenteilige gegenüber. So schädigte z. B. das Erdbeben vom 29. 6. 1925 den 4 Meilen langen Tunnel nicht, welcher das Wasser vom Gibraltar-Staubecken durch das Gebirge führt. Dieser Wasserleitungsstollen durchörtert verschiedene Ge-

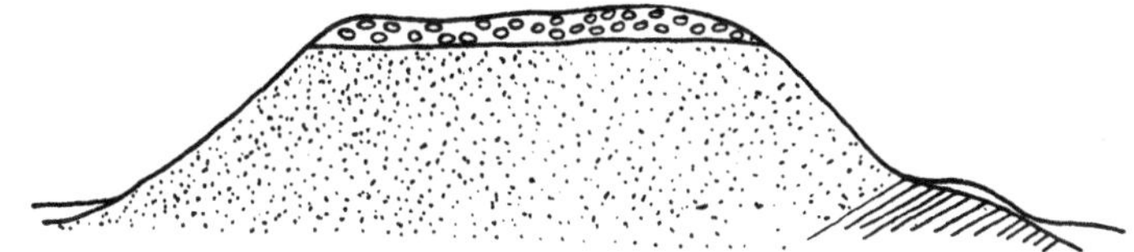

Abb. 30. Das rechts aufbuckelnde Schiefergebirge taucht bald gänzlich unter, es beeinträchtigt den raschen Vortrieb in den Sanden (Punkte) nicht; über diese breiten sich Schotter (Ringe). Wachberg bei Melk.

steinschichten und ist nur auf wenige, kurze Strecken hin ausgemauert. Anstatt den Durchfluß des Wassers durch den Stollen zu verstopfen, vergrößerte das Erdbeben die sekundliche Durchflußmenge auf das Doppelte; ein Teil des Zuwachses stammte augenscheinlich aus dem benachbarten Gebirge selbst. Die Ursache der Zuflußvermehrung ist unbekannt. Da auch oberhalb und unterhalb des Gibraltar-Staubeckens am Santa Ynez-Flusse eine Vermehrung der Wassermenge nach dem Erdbeben beobachtet wurde, glaubte man, daß das Erdbeben Wassertaschen geöffnet habe; solche können dadurch entstehen, daß Klüfte im Fels durch Kalkspatabsätze, Lehm u. dgl. verschlossen werden, Wasser absperren und bei Erschütterungen, aufspringend, wieder Wasser freigeben.

Auswahl aus dem Schrifttum.

1. A m p f e r e r, O., Über einige Formen der Bergzerreissung. Sitzungsbericht Akad. d. Wissensch. Wien, math.-naturw. Kl. 1939. — 2. A m p f e r e r. O., Zum weiteren Ausbau d. Lehre von den Bergzerreißungen. Sitzungsber. Akad. d. Wissensch. Wien, math.-naturw. Kl. 1940. — 3. H a u s s m a n n, K., Anfänge praktischer Physik, Erdbeben und Bergbau. Mittlg. aus d. Markscheidewesen, 48. Jhgg. 1937, H. 2, S. 103—108. — 4. H e i n e, Rudolf, Lange Eisenbahntunnel. Brüssel 1910, W. Wiessenbruch. — 5. R o s e n b e r g, Leo v., The Vosburg-Tunnel, New York 1887. — 6. S t i n y, Josef, Bergzuschub und Bauwesen. Die Bautechnik 1942. — 7. S t i n y, Josef, Zur Färbung der Zerrüttungsstreifen. Geologie und Bauwesen, Jahrg. 1, H. 3, S. 171—175. —

8. S t i n y, Josef, Unsere Täler wachsen zu. Geologie und Bauwesen, Jhgg. 13, H. 3, S. 71—79. — 9. S t i n y, J., Untersuchungen über die Wasserdurchlässigkeit von Zerrüttungsstreifen i. Gebirge. Die Wasserwirtschaft, Wien 1924, S. 291—292. — 10. S t i n y, Josef, Zerrüttungsstreifen und Steinbruchbetrieb. Geologie und Bauwesen, Jahrg. 1, H. 1, 1929, S. 60—62. — 11. B e n d e l, L., Tunnelgeologie, Hoch- und Tiefbau, 1942/43, 27 S. m. 29 Abb.

C. Das Lösen des Gebirges.

Das Gebirge setzt seiner Ausräumung (Gewinnung, Ausbruch, Lösung) einen Widerstand entgegen („Verspannung", Gewinnungsfestigkeit), auf welchen u. a. nachstehende Verhältnisse Einfluß nehmen: Gestein (Härte, Tracht, Gefüge, Kornbindung, Verband, Klüftung, Sprödigkeit, Bohrbarkeit usw.), Lagerung der Bergarten, Mächtigkeit der Einzelschicht, Gesteinwechsel, Größe und — zuweilen — Gestalt des Hohlraumes, verwendete Geräte usw. Die „Verspannung" ist beim Beginne der Arbeit am größten, wenn man den „Einbruch" (Kerbe, Schlitz, Schram) herstellt; sie nimmt mit der Zahl und mit der Ausdehnung der freien Flächen ab, bleibt jedoch in der Regel stets über dem Durchschnitte der Gesteinsverspannung beim Lösen obertags.

Die H ä r t e eines Gesteins hängt einerseits von der Härte der Mineralien ab, welche die Bergart zusammensetzen, andererseits aber auch von dem Zusammenhalte dieser Mineralien (Kornbindung!); man darf sie daher der Mineralhärte nicht ohneweiters gleichsetzen. Die Gesteinshärte ist es hauptsächlich, welche den Grad der Abnutzung der Bearbeitungs-Werkzeuge bestimmt.

A r t und F e s t i g k e i t der K o r n b i n d u n g beeinflussen neben der Härte den Widerstand, welchen ein Gestein der Trennung seiner Körner durch Werkzeuge entgegensetzt. Die geschickte Wahl des Gezähes erleichtert seine Überwindung sehr.

Zu den U n s t e t i g k e i t s f l ä c h e n, welche den Zusammenhalt eines Gesteines vermindern, zählen die Lose (Schlechten, Lassen, Schnitte), die Schieferungsfugen, die Schichtflächen, die fremden Einlagerungen (Schlieren, Versteinerungen usw.), die Salbänder (Bändertracht) usw. Ein und dieselbe Bergart läßt sich z. B. viel leichter lösen, wenn sie nicht massig, sondern geschichtet ausgebildet ist. Auch Hohlräume mannigfacher Art sind imstande, die Ausbrucharbeit zu erleichtern (Zellenkalke, Rauhwacken, Schlacken, Bimssteine usw.).

Der Lösungswiderstand eines Gesteines hängt aber nicht bloß von der Bergart und ihrer Ausbildung, sondern in hohem Grade auch von dem angewendeten W e r k z e u g e ab; man spricht daher auch von der Stechbarkeit einer Bodenart, von der Pickelbarkeit eines Tones, von der Schrämmbarkeit, der Bohrbarkeit, Schießbarkeit usw.

Das „Gezähe", dessen man sich zur Hereingewinnung der Massen bedient, ist verschieden je nach dem vom Lösungswiderstande bestimmten Arbeitsvorgange und je nach der Länge und dem Querschnitte des Hohlganges; man kann die Häuerarbeit (Abkeilen. Schrämen) von der Bohrarbeit (Bohren und Schießen) unterscheiden.

Die Gewinnungsfestigkeit eines Gebirges bestimmt man bei der Planung und vor der Vergebung der Arbeiten am besten aus Großversuchen (Probestollen; S. 9); ihre Ergebnisse legen den Grund für die Aufstellung von Kostenvoranschlägen, für die Wahl der Betriebsweise, für Bauzeitanschätzungen, Wirtschaftlichkeitsberechnungen usw.

Je nach seiner Gewinnung hat man das Gebirge in verschiedene Gruppen (Bodenarten) eingeteilt; ich gebe eine der Einteilungen nachstehend wieder,

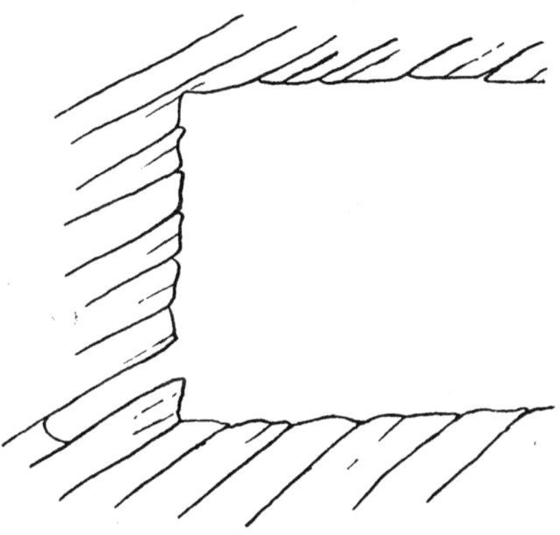

Abb. 31. Die Schrämarbeit fährt dem Einfallen der Schichten nach; Schram hier „unten".

bemerke jedoch ausdrücklich, daß Größe und Gestalt des Hohlraumes sowie Arbeitsvorgang den Arbeitsfortschritt derart entscheidend beeinflussen, daß der Gebrauch der üblichen Übersichten nur eine rohe Annäherung an den erzielbaren Erfolg gestattet und man besser tut, Versuchsstollen vorzutreiben.

1. Schöpfboden (Din 1962 IA). Mit Eimer oder Schlammschaufel gewinnbar. Hierher rechnet man Triebsand, Schlamm u. dgl.

Schaufelboden und Stichboden, mit der Schaufel oder mit dem Spaten stech- und grabbar. Hierher gehören loser Sand, sehr magerer Lehm, manche Lösse, ganz locker gelagerter (junger) Schotter, lose, reine Kiese, Ackererde, lockerer Torf, die oberen, sperrig gelagerten Schichten von Schutthalden, junge Anschüttungen und ähnlich beschaffene Lockermassen, deren geringer Zusammenhalt keinen besonderen Arbeitsaufwand erfordert, so daß der Arbeiter hierzu nur 0.5 bis 0.9 Arbeitsstunden je Raummeter benötigt.

2. Leichter (milder) Hackboden; mit der Breithacke, bei stärkerem Zusammenhalte mit der Spitzhacke (Pickel, Krampen) lassen sich leicht bearbeiten: Mittelfester Lehm, Löß (z. T.), dicht gelagerter Moorboden, mancher Letten, lehmige Kiese und Schotter, dicht gepackte und fest gelagerte (ältere) Schotter, loser Gehängeschutt, Ablagerungen von Seitenmoränen, Verwitterungsgrus von Durchbruchgesteinen, mürbe Mergel, lehmige Sande u. dgl.

Bei der Arbeit des Lösens helfen stärkere Spaten oder die Breithaue mit; die zäheren Böden unter ihnen kann man mit Vorteil von 3 bis 4 m hohen Abbauwänden abkeilen. Arbeitsaufwand: 0.9 bis 1.5 Arbeitsstunden je Raummeter.

3. Spitzhackenboden (schwerer Hackboden). Mit dem Pickel sind schwer zu bearbeiten: Blockschutt, Geschiebelehme und ähnliche Ablagerungen (z. B. Grundmoränen), Gipsgesteine, zähe oder kräftig ausgetrocknete Tone, schwere Letten, feste, aber nicht ganz harte Mergel, Tonmergel, weiche z. B. tonhältige Sandsteine, mäßig fest gelagerte Durchbruchgesteintuffe, Schiefertone, sehr mürbe kristalline Schiefer (Talkschiefer, Seidenschiefer, glimmerreiche Phyllite), Verderbtgesteine, Quetschgesteine usw., sehr grobe und fest gelagerte Schotter, tongebundene Schotter („Pechschotter") usw. Sprengung mit Pulver und anderen, wenig brisanten Stoffen lockert vor und erleichtert die weitere Hereingewinnung; zuweilen fördert der Abbauhammer die Arbeit sehr. Erforderliche Arbeitszeit je Raummeter: 1.5 bis 2.3 Stunden.

4. Brüchiges (gebräches) Gestein (Brechboden, Keilboden) mit Brechstange, Abbauhammer, Spitzhacke, Schlegel und Keil lösbar; gelegentliches Schießen. Hierher rechnet man viele mürbe, glimmerreiche Glimmerschiefer, die meisten Blätterschiefer (Phyllite), weiche Chloritschiefer.

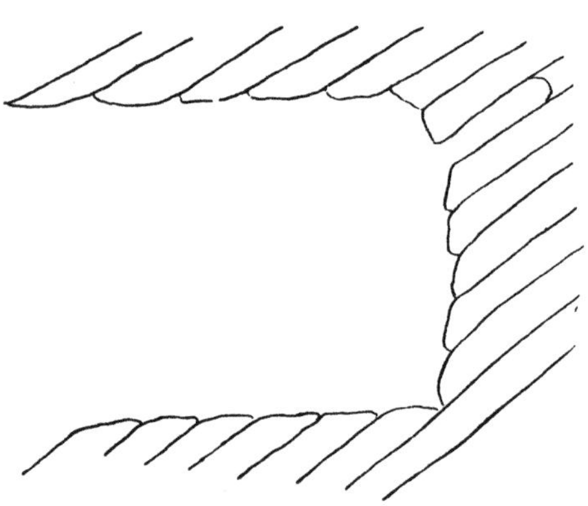

Abb. 32. Schram „oben", dem Verflächen der Schichten folgend.

dünngeschichtete, namentlich mit Tonen wechsellagernde Sandsteine, Mergel und Kalke, sehr feste (wasserarme) Tone, weitgehend zerklüftete Ergußgesteine (z. B. manche, rasch erstarrte Säulenbasalte), viele Quetschgesteine mäßigen Verruschelunggrades, stark und tiefgehend verwitterte Durchbruchgesteine, lockere Konglomerate, Mürbmergel, kleinzerhackte und stark gequetschte Dolomite usw. Arbeitsaufwand je Raummeter: 2.3 bis 3.3 Stunden.

5. Mittelfestes Gestein (Leichter Sprengboden): Durch Verwendung von Sprengmitteln unter gelegentlicher Mithilfe von Brechstange und Keil lösbar sind feste, aber dünnplattige Kalke, Hartmergel und Sandsteine, zerhackte Dolomite, manche festere Tuffe der Durchbruchgesteine, viele Mürbgneise und Glimmerschiefer, zahlreiche mittelfeste Chloritschiefer, mildere Grauwacken, mittelfeste Konglomerate, zerklüftete Kalke, kräftig zerhackte Durchbruchgesteine, Verwitterungschwarten sonst harter und fester Bergarten u. a. m. Arbeitszeit für einen Raummeter: 3.3 bis 4.5 Stunden.

6. Festes Gestein (Mittlerer Sprengboden), nur noch durch Schießen lösbar: klotzige Kalke und Dolomite, Marmore, mittelharte bis nicht zu harte, klüftige Durchbruchgesteine aller Art, Hartsandsteine, feste Konglomerate, mittelfeste kurzklüftige Amphibolite, harte (z. B. quarzreiche) Urtonschiefer (Quarzphyllite), Strahlsteinchloritschiefer (Prasinite), feste körnige Grauwacken u. dgl. Aufwand: 4.5 bis 6 Arbeitsstunden je Raummeter.

7. **Sehr festes Gestein** (schwerer Sprengboden), nur durch Schießen mit kräftig wirkenden Sprengmitteln wirtschaftlich lösbar: sehr harte und wenig zerklüftete Durchbruchgesteine namentlich der basischen Reihen (Diorit, Gabbro, Peridotite, Pyroxenite, Basalt, Andesit, Melaphyr, Diabas u. a. m.), zähe Umprägungsgesteine (viele, namentlich massige Ampibolite, Hornfelse, Granulite, Hornblendeschiefer, Eklogite, Hornblendefelse), einzelne, besonders feste, weil massig ausgebildete Granite, Syenite, Porphyre usw. Aufwand an Arbeitszeit etwa 6 bis 10 Arbeitsstunden.

Wechseln Schichten verschiedener Bearbeitbarkeit in wagrechtem oder lotrechtem Sinne rasch miteinander ab, so gibt man bei der Beurteilung der Bearbeitbarkeit einen Mittelwert an. Gegenüber dem der Gruppeneinteilung zugrunde gelegten Arbeitsaufwande in Steinbrüchen gibt man einen gewissen Zuschlag, welcher umso kleiner sein kann, je geräumiger der auszubrechende Hohlraum ist.

Schwierige Lösung eines Gesteins und **Standfestigkeit** decken sich manchesmal, jedoch nicht immer. Quarzphyllit z. B. mit zahlreichen Adern, Knauern und Linsen von Quarz bohrt sich schlecht und schießt sich nicht gut; trotzdem neigt er zur Nachbrüchigkeit, ja manche gebirgbaulich stärker beansprucht gewesene Vorkommen zerfallen rasch oder zersetzen sich bei Zutritt von Wasser zu einer breiigen Schmiere.

1. Das Lösen von Hand aus.

Von Hand aus werden heutzutage nur mehr kurze Stollen vorgetrieben, für deren Auffahrung sich die Herbeischaffung (entlegene Gebirgsgegenden) und die Aufstellung maschineller Einrichtungen nicht lohnt.

Als Gezähe dienen vornehmlich Schaufel, Spaten, sowie Keilhaue und Picke (für mildes Gebirge wie Sand, Lehm, gewisse Tone, Tonmergel usw); Fäustel und Keil verwendet man gelegentlich, wenn man die Auflockerung des Gebirges durch Sprengschüsse vermeiden will, oder wenn man dem Hohlraum eine gewisse, durch Schießen nicht erzielbare Vollendungsform geben muß. In festeren Bergarten bedient man sich der Bohrung von Hand aus und des Sprengens.

Das Schrämen und Abkeilen von Hand aus.

Lockere Gesteinsmassen von größerem Gewicht **renkt** man mit der Brechstange **ab** oder **keilt** sie mit stählernen Keilen ab.

Die **Schrämarbeit** bedient sich häufig der Keilhaue, in festen, gleichmäßigen Bergarten zuweilen nach Bergmannsart des Schlägels (Fäustels) und des „Eisens" (Keiles); meistens wendet man jedoch den Abbauhammer an oder verschiedene Fräser, welche dann zu den Stollenvortreibemaschinen überleiten.

2. Das Lösen mit Hilfe maschineller Einrichtungen.

a) Das Schrämen und Abkeilen.

In brüchigen Bergarten erzeugt man meistens Schräme (Schlitze) mit dem sog. Abbauhammer und treibt den Rest des Querschnittes herein. Der Abbauhammer unterscheidet sich vom gewöhnlichen Bohrhammer durch das Fehlen der Umsetzvorrichtung; er arbeitet zumeist mit Spitzmeißeln (Spitzeisen, Schrämspießern); die beabsichtigte Verteilung der Kraftäußerung auf eine größere Fläche verlangt eine große Schlagarbeit und einen langen Arbeitshub, um das Gestein tunlichst weitgehend zu zertrümmern und so die Arbeit wirtschaftlich zu gestalten. Leichte Hämmer bevorzugt man in sehr weichen und auch in flachgelagerten Bergarten, schwere in etwas härteren oder in steiler aufgerichteten Gesteinen, zum Aufreißen von Beton, Mauerwerk u. dgl. Neben seiner Hauptverwendung zum Schrämen besorgt der Abbauhammer auch das Nachreißen von Fels, die Herstellung von Bohrlöchern u. a. m. Besonders wertvoll ist die Schonung des Gesteins durch ihn bei der Vollendung des Querschnittes (Reinfläche gegenüber der Rohfläche); aber auch in anderen Fällen, wo die Gefahr von Erschütterungen, der Beschädigung von Leitungen, von Rißbildungen im Gestein usw. die Sprengarbeit verbietet, greift man gerne zum Abbauhammer.

Manche Sandsteine lassen sich leicht mit Preßluftmeißeln, Preßluftspaten oder sogar mit Preßluftdüsen schneiden. So z. B., wie Eng. News Record 1935, 7. 11. S. 627 schildert, der weiße Sandstein unter Twin Cities im Gebiet von Minneapolis und St. Paul, welcher im ungestörten Zustande recht standfest sich verhielt, nach der Beschreibung etwa vergleichbar dem weißen tertiären Melkersandstein des österreichischen Alpenvorlandes. Beim Ausbruch des Tunnelraumes zerfällt der Twin City-Sandstein zu feinem Sand, welchen man, im Wasser aufgeschlämmt, wirtschaftlich mit Pumpen aus dem Tunnel hinausbefördern kann.

Den großen Unterschied zwischen der Wirkung des Schrämens und des Schießens auf den Fels zeigten u. a. auch die jüngsten Arbeiten in den untertägigen Kalksandstein-Brüchen von Aflenz bei Wildon (Steiermark) auf. Das früher üblich gewesene Herausschrämen der Werksteine schonte das Gestein so sehr, daß in der Decke der Hohlräume auch bei Spannweiten von 12 bis 20 m kaum irgendwo junge Sprünge aufrissen. Als man nun später einen Vorrichtungstollen mit etlichen Erweiterungnischen aussprengte, erschütterten die nicht überdurchschnittlich starken Schußwellen die Leibung benachbarter, älterer Hohlräume derart, daß junge, feine Risse in der Decke bis in Entfernungen von etwa 20 bis 30 m vom Schußorte sich auftaten. Der langsame Vortrieb mit einfachen, das Gestein schonenden Werkzeugen erklärt überhaupt, wieso weite Kellerhallen und große Dome in Bergwerken durch Jahrhunderte hindurch in den gleichen Bergarten sich standfest erhielten, in welchen sie sich in den letzten Jahren bei gewaltsamem Vorgehen nachbrüchig zeigten.

Bei der Herstellung der reinen Endform des Querschnittes hilft der Abbauhammer den Mehrausbruch verkleinern, welcher besonders engräumige

Stollen und solche mit teurer Auskleidung unverhältnismäßig belastet. Der Achenseestollen beseitigte die beim Nachnehmen der Leibung mit schwachen Schüssen verbliebenen Felszacken mit dem Abbauhammer und setzte dadurch den Überquerschnitt im Gutensteinerkalk und im Wettersteinkalk auf 0.7 m³ je Laufendmeter oder auf 8 v. H. der Ausbruch-, bzw. 29 v. H. der Betonmasse herab. Der rissige und schwer schießbare Verrukano des Sernfwerkes dagegen gestattete das Schrämen nicht; der Mehrausbruch betrug daher hier im Mittel 0.8 m³ je Laufendmeter oder 16 v. H. der Ausbruch- und 53 v. H. der Betonmasse. Die Zahlen sprechen für sich.

Manche tonreiche M e r g e l lassen sich mit Tonspaten schneiden, stehen aber in kleineren Querschnitten doch ohne Auskleidung. Den 29.8 km langen Wasserstollen für Charleston, S. C., ließ man sogar ohne endgiltigen Einbau. Über die Herstellung dieses Stollens von 17 Schächten aus innerhalb eines Zeitraumes von nur 9 Monaten berichtet die Zeitschrift Eng. News Record v. 8. 7. 1937, S. 59. In der Brust des Querschnittes von 2.1 m Durchmesser brachte man mit eigenen Bohrern Löcher von rund 1½ m Tiefe an, welche sich mehr oder weniger kegelförmig gegeneinander neigten. Elektrisch gezündete Ladungen schossen diese Gesteinmasse 1 m oder etwas mehr weit heraus. Die richtige Querschnittform stellte man dann mit Preßluftspaten her; die feine Endarbeit besorgte eine Zimmermannsaxt.

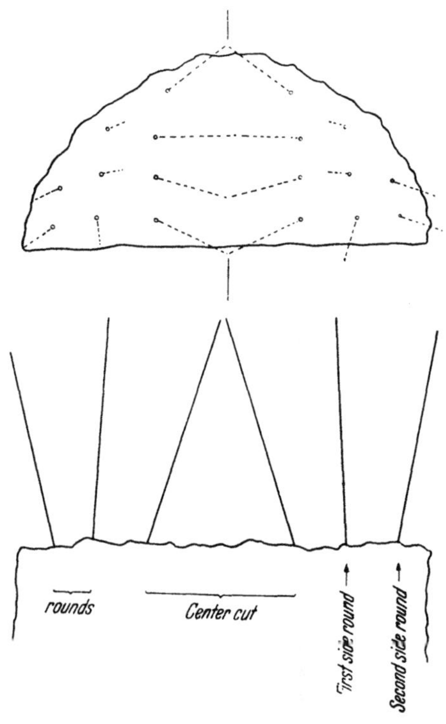

Abb. 33. Mitteleinschnitt (*Center cut*) beim Ausbruch des Oberraumes („heading") im Vosburg-Tunnel. Nach R o s e n b e r g. *Side rounds*-Randlöcher.

Maschinelle Schrämarbeit leisten die S c h r ä m m a s c h i n e n und die K e r b -(Schlitz-)maschinen; erstere schaffen einen wagrechten, letztere einen mehr oder weniger lotrechten, keilförmigen Einschnitt (Einbruchkerbmaschinen). Den Rest des Querschnittes tut dann der Abbauhammer oder die Sprengarbeit ab. Die Schrämmaschinen wirken entweder fräsend (hobelnd, schneidend; Kettenschrämer, Stangenschrämer, Radschrämmaschinen), stoßend oder bohrend. Ihr Anwendungsgebiet im Hohlraumbau beschränkt sich auf gewisse milde oder überhaupt weiche Gesteine; Großschräm-

3*

maschinen, wie jene von B a t a mit kreisrunder Arbeitsbahn haben sich in Mitteleuropa bisher nur in bestimmten Bergarten bewährt. Vorläufig tut man am besten, zu versuchen und Erfahrungen in verschiedenen Gesteinen zu sammeln. In Amerika hat man "Core Drills" mit Durchmessern bis zu 1.8 m erzeugt; sie leiten vom Bohren zum Ausschrämen des vollen Querschnittes von Stollen und Schächten hinüber und sollen sich gut bewährt haben (z. B. Calyx core drills der Ingersoll-Rand Company).

Beim Schrämen „fährt" man am besten der Schichtlagerung „nach" (Abb. 31); dabei schrämt man die weichste und dünnste Gesteinlage heraus und „bricht" die übrigen „ab"; je nach den Gesteinverhältnissen legt man den Schram „oben" oder „unten an" (Abb. 31, 32).

b) Bohrarbeit und Sprengarbeit.

Man leistet die Bohrarbeit von Hand aus oder maschinell. In jedem Falle bohrt man entweder d r e h e n d, s c h l a g e n d oder s t o ß e n d.

Drehendes Bohren wendet man in milden (mürben) Gesteinen (Schieferton, Tonstein, Gips, tonreiche Mergel, mürbe Sandsteine) an. Stoßend zu bohren verbieten enge Raumverhältnisse, z. B. in Wehrmachtstollen (Kavernen). Schlagendes Bohren empfiehlt sich für mittelhartes bis hartes Gestein.

Handbohrung ist bei kurzen Stollen in nicht zu harten Gesteinen und wohl auch dort am Platze, wo der Zeitaufwand für die Auffahrung gar keine Rolle spielt; man wendet es auch auf schwer zugänglichen Arbeitsstellen an, wenn der geringe Umfang der Vortriebarbeiten die Zugänglichmachung der Baustelle für die Herbeischaffung der Ausrüstung zum maschinellen Bohren nicht lohnt. Zuweilen nötigen besondere Gesteinverhältnisse zum Handbetriebe.

Im stark zerquetschen Gabbro (Eufotide) des Turchinotunnels mußte man die maschinelle Bohrung aufgeben und durch Handbohrung ersetzen. Hornsteinkalke (die sog. Woltschacherkalke der Kreidezeit) bohrte man im Wocheiner Tunnel von Hand aus.

Im Albulatunnel mußte im Dezember 1899 auf der Nordseite die Maschinenbohrung von 620—630 m eingestellt werden, weil das Gestein zu weich war. Ebenso zwang auf der Südseite des Lötschbergtunnels bei km 1.523 bis 1.538 eine Schicht von Anthrazit und graphitischen Schiefern zur Handbohrung.

Maschinelles Bohren verkürzt die Bauzeit ganz wesentlich; man kann es auch für verhältnismäßig kleine Hohlraumausbrüche dann nicht umgehen, wenn das Gestein besonders fest ist oder wenn man viele aufsteigende Löcher zu bohren hat; in langen Stollen ist die

Maschinbohrung die gegebene Arbeitsweise; sie ermöglicht die Anordnung größerer Bohrlochweiten und damit stärkere Sprengladungen mit besserer Wirkung — freilich auf Kosten der Standfestigkeit der Leibungen.

Der B o h r w i d e r s t a n d eines Gesteins hängt bei einem und demselben Gezähe im allgemeinen von seiner Festigkeit ab. Die Druckfestigkeit einer Bergart ist aber nur ein roher Maßstab für die Bohrarbeit eines Gesteins; er erweist sich besonders bei schlagendem und stoßendem Bohren nützlich; drehendes Bohren beansprucht die Bohrlochsohle nicht bloß drückend und stoßend, sondern auch scherend und auf Zug. Immerhin gibt das Schaubild, mit welchem v. R a b c e w i c z die Beziehungen zwischen Druckfestigkeit, Gesteinwiderstand und Bohrgeschwindigkeit darstellt, willkommene Anhaltspunkte. In sehr festen Gesteinen sinkt die Bohrgeschwindigkeit ungemein rasch, während der Bohrwiderstand der Bergart gewaltig in die Höhe schnellt.

In Minnesota erzielte die Flammenbohrung (fusion piercing) ausgezeichnete Bohrfortschritte; man teufte 152 mm weite Löcher zehnmal schneller ab (bis 9 m tief!) als mit dem gewöhnlichen Drehbohrer. Dabei bedient man sich einer Sauerstofflamme von etwa 2200⁰ Hitze, welche man gegen die Felsoberfläche richtet. Während das Gestein schmilzt oder zerspringt, prallt auf den Fels ein Wasserstrahl auf, welcher die Zerkleinerung vollendet und sich in Dampf verwandelt. Dieser bläst die Gesteinsplitter aus dem Loche heraus, während das Wasser gleichzeitig den Brenner kühlt. Knapp oberhalb der Brennerspitze sitzen Schneiden, welche noch nicht völlig abgebrochene Splitter abtrennen, zur Zerkleinerung des Gesteins beitragen und das Loch formen.

In den letzten Jahren hat man, an ältere, französische Versuche anknüpfend, das sog. „thermische" Verfahren vervollkommnet; es bedient sich des verbesserten Sauerstoffsticheisens und soll sich insbesonders in Sandsteinen, in basischen Bergarten usw. bewähren (Bergbau-, Bohrtechniker- und Erdölzeitung, Wien 1948, H. 10).

α) B o h r e r a r t e n.

V o l l b o h r e r wendet man für lotrechte oder steil aufsteigende Bohrlöcher an, aus welchen das Bohrmehl von selbst herausfällt. Aus wagrechten oder sanft nach irgend einer Richtung geneigten Bohrlöchern schafft der S c h l a n g e n b o h r e r mit seiner „Förderschnecke" das Bohrmehl heraus. Steil oder gar lotrecht absteigende Bohrlöcher säubert der H o h l b o h r e r mittels Auspuffluft, mittels anderer Druckluft oder mit Hilfe von Preßwasser; dieses beseitigt gleichzeitig die Staubplage.

D r e h b o h r e r. Drehendes Bohren wirkt gleichzeitig durch Druck und Scherung (wagrechte Absplitterung). Rechteckiger Querschnitt der Flügel eines Schlangenbohrers räumt das Bohrmehl besser aus dem Loche und eignet sich für mildes Gebirge bis etwa zum Sandsteinschiefer. Rautenförmiger Querschnitt (schwertförmiger) taugt besser für festes, etwas härteres, trockenes Gestein; R a n d z i o (13) gibt Durchmesser von 35 bis 42 mm als üblich an. Für mildes, feuches Gestein empfiehlt die F l o t t m a n n G. m. b. H. einen „schaufelförmigen" Bohrerquerschnitt, welcher fähig sein soll, feuchtes Bohrmehl aus dem Bohrloche herauszuschaffen. L. v. R a b c e w i c z (12) rät in weicheren Gesteinsarten zur Benützung der handbedienten Preßluftdrehbohrmaschine von. etwa 10 kg und 800—900 Umdrehungen/min.; sie arbeitet in weicheren Gesteinen viel rascher als Bohrhämmer. Die S i e m e n s - S c h u c k e r t werke A.G. liefern auch eine elektrisch angetriebene Drehbohrmaschine; ihr Bohrer frißt sich bei entsprechendem Anpreßdruck (600 bis 1.000 kg) auch in weniger weiche Gesteine rasch hinein (Kalkstein, Dolomit, Anhydrit). Für Hartgesteine, welche Anpreßdrucke bis zu 15.000 kg je Bohrkrone verlangen, hat man die Drehbohrmaschinen verlassen.

β) B o h r e r s c h n e i d e n f o r m e n.

Die einfache Messerschneide wählt man für hartes, aber nicht zu hartes, kluftarmes Gestein und für kleinere Lochdurchmesser; dicke Einfachschneidenbohrer erzeugen bei ihrer mangelhaften Rundführung leicht eckige Bohrlöcher.

Doppelmeiselschneiden taugen für größere Bohrdurchmesser in hartem Gestein, auch wenn es klüftig ist; so für manche Konglomerate, Breschen usw. Ihre Rundführung ist gut. Die Kerbe zwischen den beiden Schneiden darf nicht zu klein sein, damit sich der Schmant nicht in ihr festsetzt. Das Spülloch liegt zwischen den beiden Schneiden.

Die Kreuzschneide bewährt sich für weite oder tiefe Löcher in hartem, klüftigem Gestein. Die weitergehende Zermalmung des Gesteins verlängert jedoch die Bohrzeit. Nach L u c a s (A 8) wendet man diese Schneideform heute nur mehr in weniger harten Bergarten an. F e u s t e l (6) lobt ihre besonders wirksame Rundführung.

Die X-Schneide wird für besonders weite und tiefe Löcher in klüftigem Gestein empfohlen; hier läuft sie weniger Gefahr, sich festzusetzen als die Kreuzschneide. Ihre Rundführung befriedigt sehr.

Mit der Z-Schneide arbeitet man im nicht zu harten Gestein; sie verklemmt sich nicht leicht, eignet sich daher für kurzzerhackte

Bergarten und ist überall ratsam, wo Meiselschneiden festklemmen Die Flügel helfen runde Bohrlöcher zu erzielen; sie müssen zu diesem Zwecke entsprechend breit sein und zwar umso breiter, je größer der Durchmesser der Schneiden ist (entsprechend einem Winkel von etwa 35⁰).

Mit der 6- oder 8schneidigen Krone bohrt man in sehr hartem, klüftigem Gestein; die eigentlichen Kronenbohrer besitzen an Stelle der Schneiden hervorragende Spitzen, welche dem Bohrkopf ein kronenähnliches Aussehen verleihen. Kronenschneidebohrer bearbeiten die Bohrlochsohle an und für sich schon gleichmäßig und wirken zermalmend, nicht schneidend. Um das Hinwegbefördern des Bohrkleins zu fördern, erweitert man die Ausschnitte zwischen den Zähnen durch besondere Nuten am Schneidenumfang.

γ) Durchmesser der Bohrerschneiden.

Der kleinste Schneidendurchmesser eines Bohrers muß mindestens um 6 mm größer sein als der Durchmesser der Bohrerstange, damit das beim Bohren hinter die Schneide gedrängte Bohrklein genügenden Raum findet. Der Durchgang des Bohrschmantes hinter die Schneide erfolgt umso leichter, je einfacher die Schneide gestaltet ist.

Zwingen die Verhältnisse zur Anwendung außergewöhnlich langer Schneiden, dann bedient man sich nach Feustel (6) aufgesetzter Schneiden. Man vermeidet derart große Schneidenlängen jedoch gerne, da ihr großes Drehmoment das Einsteckende bei Überbeanspruchung leicht abwürgen kann.

Für die zulässigen Längen der Bohrerschneiden gibt Feustel K. nachstehende Zahlenübersicht.

Zulässige Länge der Schneide bei nebenstehender Dicke des Bohrerstahles		Durchmesser der Bohrerstange			
		22 mm	26 mm 22 mm	30 mm 26 mm	30 mm
Einfachschneide	mindestens	30	34	38	—
	höchstens	60	70	80	—
Z-Schneiden	mindestens	30	34	38	—
	höchstens	60	70	80	—
Doppelschneide	mindestens	30	34	38	40
	höchstens	55	65	75	85
Kreuzschneide	mindestens	30	34	38	40
	höchstens	55	65	75	85
X-Schneide	mindestens	30	34	38	40
	höchstens	55	65	75	85
Kronenschneide	mindestens	30	34	38	40
	höchstens	50	60	70	80

Beschleunigter Vortrieb in Hartgestein erheischt größere Bohrlochdurchmesser und schwere Bohrmaschinen. Nur in weiteren Löchern lassen sich die erforderlichen Zusammenballungen von Sprengmitteln unterbringen und jene Steigerungen der Sprengwirkung erzielen, ohne welche man besondere Vortriebsgeschwindigkeiten nicht erreichen kann. Auch dann, wenn man mit größeren Tiefen der Bohrlöcher rechnet, kann man weitere Bohrlöcher kaum umgehen. Freilich schädigen tiefe und ebenso auch weite Bohrlöcher mit ihren starken Ladungen die Standfestigkeit des Gebirges oft sehr und ziehen die bekannten Auswirkungen der Auflockerung des Gesteins in mehr oder minder hohem Maße nach sich; man wird sich ihrer daher nur bei der Herstellung der Rohgestalt des Hohlraumes bedienen und für die Herstellung der Endform eine pflegliche Art des Nachreißens wählen.

δ) Schneidenmetall.

Gewöhnlichen Bohrstahl verwendet man heute hauptsächlich nur mehr für leicht bohrbare Gesteine. Schon für mittelharte Bergarten, wie Kalk, Dolomit, Anhydrit usw. empfehlen neuzeitliche Fachleute, wie z. B. v. Rabcewicz (12) aufsetzbare Bohrkronen aus Edelstahl. Hartgesteine, wie Granite, Gneise, Porphyre, Porphyrite, Diorite, Diabase, Basalte, Gabbros u. dgl. bohrt man wirtschaftlich mit Hartmetallen, z. B. mit Widia-Kronen, Böhlerit u. dgl.; sie bestehen aus Wolframkarbid (W C, Härte zwischen 9 und 10), das man mit etwa 10 v. H. Kobaltpulver auf keramischem Wege durch Pressen und Sintern verfestigt und formt. Andere setzen dem Wolframkarbid Eisen, Cer und Titan zu.

Größe der einzelnen Bohrschneiden für bestimmte Bohrsätze nach K. Feustel 1937.

	Bohrerschneidendurchmeser in mm				
	Gestein				
	weich	mittelhart	hart	sehr hart	
	Mindestabstufung der Kleinstschneide in mm				
	2	3	4	5	
Bohrer-Nutzlänge in m 0.5	45	53	63	74	
1.0	42	48	56	64	
1.5	39	44	50	55	
2.0	36	40	44	47	
2.5	34	36	39	41	
3.0	32	33	34	35	
3.5	30	30	30	30	

ε) **Wahl der Bohrerschneiden und Bohrmaschinen in verschiedenen Gesteinen.**

Im milden Gesteine herrscht Keilwirkung vor und daneben voraneilende Zermalmung zu Staub. Man wählt stärker gekrümmte Schneiden; der Halbmesser der Schneidenkrümmung beträgt weniger als das doppelte des Bohrlochdurchmessers; der Keilwinkel ist klein, geht jedoch nicht unter 30^0 herab ("geschleifige" Schneide); die Schärfe der Schneide darf "abgesäumt" werden, um die Zermalmung weichen Gesteins zu steigern. Die Breite der Schneide schwankt nach L u c a s um $4/_3$ des Bohrstangendurchmessers. Man benützt meist Bohrhämmer oder noch wirtschaftlicher Drehbohrmaschinen (z. B. kleine, elektrische Drehbohrmaschinen in trokkenem, gleichmäßigen Gebirge ohne harte Einlagerungen).

Den Durchmesser der Bohrer, bzw. die Länge der Schneiden kann man bei der Meiselbohrung von Hand aus größer wählen als in harten Gesteinen, in welchen engere Bohrlöcher (von 18 mm aufwärts) am Platze sind. Bei Bohrhämmern liegen die üblichen Bohrlochdurchmesser je nach Bergart usw. zwischen 20 und 50 mm.

Im festen Gestein sprengt der Bohrer die festeren Körner (z. B. Quarz und Feldspat) aus ihrem Verbande mit den weicheren und weniger festen (z. B. Glimmer) und wirkt außerdem zermalmend.

Man wählt sanft gekrümmte Schneiden mit einem Keilwinkel größer als 70^0 ("fleischige" Schneide). Die Breite der Bohrerschneide schwankt um $7/_6$ des Bohrstangendurchmessers. Die Länge der Bohrerschneide wählt man in schwer schießbarem Gestein etwa zwischen 40 und 80 mm, um die Ladung, welche nur ein Drittel der Lochlänge ausfüllen soll, tiefer ins Gebirge senken und dort zusammenballen zu können. Größere Bohrlochdurchmesser erlauben überhaupt tiefere Löcher.

In harten, quarzreichen Gesteinen (z. B. Konglomeraten mit Quarzgeschieben) verklemmen die Bohrhämmer leicht; es treten häufig Betriebsstörungen ein; daher empfehlen sich in ihnen Stoßbohrmaschinen mehr (unter Umständen auch elektrische Stoßbohrmaschinen). Übrigens kommt es beim Bohren nicht immer auf die Härte der Mineralien an, welche die betreffende Bergart zusammensetzen; entscheidenden Einfluß übt auch die Spaltbarkeit der Mineralien aus. Die quarzitische, mittlere Strecke des Bommerstein-Tunnels verlangsamte den Baufortschritt erheblich. Sehr bohrhart sind auch die Aargranite der Schweiz, da sie reichlich Quarz von feinem Korn enthalten.

Sehr fester Fels erfordert Preßwasser-Drehbohrmaschinen; sie arbeiten und drücken bis zu 150 at langsam drehend.

Die Bohrarbeit beeinflussen ungünstig:

Adern von Riesenkorngranit (z. B. im Gneis, Glimmerschiefer, im Blätterschiefer und in anderen, leichter bohrbaren Gesteinen), von Quarz (im Quarzphyllit, Kalkglimmerschiefer, Truggneis, Bündenerschiefer, Glimmerschiefer usw.), Lamprophyren (Partensteinstollen z. B.) usw. Ähnlich ungünstig wirken sich auch Linsen, Knauern, Putzen u. dgl. anderer Einlagerungen aus, welche das Nebengestein an Härte beträchtlich übertreffen; solche Hartlagen neigen dazu, den Bohrer abzulenken und zu verklemmen. Eine seltene Ausnahme bildet senkrechtes Auftreffen der Schneide auf ebene Stellen der Grenzfläche der Einlagerung. Aplit, an sich bohrhart, wirkt sich beim Bohren infolge des geringeren Härteunterschiedes gegenüber Wirtgesteinen wie Tonalit, Granit, Gneis usw. oft weniger ungünstig aus.

Hornsteine in Kalken, Mergeln u. dgl. Sie lenken ebenso wie die Feuersteine in der Kreide die Bohrer ab, fördern ihr Verklemmen und führen zuweilen sogar Bohrerbrüche herbei (Aufprallwirkung).

Zusammenwachsungen (Konkretionen) und Ausscheidungen (Sekretionen), mögen sie härter oder weicher sein als das Hauptgestein.

Arbeitsleistungen in Metern je 1 Minute.
(Nach FRITSCHE, 7.)

	mildes Gebirge	Steinsalz	Sandsteinschiefer, Sandstein	Gips	Kalkstein mittelhart	Granit
Handdrehbohrmaschine mit Schlangenbohrer	0.2—0.06		0.12—0.06			
ohne Maschine mit Handandruck	0.1—0.03		0.06—0.03			
Elektrische Handdrehbohrmaschine der Siemens-Schuckertwerke		0.6—0.8		1.0—0.8	0.2—0.4	
Meiselbohrer u. Fäustel			0.016——0.004		0.016——0.004	
Bohrhämmer	0.4—0.8		0.06—0.10 bis 0.1—0.15			0.04—0.08
Druckluftstoßbohrmaschine						0.18—0.20

Eine reichhaltige Übersicht über Bohrleistungen, welche man in verschiedenen Gesteinen erreichte, gibt E. Randzio (10) auf Seite 33—46.

S c h l i e r e n, welche beträchtlich härter oder leichter bohrbar sind als das Muttergestein.

K l ü f t e (siehe Seite 48) und H o h l r ä u m e aller Art; in letztere „fällt" der Bohrer „hinein"; dieses tritt auch ein, wenn weiche Mittel einen früheren Hohlraum ausfüllen (Tongallen u. dgl.). Lückiges, zelliges, schlakkiges oder blasiges Gefüge behindert die Bohrarbeit ebenfalls wesentlich. Beim Baue der Big Horn River-Straße in Wyoming, USA., erschwerten Kalkspatdrusen das Bohren sehr.

G e s t e i n s w e c h s e l. Jäher und oft sich wiederholender Gesteinwechsel verlangsamt und erschwert die Bohrarbeiten (Lagen von Hartsandsteinen in Weichmergeln und Mergelschiefern, Kalkbänke in Tonmergelstößen, Quarzschieferplatten in Blätterschiefern u. a. m.).

G r o ß e Z ä h i g k e i t der Bergart (z. B. Eklogite, z. T. Amphilolit, Diabase, Gabbros, Diorite, Bronzitfels u. dgl.).

ζ) A l l g e m e i n e s   ü b e r   B o h r l ö c h e r.

Im allgemeinen richtet sich unter sonst gleichen Verhältnissen die L ä n g e der Bohrlöcher nach der Klüftigkeit des Gesteins. Man wählt also für

kluftfreies Gebirge . . . . . tiefere Bohrlöchet
weitständig zerklüftetes Gestein . mitteltiefe Bohrlöcher
stark zerhacktes (kurzklüftiges Gestein)
   oder gequält gefälteltes Gebirge . seichtere (flachere) Bohrlöcher

und bemißt den

Bohrlochwinkel in hartem Gestein mit $\quad$ 25—35⁰

Bohrlochwinkel in weichem Gestein mit $\quad$ 35—45⁰.

Im Stollen kann man die durch den Bohrlochwinkel bedingte Vorgabe (siehe S. 57) h ö c h s t e n s gleich der halben Breite, bzw. Höhe des Querschnittes machen; diese Feststellung begrenzt auch die Tiefe der Bohrlöcher. Andererseits geht man in Mitteleuropa bei maschinellem Vortriebe auch in großen Querschnitten von 10—12 m² und mehr über Bohrlochlängen von 2 m kaum hinaus; die Sprengladungen und die Wurfkegel werden dann sehr groß, man zerschießt Ulmen und Firste und erhält eine mehr oder minder große Überfläche (Überquerschnitt). Beim Vortriebe des Vosburg-Tunnels gab man den Bohrlöchern für den Mitteleinbruch eine Länge von 10 Fuß, den Randlöchern (Abb. 33) eine Tiefe von 7—9 Fuß; das Gestein (Sandsteine und Schiefer) rächte sich, indem es nach einiger Zeit nachbrüchig wurde; ja, auf eine Gesamtlänge von mehr als 300 Fuß warf es die Firste in einer Dicke von 1—3 Metern ab. Nach R a n d z i o (S. 54) lagen bei neueren Stollenbauten, welche Preßluft-Bohrmaschinen, bzw. Bohrhämmer verwendeten (Bohrlochdurchmesser 45—60 mm), die Bohrlochlängen bei Querschnitten von 2—6 m² zwischen 0.5 und 1.4 m. R a n d z i o gibt für die Bohrlochlänge B_1 die Beziehung an

$$B_1 + 0.5 = (n - 1)\, p$$

Hierin bedeutet n die Fläche des Querschnites in Geviertmetern und p einen Wert, welcher für Preßluftbohrmaschinen vorerwähnten Durchmessers 0.18 ist (für sehr große Preßluftbohrmaschinen und Bohrlochdurchmesser von 60—85 mm etwa 0.20, bei Handbetrieb und Löchern von 20—30 mm Durchmesser etwa 0.10). Auf diese Weise errechnet R a n d z i o für Bohrhammerbetrieb und Durchmesser von 35—45 mm bei

n = 3 m²	B_1 mit 0.86 m	n = 6 m²	B_1 mit 1.40 m
4 m²	1.04 m	7 m²	1.58 m
5 m²	1.22 m	8 m²	1.76 m

für zweimänniges Handbohren und d = 25—40 mm bei

n = 3 m²	B_1 mit 0.6 m	n = 5 m²	B_1 mit 1.02 m
4 m²	0.8 m	6 m²	1.20 m

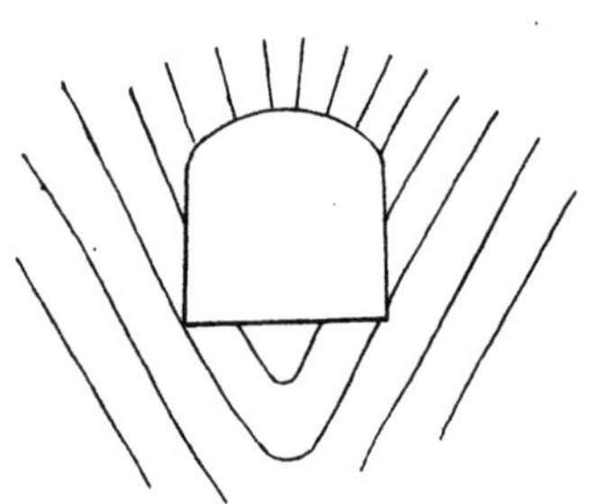

Abb. 34. Fächerförmige Schichtlagerung begünstigt Firstenbrüche.

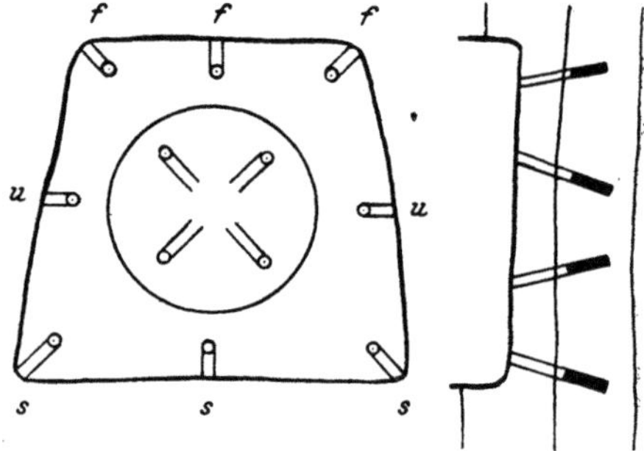

Abb. 35. Kegeleinbruch in kleinen Querschnitten.

Im allgemeinen verlangt sehr zähes Gestein seichte, mittelzähes Gestein mitteltiefe Bohrlöcher; für zähes Gestein wählt man größere, für spröde Gesteine kleinere Bohrlochdurchmesser. Der Arbeiter erkennt festes, zähes Gestein daran, daß es den Fäustel beim Bohren weniger heftig zurückwirft; hierher gehören fast alle festen Kalksteine; sie bohren sich leichter, brechen aber meist schwer. Von festen spröden Gesteinen, wie Quarzfels, quarzreicher Granit usw. prallt der Fäustel kräftig zurück; sie brechen leichter beim Schießen als sie sich bohren lassen.

Man macht häufig den Fehler, die Bohrlöcher zu tief zu bohren; man verschwendet so Sprengstoffe und zerreißt das Gebirge mehr als ihm zuträglich ist; außerdem erspart man durchaus keine Zeit. denn es kann z. B. gleichlange dauern, ob man nun ein Bohrloch 3 m tief bohrt oder zwei nur 2 m tief. Die praktischen Amerikaner wählen daher eine mäßige Tiefe der Bohrlöcher, weil sie auf diese Weise rascher und wirtschaftlicher arbeiten.

Der Abstand der Bohrlöcher richtet sich nach dem Gestein, nach dem Durchmesser des Bohrloches, nach seiner Länge usw. In harten, festen Bergarten rücken die Bohrlöcher enger zusammen; weite Bohrlöcher helfen an ihrer Anzahl sparen; kleinere Ausbruchflächen mit ihren kürzeren Bohrlöchern vermehren die Anzahl der Schußlöcher je Flächeneinheit.

Randzio (S. 57) geht von der Gesamtbohrlochlänge für 1 m³ Ausbruch aus und gibt hierfür zahlreiche Erfahrungswerte (S. 60 bis 93).

η) Gesteinkundlich-geologische Randbemerkungen zu den Sprengarbeiten.

Den Vortrieb begünstigen besonders dünnplattige bis plattige Bergarten mit geschlossenen Schichtfugen, welche in steiler Aufrichtung nahezu senkrecht gegen den Hohlgang streichen. Läuft das Schichtstreichen dagegen mit der Stollenachse gleich, dann ist steile Lagerung für den Vortrieb sehr ungünstig, weil die Schußwirkung dann auf einen Mindestbetrag herabsinken kann. Im Einzelnen wäre Nachstehendes zu bemerken.

Das Schießen aus dem Vollen.

Das Schießen aus dem Vollen bohrt die Sprenglöcher genau in der Vortriebsrichtung und tut sämtliche Schüsse gleichzeitig ab. Es beschleunigt den Vortrieb; man wendet es zuweilen beim Auffahren von Richtstollen an und reißt später bei der Ausweitung das Gebirge in schonender Weise nach.

In schußempfindlichen Gesteinen (manches Gipsgebirge z. B. verträgt keine stärkeren Erschütterungen) darf man niemals mit langen, scharf geladenen Bohrlöchern arbeiten und sie gleichzeitig abtun, sondern muß zwischen die einzelnen Schüsse eine Pause von mindestens 30 Sekunden einschalten; die Bohrlöcher sollen kurz sein (0.8—1 m höchstens); man beschickt sie je nach der Empfindlichkeit der Bergart mit wenig reißenden Sprengstoffen in geringer Menge (z. B. ein bis drei Patronen Donarlt). Die Beurteilung des Gesteins obliegt dem Baugeologen.

Einbruchschießen (Einbrüche).

Den Raum, welchen die ersten Schüsse (Einbruchschüsse) beim Vortriebe aussprengen, nennt man Einbruch. Die Einbruchschüsse tut man gleichzeitig ab. Von der Form, Lage usw. des Einbruches hängen Zahl, Ladung und Wirkung der nachfolgenden Schüsse wesentlich ab; man paßt sich diesbezüglich am besten dem Gebirge an, über dessen Verhalten Probestollen den besten Aufschluß geben. Der Einbruch soll die Verspannung des Gebirges lösen und zusätzlich freie Flächen schaffen.

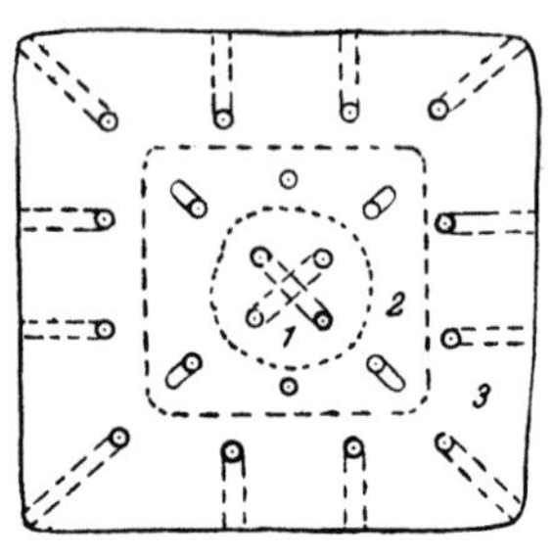

Abb. 36. Kegeleinbruch in weiteren Querschnitten. *1* Herzschüsse, *2* Helfer, *3* Randschüsse.

Führt man den Einbau dem Ausbruche in möglichst kurzem Abstande nach, dann stellt man die Arbeitsbrust häufig schräg zur Stollenachse ein. Das ausgeschleuderte Haufwerk trifft dann weniger den Einbau, sondern prallt hauptsächlich auf den unausgebauten Stoß. Übrigens läßt sich die Schonung des Einbaues auch noch auf andere Weise erzielen; so z. B. durch entsprechende Anordnung und Zündung der Schüsse.

Von diesem Ausnahmsfalle abgesehen, ordnet man die Ortsbrust natürlich immer senkrecht auf die Stollenachse an. Im übrigen paßt sich die Vorgangsweise der Beschaffenheit des Gebirges an.

1. Gestein massig, hart bis sehr hart, geschlossen.

a) Häufig schafft man sich einen t r i c h t e r f ö r m i g e n M i t t e l e i n b r u c h (Kegeleinbruch); sodann legt man die schwach

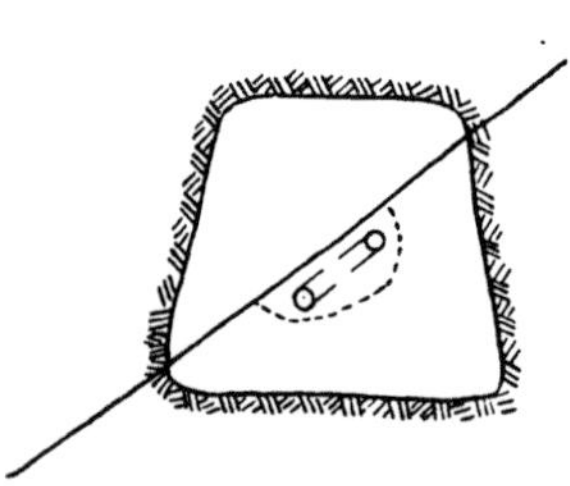

Abb. 37. Beim Herstellen eines Einbruches nützt man eine offene Kluft aus.

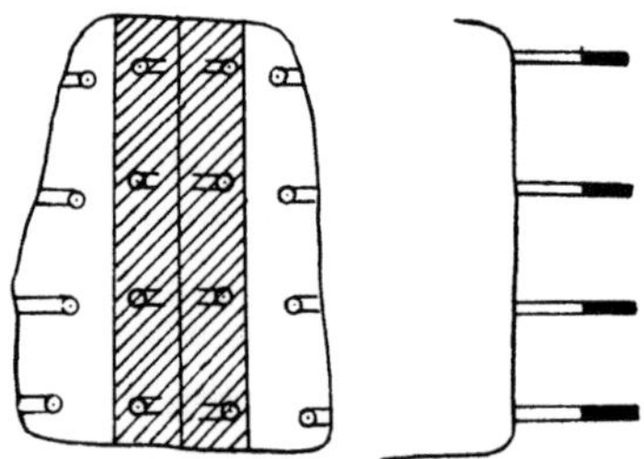

Abb. 38. Keilförmiger Mitteleinbruch.

ansteigenden Firstschüsse (Abb. 35, f), die seitlich in den Fels eingreifenden Ulmschüsse u und die sanft fallenden Sohlschüsse s an. In weiteren Querschnitten treten zu den Herzschüssen (36, 1) „Helfer" (Abb. 36, 2). Den Kegeleinbruch bevorzugt man beim Vortriebe von kleinquerschnittigen Stollen (z. B. Druckstollen); Klüfte nützt man geschickt aus (Abb. 37). Der Mitteleinbruch liefert einen vollen Sprengtrichter und löst so die Gesteinverspannung gründlicher als die meisten anderen Einbrüche; die Verspannung des Gesteins wächst aber unter sonst gleichen Verhältnissen mit dem Sinken der Querschnittsfläche des Hohlraumes.

b) Für Querschnitte, deren Höhe ihre Breite erheblich übertrifft, eignet sich auch ein k e i l f ö r m i g e r M i t t e l e i n b r u c h ungefähr in der Lotachse des Stollens (Schlitz, Abb. 38); so z. B., wenn ein beiläufig in der Mitte des Hohlraumes durchziehender, lotrechter oder steil aufgerichteter Schnitt (Spalt, Schichtfuge) den Abwurf eines Mittelkeiles begünstigt. Die Bohrlöcher für den Mitteleinbruch streben von beiden Seiten unter etwa 45 Grad aufeinander zu.

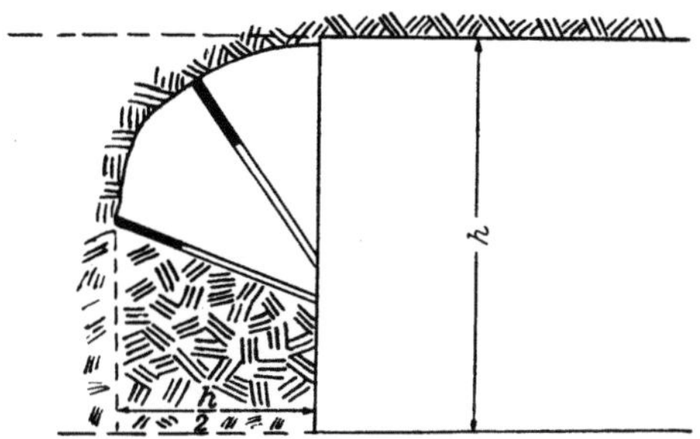

Abb. 39. Dreieckeinbruch.

c) Ist der Querschnitt bedeutend breiter als hoch, dann schießt man meist zuerst einen keilförmigen, wagrechten Einbruch knapp über der Sohle aus (Schram.).

Der k e i l f ö r m i g e Q u e r e i n b r u c h ist auch dann am Platz, wenn eine söhlige Kluft das massige Gestein in der unteren Hälfte des Querschnittes oder in seiner Mitte durch-

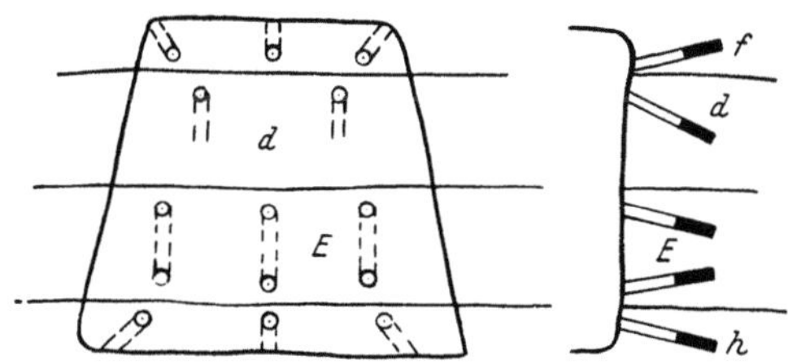

Abb. 40. Sohleinbruch. *E* Schram, *d* Druckschüsse, *f* Firstschüsse, *h* Hebeschüsse.

zieht; dann bestimmt die Lage der Spalte den Ort des Einbruches; weniger gern läßt man sich durch eine Kluft zur Anordnung des keilförmigen Quereinbruches knapp unter der Firste des Stollens bewegen. Lagenweise Druckschüsse oder Hebeschüsse tun den Rest des Ortsquerschnittes ab.

d) Zuweilen bietet der D r e i e c k e i n b r u c h Vorteile (Abb. 39); die Sprengladung muß entsprechend gegen die Freifläche zu arbeiten können.

2. Gestein geschichtet oder geschiefert, von geringer bis mittlerer Härte.

Gut ausgeprägte Schichtung erleichtert das Einbruchschießen sehr. Das Gleiche gilt von untereinander gleichlaufenden Klüften (Ablösungen) in jenen, nicht gerade seltenen Fällen, in welchen sie deutlicher hervortreten als die Schichtung oder die Schieferung; dann werden natürlich die Klüfte für die Vorgangweise maßgebend.

Von folgenden Möglichkeiten macht man häufiger Gebrauch:

a) **Liegen die Schichten** (Schieferungsflächen) **söhlig** oder sehr flach, dann erzeugt man bei annähernd gleich dicken Schichten zuerst in der unteren Hälfte des Querschnittes einen

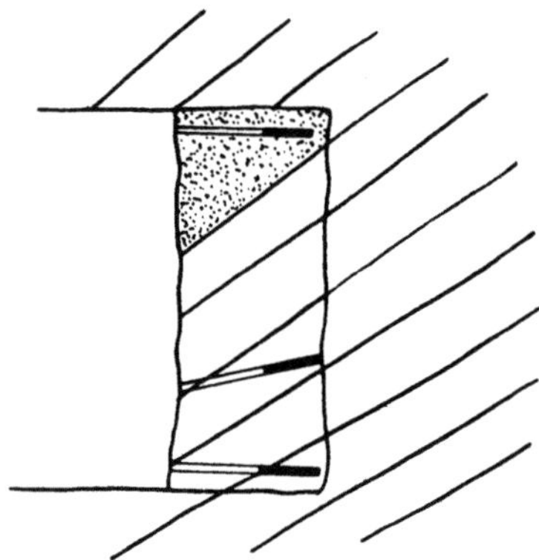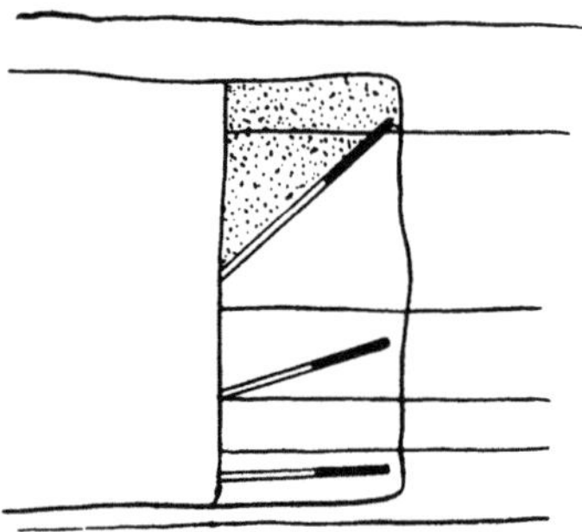

Abb. 41. a) Firstöseneinbruch in Schichten, welche der Arbeitsbrust zufallen.

b) Firstlöseneinbruch in söhligen Schichten.

Schram (E) und wirft den Rest der Ausbruchfläche durch Druckschüsse d ab (Sohleinbruch). Haben die Schichten eine ungleiche Dicke, dann ordnet man den Quereinbruch in der dicksten Gesteinschicht an; es können sich dann auch Hebeschüsse h ergeben (Abb. 40). In höheren Querschnitten bringt man dann nach Bedarf auch Firstschüsse f an.

Dünne Schichten können unter Umständen die beiden zur Herstellung des Schrames notwendigen Reihen von Bohrlöchern nicht mehr in sich aufnehmen; man muß dann zwei oder mehr Schichten zur Erzeugung des Einbruches benutzen; dabei vermeide man das Bohren in Klüften und Lassen des Felsens (Verklemmen der Bohrer, Wirkungslosigkeit von Schüssen).

Der Sohllöseneinbruch legt den Querschram unmittelbar auf die Stollensohle; ähnlich wie bei ihm geht man beim Firsteinbruch

(Firstlöseneinbruch) vor (Abb. 41), wobei sich meist ein dreieckiger (keilförmiger) Einbruch ergibt.

b) S t r e i c h e n d i e S c h i c h t e n i n s a i g e r e r A u f r i c h - t u n g unter einem von 90° nicht oder nur wenig abweichenden Winkel quer über die Achse des Stollens, dann führt in der Regel ein trichterförmiger Mitteleinbruch am besten zum Ziele. Man bohrt sodann die Kranzelschüsse und zündet sie gleichzeitig (Abb. 42). Größere Querschnitte erfordern Zwischenschüsse.

Durchfahren die Bohrlöcher wegen der geringen Mächtigkeit der Gesteinsschichten zwei oder mehrere Felsplatten, dann lade man stärker und verstauche gut, weil die Trennungsflächen der Schichten das Entweichen der Sprenggase begünstigen.

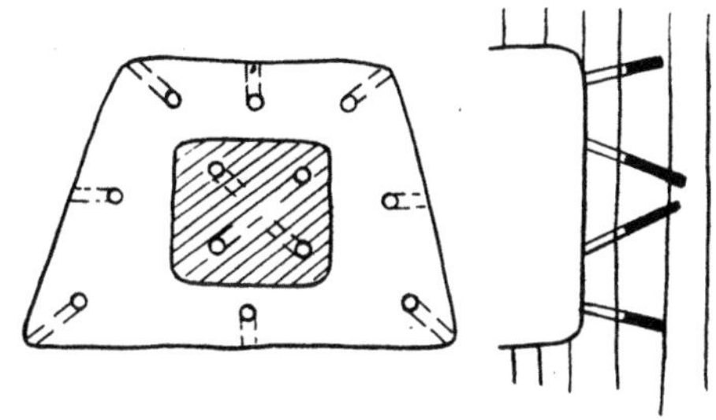

Abb. 42. Trichterförmiger Mitteleinbruch in saiger aufgerichteten, quer zur Stollenachse streichenden Schichten.

c) S a i g e r a u f g e - r i c h t e t e, mit der S t o l - l e n a c h s e g l e i c h s t r e i c h e n d e Schichten raten zu einem keilförmigen, lotrechten Mitteleinbruch (vgl. Abb. 38, welche sinngemäß geändert zu deuten ist). Eine die Nachbarn an Mächtigkeit überragende Schichte zieht den Keileinbruch auch dann an sich, wenn sie einem Ulm nahe ist (Stoßlöseneinbruch). Dünnplattige Bergarten erheischen zwei Schichten zur Erzeugung des Einbruches. Vorgehen im übrigen wie unter 1 b.

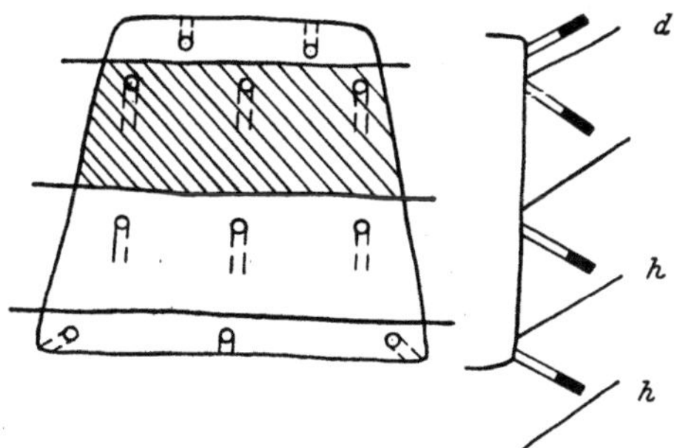

Abb. 43. Quereinbruch in Schichten, welche der Arbeitsbrust zufallen.

d) I n S c h i c h t e n, welche der A r b e i t s b r u s t z u f a l l e n, schafft man in der Regel einen söhligen Quereinbruch von Keilform in der oberen Hälfte des Querschnittes (Abb. 43). Den Rest der Ortsfläche erledigt man durch Hebeschüsse; die Firste erhält unter Umständen einige Druckschüsse. F r i t z s c h e empfiehlt den Schräglöseneinbruch (Abb. 43) für Einfallwinkel zwischen 10° und 65°. In ungleich dicken Schichten wandert der Schram in aller Regel in die dickste Schichte, also z. B. auch in die Mitte oder zur Sohle des Querschnittes. Dünnplattige Bergarten zwingen zur Benützung von zwei oder mehreren Schichten für den Einbruch und zur Vorsorge gegen das Ausblasen der Gase. Im übrigen geht man wie im Falle 1 c vor.

Zufallende Schichten erleichtern fast immer die Bohrarbeit und fördern im allgemeinen das Lösen des Gesteins. Ersteren Vorteil hat auch der im Stollenbau wegen seines weniger befriedigenden Fortschrittes selten angewendete, italienische Einbruch im Auge (Abb. 44, 45); nach der Herstellung eines Firsteinbruches werden die unteren Felsmassen lagenweise hintereinander herausgesprengt

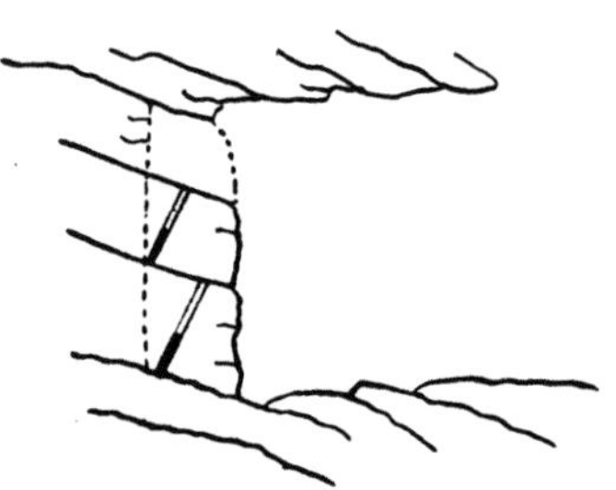

Abb. 44. Italienischer Einbruch.

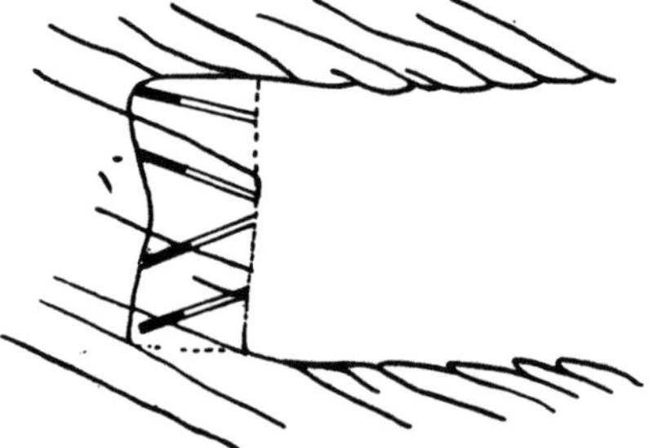

Abb. 45. Italienischer Einbruch.

(Handbohrung), wodurch sich große Zeitverluste ergeben oder auf einmal abgetan (gruppenweise Zündung durch entsprechendes Ablängen der Zündschnüre).

Liegt der Firsteinbruch schon am Rande der endgiltigen Ausbruchfläche (Reinquerschnitt), dann erschüttern die ihn erzeugenden, kräftigen Schüsse den Firstfels, wenn er nicht ungewöhnlich fest ist, dermassen, daß sich feine und grobe Risse öffnen, welche besonders der Druckstollenbauer nicht gerne sieht.

e) Fallen die Schichten von der Arbeitsbrust ab, so zieht man in der Regel die untere Hälfte des Querschnittes, bzw. den Streifen knapp oberhalb der Sohle für die Anordnung des Schrames vor; den Rest des Querschnittes sollen Druck- und Hebeschüsse abtun (Abb. 46). Im übrigen gelten die Winke des Abschnittes 2 d, namentlich in dem Falle ungleicher Mächtigkeit der einzelnen Lagen des Gesteins.

3. Absatzgesteine oder kristalline Schiefer von ziemlicher Härte,
dickbankig bis sehr dickbankig.

Sehr dickschichtige, harte Absatzgesteine, wie z. B. feste Konglomerate, Hartsandsteine, feste Breschen u. dgl. sowie dickbankige, kristalline Schiefer (z. B. manche Gneise, Eklogitabkömmlinge und vereinzelte Quarzschiefer) erfordern eine ähnliche Behandlung wie massige Gesteine; man wird also in der Regel den trichterförmigen Mitteleinbruch wählen. Von der gewöhnlichen, schichtigen Tracht der Gesteine führen Übergänge zur dickbankigen, bzw. massigen Tracht. Damit bietet die Natur der Erfahrung, Geschicklichkeit und Anpassungsfähigkeit des Vorarbeiters (Schußmeisters, Schachtmeisters) einen weiten Spielraum für die Wahl der günstigsten Lage und Stellung der Bohrlöcher sowohl wie des Einbruches. Aber auch bei Gesteinen der Gruppen 1 und 2 trägt die geschickte Ausnützung von Schichtung, Klüftung und Lagerung

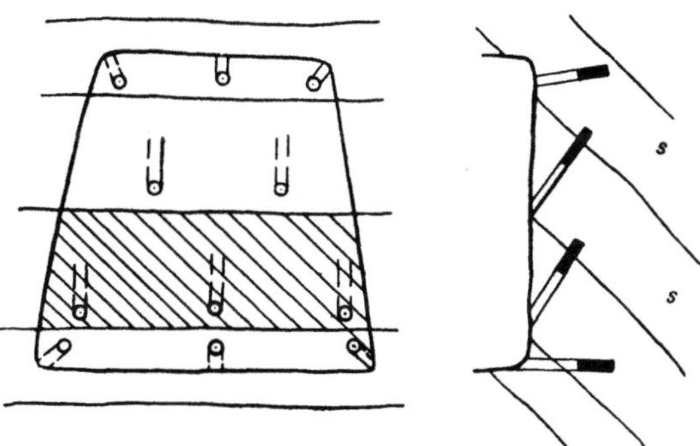

Abb. 46. Quereinbruch in Schichten (*s*), welche von der Arbeitsbrust wegfallen.

des Gebirges entscheidend zum Fortschritte der Arbeit bei.

Die Sprengstoffe.

Brisante Sprengstoffe, welche mehr oder minder stark zertrümmernd wirken, wendet man gerne dort an, wo man einen Richtstollen im Hartgestein mit kräftigem Zusammenhalte vortreibt; das Haufwerk fällt kleiner und daher handlicher an. Die Zerschießung der Firste und der Ulmen wirkt sich weniger unangenehm aus, weil in nicht sehr langer Zeit die Ausweitung auf vollen Querschnitt erfolgt und die aufgelockerte Gesteinschale um den ursprünglichen Hohlraum herum entfernt. Schiebend wirkende Schießmittel sind in zerhackten, klüftigen Gesteinen oft am Platze, ebenso in ausgesprochen „weichen" Bergarten. Aber schon etwas härtere Weichgesteine wie Kalkstein, Anhydrit und gewisse Sandsteine lohnen die Anwendung brisanter Sprengstoffe durch bessere Schußwirkung.

Sehr kräftige Zerstörungladung erzeugt einen stumpfwinkeligen Wirkungstrichter, eine geringe Lademenge (oder ein wenig brisanter Sprengstoff) dagegen einen spitzwinkeligen; bei einer durchschnittlichen Aufladung des Bohrloches wird der Trichter in einem annähernd rechten Winkel münden.

Die Schußwirkung.

Eine gute Schußwirkung (ein „gutes Schußbild") ist von wesentlicher Bedeutung für den Fortschritt des Vortriebes; sie bestimmen u. a. nachstehende, gesteinkundlich-geologische Einflüsse. Dabei fallen Schußwiderstand des Gesteins und Sprengwiderstand des Gebirges nur in jenen Fällen zusammen, wo das Gestein so gut wie gleichteilig entwickelt ist, also z. B. bei massiger Tracht, hoher Dickbankigkeit usw. Ungleichteiligkeit der Gesteinsmasse setzt den Schußwiderstand des Gebirges gegenüber jenem der Bergart umso mehr herab, je klüftiger, dünnschichtiger usw. das Gestein ausgebildet ist.

a) Die Körnung des Gesteins (Gestalt und Größe seiner Gemengeteile). Feinheit des Kornes setzt unter sonst gleichen Umständen die Wirkung von Sprengungen herab.

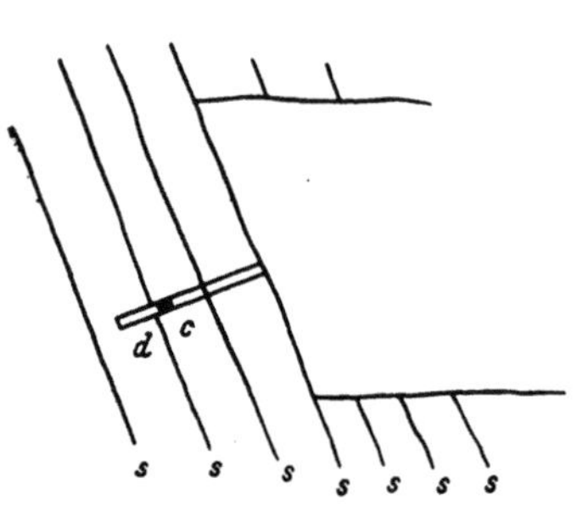

Abb. 47. Unreines Abheben des Schusses; es bleibt eine Büchse (Pfeife; *d* bis *c*) stehen.

b) Die Tracht des Gesteins (massig, geschichtet, geschiefert, kleingefältelt). Im geschichteten oder geschieferten Gestein „hebt der Schuß nicht rein ab" (Abb. 47); es bleibt ein „Pulversack" (Büchse, Pfeife) stehen. Klüfte oder andere Fugen des Gesteins, in welche die Sprenggase entweichen können, bedingen ihn. Rechteckige Querschnitte lassen sich in stark geschieferten und in dünnschichtigen Bergarten leichter herstellen als kreisrunde. Dünnschichtige, dünnschiefrige (blättrige) und gequält gefältelte Gesteine „reißen" schlecht; die Schußwirkung fällt i. A. umso geringer aus, je näher die Ablösungsflächen aneinanderrücken. Massige Gesteine erleichtern zwar die Herstellung der Kreisform, schießen sich jedoch schlechter und zwar auch dann, wenn sie verhältnismäßig weich (Gips) oder wenigstens nicht hart sind (Anhydrit).

c) Das Gefüge (Hohlzwickel, Klüfte, Spalten, Zellen, Waben, schlackige Ausbildung u. s. f.). Größere Hohlräume wie Zellen (Rauhwackenlöcher) oder offene Klüfte ziehen die Sprenggase an sich und lassen sie verpuffen, ohne daß Abtrennungen im gewünschten Ausmaße eintreten; oft zerknallt ein Teil der Sprengladung nicht, welcher in Drusenräume u. dgl. eingedrungen war. Pressen sich die Sprenggase in die Gesteinklüfte hinein und erweitern sie nur ein wenig, ohne eine merkliche Auflockerung der Felsmasse zu bewirken, dann hat der Schuß das Gestein „bloß geschreckt" und ist in der Regel nutzlos. Er „verschlägt" sich auf dem Gestein, wenn die Gase ohne jede Wirkung in die Hohlräume entweichen, welche mit dem Bohrloche in Verbindung stehen oder ihm sehr nahe liegen (Kziha).

Um das Entweichen der Sprenggase zu verhindern, „staucht" man das Bohrloch mit Lehm oder Letten aus; in die weiche Masse stößt man den „Staucher" (Lettenbohrer) dergestalt ein, daß man ein neues Bohrloch erhält. Je dünnschichtiger oder je kurzklüftiger die Bergart ist, umso wirksamer werden kräftige (brisante) Sprengmittel, deren plötzlichere Gasentwicklung das Entweichen der Sprenggase in die Fugen verringert. In anderen Fällen verhin-

Abb. 48. Offene Schichtfugen vergrößern die Schußwirkung; sie greift z. B. über die nächste Schichtgrenzfläche hinaus.

dern Spalten ein reines Abheben des Schlusses; sich kreuzende Klüfte begünstigen das Herausschlagen eines Keiles oder einer ähnlich geformten, kluftbegrenzten Gesteinmasse.

Verworrenklüftige Gesteine und dünnschichtige (dünnschiefrige) Bergarten bedingen seichte Bohrlöcher; in weitständig geklüfteten und dickschichtigeren Bergarten kann man tiefer bohren; die tiefsten Bohrlöcher vertragen im allgemeinen Gesteine mit massiger Tracht. Wo immer tunlich, bohrt man die Löcher senkrecht auf die Schichtung, die Schieferungflächen oder auf betonte Klüfte, welche untereinander gleichlaufen.

Kluftflächen begrenzen die Schußwirkung, wobei sie dieselbe im allgemeinen verkleinern.

Der quarzreiche Verrukano des Sernfstollens war hart zu bohren; seine Rissigkeit machte ihn schwer schießbar und führte zu beträchtlichem Mehrausbruche.

Zuweilen jedoch vergrößern Schichtfugen oder gleichlaufende, regelmäßige Kluftscharen die Schußwirkung (Abb. 48). Gleichlaufend mit den Ablösungen angesetzte Bohrlöcher (Abb. 49) greifen beim Abschießen bis über die nächste Fuge hinaus durch, quer zu ihnen gebohrte reißen die Sohle ebenfalls bis auf eine der folgenden Ablösungsflächen nach (Abb. 48).

d) Die **K o r n b i n d u n g** (mittelbar, unmittelbar). Die Schußwirkung fällt am günstigsten in Gesteinen mit mittelfester Kornbindung aus; sehr kräftig miteinander verbundene Körner reißen schlecht, sonst gleichartige Verhältnisse (Klüftung!) vorausgesetzt;

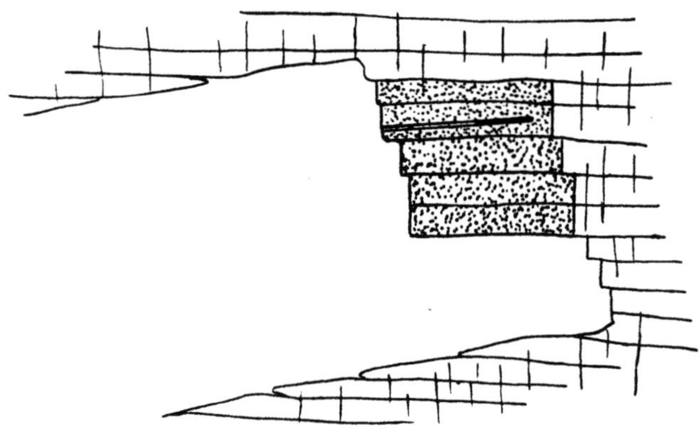

Abb. 49. Die Schußwirkung ergreift nach oben zu die nächste und übernächste Schichtfuge.

lockere Kornbindung dagegen dämpft die Fortpflanzung der Erschütterung und ihre Reichweite.

e) Der **V e r b a n d**. Porphyrartiger Verband z. B. erhöht die Sprengwirkung umso mehr, je größer und je rissiger die Einsprenglinge sind.

f) Die **F e s t i g k e i t** des Gesteins. Sie ist oft schon durch die Eigenschaften a—e vorbedingt oder wenigstens beeinflußt. Maßgebend für die Schußwirkung ist namentlich die Zugfestigkeit, und zwar schon deshalb, weil sie einen niedrigeren Wert hat als die übrigen Festigkeitsarten eines Gesteins. Außerdem übt natürlich auch die Scherfestigkeit einen großen Einfluß auf den Widerstand des Gesteins gegen Schießen (Sprengen) aus; bildsam verformbare Bergarten schießen sich meist sehr schlecht; die Sprengwirkung erschöpft sich in der Umgebung des Laderaumes und pflanzt sich nicht weiter fort. Am besten „reißen" Schüsse in gewissen spröden bis mittelspröden, zu Bergschlägen neigenden Gesteinen, in welchen noch

Spannungen von der Gebirgsbildung oder von den Krustenbewegungen her aufgespeichert sind.

g) Die Federndheit (Elastizität) des Gesteins. Kräftig federnde, „zähe" Gesteine reißen unter sonst gleichen Umständen weniger gut als spröde, welche auf Beanspruchungen gleich mit Bruch antworten. Damit will ich jedoch „zähe" und „federnd" nicht etwa gleichsetzen.

h) Die Lagerung des Gesteins. Die Schußwirkung von Bohrlöchern, welche mit Schichtfugen oder Schieferungsflächen gleichlaufen, befriedigt nicht, weil die Spreng-gase leicht Wege zum Entweichen finden. Weit kräftiger reißen i. A. Schüsse senkrecht oder steil geneigt zum Schichtstreichen; nur dann, wenn die Bergart dünnplattig bis dünnschiefrig wird, „heben die Schüsse nicht rein ab" (vgl. auch Punkt b).

i) Der Bruch des Gesteins. Ebene oder sanft bogig verlaufende Sprengflächen (Bruchflächen) verraten eine dankbare Bohr- und Schießarbeit. Tiefmuscheliger Bruch weist auf schwierigere Bohr- und Sprengverhältnisse hin. Löst sich das Gestein mit Zacken, Ecken oder Schalen ab, dann bohrt und schießt es sich schlecht (kleine Sprengkörper).

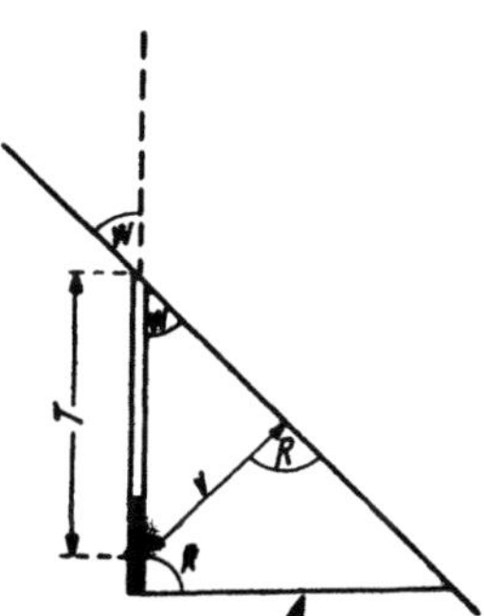

Abb. 50. *R* rechter Winkel; *w* Bohrlochwinkel; *v* Vorgabe; *T* Tiefe des Bohrloches; *A* Abwurflinie.

Die Beurteilung des Schußbildes.

Das Schußbild gestattet die Schußwirkung einerseits und die Festigkeit sowie Lösbarkeit des Gesteins andererseits abzulesen; beide Feststellungen können für den weiteren Arbeitsvorgang von großer Bedeutung sein.

Überladene Schüsse wirken ähnlich wie brisante; der Schuß wirkt quer zur Richtung des Bohrloches am stärksten; er schleudert den Besatz heraus, läßt Büchsen stehen und der Sprengtrichter wird klein, aber stumpf.

Zu schwach geladene Schüsse werfen den Besatz heraus und erzeugen einen engen Trichter oder sie verpuffen in den erzeugten Rissen, ohne brauchbare Ablösungen zu erzielen.

Rziha unterscheidet nach dem Schußbilde:

1. Sehr günstige Gesteine: Bruchstücke des Sprengkörpers klingen beim Anschlagen mit dem Hammer rein; die Felswand zeigt noch eine Spur der Sohle des Bohrloches (nur sehr milde oder gleichartig gemengte Bergarten werfen auch die Sohle des Bohrloches ab). Ein Teil der Bohr-

lochwand oder die ganze ist auf der Felswand zu sehen. Der Querschnitt der Spur liegt zwischen $1/6$ und $1/3$ des Vollkreises. Die Wandungen des Sprengkörpers bilden je nach der Gesteinverspannung einen sehr stumpfen Winkel miteinander, manchesmal sogar einen von 180^0 und mehr.

2. **Günstiges Gestein.** Die ganze Länge des Bohrloches erscheint in Spuren auf der Felswand. Öfters bleibt ein „Pulversack" von wenigen Zentimetern Tiefe stehen. Die Spur des Bohrloches mißt in der Regel $1/3$ bis $1/2$ von seinem ganzen früheren Querschnitte.

3. **Ungünstiges Gestein.** Die Bohrlochspur dehnt sich über die ganze Länge des Bohrloches aus. Der „Pulversack" wächst bis zu einem Drittel der Bohrlochlänge an. Der Spurquerschnitt beträgt $2/3$—$1/2$ der Bohrlochlänge; den Sprengkörper begrenzen steile Wände, welche annähernd einen rechten Winkel miteinander einschließen oder gar bis zu einem spitzen Winkel sich einander nähern. Der Sprengkörper läßt zuweilen einzelne, geschlossen runde, ganze Bohrlochspuren „sitzen" oder schleudert Gesteinstücke mit vollerhaltenen Bohrlochspuren ab.

R z i h a teilt weiters einige übliche Ausdrücke, Schußwirkungen betreffend, mit.

Der S c h u ß v e r s a g t. Jede Wirkung bleibt aus. Ursache verschieden, doch stets außerhalb des geologischen Bereiches zu suchen.

Das B o h r l o c h p f e i f t a u s. Die Gase entweichen durch das Loch oder schleudern den Besatz ohne Wirkung aus; dann war a) entweder die Ladung zu schwach, b) der Widerstand des Gesteins für gewöhnliche Ladung zu stark — was schließlich wiederum auf a) hinausläuft — c) das Bohrloch unrichtig — etwa in der Achse des geringsten Widerstandes — angesetzt, d) der Besatz zu schwach oder zu locker oder e) das Sprengmittel nicht in ordnungsmäßigem Zustande.

Der S c h u ß v e r s c h l ä g t s i c h a u f d e m G e s t e i n; es entweichen die Gase wirkungslos in die Klüfte und sonstigen Hohlräume des Gesteins.

Der S c h u ß h a t d a s G e s t e i n g e s c h r e c k t; die Gase drangen in die Gesteinspalten ein und erweiterten sie; sie lockerten den Fels, ohne sichtbare Wirkungen nach außen hin zu erzeugen. Zumeist ist der Schuß verloren.

Der S c h u ß w i r f t e i n e n K e i l. Der Schußkörper hebt sich zumeist nicht rein ab, sondern läßt eine tiefe Büchse (Pfeife) stehen; nur ein kleiner Trichter („Keil") öffnet sich in der Wand, meist begrenzt durch sich kreuzende Klüfte.

Der S c h u ß h e b t n i c h t r e i n a b (S. 52). Büchsen haben somit sehr verschiedene Ursachen. In anderen Fällen führen sie zu schwache oder zu starke Ladungen herbei.

Der S c h u ß h a t g u t g e w i r k t. Der Sprengkörper hat einen befriedigenden Öffnungswinkel und umfaßt nahezu die ganze Bohrlochlänge fast bis zur Sohle hinab; der Schuß hat die zertrümmerten Massen z. T. weggeschleudert, z. T. jedoch soweit auseinandergerückt, daß man sie mühelos hereingewinnen kann.

Die Vorgabe.

Als Vorgabe (Abb. 50) bezeichnet man den senkrechten Abstand der Felswand von dem tiefsten des durch die Sprengung erzeugten Ausbruchraumes. In diese Linie des kürzesten Widerstandes darf man das Bohrloch niemals legen. Die Vorgabe beträgt stets nur einen Teil der Länge des Bohrloches, meist annähernd $^3/_4$ derselben oder etwas weniger. Im massigen Gestein wird dann die Linie A

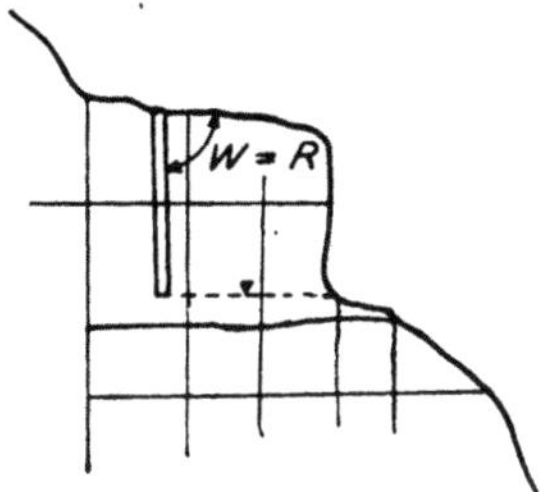

Abb. 51. Abschießen von schichtungbedingten Stufen durch Kopfschüsse. Gestrichelte Linie: Vorgabe. Der Winkel *W* soll sich 90⁰ nähern.

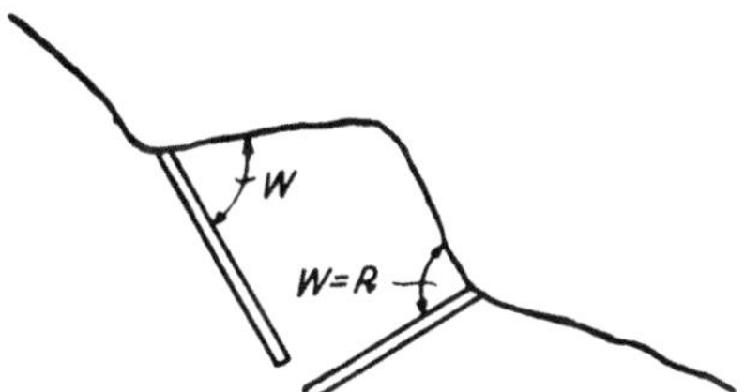

Abb. 52. Bemessung des Bohrlochwinkels an einer Stufe massigen Gesteins.

den Abwurf in der Regel begrenzen; sie ist selten größer als die Bohrlochtiefe T, oft sogar kleiner (Büchsenbildung). Der günstigste Bohrlochwinkel W (Abb. 50) ergibt sich zu 45⁰; wesentlich kleinere Winkel rechtfertigen sich nur in sehr harten, schwer schießbaren Gesteinen, größere, wenn freie Flächen in der Nähe vorüberstreichen; diese gestatten unter Umständen einen Winkel um 90⁰ herum; so z. B. beim Abschießen von Stufen (Abb. 51); hier kann es bei bestimmter Ausformung der Stufe vorteilhafter sein, statt zwei Bohrlöcher hintereinander anzulegen, eines unter rechtem Winkel und eines schräg unter Stufenmitte anzuordnen (Abb. 52).

Vielfach empfiehlt man die Bohrlochwinkel
mit mindestens 25⁰ und höchstens 35⁰ in hartem und
mit mindestens 35⁰ und höchstens 45⁰ in weichem Gestein zu bemessen.

Stets muß man die Ausformung der Gesteinoberfläche sorgfältig prüfen und nach ihr Bohrlochwinkel, Vorgabe usw. so bemessen, daß ein möglichst großer Auswurf sich ergibt; dabei benützt man die vorhandenen Ablösungsflächen zur Vergrößerung des Sprengkörpers. Im Falle der Abb. 48 wird der Schuß bis unterhalb, in dem durch die Abb. 49 versinnbildlichtem Fall noch ein Stück weit oberhalb der Bohrlochwandung wirken und den Ausbruch längs einer jenseits des Loches liegenden Schichtfuge (oder Kluft) abheben.

Wo immer die Mächtigkeit der Einzelschichten dies erlaubt, muß der ganze, mit Sprengmitteln gefüllte, untere Teil des Bohrloches in eine heile Gesteinmasse gebettet werden, damit die Gase nicht durch eine Schichtfuge oder durch eine Lasse entweichen können. Aus der Unmöglichkeit, diese Forderung in kurzklüftigem oder dünnschichtigem Gestein zu erfüllen, ergibt sich die bekannte, schlechte Schußwirkung in solchen Bergarten. Kurzklüttiges oder kleingefältetes Gestein rät daher zu seichten Bohrlöchern. Jedes Bohrloch ist derart anzuordnen und seine Vorgabe so zu bemessen, daß der Schuß für die folgenden Sprengungen die beste Vorarbeit leistet.

Die Staubbildung.

Die S i l i k o s i s (Quarzstaubkrankheit, Kiesellunge) verursacht langes Verweilen in einer Stollenluft, welche mit Stäubchen von Quarz (SiO_2) reichlich geschwängert ist. Derartigen Staub erzeugen viele Gesteine mit freier Kieselsäure, besonders Quarzite, Quarzschiefer, quarzreiche Sandsteine, Gneise usw. Der Quarzstaub zerfasert das Lungengewebe; Heilung ist nicht möglich und die Entwicklung der Kiesellunge geht auch noch weiter, wenn das Opfer dem Quarzstaube nicht mehr ausgesetzt ist. Man glaubt, daß zwischen den Quarzkörnchen und der Lungenflüssigkeit eine chemische Wechselwirkung eintritt; darauf deutet auch die Beobachtung hin, daß erst Feinteilchen von 0.001 mm Durchmesser und darunter die Krankheit auslösen (nach amerikanischen Angaben Kleinchen von 0.5 bis 12 μ Durchmesser). Andere wieder denken an eine physikalische Reizung durch die scharfen Quarzsplitter und an Verschwielungen des Gewebes. Die Zeitdauer, welche die Ärzte für nötig halten, um die Kiesel-Lunge zu erzeugen, schwankt zwischen drei und fünf Jahren.

Als Gegenmittel gegen die Kiesellunge gibt man Naßbohrverfahren unter gleichzeitiger guter Bewetterung des Stollens an; beim Trockenbohren schützen Staubmasken den Arbeiter (z. B. Auer-Kollix-Masken mit Kolbid-Filter).

Einige Schußbezeichnungen der Steinarbeiter.

S c h l e n k e r s c h ü s s e. Die Bohrlöcher steigen unter Winkeln von 30—45 Graden nach oben an. Bohren vom Haufwerk aus bringt gewisse Unfallgefahren; um ihnen vorzubeugen, hält man leicht begehbare Fluchtwege frei.

K o p f s c h ü s s e. Man setzt die Bohrlöcher von oben her in lotrechter Richtung an (Abb. 51).

S o h l s c h ü s s e. Die Bohrlöcher verlaufen wagrecht in der Höhe der Stollensohle; diese Schußart erschüttert das Gebirge stark.

F u c k e r s c h ü s s e sollen Massen beseitigen, welche dem Böschungfuß sich vorlagern oder Unebenheiten auf der Hohlraumsohle ausgleichen. Sie schleudern sehr; man muß sie etwas über die gewünschte Tiefe hinab bohren.

Auswahl aus dem Schrifttum.

1. B i r k, A l f r e d, Der Tunnelbau. Leipzig u. Wien 1922, Franz Deuticke, 126 S. m. 104 Abb. i. Satz und 1 Tafel. — 2. B e y l i n g, C. und K. D r e k o p f, Sprengstoffe und Zündmittel mit besonderer Berücksichtigung der Sprengarbeit untertage. Berlin 1936, J. Springer. — 3. B o r c h e r s, W., Das Einbruchschießen. Steinindustrie und Straßenbau, 1934. S. 18—19. — 4. B r a n d a u, I m h o f und M a c k e n s e n, Tunnelbau: Handbuch d. Ingen.-Wiss. T. I., Bd. V, 4. Aufl. Leipzig (Engelmann) 1920. — 5. D o l e z a l e k. Der Eisenbahntunnel. Berlin—Wien 1919. — 6. F e u s t e l, K., Über Gesteinbohrer u. deren Einfluß auf Leistung und Wirtschaftlichkeit d. Bohrbetriebes. Bericht über d. Leobner Bergmannstag 1937, S. 22—31. Wien 1937, J. Springer. — 7. F r i t z s c h e, C. H., Lehrbuch der Bergbaukunde. Berlin 1942, J. Springer, 2 Bde. — 8. H e l l r i g l, K a r l, Lehrkurs d. Sprengtechnik. Wien 1937, Scholle-Verlag. — 9. H e n s o l d t, E., Das Bohrbild auf Grund der natürlichen und künstlichen Verformung des Gesteinkornes. Geologie u. Bauwesen 14. Jhg. H. 2. — 10. K r a n z, W., Wehrgeologie, Pioniersprengdienst u. Minenkampf. Zeitschr. f. d. Berg-, Hütten- und Salinenwesen. 84. Jhgg., II. 2, S. 67. — 11. L a r e s, Die Aufwandzahlen der praktischen Schießarbeit, ihre graphische Darstellung u. Anwendung. Berg- u. Hüttenmännisches Jahrb. Bd. 76, H. 4. — 12. R a b c e w i c z, L. v., Richtlinien für die Herstellung von Stollen- u. Tunnelbauten in standfestem Fels. Fortschritte und Forschungen im Bauwesen, Reihe A, H. 13, S. 13—27. — 13. R a n d z i o, E r n s t, Stollenbau. Berlin 1927, Wilh. Ernst & Sohn. — 14. V i v i a n, C. H., Development of the Rock drill. Eng. News Record. Bd. 106, 1931, S. 602—604. — 15. W e i c h e l t, F r i e d r i c h, Taschenbuch für den Sprengmeister. Berlin 1943, Verlag der Deutschen Arbeitsfront.

S t a u b p l a g e.

H a t c h, T h e o d o r e, Dust trap reduces hazard of Silikosis. Eng. News Record 108, 1932, S. 752—753.

D. Die Wärmeverhältnisse in untertägigen Hohlräumen.

Die Gesteinwärme vor der Brust eines Stollens, welcher gerade vorgetrieben wird, hängt von der Erdwärmentiefenstufe (geothermischen Tiefenstufe) ab. Vermag der Geologe diese richtig anzuschätzen, dann kann er auch die Wärmeverhältnisse voraussagen, mit welchen der Bau zu rechnen hat. Die Kenntnis der Wärmeverhältnisse des Gebirges, aus welchem man unterirdische Hohlräume aussprengen will, hat für die Ausführung der Arbeiten große Bedeutung; mit zunehmender Luftwärme im Stollen sinkt die Arbeitsleistung rasch; übersteigt sie 22°—25°, dann wird länger dauernde Arbeit unter der Erde zur Qual; warme Untertag-Hohlräume erfordern daher schon bei ihrem Ausbrechen eine derart ausgiebige Lüftung, daß der Arbeitsfortschritt unter der Erdwärme nicht leidet. Die Voraussage der Gesteinswärme bestimmt die Art und auch das Ausmaß der erforderlichen Kühleinrichtungen.

Die Voraussage der Wärmeverhältnisse in einem Bergleibe macht sich die bisherigen Messungen des Wärmegrades der Gesteine in Schächten, Bohrlöchern, Stollen und Tunneln zunutze. Sie wird umso besser mit den tatsächlichen Wärmeverhältnissen übereinstimmen, je mehr solche Messungen dem Geologen zur Verfügung stehen. Man sollte daher keine Gelegenheit versäumen, die Zahl der Beobachtungen zu vermehren; jede sorgfältig ausgeführte Wärmemessung in größeren Tiefen untertag nützt künftigen Bauvorhaben.

Gesteinswärmemessungen in Tiefen von weniger als 10 m unter der Erdoberfläche haben für das Bauwesen nicht viel Sinn. Wichtiger für die Bestimmung der Wärmeschwankungsgrenzfläche sind bereits Messungen in Tiefen von 12 bis 30 m. Besonderen Wert gewinnen aber Messungen erst in Tiefen von mehr als 100 bis 150 m. Wichtig ist die Auswahl des Meßpunktes; man meide Stellen mit stauender Nässe im Gebirge; aber auch die Nähe von Quellaustritten kann das Messungsergebnis beeinflußen; gut brauchbar sind im allgemeinen nur Meßorte in einem Gestein, welches dem Auge trocken oder höchstens bergfeucht erscheint. Die Lage der Beobachtungsstelle muß genau eingemessen sein; man muß nicht bloß die söhlige Entfernung des Meßpunktes im Stollen von der Erdoberfläche kennen, sondern auch den senkrechten (kürzesten) Abstand der Meßstelle von der Geländeoberkante; dies gilt sinngemäß auch für Wärmemessungen in Schächten und Bohrlöchern. Zu diesem Zwecke muß man das Gelände obertags so einmessen, daß die Lage des Beobachtungspunktes zur Erdoberfläche vollkommen klar und eindeutig sich ergibt. Man stellt sie durch ein Schnittbild längs der Stollenachse, bei Nasentunneln u. dgl. auch durch Querschnitte zeichnerisch dar. Im Meßtagebuche vermerkt man außerdem die Seehöhe des Meßpunktes, die Meßzeit, das Gestein an der Meßstelle, seine Lagerung und technische Beschaffenheit und andere, wichtige Einflüsse auf die Messung.

Der Wärmemesser, welchen man verwendet, soll in Zehntelgrade geteilt und träge sein, d. h. seinen Stand während des Herausnehmens aus dem Bohrloche und während der Ablesung nicht merklich verändern. Sogenannte Maximalthermometer empfehlen sich nur, wenn sie sehr genau zeigen, also verläßlich sind. Die Glasröhre **des Wärmemessers umhüllt man** oben und unten mit einem schmalen Gummiringe und bettet sie in eine wasserdicht verschließbare Hülle aus Messing (für den Gebrauch in Bohrlöchern) oder in eine Hülse aus nicht rostendem Metall, welche reichlich durchlocht ist. Die Metallhülle besitzt an ihrem oberen Ende einen Ring oder Hacken zum Herausziehen, bzw. Heraufholen.

In abgeteuften Bohrlöchern mißt man, nachdem man sie gut ausgelöffelt hat; dringt Wasser zu, was in tieferen Bohrlöchern die Regel ist, so bringt man oberhalb des Wärmemessers an der Versenkschnur eine Lederscheibe an. Das Herablassen erleichtert man nach Bedarf mittels eines Gewichtes. Man muß dem Wärmemesser Zeit schenken, die Gesteinswärme anzunehmen; das dauert in trockenen Bohrlöchern mindestens 5—6 Stunden, in solchen mit Wasserzufluß aus der Sohle mindestens eine halbe Stunde.

In Stollen, Tunneln, Schächten usw. bohrt man für die Zwecke der Erdwärmemessung einige Bohrlöcher von 1—1½ m Tiefe in den frisch bloßgelegten Ulm. In diese schiebt man den Wärmemesser ein und dichtet den Raum zwischen dem Hacken des Wärmemessers und dem Bohrloche mit Werg oder mit einem anderen Dämmstoffe verläßlich ab; am Ringe (Hacken) ist eine Schnur befestigt, deren Ende aus dem Bohrlochmunde heraushängen muß, um das Ausziehen des Meßgerätes zu erleichtern. Das Bohrloch wird annähernd wagrecht gebohrt; stärker geneigte Löcher müßte man entsprechend länger machen. Die erste Ablesung erfolgt nicht vor 24 Stunden. Es empfiehlt sich, die Messungen von Zeit zu Zeit zu wiederholen. Man lernt dann den Einfluß der Auffahrung des Stollens auf die Gesteinswärme kennen; im allgemeinen entwässern Untertagräume nicht nur das Gebirge, sondern kühlen es auch mehr oder minder ab, besonders nach dem Durchschlage.

Die Krustenschale mit schwankender Wärme.

An der Erdoberfläche schwankt die Wärme des Erdbodens im Laufe eines Jahres um sehr hohe Beträge; im Sommer erhitzen die Sonnenstrahlen selbst in unserem Klima Sandboden auf Wärmegrade, welche die tastende Hand schmerzlich empfindet; im Winter friert der Boden bei uns und wird unleidlich kalt. Je tiefer wir jedoch in den Leib der Erde graben, umso geringer werden diese jahreszeitlichen Schwankungen der Erdwärme; sie erlöschen bei uns in einer Tiefe von 20—25 m vollständig; diese schmale Schale in der Erdkruste nennt man die wärmegleiche (wärmestetige, neutrale) Grenzschicht. Sie bildet die Obergrenze der Hauptmasse der Erdkugel, in welcher jahraus-jahrein der gleiche Wärmegrad herrscht; die Höhe dieses im Laufe der Jahreszeiten sich nicht ändernden Wärmegrades nimmt von der Grenzfläche gegen das Erdinnere zu.

Den jahreszeitlich unveränderlichen Grad der Erdwärme an der Wärmeschwankungsgrenzfläche erhält man, wenn man die mittlere Jahreswärme der Luft an dem betreffenden Orte um jenen Betrag vermehrt, welcher der Wärmezunahme für die Dicke der wärmeveränderlichen Erdschale in der Gegend entspricht.

Die Wärme nimmt nun von der Grenzfläche nach der Tiefe hin nicht überall gleich zu; die geologischen Verhältnisse der Örtlichkeit, an welcher man beobachtet, entscheiden über die Mächtigkeit jener Schichte, innerhalb welcher die Gesteinwärme gegen den Erdkern hin um 1⁰ Celsius zunimmt. Die Dicke dieser Gesteinschicht heißt E r d w ä r m e n t i e f e n s t u f e (geothermische Tiefenstufe).

Die Erdwärmentiefenstufe.

Von den verschiedenen Werten der Erdwärmentiefenstufe, welche man in Bohrlöchern, Bergbauten usw. bisher festgestellt hat, ziehen jene die Aufmerksamkeit des Bauingenieurs besonders auf sich, welche man in Tunneln und Stollen erhoben hat. Eine kleine Auswahl dieser Tiefenstufenwerte gibt die folgende Übersicht wieder.

Übersicht über die bei verschiedenen Tunnelbauten
beobachtete Erdwärmetiefenstufe.

Örtlichkeit	Tunnellänge in m	Überlagerung in m	Höchstwärme in Graden Celsius	Tiefenstufe in m	Wasserführung in l/sec.	Anmerkung N = Nord-, S = Südmundloch
Rickentunnel	8.604	530 (450)	23.5	27	2 N 21 S	Trockene Sandsteine, meist 45⁰ fallend, Ausströmen von Grubengas
Simplontunnel	19.729	2135	55.4	37	1300	Tiefenstufe am Scheitel 43.5 m, im Tal 29 m. Nord 200 l/sec., zus. am 30. September 1905 1290 l/sec.
Tauerntunnel	8.551	1567	23.9	49		Granitgneis, z. T. Glimmerschiefer
Arlbergtunnel	10.250	715	18.5	38.6	<50 19	Gneise u. Glimmerschiefer. Nach 11 Jahren 13.8⁰ C (Abkühlung um 4.76⁰ C)
Lötschbergtunnel	14.605	1673	34	(25—49) 45		Granit, altzeitliche Schiefer, Trias, Jura
Gotthardtunnel	14.998	1752	30.4	47	300— 400	Scheitel 45 m Tal 29 m
Albulatunnel	5.866	750 (912?)	15 (11.25⁰) gemess.	49 (58—59)	100 (250)	Albulagranit (4346 m), Grundmoräne 92 m, Kalkschiefer und Mergel 1097 m, Zellendolomit (111 m), Granitschutt 168 m, Casannaschiefer (52 m), Wassermenge nach Bauvollendung N = 244 l/sec., S = 75 l/sec.
Mont-Cenis-Tunnel (Frejustunnel)	12.236	1610	29.5	58.4 (50 nach Zvick)	7	Sandsteine (2094 m) 50—80⁰ geneigt, geschieferte Kalke (9400 m), 20—30⁰ geneigt, Quarzite (389 m) und Kalk (356 m)

Örtlichkeit	Tunnel-länge in m	Überlagerung in m	Höchstwärme in Graden Celsius	Tiefenstufe in m	Wasserführung in l/sec.	Anmerkung N = Nord-, S = Südmundloch
Karawanken-tunnel Melchar-stollen	7.976	370 956 1000	17.9 15.0 26	28 144	60 (Nord) 30 (Süd)	17.9⁰ C bei 370 m Überlagerung und sehr steil gestellten Schichten
Wocheiner-tunnel	6.334	370 720 1000	13 6.8 9.4	70 600? 250	150 bis 1300	Paläozoische Schichten, Dach-steinkalk
Bosruck-tunnel	4.770	1300	8.5	260?	2200	
Weißenstein-tunnel	3.698	470	12.8	130— 140	70—80	Niederstmenge: 60 l/sec. Wasser, Höchstwert 400 l/ sec., Tiefenstufe: Kleinstwert 70 m, unterm Hintern-Weißenstein 130 bis 140 m
Turchino-tunnel	6.428	386	16 Luft!	—	10—74	Kristalline Schie-fer, Serpentin
Cremolino-tunnel	3.208	—	18 Luft!	—	½ (Süd) 10 (Nord)	Großenteils Serpen-tin, mergelige Sandsteine und Konglomerate

Eine andere Übersicht verdanken wir Z o l l i n g e r (6). Aus den bisherigen Messungen der Erdwärmentiefenstufe lassen sich bereits alle E i n f l ü s s e erschließen, welche ihre Höhe bestimmen.

Vor allem beeinflußt die G e l ä n d e a u s f o r m u n g den Betrag der Tiefenstufe; er ist unter sonst gleichen Bedingungen größer unter Bodenerhebungen und kleiner unter Tälern und anderen Einbauchungen der Erdoberfläche. Während so die Linien gleicher Erdwärme unter Ebenen annähernd söhlig verlaufen, rücken sie unter Bergen aufsteigend auseinander und nähern sich, absinkend, unter Einbeulungen der Erdoberfläche (Abb. 53).

Die Fragestellung ist natürlich eine räumliche; man geht freilich zuerst von dem Längenschnitte des Stollens aus. Der Tiefbauer muß aber von der ersten flächenhaften Betrachtung überall dort zur räumlichen übergehen, wo die Querschnitte durchs Gelände derart auf- und abwogende Formen zeigen, daß sie den Verlauf der Erdwärmenschichtenlinien im Stollen merklich beeinflussen. In solchen Fällen müssen neben dem Längenschnitte noch Querschnitte, bzw. andere, den Längenschnitt kreuzende, der Landformung angepaßte Schnitte zur Beurteilung der Wärmeverhältnisse mit herangezogen werden.

Ein weiterer Einfluß auf den Betrag der Erdwärmentiefenstufe geht von der **Wärmeleitfähigkeit** der Gesteine aus. Diese beträgt bei

Granit	0.0004—0.0097	Tonschiefer	0.0019—0.0030
Marmor	0.0012—0.0050	Basalt	0.004
Sandstein	0.0024—0.006	Steinsalz	0.0113 (0.0128)
Gneis	0.0055—0.0067	Wasser von 18° C.	0.00124

Luft (zum Vergleiche) bei 0° C 0.000057 $\left(\dfrac{g\,cal}{cm\,Grad\,sec} \right)$

Die Luft leitet somit die Wärme 25 bis 100 mal schlechter als Wasser oder viele Gesteine. Die im Versuchsraume ermittelten Werte erfahren jedoch in der Natur eine Veränderung durch Klüfte, Spalten, Schichtfugen und andere Hohlräume des Gesteins; die Wärmeleitfähigkeit des **Gebirges**, d. i. einer größeren Gesteinmasse, weicht daher umsomehr von jener des untersuchten Probekörpers ab, je stärker die Beanspruchung es zerhackt und je ausgiebiger sie seine Hohlraumsumme vergrößert hat. In vielen Fällen gibt die Klüftigkeitsziffer eines Gesteins einen Anhaltspunkt für die rohe Anschätzung seiner Wärmeleitfähigkeit im Großen.

Mit der Klüftigkeit einer Bergart steht die Beeinflussung ihrer Wärme durch **Luftbewegungen** im Zusammenhange.

Die kalte Winterluft, die sich vor allem in den Schloten und sonstigen absteigenden Höhlengängen des Brausgesteinsgebirges durch viele Monate hindurch halten kann, entzieht dem wärmeren Gestein durch lange Zeiträume hindurch sehr viel Wärme; in der Tiefe der Luftwege sammelt sich die kühlste Luftmasse an, während die vom Gestein erwärmte Luft fortwährend emporsteigt und den niedersinkenden Strom kalter Luft in Gang erhält. Freilich verursachen Ausstülpungen, Seitengänge usw. oft Abweichungen von diesem vereinfachten Wärmebilde des Innern von Brausgesteinmassen.

Größer noch als der Einfluß der Luft allein dürfte jener des vom Erdleibe verschluckten **Niederschlagwassers** sein. Und zwar nicht bloß wegen seines etwa 25 mal größeren Wärmeleitungsvermögens. Das Wasser, das in den Boden einsickert, strömt der Tiefe zu; es wirkt sowohl durch Wärmeverfrachtung (Konvektion), als durch äußere Wärmeleitung (Wärmeübergang) auf die Gesteine ein. Es zieht ferners beim Einsickern in die Tiefe (z. B. beim Aufhören der Niederschläge) Luft nach sich, schiebt auf seinem Wege die Luftfüllungen der Hohlräume vor sich her und fördert so den Luftwechsel im Gestein. Das Maß seines Einflusses auf die Größe der Erdwärmentiefenstufe wird von mancherlei Umständen abhängen; so z. B. von der Weite der Wasserwege, ihrer Verteilung im Gestein, von dem Ausmaße und der Zeitdauer ihrer Fül-

lung mit Wasser usw. Man darf vermuten, daß die Tiefenstufe um
so mächtiger sein wird, je mehr und je rascher Niederschlagwässer
von sehr wechselndem Wärmegrade und wechselnder Dauer durch
eine weitklüftige Gesteinmasse fließen; auch aus diesem Grunde
übertrifft die Erdwärmentiefenstufe in höhlenreichen Kalkmassen
jene in wenig zerklüfteten Teilen des Urgebirges ganz erheblich.
Tunnel unter hohen Erhebungen von Brausgesteinen durchörtern
unter dem Scheitel des Gebirges Gesteinmassen, welche Schnee-
schmelzwasser oder kalte Nie-
derschläge mit wenig über 0⁰
liegender Wärme ständig ab-
kühlen (Bosrucktunnel, Wo-
cheinertunnel). In sehr fein-
bahnigen Gesteinen ist die
Schnelligkeit der Wasserbewe-

Abb. 53. Verlauf der Erdwärmeschichten-
linien unter Bergen und Tälern.

gung recht klein; sie sinkt auch in Grundwasserseen sehr stark herab,
wird aber wohl nur in ganz abgelegenen Winkeln, Säcken und Ausstülpungen wirklich gleich Null. Derartig langsam sich bewegendes
und dabei in großen Mengen vorhandenes Grundwasser kühlt besonders kräftig (z. B. Abnahme der Gesteinwärme im Bosrucktunnel vor dem Anfahren der starken Quellen). Langsam sich be-
wegende Grundwasserfäden und schwache Wasseradern verändern
natürlich die Bergwärme nur unbedeutend (kristalline Gesteine;
Beispiele: Gotthardtunnel, Arlbergtunnel u. a.).

In den vom Karawankentunnel durchörterten Trogkofelkalken unterhalb
des Zakamnik erniedrigten mehrere kleine Quellen bei 700 bis 800 m Überlagerung die Gesteinwärme um rund 2¼⁰ C.

In den Dachsteinkalkbreschen und den Rogensteinkalken des Wocheinertunnels (K o s s m a t) durchmessen die Niederschlagswässer eine rund 750 m
lange Strecke (in lotrechter Richtung gemessen!) binnen ein paar Stunden;
die Klüfte sind hier aber bereits so weit ausgewaschen, daß die Regenwässer
oft mehrere Raummeter Sand aus den Schläuchen des Kalkes in die Tunnelröhre spülten. In den Jurakalken beobachtete man nur „Regen" von der
Firste.

Auch im Simplontunnel erwiesen sich die bei km 4.34 (Süd) angefahrenen reinen, körnigen, marmorartigen Kalke als sehr wasserwegig. 33 Spalten und Schlote spieen je nach der Jahreszeit 650 l/sec. (März) bis 1200 l/sec.
(Anfang August) auf einer Strecke von nur 80 Laufendmetern aus und erniedrigten nach K ö n i g s b e r g e r die Gesteinwärme um etwa 27⁰; ihre stets
gleichbleibende Durchschnittswärme betrug dabei etwa 14 bis 15⁰ gegen etwa
1⁰ der Niederschlagswärme. Die sekundlich dem Gebirge entzogene Wärme-
menge berechnet I m h o f (Handb. d. Ing. Wissenschaften, Bd. Tunnelbau)
auf 9000 Kal. Die Gesteinkühlung macht sich auf einem Gesteinstreifen von
ungefähr 2400 m Breite (Kern etwa 500 m breit) beiderseits der Einbruch-
stellen bemerkbar; sie betrug nach Z o l l i n g e r in einer Entfernung von

400 m	36 v. H.		1600 m	4 v. H.
800 m	20 v. H.		2000 m	2 v. H.
1200 m	10 v. H.		2400 m	0 v. H.

Eine kleine Zusammenstellung von Abkühlungen des Gebirges durch Sickerwässer, wie sie in einigen Tunneln beobachtet wurden, gibt die tieferstehende Übersicht:

Tunnelname	Niederschlag			Sickerweg bis zur Tunnelsohle in m	Abkühlung des Gesteins um °C	Wasserwärme im Tunnel und Anmerkung
	Menge in mm jährl.	Wärme in °C	Seehöhe des Einsickerungsgebietes (durchschn.)			
Wocheiner Tunnel	2200		1100	500—600	2—2$^1/_2$	Dachsteinkalk
Wocheiner Tunnel	2400		1300-1500	700—800	2	6.7° C
Wocheiner Tunnel	2400		1300-1400	800	0.5	Juraschichten, Verteil^{t}wasser
Karawankentunnel	1800		700-800	100	2	Anisische Dolomite
Karawankentunnel	2000	1	2000	1000-1200	2	Bunte, permische Kalkbreschen
Simplontunnel	2000	1	2000	1000-1200	4.6	930 l/sec., 16.3° C Gesteinswärme auf 2400 m in jeder Richtung beeinfl.
Gotthardtunnel, Tessinmulde (0—3 km)	2000	1	2300	1200	4.1	(18.3 l/sec, 15.6° C) 33 l/sec.
Bosrucktunnel (700 m)	2000	1—2	1500-1700	1000	etwa 6	1000 m in jeder Richtung
detto	1800	6	1200	500	1	250 m in jeder Richtung

Auch die L a g e r u n g des Gesteins beeinflußt die Größe der Erdwärmentiefenstufe. In der Richtung der Schieferung oder Schichtung leiten alle Bergarten die Wärme rascher als senkrecht dazu; steil aufgerichtete oder besser gesagt, mit der Geländeoberfläche einen Winkel um 90° herum einschließende Schichten weisen eine größere Erdwärmentiefenstufe auf als annähernd söhlig gelagerte Schichtstöße. Die Unterschiede wachsen besonders in glimmerreichen Gesteinen außerordentlich, unter Umständen auf das 2½ fache an (J a n n e t t a z).

Anhäufungen von Erdöl, Braunkohlenlagerstätten, chemische Umsetzungen in Gesteinen, besonders aber in Erzlagerstätten verkleinern die Erdwärmetiefenstufe oft erheblich; im gleichen Sinne wirken sich aufsteigende Schmelzflüsse aus.

Die **Frostwirkung** kann in Tunneln — je nach Lichtweite usw. — bis gegen 1000 m vordringen und im Laufe der Jahre die Erdwärmentiefenstufe im Bereiche der Eingangstrecken herabsetzen. Der 1431 m lange, zweigeleisige Semmeringtunnel leidet auf seiner ganzen Länge unter Vereisungserscheinungen, welche den Verkehr schwer gefährden und teure Sicherungsmaßnahmen erfordern.

Verfahren zur Voraussage des Verlaufes der Erdwärmenschichtenlinien.

K. **Pressel** stellt für sein Verfahren der Voraussage des Verlaufes der Linien gleicher Erdwärme ein hohles Modell des Tunnelgeländes aus Gips her. Er belegt es entsprechend den Linien gleicher Jahresdurchschnittswärme mit Streifen von Aluminiumblech und ladet die voneinander abgedämmten Blättchen derart auf, daß ihre Spannung gleich der mittleren Jahreswärme der betreffenden Oberflächengebiete in Celsiusgraden ist. Unterhalb des Modells liegt in einem Abstande, welcher einer Tiefe von 6000—8000 m unter dem Meeresspiegel entspricht, eine ebene, verdämmte Metallplatte. Diese ladet man mit soviel Volt auf, als die Gesteinswärme in dieser Tiefe vermutlich beträgt. Im Zwischenraume zwischen dem Modelle der Tagoberfläche und der Platte entsteht ein elektrostatisches Feld; längs der Tunnelachse mißt man die Spannungen; ihre Unterschiede sind verhältnisgleich den Wärmeunterschieden der Punkte in der Natur, welche den betreffenden Meßpunkten entsprechen. Die gefühlsmäßige Annahme des Wärmegrades der Erde in der Tiefe der Metallplatte bedingt eine mehr oder minder große Ungenauigkeit. Man kann sie ausschalten, wenn man in einem Bohrloche oder in einem Versuchstollen an mindestens einem Punkte die wahre Gesteinwärme bestimmt hat.

Wie schon **Stiny** (5) betont hat, setzt das **Pressel**sche Verfahren ein Gebirge voraus, dessen Bau einfach ist, dessen Schichten in ihrem wärmephysikalischen Verhalten weitgehend übereinstimmen, söhlig gelagert und außerdem so gut wie trocken (bezw. nur bergfeucht) oder wenigstens wasserarm sind. Die Voraussetzung einer halbwegs gleichteiligen Bergmasse bietet die Natur jedoch nur in seltenen Ausnahmefällen.

Die bisher angewendeten rein **rechnerischen** Verfahren zur Anschätzung der Wärmeverteilung in jenen Schichten der Erdrinde, welche der Ingenieur zum Schauplatz seiner Tätigkeit macht, haben sich mehr oder minder bewährt. Sie sind aber ziemlich umständlich und ihre Werte gewinnen erst dann an Anschaulichkeit, Leben und Brauchbarkeit für den Ingenieur, wenn sie in einem

Längenschnitte des Tunnels schaubildlich dargestellt sind. Das bisherige rechnerische Verfahren versagt zudem in allen jenen Fällen, wo mit starkem Wasserandrange gerechnet werden muß, so ziemlich vollständig. S t i n y (5) schlug daher vor, den Umweg der rechnerischen Ermittlung zu vermeiden und gleich von vornherein ein zeichnerisches Verfahren zu wählen, welches auf dem geologischen Längenschnitte des Stollens (Hohlraumes) aufbaut. Dabei bedient man sich mit Vorteil der Linienscharen gleicher Warmheit (isothermische Linienscharen), wie sie z. B. B. F o r c h h e i m e r mit Vorteil auf Fragen der Grundwasserbewegung angewendet hat. Ich gehe auf den Vorgang S t i n y s nicht weiter ein, sondern verweise auf seine Veröffentlichung (5).

Das zeichnerische Verfahren der Erdwärmevorausbestimmung in Tunneln hat den Vorteil größerer Übersichtlichkeit vor den rein rechnerischen Ermittlungen voraus. Es können deshalb schon beim Ziehen der Erdwärmelinien etwaige Fehler leichter bemerkt werden. Man kann ferner den erhobenen geologischen Verhältnissen schärfer Rechnung tragen.

Vergleicht man beim Vortriebe die gefundenen Wärmewerte im Richtstollen von Zeit zu Zeit mit den angenommenen, dann ist man imstande, die Voraussage, wenn nötig, zu verbessern, sollten sich unvorhergesehene Abweichungen zeigen.

Das zeichnerische, auf errechneten Beträgen und auf Erfahrungswerten zugleich fußende Verfahren teilt im übrigen mit den rein rechnerischen Verfahren alle jene Mängel, welche in unserer bisherigen, unzureichenden Kenntnis der Wärmeverhältnisse der Erdkruste wurzeln.

Auswahl aus dem Schrifttum.

1. A g a s s i z, A l e x a n d e r, On underground temperatures at great depth. Amer. Journ. Sci. 3 d. ser. vol. 50, 1895, S. 503—504. — 2. A m b r o n n, R i c h a r d, Methoden der angewandten Geophysik. Dresden und Leipzig 1926. Theodor Steinkopff, S. 190—205. — 3. B ö h m, A., Der Verlauf der Geoisothermen unter Bergen. Verhdlg. geolog. Reichsanstalt Wien 1884, Heft 9, S. 161—164. — 4. B o s s o l a s c o, M., Sulla previsione della temperature nell'interno delle montagne. Gerlands Beiträge zur Geophysik. Bd. 1, Heft 2, Seite 149—155. Leipzig 1930. — 5. S t i n y, J., Zur Vorausbestimmung der Erdwärme im Bauwesen, besonders in Stollen und Tunneln. Geologie und Bauwesen, Jhgg. 5, 1933, H. 2, S. 77—123. Hier ausführliches Schriftenverzeichnis. — 6. Z o l l i n g e r, A., Wärmeverteilung im Innern verschiedener Alpentunnel. Techn. Mitt. v. Orell u. Füssli, Zürich, H. 26.

E. Die Fortpflanzung von Schall- und Erschütterungswellen im Gebirge.

Im Minenkriege war es wichtig, die Fortpflanzung des Schalles und der Erschütterungen beim Abschießen der Sprengladungen richtig anzuschätzen.

Frischer, gesunder Fels leitet den S c h a l l in der Regel sehr gut; besonders wenn er fest und nahezu unzerklüftet ist, hört man die Arbeit von Bohrmaschinen oft mehr als 1 km weit. Im klüftigen Fels pflanzt sich der Schall schlechter fort als im massigen. Einzelne, offene Klüfte benehmen sich allerdings wie Sprachrohre; so z. B. im Kalkgebirge. Erfüllt dagegen Wasser oder Schlamm u. dgl. eine Spalte, welche quer zu einer bestimmten Fortpflanzungsrichtung des Schalles verläuft, dann dämpfen diese Kluftfüllungen den Schall; mit Ton oder Letten ausgefüllte Klüfte erweisen sich wiederum als gute Leiter, besonders in ihrer Längsrichtung.

Feuchtes oder gar wassererfülltes Gestein leitet den Schall besser als trockenes Gebirge. Als schlechte Leiter gelten im allgemeinen lockere Massen, weiche Gesteine, Verwitterungsschwarten und lückige (schlackige, zellige) Bergarten. Dementsprechend dämpfen Ruschelstreifen und Quetschstreifen den Schall.

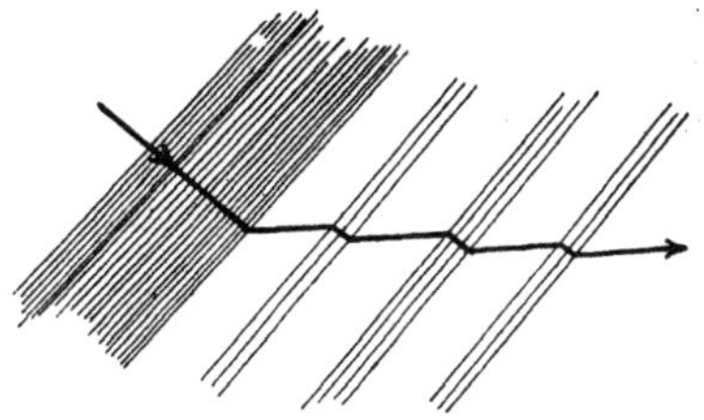

Abb. 54. Schichtwechsel bricht die Richtung der Schallwellen.

In der Richtung der Schichtfugen pflanzt sich der Schall besser fort als quer dazu. Schichtwechsel ruft meist eine Brechung der Schallwellen hervor (Abb. 54), indem z. B. die festeren Bänke den Schall besser leiten als tonige Zwischenlagen.

Nach R. F. B e e r s beträgt die Fortpflanzungsgeschwindigkeit von E r s c h ü t t e r u n g e n in m/sec.

	gleichlaufend	senkrecht zur Schichtung
In den red beds der Trias	3780	2950
In den red beds des Perm	4850	3940
In altzeitlichen Kalken	5310	4100

Die Stöße von Erschütterungen leitet z. B. das massige Gletschereis gut. Ebenso geschlossen gefügte Felsarten. Lockermassen dämpfen dagegen Erschütterungen durch Sprengungen, Bombeneinschläge usw. umso wirksamer, je mehr lufterfüllte Hohlräume sie besitzen („Lückigkeitsziffer"); die Luft entfaltet ja eine hohe Federndheit (Elastizität). Offene Spalten bremsen Stöße, welche sie quer treffen, ab. Erfüllt jedoch Wasser die Lücken der Lockermassen oder die Klüfte des Gebirges, dann leitet das Gestein den Zerknalldruck gut, d. h. kräftig und weit fort; Wasser ist ja so gut wie nicht zusammendrückbar und entbehrt der Federkraft. Die Wasserführung erhöht auch die Fortpflanzungsgeschwindigkeit von Erschütterungswellen in Lockermassen; nur dann, wenn die Fortpflanzungsgeschwindigkeit im Gestein selbst größer ist als etwa

1400 m/sec., kann die Wasserführung einer Bergart den eigentlichen Wert auch herabsetzen.

Mit zunehmender Tiefenlage wächst die Fortpflanzungsgeschwindigkeit der Erschütterungswellen; so z. B. im Eozän der USA. von 2200 m/sec. in Tiefen bis zu 600 m auf 31000 m/sec. in Tiefen von 900—1200 m, und im Rotliegenden Norddeutschland von 2600 m/sec. in 30—60 m Tiefe auf 4200 bis 4600 m/sec. in 150—400 m Tiefe (nach R e i c h und Z w e r g e r).

Wie man bei den Erdbebenwirkungen die w a h r e n Bebenstärken und die s c h e i n b a r e n auseinander hält, muß man auch bei den künstlichen Erschütterungen beachten, daß solche Felsarten, welche fest erscheinen und dicht geschlossen gefügt sind, zwar die Erschütterungen gut leiten, aber nur eine geringe S t ä r k e n w i r k u n g hervorrufen. Dagegen erzwingen in Lockermassen u. dgl. die Wellen durch Resonanzen und insbesonders durch Massenumlagerung (Rüttelwirkung) die Umwandlung schlummernder Arbeitsfähigkeit (potentieller Energie) der Lage und Spannungen in kinetische Zusatzenergien der Schwingungen; da eckige Trümmer wie Haldenschutt und große Blöcke (Bergsturzablagerungen z. B.) eine große Hohlraumsumme besitzen und sperrig gelagert sind, können sie umso ausgiebiger zusammensacken und Bauwerke auf ihrem Rücken bedrohen. A. S i e b e r g beurteilt die Erschütterungsgefährlichkeit verschiedener Gesteine wie folgt (einige Zusätze nach J u n g).

Untergrundswert und
zusätzl. Mercalligrade

	Untergrundswert	zusätzl. Mercalligrade
Schwemmböden aller Art (Geschiebe, Sand usw.), Grus, Torf; die Gefährlichkeit nimmt mit der Durchnässung zu	3— 6	1—2
Lehm, Ton, Löß, Grundmoräne. In trockenem, dichtgelagertem Zustande fast ungefährlich, werden sie durchfeuchtet und aufgeweicht-bildsam zunehmend bedrohlich, ebenso wenn sie bröckelig und dabei doch trocken sind. Tone und Mergel werden auch als oberflächennahe Einlagerungen zwischen festen, aber dünnen Felsplatten gefährlich	2—10	1—3
Natürlicher Schutt der Gehänge und der Halden, Bauschutt u. dgl. ist umso gefährlicher, je eckiger und größer die Brocken und je sperriger sie gelagert sind (z. B. Blockmeere)	5—12	2—3
Marsch- und Moorboden sowie die Gelände verlandeter Wasserbecken sind stets äußerst bedrohlich	8—16	3—4
Quarzite, Kieselschiefer, feste Kalksteine, feste Dolomite und Marmore tragen meist nur eine geringmächtige Verwitterungsschwarte und bringen deshalb keinerlei zusätzliche Gefahr	1	0
Verwitterte Sandsteine, Breschen, Konglomerate usw. äußern eine Gefährlichkeit entsprechend der Mächtigkeit der sandigen Verwitterungsdecke und ihrer Durchmischung mit eckigen Gesteinbrocken	3— 6	1—2

Untergrundswert und
zusätzl. Mercalligrade

Verwitterte Granite, Quarzporphyre, Trachyte, Diabase und
Gneise geben sandige bis lehmige Böden; die Grusverwitterung von Graniten wird oft vergleichweise mächtig, besonders in Zerrüttungstreifen.   3— 6   1—2
Verwitterte Basalte, Phonolithe, Grauwacken, Tonschiefer,
Feuerbergtuffe erzeugen Lehm- und Tonböden, welche in
Tonschiefer- und Tuffgebieten besonders tiefgründig werden 2—10   1—3

Die Kenntnis der Erschütterungempfindlichkeit der Nachbargesteine des Hohlraumes ist für den Bauingenieur nicht bloß dort
wichtig, wo man Erdbeben fürchten muß (vgl. S. 28), sondern auch
in allen jenen Fällen, wo man die Fleischstärke zwischen Hohlgängen beurteilen oder auf benachbarte Gebäude u. dgl. Rücksicht nehmen soll.

Der Ausbruch der zweiten Röhre des Simplondurchstiches beeinflußte z. B. den schon aufgefahrenen Tunnel recht fühlbar; der
Achsabstand betrug freilich nur rund 17 m (Felszwischenwand bloß
9—11 m). Bei anderen Bauten betrug die Fleischstärke zwischen
Zwillingstollen:

75 Fuß zwischen Tunnel und Wasserstollen der Moffat-Linie, Colorado.
40 Fuß zwischen Erie R. R. Tunnel und New-Jersey Hochstraße in Trap
(E.N.R., 97, 1926, S. 415).
50 Fuß zwischen Shimizu-Haupttunnel, Japan, und dem Entwässerungsstollen
$(7 \times 7$ F.).
25 m zwischen den beiden Röhren des Monte Cenere-Tunnels.
18 m zwischen den beiden Röhren des Vörstunnels (Kalkmergel und Glaukonitmergel).
40—50 m (Fels abzüglich Schuttüberlagerung) beim 7535 m langen Zulaufstollen für das Kraftwerk Amsteg (6.5 m² Querschnitt).

Im allgemeinen wird man gut tun, auch in festen, gutartigen
Gesteinen nicht unter 30 m Fleischstärke herunterzugehen und bei
spröden, leicht zerschießbaren Bergarten, im druckhaften Schiefer
usw. den Abstand zwischen den einander zugekehrten Hohlraumulmen auf 40—50 m, — je nach Bergart — zu vergrößern.

Die Erschütterungsfortpflanzung im Fels spielt dann weiters
eine große Rolle bei der Bemessung der Entfernung von Mauerungsarbeiten von Sprengorten. Besonders bei Druckstollen ist größte
Vorsicht geboten; bei manchen Kraftwerkbauten hat man erst in
Entfernungen von rund 200 m von den Sprengstellen zu betonieren
gewagt und damit Recht getan, besonders wenn es sich um den Vortrieb eines Richtstollens handelte. Bei Ausweitungsarbeiten mit
Schonung des Gebirges wird man auf weit geringere Beträge heruntergehen können. Bei Verkehrswegetunneln scheut man feine
Risse in der Mauerung weniger; trifft man die nötigen Sicherungs-

maßnahmen, dann genügt hier oft schon eine Entfernung von 15 bis 20 m je nach Bergart, Sprengladung, Lagerung des Gesteins usw.

Beim Ausbruche des Fußgängerstollens der Zugspitzbahn erzeugte das anfänglich verwendete Donarit 1 infolge seiner langsamen Umsetzung im Berge Schwingungen, welche sich bis ins untere Stockwerk des Gasthofes Schneefernerhaus (2647 m) stark fühlbar machten, so daß es für den weiteren Vortrieb ausschied (Wettersteinkalk; K i l i a n).

Beim Abteufen des Schachtes in der 33. Straße für den Gross-Town-Tunnel der Pennsylvania Railroad in New-York mußte man, um Schäden an Gebäuden in der Nachbarschaft zu verhindern, längs der Seitenwände des Schachtes 5—6 tiefe Schräme ausbrechen, ehe man den Kern herausschoß. Als man dann im Verbindungsstollen des Schachtes mit dem Tunnel den Einbruch schoß, zersprangen die Fensterscheiben in benachbarten Häusern; man war gezwungen, hier einen Schram herzustellen und gegen diese freie Oberfläche zu sprengen; die Erschütterungen waren dann weniger heftig.

Auswahl aus dem Schrifttum.

1. A m b r o n n, Richard, Methoden der angewandten Geophysik. Dresden und Leipzig 1926, Theodor Steinkopf. — 2. H e i n r i c h, Bestimmung von Fortpflanzungsgeschwindigkeiten elastischer Wellen im oberschlesischen Karbon. Zeitschrift f. d. Berg-, Hütten- und Salinenwesen, 84, 1936, H. 10, S. 436—439. — 3. J u n g, K., Kleine Erdbebenkunde, Berlin 1938, J. Springer. — 4. K i l i a n, Fred, Stollenbau auf der Zugspitze. Nobelhefte, 14. Jhgg. 1939, H. 2, S. 24—29. — 5. M e i s s e r, Otto, Praktische Geophysik, Dresden u. Leipzig 1943, Theodor Steinkopff. — 6. R e i c h, H., Über die geologische Deutung von seismischen Refraktionsmessungen. Z. Öl und Kohle, 1937. — 7. R e i c h, H. u. R. v. Z w e r g e r, Taschenbuch der angewandten Geophysik. Leipzig 1943, Akad. Verlaggesellsch. Becker u. Erler, Kom.Ges. — 8. Z i s m a n n, W. A., Elastic properties of rocks at and near the earth's surface and their relation to seismology. Gerlands Beitr. 39, 1933, S. 408—425.

F. Die Wasserverhältnisse von Untertagräumen.

Es kann nicht Aufgabe dieses Büchleins sein, dem Ingenieur eine Grundwasser- und Quellenkunde zu ersetzen; es muß genügen, die wichtigsten Erscheinungen des Wasserzudranges zu unterirdischen Hohlräumen erklärend kurz zu beschreiben und mit Beispielen aus dem Bauschaffen der letzten Jahrzehnte zu beleuchten.

1. Die Wasserbahnen des Gebirges.

Die Wasserverhältnisse in Stollen hängen wohl in erster Linie von der Art und Verteilung der Wasserbahnen ab; entscheidenden Einfluß nehmen dann weiters die Länge der Hohlgänge (mittelbar) und ihre Tiefenlage unter der Erdoberfläche, die Niederschlagsverhältnisse des Gebietes und bestimmte, besondere geologische Umstände örtlicher Art. Geringe Bedeutung für die dauernde Wasserzusickerung besitzen Lichtweite und Höhe der zu schaffenden Räume.

Gestalt und Verteilung der Wasserwege sind ihrerseits wieder ein Ausfluß der Art, bzw. Ausbildung des Gesteins und des Gebirgbaues; letzterer kann unter Umständen die gewöhnliche Beschaffenheit einer bestimmten Bergart grundlegend verändert haben, so daß allgemeine Regeln über das Verhalten gewisser Gesteine gegenüber dem unterirdischen Wasser nur bedingten Wert besitzen.

Die Wasserbahnen sind natürlich im strengen, geometrischen Sinne stets körperliche Gebilde; so z. B. am augenfälligsten die weiten, schlauch- oder höhlenförmigen Wasserwege, wie wir sie besonders aus dem Brausgebirge kennen. Näherungsweise dürfen wir uns aber auch ungenauer ausdrücken. So überwiegt zuweilen die flächenhafte Ausdehnung des Wasserweges so sehr gegenüber seiner Weite, daß man berechtigt ist, vereinfachend von der flächenhaften Wasserführung einer Spalte oder Kluft zu sprechen (Abb. 55). Im Gegensatz zu dieser flächenhaften Ausformung von Wasserbahnen stehen die schlauchartigen Wasserwege, deren Durchmesser bis zur Enge von Haarröhrchen herabsinken kann; man kann sie als linienhafte Gebilde auffassen. Neben den flächenhaften und linienförmigen Wasserbehältern kennt man noch die mehr oder minder gleichausmassigen bis ganz unregelmäßigen, augenfällig körperlichen Wasseransammlungen (Abb. 56) in Form von Nestern, Linsen, dicken Platten (mächtige Zerrüttungstreifen), Wassersäcken, wassererfüllten Domen usw.; alle drei Ausdehnungen des Raumes sind mit mehr oder minder gleicher Bedeutsamkeit entwickelt; in Grenzfällen, welche zu den linienhaften Wasserwegen einerseits und den flächenhaften andererseits hinüberleiten, sinkt allerdings die Länge eines oder zweier Ausmaße der Raumentfaltung stark herab. Die wassererfüllten Teilräume geräumiger Grundwasserkörper nehmen von den großen Hohlräumen zwischen Gesteinbrocken bis zur Kleinheit der

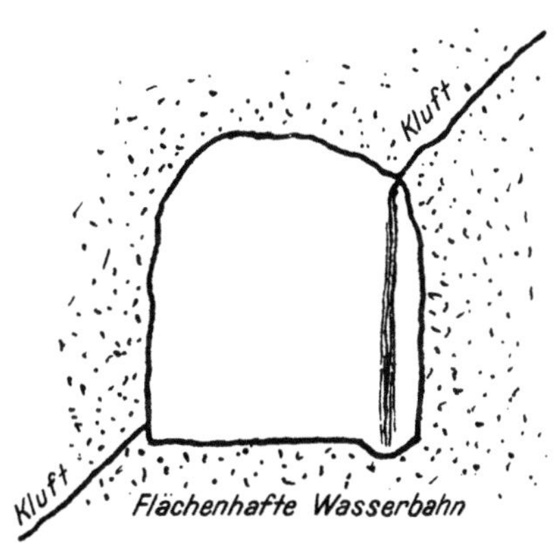

Abb. 55. Wasserführende Klüfte sind meist flächenhafte Wasserbahnen; der Hohlraum unterbricht ihren Zusammenhang; quert ihre Fortsetzung die Sohle (unten links), dann führt sie das Wasser häufig wieder aus dem Stollen heraus.

Lücken zwischen Gesteinkörnern ab; nennen wir dieses Wasser etwa
L ü c k e n w a s s e r (als Bestandteil körperlicher Grundwasser-
behälter oder für sich betrachtet).

Das L ü c k e n w a s s e r erfüllt die Zwischenräume zwischen Blöcken,
Geschieben, Sandkörnern (Abb. 57), Tonkleinchen usw., ferner die Hohlräume in Bergarten schaumigen, blasigen, zelligen oder überhaupt lückigen

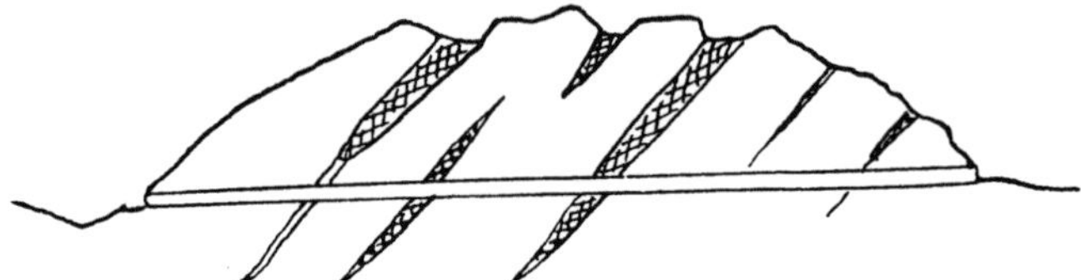

Abb. 56. Zerrüttungstreifen sind körperliche Bahnen und oft auch Behälter des Grundwassers.

Gefüges, soweit sie miteinander in Verbindung stehen. Es bildet zuweilen
abgeschlossene Inseln im Gestein; meistens jedoch schließen linienartige
Bahnen wechselnder Querschnittform die einzelnen Lückenerfüllungen perl-
schnurähnlich aneinander. Lückenwasser mit Verbindungswegen zwischen
den einzelnen Wasserbehältern bildet in der Regel einen Grundwasserspiegel
aus; so z. B. in vielen Vorkommen von Lockermassen (Schutt, Sand, Schotter
usw.) über einem Wasserstauer.

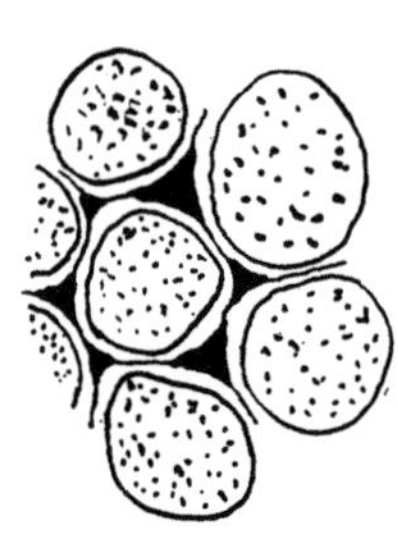

Abb. 57. Lückenwasser
(Porenwasser, schwarz)
in Sanden; weißer Saum
der Körner (Punkte):
Häutchenwasser.

Feste Bergarten, welche man wegen ihrer
sehr geringen Wasserwegigkeit — vernachlässi-
gend — w a s s e r u n d u r c h l ä s s i g nennt,
zeigen meist eine mehr oder minder weitgehende
Zerklüftung; die Ursache der Spaltenbildung kann
recht verschieden sein; ihre Erörterung bleibe
Lehrbüchern der allgemeinen Geologie vorbehalten. Manche Gesteine, wie z. B. die spröden, neigen besonders stark zum Aufreißen von Spalten,
andere wieder weniger; weitgehende Spaltenbildung geht von lebhaften Bewegungen der Erdkruste aus (Faltungen, Überschiebungen, Verwerfungen, Hebungen, Senkungen usw.). Zerklüftete
Gesteine beherbergen überwiegend flächenhafte
W a s s e r b a h n e n, bzw. Wasserbehälter; der Querschnitt ihrer
Klüfte, Spalten usw. ist oft derart mit Flüssigkeit gefüllt,
daß sich das Wasser in den Schnitten staut und unter Druck
gerät. Solches Kluftwasser kann unter Umständen eine Art von
Grundwasserspiegel herausbilden; so besonders dann, wenn die Spalten entsprechend weit sind, nahe aneinanderrücken und unter sich
gut verbunden sind. In anderen Fällen gerät jedoch das Wasser in

den Spalten nicht unter Druck, sondern fließt im reinen Schweregefälle, bloß Teile des Querschnittes der flächenhaften Wasserbahnen in Anspruch nehmend, in die Tiefe; von einem Grundwasserspiegel in solchen Gebirgen kann natürlich keine Rede sein. Die
Verhältnisse erfahren eine weitere Verwicklung dadurch, daß z. B.
lebhafte Schneeschmelze oder kräftige Niederschläge solche Spalten

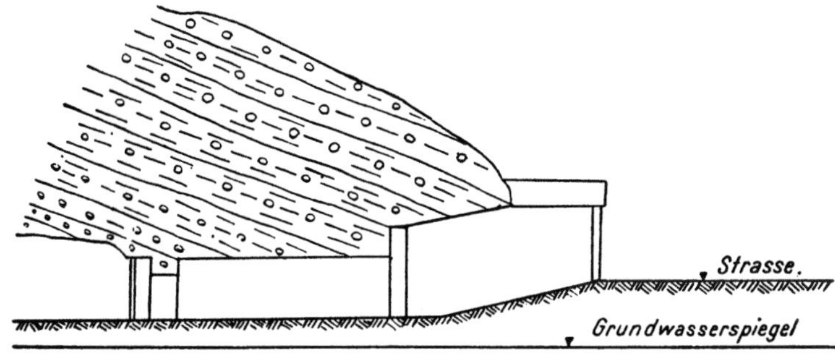

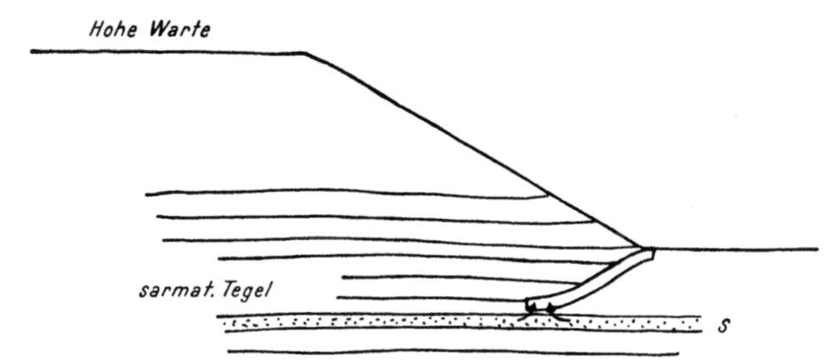

Abb. 58. Anlage des Stollens in genügender (a) und in unzureichender (b) Höhe über dem
Grundwasserspiegel. Aufbrüche von Wasser aus der Sohle (Pfeile).

zeitweise auch ganz erfüllen können, während sie Wasser in Trok-
kenzeiten nur teilweise in Anspruch nimmt. In einem Zwischenfalle
können sich die Zeiten freien Wasserfließens und jener von Druck-
wasserbildung die Wage halten. Viele Erscheinungen des sogenannten Karstgebirges lassen sich auf diese Weise erklären.

Überall dort, wo das Sickerwasser imstande ist, die Wände seiner Bahnen
und Behälter anzulaugen und so die Gefäße, die es fassen, zu erweitern, zeigt
sich das Bestreben der Natur, in die flächenhaften, ursprünglichen Wasserbahnen linienhafte, also schlauchartige Wege hineinzufressen und das Wasser in röhrenähnlichen Gefäßen von mehr oder minder großer Länge und
mit wechselndem Querschnitte zu sammeln. Die Klüfte und Schnitte selbst

führen dann teilweise den Röhren Wasser zu, oder entziehen es ihnen, teilweise bleiben sie auch mehr oder minder trocken; nicht selten füllen sie sich mit Feinstoffen, welche sie im Laufe der Zeit verlegen und ganz außer Betrieb setzen; neben ständig wasserführenden Klüften stellt man weiters auch solche fest, welche das Wasser nur zeitweise benetzt. Je länger das Wasser Gelegenheit hat, das Gebirge, durch welches es zur Tiefe sickert, auszulaugen, desto vollkommener werden die Röhren und Schläuche die Entwässerung des Berges besorgen. Es spielt also das Alter einer herausgehobenen Gebirgscholle bei der Gestaltung seiner Wasserverhältnisse eine große Rolle. Die weiten Höhlen und Dome der vielverschlungenen Röhrennetze unserer Brausgebirge sind in gewissem Sinne eine Alterungserscheinung der untertägigen Wasserverhältnisse. Auch diese gewonnene Einsicht hilft uns eine Reihe von Erscheinungen des Karstgeländes, wie z. B. seine Riesenquellen, erklären.

Wir können also in dem zu durchörternden Gebirge drei Hauptarten der Wasserbewegung, bzw. Entwässerung des Bergleibes unterscheiden: das Lückenwasser (Haarröhrchenwasser) der Grundwasserkörper in Lockermassen, das Kluftwasser und das Röhrenwasser; Röhren- und Spaltenwasser sind in leicht löslichen Gesteinen häufig nebeneinander vorhanden; andere Nebeneinandervorkommen verschiedener Grundwasserarten sind für den Bau untertägiger Hohlräume meist weniger wichtig (z. B. Röhrenwasser, auch Wasseradern genannt, neben Lückenwasser).

Entsprechend der Gestalt, Größe und Verteilung der Wasserbahnen tritt das Wasser entweder an getrennten, einzelnen Stellen oder fast flächenhaft aus dem Gebirge in den aufzufahrenden Hohlraum. Erstere Art des Wasserzutrittes in selbständigen „Adern" bringt i. A. dem Vortriebe geringere Erschwernisse, von Wassereinbrüchen natürlich abgesehen. Unangenehm ist der flächenhaft zusammengedrängte Firstentropf, am lästigsten für die Arbeiter der Firstenregen; aus Zerrüttungstreifen tropft das Wasser oft wie durch ein Sieb.

2. Die drei Haupterscheinungsweisen des Senkwassers in Hohlräumen.

a) Das Lückenwasser

(Zusammenhängendes Grundwasser in Haarröhrchen).

Lückenwasser erfüllt die Hohlräume verschiedener Lockermassen und auch jener Festgesteine, welche Lücken aller Art mehr oder minder ausgiebig durchlöchern (Rauhwacken, Bimssteine, Schlackenmassen, löchrige Nagelfluh usw.).

Man wird es im allgemeinen vermeiden, Tunnel im grundwassererfüllten Gebirge vorzutreiben; man legt also, wenn tunlich, von vornherein die Tunnelsohle so hoch, daß zwischen ihr und dem

höchsten Grundwasserstande noch ein Spielraum von einem Meter
oder etwas mehr verbleibt (Abb. 58); man muß dabei sorgsam erheben, welche Ausmaße die örtlichen Grundwasserschwankungen erreichen können; dabei hat man von den langfristigen Änderungen
des Grundwasserspiegels auszugehen und darf nicht die jährlichen
allein berücksichtigen; gewöhnlich ändert der Grundwasserspiegel
seine Höhenlage im Laufe der Zeiten nur um ein bis zwei Meter;
man kennt jedoch auch Fälle, in welchen der langfristige Ausschlag

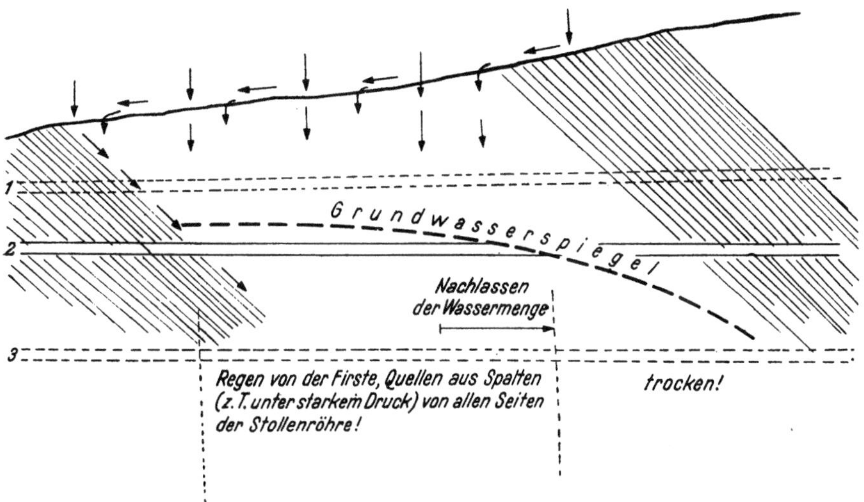

Abb. 59. Grundwassersee zwischen undurchlässigen Schichten (gestrichelt). Die Lage der
Stollensohle (1, 2, 3) bedingt den Wasserzudrang zum Stollen. Die erklärenden Worte der
Zeichnung beziehen sich auf die Stollenlage 2.

mehrere Meter beträgt (so z. B. unweit Wiener-Neustadt 10 bis
11 Meter).

Die Unterfahrung von Gewässern, von Talsohlen, die Anlage
von Verkehrstunneln unter Großstädten und andere Bauvorhaben
zwingen freilich manchesmal zum Vortriebe des Hohlganges unterhalb des Grundwasserspiegels. Solchen Verhältnissen sind nur bestimmte Vortriebsweisen und Baumaßnahmen gewachsen; so z. B.
der Vortrieb mit dem Schilde unter Anwendung von Preßluft und
Verfahren, welche den Mantel des Hohlraumes versteinern oder ver-
frieren. Die Tunnelröhre hat dann eine gute Abdichtung gegen den
Grundwasserführer nötig und muß, wenn nötig, außerdem durch
Pumpwerke trocken gehalten werden. Über Vorentwässerung vergleiche
Abb. 177 und 178.

Da elektrische Pumpen durch Feindtätigkeit lahmgelegt werden können, die Abgase von Motoren die Luft verschlechtern und Handbetrieb reichlicheren Zustromes von Grundwasser nicht Herr werden kann, gestattet man Luftschutzanlagen im Grundwasserbereiche in aller Regel nicht.

Tegel, Tone, tonreiche Mergel u. dgl. sollten wegen ihrer förmlichen Wasserundurchlässigkeit eigentlich auch im Stollen unter dem Grundwasserspiegel nahezu trocken bleiben; die Tunnelanlagen im Opalinuston, im Keuper, in den Schuppentonen des Apennins usw. erfreuten sich tatsächlich eines nur unbedeutenden Wasserzudranges. Man muß aber auch in ihnen das Wasser abwehren, welches

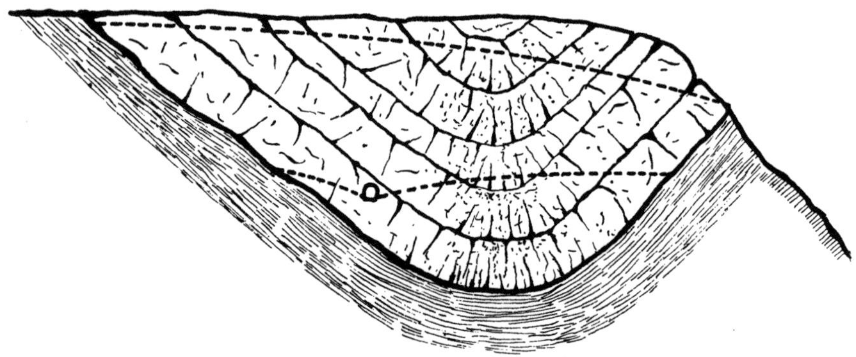

Abb. 60. Der Kern einer geologischen Mulde besteht aus Kalkstein; undurchlässige Schichten unterlagern ihn. In den Klüften des Kalkes staut sich ein Grundwassersee auf; er läuft in Form einer Überfließquelle (rechts oben) über. Der Vortrieb des Stollens senkt den Grundwasserspiegel ab (tiefere der beiden gestrichelten Linien) und bringt die Überlaufquelle zum Versiegen.

aus den seltenen Klüften, aus Verwerfungen und vor allem aus den Haarröhrchen der Umgebung dem Hohlraume zuströmt; die Öffnung eines Hohlganges im bergfeuchten Tone erzeugt nämlich in den Haarröhrchen einen Unterdruck, welcher die Wasserfüllung der feinen Gefäße in der Nachbarschaft zum Nachrücken gegen die Leibung hin anreizt. Schneidet der Stollen gar Sandlinsen, Sandschnüre u. dgl. wasserführende Einlagerungen an, dann entwässern diese je nach ihrer Größe mehr oder minder lebhaft in den Hohlraum und trachten ihn zu ersäufen.

Man meidet daher auch die genannten, wasserundurchlässigen Schichten bei der Auswahl einer Örtlichkeit für tiefliegende Luftschutzräume, wenn man aus ihnen das Wasser nicht im Schweregefälle herausschaffen kann.

Zuweilen hat man beim Vortriebe von Hohlgängen auch Wasseraufbrüche aus der Sohle erlebt, obwohl der Stollen in undurchlässigem Gestein umging. Diese Wasserauftriebe ereignen sich fast .

immer dann, wenn die Arbeitsbrust mit ihrer Sohle sich einer durchlässigen Einlagerung im Liegenden nähert, welche gespanntes Wasser führt. In dem Augenblicke, da die trennende, undurchlässige Masse so dünn geworden ist, daß sie dem Wasserdrucke nicht mehr zu widerstehen vermag, bricht das Wasser aus seinem Kerker hervor und überschwemmt die Stollensohle (Abb. 58 b). Derartige Einbrüche von Druckwasser können sich natürlich auch in allen übrigen Flächen der Leibung, z. B. auch in der Firste ereignen, wenn die Lagerungsverhältnisse sie begünstigen; hier erregt jedoch die Erscheinung geringere Verwunderung.

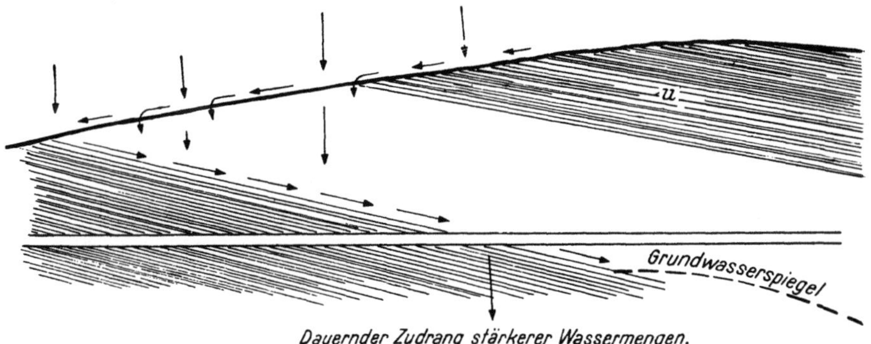

Abb. 61. Die Stollensohle liegt höher als der Spiegel des Grundwasserssees. In den Stollen dringen daher nur jene Wässer ein, welche ihm die Hangendfläche der undurchlässigen Unterlage des Grundwasserführers zuleitet.

Körperliche Wassergefäße.

Der Ausdruck „Körperliche Wasserbahnen" trifft, wie bereits erwähnt, eigentlich nicht strenge zu; denn auch die linienförmigen und flächenhaften Wassergefäße stellen genau genommen körperliche Gebilde dar, wenn auch in dem einen Falle zwei Ausmaße und im anderen eines vor den übrigen so überwiegt, daß der Sprachgebrauch dies vernachlässigen darf. Die körperlichen Grundwasservorkommen schließen meistens Lückenwasser ein, seltener zerfasern sie in vielfältig verteiltes Kluftwasser. Zu den größeren Wasserkörpern im Bergleibe möchte ich jene der Linsen, der Zerrüttungsstreifen und der zwischen undurchlässigen Gesteinen eingespannten wasserführenden Gesteinstöße rechnen Abb. 56, 62, 63).

In letzterem Falle (Abb. 61) liegen eigentlich Grundwasserseen vor; sie kommen u. a. auch zustande, wenn im Kerne einer geologischen Mulde sich ein Wasserführer in eine undurchlässige Unterlage hineinschmiegt (Abb. 60). In anderen Fällen bettet sich ein bei

der Gebirgsbildung aufgerichteter Grundwasserleiter in den oft
sehr weiten, zuweilen aber auch recht engen Zwischenraum zwischen ein undurchlässiges Hangendes und ein ebensowenig wasser-
wegiges Liegendes (Abb. 59, 61, 62). Die Grundwasserverhältnisse
im Stollen hängen von der Lage seiner Sohle gegenüber dem Spiegel

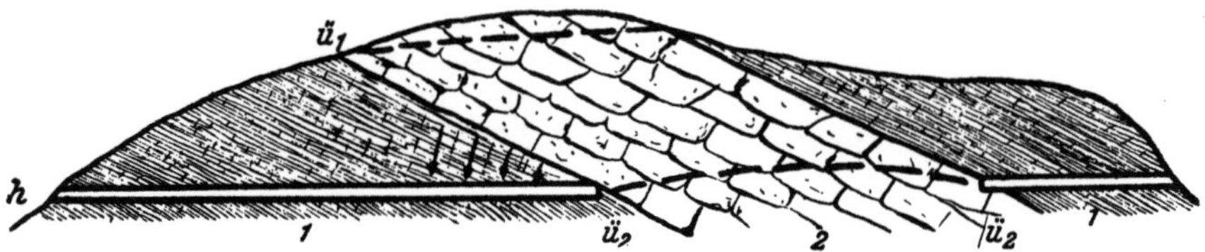

Abb. 62. Vor dem Auffahren des Stollens trat bei $\ddot{u}_1$ eine Überlaufquelle über den Rand des
Grundwasserbehälters 2. Fährt man von links oder von rechts her den Grundwassersee an
($\ddot{u}_2$), dann sinkt der Grundwasserspiegel bis zur unteren, gestrichelten Linie ab; die Strecke
zwischen den beiden undurchlässigen Schichtstößen 1 bleibt ständig naß.

des Grundwassersees ab. Bleibt die Sohle stets über dem jeweiligen
Wasserspiegel, dann beeinflußt der Grundwassersee den Stollen
natürlich in keiner Weise (Abb. 61, Abb. 59 Stollenlage 1). Kappt
die Stollensohle den Scheitel der Wasseransammlung (Abb. 59,
Stollenlage 2), dann dringt Wasser von unten her in den Stollen.

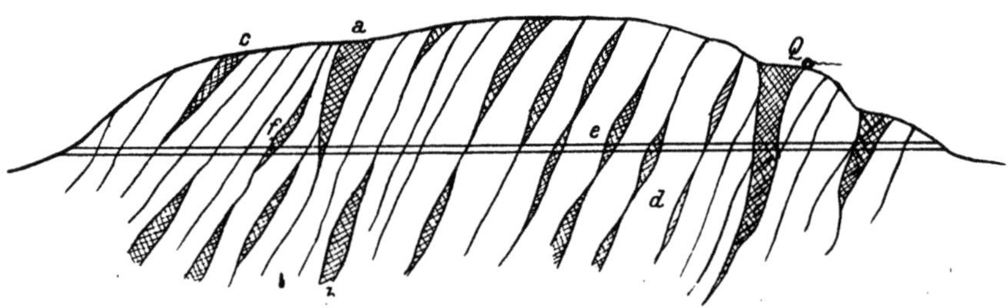

Abb. 63. Zutritt von Wasser aus linsenförmigen Zerrüttungstreifen. Q Überlaufquelle, welche
der Stollen zum Versiegen bringt.

Je tiefer die Stollensohle liegt, desto mehr Wasser wird auch von
der Brust und den Stößen her zutreten. Taucht schließlich die Firste
tief unter den Grundwasserspiegel (Abb. 59, Stollenlage 3), dann
wird nach dem Durchörtern des wasserstauenden Nachbargesteins
beim Anfahren des Grundwasserführers das Wasser mit umso größerer Gewalt in den Stollen brechen, je bedeutender der Höhenunter-
schied zwischen Stollensohle und Grundwasserspiegel ist (Abb. 62).
Mit der Öffnung des Grundwasserbehälters beginnt der Ausfluß des
Sees; die in den Hohlraum drängenden Wassermengen nehmen mit
sinkendem Seespiegel ab, bis schließlich nur mehr soviel Wasser

abfließt, als die Speisung des Sees von auswärts zuführt (vgl. weiter unten).

Ähnlich verhalten sich breite Zerrüttungstreifen, wenn sie ein Stollen anfährt. Auch hier rinnt ein Wasserbehälter allmählich aus (Abb. 63, a, e, f usw.); feinere Wasserwege im Ruschelstreifen mindern die Auswirkungen hohen Druckes, unter welchem die angestauten Wässer oft stehen; der Wasserzudrang verteilt sich mehr oder minder auf die ganze Breite des Zerrüttungstreifens und macht seine Auffahrung zu einer oft sehr schwierigen und lästigen

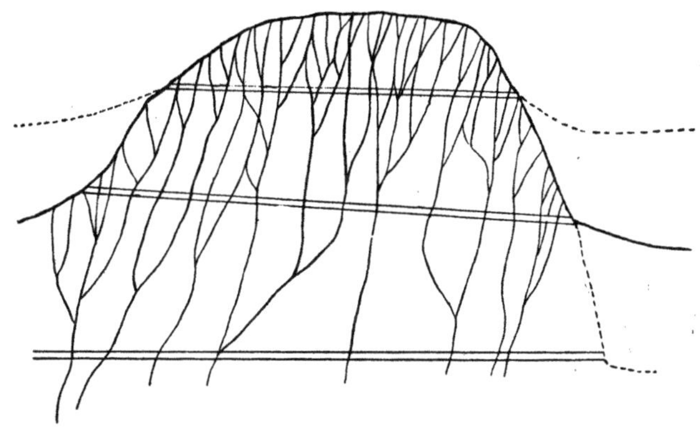

Abb. 64 a. Zahlreiche Wasserwege führen im Kalkgebirge zur Tiefe (oben); sie sammeln sich auf ihrem Wege nach unten (Mitte der Zeichnung) zu einigen wenigen, aber wasserreicheren Schläuchen (unten). Die Darstellung nimmt eine fortschreitende Hebung des Kalkgebirges an.

Arbeit. Feinkörnige Sande zwischen Wasserstauern können unter den geschilderten Umständen sogar ins Schwimmen geraten (Schwimmsande). Grundwasserseen im grobklüftigen Gebirge weisen dagegen weitere und deshalb meist auch weniger zahlreiche Wasserwege auf, die in der Regel auch unter einem mäßigeren Drucke stehen; engklüftige Sandsteine und ähnliche Bergarten mit ganz engen, aber zahlreichen Wasserwegen bilden jedoch auch Ausnahmen.

Natürlich hängt auch der Wasserzutritt aus Zerrüttungstreifen außerordentlich von der Stelle ab, wo der Stollen den Ruschelstreifen anführt. Zapft er z. B. das untere Ende des Rütterstreifens nahe seinem Auskeilen an (siehe Zeichnung 63 a), so wird sich die ganze Wassererfüllung der verruschelten Gesteinplatte in den Stollen ergießen; der gegensätzliche Fall tritt ein, wenn der Stollen das obere Ende des Zerrüttungstreifens anschneidet (Abb. 63, b). Schlecht ernährte Zerrüttungstreifen rinnen allmählich ganz aus (Abb. 63, d, e) und führen schließlich kaum mehr Tropfwasser, während

Ruschelstreifen, welche mit der Tagoberfläche in Verbindung stehen, je nach ihrer Breite ständig Wasser in den Stollen liefern werden (63, a); auf diese Weise können dann Brunnen, welche ihr Wasser aus dem Zerrüttungsstreifen schöpften, ihr Wasser verlieren oder es versiegen Quellen, welche ihre Wasserspende dem Überlaufen des Gefäßes verdanken (Abb. 63, Q).

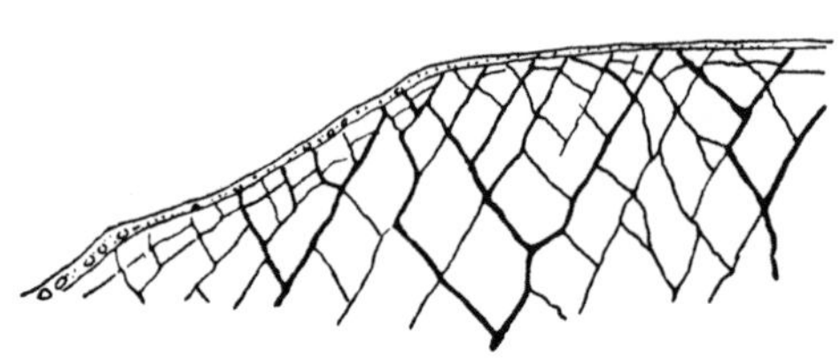

Abb. 64 b. Wasserführende Klüfte im Urgebirge.

Im übrigen hängt die Wasserführung von Zerrüttungsstreifen ganz von der Größe ihres Einzugsgebietes ab, welches sie entwässern. Der Wasserzudrang aus breiteren Zerrüttungsstreifen verstärkt

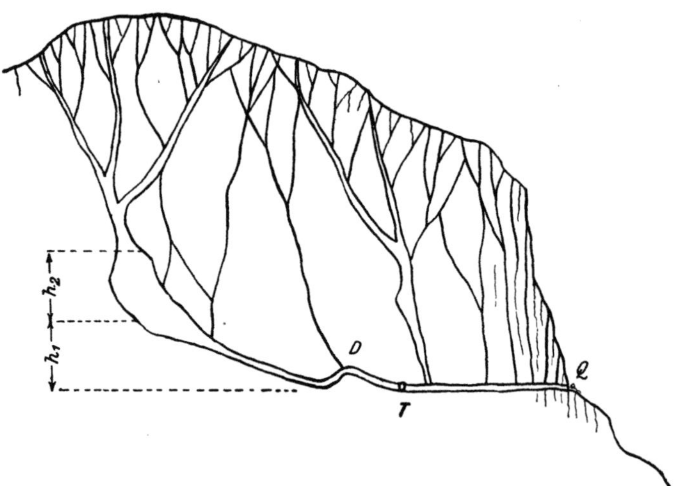

Abb. 65. Im emporgehobenen Kalkgebirge sammelt schließlich ein Höhlenschlauch zahlreiche vielverzweigte Wasserwege und erzeugt die Höhlenquelle Q. Sie liegt hoch über der Talsohle, weil eine rasche, jugendliche Hebung der Verkarstung der neu entstehenden Hangstreifen vorauseilte. D Dücker, T Tunnel.

sich an seinen beiden Salbändern und nimmt im allgemeinen gegen die Mitte der Ruschelmassen hin ab. Diese alte Erfahrung bestätigte sich u. a. beim Vortriebe des East River Gas T. in New-York.

b) Flächenhaft verbreitetes Grundwasser.

Flächenhaft verbreitetes Grundwasser begegnen wir in geschlossen gefügten Festgesteinen (Granit u. a.) und untergeordnet auch

in Bindern, wenn Schnitte sie durchziehen und Klüftungen und
Spalten sie zerreißen (feste Tone, Mergel). Wir finden also solches
Flächenwasser in allen drei Hauptgruppen von Gesteinen, in kristallinen Schiefern ebensogut wie in Durchbruchgesteinen und gewissen Absätzen. Bei genauerer Betrachtung können wir aus der
Vielheit der Erscheinungen der Klüfte und ihrer Wassererfüllung,
wenn wir wollen, doch zwei Hauptarten von Flächenwasser heraus-
schälen; sie stehen freilich durch Zwischenglieder miteinander in
enger Verbindung.

Die Endglieder der aus diesen Übergängen zusammengesetzten
Kette sind auf der einen Seite die zur Röhrenbildung neigenden,
flächenhaften Wasserwege der Brausgesteine und ähnlich sich ver-

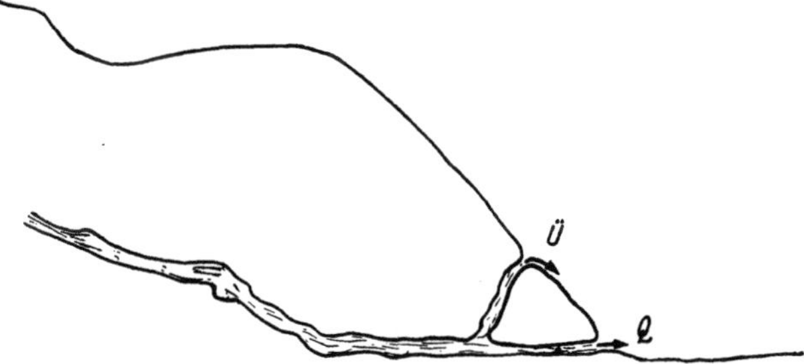

Abb. 66. Stärkere Wasserführung (Schneeschmelze, Regengüsse usw.) speist neben dem
Quellenmunde Q noch den „Übersprung" $Ü$.

haltender, durchlässiger Bergarten (Nagelfluh z. B.) und auf der
anderen Seite die meist schmalen Klüfte der Durchbruchgesteine
und der kristallinen Schiefer mit Ausnahme der Marmore und verwandter, in Wasser verhältnismäßig leicht löslicher Bergarten. Die
Unterschiede in der Wasserführung kristalliner Gebiete und solcher
Schollen, welche Brausgesteine aufbauen, sind hauptsächlich
mengenmäßige, indem die Urgesteine von zahlreichen, aber vorwiegend engen Wasserwegen durchflossen werden, während die ebenfalls zahlreichen Klüfte des Brausgebirges im allgemeinen weiter
sich öffnen und das Wasser nicht wie im Urgebirge zerstreuen und
in zahllose Fäden zersplittern, sondern im Laufe der Zeit zu sammeln und zu vereinigen trachten (Abb. 65). Als Ergebnis dieser nicht
grundsätzlichen, sondern mehr zahlenmäßigen Verschiedenheit in
der Wasserführung der Klüfte beobachtet man im undurchlässigen
Gelände bekanntlich zahlreiche Wasseraustritte von den Naßgallen
bis zu richtigen, aber meist schüttungarmen Quellen; im altgehobenen
Brausgebirge dagegen liegen weite Oberflächen trocken da; Naß-

6*

gallen stellt man kaum irgendwo fest, sondern begegnet nur da und dort Quellen; diese aber suchen ihre geringe Zahl in der Regel durch stärkere Ergiebigkeit, und wäre es auch nur eine zeitweise, wettzumachen (Riesenquellen, aussetzende Quellen). Von der Verkarstung noch nicht ergriffene Brausgesteine kommen in ihren Wasserverhältnissen jenen der Urgesteingebiete nahe.

Demgemäß fahren Stollen im Urgebirge zwischen trockeneren bis ganz trockenen Strecken oft zahlreiche, Tropfwasser oder schwache Riesel führende Klüfte an („Regenstrecken"); stärkere Zuflüsse kommen nur ab und zu vor; man betrachtete es schon als eine Ausnahme von der Regel, wenn z. B. im Stollen des Kapruner Werkes eine angefahrene Kluft des Glimmerschiefers ursprünglich an 30 Sekundenliter schüttete. Der Wasserzudrang aus den Schnitten des Urgebirges steht gewöhnlich unter mehr oder minder hohem Drucke; Überdrücke von einigen Atmosphären sind häufig, solche von 5 bis 10 atü nicht selten. Da man sich vorstellen muß, daß die im allgemeinen engen Wasserwege bei der Wasserundurchlässigkeit des Wirtgesteines selbst meist recht weit zurückgestautes Wasser beherbergen, erklären wir uns leicht das Zustandekommen dieser und noch höherer Überdrücke und wundern uns nicht, wenn in aller Regel die Wasserergiebigkeit dieser untertägigen Quellen nach ähnlichen Gesetzen abnimmt, wie der Wasserausfluß aus einem Gefäße mit oder ohne Zu-

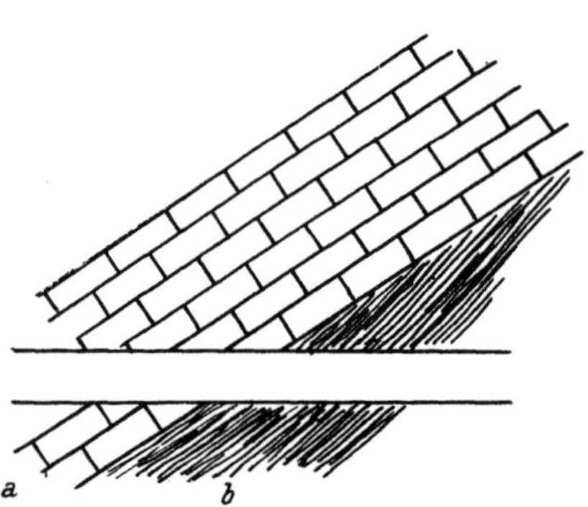

Abb. 67. Nach Durchörterung des Wasserstauers *b* von rechts her fährt der Stollen den Grundwasserführer *a* an und erleidet einen Wassereinbruch.

fluß. Wo letzteres der Fall ist, versiegt der Wasserzutritt in den Stollen nach kürzerer oder längerer Zeit ganz. Selbst die weiter oben erwähnte, starke Kluftquelle im Kapruner Druckstollen schüttete nach vielen Monaten kaum mehr etwas Wasser, nachdem sie zuerst sehr rasch und dann immer langsamer an Ergiebigkeit eingebüßt hatte.

Im Brausgestein dagegen fahren die Hohlgänge in der Regel längere, mehr oder minder trockene Strecken in festem, dicht gefügtem Gebirge aus; dazwischen führen weniger zahlreiche, aber umso ergiebigere Klüfte dem Hohlraum teils im freien Flusse, teils unter Druck Wasser zu. Im Stollen des Kraftwerkes Förolach spritzen kräftige Wasserstrahlen aus Klüften von einem Ulm bis zur Mitte des Stollens oder gar bis zum gegenüberliegenden Stoß. Wieder wo anders tropft es bloß aus den Klüften. Die allgemeine Regel, daß Stollen im Brausgebirge zwar weniger zahlreiche, aber umso ergiebigere Wasseradern anfahren, besitzt jedoch auch Ausnahmen; örtliche Verhältnisse bedingen sie. So z. B. trifft man in seicht liegenden Hohlgängen zuweilen zahlreiche Stellen an, wo Sickerwässer enge aneinander gereiht aus dem verwundeten Leibe des Berges rieseln; die mäßige Überlageruug hat eben die Vereinigung der einzelnen Zubringer zu Sammelklüften noch nicht ermöglicht und es üben daher die obertägigen Niederschläge noch sehr großen Einfluß aus (Abb. 64 a, oben). Je tiefer die Tunnelsohle im Brausgebirge liegt, desto seltenere, aber desto ergiebigere Wasserklüfte wird man anfahren (Abb. 64 a, unten), — vorausgesetzt natürlich, daß der Hohlgang oberhalb des Grundwasserspiegels verläuft. Aus dem gleichen Grunde bringen die Anfangstrecken eines tiefliegenden Stollens mehr Firstenregen als das Mitteltrum. Natürlich können Krustenbewegungen Ausnahmen von der Regel herbeiführen; Hochschaltung einer Scholle kann den Abtrag so verstärkt haben, daß selbst seichtliegende Röhren nur weiträumig verteiltes Kluftwasser anfahren. Erfahrungen, welche man im Stollen des Kapruner Werkes sammelte, lehren, daß auch das Brausgestein — hier Kalkglimmerschiefer — fähig ist, trotz seiner Klüftigkeit das Wasser, welches es birgt, unter hohen Druck zu setzen. Doch sind die Fälle, in denen das Wasser die Spalten nicht ganz erfüllt, sondern sich in ihnen freifließend bewegt, im Brausgestein viel häufiger als im Urgestein. Ähnlich diesem führen auch die spröden und daher oft zerhackten Dolomite i. A. mehr Wasserklüfte als die Kalke, doch sind die Schnitte im Dolomit sparsamere Wasserspender. So waren z. B. die Triaskalke des Bosruck nach G. Ge y e r (1914, S. 32) in der Regel von wasserreicheren Klüften durchsetzt, als die kurzklüftigen dolomitischen Gesteine, in denen allerdings bei 1237 und 1269 m (Nord) mächtige offene Spalten beträchtliche Wassermengen abgaben.

Im Brausgestein und allen, wasserhaushaltlich gleichzusetzenden anderen Bergarten kommt es darauf an, daß die Röhre in einem Teile des durchlässigen Gebirges liegt, welcher kein Stauwasser („Grundwassersee") birgt, in der Nähe des Stollens keine wasserstauende Schicht einschließt und das eindringende Niederschlagswasser glatt zur Tiefe führt. Dann ist es ein bloßer Zufall, wenn eine solche, hoch über einem Wasserstauer aufgefahrene Röhre eine stärkere, unterirdische Quelle anfährt (Abb. 65, T). So störten z. B. den Bau des Tunnels der Bayr. Zugspitzbahn keine nennenswerten Wassereinbrüche; die Röhre zieht fernab von wasserstauenden Schichten hoch über dem „Grundwasserspiegel" dahin. Auf fast 4½ km Länge fuhr man nur bei km 0.620 und zwischen km 1.230 und 1.240 je eine ständig fließende, spärliche Wasserader an. Freilich gab es hier, wie überall im oberflächennahen Brausgestein, zahlreiche, zu Zeiten der Schneeschmelze oder reichlicher Niederschläge tätige schwache Riesel und Tropfwässer (K n a u e r 1933).

c) Schlauchgrundwasser.

Die Heimat der schlauchartigen Wasserbahnen und Wasserbehälter ist das Brausgebirge mit seinen Verwandten (Kalkberge, Dolomitmassen, Nagelfluhbänke, manche Kalksandsteine, einzelne Breschen und Konglomerate mit kalkigen Bindemittel u. a. m.). Meist entwickeln sich die röhrenähnlichen Wassergefäße, wie bereits weiter oben erwähnt, aus den flächenhaften und zwar besonders dort, wo Schnitte sich kreuzen; doch stellt man auch Ausnahmen fest. Schlauchgrundwasser verstärkt noch die Unterschiede in der Wasserführung des Urgebirges und der Brausgesteinberge, wenn auch manche Übergänge und grundsätzliche Ähnlichkeiten zwischen diesen Gebirgen nicht zu verkennen sind. Die wassererfüllten Röhren der Kalkalpen sind es hauptsächlich, welche den Tunneln die gefürchtetsten Wassereinbrüche gebracht haben (Bosrucktunnel, Mont d'Or-Tunnel usw.). Auch in manchen weiten Wasserschläuchen gerät das Wasser unter Druck (Abb. 65 links von D); man trifft in den unterirdischen Wasserläufen gar nicht selten Dücker (D der Abb. 65) an (Schmelzbach bei Peggau z. B.); die aufsteigenden Äste der weiten Wasserbahnen sind aber meist kurz; die Gegensteigung übertrifft 10 Meter Höhe selten; von gleich hohen Überdrücken wie in Spalten und in engen Röhren hat man bisher von Dückern selten gehört.

Im Gotthardtunnel z. B. (Stapff 1880) spritzte bei 1225 m (19. 11. 1874) aus einem Bohrloch ein 4—5 cm dicker Wasserstrahl mit solcher Kraft 5 m weit in den Stollen, daß man die Arbeit solange einstellen mußte, bis er verrohrt war.

Abb. 68. Der Stollen schneidet nur die höheren Teile des Grundwassers an; Hebung seiner Sohle könnte einen Wassereinbruch vermeiden. u undurchlässiges, d durchlässiges Gestein.

Die ausschleifende Wirkung des Wassers auf die Wände solcher Druckröhren hat B o c k H. besonders unterstrichen und sie wohl auch überschätzt. Das Sohlengefälle der wasserreichen Schläuche ist im allgemeinen gering, so daß man in der Regel die Sohle benachbarter Hohlräume nicht gar so hoch über Riesenquellen anzuordnen braucht (Abb. 65, Endstrecke des Höhlenbaches). Auch hinsichtlich der Geschwindigkeit der Wasserbewegung in Höhlen und weiten Schläuchen ergeben sich Annäherungen an die Verhältnisse der obertägigen Gewässer.

Um den rund 6 km langen Weg vom Hallstätter Gletscher zum Waldbachursprung zurückzulegen, benötigt das Schmelzwasser nach F r. S i m o n y (1865) rund 6 Stunden; es bewegt sich also mit einer Geschwindigkeit von etwa 0.28 m/sec.

Wässer, welche weitere Röhren oder klaffende Spalten durcheilen, schleppen nicht nur Schwebstoffe, sondern auch Sand, oft auch Geschiebe, Laub und Holzstücke mit sich, ähnlich wie oberirdische Wasserläufe. Schlammige Trübung von Zuflüssen in Tunneln beweist gute Verbindung mit der Tagoberfläche; man meldete sie beispielweise vom Weißensteintunnel bei 856, 928—962, 1680, 1710, 2140, 2252, 2614 und 2670 Meter.

Viele K a m i n e und S c h l o t e des Kalkgebirges sind heute schon außer Tätigkeit gesetzt. So erzählt z. B. E. K ü n z l i (1908) daß der Weißensteintunnel bei 2675 m, 2679 m und 2686 m Schlote anfuhr, welche wenig oder gar kein Wasser führten; bald waren sie leer, bald teilweise erfüllt mit ockergelbem Schwemmlehm; allerdings wurde in ihrer Nähe (bei 2670) am rechten Stoße in der Tunnelsohle eine ergiebige Quelle angeschlagen (80 l/sec. anfangs!).

G. Geyer (1914) erzählt (S. 32), daß einzelne Schlote der Trias-Kalkmulde im Bosrucktunnel halb mit rotem, lehmigen Sand, ähnlich der Roterde (terra rossa) erfüllt waren; so namentlich nahe der nördlichen Grenze der Kalkhauptmasse. Mit Rotlehm und Trümmerwerk erfüllte Schlote erschwerten auch den Vortrieb von Hallen im unterdevonischen Schöckelkalk der Peggauer Wand N-Graz.

3. Die Schüttung der Stollenzuflüsse; Wassereinbrüche.

Von größter Bedeutung für den Vortrieb im allgemeinen und für die Bemessung der Wassersaige im besonderen ist die Menge des Wassers, welche der Hohlraum voraussichtlich an sich ziehen wird. Strömt plötzlich reichlich Wasser in einen Stollen hinein, so spricht man von einem „Wassereinbruche"; größere Wassereinbrüche können den Vortrieb erheblich erschweren und verlangsamen, ja ihn wochen- oder gar monatelang stillegen (Abb. 67).

Übrigens können auch schon geringe Wasserzuflüsse recht lästig werden, wenn sie in stark zerhacktem und gefälteltem, glimmer- oder tonreichem Gebirge das Gestein durchnässen, erweichen und schmierig und schlüpfrig machen; sie erschweren auf diese Weise die Schutterung, begünstigen den Nachbruch kleinerer Felsmassen und zwingen zu sorgfältigem Verzuge. Über die Unannehmlichkeiten, die sie hervorrufen, hat bereits Stapff (1882) Klage geführt.

Auch im Emmersbergtunnel in Zürich waren es verhältnismäßig geringfügige Zuflüsse (anfangs 2.2, dann nur mehr 1 l/sec.), welche dem Baue Schwierigkeiten bereiteten. Dieser zwischen den Bahnhöfen Enge und Wiedikon die Züricher Endmoränen durchstechende Tunnel durchörterte im wesentlichen feste Grundmoräne. Aus den darüber gebreiteten, feinen wasserdurchtränkten Sanden schlämmte nun das in den Hohlraum fließende Wasser stündlich an 3 m³ Feinstoffe aus und schwemmte sie in den Tunnel. Über der Firste entstanden auf diese Weise Hohlräume und in weiterer Folge Nachbrüche; einer der Tagbrüche war 6 m tief. Im Hochbüheltunnel bei Ruhmannsfelden (Bayr. Wald) verhielt sich zerrütteter, sickerwasserdurchtränkter Gneis wie „ärgster Schwimmsand"; das Vorkommen dieser berüchtigten Bodenart mitten im Urgebirge setzte Rziha in Erstaunen.

Hat der Stollen undurchlässige Schichten (b der Abb. 67) durchörtert, so sind beim tiefen Anfahren einigermaßen mächtiger durchlässiger Schichten (a der Abb. 67) fast immer Wasserzuflüsse zu erwarten; ihre Menge und ihr zeitliches Verhalten hängt aber von verschiedenen Umständen ab; so z. B. von der Höhenlage des Stollens gegenüber dem Grundwasserspiegel in dem wasserführenden Gestein und von der Neigung der Schichten; nur selten liegt die Sohle längerer Tunnel und Stollen so hoch, daß man kein Staugrundwasser, sondern nur einzelne Wasseradern anzapft (Abb. 64, oben). In vielen Fällen sticht die Röhre nach der Durchörterung der stauenden Schichten einen Grundwassersee an (Abb. 62). Seine Spiegelhöhe wird im allgemeinen durch die Seehöhe vorhandener Überfallkanten bestimmt; er speist dort z. B. Überfließquellen (Abb. 62, Ü 1). Der Grundwasserspiegel schwankt aber in anderen Fällen noch mit den Niederschlägen.

Liegt der Stollen z. B. in der Höhe h (Abb. 62), dann fährt er nach Durchörterung der undurchlässigen Bergarten 1 den Grundwassersee des Wasserführers 2 in seinem oberen Teile an; unter mehr oder minder kräftigem Drucke dringt das Wasser aber oft schon vorher durch Spalten und enge Schläuche in die Stollenröhre ein; (Pfeile der Abb. 62). Nach dem Anfahren des Grundwasserführers stürzen ganze Bäche aus Klüften der Firste und der Ulmen; bei dem gewundenen, ja zuweilen sogar rückläufigen Verlaufe der Hohlräume wasserdurchlässiger Bergarten steigt das Wasser meist auch aus der Sohle auf; daneben regnet es aus engeren Klüften und Schnitten wie aus „einer Brause" (Teller, 9). Mit fortschreitendem Vortriebe läßt der Wasserzudrang nach, denn es sinkt der Druck, unter dem das Wasser in den einzelnen Zufuhrwegen steht. Hat der Stollen den Grundwassersee vollständig ausgefahren, dann tritt er in trockenes Gestein ein (Abb. 59, 2); bis zu gewissem Grade wirkt die undurchlässige Hangendbergart wie ein „schützendes Dach" (Teller), wenn die Stollensohle die Lage 2 der Abb. 59 hat; dieses fehlt natürlich, wenn die Schichten saiger stehen. Wie sehr aber der Einfluß des Spiegelverlaufes des Grundwassersees jenen des natürlichen Schutzdaches überragt, zeigt der Umstand, daß der Beginn der „Trockenstrecke" mit dem Lotpunkte der Traufkante des „Daches" nur ausnahmsweise zusammenfällt; ja tiefliegende Stollen wie jener in Abb. 59 mit 3 bezeichnete, nässen in ihrer ganzen Erstreckung und erfreuen sich nur einer bedingten „Dachwirkung". Die Schutzwirkung wird auch in allen jenen Fällen mehr oder weniger erheblich abgeschwächt, in welchen die Kuppe des Grundwasserspiegels aus irgend einem Grunde in der Nähe der Traufkante des Daches oder genau unter derselben liegt. Je nach der Höhenlage des Stollens wird dieser z. B. ganz im Grundwasserstauraume verbleiben (Abb. 62), oder es kann, wie Abb. 61 darstellt, beim Anfahren des Grundwasserführers nur ein geringer Wasserzudrang längs der Liegendfläche des Wasserstauers erfolgen. In dem Falle, welchen die Abb. 68 darstellt, wachsen die Zuflüsse mit vorrückendem Vortriebe, erreichen einen Höhepunkt und nehmen dann wieder ab. Der Stollen der Abb. 61 genießt die Annehmlichkeiten des schützenden Daches der Hangendschichten in weitgehendem Maße.

G. Geyer teilt z. B. mit, daß im Bosrucktunnel beim ersten Anzapfen der wasserdicht gebetteten Kalkmulde bei 1165 m vom Norden her kein Wassereinbruch erfolgte. Das Wasser bewegte sich „durchwegs" in vorhandenen Klüften oder offenen Spalten, Säcken oder Schloten; und zumeist waren es die zahlreichen, einseitig von einem Harnisch begrenzten, steil niedersetzenden Klüfte, aus welchen der Wasseraustritt bald von der Firste, bald auch an der Sohle oder von den Ulmen her erfolgte (Abb. 75).

Den Vortrieb des Achensee-Kraftwerkstollen durch den Wettersteinkalk des Stanserjochgewölbes belästigte kein nennenswerter Wasserandrang, weil hier gegen das Inntal zu die stauende Barre in der Höhe des Stollens fehlt; der Stollen verläuft viele Meter hoch über der, die Wasseradern des Stanserjoches aufnehmenden Schuttsohle des Inntales.

Erwartet man in geneigten Schichten aus einem Wasserführer einen stärkeren Wassereinbruch, dann empfiehlt es sich, die Grenze des Wasserführers von jener Seite her anzufahren, nach der die Schichten fallen (z. B. in Abb. 62 von rechts her). Nähert man sich nämlich der Staufläche von ihren Liegenden her, dann hat man, besonders bei mäßigem Einfallen der Grenzflächen zwischen „durchlässig" und „undurchlässig" auf eine mehr oder minder lange Strecke einen Grundwasserführer über sich und muß gewärtigen, daß unter hohem Druck stehendes Wasser sich durch Klüfte des Wasserstauers hindurchzwängt, lange bevor man noch den Wasserführer selbst erreicht hat. Die Schwierigkeiten, welche bei einem solchen Vorgehen auftreten können, hat der Vortrieb des Boyati Tunnels bei Athen aufgezeigt (K e a y s 1931).

Unsere Hohlgänge zapfen aber nicht bloß Grundwasserseen in Lockermassen und in zerklüfteten Felsmassen an, sondern fahren mehr zufällig auch „Wasseradern" im Gebirge an, welche nicht miteinander in hydrostatischer Verbindung stehen müssen, sondern in der Regel von einander unabhängig sind und ihre gesonderten Einzugsgebiete aufweisen. Solche „Wasseradern" können im Brausgestein höhlenflußähnliche Größenordnungen annehmen.

Alle wasserreichen Untertag-Quellen des zerklüfteten Gebirges (Kalk, Zerrüttungstreifen im Kristallin) und eine große Anzahl der schwächeren Wasseraustritte schütten ihre H ö c h s t m e n g e g l e i c h b e i m A n s c h l a g e n. Sie schütten anfangs oft unter kräftigem Druck und beweisen dadurch, daß sie die Ausflüsse eines untertägigen Wassergefäßes sind; dementsprechend sinken nach einiger Zeit Ergiebigkeit und Druck; manche Wasserbehälter entleeren sich zeitweise (zu Trockenzeiten und bei lägerem Frost) ganz; die meisten, größeren füllen sich auch in niederschlagsreichen Zeiten nicht mehr wieder bis zur ursprünglichen Höhe (so z. B. die Quellgruppe bei 2670—2840 m im Weißensteintunnel); nur dort, wo die Gefäße kleiner sind als der Zulauf, der sie zu füllen sucht, erreichen die späteren Höchstschüttungen wieder ähnliche oder gleiche Werte wie beim Anschlagen.

Gebirgsbau und Wasserführung.

Störungen, welche mit dem Gestein annähernd gleich streichen (Längsstörungen), bringen häufig mehr Wasser an den Stollen heran, als Querstörungen. So erzielte. z. B. der Stollen von Oberursel (Taunus) bei einer Gesamtlänge von 125 m im Hermeskeilsandstein (Unterdevon) im Jahresdurchschnitte 15 rm Wasser täglich je 1 Laufendmeter, weil das durchörterte Gestein bei muldiger Lagerung von starken streichenden Störungen durchzogen war.

Zerrüttungstreifen, welche grob zerquetschtes Gestein erfüllt, bringen in der Regel dem Stollen reichlich Wasser zu. Erzeugt jedoch weitgehende Zerrüttung viele Feinbestandteile (Kleinchen), dann sinkt der Wasserzudrang wieder herab. Ein gutes Beispiel hierfür ist die sogenannte „südliche Druckstrecke" im St. Gotthardtunnel (Stapff 1882) von 4540—4715 m (S). Der hier anstehende helle Gotthardgranitgneis war stark verworfen, zerrüttet, zerquetscht und teilweise auch zersetzt. Als der Stollen die Druckstrecke anfuhr, nahmen die Wasserzuflüsse auffällig rasch ab; zwischen 4538 und 4574 m traten höchstens 3.8 l/sec. aus; freilich fehlte Bergschweiß. Tropf und Regen nirgends, besonders an den zahlreichen Bruchklüften. Es zerteilt sich also der Wasserzutritt in solchen hochgradigen Zerrüttungstreifen mehr gleichmäßig auf ihre ganze, bloßgelegte Fläche. Solch geringe Zuflüsse im Innern einer Druckstrecke erschweren aber, wie die Erfahrungen beim Baue des Gotthardtunnels und des Teigitschstollens lehren, dennoch den Arbeitsfortschritt; denn sie schaffen den zerdrückten Massen schlüpfrige Rutschbahnen, erweichen sie und beschleunigen ihr Ausbrechen; sie verwandeln das Hauwerk in Kot und zwingen zu kräftigerem Ausbau und sorgfältiger Entwässerung,

Daß solche feinstoffreiche Zerrüttungstreifen öfters wenigstens als verhältnismäßige Wasserstauer angesehen werden können, lehrt gleichfalls das Verhalten der südlichen Druckstrecke im Granitgneis des Gotthardtunnels (Stapff 1882, S. 141); nach ihrer Durchörterung nahm die Wassermenge wieder zu; aus aufspringenden Sohlenquellen (4700 m S), welche vom 26. 2. bis zum 3. 4. um 0.1^0 C wärmer wurden, stiegen kleine Gasblasen.

Südlich 5960 m (S) fuhr der Gothardtunnel einen 7 m mächtigen Zerrüttungstreifen an, welcher sogar vollständig wasserdicht war; er war deshalb auch anfangs ganz trocken und wurde erst später schmierig. Er bestand aus vollständig zerdrücktem und zersetztem, physikalisch als „Ton" (Tonstein sagt Stapff) zu bezeichnendem Glimmergneis. Aus den Grenzspalten des vertonten Zerrüttungstreifens traten 4—6 l/sec. Wasser. Auch in der Nachbarschaft des

Hauptquetschstreifens „regnete und floß es" aus allen Klüften, Fugen und Gängen.

L e t t e n k l ü f t e und ähnliche, mit Ton, Lehm, Letten usw. ganz erfüllte Gebirgsspalten können natürlich kein Wasser bringen; sie lassen nur dort etwas Wasser durch, wo das Lettenmittel sie nicht ganz abschließt oder wo das Nebengestein zerrüttet und faul ist; sie bröckeln dann vielfach zu offenen Spalten aus.

So durchörterte z. B. der Gotthardtunnel (S t a p f f, 1891) zwischen 2502—2505 m (N) eine Spalte, welche mit graugrünem, ganz zersetztem Schiefer und mit weißem, serizitischem Letten angefüllt war; der nahezu saiger einfallenden Lettenkluft entspricht obertag eine Einmuldung etwa 70 m nördlich von Altekirche; trotzdem fand kein nennenswerter Wasserzudrang statt; die Altekircher Quellen blieben vom Tunnel unberührt. Nahezu trocken waren auch die Lettspalten zwischen 3832 m (N) und 3888 m (N); nur in der Umgebung der Spalte, bei 3832 m, tropfte es. Fast trocken waren auch die Lettenfugen und Lettenklüfte im Urseren Gneis zwischen 4046.4 und 4100 m.

Etwas Bergschweiß und Tropf sickerte aus dem dunkelgrünen Urserenglimmergneise bei 4213.6—4314 m (N) zu; hier war das Nebengestein der lettigen Fugen zerrissen und faul. Zwischen 4314 m und 4443 m (N) rieselten im Ganzen gegen 1 l/sec. im Juni aus Klüften, lettigen Fugen und den Salbändern vieler Quarzstreifen. Von der Strecke 4444 m (N) bis 4668 m berichtet S t a p f f (1882): „es tropft wohl aus allen Lettfugen und Quarzeinlagerungen". Auch die verwerfenden Lettfugen bei 3974 m und 3978 m (S) brachten Regen (¼ l/sec. bei 3977 m), weiters die zahlreichen Lettenfugen und Lettenklüfte im Gotthardgranitgneis.

Fast lückenloser Firstenregen mit durchschnittlich ungefähr 2 l/sec. je 1 Laufendmeter Stollen klatschte aus dem Zellendolomit auf die Sohle des Albulatunnels herab. Der Sandstein des Great Notch-Tunnels verteilte bei 70 m mittlerer Überlagerung etwa 0.26 l/sec. je 1 m Stollen fast gleichmäßig über die ganze, in ihm aufgefahrene Länge; dagegen tropfte der Basalt des gleichen Tunnels nur aus den Klüften (0.006 l/sec. je Laufendmeter bei 70 m mittlerer Tiefe unter Tag).

M u l d e n b a u drängt das Wasser gegen den Kern der Mulde und zwar gegen das Muldentiefste zusammen; Stollen, welche solche Gebiete verqueren (Abb. 60), haben daher auch mehr unter Wasserandrang zu leiden als anders gebaute Gebiete (z. B. Sättel).

Wasserwegig sind auch Gesteins v e r k n e t u n g e n, wie sie in stark gefalteten Gebieten und in Bewegungsstreifen dort sich gerne einstellen, wo verschiedene Gesteine aneinandergrenzen.

Im Turchinotunnel (Biadego 1906) brachten Knetstreifen stets mehr oder weniger Wasser; so z. B. die Strecke von 1630—1641 m S im verdrückten Serpentin mit Kalk- und Talkschiefern.

G ä n g e und A d e r n gelten als Wasserbringer. Sie führten z. B. dem Gotthardtunnel Wasser zu, wenn ihre Füllung zerquetscht war (S t a p f f, 1882); so z. B. in der Strecke von 5325 m (S). Lettige Beimengungen zur zerhackten Füllung hindern den Wasserauslauf nicht; S t a p f f (1882, S. 169) erwähnt z. B. merkliche Zuflüsse alkalinischer Wässer aus allen zerquetschten lettigen Quarzgängen der Strecke von 5451—5737 m (S). Im Arlbergtunnel sickerte aus Quarzadern reichlich Wasser zu, insbesonders in der Strecke 740—1062 vom Westhaupt her (B i a d e g o, 1906).

G e s t e i n g r e n z e n sind häufig Wasserbringer (Abb. 67). So z. B. auch die Salbänder von Quarzadern, von Gängen usw. Salbänder stellen in aller Regel Unterbrechungen des Gesteinzusammenhanges dar; genügender Druck preßt das Wasser durch diese feinen Risse hindurch. Schon S t a p f f (1882) sah im Gotthardtunnel aus den Salbändern der Quarzeinlagerungen in den Schiefern (z. B. zwischen 4314 und 4443 m N) Wasser rieseln.

Noch wegiger werden Gesteingrenzen, wenn längs ihnen später Bewegungen erfolgten; das gilt besonders für die Salbänder von Gängen. Im Gotthardtunnel (7148—7203 m N) beobachtete S t a p f f (1882), daß Quarzgänge, die später wieder aufgerissen wurden, einiges Wasser speicherten und in die Tunnelhöhle drückten; die Bewegungen, welche die alte Gangkluft wieder aufrissen, zerrieben den Quarz und zerdrückten das Nebengestein, das hierdurch lettiger Zersetzung zugänglich wurde; beim Anfahren bröckeln dann solche Gänge zu Spalten aus.

Ebenso führen Grenzflächen bildungszeitlich nicht zusammengehöriger Schichten Wasser, wenn längs ihnen Bewegungen erfolgten. So berichtet z. B. A m p f e r e r (1927), daß an der in einen Zertrümmerungsstreifen verwandelten Grenze zwischen Wettersteinkalk und Rauhwacken des Bärenkopfes (Achensee-Kraftwerk) reichlich Wasser zufloß.

An der unteren Grenze der Rißeiszeitschichten gegen die Molasse floß nach O s s w a l d (1930) häufig Wasser in schmäleren oder breiteren Rinnen in den Stollen der M a n g f a l l ü b e r l e i t u n g.

Im Turchinotunnel (B i a d e g o 1906) war der Gabbro an der Grenze gegen den Amphibolit von 170—174 m Süd zerrüttet (disgregato) und führte Wasser; die Bewegung, die an der Grenze beider Gesteine stattgefunden hatte, äußerte sich in den angrenzenden Teilen des Amphibolites noch in einer stärkeren Schieferung.

Doch gibt es auch Ausnahmen. S t a p f f (1891) berichtet z. B., daß der Grenzstreifen zwischen dem Gneisgranit der Finsterarhornmasse und dem Urserengneis fast ganz trocken blieb, obwohl hier zwei grundverschiedene Gesteinspacke aneinanderstoßen. Fast trokken war auch die Grenze der Gurschengneisschichten und der Gamsbodengneise gegen den Serpentin (4871 m, 5310 m).

Der Albulatunnel fuhr zwischen 1600 und 1700 m vom Süd-Mundloch mitten im Granit einen 65 m dicken Klemmkeil von Mergel und Kalk der Trias an, welcher nach T a r n u z z e r den Err- und den Albulalappen der „Errdecke" trennt. An den Gesteinsgrenzen traten keine Wasserzusickerungen auf.

Wie sich die Wasserzuflüsse in den Zeiten verhalten, welche dem Durchörtern der Grundwasserseen folgen, darüber berichten spätere Absätze. Hier muß jedenfalls nachdrücklich darauf verwiesen werden, daß die Wasserverhältnisse in Stollen und Tunneln nur dann richtig vorausgesehen und beurteilt werden können, wenn man sich die obigen Erwägungen vor Augen hält und den ganzen Geländeraum der weiteren Umgebung des Stollens genauestens geologisch und geohydrologisch aufnimmt.

Einige Beispiele von Wassereinbrüchen in Stollen.

Den vorstehenden, allgemeinen Erwägungen mögen einige Erfahrungen beim Auffahren von Stollen und Tunneln nachfolgen.

Der Navigance-Stollen bei St. Luc erschloß eine breite, schlammgefüllte Kluft. Sie entleerte sich rasch und verlegte den Hohlraum binnen einigen Minuten mit Schlamm und Wasser; die Menge des letzteren sank von anfänglich 1000 l/sec. später auf 550 l/sec. Bemerkenswert ist die Breite der Spalte und die Höhe der Wasserschüttung deshalb, weil hier Quarzit durchörtert wurde und nicht etwa ein Brausgestein, in welchem offene, wasserführende Weitspalten sehr häufig auftreten.

Als im Grenchenbergsüdstollen binnen kurzer Zeit einige Millionen Raummeter Wasser ausflossen, erzitterte der Leib des Berges dreimal heftig; die Erschütterungen blieben ähnlich wie bei den Einsturzbeben örtlich auf einen geringen Raum beschränkt; vermutlich gingen bei der plötzlichen Entleerung von Hohlräumen einige Grenzwände derselben zu Bruch oder es

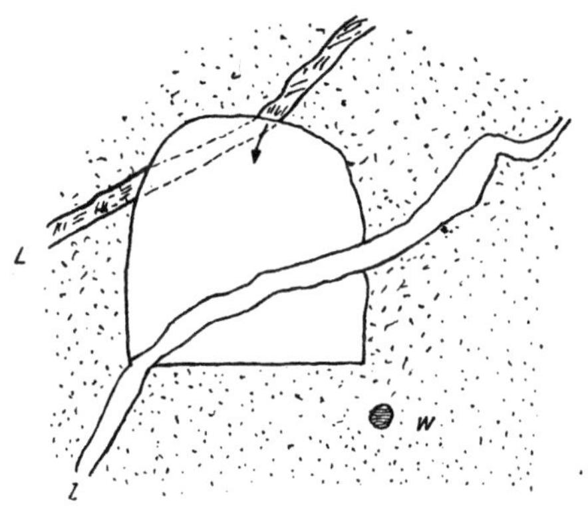

Abb. 69.
w druckwassererfüllte Röhre, *l leerer*, *L* lehmerfüllter, toter Schlauch.

brachen zumindest größere Massen von der Firste oder den Ulmen der Wasserbehälter ab; sie mochten vielleicht früher schon unter den Spannungswirkungen hohen Gebirgsdruckes gestanden sein und wichen, als der Gegendruck des Wassers aufhörte. Tatsächlich wurde auch in diesen Strecken nach dem Auslaufen der Wasserspeicher kräftiger Gebirgsdruck im Stollen lebendig.

Im 4690 m langen Harmanezer-Tunnel, Slowakei (Abb, 1), fuhr man bei km 29.992 am 17. 1. 1938 eine Quelle an, welche 300—400 l/sec. schüttete; am gleichen Tage verschwand eine Karstquelle im Bielawoda-Tale, deren Zusammenhang mit dem durchörterten Gelände schon die geologischen Vorarbeiten angenommen hatten.

Etwa 315 m landeinwärts vom Severn-Fluße fuhr der Severntunnel eine Kluft an, welche mit der Stollenachse einen Winkel von etwa 15⁰ einschloß und nahezu lotrecht stand. Aus der Spalte kam Wasser. Später fuhr man eine neuerliche Kluft an („Back"), welche, gleichfalls lotrecht stehend, die Achse annähernd unter rechtem Winkel verquerte. Die Querspalte verursachte anfangs keine besondere Belästigung; die Pumpen, welche 250.000 Gallonen stündlich leisten konnten, bewältigten den Wasserandrang immer noch. Am Freitag vor dem 24. Oktober 1879 aber drückte das Bergwasser unter kanonenschußähnlichem Getöse die Zimmerung an der Arbeitsbrust ein und strömte so reichlich in den Stollen, daß das Pumpen und die ganze Arbeit eingestellt werden mußten. Im gleichen Maße, als sich der Stollen mit Wasser füllte, nahm die Schüttung der Brunnen und zweier Bächlein, die ein kräftiger Quell in Portkewet speiste, ab und hörte schließlich ganz auf. Als man das Pumpen einstellte, begannen auch die Quellen wieder zu fließen, welche 75 m über der Pumpensohle entsprangen.

Der Vortrieb des Bridge-River-Tunnels (Britisch-Kolumbien) fuhr in einer Entfernung von etwa 1000 F. vom unteren Mundloche entfernt, einen Zerrüttungstreifen an, welcher örtlich viel Wasser führte; an seiner Stelle schoß aus der Arbeitsbrust ein kräftiger Wasserstrom mit solcher Gewalt heraus, daß Felstrümmer nicht geringen Gewichtes und Massen von Schutt von der Brust fortgeschwemmt und in die Röhre hineingetragen wurden.

Drusenräume und Kristallkeller, insbesonders Spalten mit drusenbesetzten Salbändern schütten meist nur vorübergehend Wasser; S t a p f f erwähnt (1882) einen starken Wasserstrahl, welcher beim Anbohren der Drusenspalte in 4087 m, Gotthardtunnel S, aus dem Bohrloche schoß, aber bald versiegte.

Im 305 m langen Wasserwerkstollen am Mystic-See SW von Columbus, Montana, brachen aus einer Störung im Quarzit-Granit 425 l/sec. Wasser hervor, welche eine arge Arbeitshemmung verursachten. Der neue Appeninen-Tunnel fuhr zwei mächtige Quellen an: die eine schüttete 70, die andere 250 l/sec.

Im Shimizu-Tunnel, an der Joetsu-Linie der Japanischen Reichsbahnen fuhr man nach Takemata (1930) einen mächtigen Störungstreifen mit Störungsbreschen an, aus welchen rund 310 l/sec. Wasser hervorbrachen.

Auch an sich geringmächtige Lagen von durchlässigem Gestein können erhebliche Wassermengen in Stollen schütten, wenn sie mit größeren, unterirdischen Behältern in Verbindung stehen. Ein besonders fesselndes Beispiel hierfür schildert G. G e y e r (1914) vom Vortriebe des Bosrucktunnels von Süden her. Als man bei 582 m eine kaum 20 m mächtige Einlagerung von Rauhwacken in den Werfenerschichten verquerte, brachen 800 l/sec. in den Stollen. Da die Rauhwackenlage nur eine geringe Überlagerung und kein der abgegebenen Wassermenge entsprechendes Einzugsgebiet besitzt, mußte man annehmen, daß sie nur ein Schenkel eines Faltenwurfes ist, der sich beim Anfahren gleich ziemlich ausgiebig entwässerte. Tatsächlich lieferten die später angefahrenen, weiteren zwei Rauhwackenlager weit geringere Wassermengen. G e y e r (1914) vermutet übrigens, daß diese Rauhwacken durch eine Querkluft auch noch mit dem Hauptkalkstocke des Bosruck in Verbindung stehen.

Im Bosrucktunnel (Abb. 75) erfolgte der stärkste Wassereinbruch (1100 l/sec.) bei 2470 m vom Süden her an einer Stelle, wo die Werfenerschichten sich mit steiler Grenzfläche pultdachähnlich über die wasserführenden Gutensteiner Kalke und Dolomite legen.

In wenigen, tiefliegenden, langen Alpentunneln war der Wasserzudrang so gering, wie im Montcenis-Tunnel; hier mußte das für den Arbeitsbetrieb nötige Wasser zum Teil von auswärts beschafft werden. Auch der Paselstollen (Radhausberg bei Böckstein) blieb nach einer brieflichen Mitteilung von Bergdirektor Dr. K. I m h o f vollständig trocken; er durchfuhr auf große Längen (über 2000 m) „sehr massigen" Granitgneis. Im Weißensteintunnel zeigten sich die Sequan- und Kimmeridge-Bänke der Nordflanke recht wasserarm. Der 7.24 Meilen lange Shepaug Aqueduct T., Conn., begegnete außerordentlich geringen Wassermengen (Harland Schists, Brookfield Diorit und Berkshire schists). Dies ist umso bemerkenswerter, als der Tunnel auf eine Länge von mehr als einer Meile den Bantam-See und sein Becken unterfährt.

Daß Zerrüttungstreifen hinsichtlich ihrer Wasserführung oft lockeren Schuttmassen ähnlich sich verhalten und unter Umständen kräftige Wassereinbrüche verursachen, dafür liefert die Tunnel-Baugeschichte zahlreiche Belege.

Bei der Auffahrung des Richtstollens für den Kratzbergtunnel bei Golling (Salzburg) fuhr man von 395—460 m N einen Zerrüttungstreifen an, welcher nach starken Niederschlägen rund 900 l/sec. Wasser in den Lichtraum schüttete; in Trockenzeiten floßen nur einige Sekundenliter, meist in Form von Wallern, aus der Sohle ab.

Der zeitliche Gang der Wasserführung des Gebirges.

Hält man sich die Form der Wasserwege und unterirdischen Wasserbehälter vor Augen, dann wird es nicht schwer fallen, alle jene oft so verschiedenen und manchesmal auch seltsamen Erscheinungen zu erklären, welche der Ingenieur beim Vortriebe von Hohlgängen beobachtet.

Im allgemeinen öffnet jeder Stollen den Leib des Berges und bringt ihn zum Ausbluten, wenn der Vergleich mit dem Messer erlaubt ist, welches der Schlächter in den Körper des Tieres stößt. Jeder Stollen zieht das untertägige Wasser an sich und entwässert seine Umgebung bis zu einem gewissen, manchesmal weitgehenden Grade. Manche Wasserbahnen, welche vor der Auffahrung des Hohlraumes eine ganz andere Richtung einschlugen, werden nun mehr oder weniger gegen den Stollen hin gelenkt; sie drängen sich gegen den Hohlraum zusammen und es hängt nur von dem geologischen Aufbaue des Bergleibes einschließlich der Beschaffenheit der Wasserwege ab, wie weit der austrocknende Einfluß eines Stollens ausgreift. Mit der entwässernden Wirkung des Hohlraumes hängt auch die oft beobachtete Erscheinung zusammen, daß der Wasserzufluß „mit dem Vortriebe mitgeht"; das Wasser rieselt aus der Ortsbrust heraus und scheint mit ihr zu wandern. Vor der Brust versiegen die Zutritte allmählich und die früher naß gewesene Strecke trocknet mehr oder weniger ab.

Vor dem Anfahren sind die verzweigten und in ihrer Gesamtheit oft geräumigen Gefäße in der Regel bis zu einem oder mehreren Punkten der Tagoberfläche mit Niederschlagwasser gefüllt. An diesen Örtlichkeiten fließt vor dem Stollenbaue der Wasserüberschuß in Form von „Überlaufquellen" ab ($\ddot{U}_1$ der Abb. 62); auch verwickeltere Quellformen können zuweilen vorkommen. Der Vortrieb legt den „Überlauf" tiefer und zieht ihn bis zur Hohlraumsohle herab ($\ddot{U}_2$ der Abb. 62); der Stollen „entwässert" das Gebirge oberhalb. Sehr weitverzweigte Gefäße mit engen Zubringern werden in Gebieten mit häufigen Niederschlägen auch viele Jahre nach dem

Anfahren noch eine kleine Mindestspende schütten. Für eine gewisse Aufspeicherung von Wasser im Gebirgsleibe spricht auch eine Erfahrung, welche man im 17. und 18. Jahrhundert im Salzbergbau zu Bex, Waadtland (Schweiz) machte (H. C r a m e r 1895). Sobald man die eine oder andere Quelle tiefer anfaßte, fand man sie salzreicher; nach kurzer Zeit verminderte sich der Salzgehalt wieder und man mußte abermals tiefer gehen.

Der Gang der Abnahme des Wasserzuflusses nach dem Auffahren eines Stollens hängt von der Form und Weite der Wasserwege, von dem Inhalte und der Form eines allenfalls vorhandenen Wasserspeichers, von der Größe des Einzugsgebietes, von dem geologischen Aufbaue des Berges und verschiedenen anderen Umständen ab. Seinen regelmäßigen Ablauf stören die Niederschläge umso kräftiger, je reichlicher sie fallen und je rascher sie den Hohlraum erreichen können.

Am südlichen Haupte des Gotthardtunnels verminderte sich der Wasserausfluß nach dem Durchschlage (28. 2. 1880), wie S t a p f f berichtet, in folgender Weise:

	Menge in l/sec.	Wärme bei 220 m vom Mundloch
13. 3. 1880	195	12.3
22. 4. 1880	188	12.3
21. 5. 1880	182	—
11. 6. 1880	182	12.5
3. 9. 1880	172	12.7
8. 10. 1880	134	12.8
28. 10. 1880	171	11.9
6. 11. 1880	177	—
17. 11. 1880	184.5	—
2. 12. 1880	173.5	—
16. 12. 1880	171	12.2
6. 1. 1881	156	12.0
18. 1. 1881	155.5	11.9
27. 1. 1881	154	11.8
16. 2. 1881	149	11.9

Im T u r c h i n o - T u n n e l floßen nach dem Durchschlage im ganzen ab:

Dezember 1893	385 rm stündlich	
Jänner 1894	324 ,,	,,
Feber 1894	320 ,,	,,
März 1894	317 ,,	,,
April 1894	314 ,,	,,
Oktober 1894	324 ,,	,,
Mai 1895	345 ,,	,,
Juni 1895	324 ,,	,,
März 1896	270 ,,	,,
November 1897	270 ,,	,,
Oktober 1899	270 ,,	,,
November 1903	270 ,,	,,
April 1905	266 ,,	,, oder 73.9 l/sec.

Das Gebirge benötigte also, die Bauzeit nicht eingerechnet, ungefähr zwei Jahre, um vollständig auszulaufen und den neuen Gleichgewichtszustand im Wasserhaushalte zu finden. Ab Ende 1895 scheinen die Schwankungen nur mehr von den Niederschlägen herzurühren.

Im Cremolinotunnel maß man nach Biadego (1906) am 25. Jänner 1892, also noch während der Arbeit:

im Nordtrum (gegen Asti) 112   l/sec.
im Südtrum   5.56 l/sec.   im ganzen also 122.56 l/sec.
im Schachte   5   l/sec.

oder 402 rm stündlich. Später wurden gemessen

400 „	„	am 1. April 1892
400 „	„	Mai 1892
200 „	„	Juni 1892
67 „	„	Juli 1893
36 „	„	Oktober 1893 = 10 l/sec.
37.10 „	„	am 30. November 1897
37.80 „	„	am 30. Oktober 1899
50 „	„	April 1905 infolge starker Regengüsse.

Auch hier verstrichen rund 2 Jahre, bis der Berg ausgelaufen war und sich neue, mit den Niederschlägen gehende Wasserverhältnisse herausgebildet hatten.

Im Kalkschiefer des Albulatunnels sank ein Zufluß binnen 3 Tagen auf die Hälfte

12. 4. 1900	300 l/sec.
13. 4. 1900	300 l/sec.
14. 4. 1900	206 l/sec.
15. 4. 1900	150 l/sec.

Im Moffat-Tunnel nahm ein Zufluß binnen 7 Tagen auf die Hälfte seiner anfänglichen Schüttung ab

28. 2. 1926	189 l/sec.
7. 3. 1926	95 l/sec.
10. 4. 1926	63 l/sec.
1. 5. 1926	50 l/sec.

Im Tanna-Tunnel sank der Zufluß bei 7080 Fuß W binnen drei Wochen auf die Hälfte

8. 5. 1925	2270 l/sec.
29. 5. 1925	1047 l/sec.

Im Boyati-Tunel sank der Zufluß binnen 24 Stunden auf ein Drittel

$92\frac{1}{2}$ gal/sec.
$26\frac{1}{2}$ gal/sec. am nächsten Tag.

Außergewöhnlich rasches Ende finden Wassereinbrüche, welche viel Schlamm- und Gebirgstrümmer mit sich führen; diese verstopfen dann die Wasserwege binnen kurzer Zeit; so dauerten z. B. im Boyati-Tunnel bei Athen (nach Keays 1931) einige schwere Wassereinbrüche von 200, 300 und 350 l/sec. nur 4—24 Stunden.

Im Mont d'Ortunnel brachen einmal 3000 l/sec. in den Stollen. Die Schneeschmelze sandte 7000 l/sec. in den Tunnel. Nach einer Abnahme stieg der Wasserausfluß am 8. April 1914 wieder auf 3600 l/sec., sank aber rasch

8. April	3600 l/sec.
9. April	2600 l/sec.
22. April	700 l/sec.

Manche Untertagquellen ä n d e r n während des Stollenvortriebes ihren A u s t r i t t s o r t. Dies kann verschiedene Ursachen haben.

So erschüttern beispielsweise die Sprengschläge beim Vortrieb das zerklüftete Gebirge oft so stark, daß sich neue Wasserbahnen öffnen, welche die Quelle ablenken; der alte Quellmund liegt dann trocken. Derartige Erscheinungen kennen wir schon von den Erdbebenwirkungen auf Obertagquellen her. Im Weißensteintunnel trat z. B. nach Sprengarbeiten bei 2671 und 2673 m im Sequankalk eine solche „neue" Quelle auf (K ü n z l i, 1908).

Es kann aber auch der bloße Vortrieb des Stollens an sich schon da und dort einen Wasserweg öffnen, welcher für die Quelle „gangbarer" ist, weil er z. B. einen Weg geringeren Widerstandes darstellt oder tiefer liegt als der früher freigelegte. So wandert dann die Hauptergußstelle eines Wasserzutrittes mit dem Vortriebe streckeneinwärts.

Die Zuflüsse zu Stollen ändern sich mithin im Laufe der Zeit nicht bloß infolge Auslaufens von unterirdischen Speichern, die dann nur mehr den ständigen Zulauf in die Stollenröhre entsenden, sondern auch aus anderen Gründen. Zapft der weiterrückende Vortrieb neue Wasserbahnen an, welche mit den früher angefahrenen in Verbindung stehen, so ergießt sich das Wasser nunmehr hauptsächlich durch die neuen Öffnungen in den Stollen und die älteren Wasserwege schütten nun weniger Wasser oder trocknen manchmal sogar ganz aus.

Im Gotthardtunnel (S t a p f f 1880) traten bei 2507 m Süd etwa 5 l/sec. in den Stollen; der Wasserzudrang hörte fast ganz auf, als man zwischen 2800 und 2850 m Süd ein neues Wassergebiet mit etwa 16—17 l/sec. angezapft hatte (davon 11—12 l/sec. neu).

Eine V e r g r ö ß e r u n g des Wasserzudranges im Laufe der Bauzeit kann dann erfolgen, wenn wenig klüftiges und zugleich wenig festes Gebirge allmählich gegen den Hohlraum zu drücken beginnt; es öffnen sich dann Sprünge und Risse, welche Feuchtigkeit hindurchtreten lassen. Aber auch feinkörnige Lockermassen können ihre Wasserabgabe mit der Zeit steigern.

So war z. B. der Schlier im Hausrucktunnel (O.-Ö.) zuerst trocken; nach der Ausmauerung zeigte sich jedoch an einigen Ringen gegen das Südhaupt zu ein größerer Feuchtigkeitsgehalt des Gebirges.

Ein weiteres Beispiel erzählt P r u o l a t (1917). Im Jahre 1917 verband man in Minneapolis einen großen Kornaufzug mittels eines 650 Fuß langen und 10 Fuß weiten Tunnels 60 Fuß untertags mit der Mühle. Die Tunnelröhre stand in Sandstein und Schiefer ohne Ausmauerung. Bald nach der Inbetriebsetzung des Verbindungstunnels zeigte sich an einzelnen Stellen Firstentropf; er verstärkte sich von Tag zu Tag; Blechschilder konnten schließlich wegen der Ausdehnung der zu schützenden Flächen auch nicht mehr angewendet werden; und so entschloß man sich zur Verkleidung der Firste mit Beton, selbstverständlich nicht ohne Entwässerungsrohre vorzusehen.

Daß man solche und ähnliche Erscheinungen in feinkörnigen Ablagerungen auf den Unterdruck in den geöffneten Haarröhrchen der Stollenleibung zurückführt, wurde schon erwähnt.

Wenn die Speicher im Berginnern ausgelaufen sind, dann speisen nur mehr die Niederschläge die Untertagquellen, welche sich von Tagwasser nähren. Die Schaulinie der Schüttung der Tunnelquellen spiegelt jene der Niederschlagsmengen wieder. Die zeitlichen Verzögerungen, welche die Untertagzuflüsse erleiden, betragen oft nur wenige Stunden, manchesmal jedoch Wochen und Monate; hierüber entscheidet die Tiefenlage des Tunnels, bzw. die Mächtigkeit der Tagdecke und ihre Wegsamkeit für das Wasser.

Der Sonnsteintunnel (1432 m) fuhr, wie W a g n e r (1878) beschrieb, mehrere wasserführende „Klüftungen" an; ihre jeweilige Wasserspende hing ganz offenkundig von den Niederschlägen ab. Die Klüfte des Hauptdolomites führen nach A s c h e r trotz 80—100 m Überlagerung die Niederschlagwässer schon nach 3—5 Stunden dem Hauptstollen des Spullersee-Werkes zu.

Die Mehrzahl der in den Stollen des Kalkgebirges angefahrenen Quellen gehorcht der Regel der abnehmenden Ergiebigkeit und der Unbeständigkeit. Sie schütten sofort nach dem Anschlagen größere Wassermengen, laufen bald aus oder gehen doch wenigstens rasch zurück. Bei Eintritt längeren Frostes oder langer Trockenzeiten sterben sie wohl auch ganz ab, um in der Zeit der Schneeschmelze oder von Regengüssen durch neuerliches Anschwellen zu überraschen. Das Wechselspiel zwischen hoher Schüttung und nahezu völligem Versiegen wiederholt sich dann ebenso oft, als die oberirdischen Wasserläufe anschwellen oder verarmen; lange Zeit hindurch strebt die Niederschüttung immer noch einem sich stetig verkleinernden Mindestwerte zu.

Im Weißensteintunnel schüttete ein Zufluß bei 2670 m (ab Südhaupt) aus rogensteinartigen Spatkalken (Mittelsequan) anfangs 80 l/sec. (8.5 bis 9.5⁰ C); im trockenen Sommer 1906 fiel die Menge auf 1½ l/sec. herab, im November 1907 war der Riesel ganz trocken.

In den Dachsteinkalkbreschen und den Rogensteinkalken des Wocheinertunnels (K o s s m a t) durchmessen die Niederschlagswässer eine rund 750 m lange Strecke (in lotrechter Richtung gemessen!) binnen ein paar Stunden; die Klüfte sind hier aber bereits so weit ausgewaschen, daß die Regenwässer oft mehrere Raummeter Sand aus den Schläuchen des Kalkes in die Tunnelröhre spülten. In den Jurakalken beobachtete man nur „Regen" von der Firste.

Im Karawankentunnel (T e l l e r) brachten die zerklüfteten Kalke und Dolomite der Anfangstrecke im Norden „Regen" von der Firste herab; bei etwa 100 bis 150 m Überlagerung drangen die obertägigen Niederschläge rasch bis zur Tunnelsohle hinab. Im Grenzdolomit, den stauende Werfenerschichten unterteufen, ließen die Wasserzuflüsse nach etwa zwei Monaten nach.

Die großen Schwankungen in der Schüttung von Untertagzuflüssen zeigen Sickerstollen besonders deutlich auf.

Die Sickeranlage im Steinbachgrund bei Pahren lieferte nach den Aufzeichnungen der städtischen technischen Werke in Zeulenroda in 24 Stunden (nach D e u b e l):

Jahr	Höchstmenge		Niedrigstmenge	
	am	rm	am	rm
1911	3.3	911	11.12	400
1912	12.11	1046	2.8	366
1913	15.2	912	25.9	486
1914	9.3	1054	16.10	498
1915	16.1	1289	20.11	615
1916	8.1	1030	29.11	570
1917	9.1	1164	30.12	470
1918	30.12	831	14.9	310
1919	19.4	971	13.9	376
1920	14.2	1035	5.12	360
1921	4.2	1080	25.12	326
1922	12.1	1280	30.7	480
1923	31.1	800	20.11	460
1924	4.11	800	31.3	380
1925	20.10	975	1.9	550
1926	14.4	925	19.3	530
1927	30.4	900	8.11	480

Die Ausflüsse aus dem Gotthardtunnel waren im September und im Oktober am stärksten, im März und im April am schwächsten; nach S t a p f f fallen die Zeiten größter Niederschläge und größter Tunnelabflüsse nicht genau zusammen; es bestehen aber doch gesetzmäßige Wechselbeziehungen zwischen beiden.

Die Behandlung der Wasserzuflüsse nach der Vollendung des Baues.

Viele Tunnelbauer haben bisher die entwässernde Wirkung eines Tunnels als einen Vorteil für das Bauwerk angesehen. Sie leiteten daher das Wasser, welches der Tunnel an sich zog, in Dränungen gefaßt, dauernd in Sammelröhren ab und ins Freie hinaus. Das Tunnelmauerwerk erhob sich in einem bis zu gewissem Grade trockengewordenen Gebirge, dessen Standfestigkeit der Wasserverlust erhöht hatte. Man versprach sich von den meist mit großer Sorgfalt hergestellten Entwässerungen eine längere Dauer und leichtere Instandhaltung der Tunnelröhre. Gegen diese bisherigen Anschauungen, welche in ihren Grundgedanken gewiß richtig sind, hat sich in neuester Zeit vielfach der Widerspruch namhafter Fachleute erhoben; so haben z. B. L. v. R a b c e w i c z und W i e d e m a n n (10) die Forderung erhoben, nach der Fertigstellung des Tunnels die ursprünglichen Wasserverhältnisse wieder herzustellen und das in den Dränungen gesammelte Wasser wieder in den Leib des Berges zurückzudrängen. Zur Begründung ihrer Anschauungen führen diese erfahrenen Tunnelbauer Folgendes an.

Schlamm, Absätze von Kalksinter, von Brausgesteinen usw. verstopfen die Dränungen bald und legen sie lahm; wie rasch z. B. der Absatz von weißem, weichem Kalksinter vor sich geht, weiß der Erfahrene; J e n i k o v s k y hat z. B. in einem versetzten Fensterstollen des Opponitzer Kraftwerkes bei seiner Wiederausräumung festgestellt, daß sich binnen $^3/_4$ Jahren eine rund 20 cm starke, gelblichweiße Kalksinterschichte aus den Bergwässern abgesetzt hatte. Das gestaute Wasser zerstört dann erst recht Gewölbe und sonstiges Tunnelmauerwerk. Solange aber das Wasser noch den Dränleitungen zufließt, spült es Feinteilchen aus, lockert den Mantel um das Gewölbe und läßt das Gebirge nicht zur Ruhe kommen. Fließendes Wasser schadet aber auch in anderer Weise dem Mauerwerk mehr als gestautes; enthält es Stoffe, welche Gesteine und Mörtel angreifen, dann vervielfachen sich die Zerstörungserscheinungen, indem die widerständigen, zur Bildung einer Art von Schutzhaut befähigten Neubildungen leichter fortgeschafft werden können und immer neue, angriffslustige Wasserfäden sich an die Mauerung herandrängen. Mich dünkt, daß diese Begründung der Herstellung der ursprünglichen Verhältnisse im Bergleibe fallweise ganz besonders ins Gewicht fällt.

Die genannten, neuzeitlichen Tunnelbauer raten dazu, das angefahrene und vom Stollen angesogene Bergwasser wieder in den Bergleib zurückzustauen und so den ursprünglichen Zustand im Berginnern so weit als möglich wieder herzustellen. Die Erfüllung dieser Forderung zwingt dazu, die unvermeidlichen, schädlichen Folgen des Wiederanstauens des Wassers für das Mauerwerk durch bauliche Maßnahmen hintanzuhalten. Diesem Zwecke dienen Einpressungen vom Zementmörtel in alle, trotz satter Anmauerung noch verbliebenen Hohlräume zwischen äußerer Leibung des Gewölbes und Gebirge, ferners Auspressungen aller Spalten und Risse des Gesteins, welches an die Mauerung grenzt. Weitere Abdichtungsarbeiten erstreben ähnliche Ziele. Man bringt z. B. wasserdichten Verputz auf oder überzieht die Leibung mit einer Dichtungshaut. Dabei bevorzugt man die Innenhautdichtung gegenüber jener mittels einer Außenhaut; letztere verursacht erhebliche Herstellungsschwierigkeiten und ist gegen die Einwirkung heftiger Erschütterungen, wie sie z. B. der Aufschlag oder der Zerknall von Bomben und Granaten verursachen, recht empfindlich; ihre Ausbesserung erfordert einen gewaltigen Arbeitsaufwand. Die Innenhautdichtung muß einem Überdrucke des Wassers im Betrage eines Bruchteiles einer Atmosphäre gewachsen sein; zu ihrer Herstellung haben sich u. a. Oppanol und Dynagen sehr bewährt (völliges Dichthalten, Dehnungsfähigkeit, Säurefestigkeit, Verschweißbarkeit der Stöße, Fäulnissicherheit). Innerhalb der Dichtunghaut mauert man ein Vorsatzgewölbe auf; als Baustoff empfiehlt W i e d e m a n n (10) lückige Steine, wie z. B. Betonformsteine, welche man in Kalkmörtel legt; sie mindern die Schwitzwasserbildung herab. Das Innengewölbe ist ein verlorenes Gewölbe und kann dünn gehalten werden, wenn man das äußere Gewölbe zum Traggewölbe bestimmt hat; man kann jedoch auch den umgekehrten Weg gehen und das Innengewölbe tragend ausbilden, so daß das Außenmauerwerk sozusagen verloren ist; diese Anordnung empfiehlt sich besonders dann, wenn angreifende Wässer das Außengewölbe mit Zerstörung bedrohen.

Ergänzend möchte ich noch die eigene Meinung äußern, daß man die wichtige Frage, ob die Zurückdrängung des Wassers in den Bergleib der Belassung der Dränung unbedingt vorzuziehen sei, nicht verallgemeinernd beantworten darf. Einen schwerwiegenden Nachteil kann die Anstauung des Wassers um die Leibung herum dann bringen, wenn das Wasser Spalten und Schläuche bis hoch hinauf erfüllt und so auf das stauende Hindernis Drücke ausübt, welche mehrere kg/cm², ja ausnahmsweise sogar zehn Atmosphären übersteigen können. Solche Überdrücke des Bergwassers begrüßt wohl nur der Druckstollenbauer; sie tragen viel mehr als der beste Beton zur Dichtung der Stollenröhre und zur Verhinderung ihres Schweißens bei.

Der Aufstau des Bergwassers hinter der Ausmauerung zwingt die gespannten Wässer zu Bewegungen entlang der Außenwand der Röhre; diese Strömungen können Schaden anrichten; zumindest setzen sie bisher trocken gewesenes oder ausgeblutetes Gebirge wiederum der Durchnässung, der Auswaschung von Feinteilchen, der Auslaugung und verschiedenen, anderen, unerwünschten Vorgängen aus.

Um solchen Übelständen zu begegnen, schlägt man bei F r e i spiegelstollen zweierlei Wege ein. Man läßt z. B. in der

Firste des Stollens und an den Ulmen, soweit sie oberhalb des Leitungswasserspiegels liegen, Einströmlöcher von mindestens 5—10 cm Lichtweite in Abständen frei, welche der Wasserführung des Gebirges angepaßt sind. Oder man zieht, wie z. B. J e n i k o w s k y (1927) schildert, an den Grenzen zwischen Gesteinen verschiedener Wasserführung (trocken und naß) Herdmauern ein, welche röllchenähnlich um die ganze Leibung herumlaufen und so tief in das Gebirge eingreifen, daß das von ihnen gestaute Wasser restlos durch die vor den Absperringen angebrachten Einströmlöcher dem Stollen zugeführt wird und den trockenen Stollenstrecken fernbleibt.

In erweichbaren Bergarten vermehren das Zurückdrängen des Bergwassers und die dadurch eingeleiteten Längsbewegungen erheblich den Gebirgsdruck und bedrohen mehr oder minder jede statisch knapp bemessene Röhre. Diese besitzt bei Freispiegelstollen überdies in aller Regel noch eine ungünstige Querschnittsform. Es zeigen sich dann an den Ulmen Längsrisse, die oft weit sich verfolgen lassen. An der inneren Leibung des Gewölbescheitels „brennen“ die Fugen, das Mauerwerk blättert und schalt ab. Quillt das Nachbargebirge kräftig, dann reißt auch die Sohle auf. Durch die Risse entweicht Wasser und verstärkt den Erweichungsvorgang immer mehr, welcher seinerseits wiederum, druckerzeugend, die Risse erweitert und vermehrt.

Gegen das Zuwachsen der Entwässerungen kann man sich bei wichtigen Bauwerken dadurch schützen, daß man unterhalb des Hohlraumes einen eigenen begehbaren Mauslochstollen für die Aufnahme der Bergwässer herstellt; in ihn leitet man sämtliche entsprechend gefaßten Stollenquellen ein. Man erntet dadurch — allerdings unter Aufwand zusätzlicher Arbeitskräfte und Baustoffe — den Vorteil einer Austrocknung des Gebirges und der Fernhaltung schädlicher Wässer, ohne dafür die Gefahr einer Verstopfung der Entwässerung befürchten zu müssen. Ich glaube daher, daß man jeden Einzelfall gesondert prüfen soll; die örtlichen Verhältnisse, unter denen die geologischen obenan stehen, werden dann entscheiden, ob man eine dauernd wirksame Entwässerung des Mantels um den Hohlraum herum anstreben soll oder nicht.

Beim Mont d'Or-Tunnel z. B. hat man die großen, angefahrenen Quellen wieder in den Bergleib zurückgedrängt, um die versiegten Tagquellen wieder zum Schütten zu bringen und auf diese Weise Entschädigungs- und Ersatzforderungen zu vermeiden und zu verhindern, daß sich vielleicht im Laufe der Jahre das Einzugsgebiet der Tunnelzuflüsse vergrößere. Man erreichte den angestrebten Zweck, indem man den Fels um die Leibung herum mittels Einpressungen dichtete und das Wasser örtlich durch in die 1 m starke Mauerung eingebaute Schieber von dem Eintritte in den Tunnel abhielt.

4. Die Wärme der Untertagqnellen.

Wie der Abschnitt D bereits angedeutet hat, beeinflussen sich Erdwärme und Bergwässer gegenseitig. Die kalten Niederschlagswässer z. B., welche vom Gipfel hoher Kalkberge her zur Tiefe sinken, kühlen das Nachbargestein ab, nehmen aber andererseits auch etwas Wärme vom Gebirge auf. Übersteigt der Wärmegrad einer angefahrenen Quelle die Gesteinswärme ihres Austrittsortes, dann bezeichnet man sie als „l a u e" Quelle oder als „Warmquelle" (heiße Quelle), je nachdem ihr Wasser weniger oder mehr als 20⁰ C mißt (Ausnahme: Tropen).

Die W ä r m e der einem Stollen zusitzenden Wässer ist außerordentlich verschieden. Für den Ingenieur hat sie nur Bedeutung, wenn sie niedrig oder hoch ist. Kalte Quellen kühlen die Luft in tiefliegenden, langen Tunneln und fördern die Arbeit; laue oder gar heiße Wässer sind in solchen Stollen immer unerwünscht, da sie die ohnehin schon lästige Luftwärme im Tunnel noch erhöhen.

N i e d r i g e Q u e l l w ä r m e n trifft man häufig im K a l k - H o c h g e b i r g e an.

S i m o n y Fr. (1849) berichtet z. B., daß der neue Wasserstollen am Sandling oberhalb Altaussee (Steiermark) in 3370′ Seehöhe am Stolleneingange Wasser von 7.0⁰ R (8.75⁰ C) austreten ließ (21. 9. 1848; aus dem Stollen strömende Luft: 3.0⁰ C). Im Wasseraufschlag vor dem roten Kogel (3496′ Seehöhe) floß Wasser von 1.9⁰ R (2.38⁰ C) bei einer Luftwärme von 8.7⁰ R; hundert Schritte einwärts vom Eingange dieses Wasserstollens bildet sich im Winter eine beträchtliche Eismasse, welche gewöhnlich erst Ende August verschwindet. In dem Stollen hinter dem roten Kogel setzt sich nach S i m o n y sogar während des ganzen Jahres (3620′ Seehöhe) Eis an; er ist vorne in Felstrümmern, weiter rückwärts in festem rotem Kalkstein aufgefahren. Aus den Felsspalten sickert Wasser herab, welches beim Eintritt in den Stollenhohlraum noch die Wärme von 1.25—1.5⁰ C zeigt, beim Herabrieseln über die Felswände aber so abgekühlt wird, daß es schon teilweise an den Ulmen, mehr aber noch auf der Sohle des Stollens zu Eis erstarrt. Am stärksten war die Eisbildung am 2. 9. 1848 etwa 300 Schritte einwärts der Stollenmündung (8—11 cm auf der Sohle, 1—3 cm an den Ulmen); die Luftwärme betrug an dieser Stelle 0.75⁰ C gegen 11.6⁰ C im Freien; die Luft drängte infolgedessen an dem Beobachtungstage so lebhaft aus dem Stollen heraus, daß man das Grubenlicht vor dem Verlöschen schützen mußte.

Das Wasser, welches dem Albulatunnel zusickerte, war sehr kalt (6⁰ C), entsprechend seiner Höhenlage (Scheitelpunkt 1823 m).

Um die F e l s w ä r m e in der Tunnelsohle a n z u n e h m e n, genügten für die Niederschlagswässer Überlagerungshöhen von

400—420 m: Weißensteintunnel, rogensteinartige Spatkalke, steilaufgerichtet.
200—300 m: Weißensteintunnel, Kimmeridgekalke, steilaufgerichtet.

Im Kalkglimmerschiefer des Simplontunnels führte eine Quelle bei 9.948 km am 5. 10. 1903 rund 5 l/sec. mit 150 franz. Härtegraden und 49⁰ C Wasserwärme; am 7. 1. 1904, also nach 104 Tagen, waren die Werte 3.33 l/sec., 98 franz. H. und 41⁰ C. Die Wasserwege sind hier nach B i a d e g o enge. Die Härte-, Mengen- und Wärmeverminderung ist auf die Beschleunigung der Wasserbewegung durch die entwässernde Wirkung des Tunnels zurückzuführen. Die Abkühlung der Quelle dauerte an (Juni 1904: 36.0⁰ C, 74 H.-G.)

S t a p f f (1875) beobachtete im Gotthardtunnel, daß alle Wasserzuflüsse bei ihrem ersten Erscheinen etwas wärmer waren als später. So maßen z. B. die Quellen zu Göschenen zwischen 1490 und 1500 m zuerst (November 1874) 17.1⁰ C, 1875 aber nur noch 16.2⁰ C. Die Zuflüsse zu Airolo (780—820 m) kühlten binnen 14 Tagen von 10.52⁰ C auf 9.75⁰ C ab.

In diesem Kühlerwerden solcher Untertagwässer nach dem Anfahren kommt, wie schon S t a p f f richtig hervorhebt, die Tatsache zum Ausdruck, daß die erstangezapften Wässer a u f g e - s p e i c h e r t sind, die nachfolgenden aber F l i e ß w ä s s e r; sie nehmen auf ihrem Wege von der Tagoberfläche zum Tunnel einen Wärmegrad an, welcher sich jenem der aufgespeicherten Wässer umso mehr nähert, je geringer ihre Wassermenge, je enger und widerständiger das durchflossene Spaltennetz und je länger der zurückgelegte Weg ist; im Gegensatz zu dem Fließwasser gleicht sich die Wärme des Speicherwassers meistens jener des Gesteins mehr oder minder an.

Aus diesem Grunde werden in aller Regel die Tunnelabflüsse nach starken Niederschlägen kälter; S t a p f f berichtet z. B., daß die Wärme der Gotthardtunnelabwässer von 11.0⁰ C auf 10.8⁰ C sank, als nach starkem Regen die Abflußmenge von 280 (Juni) auf 340 l/sec. (Juli) stieg.

Die vorgenannte Regel gilt natürlich nicht, wenn man ungestaute, fließende Kluftwässer anfährt.

Die Wasserzuflüsse aus dem Serpentin (Gotthardtunnel N, 4871—5310 m) verhielten sich nach S t a p f f (1882) nicht einheitlich, einige wurden nach Verlauf mehrerer Wochen um einige Zehntelgrade kälter, andere dagegen wärmer (5203 m).

Die Wärme der Gesamtabflüsse aus den Mundlöchern des Gotthardtunnels s a n k, wenn die W a s s e r m e n g e zunahm, und stieg mit deren Abnahme.

Bei 920 Fuß vom Ost-Mundloche des Tannatunnels sprudelte eine warme Quelle von geringer Schüttung in den Sohlstollen. Das heiße Wasser (25⁰ C) erweichte den benachbarten Tuff-Fels und vermehrte so den Druck des Gebirges auf das Gebälke der Zimmerung; diese brach schließlich zusammen und die nachstürzenden Felsmassen verlegten eine etwa 200 Fuß lange Strecke, 16 Arbeiter tötend.

Wie verschieden die Entstehung selbst nahe benachbarter Quellen sein kann, zeigen nachstehende Fälle.

Der Weißensteintunnel fuhr bei 2140 (rechter Stoß, ab Südhaupt) und 2143 m (linker Stoß) zwei Quellen an, welche sich ganz verschieden verhielten.

Quelle bei 2140 m: Ergiebigkeitsschwankung: 90 : 1, Wärme 10—11⁰ C, gelblich getrübt, bei Hochschüttung sogar stark trüb; von der Firste herabstürzend (Freifließer).

Quelle bei 2143 m: Ergiebigkeitsschwankung: 30 : 1, Wärme 12.5—13⁰ C (höher als die Gesteinswärme $=$ 11⁰ C), klar; von unten heraufquellend (Waller).

Man muß annehmen, daß die wärmere Quelle von unten aufsteigt, nachdem sie vielleicht bereits einen längeren, absteigenden Ast hinter sich hat. Jedenfalls scheint sie von dem wenige Meter entfernten, etwas kälteren Wasseraustritte völlig unabhängig zu sein.

5. Chemische Zusammensetzung der Tunnelwässer. Schädliche Wässer.

Die chemische Zusammensetzung der Tunnelwässer beeinflußt den Bau in mannigfacher Weise; Stoffe, welche das zusickernde Wasser in Lösung mitführte, fallen aus und setzen sich an der Stollenröhre fest; andere Bestandteile der Wasserzuflüsse wiederum greifen die Bausteine oder deren Bindemittel an und zerstören sie mit der Zeit; andererseits kann man reine Stollenwässer fassen und als Nutz- und Trinkwasser den Bedarfstellen des Baubetriebes zuleiten.

In einen Stollen des Aquedotto Pugliese brach kohlensäurehältiges Mineralwasser quellenartig ein. Auch an anderen Stellen sickerte Mineralwasser zu, erzeugte Wasserwege im Mauerwerk und Ausblühungen, welche pilzähnlich den Leibungen aufsitzen und den Verputz zerstören.

Den Gips- und Anhydritgesteinen des Mont-Cenis-Tunnels entströmte eine eisenhältige, kalte Quelle.

Über den Gehalt der Zuflüsse des Tauerntunels an radiumwirksamen Stoffen hat H. Mache berichtet.

Im Weißensteintunnel (Künzli 1908) hatten die Liaswässer einen mittleren Gehalt an Kalkerde und Bittererde (Mg O), viel Abdampfrückstand und eine mittlere Härte. Außerdem waren reichlich Cl und SO₃ vorhanden (vermutlich aus dem nahen Keuper stammend). J. Walter fand:

	bei 1263 m	1294 m	1486 m	
franz. Härtegrade	38.4	37.6	42.0	
Abdampfrückstand bei 160⁰ C getrocknet	1030	1008	1272	
Kalkerde	118	118.8	129.8	mg im Liter
Bittererde (MgO)	69.1	65.5	75.2	
Schwefelsäure (SO_3)	319.3	307.9	423	
Chlor	39	41.0	56	

Die Quellen bei 1263 m und 1294 m entspringen dem Nord-, jene bei 1486 m dem Südschenkel des Liasgewölbes.

Quellen aus den D o l o m i t b ä n k e n   d e s   K e u p e r m e r g e l s zeigten sich im Weißensteintunnel nach K ü n z l i (1908) sehr reich an Cl und SO_3; daher verblieb trotz nicht sehr hoher Härte und mäßigem Gehalte an Kalk- und Bittererde ein hoher Abdampfrückstand.

	Quelle bei 1347 m	Quelle bei 1355 m	
Französische Härtegrade (nach J. Walter)	28.4	27.2	
Abdampfrückstand (bei 160⁰ getrocknet)	1626	1550	
Kalkerde	87.6	83.0	mg im Liter
Bittererde	51.1	49.7	
Schwefelsäure (SO_3)	654.1	614.6	
Chlor	56	55	

M a l m k a l k -   u n d   H a u p t r o g e n s t e i n - W ä s s e r enthielten im Weißensteintunnel (K ü n z l i 1908) wenig mineralische Bestandteile; deshalb waren Härte und Abdampfrückstand gering. J. W a l t e r fand:

	bei 2350 m	2614 m	2670 m	2682 m	2840 m	
franz. Härte	14.5	16.0	14.3	13.55	14.1	
Abdampfrückstand	188	196	157.5	155	159	
Kalkerde	72	85	75	72.8	76.0	mg im Liter
Bittererde	8.1	3.2	3.6	2.2	2.2	
Schwefelsäure (SO_3)	14.4	3.4	2.6	Spuren	4.1	
Chlor	3.5	4.0	4.0	6.5	7.5	

Wässer aus dem m i t t l e r e n   D o g g e r wiesen im Weißensteintunnel sehr hohen Gehalt an Kalkerde und Bittererde (MgO) auf, und waren daher sehr hart; reichlicher Gehalt an SO_3 kennzeichnete sie als angreifende Wässer. J. W a l t e r (bei K ü n z l i, 1908) fand:

	bei 1710 m	1875 m	2022 m	
französische Härte	51.5	44.5	56.1	
Abdampfrückstand (bei 160⁰ C getrocknet)	742.5	641.4	855	
Kalkerde	160	134.6	155	mg im Liter
Bittererde (MgO)	91.8	82.08	113.8	
Schwefelsäure (SO_3)	213	179.9	278.1	
Chlor	12.0	8.0	10.0	

Im Weißensteintunnel fand A. P f ä h l e r (nach K ü n z l i, 1908), daß Wässer, welche keimfrei in Felsspalten eindringen, auch reines gutes Wasser im Stollen liefern; tritt es aber stark verunreinigt in die Klüfte, so wird es durch das starke Gefälle der Wasserwege und die innige Vermengung mit

Luft einigermaßen an lebensfähigen Keimen verlieren, aber nicht genügend
gereinigt werden, um getrunken werden zu können. So scheint das „Seihen"
in Kalkstein eindringender Tagwässer von der Beschaffenheit der Tagoberfläche und der Seihfähigkeit einer allenfalls vorhandenen Verwitterungsschwarte allein abhängig zu sein. Daraus geht die Notwendigkeit der Rein-
haltung des Einzugsgebietes von Trinkwasserquellen im Kalkgebirge klar
hervor.

Im Gotthardtunnel setzten Spaltpilze aus Wässern, die 26.2—26.5⁰ C
warm waren, eine durchscheinende G a l l e r t e ab. S t a p f f (1880) erklärt
auf diese Weise die im Gebirge so häufigen Graphitharnische in zerrütteten
Gesteinsmassen; in der Gotthardmasse wurden solche Spaltpilze m i n -
d e s t e n s 874 m tief in Klüfte eingeschwemmt.

Schädliche Wässer.

Das Auftreten schädlicher Wässer in unterirdischen Hohlräumen
ist so wichtig, daß ich es in einem Abschnitte gesondert kurz behandeln will. Die Häufigkeit des Zurieselns von schädlichen Wässern verpflichtet den Stollenbauer, j e d e n Zufluß in den Hohlraum auf seinen Gehalt an schädlichen Stoffen untersuchen zu
lassen.

Das Zusickern von Wässern, welche den Gesteinmantel um
die Tunnelröhre oder das Mauerwerk oder beide angreifen, hat in
verschiedenen Untertagräumen schon zu größeren Schäden und Be-
triebstörungen geführt.

Die Schäden treten umso rascher ein und nehmen einen desto
größeren Umfang an, je hochgradiger die Lösung ist, welche ein-
wirkt, je wärmer sie ist und je reichlicher sie zutritt; stehendes
(gestautes) schädliches Wasser greift Gesteine und Beton weit
weniger an als fließendes, sich stets erneuerndes. Aus diesen Feststellungen leiten sich verschiedene Schutzmaßnahmen ab: Auspressen der Dränungen und Rückstau des dem Gebirge entzogenen Wassers in den Bergleib, Abschluß des Betons oder des schutzbedürf-
tigen Gesteines gegen das schädliche Wasser usw.

Je reichlicher in einem natürlichen Gestein, im Mörtel usw.
freier oder schwach gebundener Kalk vorkommt, desto größer ist
im allgemeinen der Erfolg des Säureangriffes. Aus dieser Erfahrung heraus vermeidet man im Gefahrenbereiche die Anwendung
kalkreicher Zemente und zieht kalkarme Zemente vor (Hütten-
zement, Gemenge von Portlandzement mit Trass, Tonerdezement
(45 v. H. Kalk) u. a. m.).

Je lückiger der Beton ist, umsomehr wächst die wechselwir-
kungsbereite Oberfläche des Zementleims an; man strebt daher dort,
wo angreifende Wässer drohen, darnach, den Beton möglichst dicht

zu machen (z. B. durch hohe Zementbeigaben, durch Zusatz von Traß usw.).

Die wichtigsten Schaden-Wässer sind kurz nachstehende:

Alkalische Mineralwässer.

Von den Bestandteilen einfach alkalischer und alkalisch-muriatischer Säuerlinge schädigen beigemengte schwefelsaure Salze (z. B. gelöster Gips) und die zuweilen reichlich vorhandene Kohlensäure bei längerer Einwirkung empfindliche Mauersteine, Beton usw.

Freie Säuren.

Die in der Natur vorkommenden Säuren fressen vor allem Gesteine an, welche im Mineralgemenge oder im Bindemittel Kalk oder Dolomit enthalten, ferners Kalkmörtel und Zementleim; im Zementleim greifen sie zunächst die im Überschuß vorhandene Base „Kalk" an, verdrängen im weiteren Verlaufe der Einwirkung die schwache Kieselsäure aus ihrer Verbindung mit Kalk (und Magnesia!) und vereinigen sich hierauf mit der Base Kalk. Die Umsetzungen richten umso größeren Schaden an, wenn die Neubildungen mehr Raum beanspruchen als die ursprünglichen; so zertreibt beispielsweise das durch Einwirkung von Schwefelsäure oder schwefelsauren Salzen entstehende Kalzium-Aluminium-Sulfat Beton.

Schwefelsäure führen Wässer, die aus Moorgebieten kommen, oder in Stollen zufließen, welche Gips ($CaSO_4 + 2\,H_2O$), Anhydrit ($CaSO_4$), sulfidische Erze (z. B. Schwefelkies, FeS_2) u. dgl. durchörtern. Im Usami-Tunnel z. B. der Itô-Linie der japanischen Staatsbahnen zerstörten heiße Wässer von etwa 35⁰ C Schienen und Eisenrohre; sie zersetzten nämlich Schwefelkies, welchen der durchfahrene, graue, „solfataric" Ton in reichen Mengen enthielt und beluden sich mit Schwefelsäure. In ähnlicher Weise vermag auch Schwefelwasserstoff den Beton auszulaugen; mit ihm kommen jedoch Stollen weniger häufig in Berührung (manche Mineralquellen).

Stärker schwefelwasserstoffhältige Quellen fuhr nach Stapff (1882) der Gotthardtunnel bei 4506 und zwischen 4622 und 4645 (N) an. Bei 5470 m (N) sotzten Ulmwässer Mehlschwefel ab (zersplitterter Austritt), ebenso zwischen 7.147 und 7.203 m (N).

Nach Schwefelwasserstoff riechende Wässer werden auch sonst vom Gotthardtunnel gemeldet; so besonders von Strecken, welche kieshältige Hornblendegesteine durchörtern. Bindfadendick troff schwefelwasserstoffhältiges Wasser aus Schieferungsfugen des Sellagneises bei 3822, 3843 und 3857 m (S).

Eine fingerdicke, etwa ¼ l/sec. schüttende Quelle wurde in quarzreichem Sellagneis bei 3921 m (S) angetroffen; da von dieser Strecke zahlreiche, schwefelkiesüberzogene Harnischriefen vermeldet werden, erklärt sich die

Schwefelwasserstofführung der Quelle wohl auf einfache Weise. Zwischen 6292 m und 6339 m rochen die Zuflüsse gleichfalls nach Schwefelwasserstoff und setzten Mehlschwefel ab; auf Klüften beobachtete man dünne Überzüge von Schwefelkies und Fasersiedestein (Faserzeolith); das Alkali des letzteren stammt, wie Stapff annimmt, aus durch Schwefelsäure zersetzten Feldspäten.

Eine andere Spalte, 0.6 m mächtig, wurde bei 4209 m (S) angefahren; sie war mit zerquetschtem Quarz und zerrüttetem, zersetztem Nebengestein erfüllt; lettige Salbänder mit schlüpfrigen Chloritharnischen umsäumten sie; auch das Nebengestein war zersetzt, mürbe und zerrüttet. Aus der Spalte strömte schlammiges, schwefelwasserstoffhältiges Wasser (etwa 1 l/sec. zwischen 4202 m und 4214 m; 27.3⁰ C). Dieses trug wesentlich dazu bei, daß aus der Spalte und ihrer Nachbarschaft Massen ausbrachen und ein 6—7 m hoher Schlot entstand, der 10 Tage währende Gewältigungsarbeiten erforderlich machte.

Im März 1925 brachen in der „Slope A" der Shannon-Mine, unweit Birmingham, Ala., nach stärkerem Tropfen der Firste rund 3 l/sec. (40 g. p. m.) Wasser ein. Diamantbohrungen in den Gesenken A, B und C erwiesen das Vorhandensein einer wasserführenden Verwerfung; der Wasserdruck in der Strecke B wurde mit 950 lb/sq. in. gemessen. Als man von A aus mehrere Bohrlöcher vortrieb, stieg der Ausfluß auf etwa 6.5 l/sec. (100 g. p. m.) und der Druck sank beträchtlich. Von Zeit zu Zeit wurden aus den Bohrlöchern kräftige Strahlen schwefelkiesführenden Schlammes und einige Tonnen Geschiebe herausgepreßt; auch Schwefelwasserstoffgas entwich. Der Verwerfungstreifen war 4—8 F. mächtig; an ihm sind die Schichten geschleppt. Um Schäden bei der unmittelbaren Anfahrung der Strömung zu vermeiden, wendete man das Francois-Dichtungsverfahren an.

Die Kohlensäure, wie sie in verschiedenen Mineralwässern, Moorwässern usw. sich findet, vermag den Kalk des Betons herauszulösen und Kalksteine, Dolomite usw. anzulaugen; sie führt Kalzium und Magnesium als doppelkohlensaure Salze fort. Da die Kohlensäure eine recht schwache Säure ist, werden ihre Angriffe erst dann merklich, wenn sie längere Zeit dauern und von größeren Mengen kohlensäurehältigen Wassers ausgehen (fließendes Wasser). Stollen, welche Moore oder anmoorige Wälder unterfahren, tragen an der Innenseite ihrer Leibung die bekannten, zuerst federkielähnlichen Deckenzäpfchen oft in ungeheurer Zahl; ausgelaugter, in doppelkohlensaures Kalzium umgewandelter Kalk wird durch die Mauerung hindurchgepreßt, verliert bei der Berührung mit der Luft ein Molekül Kohlensäure und scheidet sich in Form von Sinterkrusten oder Sinterzäpfchen als einfach kohlensaurer Kalk an der Stollenfirste und an den Ulmen ab. Bruchsteine aus Kalkstein, Dolomit usw. werden ebenso angegriffen wie die Kalziumhydrosilikate des erhärteten Zementes, aus welchem das kohlensäurehältige Wasser das Kalzium herauslöst, wobei die unlösliche Kieselsäure zurückbleibt. Derartige Auslaugungen vermögen bereits die Teppiche des sogenannten Auflagerhumus herbeizuführen, welche man in Wäldern des Urgebirges in ausgedehnter Verbreitung antrifft und an dem üppigen Wuchse von Heidelbeeren, seltener von Preiselbeeren, der sie erzeugt, leicht erkennt; da Wärme und Trockenheit die Zersetzung dieser sauren Humusstoffe fördern, Kälte und Nässe sie aber hemmen, macht die Zerstörung des Mauerwerks in solchen Hohlräumen besonders in warmen Sommern Fortschritte und scheint zur Winterszeit zu ruhen.

Neuere Untersuchungen haben gezeigt, daß nicht der ganze Kohlensäuregehalt eines Wassers zum Angriffe auf Gesteine und Mörtel übergeht. Unwirksam bleibt z. B. die g e b u n d e n e und h a l b g e b u n d e n e, d. h. mit Kalzium und Magnesium vereinigte Kohlensäure; zu ihr muß man auch die sogenannte z u g e h ö r i g e Kohlensäure zählen, welche, obwohl sie frei ist, keine Angriffslust äußert. Erst der Überschuß eines Wassers an freier Kohlensäure schadet, welcher über die Summe der gebundenen (halbgebundenen) und zugehörigen Kohlensäure hinausgeht. Zur Bestimmung der angreifenden Kohlensäure empfiehlt man den sogenannten Marmorversuch.

S a l z w ä s s e r.

Unter den Wässern, welche Salze aufgelöst enthalten, trifft der Stollenbauer meistens solche an, welche sich mit schwefelsauren Salzen beladen haben.

N a t r i u m s u l f a t (schwefelsaures Natrium, Na_2SO_4) kommt im Meerwasser vor, ferners in Lagerstätten der Edelsalze (Abraumsalze) und in manchen Mineralwässern. Bei der Einwirkung auf kohlensauren Kalk entsteht Gips, welcher treibt; im Beton entsteht das bekannte, wasserreiche Kalziumaluminiumsulfat, welches man fälschlich „Zementbazillus" nennen hört. Ähnlich schädlich wirkt das Kaliumsulfat, welches mit dem schwefelsauren Natron häufig vergesellschaftet ist.

K a l z i u m s u l f a t (als Gips wasserhältig, als Anhydrit ohne Wasser) hat besonders häufig Schäden in Stollen verursacht; auf die Möglichkeit seines Vorkommens in dem zu durchörternden Gebirge hat daher der Baugeologe besonders zu achten.

Mauerwerkschäden und Betonzerstörungen durch Gipswässer traten recht häufig in älteren, süddeutschen Tunnelanlagen und später in mehreren neueren Tunnel- und Stollenbauten ein; so z. B. im Magnacun-Tunnel der Unterengadinerbahn, im Mont Cenis-Tunnel, im Tanna-Tunnel, im Furka-Tunnel, im Tunnel Heilbronn—Weinsberg, im Gaildorfer Tunnel (Württemberg), Kappelesberg-Tunnel (Württemberg), Kriegsberg-Tunnel (Württemberg), Prag-Tunnel (Württemberg) und in den Stollen der Kraftwerke Walchensee (Kesselbergstollen), Flamisell-Superieur (span. Pyrenäen), Opponitz, Gerlos, Massaboden, Wäggital usw. Auch das Wasser, welches aus den

triadischen Kalken und Mergeln in den Albulatunnel floß, führte häufig
G i p s (bis zu 1 g je Liter).

Der Schwefelsäuregehalt betrug bei Wässern aus der Wasserleitung der
Stadt Wien 0.003 aufs Tausend 1 fach

Rauhwacke im Hinterleitenstollen (Opponitzer Kraftwerk) 0.057 aufs
Tausend 19 fach

Gips im Hinterleitenstollen (Opponitzer Kraftwerk) 1.1—1.4 aufs
Tausend bis 467 fach,

Druckstollen der Gerloswerke bis zu 2.5 aufs Tausend 803 fach,

Magnacuntunnel (Bündnerschiefer) bis zu 1.149 aufs Tausend 383 fach,
Wäggitalstollen (als schwefelsaurer Kalk berechnet) 0.2—2.15 aufs Tausend
67 bis 717 fach.

M a g n e s i u m s u l f a t ($MgSO_4$, Bittersalz) wirkt noch kräftiger als Gipswasser, weil das Magnesium eine schwächere Base ist
als Kalk. Es wird besonders leicht vom Kalk des Mörtels, bzw. des
Mauerwerks zersetzt; dabei entsteht Gips, während die Magnesia
gallertartig ausfällt; man erkennt diese Art der Zerstörung an der
schmierigen Beschaffenheit des Betons.

S t e i n s a l z (NaCl, Natriumchlorid) trifft man im Meerwasser
und in vielen Gesteinen an, welche sich aus ihm abgesetzt haben
(Haselgebirge der Werfener Schichten, Zechsteinstöße u. a. m.).
Die Erfahrung hat gelehrt, daß Kochsalzlösungen an sich kaum
das Mauerwerk schädigen, sondern nur die sie begleitenden, schädlichen Stoffe, welche den Wässern der Steinsalzlagerstätten und
dem Meerwasser niemals fehlen ($MgCl_2$, $MgSO_4$ usw.).

S u l f i t w ä s s e r fährt man häufig in der Nachbarschaft von
Störungslinien (warme „Schwefelquellen"), von Kies-Lagerstätten
und von Kohlenvorkommen an. Sauerstoffgehalt des Wassers oder
Luftzutritt bilden aus ihnen schwefelsaure Salze (z. B. Eisensulfat
aus Eisensulfid); ihre Zerstörungen wurden bereits erwähnt.

Salzarme Wässer.

Salzarme Wässer, auch weiche Wässer genannt, treffen wir in
verschiedenen Urgesteingebieten, in Mooren, in Gletscherbächen
usw. an; in ein- und derselben Bergart werden die Wässer, die ihr
entfließen, umso weicher, je kälter das Klima ist (z. B. Stollen im
Hochgebirge).

Je ärmer Wässer an Salzen sind, umso lebhafter streben sie
darnach, Salze, wie z. B. den Kalk des Mörtels, aufzulösen; ihre
Angriffe richten aber erst dann Schäden an, wenn die abgesättigten
Wässer immer wieder von neuen, noch salzhungrigen abgelöst werden. Gehalt an Kohlensäure verstärkt die schädliche Wirkung (Angriff auf den Mörtel im Tauerntunnel nach brieflicher Mitteilung
von K. I m h o f). Zur Beurteilung der Angriffslustigkeit salzarmen

Wassers empfiehlt man die Ermittlung der Wasserstoffionenziffer (PH-Wert); liegt sie unter 6½, dann hält G r ü n das Wasser bereits für bedenklich. Der Gehalt des reinen Wassers an Luftsauerstoff kann durch seine oxydierende Wirkung mittelbar Brausgesteine sowie Beton und unmittelbar Metalle schädigen. Als Gegenmaßnahmen empfiehlt man sorgfältige Bereitung des Betons, Zusatz von Kleinchen (wie z. B. „Sika", Ceresit" u. a.), Herstellung einer glatten und sehr dichten Oberfläche, Anstrich mit Teer, Erdpech u. dgl., Umstampfung des Betons mit Ton, Neutralisierung des Wassers mit Kalkschotter u. a. m. Beschädigtes Bruchsteinmauerwerk fugt man aus, Beton wird erneuert oder mit Zementeinpressungen ausgebessert.

M o o r w ä s s e r.

Die Moorwässer zählen meist zu den sehr salzarmen Wässern; ich habe sie jedoch dort nicht eingereiht, weil sie in der Regel Säuren gelöst enthalten. Diese Säuren verbinden sich z. T. mit der einzigen, im Moore vorhandenen Base, dem Eisen, z. T. bleiben sie ungesättigt und frei. Auf jeden Fall sind sie gefährlich, da sich das Eisen als schwache Base leicht verdrängen läßt. Am häufigsten trifft man Schwefelsäure und Humussäuren (Huminstoffe) an; auch angriffslustige Kohlensäure fehlt selten.

6. Die Beeinflussung von Oberflächenwässern durch Tunnelbauten.

So alt wie der Stollenbau selbst sind die Klagen, daß aufgefahrene Hohlräume Oberflächenwässer abgezogen hätten; bald führt man Beschwerde über einen wasserlos gewordenen Brunnen, bald stellt man das Versiegen eines Baches oder das Verschwinden einer Quelle fest. Oft sind die erhobenen Anschuldigungen unberechtigt; die Abnahme der Ergiebigkeit eines Grundwasserzuflusses zu einem Brunnen oder das Zurückgehen der Schüttung einer Quelle können Ursachen haben, welche mit dem Tunnelbaue einzig und allein die zufällige Gleichzeitigkeit gemeinsam haben. Es sind aber auch die Fälle häufig, daß ein Bergbaustollen, ein Tunnel oder eine Untertaghalle tatsächlich Oberflächenwässer irgendwie nachteilig beeinflußt. Das Schrifttum führt für derartige Erscheinungen zahlreiche Beispiele an; ich bringe eine kleine Auswahl aus ihnen.

Der G o t t h a r d t u n n e l (S t a p f f 1880) verschluckte eine große Anzahl von Brunnen- und Quellwässern des Gebietes von Airolo; die betroffene Fläche maß 73.8 ha, der Zudrang in den Tunnel 178 l/sec. (am 25. 4. 1874). Beim weiteren Vortriebe (1070—1370 m Süd) wurden die obersten Quellen des Ri di Jenni in der Gola di sasso rosso in die Tunnelröhre hinabgezogen; mit ihnen (18. 4. 1875) versiegte auch der Ri di Jenni.

Der **Grenchenbergtunnel** (**Buxtorf A.** und **Troesch A.** 1917) zapfte verschiedene Quellen an der Tagoberfläche ab. Unter andern versiegte die Dorfbachquelle in Grenchen völlig, welche ehedem 29—120 l/sec. geliefert hatte; für sie mußte durch Fassung von Quellen mit einer Gesamtschüttung von 50—75 l/sec. hinter den Tunnelwiderlagern und Zuleitung nach Grenchen Ersatz geschaffen werden. Die Wasserabziehungen durch den Tunnel ließen sich leicht feststellen, weil man während der Entwurfarbeiten im Umkreis von 32 km um die Tunnelachse herum sämtliche Quellen und Wasserläufe aufgenommen und gemessen hatte.

Der **Albulatunnel** zog eine starke Quelle ab, welche rechts von der Albulastraße über dem Mundloche bei Preda ihr Wasser aus Kalkschiefern schüttete; in gleicher Weise trockneten noch vor dem Wassereinbruche bei 1005 m N einige Quellen aus, welche im Kessel und auf den Abhängen von Palpuogna entsprangen.

Über die **Absaugung** der **Gartenmattquellen** durch den Weißensteintunnel berichtet **Künzli** (1908). Die Gartenmattquellen entsprangen 400 m südöstlich von Punkt 856.3 m (ab Südhaupt) des Tunnels in einer Höhe von etwa 150 m über der Stollensohle, etwa 180—200 m abseits der Stollenachse; sie schütteten 21.7 l/sec. Mindestmenge. Sie wurden vom Stollenbaue erst in Mitleidenschaft gezogen, als der Vortrieb bereits bis 856.3 m vorgerückt war; sie versiegten beim Anschlagen des Quellstreifens zwischen 926 m und 984 m gänzlich und sind seither nicht wieder erschienen.

Es ist für einen mit der Örtlichkeit nicht Vertrauten sehr schwer, die späte Abziehung der Quellen in die Stollenröhre sich zurechtzulegen. Nach den Schnittbildern und der geologischen Karte, welche dem Werke über den Weißensteintunnel beiliegen, könnte man sich vorstellen, daß die Gartenmattquellen Folgequellen waren; sie entsprangen unterirdisch als „Überfließer" über eine stauende Barre von Callovien-Tonen und traten erst weiter unten in Form von „Freifließern" zutage. Sie verschwanden daher erst, als der Stollen die Callovientone durchörtert hatte und in ihren Grundwasserführer — den Hauptrogenstein — eingedrungen war. Der vorgebrachten Anschauung widerspricht auch **Künzli**'s Angabe nicht, daß die chemische Zusammensetzung des Oberdörfer Wildbaches, der von den Gartenmattquellen gespeist wurde, jener der Quellen im südlichen Kimmeridgekalk am nächsten und jener der Quellen bei 856.3 am zweitnächsten stehe.

Über die Beeinflussung einer Quelle durch den Bau des **Bosrucktunnels** berichtet **G. Geyer.** Als man bei 1258 m vom Süden her ein zweites Rauhwackenlager anschlug, drang Wasser in den Stollen; nahezu gleichzeitig nahm die Ergiebigkeit des am Nordfuße des Bosruck entspringenden „schreienden Baches" ab; er versiegte völlig, als man kurz darauf bei 1367 m hinter einer Anhydritplatte eine 60 l/sec. Wasser liefernde Kluft angefahren hatte. Diese Arbeiten fielen in eine Zeit längerer Trockenheit. Als später reichliche Niederschläge fielen, begann der schreiende Bach wieder zu fließen, aber nicht mehr „in der früheren Stärke und Gleichmäßigkeit".

Der Stollen des Kraftwerkes **Partenstein** an der „Großen Mühl", O.-Ö., entzog der Gemeinde Kleinzell fast vollständig das Trink- und Nutzwasser für rund 500 Menschen, so daß für die Ortschaft eine eigene Wasserleitung gebaut werden mußte; der vom Stollen ausgefahrene Granit wirkte auch bei einer Überlagerungshöhe von 140 bis 160 m weithin entwässernd, da er zwar im allgemeinen gesund und wenig zerklüftet war, aber Zerrüttungstreifen in sich barg, welche dem Wasser Wege darboten. Es handelt sich um einen lichten Dunkelglimmergranit von mittlerem Korn („Plöckinger" Granit) und gesteinkundlich recht gleichförmiger Beschaffenheit. Die streifenweise Zerrüttung hat den mittelkörnigen Granit mehr oder minder vollständig zu „Weißerde" zerrieben; diese stellt eine kaolinähnliche, sandigschmierige Masse dar, in welcher außer Resten von Feldspat nur mehr die zertrümmerten Quarzkörner mit freiem Auge zu erkennen sind. Wasserführend waren meist nur die Klüfte und jene Ruschelstreifen, in welchen die Gesteinzerquetschung weniger weit ging (Streifen mit sehr engstehenden Schnitten).

Einen Anhaltspunkt für die Beeinflussung von Oberflächenwässern (Quellen, Bachläufen usw.) durch den Stollenbau gewähren u. a. auch die Winkelwerte, welche die Neigung des Wasserspiegels gegen die Absenkungsachse angeben; sie betrugen

7^0 für das Unterdevon des Taunus (Quarzite usw.) nach M i c h e l s (1933)

$14^0\ 35'$ bis $21^0\ 9'$ für die Umgebung von Airolo nach S t a p f f (1882) in der triasischen Rauhwacke der Bedrettomulde und den sie begleitenden Kalken, Dolomiten und den angrenzenden Glimmerschiefern.

30^0 im Granite des Partensteinstollens nach B e u r l e.

Wenn in der Nähe eines aufzufahrenden Hohlraumes oder gar oberhalb desselben Bäche, Flüsse u. dgl. dahinziehen, erfordert die Lage eine gewissenhafte Prüfung der Möglichkeit des Einbruches ihrer Wässer in den Stollen. Eines der folgenschwersten Bauunglücke durch einbrechende oberirdische Gewässer war die Verlegung einer langen Strecke des Lötschbergtunnels durch den Kanderfluß und seine Geschiebemassen.

Ebenso können benachbarte Seen einem Hohlgange gefährlich werden. Doch gibt es auch Ausnahmen. Etwa 1600 m hoch oberhalb des Simplontunnels liegt der Avinosee; trotzdem er $2\frac{1}{2}$ km weit von der Röhre entfernt ist, hielt man ihn doch einige Zeit lang für die Ausgangstelle der großen Wassermassen, welche dem Tunnel zuflozen. Nähere Untersuchungen zeigten aber die Irrigkeit dieser Vermutung auf. Natürliche Seebecken haben ihr Gefäß überhaupt in aller Regel im Laufe der Jahrtausende mit Seeschlamm abgedichtet und nur eine Minderheit von ihnen läßt sich das Wasser ebenso leicht abzapfen wie die Gebirgsbäche mit ihren sehr häufig nicht wasserdichten Betten.

Weniger zahlreiche Ziffern als jene betreffend Wasserentzüge führt das Schrifttum bezüglich des Verlustes von Wasser aus Stollen und Tunneln an; sie bedeuten jedoch ebenfalls viel für die menschliche Wirtschaft; meist handelt es sich um Druckstollen. So maß man z. B. im

Dunkelgneis 0.5—3 l/sec.		Wasserverlust bei 35 m Wasserdruck, bezogen auf 1000 m² Stollenausbruchfläche.
guten Seidenglimmerschiefer	2— 7 l/sec.	
schlechten Seidenglimmerschiefer	12 23 l/sec.	
festen, gesunden Granit (Schwarzenbachstollen)	0.5—1 l/sec.	bei 5.8 Atmosphären Druck; Fels auf rd. 36 m Stollenlänge unverkleidet.
gesunden Granit des Vernasca-Stollens bei Lugano	115 l/sec.	bei fast 4000 m Länge, 5 m² Querschnitt des Stollens und 0.1—0.68 atm. Druck.
gesunden, wenig zerklüfteten Granit des Barberine-Stollens	15 l/sec.	bei 70 m Druck; Stollen 2200 m lang, 4.4 m² Querschnitt.

7. Die Bestandaufnahme der Quellen und Wasserläufe im Reichgebiete von Hohlgängen.

Allgemeine Vorbemerkungen.

Man kann aus mehreren Gründen wünschen, die Auswirkung eines Stollens auf die Wasserverhältnisse seiner Umgebung kennen zu lernen.

Während des Vortriebes entwässert ein Stollen das Gebirge in einem Umkreise, welcher weniger von der Größe seines Hohlraumes als von der geologischen Beschaffenheit und der Lagerung der durchörterten Bergart abhängt. Grundbesitzer und andere Wasserbezugsberechtigte beschweren sich dann oft mit Recht oder mit Unrecht über Entzug von Wasser (vgl. Abschnitt 6).

Vor der Füllung eines Druckstollens pflegt man die Entwässerungsanlagen zu verstopfen, um das während der Auffahrung aus dem Gebiete angesaugte Wasser wieder in den Berg zurückzudrängen. Man stellt so die ursprünglichen Wasserverhältnisse des Geländes in mehr oder weniger angenähertem Ausmaße wieder her. Setzt man nun den Stollen unter Druck, so kann er schweißen oder — was man wünscht — auch dichthalten. In letzterem Falle ändert sich an den Wasserverhältnissen, wie sie sich nach dem Verkleben der Dränungen eingestellt haben, nichts.

Tritt jedoch aus dem Druckstollen Wasser in das Gebirge, dann verstärkt es die Adern, welche bereits den Leib des Berges durchrieseln. Je nach den Klüften und sonstigen Wasserwegen des Gebirges tritt es dann etwa in der Höhe des Stollens oder am Hange unterhalb der Stollenachse zutage, entweder als völlig neue, selbständige Quelle oder als Zuwachs zu einem schon früher vorhanden gewesenen Riesel; ein Teil des Verlustwassers kann auch oberhalb der Stollenröhre aus dem Hange quellen u. zw. hängt die Steighöhe über der Stollenfirste nicht nur von dem Verlaufe der möglichen Wasserwege im Gebirge, sondern auch ganz wesentlich von dem Innendrucke im Stollen ab. Das Verlustwasser kann Schaden anrichten, ganz abgesehen von dem Entgange an seiner Arbeitsleistung im Kraftwerke; Wiesen und Weiden vernässen, Bodenbewegungen stellen sich ein, Wege werden unfahrbar usw.

Tunnel ohne Wasserfüllung mit tätigen Dränungen wirken natürlich so wie während des Vortriebes auch späterhin entwässernd und k ö n n e n daher da und dort ständig Wasser abziehen.

Die Unannehmlichkeiten, welche die verschiedenen Änderungen in den Wasserverhältnissen des zu durchörternden Geländes herbeiführen können, raten eindringlich zu einer rechtzeitigen Bestandaufnahme der Quellen und Wasserläufe im ganzen Gebiete, welches der Bau berühren kann. Die Umgrenzung des Einflußbereiches eines Stollens ist Aufgabe des Geologen, welcher den Schichtbau und die wasserkundlichen Eigenschaften des Gebirges genau kennen muß.

Der richtige Zeitpunkt zur Aufnahme des Gewässerbestandes wären die Jahre vor dem Baubeginne; man sollte also gleich Hand in Hand mit der Planung auch mit den Messungen beginnen. Man ist dann in der Lage, Klagen über den Entzug von Wasser während des Baues richtiger zu beurteilen. Von diesem Standpunkte aus muß man in erster Linie die Quellen und Wasserläufe messen, welche oberhalb der Stollensohle fließen; unter Umständen kann aber der Hohlraum auch einer Quelle die Zubringerader abschneiden, welche weit unterhalb der Stollentrasse aus dem Hange entspringt; so besonders im Brausgestein.

Umgekehrt richtet sich das Augenmerk der Bestandaufnahmen hauptsächlich auf jene Gewässer, welche tiefer liegen als die Stollensohle, wenn es sich darum handelt, Verluste aus der Stollenröhre festzustellen. Daß aber meist auch das oberhalb der Stollenfirste sich ausdehnende Gelände mitberücksichtigt werden muß, geht aus höherstehenden Erwägungen unmittelbar hervor.

Mit der Aufnahme wird man spätestens einige Jahre vor der voraussichtlichen Unterdrucksetzung des Stollens beginnen müssen; sonst führen die Schüttungschwankungen leicht irre.

Bei dichten Freispiegelstollen und Hohlräumen ohne Wasserfüllung werden die schädlichen Wirkungen im allgemeinen bloß in der Entwässerung der Hangendgebiete bestehen; dort, wo Freispiegelstollen infolge von Bodenbewegungen, Gebirgsdruck, schlechter Bauausführung usw. Risse erleiden, trifft die Änderung der Wasserverhältnisse des Gebirges aber auch die Unterlieger.

Die Bestandaufnahme hat sich auch auf die kleinsten Riesel, die schwächsten Quellen, auf zeitweise austrocknende Runsen, auf Hungerquellen und Naßgallen zu erstrecken; gerade diese unscheinbarsten aller Oberflächenwässer sind die empfindlichsten Anzeiger von Wasseranzapfungen, viele von ihnen die besten Künder von Wasserverlusten. Je größer die Wasserspende einer Quelle oder eines Riesels ist, desto mehr verhüllen unvermeidliche Meßfehler und das Mißverhältnis zwischen Stammwasser und Verlust oder Zugabe eine eingetretene Veränderung.

Die Wassereigenschaften, auf welche sich die Bestandaufnahme erstrecken soll, richten sich ganz nach den besonderen geologischen und gewässerkundlichen Verhältnissen des Gebietes. Man stellt in erster Linie die Wasser m e n g e n fest; sie schwanken ganz besonders kräftig im Laufe des Jahres und erfordern längere Beobachtungsdauer und zeichnerische Darstellung der Meßergebnisse im Zusammenhalte mit den Niederschlägen. Der Schwankungsbereich ist nur bei sogenannten guten Quellen recht enge; er nimmt mit dem Kleinerwerden und der oberflächlichen Lage des Einzugskörpers der schlechteren Quellen zu und zeigt damit alle Übergänge zu den oft außerordentlich großen Mengenschwankungen oberirdischer Wasserläufe.

Die Beobachtung der Wasser w ä r m e spielt in allen Fragen des Wasserentzuges durch einen Stollen wohl nur eine untergeordnete Rolle. Einige Wichtigkeit kann sie in jenen Fällen von Wasserverlusten erlangen, in denen zwischen dem Triebwasser und den unterirdischen oder obertägigen Wasserläufen erhebliche Wärmeunterschiede bestehen. Die Wasserwärme wäre insoferne ein willkommener Anzeiger eingetretener Veränderungen, weil sie bei Quellen meist innerhalb engerer Grenzen schwankt als die Schüttung und weil die Schwankungen einen langsameren Gang haben; man kann sich daher mit einer kleineren Anzahl von Messungen zufrieden geben. Dieses Vorzuges des Wärmeganges der Quellen entbehren freilich die oberirdischen Wasserläufe und zwar umsomehr, je tiefer wir vom Hochgebirge herabsteigen in niedrigere Seehöhen; zu den großen jahreszeitlichen Schwankungen der Wasserwärme der Bachläufe gesellen sich noch jene der täglichen. Man wird trotz des meist nur geringen Gewinnes, den Wärmemessungen erhoffen lassen, trozdem nicht vollständig auf sie verzichten; sie können anderweitige Feststellungen ergänzen und auf diese Weise Schlüsse erhärten und sichern; zudem läßt sich die Wärme l e i c h t , r a s c h und g e n a u mit einem guten Meßgerät erheben.

Argwöhnt man Wasserverluste, dann erleichtern häufig auch Messungen der e l e k t r i s c h e n L e i t f ä h i g k e i t und der H ä r t e der Wässer die Beurteilung der Sachlage. Diese Kennwerte besitzen den großen Vorzug, daß sie bei einem und demselben Gewässer im Laufe eines Tages so gut wie gar nicht schwanken — starke Niederschläge bei Bächen ausgenommen — und auch im Laufe eines Jahres weniger abändern als Menge und Wärme des Wassers.

Man kann nun vielleicht versuchen, die Notwendigkeit der Bestandaufnahme für Wasserkraftstollen durch den Hinweis abzuschwächen, daß man bei neuzeitlichen Wasser-Stollenbauten in der Regel die Möglichkeit von Wassermengenmessungen im Stollen selbst und damit die Möglichkeit der Feststellung von Wasserverlusten am W e r k e schafft; man erspart sich nach dieser Meinung die zeitraubende, mühsame und deshalb auch in manchen Augen teuer erscheinende Bestandaufnahme. Dem muß man entgegenhalten, daß die Bestandaufnahme Kosten verursacht, welche in der Bausumme völlig verschwinden; ferner, daß die Messungen im Stollen bzw. in der Kraftanlage zwar die Tatsache eines eingetretenen, größeren Wasserverlustes feststellen, jedoch selten Auskunft über die Orte der Wasseraustritte geben und niemals anzeigen können, welche Richtung das verloren gegangene Wasser eingeschlagen hat. Noch weniger Handhaben zur entscheidenden Beurteilung bieten in aller Regel Wassermessungen im Stollen in Fragen der Entwässerung, wenigstens was die Zeit nach der Füllung der Röhre anlangt; während des Vortriebes allerdings kann die Messung aller Quellen im Stollen von entscheidender Bedeutung für Entwässerungsfragen im Hangenden werden, ganz abgesehen von der Wichtigkeit, welche sie für viele Fragen des Baues selbst besitzt.

8. Maßnahmen gegen die Erschwernisse des Baues durch Wasserandrang.

Die Erschwernisse, welche Wassereinbrüche und starker Wasserzudrang dem Baue bringen, zwingen zu verschiedenen, technischen Maßnahmen; der laufende Abschnitt soll sie nur ganz kurz vom geologischen Standpunkte aus beleuchten.

Die schädlichen oder unangenehmen Folgen von vorhergesagten Wassereinbrüchen lassen sich abschwächen oder ganz vermeiden, wenn man beim Vortrieb gegen das vorausgesehene unterirdische Wassergefäß noch vor Erreichung der Grenzfläche zwischen wasserdichtem und wasserlässigem Gestein neben den gewöhnlichen, zum Abschießen bestimmten Bohrlöchern noch solche bohrt, welche etwa 1½—3 m tiefer in die Arbeitsbrust hineinreichen; tritt aus dem „Vorbohrloche" Wasser aus, dann ist die Grenzfläche bereits durchstoßen und man kann versuchen, durch vorsichtigen Vortrieb, Anzapfen des Staus usw. die im Wasserführer angesammelte Wassermasse allmählich und unschädlich ausfließen zu lassen.

Bevorstehende Wassereinbrüche verraten sich übrigens beim Vortriebe durch mannigfache Anzeichen: Feuchtwerden des Gebirges, das sich rascher oder langsamer bis zum Tropfen steigert, Hervorschießen von Wasserstrahlen aus vorgebohrten Löchern, Braunfärbung des Gesteins (Boyati-Tunnel nach K e a y s 1931). Auch geophysikalische Messungen können von Nutzen sein (Reichweite der Vorhersage derzeit etwa 10—20 m).

Das gebräuchlichste Mittel zur Bekämpfung eines Wasserandranges sind Einpressungen von Zementmörtel (Zement-Sandgemische) oder von Zementsägespänegemengen in weitere und von Zementleim in enge Hohlräume bzw. Risse. Zementeinspritzungen werden wirkungslos in Gesteinen, deren Hohlräume enger sind als der Durchmesser der Zementkörner; dann wird der Zement abgeseiht und es dringt das Wasser allein in den feinen Lücken der

Bergart weiter vor. In solchen Fällen empfiehlt man die Einpressung von Ton (Teilchen von weniger als 0.002 mm Durchmesser) und chemische Verfestigungsverfahren.

Nach K e l l o g (1932) kann mit Ton dort gedichtet werden, wo Gesteine beträchtliche Hohlräume aufweisen; so z. B. im Karstkalk, dessen Klüfte sich oft schon natürlich mit den Verwitterungsrückständen des Kalkes verlegen. Die Dichtung erfolgt freilich nicht so vollständig als mit Zement oder Asphalt; auch dringt der Tonbrei nicht in Haarröhrchen ein, wie z. B. Zement mit dem F r a n c o i s - Verfahren; dafür kann man die Dichtung mit Ton dort noch anwenden, wo andere Verfahren nicht mehr wirtschaftlich sind. Die Tondichtung setzt gefährliches Durchfließen zu einem harmlosen Durchsickern herab. Die Vorteile des Verfahrens sind nach K e l l o g : Geringe Gesamtkosten von Dichtungen großen Maßstabes, große Beschickungsweite (Reichweite) eines einzigen Bohrloches, Möglichkeit der Prüfung der Setzungszeit durch Druckproben und Anwendbarkeit bei der Dichtung stark verwitterten Felsens.

Die von J o o s t e n vorgeschlagene chemische Verfestigung des Bodens wurde i. J. 1932 erstmalig beim Baue des Verbindungstunnels zwischen den Haltestellen Bank und Monument angewendet. Die eine Teilstrecke dieses Untergrundbahntunnels liegt im harten, wasserdichten London-Ton, die restliche in rolligem, wasserdichtem Kies; diese bereitete dem Vortriebe Schwierigkeiten. Zementeinspritzungen fruchteten nichts; es wurden nun nach dem J o o s t e n - schen Verfahren 4 m lange Spritzrohre vom fertigen Tunnelstück aus vorgetrieben; dabei wurde der erste chemische Stoff, beim Herausziehen der zweite eingepreßt. Nach dem Verpressen des letzten Rohres wurde der Vortrieb wieder aufgenommen. Es ergab sich eine so gute Verfestigung, daß eine eigentliche Auszimmerung entbehrlich wurde; auch hörte das Durchdrücken von Oberflächenwasser auf.

Der 4½ Meilen lange, doppelgleisige Tunnel der Great Western Railway, welcher den Severn-Fluß in England unterfährt, zeigte auf etwa 1 Meile Länge immer lästige Einsickerungen längs Klüften und Verwerfungen. Diese Strecke hatte schon während des Baues i. d. J. 1879 und 1882 Schotter- und Wassereinbrüche getätigt. In den Jahren 1924 und später 1929 klafften Sprünge im Mergel oberhalb der Tunnelfirste auf und verursachten beträchtlichen Wasserzudrang; infolge der günstigen Lage der Einsickerungstellen — sie waren bei Ebbe zugänglich — gelang es, die Öffnungen von oben mit Beton zu verschließen.

Man entschloß sich aber nun doch, auch die anderen Einsickerungen zu vermindern. Man bohrte die Spritzlöcher in Abständen von 3½ bis 5 F. 4—6 F. tief. Man begann in der Sohle, setzte an den Ulmen fort und vollendete das Einspritzen an der Firste. Man arbeitete mit Drücken bis zu 100 lb je squ. F. Der Brei bestand aus 112—896 lb Zement auf 80 gal Wasser je nach dem Drucke. Die Arbeit wurde Mai 1931 vollendet und gelang vollständig. Man bohrte im Ganzen 4,233 Löcher, 21,683 F. zusammen lang mit 8,132 Tonnen Zementbrei oder 148 Tonnen je Fuß Tunnellänge (R a y m o n d C a r p m a d in Railway Engineer).

Zuweilen empfiehlt es sich, den vom Wasser bedrängten Stollen mit einem Pfropfen zu schließen und die Zuflußstelle zu umgehen; die Abweichung von der geplanten Richtung verschlägt bei einem Wasserstollen nicht viel; bei einem Eisenbahntunnel ist es in aller Regel möglich, nach dem Wiedereinlenken in die ursprüngliche Trasse die schwierige Zwischenstrecke von beiden Seiten her plangerecht aufzufahren, weil die Umgehungsstrecke dann das Gebirge bereits merklich entwässert hat. Auf ähnliche Weise wurde man der Wasserschwierigkeiten im Boyati-Stollen Herr.

Auch das Gefrierverfahren würde die Wasserbelästigung im Stollen beheben; seine Anwendung ist jedoch zeitraubend und teuer und in Hohlgängen meist auch aus anderen Gründen schwer möglich.

Im Landtunnel der Wasserwerke von Cincinnati, O., erwehrte man sich der Wasserbelästigung in folgender Weise, nachdem die Anwendung von Preßluft nicht befriedigt hatte. Man trieb in die wasserführenden Klüfte des übel zerschnittenen Felsens Rohre und leitete mit ihnen den Zustrom in den Tunnel. Wo man auf dünne, aber zahlreiche Wasserfäden stieß, sammelte man sie auf einer Schürze außerhalb des Raumes für das Mauerwerk und leitete sie von dieser in ein Rohr, das man ins Innere des Tunnels führte. Man konnte nun die Ausmauerung mit Klinkern und Beton fertigstellen, ohne vom Wasser besonders belästigt zu werden. Nach Vollendung des Mauerwerkes brachte man an den in den Lichtraum mündenden Rohren Klappen an und preßte Zementmörtel in die Rohre solange, als sie Mörtel aufnahmen. Dann schloß man die Klappen und wartete 10—20 Tage lang, bis der Mörtel ganz erhärtet war. Man konnte dann die Rohre hinter der Leibung abschneiden und die Lücke im Mauerwerk schließen. Der eingepreßte Mörtel wanderte oft ziemlich weit und erschien nicht selten in benachbarten Rohren. An einer Stelle mußte man auf 1000′ Länge 300 Rohre von 1—2 Zoll Durchmesser einsetzen. Der Erfolg der vereinigten Entwässerung und Dichtung befriedigte; trotz der Klüftigkeit des Felsens und der Nähe des Ohioflusses war der Tunnel nach seiner Vollendung so gut wie trocken; auf 22.264′ Länge sickerten nur 45.4 l Wasser minütlich ein.

In Amerika gewältigt man den Wasserzudrang zu Stollen häufig durch vorauseilende Entwässerung mittels Brunnen, Bohrlöchern usw. (Abb. 177 und 178).

9. Die Vorhersage des Wasserzudranges.

Die Voraussage des möglicherweise zu erwartenden Wasserzudranges zu einem Untertagraume ist eine wichtige Teilaufgabe des geologischen Gutachtens.

Überall, wo ein zusammenhängender Grundwasserspiegel im Baugelände zu erwarten ist, muß der Geologe auf ihn hinweisen und seine Lage und seine Schwankungen feststellen.

Außerdem ist es für den Ingenieur wichtig, nicht bloß die M e n g e des Wassers zu kennen, die ihn im Stollen erwartet, sondern auch die ungefähre Ö r t l i c h k e i t der Wasserzutritte und ihre V e r t e i l u n g über die V o r t r i e b s t r e c k e hin vom Geologen zu erfahren.

Die angeschätzte H ö c h s t m e n g e des Wasserausflusses aus dem Gebirge bestimmt ja die Abmessungen der Wassersaige und den ganzen Umfang der Wasserhaltungsmaßnahmen. Auf ganz außergewöhnliche oder nur kurze Zeit andauernde Höchststände des Wassers im Stollen kann man freilich in der Regel keine Rücksicht nehmen.

Schließlich beeinflussen die Wasserverhältnisse eines Gebirges sogar die Mauerungsarbeiten. Schon stärkeres Schweißen des Felsens allein stört die Abbindung des Betons. Besonders schädigt Firstentropf die Güte des Sohlenbetons. Durch Auswaschung der Zementteilchen bilden sich Schotternester und man benötigt viel Einspritzungsmasse, um die Fehlstellen wieder zu schließen.

Je n ä h e r die Wassereinbruchstellen den M u n d l ö c h e r n oder den Abzweigungspunkten von Fensterstollen liegen, desto erträglicher ist dies für den Vortrieb. Starker Wasserzudrang fern von den Mundlöchern verteuert die Anlage sehr.

Hinsichtlich der V e r t e i l u n g der Wasserzutritte über die Stollenstrecken muß man vor allem unterscheiden zwischen Zuflüssen an einzelnen bestimmten Punkten (z. B. Wasseradern) und solchen, die über eine ganze Strecke hin ziemlich gleichmäßig erfolgen (siebähnlich). Letztere können in ihrer Summe immerhin namhafte Beträge ausmachen; da sie aber im Gegensatze zu den „Wasseradern", „Wasserschläuchen" und „Wasserspalten" das Wasser eines bestimmten Teiles eines Wasserführers nicht gesammelt, sondern verteilt abführen, ist die Menge des z. B. auf einem Geviertmeter einquellenden Wassers meist gering; in aller Regel handelt es sich um H e r e i n t r o p f e n (Firstentropf) oder H e r e i n t r ä u f e l n (Firstenregen) von Wasser in den Stollen; damit soll aber freilich nicht gesagt werden, daß der Firstenregen weniger unangenehm wäre als das Hereinstürzen einzelner Wasseradern. Sind ihrer nicht allzuviele, dann kann man sie meist unschwer derart ableiten, daß sie den Arbeiter wenig oder gar nicht belästigen. Gegen den überaus unangenehmen Firstenregen aber kann man sich meist nur durch Anbringung schutzdachähnlicher Behelfe aus Blech, Dachpappe u. dgl. schützen.

Im neuen Cascaden-Tunnel (Great Northern Pazific R. R.) war der Zufluß von Wasser aus dem dort anstehenden Granit leicht zu gewältigen (14 l/sec. September 1926), er belästigte aber trotzdem die Arbeiter in einer den Fortschritt hemmenden Weise beim Bohren, Verladen und Schuttern (Eng. News Record 97, 1926, S. 858 ff.). Das Wasser führte ferner viel Bohrschmant (drill dust) mit sich; seine Ablagerungen setzten sich zementartig auf der Stollensohle fest und brachten mancherlei Verlegenheiten, da das Gefälle der Wassersaige für die Fortspülung des Schmantes zu gering war.

Die Unterscheidung ständig und nichtständig fließender Wasserzutritte ist geologisch und hydrologisch bedeutsam; für den Ingenieur wichtig ist die Tatsache, daß er den Arbeiter auch gegen die nur zeitweise wasserführenden Untertagquellen entsprechend schützen muß, wenn er Vortriebsunterbrechungen vermeiden will.

Sucht man einen ziffernmäßigen Maßstab für die Dichte des Wasserzudranges bzw. seine Verteilung über eine bestimmte Stollenstrecke zu gewinnen, dann wird es sich empfehlen, in zweifacher Weise vorzugehen.

Eine Ziffer, nennen wir sie vielleicht Ergiebigkeitsziffer einer bestimmten Bergart, gibt an, wieviel l/sec. je 100 Laufendmeter Stollen im ganzen zu erwarten sind; dabei kann man Höchst-, Mittel-, Mindestwerte usw. angeben. Sie helfen bei der Festsetzung der Ausmaße der Abfuhrrösche und sagen über die Verteilung des Wassers auf die einzelnen Gesteinsarten Grundlegendes aus.

Eine zweite Ziffer gibt die Anzahl der Quellorte je 100 Laufendmeter Stollenstrecke an. Die knappe und übersichtliche Fassung der Angaben wird durch Zeichen etwa von der Art der Abb. 70 erleichtert. Diese Zeichen wären neben obigen Zahlen zu verwerten; 4 △ bedeutet dann z. B. 4 ständige Quellen von 5—10 l/sec. Ergiebigkeit.

Die Schüttungen je Laufendmeter Stollen lassen in verschiedenen, bereits hergestellten Tunneln sich nur dann untereinander vergleichen und zu Vorhersagen verwenden, wenn man das Einzugsgebiet des Wassers berücksichtigt oder mit anderen Worten, auch die Überlagerung und die Niederschläge mit in Rechnung setzt, welche die Tagoberfläche des Sammelgebietes treffen.

Wer sich darüber im Klaren ist, wie die Gefäße beschaffen sind, welche im Leibe des Gebirges sich mit Wasser füllen, wird für die Voraussage der Wasserverhältnisse, welche ein Stollen antreffen wird, gut ausgerüstet sein; er muß sich dann nur noch genauestens über den geologischen Bau des Gebietes unterrichten, welches der Stollen durchörtern soll. Unter solchen Voraussetzungen lassen sich gewiß zahlreiche Stellen starken Wasserzutrittes in die Stollenröhre voraussehen.

So wird man z. B. nach der Durchörterung eines Wasserstauers in aller Regel Wasserzudrang aus einem mächtigeren Grundwasserführer erwarten dürfen, wenn der Aufstau des Grundwassers — nach den Tagaufschlüssen zu schließen —, die Stollensohle mehr oder minder beträchtlich überragt. Streifen stärkerer Zerklüftung und Ruschelbänder, wie sie sich oft schon durch die Kleinformen des Geländes verraten, senden, wie seit langem bekannt, in aller Regel dem Hohlraum Wasser zu, auch wenn die Überlagerung ziemlich mächtig ist.

Man darf die Schwierigkeiten, die sich trotz Beherrschung aller Regeln in der vielfältigen Natur draußen zuweilen der Wasservorhersage entgegenstellen, nicht unterschätzen; es wäre verantwortungslos, sich oder andere diesbezüglich in eine unbegründete Sicherheit zu wiegen. Erwartete Quellen können aus Ursachen ausbleiben, die vor der Auffahrung des Stollens nicht erkennbar waren; von solchen Fällen des unerwarteten Ausbleibens von Untertagquellen berichtet beispielsweise E. K ü n z l i (1908) vom Weissensteintunnel (um 600 m ab Südhaupt, bei 798 m usw.).

• Tropf

⋮ starker Tropf

O Quelle mit einer Schüttung bis zu 1 l/s

● Quelle mit einer Schüttung von 1—5 l/s

△ Quelle mit einer Schüttung von 5—10 l/s

▲ Quelle mit einer Schüttung von 10—50 l/s

W Wassereinbruch von mehr als 50 l/s.

Abb. 70. Zeichen für den Wasserzudrang zum Stollen.

Seltener sind glücklicherweise die Fälle, wo t r o t z   e i n g e h e n d e r geologischer Durchforschung des Gebietes starker Wasserzudrang dort eintrat, wo man ihn nicht vermutete.

Geophysikalische Hilfsverfahren der Wasservorhersage.

Die geologische Wasservorhersage findet in einigen geophysikalischen Untersuchungsverfahren eine willkommene Ergänzung ihrer eigenen Grundlagen.

Nach A m b r o n n erleichtern die seismischen Untergrunduntersuchungen die Erschließung unterirdischen Wassers in vielen Fällen, wo sie zur Klärung des Gebirgsbaues, der Lage von Verwerfungen usw. beitragen können.

Auch die elektrischen Verfahren der Bodenuntersuchung werden immer mehr verbessert; ihre Ergebnisse erhöhen in zahlreichen Fällen die Sicherheit der geologischen Vorhersage; es empfiehlt sich, ein oder zwei Bohrlöcher an Örtlichkeiten abzuteufen, welche der Geologe bestimmt hat, um der Zusammenarbeit zwischen dem Geologen und dem Geophysiker eine verläßliche Grundlage zu bieten.

Radioaktive Messungen fördern oft die genauere Ortung von Verwerfungen, Zerrüttungstreifen usw., welche für die Wasserführung des Gebirges bedeutsam sein können.

Wassereinbrüche beim Vortrieb einzelner Tunnel.

Örtlichkeit (Tunnel)	Anfängliche Wassermenge in l/sec.	Anmerkung
Moffat-Tunnel (Colorado)	189	am 28. Feber 1926, Osttrum
Boyati-Tunnel	200	$2^3/_4$ Meilen vom Nordmundloche; binnen 4 Stunden von selbst verstopft (1. Einbruch) 1928.
Tanna-Tunnel (Japan)	283	am 16. 2. 1922 bei rund 5000 F. vom West-Mundloch.
Albula-Tunnel	>300	am 12. April 1900 bei 1005 m N aus triadischen Kalkschiefern.
Boyati-Tunnel	300	etwa $2^3/_4$ Meilen vom Nordmundloche, von kurzer Dauer (zweiter Einbruch) 1928.
Shimizu-Tunnel, Japan	310	Südseite, November 1927, Störungstreifen.
Boyati-Tunnel	350	3. Einbruch, Nordtrum, 24 Stunden lang. 1928, bei 4,232 F.
Mystic-Lake-Tunnel	425	aus einer Störung im „quartzite Granite".
Tannasan-Tunnel, Japan	566	Juni 1923.
Bosrucktunnel	800	bei 582 m von Süd her aus untertriadischen Rauhwacken.
Boyati-Tunnel	1000?	1930 im Umgehungstollen, Nordtrum bei etwa 4200 F. rasch fallend, am nächsten Tage nur mehr 100 l/sec.
Bosrucktunnel	1100	bei 2470 m vom Süd her, aus Gutensteiner Dolomiten.
Tanna-Tunnel, Japan	2270	bei 7080 F. West am 8. Mai 1925.
Tauerntunnel	4000	Einbruch der Hochwässer des Höhkarbaches im September 1903.
Mont' d'Or-Tunnel	3000	23. 12. 1912 bei 4.273 S, in den folgenden 4 Tagen auf 5000 l/sec. steigend.
	10.000	April 1913 etwa 130 m vom ersten Einbruch entfernt.

Gesamtwasserauslauf aus einigen Stollen und Tunneln.

Name des Stollens (Tunnels)	Länge in m	Wassermenge in l/sec.		Anmerkung
		Höchstmenge	Kleinstwert	
Weissensteintunnel	3798	über 400 (März 1905)	60	Mindestwert meist 70 bis 80 l/sec.
Gotthardtunnel	14.920	50 / 348 *	20 / 230	N / S *) am 28. 7. 1875 bei 2092 m Auffahrung
Mont-Cenistunnel	13.636	7	6	Nord und Süd
Achenseekraftwerk, Druckstollen	4.520	300	?	N, aus dem Bärenkopfstollen bis Fenster 1.
Grenchenbergtunnel	8.565	300 / 845	150 / 350	N } S } Kleinstwert 1917
Bavenotunnel, Norditalien	2.935	70 (spanning)		35 l/sec. an jedem Haupte.
Turchinotunnel (Genua-Asti)	6.428		74	im Ganzen.
Cremolinotunnel	3.400	122.46 (spanning)	10	während des Baues nach einigen Jahren.
Albulatunnel	5.866	244 (spanning) / 75		N } S } bei Arbeitsende
Mitchell-Tunnel, Nebraska f. Bewässerung	1.950	13		(Eng. News-Record 95, S. 393—394) Erde und harter Ton.
New Cascade-Tunnel, Felsengebirge	12.540	631		10.000 g. p. m.
Shimizu-Tunnel, Japan	9.550	283 / 340		N / S
Colle di Tenda	8.080	1400	220	Ende Feber 1901 220 l/sec. 1087 l/sec. Juni 1901
Simplontunnel	19.803	rund 1000 (spanning)		
Tauerntunnel	8.551	60	40	aus Klüften im festen Granitgneis
Spullerseewerk, Hauptstollen bis Fenster 1	1.000	240	2	
Schrägstollen des Stubachwerkes Enzingerboden	1.800 rund	0.2	0.1	Granitgneis z. T. verglimmert
Stollen des Partensteinkraftwerkes mittlerer Teil	1.000	4.2 (spanning)		mittelkörniger („Plöckinger") Granit

Auswahl aus dem Schrifttum.

1. **A m b r o n n**, Siehe Schriftenverzeichnis E. 1. — 2. **A m p f e r e r**, O. und H. **A s c h e r**, Über geologisch-technische Erfahrungen beim Baue des Spullerseewerkes. Ib. G. B. 75. Bd., 1925, H. 3/4. — 3. **B i a d e g o**, G. B., I grandi trafori alpini. Milano, Hoepli 1906. — 4. **G e y e r**, G., Die Aufschließungen des Bosrucktunnels. Denkschr. d. Ak. d. Wiss. math.-nat. Kl. Bd. 82, 1907. — 5. **K n a u e r**, J., Die geologischen Ergebnisse beim Baue der bayrischen Zugspitzbahn. Abhdlg. d. Geolog. Landesuntersuchung, München 1933, H. 10. — 6. **K o s s m a t**, Fr., Geologie des Wocheiner Tunnels. Mit einem Beitrage von **K l o d i c** M. Denkschr. Akad. d. Wiss. Wien, math.-nat. Kl., 82. Bd. — 7. **R a b c e w i c z**, L. v., Richtlinien f. d. Herstellung von Stollen und Tunnelbauten in standfestem Fels. Fortschritte u. Forschungen im Bauwesen, Reihe A, H. 13. — 8. **S t a p f f**, J., Les eaux de tunnel de St. Gotthard. Altenburg 1891. — 9. **T e l l e r**, Fr. Geologie des Karawankentunnels. Denkschr. Akad. d. Wiss. Wien, math.-nat. Kl. Bd. 82, 1910. 1080. — 10. **W i e d e m a n n**, Karl, Richtlinien für die Herstellung von Stollenbauten in nicht standfestem Gebirge. Fortschritte und Forschungen im Bauwesen, Reihe A, H. 13. — 11. **Z w i c k**, H., Neuere Tunnelbauten. Leipzig 1876. Karl Scholtze.

G. Die Bewetterung von Stollen. Schädliche Gase.

Die Arbeitsmannschaft, aber noch mehr die Sprengschüsse verderben die Stollenluft. Man muß daher für ihre Erneuerung sorgen, wenn der Stollen eine gewisse Länge erreicht hat; diese richtet sich nach der Gesteinbeschaffenheit; außer ihr nehmen auf die Eigenschaften des Wetters noch Einfluß die Weite des Stollens (je enger der Querschnitt, desto schlechter die Wetter), die verwendeten Sprengmittel, die Tiefenlage des Stollens, die Wasserverhältnisse, die Arbeitsgeräte, insbesonders jene zum Lösen gebrauchten, u. a. m.

Ein 130 m langer Versuchstollen (Mauslochstollen) im Werfener Schiefer bei St. Gallen (Obersteiermark) litt sehr unter der schlechten Bewetterung ab ungefähr 50—60 m Länge (Handbohrung ohne Preßluft!). Ungefähr gleich lange, reihenweise aufgefahrene, aber weit größerquerschnittige Stollen im Schöckelkalk wurden mit Preßluft gebohrt; künstliche Bewetterung war nicht nötig; Querschläge verbesserten noch die Wetterbewegung.

Saigere bis steile Schichtaufrichtung erleichtert die natürliche Lufterneuerung im Stollen, besonders, wenn die Schichtfugen offen stehen. Ebenso fördern Klüfte die Bewetterung; in den Spalten und Schläuchen der Brausgesteine findet die Luft zahlreiche Durchzugswege. Durch Blockwerk und grobe Schotter ziehen schlechte Wetter unvergleichlich leichter ab als im Sande; Tone, Mergel u. dgl. stauen die Stollenluft. Söhlige Lagerung der Gesteine erschwert den Luftabzug umsomehr, je weniger klüftig die Bergarten sind.

Die „F r e i f l i e ß e r" unter den Stollenquellen stürzen Gießbach- oder Wasserfall-ähnlich in den Lichtraum des Stollens; sie reißen die Luft mit sich und erzeugen „ein deutlich spürbares, kühles Gebläse" (E. K ü n z l i) ähnlich einer Wasserstrahlpumpe. So unterstützen sie die Bewetterung des Stollens und helfen mit, seine Luft zu kühlen.

Gut atembare Wetter heißen „frisch", wenn man sie gleichzeitig kühl empfindet, sonst einfach „gut". Matt (stickend) nennt man Wetter, welche größere Mengen unatembarer Gase wie CO_2, N, CH_4, H usw.) führen. Wetter mit giftigen Beimengungen (H_2S, CO, Stickoxyde usw.) nennt man böse oder giftig. Zerknallfähige Gase in der Grubenluft heißen schlagende Wetter. „Bläser" nennt man Ausströmungen von Grubengasen, welche sich in einem Spaltennetze des Gebirges unter mäßigem bis größerem Überdruck angesammelt haben. Das Gas „bläst" meist durch eine Öffnung in den Stollen, welche beim Bohren oder beim Sprengen sich aufgetan hat (Bläser 1. Ordnung); seltener bricht sich das Gas erst nach der Auffahrung des Hohlraumes Bahn; dieser Fall tritt z. B. dann ein, wenn zwischen Kluftnetz und Stollenleibung nach dem Ausbruche noch eine mehr oder weniger dünne Scheidewand verblieben ist, welche entweder der Gasdruck allein und selbständig oder mit Unterstützung zunehmender Auflockerung des Gebirges durchbricht (Bläser 2. Ordnung).

Die meisten Bläser erschöpfen sich in einigen Stunden oder Tagen. Im Hendorfer Ersatzstollen der 2. Wiener Hochquellenleitung strömte das Gas aus einem etwa fingerdicken Spalt im Flysch durch zwei Wochen hindurch unter stets gleichem Druck, der erst in der 3. Woche sank. Nun gelang es, die Spalte mit Beton zu verschließen; einige Zeitlang sickerte das Gas noch durch den frischen Betonpfropf durch und ließ sich an der Betonoberfläche noch öfters entzünden. Nach vollständiger Abbindung und Erhärtung des Betons sickerte kein Gas mehr durch. Vor dem Verstopfen der Kluft ließ man den Bläser brennen, um die Bildung gefährlicher Gasluftgemische zu verhindern und die Bauarbeiten durchführen zu können, ohne die Arbeiter zu gefährden. In Kohlenbergbauen hat man zuweilen Bläser angefahren, welche bis zu 150 l/sec. Gas durch Jahre hindurch geliefert haben.

Die Voraussage der Grubenwetter hat einen Hauptbestandteil des geologischen Gutachtens zu bilden; insbesonders muß es auf die Möglichkeit des Auftretens schädlicher Gase hinweisen.

Die Bewetterung von Stollen erörtert jedes Lehrbuch der Bergbaukunde; die Belüftungsfrage langer, tiefliegender, großer Tunnel haben in letzter Zeit die Reichsautobahnen zu lösen versucht (siehe das Schrifttumverzeichnis).

Schädliche Gase.

K o h l e n d i o x y d (CO_2, Kohlensäure) fahren Stollen in Feuerberggebieten, in der Nähe von Kohlenflözen und in Verwerfungsstreifen an. Die Kohlensäure der Feuerberggebiete — auch jener mit längst erloschenen Feuerbergen — entweicht den Glutflüssen des Erdinnern und steigt auf gewöhnlichen Spalten und längs Verwerfungen (Störungen) auf; zweitrangig entperlt sie Säuerlingen; man kann die Möglichkeit ihres Einströmens in die Untertagräume bis zu einem gewissen Grade voraussehen. Die Kohlensäure zerknallt zwar nicht, verdirbt jedoch die Stollenluft bis zur Unmöglichkeit des Lebens; sie reichert sich infolge ihrer Schwere ($D = 1.97 \cdot 10^{-3}$) am Boden von Untertagräumen an (Dichte gegenüber Luft 1.53).

T e r z a g h i berichtet von einer Kohlensäurebekämpfung in einem Wasserleitungsstollen für Los Angeles (Kalifornien). Aus Spalten des angefahrenen Sandsteins strömte das Gas längs einer Strecke von 45 m in den Stollen. Man verkleidete die Röhre auf 220 m Länge mit Beton und sog die Kohlensäure aus einem Sammelraume zwischen dem Fels und dem Mauerwerk ab.

G r u b e n g a s (Methan, CH_4; Gewicht $= 0.558$ gegenüber Luft; $D = 0.7218 \cdot 10^{-3}$) führen insbesonders Lagerstätten von Kohle, Erdöl, Steinsalz usw., sowie bituminöse Gesteine (Einlagerungen in den Werfenerschichten, in den Gutensteiner Kalken, im Hauptdolomit, im Flysch usw.). Von diesen Mutterstätten wandert das Gas jedoch auf Spalten weit in Nachbargesteine hinein.

So ereignete sich beispielsweise in einem Stollen des Erzbergbaues Kliening (Lavanttal) mitten in kristallinen Schiefern ein Schlagwettersprungschlag, obwohl die Kohlenlagerstätte, von welcher das Gas abgewandert sein kann, eine erhebliche Strecke weit entfernt ist.

Vor dem Grubengase („schlagende Wetter") warnt den Stollenbauer die Sicherheitslampe. Das Einströmen von Grubengas erfordert die Zufuhr weitaus größerer Mengen von Frischluft in die Baue als sonst nötig wären.

Im Melchaastollen (Obwalden) z. B. mußte man den Vortrieb einstellen, als unerwarteterweise aus den Valangienkalken dort, wo sie zerklüftet und zerdrückt waren, Methangase ausdrangen. Man baute die Belüftung auf Absaugen der Wetter um und konnte dann die Auffahrung unter Beobachtung von Schutzmaßnahmen fortsetzen (Sicherheitslampen, Sicherheitsbrennstoffe, elektrische Zündung).

Schlagenden Wettern begegnete man z. B. beim Baue des Bosruck-Tunnels (Pyhrnbahn, Werfener Schichten), des Karawankentunnels (Schichten der Steinkohlenzeit) usw. Schwächere Ausströmungen (sog. „Bläser") belästigten im Flyschgebiete die Arbeiter beim Baue mehrerer Stollen der zweiten Wiener Hochquellenleitung (vgl. S. 128).

S c h w e f e l w a s s e r s t o f f (H_2S) führen Spalten und Bergwässer zu, welche mit verwesenden Stoffen oder mit Glutflußaushauchungen in Berührung kommen. Er erfüllt auch Klüfte und Höhlungen im Edelsalzgebirge. Schwefelwasserstoffeinströmungen schaden weniger durch die Brennbarkeit des Gases als durch seine Giftigkeit; es erzeugt Üblichkeiten (Schwindelanfälle), greift die Augen an und bringt selbst die kleinsten Wunden zum Eitern. Herabsetzung der Arbeitszeit und Absaugen des Gases, wo dies möglich ist, schützen die Arbeiter vor Schädigungen ihrer Gesundheit.

Obwohl 1.175mal schwerer als Luft mengt er sich doch der ganzen Stollenluft bei. In Wasser gelöst, fuhren ihn mehrere Stollen an. (Siehe Hauptstück F 5.)

In Stollen des Aquedotto Pugliese zerstörten Gase, welche Kohlenoxyd und Schwefelwasserstoff enthielten, im Vereine mit Mineralwässern das Mauerwerk; der Schwefelwasserstoff griff nicht nur den Mörtel, sondern auch die Werksteine aus Kalk an. Die Gasquellen, welche man auffand, faßte man in Rohren und verschloß sie mit Stopfen; der Gasdruck war gering.

S t i c k s t o f f begegnet man zuweilen in Gebieten mit erloschenen Feuerbergen. T e r z a g h i erwähnt ihn von Creede und Clearcreek, Col. und von Conopah, Nev. Leichter als Luft (0.97mal; $D = 1.252 . 10^{-3}$), sammelt er sich in der Firste an. Er fängt zwar nicht Feuer, verursacht aber, wie schon sein Name sagt, Erstickungsgefahren, wenn er den Sauerstoff der Luft mehr oder minder ganz verdrängt.

Stickstoff entströmt zuweilen Steinkohlenflözen (Schlesien) oder derem Nebengestein (Belgien, Frankreich); hier und da auch Klüften und Spalten des Edelsalzgebirges, hier teils rein, teils vermengt mit Grubengas und Wasserstoff.

W a s s e r d a m p f. An sich völlig unschädlich, beeinflußt das Wasser in Dampfform doch den Arbeitsgang. Die Luft in unbewetterten Stollen, in unterirdischen Steinbrüchen usw. ist in der Regel mit Wasserdampf (D gegenüber Luft = 0.62) gesättigt, weil ihre Stauung (Unbewegtheit) es der Bergfeuchtigkeit ermöglicht, einen Gleichgewichtszustand zwischen dem Wasserdampfgehalt der Luft des Hohlraumes und den Wasserverhältnissen des Gesteins aufrecht zu erhalten. Bricht man Wetterschächte auf, baut man eine Bewetterungs- oder gar eine Klimaanlage in die unterirdischen Hallen ein, dann sinkt nach zahlreichen Erfahrungen der Wasserdampfgehalt der Innenluft von dem Sättigungsbetrage mehr oder minder stark herab; dadurch wird die Arbeit unter Tage für Mensch und Tier erleichtert, der Bestand an Gezähen, Maschinen u. dgl. vor Rost und das Holz vor Pilzbefall und Fäulnis geschützt. Die Raschheit der „Austrocknung" unterirdischer Hohlräume hängt vom einziehenden Wetter (Wärmegrad, Feuchtigkeitsgehalt, Menge in der Zeit-

einheit), aber auch vom Gesteine (Lückigkeit bzw. Weite der Haarröhrchen) und seinen Wasserwegen ab.

Kohlenoxyd (CO, D = 0.001255) entwickeln Schlagwetter-
zerknalle, Pulversprengschläge, verschiedene Motoren Benzol-,
Diesel- u. a.) usw. Das sehr giftige Gas läßt sich nur auf verwickel-
tem Wege rechtzeitig feststellen (z. B. Degea-Kohlenoxyd-Anzeiger
der Auergesellschaft, Berlin und Dräger-Kohlenoxyd-Spürgerät).

Wasserstoff (H, D = 0.00008995, D gegenüber Luft 0.069)
erzeugt gelegentlich Bläser in Edelsalz-Lagerstätten und deren
Nähe; häufig sind ihm Methan, Kohlensäure oder Stickstoff beige-
mengt. Wetterlampen bieten bei seiner leichten Entzündlichkeit
keine ausreichende Sicherheit.

Auswahl aus dem Schrifttum.
1. B a r t h o l o m ä i, A., Die Lüftung des Straßentunnels. Straße Verk.
25, H. 20, S. 288—291, 1939. — 2. F i e l d n e r, A. C., Y a n t, W. P. und
S a t l e r, L. L. jr., Natural Ventilation in the Liberty Tunnels. Eng. News
Record, 93, 1924, S. 290—292. — 3. F r i t z s c h e, C. H., Lehrbuch der Bergbaukunde. Berlin 1942. Springer-Verlag. — H a r r i n g t o n, F. F., Ventilation
of Alleghany Summit Tunnel. Eng. Record 1914, Bd. 70, H. 12, S. 324—325.
— 5. K e l l e y, C. F., Ventilation during driving of New-Yorks 20-miles
Water Tunnel. Eng. News Record, 107, 1931, S. 58—59. — 6. R a b c e w i c z,
L. v. und L. R i c h t e r, Tunnelbelüftung. Schriftenreihe „Die Straße", 29,
Berlin 1943, Volk und Reich-Verlag. — 7. S c h m i t t, Carl, Neue Wege, die
künstliche Belüftung von Tunneln im Betriebe wirkungsvoll und wirtschaftlich
zu gestalten. Abhdl. aus d. aerodynamischen Institute a. d. Techn. Hochschule
Aachen. 9. H., 1930.

H. Druckerscheinungen im Hohlraumbau.

Vor der Ausführung eines unterirdischen Hohlraumbaues herrschen im Bergleibe Spannungen, welche wir auf den „Gebirgsdruck"
(Bergdruck) zurückführen. Der Vortrieb des Stollens verändert nun
das Spannungsbild sozusagen „laufend". Das Gebirge antwortet auf
die Störung seines Gleichgewichtszustandes mit jenem Widerstande,
dessen es fähig ist („Gebirgsfestigkeit"). Übertrifft die Widerstand-
fähigkeit des Gebirges die neuen Spannungen, dann bemerken wir
in der Regel keine grobsinnlich wahrnehmbaren Wirkungen des
Vortriebes mit Ausnahme einer von der Arbeitsweise und von der
Gebirgsfestigkeit abhängigen Auflockerung des Gesteins an der
Leibung des Hohlraumes. Überwinden jedoch die durch den Hohlraum geweckten, neuen Spannungen die Gebirgsfestigkeit, dann bewegen sich Nachbarmassen, welchen das unverritzte Gebirge keine
Möglichkeit zum Ausweichen bot, in den Hohlraum hinein und suchen
ihn mehr oder weniger sorgfältig auszufüllen und zu schließen; der
im vollkommen standfesten Gebirge nicht weiter wahrnehmbare

„schlafende" Gebirgsdruck ist nun für den Ingenieur wirksam, also gewissermaßen „lebendig" geworden. Wissenschaftliche Gründe drängen uns, auch den für Menschenbauten unwirksamen Bergdruck zu betrachten und zu untersuchen; unmittelbar notwendig aber ist die Kenntnis aller Erscheinungen des lebendigen Gebirgsdruckes für den schaffenden Ingenieur. Man kann etwa nachstehende Arten des Gebirgsdruckes unterscheiden.

1. **Ruhenden Gebirgsdruck** (Statischen G., schlafenden G., toten G.); von Haus aus ruhig und erst nach der Erzeugung des Hohlraumes lebendig werdend;

a) Überlagerungsdruck (Belastungsdruck, Schweredruck), Unterart: Bergwasserdruck.

2. **Lebendigen Gebirgsdruck** (Dynamischen G.).

b) Wanderdruck (Rutschungsdruck, Gleitungsdruck, Lehnenschub, Bergschub).

c) Gebirgsdruck im engeren Sinne (Landformungsdruck, Gebirgsbildungsdruck, Tektonischer Druck, Gestaltungsdruck, Krustendruck, echter Bergdruck, gebirgbaulicher Druck).

d) Umwandlungsdruck; hierher gehört auch das „Blähen" des Gebirges.

e) Auflockerungsdruck einschl. des Ausbruchdruckes (Lösungsdruck, Auffahrungsdruck, Zerschießungsdruck, Zerstörungsdruck).

Fährt man einen Hohlraum auf, dann wird auch der „Ruhedruck" (Auflagerungsdruck) des Gebirges **lebendig**; im durchörterten Gebirge herrscht um die Röhre herum streng genommen kein Ruhedruck mehr, außer in ganz festen Gesteinen, welche unterhalb ihrer Bruch- oder unterhalb ihrer Bildsamkeitsgrenze beansprucht werden.

Wir können Mißverständnisse am besten dadurch vermeiden, daß wir den am Bauwerke in Erscheinung tretenden Druck als Bergdruck oder als Druck schlechtweg bezeichnen zum Unterschiede von den Spannungen (Bergspannungen), welche zwar tatsächlich vorhanden sind, aber aus verschiedenen Gründen (Verkeilungen, Gebirgsfestigkeit usw.) auf den Hohlraum nicht wirksam übertragen werden (Gegensatz zwischen Belastungspannung und Belastungsdruck).

1. Die verschiedenen Arten des Bergdruckes.

a) Der Überlagerungsdruck und seine Begleiterscheinungen.

Auf jedem beliebigen Punkte im Leibe der Erde lastet ein Druck, welcher hauptsächlich von zwei Einflüssen abhängig ist: von dem Einheitsgewichte der Massen, welche sich oberhalb des betrachteten Punktes befinden, und von der Tiefenlage dieser Stelle unterhalb der Erdoberfläche. Zu diesen zwei Hauptquellen des Belastungsdruckes gesellen sich häufig zwei weitere: Der Gebirgsbau im Großen und die Auswirkung der Landschaftsform. Die Lagerungsverhältnisse der Schichten und nicht selten auch die Geländegestaltung streben darnach, gedachtermaßen gleichmäßig um einen Punkt des Bergleibes verteilten Auflagerungsdruck ungleichförmig zu gestalten.

Zunahme des Überlagerungsdruckes (in kg/cm²)
mit der Tiefe:

Einheitsgewicht des Gesteins	Tiefe in Metern											
	10	20	30	50	100	150	200	300	500	1000	2000	3000
1.5	1.5	3,0	4.5	7.5	15	22.5	30	45	75	150	300	450
1.6	1.6	3.2	4.8	8.0	15	24	32	48	80	160	320	480
1.7	1.7	3.4	5.1	8.5	17	25.5	34	51	85	170	340	510
1.8	1.8	3.6	5.4	9.0	18	27	36	54	90	180	360	540
2.0	2.0	4.0	6.0	10.0	20	30	40	60	100	200	400	600
2.5	2.5	5.0	7.5	12.5	25	37.5	50	75	125	250	500	750
2.6	2.6	5.2	7.8	13.0	26	39	52	78	130	260	520	780
2.7	2.7	5.4	8.1	13.5	27	40.5	54	81	135	270	540	810
2.8	2.8	5.6	8.4	14.0	28	42	56	84	140	280	560	840
2.9	2.9	5.7	8.7	14.5	29	43.5	58	87	145	290	580	870
3.0	3.0	6.0	9.0	15.0	30	45	60	90	150	300	600	900
3.1	3.1	6.2	9.3	15.5	31	46.5	62	93	155	310	620	930

Nehmen wir zunächst ein völlig gleichteiliges (homogenes) Gebirge an — das wir in der Natur allerdings noch nirgends angetroffen haben — so zeigt uns die vorstehende Übersicht zunächst folgendes:

Der Überlagerungsdruck (Schweredruck — Gebirgsdruck im gewöhnlichen Sinne) hängt entscheidend von der Tiefenlage des betrachteten Stollens ab; er beträgt in den Tiefen, in denen man in der Regel ungedeckte Einschnitte nicht mehr ausführt, etwa 1.8 bis 3.7 kg/cm² und steigt in 1500 m Tiefe auf 240 bis 450 kg/cm², Die Werte von 450—930 kg/cm² für 3000 m Tiefe kommen für den Tunnelbau derzeit noch kaum in Betracht; sie würden auch voraussichtlich örtlich zu den größten Schwierigkeiten führen. Die lebendig werdend gedachten Überlagerungsdrücke übersteigen in Teufen von 2500 und mehr Metern nicht bloß in den meisten Fällen die Gebirgsfestigkeit an der Erdoberfläche, sondern nähern sich bereits in einem für das Bauwerk bedenklichen Grade der baulichen (technischen) Festigkeit vieler unserer Bergarten.

Möglichen Mißverständnissen möchte ich gleich von vorneherein die Grundlage entziehen. Nur bei seicht unter der Erdoberfläche vorgetriebenen

Stollen wird der volle Überlagerungsdruck wirksam und auch da bloß in jenen Fällen, in welchen er die Bergfestigkeit übersteigt. Ansonsten macht er sich kaum in seiner vollen Stärke fühlbar, weil gewöhnlich Verspannungen im Bergleibe die Stollenröhre gegen ihn abschirmen und das Bauwerk seinem Einflusse mehr oder weniger entziehen. Der wirksame Firstdruck nimmt gewöhnlich im Gegensatze zum Ulmendrucke von einer bestimmten Tiefe an nicht mehr zu. Nur auf diese Weise sind jene tatsächlich bei Tunnelbauten beobachteten Werte des Bergdruckes erklärbar, welche kleiner sind als die Last der überlagernden Bergmasse. So errechnet z. B. Bierbaumer den Firstdruck in einer Druckstrecke des Karawankentunnels mit rund 10 kg/cm². Dieser Wert würde einer Überlagerungshöhe von nur etwa 35 m entsprechen, während die Stelle in Wirklichkeit 450 m tief unter Tag lag.

Bei großen Taghöhen ist es natürlich denkbar, daß sich, begünstigt durch Gesteinbeschaffenheit, Schichtenbau usw. auch mehrere Verspannungen übereinander bilden (Tragkörper, Brücken). In sehr großen, vom Tunnelbau bisher noch nicht erreichten Tiefen allerdings können wir uns keine schützenden Verspannungen mehr vorstellen; es verformen sich dann die Gesteine, wie schon Albert Heim vor Jahrzehnten richtig betont hat, bildsam, u. zw. je nach ihrer Art die einen früher, die andern später; Bergfeuchtigkeit und zunehmende Erdwärme begünstigen das Bildsamwerden aller Gesteine von einer bestimmten Tiefe ab, die den dazu gleichfalls erforderlichen Druck liefert. Es erweckt den Eindruck, daß dem in immer größere Tiefen vordringenden Tunnelbau der Belastungsdruck eher eine Grenze setzen wird als die Erdwärme, gegen welche man leichter ankämpfen kann.

Gegenüber der Tiefenlage eines Bauwerkes spielt die Wichte einer Bergart nur eine untergeordnete Rolle. Zumindest innerhalb des Bereiches der festen Felsarten; hier sind die Unterschiede der Auflagerungsdrücke in mäßigen Tiefen wirklich nicht groß; sie betragen z. B. in 300 m Tiefe für Quarzschiefer etwa 78 kg/cm², für Kalkstein etwa 81 kg/cm², für Amphibolit 84—90 kg/cm² und für die seltenen Peridotite 90—93 kg/cm² oder ausnahmsweise auch etwas mehr.

Baulich bedeutsame Unterschiede bestehen erst zwischen Lockermassen und Felsgesteinen, besonders wenn man den Einfluß des Grundwassers ganz ausschaltet; da stehen z. B. Überlagerungsdrücken in trockenen Schutthalden von 15 bis 20 kg/cm² (in 100 m Tiefe) und von 4½ bis 6 kg/cm² (in 30 m Tiefe) solche von 27 kg/cm² und von 8.1 kg/cm² im gewachsenen Fels mittlerer Beschaffenheit gegenüber.

In manchen Fällen wird auch der Druck zu berücksichtigen sein, welchen fließendes oder stehendes Grundwasser auf die Wandungen des Hohlraumes ausübt. Zum Unterschiede vom Gebirgsdruck kommt der Wasserdruck stets ungemindert, und zwar überall dort zur Wirkung, wo in Hohlräumen des Gebirges eine geschlossene Wassersäule auf ihrer Unterlage aufruht oder auf die Wände ihres Gefäßes drückt.

Und das ist gar oft der Fall. Zuweilen spritzen dicke Wasserstrahlen mit großer Gewalt in den Stollen. In Brausgesteinen allerdings sind die Spalten, Schläuche, Schlote und sonstigen Wasserwege des Gesteins häufig so weit, daß in ihnen das Wasser frei abfließen kann; streckenweise gerät es jedoch auch in solchen Gebirgen durch Stauung unter den Einfluß größerer oder kleinerer Spannungen. So maß z. B. J e n i k o w s k y an jener Stelle des Frieslingstollens, wo ein mächtiger Schlammeinbruch erfolgte, den Druck der auf dem Gewölbe lastenden Wassersäule zu 5 at. (Hauptdolomit, Opponitzer Kraftwerk). Nach K r e k l e r (1919) stand im Thüringer Plattendolomit das Grundwasser an einer Stelle in 110 m Teufe unter solchem Druck, daß es nach dem Anfahren eine 10 m hohe Wassersäule emporschleuderte; an einer anderen Stelle sprengte es eine noch anstehende, 1.75 m mächtige Dolomitbank auf, wobei große Wassermassen hochschossen. Im Urgebirge (Granit, kristalliner Schiefer usw.) aber bildet die Erscheinung des Druckwassers die Regel, das Vorkommen von frei fließendem Grundwasser eine Ausnahme. Es geht jedoch beim Vortriebe auch hier das Druckwasser häufig in Freifließwasser über, wenn die langgestreckten Wasserbehälter (Spaltennetze usw.) sich entleert haben. Der Wasserzudrang aus undurchlässigen Bergarten erreicht zwar in der Regel nur einen Bruchteil des Betrages in durchlässigen, auslaugbaren Gesteinen; er übt jedoch häufiger und kräftiger als dort auf die Wandungen des geschaffenen Hohlraumes einen Druck aus, welcher hauptsächlich von der Stauhöhe des Wassers in den Gebirgsspalten abhängt.

Nun ist selbstverständlich der Druck des Bergwassers grundsätzlich weitaus geringer als der Überlagerungsdruck des Gesteins. Wir müssen ihn jedoch trotzdem in zahlreichen Fällen berücksichtigen; so z. B. namentlich dort, wo er infolge von Verspannungen des Gebirges den Betrag des wirksamen Auflagerungsdruckes überschreitet. In solchen Fällen kann der Wasserdruck, mag er sich nun als Ruhedruck oder als Strömungsdruck äußern, für die Bemessung der Stärke des endgültigen Einbaues entscheidend sein. So z. B. bei der Ausführung von Druckstollen und Druckschächten, deren am Gebirge satt anliegende und hinterpreßte Ausmauerung dem Drucke des Spaltenwassers ausgesetzt ist. Was im Verkehrswegetunnel unerwünscht ist, kommt dem Wasserstollen zugute; das Gewicht des Bergwassers wirkt dem Innendrucke des Betriebswassers entgegen. Wir wissen heute — namentlich durch das schöne Büchlein von W a l c h — in welch hohem Maße der Druck des Außenwassers zum Gelingen der Dichtung eines Druckstollens beiträgt.

Bergwasser, welches die Lücken der Gesteine mehr oder minder satt ausfüllt, setzt außerdem die Reibung zwischen den Teilchen des Gebirges — namentlich in Lockermassen — herab; es vermindert die Festigkeit der Bergart und erschwert das Zustandekommen von Verspannungen oder verhindert sie ganz (schwimmendes Gebirge, Sonderfall: Schwimmsand). Im feuchten bis nassen Gebirge drücken daher größere Gebirgskörper auf die Stollenleibungen als im trockenen Gebirge; öfters als hier wird man im feuchten Gebirge mit dem vollen Überlagerungsdruck rechnen müssen. Eine Ausnahme machen u. a. Sande eines bestimmten Feuchtigkeitsgrades, bei welchem sie größeren Zusammenhalt zeigen als im trockenen Zustande (Kuchenbacken der Kinder, tragfähige Ufersande u. dgl.).

Im unausgemauerten Stollen beunruhigt das unter Druck
stehende Bergwasser Firste und Ulmen, indem es im Laufe der Zeit
Gesteinschalen usw. lockert und zur Ablösung bringt. Weniger lebhaft arbeitet auch freifließendes Wasser nach derselben Richtung.
Die alten Tunnelbauer haben diese unangenehmen Nebenerscheinungen des Druckwassers gar wohl gekannt; sie waren sicherlich für
sie mitbestimmend, wenn sie so laut und kräftig für die dauernde
Entwässerung aller Verkehrstunnel eintraten; restlose Entwässerung

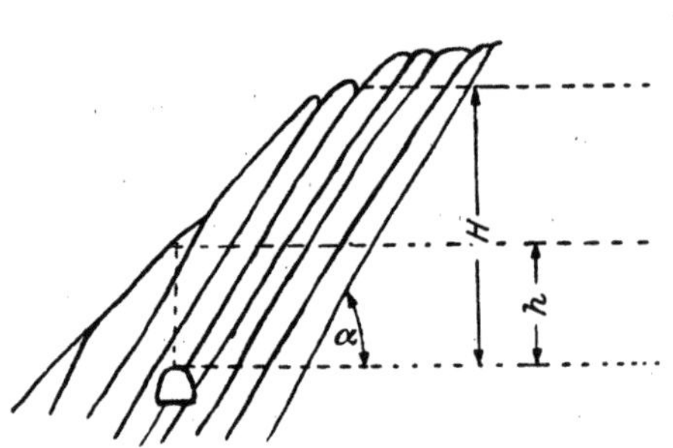

Abb. 71. Hangauswärtsfallen der Schichten erhöht den wirksamen Bergdruck. Der Zeichnung 21 (S. 28) des Buches „Gebirgsdruck und
Tunnelbau" von L. v. R a b c e w i c z nach-
empfunden.

des Gebirges in der Umgebung
der Röhre hält nicht bloß den
Hohlraum trocken, sondern
entlastet ihn auch und schont
seine Umhüllung (vgl. übrigens auch das Hauptstück F).
Der Einfluß des Gebirgsbaues auf den Überlagerungsdruck äußert sich ver-
mutlich schon in einseitig fallenden Schichtfolgen von einem
gewissen Neigungswinkel an.
Übersteigt dieser einen bestimmten Wert — z. B. die Verband-
festigkeit des Schichtstoßes —

dann erfährt die Leibung eines im Sinne der Abb. 71 verlaufenden
Stollens statt des kleineren, der Überlagerungshöhe h entsprechenden Bergdruckes den größeren, gebirgbaulichen Druck $\dfrac{H}{\sin \alpha}$; die
Ziffer der Reibung auf den Schichtflächen kann durch Lehmbestege
usw. sehr niedrig sein. Auch Keilschollen erhöhen u. U. den Überlagerungsdruck (S. 25).

Hinsichtlich des Einflusses der L a n d s c h a f t s f o r m e n auf die Größe
des Überlagerungsdruckes ist es verlockend, auf die Versuche und Erwägungen E x n e r 's zurückzugreifen. Dürfen wir seine Ergebnisse auf große
Massen, wie Berge usw. anwenden, dann wächst der Belastungsdruck in
Hohlräumen, welche einen Bergrücken verqueren, von seiner Mittelachse in
der Richtung gegen die Flanken (Abb. 72). Die allseitig wirkende Spannung
im Punkte A entspricht der Überlagerungshöhe h (AB) und beträgt γh, wenn
das durchörterte Gelände eine annähernd waagrechte Oberfläche aufweist.
Unter einem Bergrücken, dessen Querschnitt die Form eines gleichschen-
keligen Dreieckes besitzt, sinkt die Spannung nach E x n e r in A auf den
Betrag 0.637 h $\left(p = \dfrac{2}{\pi}\gamma z\right)$. Gegen den Bergfuß zu muß dann die Spannung
wieder ansteigen gemäß der Formel $p = \dfrac{2\gamma}{\pi}\sqrt{z^2 - x^2 tg^2\alpha}$; darin bedeutet α
den natürlichen Böschungswinkel, γ die Wichte der Bergart, z die Tiefen-

lage des betrachteten Stollenpunktes unter einer den Berggipfel berührenden wagrechten Ebene, x den senkrechten Abstand dieses Punktes von dem Mittellote AB.

Treffen die Berechnungen Exner's grundsätzlich zu, dann haben wir nicht bloß beim Durchstoßen von Gewölben senkrecht zu ihrer Achse (S 17), sondern überhaupt beim Durchqueren jedes Bergrückens eine Ermäßigung der Belastungsspannung unter dem Mittelblocke und eine Erhöhung der Spannung unter den Randstreifen gegenüber der rein überlagerungsmäßigen Spannung zu erwarten; die Grenze zwischen den Seitenstreifen und dem Mittelstücke erhielt Exner aus der Gleichung der geraden Linie

$$Z_1 = 1.296\,x_1 \mathrm{tg}\alpha \quad \text{bez.} \quad x_1 = \frac{Z_1}{1.296\,\mathrm{tg}\alpha}\,; \quad x_1 \text{ wird auch} = \frac{h}{1.296\,\mathrm{tg}\alpha}$$

wenn wir den Schnittpunkt dieser Geraden mit der Stollenfirste erhalten wollen.

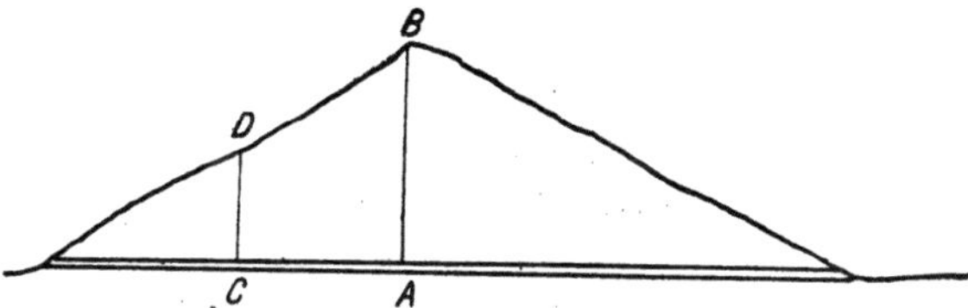

Abb. 72. Einfluß der Landformung auf die Größe des Bergdruckes im Stollen. Vgl. Exner.

Nähert sich der zu durchörternde Berg der Kegelform, dann erhalten wir mit Exner für die Belastungsspannung den Wert

$$p = \frac{\gamma}{2}\sqrt{Z^2 - X^2 \mathrm{tg}^2\alpha}$$

X bedeutet in dieser Gleichung den Abstand von der Kegelachse. Unter der Spitze des Kegels beläuft sich die Spannung auf $\frac{\gamma h}{2}$; die Hälfte des Gewichtes der mittleren Sandsäule überträgt die Reibung auf die äußeren Massen, in derem Bereiche die Belastungspannung daher noch größer sein muß als in vergleichbaren Punkten eines Bergrückens.

Exner betrachtet auch kurz den Druck, welchen ein fester Körper von dreieckigem Querschnitte auf seine Unterlage ausübt $(p = \frac{\gamma h}{2})$. Ich gehe bewußt darauf nicht ein, weil ich Körper von der Größe eines Berges nicht mehr als steif-fest ansehen kann. Schnitte, Klüfte und andere Unstetigkeitsflächen bilden ebensoviele Gelenke und Gleitflächen, welche dem Berge Bewegungsmöglichkeit gewähren; das Mißverhältnis zwischen Gebirgsfestigkeit und Beanspruchung verbietet es uns in aller Regel, einen ganzen Berg als starren, festen Körper zu betrachten.

Anhang: Entlastungsspannungen.

Der Vortrieb befreit die Leibungen von Spannungen, welche vorher eine Ausdehnung des Gebirges verhinderten. Federndes (elastisches) Gebirge dehnt sich daher je nach dem Grade seiner Federndheit nach dem Hohlrauminnern zu mehr oder weniger lebhaft aus. Der Betrag der federnden Ausdehnung hängt nicht nur

von der Größe der vorausgegangenen Belastung, also der Überlagerung, sondern auch von der Gesteinsart ab. Spröde Gesteine
knallen Schalen ab (Bergschläge). Bei sehr festen Bergarten entgeht die Ausfederung in der Regel der Aufmerksamkeit des Ingenieurs; einen Fall von Entlastungsdruck in Tonen berichtet v. R a b -
c e w i c z (Gebirgsdruck und Tunnelbau, S. 64). Messungen an verschiedenen Gesteinen in Stollen wären von Wert.

b) Der Wanderdruck.

Wanderdruck üben wandernde Massen aus; er wirkt in mehr
oder minder waagrechter bis schräger Richtung und beansprucht so

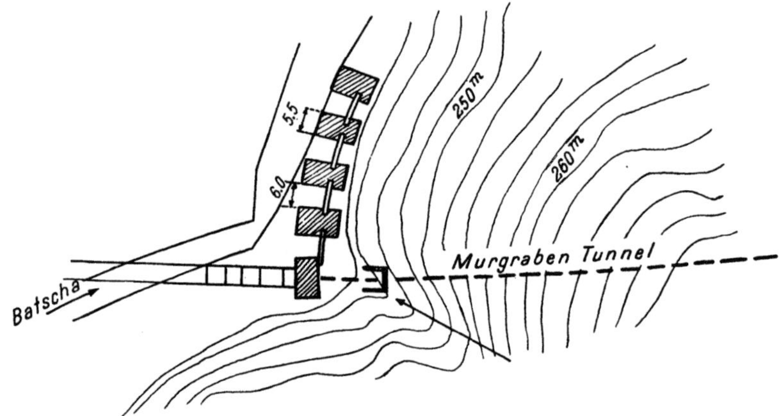

Abb. 73. Grundriß der Eingangsstrecke des Murgrabentunnels bei Grahovo, Isonzogebiet.

in erster Linie eine der Ulmen, seltener beide. Wir begegnen ihm
nicht bloß im eigentlichen Rutschgelände, sondern sehr häufig im
Gebirge auf steilen und hohen, von minder festen Gesteinen aufge-
bauten Berglehnen („Talzuschub“); man wurde nur bisher zu wenig
auf ihn aufmerksam. Dem Kerne des Bergleibes fehlt er naturgemäß.

Offensichtliches Rutschgelände wird man allerdings im Voll-
besitze seines Bauverstandes kaum jemals untertunneln, wenigstens
nicht ohne äußersten, durch die Umstände bedingten Zwang.

Es gibt aber im Gebirge Steillehnen, welche sich so langsam
gegen die Talmitte zu vorschieben, daß man die bereits stattgefun-
denen Bewegungen leicht übersieht und die künftig zu erwartenden
nicht ahnt. Wie z. B. A m p f e r e r in zahlreichen Schriften aufzeigt
und ungefähr gleichzeitig auch S t i n i berichtet, streben die Massen
der hohen Berge auseinander; „Bergzerreißung“ und Talwärtswan-
dern der Hänge finden jedoch meist so langsam statt, daß sie die

Bauten des Ingenieurs in den ersten Jahren ihres Bestandes kaum stören, vorausgesetzt, daß man den durch das Auseinanderfließen der Berge geweckten, überdurchschnittlich großen Drücken auf die Leibung entsprechend Rechnung getragen hat. Daneben begegnet man jedoch auch Felsgleitungen größten Maßstabes, verbunden mit Gesteinzerrüttungen, welche den Vortrieb von Stollen ganz außerordentlich erschweren oder nahezu unmöglich machen. Ich erinnere in diesem Zusammenhange bloß an die Notwendigkeit der Verlegung des Stollens der Sernf-Werke, welche K o c h e r - Preiswerk u. a. geschildert haben.

Einen Begriff von den Schwierigkeiten, welche der Wanderdruck einem Tunnelbau bereiten kann, gibt die Schilderung der Verhältnisse des Murgrabentunnels bei Grahovo (Linie Podbrdo-Triest) durch S t e i n e r - m a y r (Abb. 73). Der Tunnel unterfährt eine Murablagerung. Man bemerkte erst im Mai 1904 bei der Auffahrung des Firststollens, daß sich die durchörterten Massen bewegen. Da fünf Entwässerungsstollen keinen Erfolg brachten, mauerte man am Batschaufer 5 kräftige Pfeiler auf und verband sie durch Eisenbetonplatten. Der oberste der Pfeiler diente der Brücke über den Fluß als

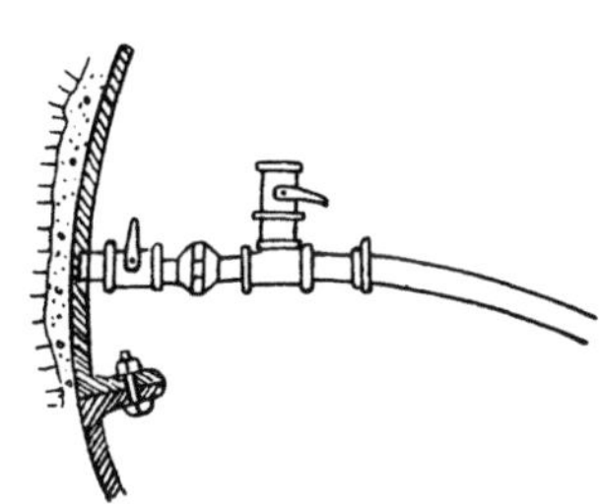

Abb. 74. Rohr zum Hinterpressen.

Widerlager und wurde 15 m tief auf Findlingen gegründet. Man verhinderte dadurch eine Unterwaschung des Fußes der Murmassen durch die Batscha und gab überdies der Ablagerung einen festen Halt. Zudem mauerte man die ersten 34 m des Tunnels besonders kräftig aus; man begann ihre Ausführung erst nach Vollendung der beiden ersten Pfeiler der Sicherunganlage. Man teilte die Eingangstrecke in 6 Ringe und nahm je 2 gleichzeitig in Arbeit. Zuerst stellte man den beschädigten Sohlstollen wieder her und baute ihn kräftigst ein. Dann verbreiterte man nach der einen Seite und mauerte das eine Widerlager auf; sodann stellte man gegengleich den anderen Kämpfer her. Zuletzt mauerte man die Wölbung. Die gesamten Sicherungsarbeiten waren kostspielig, verhinderten aber das befürchtete Zerbrechen der Röhre.

Auch der Klosters T. der Rhätischen Bahn durchörtert eine alte Bergrutschung; sie hat sich in der Nacheiszeit ereignet und brachte starken Gebirgsdruck; möglicherweise handelt es sich um gewöhnlichen Auflockerungsdruck und keinen wirklichen Wanderdruck.

Der Wanderdruck kann in den Randstreifen hoher, steiler Lehnen sehr große Beträge erreichen; Werte von 50 bis 100 kg/cm² sind keinesfalls äußerste Grenzen. Man versteht unter solchen Umständen die Forderung, dem Wanderdrucke unter allen Umständen dort auszuweichen, wo er die Ulmen voll belastet; dies trifft für alle jene Strecken zu, welche die Druckrichtung queren, namentlich aber für jene Stollen, deren Achsen senkrecht zu ihr verlaufen. Vortriebe, die dem Wanderdrucke richtungverkehrt entgegenschreiten, sind, wenn auch schwierig, so doch immer noch leichter auszuführen, weil dann der Schub immer nur die verhältnismäßig kleine Fläche der Arbeitsbrust trifft. Freilich muß man dann für die Versteifung des Längsverbandes der Einbauten ausreichend sorgen.

Bei Entwässerungsmaßnahmen im Rutschgelände zwingt das Ziel der Arbeiten oft dazu, solche Stollen dem Rutschungsdrucke entgegen aufzufahren; hier läßt die Hoffnung auf den Erfolg des Bauwerkes — die allmähliche Trockenlegung des Gebirges — erwarten, daß der Druck auf die Wandungen des Hohlraumes im Laufe der Zeit nachlassen wird; in den meisten Fällen erfüllt die Natur diese Hoffnung. Umgekehrt wurden quer zum Lehnenschub aufgefahrene Sickerstollen nur zu oft verdrückt, abgeschert oder sonstwie unwirksam gemacht.

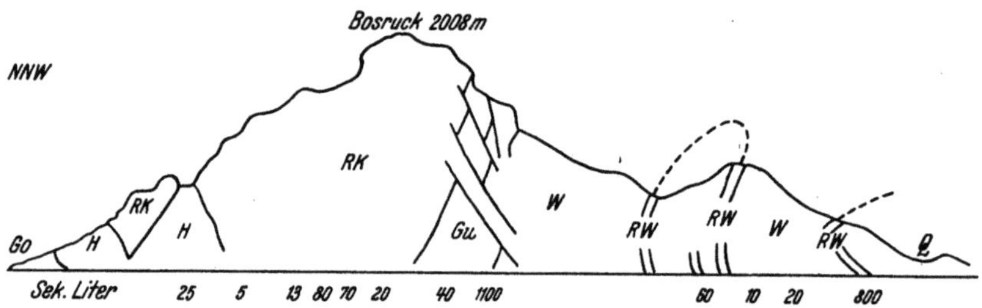

Abb. 75. Die Wasserführung des Bosrucktunnels; nach Geyer. Q Quarzschiefer, W Werfener Schichten, RW Rauhwacken, H Haselgebirge, Go Gosau, Gu Gutensteiner Kalk und Dolomit, RK Riffkalk nach Geyer, vermutlich aber Wettersteinkalk.

Stollen, welche gegen Tag zu wenig Fleisch belassen, verstärken eine schon vorhandene Auswärtsbewegung des Hanges oft in einem Ausmaße, daß sie zerdrückt werden oder sonstwie ernsten Schaden leiden. Warnende Mahner sind u. a. die Vorgänge bei der Auffahrung des Tunnels am Unterstein, die Erfahrungen am Mühltal-Tunnel der Brennerbahn, die Erscheinungen zwischen km 4,1 und 4,4 des Ruezwerkstollens u. a. mehr. Daß der jüngere Ingenieur sich die Erfahrungen vergangener Baujahre selten zunutze macht, beweist die Wiederholung des alten Fehlers zu knapper Fleischbemessung beim Svjetinje-Tunnel (M. Singer). Bergauswärtsfallen der Schichten oder stark ausgeprägter Klüfte weckt oder vergrößert den Wanderdruck; er übertrifft dann an Stärke jeden jeweils möglichen Überlagerungsdruck (vgl. S. 132).

Der Lehnenschub beeinflußt nicht nur die Tunnelröhren selbst, welche annähernd gleich mit der Lehne streichen, sondern auch die Mundlöcher und Eingangstrecken von Tunneln aller Art. Mit Recht bezeichnet Könyves-Toth Michael die nachträgliche Herstellung der Tunnelhauptstützmauer ohne gehörige Sicherung des Hauptes gegen den Längenschub des Berges als ein leichtsinniges Wagnis.

c) Der Gebirgsdruck im engeren Sinne des Wortes.

Dem Gebirgsdrucke im engeren Sinne des Wortes möchte ich alle Druckerscheinungen zuschreiben, welche vom gegenwärtigen Ablaufe der Gebirgsbildung und von Krustenbewegungen ihren Ausgang nehmen. Dabei versteht man unter Gebirgsbildung die vergleichsweise rasch ablaufenden Vorgänge der Faltung („Faltungsdruck"), „Überschiebung" („Überschiebungsdruck") usw., während die Krustenbewegungen langsamer vor sich gehen und hauptsächlich in Hebungen, Senkungen, Verbiegungen usw. bestehen.

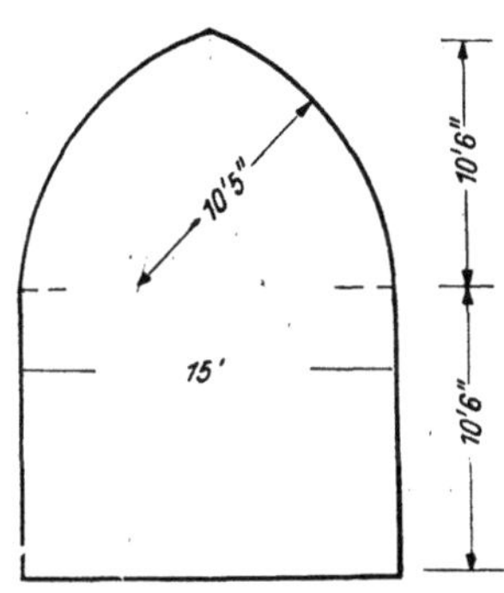

Abb. 76. Spitzbogig ausgebildete Firste eines amerikanischen Tunnels.

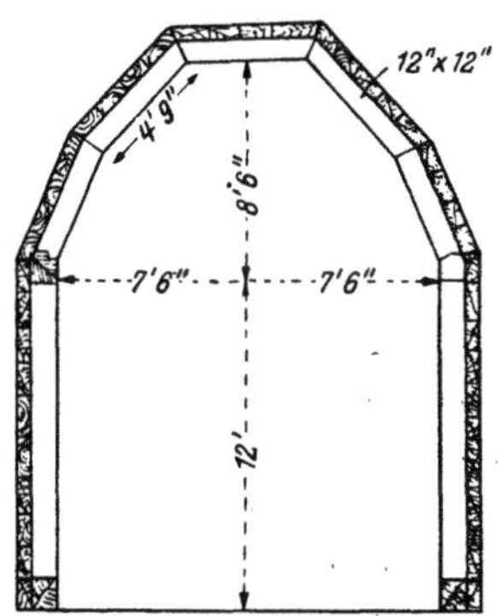

Abb. 77. Vorübergehender Einbau zur Erhaltung einer zweckmäßig geformten Firste.

Man hat es also beim Gebirgsdruck mit allen möglichen Druckrichtungen zwischen waagrecht und lotrecht zu tun. Lotrechte Spannungen werden in erster Linie während Hebungen und Senkungen, bei Aufwölbungen usw., also vorwiegend im Verlaufe von Krustenbewegungen auftreten und sich vielfach z. T. als Firstdruck, z. T. als Sohldruck äußern; die Räume der Gebirgsbildung dagegen sind im allgemeinen der Schauplatz von Drücken in ungefähr waagrechter oder flach-schräger Richtung. Dabei schalten sich natürlich gelegentlich auch andere Druckrichtungen ein, so z. B. durch Umlenkung des Druckes, Zerlegung desselben usw. Die Spannungen, welche die Gebirgsbildung in den Leib der Berge trägt, verteilen sich nicht etwa gleichmäßig über den ganzen, von ihnen betroffenen Körper. Neben stark beanspruchten Stellen der Erdrinde treffen wir solche an, welche fast spannungslos sind; geschonte Winkel schmiegen sich zwischen Räume, welche die Gebirgsbildung kräftig erfaßt und durchbewegt. Die gewaltigen Spannungsunterschiede zwischen unmittelbar benachbarten Teilkörpern des Gebirges täuschen den Beobachter zuweilen über die wahre Größe des zu erwartenden echten Gebirgsdruckes.

Über die Größe des echten Gebirgsdruckes wissen wir so gut wie nichts; wir können nur vermuten, daß er unter Umständen sehr groß sein und in seiner geballten Wirkung unwiderstehlich werden kann. Eine seiner Äußerungen sind z. B. in spröden Gesteinen manche Bergschläge (knallendes Gebirge); diese sind jedoch nicht an die Geburtsstätten der Gebirge allein gebunden, sondern entstehen unter Umständen auch abseits der Vorgänge der gegenwärtigen Gebirgsbildung dort, wo die Spannungen im Leibe des Gebirges auf ganz andere Weise zustandekommen; so z. B. etwa durch Auflagerungsdruck beim Vortriebe einer Strecke oder als Begleiterscheinung des Abbaues einer Lagerstätte oder eines Steinbruches; jähe Wärmeschwankungen können den Eintritt der Ablösung beschleunigen, seltener sie ursächlich herbeiführen.

Mit echtem Gebirgsdruck braucht der Stollenbauer nicht überall zu rechnen. Vor allem scheiden die Tafelländer und die alten Massen der Festländer im allgemeinen ganz aus. Die ruhig gelagerten, vielleicht in Schollen zerbrochenen, ausgedehnten Tafeln der Absätze und ihrer Einschaltungen erzeugen in der Regel bloß den stetigen, ruhigen Überlagerungsdruck. Dieser herrscht auch allein ohne Mitbeteiligung des Gebirgsbildungsdruckes in vielen sogenannten alten Massen; es sind dies Gebiete, welche in geologischer Vorzeit mehr oder minder kräftig gefaltet, überschoben und verstellt wurden; gegenwärtig sind aber die Vorgänge der Gebirgsbildung in ihnen erloschen. Vielleicht, daß da und dort noch gewisse „Restspannungen" — z. B. in Form von Bergschlägen — den Ingenieur an sie erinnern. Wenn in solchen Gebirgsrümpfen außerdem auch die Krustenbewegungen erlahmt sind, dann kann man sie vom Standpunkte des Tunnelbauers aus als „tot" betrachten. Zuweilen erfaßt jedoch derartige alte Massen neuerlich eine Krustenbewegung, vielleicht sogar eine solche großen Stiles; man denke da nur an die Aufschildung der nordischen Länder, welche heute noch im Gange ist, an die jugendliche Aufwölbung von Ostkanada usw. Auch eine neue Welle der Gebirgsbildung kann die Rastzeit alter Massen ablösen. Der Ingenieur muß dann auch in solchen „alten Massen", die wiederbelebt wurden, auf echten Gebirgsdruck mit allen seinen Nebenerscheinungen gefaßt sein; in anderen Fällen tritt der Gestaltungsdruck im Gefolge von Krustenbewegungen auf und gesellt sich zugabenartig zu anderen Formen des Gebirgsdruckes, z. B. zum Überlagerungsdruck.

Neben „toten" Massen und Rümpfen, welche in junger Zeit wieder lebendig geworden sind, begegnen wir aber auch solchen Erdkrustenstreifen, welche vor unseren Augen zum Hochgebirge werden, wie z. B. die Ketten des Himalaja und anderer Gebirge, deren Aufbau die Natur noch nicht völlig abgeschlossen hat. Zu diesen letzteren Bergzügen gehören bedingt wohl auch unsere Alpen. In diesen sind gewiß erst die Hauptabschnitte der Gebirgsbildung und der Krustenbewegung zum Abschlusse gekommen; die Erdkruste macht in den Alpen örtlich immer noch gewisse Nachwehen der Geburt des Gebirges mit, deren Folgen der eine oder andere Bau zu spüren bekommen kann. Die Äußerungen dieser gewissen Unfertigkeit des Gebirges sind natürlich örtlich sehr verschieden; hier sind sie stärker, in einer anderen Scholle schwächer; manchenorts mögen sie ganz fehlen.

In den Westalpen haben Gebirgsbildung und Hebung länger angedauert als in den Ostalpen; und hier klangen diese Vorgänge im allgemeinen wieder gegen den Ostalpenrand hin zeitlich wie stärkenmäßig ab.

So deuten z. B. mehrere Anzeichen darauf hin, daß die Karawankenkette heute noch in langsamem Vormarsche nach Norden begriffen ist. Tiefliegende, längere Tunnel werden daher dort mit Druckspannungen zu rechnen haben, welche von Süden ausgehen und westöstliche Strecken stärker treffen als solche in mehr nordsüdlicher Richtung verlaufende (Veröffentlichungen von K a h l e r , K i e s l i n g e r , S t i n i usw.).

Junge Bewegungen meldet man aber auch aus anderen Gebieten. W e i t h o f e r z. B. beschreibt häufige Bergschläge aus den Braunkohlengruben von Hausham (Südbayern) und bringt sie mit der Gebirgsbildung in Zusammenhang. Weiters verweise ich auf die Arbeiten von V a j n a , W a g n e r und W i l s e r , um

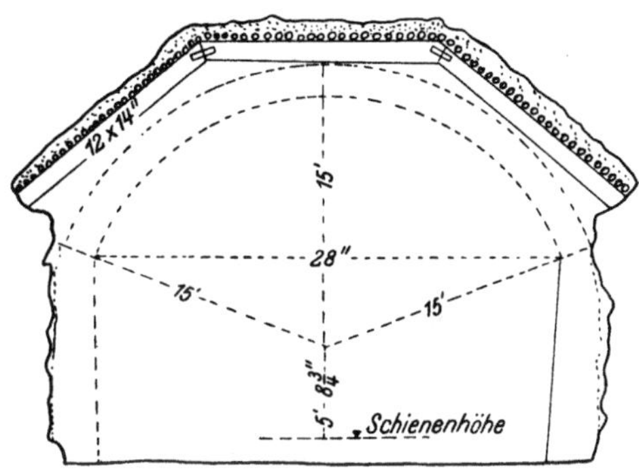

Abb. 78. Kopfschutz eines amerikanischen Tunnels.

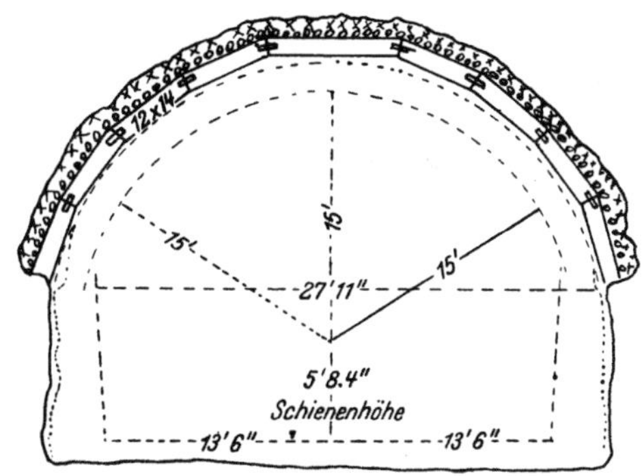

Abb. 79. Gewölbeartiger Firsteneinbau im Vosburg-Tunnel. Nach R o s e n b e r g.

nur wenige unter den zahlreichen Nachrichten über junge Bewegungen der Erdkruste herauszugreifen. Auch eine eigene Veröffentlichung will ich nicht verschweigen (S t i n i 1926). Im Garrison-Tunnel, Colorado, zerriß eine gegenseitige Verschiebung der Wände einer die Achse querenden Hauptspalte die Tunnelröhre.

Ob wir nun diese Auswirkungen von Veränderungen in der Erdkruste als Gebirgsbildungsdruck oder als Krustenbewegungsdruck deuten und bezeichnen, die Tatsache bleibt bestehen, daß unsere Erde noch nicht tot ist, sondern lebt; mit den gelegentlichen. plötzlichen Zuckungen ihres Leibes, die wir Erdbeben nennen, müssen wir örtlich ebenso rechnen wie mit dem ruhigen, stetigen Druck, den die Lebensäußerungen der Erdkruste ausüben. Es dürfte vorläufig noch nicht nötig und auch nicht überall möglich sein, diesen Gebirgsdruck i. e. S. (tektonischen Druck) in Gebirgsbildungsdruck und Krustenbewegungsdruck zu gliedern und zwischen diesen Unterarten zu unterscheiden; der Geologe muß nur stets den Ingenieur auf die Stellen aufmerksam machen, wo seine Bauten solchem echten Gebirgsdruck (Gebirgsbaudruck) begegnen können.

d) Der Umwandlungsdruck.

Umwandlungsdruck erzeugen gewisse physikalische und chemische Vorgänge, welche die Bergarten des Baugeländes im Laufe der Zeit ergreifen. Die Veränderungen der Eigenschaften der durchtunnelten Gesteine können schon im Zuge gewesen sein, ehe der Richtstollen sie anfuhr; es kann sie aber auch erst die Öffnung des Hohlraumes auslösen, indem sie die Vorbedingungen für ihre Einleitung und für ihren Ablauf schafft.

Im ersteren Falle vollziehen sich die chemischen und physikalischen Vorgänge in aller Regel ganz langsam und wirken sich daher im Stollenbau nur wenig oder so gut wie gar nicht aus; hierher gehören u. a. auch die Vorgänge der für den Tunnelbau harmlosen inneren Gesteinumbildung (Diagenese). Manche im Gange befindlichen Umwandlungen kann jedoch unter Umständen die Bloßlegung des Gebirges beschleunigen; sie erheischen dann gar oft die aufmerksamste Beobachtung durch den Ingenieur. Meistens kümmert sich dieser jedoch nur um die gröbsten Umwandlungen, welche die Auffahrung des Stollens in Fluß bringt.

Wohl die überwiegende Mehrzahl aller dieser mehr oder minder lästigen Vorgänge geht mit einer Raumvermehrung Hand in Hand und äußert daher einen Druck auf die Leibungen; der Tunnelbauer spricht gerne vom „Blähen“ oder „Treiben“ des Gebirges. Man muß jedoch diese Erscheinung vom Gebirgsdruck i. e. S. und vom Überlagerungsdrucke strenge unterscheiden; diese beiden Arten des Druckgebirges führen reine Ortsverschiebungen der Massen herbei; am besten vermeidet man die Bezeichnung „Treiben“ ganz; sie führt häufig Mißverständnisse herbei; am passendsten fände ich Ausdrücke wie „Schwellgebirge“ oder „Quellungsdruck“; letzteren zöge ich besonders in allen jenen häufigen Fällen vor, wo Wasserzuwanderung die Raumvermehrung hervorruft.

Ich halte eine strenge Fassung des Begriffes „Blähen" für unbedingt nötig, um folgenschwere Mißverständnisse zu vermeiden. Blähen im echten Sinne liegt z. B. dann nicht vor, wenn unter der bloßen Wirkung des lebendig gewordenen Überlagerungsdruckes die Ulmen in den Hohlraum hineindrängen (Ulmenschub) oder die Sohle des Hohlraumes sich aufbäumt (Sohlenhebung); ich möchte diese rein statisch-dynamischen Vorgänge nicht mit physikalisch-chemischen Erscheinungen vermengen.

Zu den p h y s i k a l i s c h e n Ursachen eines „Wachsens" des Gebirges gehört in erster Linie die Zunahme des Wassergehaltes von Bindern, also von Lockermassen, welche reich sind an Feinteilchen. So quellen z. B. Tone, indem sie die Wasserhüllen ihrer Schüppchen verdicken (Kaolintone z. B.) oder außerdem noch Wassermoleküle in ihr Kristallgitter aufnehmen wie die Bentonite (Montmorillonit, Nontronit, Beidellit usw.). Die im Stollen sich „aufblähenden" Tone nehmen das Wasser, welches ihre Raumvermehrung bewirkt, kaum jemals aus der „feuchten" Stollenluft auf; es wandert vielmehr beim „Schwellen" der Tone aus dem Bergleibe Wasser gegen die Wandungen des geschaffenen Hohlraumes und verursacht hier das „Spritzen" der Tone und ihre Raumvermehrung (T e r z a g h i u. a.).

Das zugewanderte Wasser lockert das Gebirge um die elastisch sich ausdehnende Stollenleibung herum noch zusätzlich auf, so daß es, schwellend, meist von allen Seiten in die Stollenröhren hinein drückt. Gewisse Mergel zerfallen dabei gänzlich; Bauxit zerbröckelt durch Wasserzutritt in kleine, eckige Stückchen. Der graue Rückstandston (solfataric clay) im Usami-Tunnel der Ito-Linie der Japanischen Staatsbahnen erzeugte hohen Quellungsdruck. Im Apenninen-Tunnel suchte man das Quellen der Tongesteine dadurch zu beschränken, daß man die Leibung so rasch als möglich verkleidete.

Ein „Beschlagen" trockener Tone mit Wasser, welches sich aus feuchtigkeitsgesättigter Stollenluft niederschlägt, wäre etwa dann denkbar, wenn Bewetterungsluft durch den Stollen treibt, welche erheblich wärmer ist als das Gestein der Stollenröhre.

Echtes Blähen melden Tunnelbauer aus verschiedenen tonhältigen Absätzen (Opalinustone, Baculitentone usw.). Im Loibltunnel (Abb. 80) „wuchs" eine anfänglich so gut wie trocken erscheinende Schichtfolge in den Stollen hinein. Sie bestand aus dünnplattigen, schwärzlichen, mehr oder minder mergeligen Kalken, deren Schichten dünne, tonig-bituminöse, spiegelnde Beläge voneinander trennten. Gleich nach dem Ausbruche verhielten sich die Schichtstöße ziemlich standhaft. Nach einiger Zeit aber hatten die tonigen Zwischenmittel aus dem Berginnern bereits soviel Wasser angesogen, daß sie quollen, die Stempel aufspalteten und die Hälften später knickten. Bei der fast 400 m betragenden Überlagerung äußerte sich der Umwandlungsdruck an den Stößen kräftiger als in der Firste. Er trat vornehmlich dort mit größerer Gewalt auf, wo die Mergelkalke reichlicher Ton enthielten und die tonig-kohligen Zwischenmittel von Häutchendicke zu millimeterdicken Lagen anschwollen.

Eine ähnliche Ursache hatte das Lebendigwerden der triassischen Schiefertone im berüchtigten Bukovo-Tunnel der Linie Podbrdo—Görz;

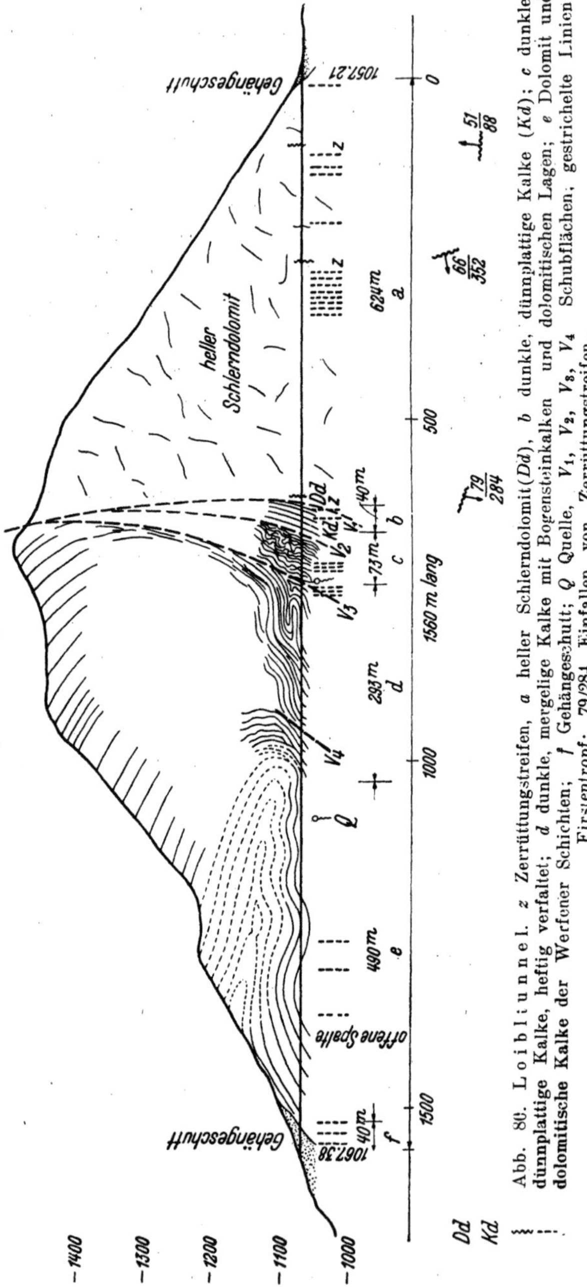

Abb. 80. Loibltunnel. z Zerrüttungstreifen, a heller Schlerndolomit (Dd), b dunkle, dünnplattige Kalke (Kd); c dunkle, dünnplattige Kalke, heftig verfaltet; d dunkle, mergelige Kalke mit Bogensteinkalken und dolomitischen Lagen; e Dolomit und dolomitische Kalke der Werfener Schichten; f Gehängeschutt; Q Quelle, V_1, V_2, V_3, V_4 Schubflächen; gestrichelte Linien: Firstentropf; 79/284 Einfallen von Zerrüttungstreifen.

Steinermayr berichtet hierüber. Man sah sich hier gezwungen, das Mauerwerk nach seiner Vollendung zu verstärken. Noch während der Auswechslung verbrach eine Strecke von 11 m völlig; die Gewältigung des Verbruches kostete soviel Arbeit, daß man die Eröffnung der Linie Klagenfurt—Triest um ein halbes Jahr hinausschieben mußte.

Der Umwandlungsdruck geht oft Hand in Hand mit Erscheinungen, welche der Auflockerungsdruck ins Leben gerufen hat. Man darf dann auch im blähenden Gebirge nicht die ganze Einwanderung von Massen in den Stollen auf Rechnung der örtlichen Wasser- und Raumzunahme setzen. Diese gesellt sich ja nur als Folgeerscheinung zur federnden Ausdehnung und zu jenem Maße von Auflockerung hinzu, welches auch ohne das Quellen in Erscheinung treten würde (siehe Abschnitt e). Ebenso quellen auch nicht a l l e Tone im Stollen merklich; man kann in tonigen Gesteinen oft lange Strecken auffahren, ohne besonderen Druckerscheinungen zu begegnen; so besonders in festen „Tonen“ und Mergeln, aus welchen hoher Überlagerungsdruck bereits viel Wasser ausgepreßt hat, wobei sich die Teilchen einander stark nähern und an Zusammenhalt gewinnen konnten. Aber auch in geringen Teufen zeigen manche Tone eine vergleichsweise Standfestigkeit durch längere Zeit hindurch.

Nicht zum eigentlichen Umwandlungsdruck möchte ich die Erscheinung alleiniger Erweichung der Stollensohle rechnen. Mangelhafte Entwässerung der Stollen gestattet z. B. einer tonreichen Sohle, sich mit Wasser vollzusaugen; selbst Tongesteine (Ton, Tonstein, Staubsandstein), welche im wasserarmen Zustande ziemlich hart und fest sind, werden dann weich und lassen die Stempel oder, was noch schlimmer ist, auch das Widerlagermauerwerk mehr oder weniger tief einsinken; standfester Löß wandelt sich dabei in beweglichen bildsamen Lehm um. Man kann übrigens dem Erweichen der Sohle durch geschickte Ableitung der Stollenwässer bis zu einem gewissen Grade vorbeugen.

Es führt zu Mißverständnissen, wenn man, wie Karl B r a n d a u dies tut, auch gebräches (nachbrüchiges) Gebirge als „treibend“ bezeichnet. „Nachbrüchigkeit“ und „Schwimmen“ des Gebirges sind Folgeerscheinungen des wirksam gewordenen Teiles des Überlagerungsdruckes oder der Auflockerung durch den Vortrieb.

Daß man den Umwandlungsdruck unter Umständen durch rasches Einziehen der Mauerung vorbeugend vermeiden kann, ist bekannt; man sperrt Wasser und Luft vom Blähgebirge (Anhydrit usw.) ab oder verhindert das Zuwandern von Haarröhrchenwasser (Tegel, Tone usw.) In bereits blähenden, tonigen Massen empfiehlt es sich jedoch meist, die quellenden Schalen wegzuhauen oder die Verkeilungen der Rüstung zu lüften, damit die Raumvermehrung des Gebirges die Zimmerung nicht zerbricht; man verschiebt also in solchen Fällen, wo die Umwandlung bereits im vollen Gange ist, die starre, endgültige Ausmauerung solange, bis sich der Gebirgsdruck durch Verspannungsvorgänge wieder etwas ermäßigt hat. Auch neuzeitlicher endgültiger Ausbau mit nachgiebigen Einlagen oder geschickt bemessenen raumgebenden Zellen hat sich in solchen Fällen bewährt.

Die c h e m i s c h e n Umwandlungen, welche sich im Bergleibe vollziehen, sind mannigfacher Art. Sie sind als Diagenese eigentlich sehr weit verbreitet und fehlen im Gebirge kaum irgendwo; stollentechnisch kommen aber wohl nur wenige chemische Umsetzungen ernstlich in Betracht.

So z. B. die Umwandlung von A n h y d r i t ($CaSo_4$, wasserfrei) in G i p s (zwei Moleküle Kristallwasser). Sie geht allerdings, wie ich kürzlich (1943) erörtert habe, in der Regel so langsam vor sich, daß sie der endgültige Ausbau im Tunnel überholen kann. Nur dann, wenn sich Anhydrit in dünnen Schnüren oder sonstwie in feiner Verteilung zwischen anderen Gesteinslagen einschiebt, kann die Wasseraufnahme des Anhydrites und die sie begleitende Raumzunahme so rasch erfolgen, daß man das „Wachsen" des Gebirges im Stollen zu beobachten vermag. Die örtlich verschiedene Geschwindigkeit der Umwandlung des Anhydrites ist wohl eine der Ursachen, warum in der Frage der Gefährlichkeit des Anhydrites als Druckbringer heute noch Meinungsverschiedenheiten bestehen; ein anderer Grund hierfür dürften mangelhafte Beobachtungen und vorgefaßte Meinungen sein; manche Ingenieure neigen dazu, selbst im anhydritfreien Gipsgebirge jeden Sohlenauftrieb der Umwandlung von Anhydrit in Gips zuzuschreiben.

Unter Raumvermehrung geht auch die Zersetzung des S c h w efe l k i e s e s (FeS_2) vor sich. Doch hört man selten von Schäden, welche auf diese Weise tatsächlich entstehen; so z. B. durch sog. Alaunschiefer oder durch schwefelkiesreiche Kalke (Strecke 1165 bis 1185 m von Süden im Loibl-Tunnel, rechtzeitig erkannt). Dafür macht sich die bei der Verwitterung der Kiese frei werdende Schwefelsäure um so unangenehmer bemerkbar; bildet sie schwefelsaure Salze, zumal Gips (im Kalkgebirge), so führt sie örtlich Erscheinungen des Blähens herbei. Daß die Schwefelsäure, welche dem Eisenkies entweicht, außerdem am Mörtel usw. außerordentliche Schäden hervorzurufen pflegt, gehört nicht hierher, wo nur vom Umwandlungsdruck die Rede sein soll.

Raumvermehrung begleitet bekanntlich auch zahlreiche andere Vorgänge der Tiefenzersetzung und der Oberflächenverwitterung in den Gesteinen; sie gehen freilich in aller Regel so langsam vor sich, daß sie sich während des Vortriebes nicht bemerkbar machen; so z. B. die Umwandlung von Olivingesteinen in Serpentin. Der neuzeitliche, gute Abschluß von Stollenleibungen gegen Wasser und Wetter verhindert, daß sie in späteren Jahrzehnten in Erscheinung treten werden. Sie verursachen nur dann Schäden, wenn man das Gebirge zu lange frei stehen läßt. Am häufigsten führen Aufnahme von Sauerstoff und Gebirgsfeuchtigkeit Zersetzungen an den Bergarten der Tunnelleibung herbei; Eisenoxydulverbindungen wandeln sich unter Raumzunahme in Brauneisen (Eisenrost, Eisenoxydhydrat) um; das im Schoße der Berge kreisende Sickerwasser spielt dabei häufig die Rolle des Sauerstoffüberträgers; auch diese Erkenntnis mahnt zu gründlicher Abhaltung des Wassers und zur gewissenhaften Entwässerung.

Neben chemischen Vorgängen der Oberflächenverwitterung spielen sich in Hohlräumen physikalische oder chemisch-physikalische ab.

Stark verschieferte Gesteine blättern unter Rostbildung auf; so besonders, wenn sie reich an Glimmern oder ähnlichen, schuppig ausgebildeten Mineralien oder an Kiesen (meist Schwefelkies!) sind; am raschesten „zerblättern" obertags sowohl wie im Stollen gewisse Phyllite (Blätterschiefer, Blättersteine) wie z. B. Schwarzschiefer, Seidenschiefer, quarzarme, gewöhnliche Phyllite usw. Die mit der Verwitterung solcher Bergarten verbundene Auflockerung erzeugt Druck im Stollen oder erhöht bereits vorhandenen Gebirgsdruck. Selbst an sich feste Gesteine, wie Gneise u. dgl. werden bekanntlich im Laufe der Zeit nachbrüchig und werfen Schalen und ganze größere Platten ab, wenn man sie längere Zeit der Einwirkung des

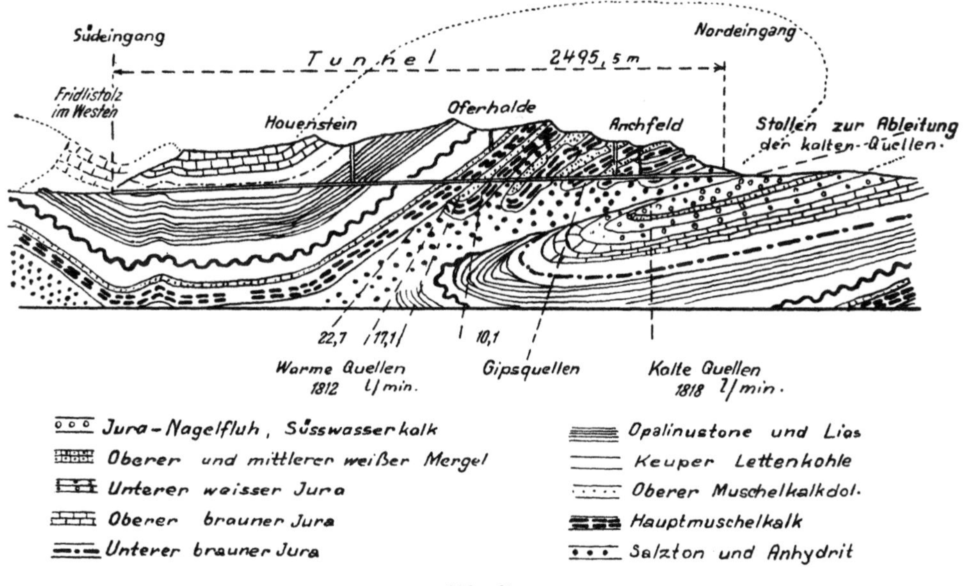

Abb. 81.
Geologischer Schnitt längs des Hauensteintunnels. Zu S. 151. Nach Olten-Hammer.

Wärmegefälles an den Stollenleibungen, den Spannungen am Umfange des Hohlraumes, den Sickerwässern und der Luft überhaupt aussetzt. Man wird freilich kaum imstande sein, festzustellen, wieviel von diesen Auflockerungsvorgängen auf Rechnung physikalischer und physikalisch-chemischer Verwitterung zu setzen und wieviel davon zu Lasten anderer Arten des Gebirgsdruckes zu buchen ist (Übergänge zum Auflockerungsdruck).

e) Der Auflockerungsdruck (einschl. Lösungsdruck).

Als Auflockerungsdruck kann man den Schweredruck jener Massen bezeichnen, welche im rolligen, gebrächen oder bedingt nachbrüchig werdenden Gebirge dem geschaffenen Hohlraume infolge der Arbeitsvorgänge unmittelbar zudrängen.

Der Auflockerungsdruck ist eine der häufigsten Formen des „wirksamen" Gebirgsdruckes, d. h. jenes Bergdruckes, welcher sich an den Leibungen des Hohlraumes tatsächlich bemerkbar macht; er ist ein Bewegungsdruck, welcher Arbeit leistet oder wenigstens leisten will (z. B. Verformungsarbeit).

Die Auflockerungspannungen sind dem unverritzten Gebirge fremd; erst der Vortrieb weckt sie mit seinen gewaltsamen Lösungsarbeiten und mit der Schaffung der freien Leibungsfläche selbst. Sie belasten in vielen Gebirgsarten den vorübergehenden und den dauernden Einbau ganz allein; in anderen gesellen sie sich schon vorhandenen, anderweitigen Spannungen zu; so z. B. dem Bergdrucke i. e. S. oder dem „Wanderdrucke"; besonders häufig gehen sie mit den Umwandlungsspannungen Hand in Hand, welche sie, Wege für Wasser und Luft schaffend, vorbereiten und fördern. Der Auflockerungsdruck ist sozusagen überall zu Hause, im festen Gebirge ebenso wie im rolligen; er fehlt weder im brechend sich verformenden Gestein noch in den bildsamen Bergarten. Sein Vater ist der Stollenbauer selbst; von diesem und seinem Können hängt in erster Linie nicht nur seine Entstehung, sondern auch seine Größenentwicklung ab. Schonender Vortrieb kann den Auflockerungsdruck klein erhalten, wildes Sprengen oder unvernünftiges Vorgehen aber ihn riesenhaft vergrößern oder sogar dort erzeugen, wo er bei einiger Achtsamkeit so gut wie ausbleibt, wie beispielsweise in sehr festen Gesteinen.

Aber auch der schonendste Arbeitsvorgang zerstört in geringerem oder in größerem Grade und auf engere oder ausgedehntere Reichweite den Zusammenhalt der Bergarten an der Leibung des Hohlraumes. Vorhandene, der freiäugigen Beobachtung entgehende Schnitte und mit unbewaffnetem Auge nicht erkennbare Haarrisse werden bis zur Sichtbarkit erweitert, die Haftung der Mineralkörner aneinander gelockert oder ganz aufgehoben, die Bindefähigkeit eines Zwischenmittels herabgesetzt u. a. m.

Wenn schon der vorsichtige Vortrieb mit seinen unvermeidlichen Erschütterungen die Gesteinfestigkeit am Umfange des Hohlraumes stark beansprucht, so ist dies bei Anwendung tiefer Bohrlöcher mit starken Sprengstoffladungen, beim „Kesseln" (Schnüren) usw. in noch weit höherem Grade der Fall. Das Zerschießen der Ulmen und der Firste rächt sich durch das zusätzliche Auftreten eines kräftigen Lösungsdruckes (Zerschießungsdruckes).

Die größten Schäden richtet rücksichtsloser Vortrieb im an sich wenig festen und im gebrächen Gebirge an. In rolligen Massen übertönt der allgemeine natürliche Auflockerungsdruck den Lösungsdruck meist vollkommen; auch im breiigen Gebirge verschwimmen die Begriffe Lösungsdruck und Auflockerungsdruck bis zur Ununterscheidbarkeit; in sehr festen Bergarten reißen zwar Spalten auf, die Massen verspannen sich aber meistens doch halbwegs, mindestens kurzfristig.

Man wird aus leicht begreiflichen Gründen im Stollenbau alles daran setzen, um den Auffahrungsdruck ganz zu vermeiden oder wenigstens auf ein Mindestmaß herabzusetzen. In Stollen kleineren Querschnittes geht dieses berechtigte Streben freilich auf Kosten des Arbeitsfortschrittes. Wo einem Richtstollen die Ausweitung auf beträchtlich größere Querschnitte folgt, wird man, den Lösungsdruck nicht scheuend, sehr oft raschen Vortrieb vorziehen und die Leibungen erst beim Vollausbruche tunlichst schonen; in diesem Falle folgt dann die Ausweitung dem Vortriebe des Richtstollens bald nach, um die Auflockerung nicht zu weit fortschreiten zu lassen.

Zu den auflockernden statischen Spannungen im ungleichteiligen Gestein gesellen sich mit zusätzlicher Zerstörungsarbeit Wirkungen der Wärmeschwankungen, ferner noch jene der sonstigen Verwitterung und des fließenden oder gestauten Wassers. Wo in Stollen bergfeuchte Mergel durch kräftige Wetterführung austrocknen, reißen in ihnen Sprünge auf; dünnschichtige Mergel und verwandte Bergarten blättern dann ab; in der Firste öffnen sich Glocken. Im Hauensteintunnel zerfielen austrocknende Molassemergel in rhombische Stücke. Es greifen somit die Bereiche des Umwandlungsdruckes und der Auflockerungsbelastung in mancher Hinsicht ineinander, zuweilen bis zum Verschwimmen der Begriffe. Die Wärmeschwankungen während der Bauzeit können besonders in tiefliegenden Hohlräumen größere Beträge erreichen. In Druckstollen kühlt das Betriebwasser in aller Regel den Stollenmantel ab und begünstigt so das Entstehen von Rissen. Dringen die meisten Wärmeschwankungen auch nicht tief ins Gebirge vor, so tragen sie doch zu einer Auflockerung in gewissen Fällen wesentlich bei.

Herausheben aus der Mannigfaltigkeit der Auflockerungserscheinungen möchte ich auch die Tätigkeit des Bergwassers, welches hier durch seinen Strömungsdruck, dort aber durch ruhigen Staudruck die Gesteine aufblättert, stellenweise sogar wie mit Keilen aufspaltet, ihren Zusammenhalt abschwächt, die Reibung der Teilchen aneinander vermindert, durch mitgerissene Gase (Sauerstoff, Kohlensäure usw.) die Verwitterung beschleunigt und so auf vielfältige Weise das Zerbröckeln der Felsen und die Auflösung der Bergarten befördert.

Die Auflockerung greift in rolligen Massen, in Tonen, Mergeln, Quetschgesteinen, Zerrüttungstreifen usw. oft sehr weit aus und überträgt dann auf den Einbau gewaltige Drücke. In seicht liegenden Stollen können diese gleich hoch werden wie die aus der Überlagerung herrührenden Spannungen (Belastungsdruck, Auflagerungsdruck); es entstehen dann häufig sog. Tagbrüche. Je nach der Beschaffenheit des Gebirges verspannen sich jedoch von einer gewissen Tiefe ab die gelockerten Massen, so daß zwar die Wirkungen der Auflockerung bis zum Tage emporreichen (Pingen z. B.), die Spannungen am Einbau aber doch kleiner bleiben als der Überlagerung entsprechen würde. Die Wirkungshöhe und Breite der Auflockerung wächst nicht bloß mit der Abnahme der Festigkeit des Gesteins, sondern auch mit dem Anwachsen der beanspruchenden Kräfte; so z. B. mit der Zunahme der Überlagerungsspannung.

Die Auflockerung des Gebirges geht in sehr festen Gesteinen so langsam vor sich, daß sie Bauwerke und Sicherheit der Menschen kaum bedroht und in aller Regel keinerlei Einbau erforderlich macht. Viele nachbrüchige Gesteine werden erst Tage, Wochen oder Monate nach dem Ausbruche gefährlich; sie kommen zur Ruhe, wenn sie den Hohlraum erfüllt haben oder wenn sie sich auf einen unnachgiebigen Einbau stützen können. Erweichbare Gesteine, welche bei ihrer Auflockerung mit Sickerwässern in Berührung kommen, schieben langsam, aber so gut wie unaufhaltsam in den Hohlraum hinein und versuchen, ihn zu schließen; dabei tritt, namentlich von einer gewissen Tiefe ab, der Firstdruck gegenüber dem Seitendrucke zurück und es kann auch die Sohle aufsteigen; Umwandlungsdruck paart sich mit dem Auflockerungsdruck, steigt im Laufe der Zeit gewaltig an und sinkt erst wieder ab, wenn sich die Massen in einiger Entfernung von der Stollenröhre wieder verdichtet und verspannt haben (Schutzhüllenbildung W i e s - m a n n s). Bis das Gebirge sein neues Gleichgewicht gefunden hat, vergehen Tage, Wochen, Monate oder sogar Jahre.

Die Auflockerung knüpft im allgemeinen an die Verformung unter Bruch bei festen Gesteinen und an die Auflösung des Verbandes bei rolligen Lockermassen an (z. B. bei Sanden, Schottern, Haldenschutt usw.). Je fester die Gesteine sind, welche zerbrechen, und je weiteren Abstand ihre Klüfte besitzen, desto größer fallen die Bruchstücke aus und desto sperriger lagern sie sich; auf diese Art beanspruchen sie mehr Raum und bringen die Auflockerung rascher zum Stillstande als kleinere Bruchstücke, welche sich dichter lagern und erst nach weiteren Fortschritten des Nachbruches den Hohlraum des Stollens und den selbst geschaffenen Zusatzraum so ausfüllen, daß sich die Decke, Entspannung suchend, auf sie legen kann.

Der Grad der Raumvermehrung, den die Bruchstücke beanspruchen, hängt mithin unter sonst gleichen Umständen von der Festigkeit des Gesteins oder noch genauer ausgedrückt, von der Größe des Grundkörpers ab; dieser ist bei Quetschgesteinen klein, bei stark zerhackten Bergarten (Quarzschiefer, unterer Dolomit, Hauptdolomit, Schlerndolomit z. B.) von Grus- oder Schottergröße, bei gesunden festen Graniten, Gneisen usw. aber groß bis sehr groß (zuweilen Riesenblöcke und Riesenplatten). Annähernde Werte für die Auflockerung gibt die tieferstehende Übersicht.

Nach oben zu wird eine Auflockerung, welche nicht bis zum Tage emporreicht, begrenzt durch ein sich einstellendes Traggewölbe oder durch eine feste, dem wirksamen Gebirgsdrucke gewachsene Gesteinsschichte.

G r ö ß e d e r A u f l o c k e r u n g in Hundertsteln des Rauminhaltes.

	vorübergehend	bleibend
Sand, feiner Kies, sandiger Lehm	10—20	1— 2
Schlier des Hausrucktunnels (schwach verbundener, toniger Sand)	—	2
Schwerer Lehm, grober Kies	20—25	3— 5
Blättrige Schiefer, Tonmergel, Keupermergel	25—30	4— 6
Mergel, Kies-Tongemenge, mürbe Sandsteine	25—30	6— 8
Fester Ton	30—50	8—10
Mürber Fels	30—50	8—10

	vorübergehend	bleibend
Fester Fels, kurzklüftig	35—50	8—15
Diabas, Kleinschotter 15/30 mm	45	—
Fester Fels, weitständig zerklüftet	40—55	10—25

Legen wir die **Kommerell**sche Formel $h = \dfrac{100 \, s}{n}$ und die weiter oben angegebenen Ziffern der bleibenden Auflockerung zugrunde, dann erhalten wir die nachstehenden Beziehungen.

a) Abhängigkeit der Höhe des drückenden Gebirges (h) von der Auflockerungsziffer (n); s = 2 m (Höhe des Hohlraumes).

Auflockerung-ziffer	1	2	3	4	5	6	7	8	10	15	20
Druckmas-senhöhe in m	200	100	67	50	40	33	28	25	20	13	10

Der Auflockerungsdruck wächst mithin in sehr hohem Maße und rasch mit der Abnahme der Auflockerungsziffer. Die Pingen können z. B. in Sandlagern gegebenenfalls auch bei einer Überlagerung von 200 m noch bis zum Tage emporreichen. Der Bergbau mit seinen weiten Räumen verursacht Tagschäden bei noch weit größeren Überlagerungen. Verspannungen des Trümmerwerkes verhindern ein gleiches Anwachsen des **wirksamen** Bergdruckes mit dem errechneten Drucke.

b) Abhängigkeit der Höhe (h) des drückenden Gebirges von der Höhe (s) des Hohlraumes.

Nehmen wir so wie im Falle a an, daß das zubruchgegangene Gebirge den aufgefahrenen Hohlraum ganz erfüllt, so erhalten wir für verschiedene s-Werte die nachstehenden h-Zahlen.

$$n = 2; \text{ Stichboden.}$$

Höhe des Raumes in m	2	3	4	5	6	7	8	9	10	12	14	18	20	25
Druckmas-senhöhe in m	100	150	200	250	300	350	400	450	500	600	700	900	1000	1250

Je höher wir den Hohlraum machen, desto weiter empor **kann** auch die Auflockerung reichen; ob die errechnete Höhe sich auch tatsächlich einstellt, wird u. a. die Festigkeit der entstandenen Lockermassen und ihre damit etwa zusammenhängende Fähigkeit, ein Entlastungsgewölbe zu bilden, bestimmen; wesentlichen Einfluß nimmt auch die Zusammensetzung des Hangenden.

Wir sehen, daß die Druckmassenhöhe **rechnungsmäßig** im geraden Verhältnisse mit der Zunahme der Auflockerungsziffer abnimmt. Man erwartet dieses Ergebnis von vornherein, weil mit der anwachsenden Gebirgsfestigkeit allein schon die Auflockerung sich vermindern muß; schwer schießbares, gesundes Sprenggestein, wie Granit, Porphyr usw. läßt die für die Druckmassenhöhe errechneten Werte nur unter ganz besonderen Voraussetzungen erreichen und in aller Regel nicht Wirklichkeit werden. Die Rechnung beleuchtet bloß bestehende Zusammenhänge, deren Inkrafttreten von der

Erfüllung verschiedener Voraussetzungen abhängt; verbindliche Einzelheiten ergibt sie wohl selten. Keinesfalls darf man obige Rechnungsergebnisse mit dem w i r k s a m e n Bergdrucke zusammenwerfen und verwechseln.

2. Der wirksame Bergdruck.

Der Gebirgsdruck, welcher an der Stollenleibung im Augenblicke der Auffahrung des Hohlraumes lebendig wird, weicht bald mehr, bald weniger von jenem Bergdrucke ab, welcher vor der Durchörterung des Gebirges an der betreffenden Stelle geherrscht hat. Nennen wir diesen, für das Bauschaffen allein maßgebenden Gebirgsdruck den wirksamen und sehen wir vorläufig davon ab, daß er sich bei vielen Gesteinen im Laufe der Zeit verkleinern kann. Erinnern wir uns vielmehr daran, daß er keine unbekannten Spannungen uns gegenüberstellt, sondern nur die auf den Hohlraum tatsächlich wirkende Größe uns schon vertrauter Unterarten des Bergdruckes ist. Er gehört also bald zum Überlagerungs-, bald zum Umwandlungs-, zum Rutschungs-, Gebirgsbildungs- oder zum Auflockerungsdruck oder er vereinigt mehrere dieser Erscheinungsweisen des Bergdruckes in sich. Während der Überlagerungsdruck im unverritzten Gebirge meist nur wissenschaftliche Bedeutung besitzt und im Abschnitte H_1 auch von diesem Standpunkte aus behandelt wurde, geht der wirksame Bergdruck den Ingenieur unmittelbar an und fordert seine ungeteilte Aufmerksamkeit heraus.

Der wirksame Bergdruck ist keine feste Größe, er ändert sich mit der Zeit; auch manches äußerst feste Gebirge wird an den Leibungen eines Hohlraumes nachbrüchig, wenn man es sehr lange Zeit unverkleidet stehen läßt. Dies beweisen u. a. die zahlreichen Deckenverbrüche in natürlichen Höhlen; gerade die Befahrbarkeit so vieler anderer Höhlenstrecken und Dome belegt aber umgekehrt die Tatsache, daß die Standfestigkeit gutartiger Gesteine Menschenalter überdauern kann und daß für ihr Erlöschen oder Nachlassen oft geologische Zeiträume erforderlich sind.

Sehr druckhaftes, aber festes Gebirge zeigt sich anderseits im Augenblicke der Auffahrung häufig gar nicht so schlimm; der lebendig gewordene Gebirgsdruck wird erst nach einiger Zeit ungemein groß, um mit einer gewissen „Beruhigung" des Gebirges wieder auf einen mehr oder minder leicht zu gewältigenden Betrag herabzusinken.

Nachstehende Einflüsse sind für die Größe und die Erscheinungsweise des wirksamen Bergdruckes maßgebend.

a) Der Wassergehalt des Gebirges.

Entscheidenden Einfluß auf die Größe des wirksamen Gebirgsdruckes übt unter bestimmten Voraussetzungen die Wasserführung des Gebirges aus.

So z. B. in allen Lockermassen, in Bindern sowohl wie in feinkörnigen Rollern; hier setzt das Lückenwasser die Ziffer der inneren Reibung auf einen Bruchteil jener in trockenen Ablagerungen derselben Art herab und bringt unter Umständen das Gebirge zum „Schwimmen". Erweichbare, aber im trockenen Zustande feste Gesteine wie Mergel, Tonsteine, Tonmergel usw. saugen sich mit Wasser so voll, als ihrer Druckentlastung bei der Auflockerung entspricht, schwellen, werden weich und beweglich; Auflockerungsdruck und Quellungsdruck (Umwandlungsdruck) überlagern sich.

Ähnlich wie in nassen Lockermassen liegen die Verhältnisse in Zerrüttungstreifen. Dagegen erzeugt im gesunden Gebirge Kluftwasser oft nur Arbeitsbelästigung, während die Größenordnung des Bergdruckes sich bloß in jenen Fällen ändert, welche der Abschnitt 1 a bereits erörtert hat.

b) Die Überlagerungshöhe.

Wie wir gesehen haben, nimmt der gedachte, ruhende Gebirgsdruck in geradem, einfachem Verhältnisse mit der Mächtigkeit der Überlagerung zu; nicht so der wirksam werdende Gebirgsdruck. Zu seiner Berechnung darf man den einfachen Überlagerungsdruck nur in jenen Fällen heranziehen, in welchen dieser die Bruchfestigkeit des Gesteines, bzw. in gewissen Fällen die Fließgrenze der Bergart überschreitet, o h n e daß sich über den Hohlraum Entlastungsgewölbe bilden; unter solchen Umständen hängt auch der wirksame Gebirgsdruck in einer einfachen Beziehung von der Überlagerungshöhe ab.

Auf seicht liegende Stollen bzw. auf die Anfangstrecken auch längerer Tunnel legt sich also die Belastungspannung mit ihrem vollen Betrage als wirksamer Bergdruck auf die Firste des Hohlraumes und z. T. auch auf die Stöße. Sie verformt dabei die Nachbarmassen des Hohlraumes

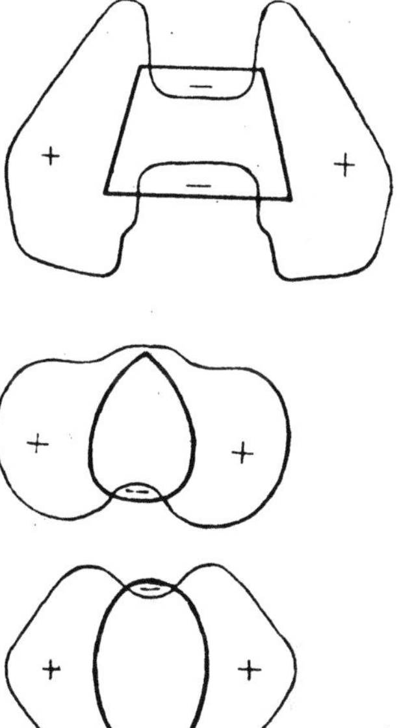

Abb. 82. Beanspruchung eines trapezförmigen Querschnittes (oben) gegenüber spitzeiförmigen (Mitte) und eiförmigen Querschnitten (unten).

entweder bildsam (fette, feuchte Tone u. dgl.), oder brechend; in letzterem Falle (rollige Massen, Verwitterungschwarte, mürbe Schiefer, spröde Bergarten u. a.) tritt sie uns teilweise als Auflockerungsdruck entgegen. Es unterliegt kaum einem Zweifel, daß auch in größeren Tiefen die Überlagerungspannung die Auflockerung befördert, wenn sie der Vortrieb in Gang gesetzt hat.

Unterschreiten jedoch die Spannungen, welche der Vortrieb ins Gebirge hineinträgt, die Gesteinsfestigkeit (Bildsamkeitsgrenze bis Bruchgrenze), dann zeigt sich der wirksame Gebirgsdruck von der

Überlagerungshöhe (Gewichtshöhe) gänzlich unabhängig; er steigt u. a. mit der Abnahme der Gebirgsfestigkeit und sinkt mit ihrer Zunahme; ja, er kann in sehr festen Gesteinen und in geringen Rindentiefen sogar anscheinend Null werden; dann wird eben der ganze, versteckte Gebirgsdruck von der Festigkeit des Gebirges aufgenommen.

Aber auch in jenen Fällen, in welchen der wirksam werdende Gebirgsdruck das überlagernde Gestein auflockert und zerbricht, muß an der Stollenleibung nicht der volle Überlagerungsdruck d a u e r n d in Erscheinung treten. Er kann sich vielleicht im Augenblick des Vortriebes mit dem zweifachen bis dreifachen Betrage des Ruhedruckwertes eingestellt haben. Er sinkt jedoch sofort mit dem Zerbrechen der überlagernden Massen. Bildet sich, wie so oft, über der Stollenfirste eine Verspannung, dann wird der Einbau entlastet und es zeigt sich keine Abhängigkeit des wirksamen Gebirgsdruckes von der Höhe der Überlagerung. Als wirksamer Gebirgsdruck erscheint dann eigentlich der Auflockerungsdruck.

Die vorstehenden Überlegungen gelten vorzugsweise für den Firstdruck. Der wirksame Ulmdruck wächst von einer gewissen Teufe ab mit der Höhe der Überlagerung und ist dann nicht unabhängig von ihr.

Von einer gewissen im Tunnelbau noch nicht erreichten Teufe an wird die Belastungspannung so groß, daß sie die Festigkeit des Gebirges überwindet und den der Natur aufgezwungenen Hohlraum brechend oder bildsam schließt; darin gehen wir mit A. H e i m einig.

c) Die Klüftigkeit der Felsarten.

Die Zerklüftung des Gesteins setzt den Widerstand des Gebirges nach Maßgabe des Verhältnisses zwischen Kluftabstand und Hohlraumweite herab und erhöht so mittelbar den wirksamen Gebirgsdruck. Engständig zerhacktes Gestein kann sich über weiten Hohlräumen fast so verhalten wie lockere Massen; jedenfalls läßt es sich viel leichter zusammendrücken als kluftarmes Gebirge.

Trotzdem trug z. B. im Loibltunnel der weitgehend zerhackte Schlerndolomit bei rund 8 m und mehr Lichtweite des Hohlraumes seine gewölbartig ausgeformte Firste noch frei. Kräftig zerschnittener Truggneis der Südflanke des Mürztales durfte kurze Zeit naturbelassen bleiben, ohne daß man Ablösungen von der bogigen Firste mit 5—6 m lichter Spannweite zu befürchten brauchte. Voraussetzung für ein derart günstiges Verhalten zerschnittener Bergarten ist die Feinheit der Risse, ihre Lehm-, bzw. Tonfreiheit und das Fehlen von Sickerwässern. Wenn die Schnitte sich zu schmalen Rissen erweitern und Lehm, Zerreibsel oder auch nur Tonbestege aufnehmen, dann sinkt die Standfestigkeit des Gebirges und es wächst in gleichem Maße seine Beweglichkeit; ganz besonders ungünstigen, zusätzlichen Einfluß übt dann noch Sickerwasser aus.

Weite Abstände der Schnitte voneinander machen sich solange weniger unangenehm bemerkbar, als die Hohlraumweite nicht ein Vielfaches von ihnen wird. Ihre Scharen beeinflussen den wirksamen

Bergdruck ganz allgemein in ähnlichem Maße wie z. B. die Schichtfugen (vgl. Abschnitt 2, K). Dies gilt nicht bloß für den Abstand kräftig ausgebildeter Schnitte und Klüfte, sondern auch für ihre Richtung; der wirksame Bergdruck (Auflockerungsdruck) wächst mit der Abnahme des Winkels, welchen Tunnelachse und Streichen der Hauptklüfte miteinander bilden.

Serpentine, Talksteine u. dgl. bilden in den Alpen besonders häufig spiegelglatte Gleitflächen aus. Sie begünstigen obertags die bekannten Bergstürze, untertags aber bringen sie Druck und verlangen örtliche Einbauten.

Lettenklüfte belästigen den Vortrieb sehr. Leider treten sie recht häufig auf, namentlich im kristallinen Gebirge; sie fehlen aber auch im Brausgestein nicht. Je breiter sie sind, desto mehr befördern sie Ablösungen und das Nachbrechen von Massen, z. B. in Form von Platten oder von Glocken. Mit Zunahme ihrer Mächtigkeit, bzw. ihrer dichten Aneinanderdrängung gehen sie in Zerrüttungstreifen, Verruschelungen usw. über. Besonders unangenehm werden die Lettenklüfte, wenn Sickerwässer sie durchweichen; der Tonbrei fließt dann in den Stollen, die sich leerenden Spalten klaffen auf, und die von ihnen zerrissenen Felsmassen stürzen, ihres Haltes beraubt, in den Hohlraum.

Das Ausrinnen der Lettenklüfte kann durch Erschütterungen befördert werden. Die bindige Füllung geht in den stoßflüssigen Zustand über, wie z. B. Terzaghi und Leo Casagrande gezeigt haben. Auf diese Weise können Sprengungen plötzliche, unvorhersehbare Firstbrüche herbeiführen; ich glaube jedoch, daß derartige Vorgänge sich nur selten abspielen.

d) Die Form des Hohlraumes.

Der Einfluß der Form des geschaffenen Hohlraumes auf den wirksamen Gebirgsdruck wurde bisher noch wenig untersucht. Sicherlich sind Eiformen (Parabelbogen, Abb. 82; starker Firstdruck) Kreise (Ulmendruck oder allseitiger Druck), gedrückte Kreise (Ulmendruck) usw., je nach obwaltenden Umständen die günstigsten Umrißformen des Querschnittes von Stollen und von Langhallen; man vergleiche u. a. die Versuche von Lehr. Sehr bewährt hat sich auch die Spitzbogenform (Gaisrücken, Eselsrücken; Abb. 76 und 6), welche die Natur zuweilen selbst durch Ablösungen herstellt; einen hübschen derartigen Fall schildert v. Rabcewicz (S. 3). In Minnesota, Amerika, bricht der St. Peter-Sandstein gotisch aus; man schildert ihn ähnlich wie den Melker Sandstein als weich, leicht zerreiblich und bemerkenswert einheitlich zusammengesetzt. Domähnliche Hallen sollten kugel- oder halbkugelähnlich gestaltet werden. Es ist klar, daß man Formen, welche vom Rechtecke oder vom Trapeze erheblich abweichen, meist erst im endgültigen Ausbaue und selten schon beim Vortriebe (Abb. 77, 78, 79) schaffen kann; immerhin würde eine leichte Wölbung ·der Firste bereits im Richtstollen die Standfestigkeit des Gebirges erhöhen (vgl. auch spätere Abschnitte). Wie sehr die Trapezform die Ulmen beansprucht, verdeutlicht die Abb. 82.

e) Die Ausmaße des Hohlraumes.

Gedachtermaßen hängt der ruhende Bergdruck gar nicht oder höchstens nur ganz wenig von den Ausmaßen des erzeugten Hohlraumes ab. Der wirksame Erddruck nimmt unter Umständen, auf die Einheit der gedrückten Flächen bezogen, sogar öfters etwas ab, weil das Gewicht der etwa zusätzlich belastenden, seitlichen Dreiecke (besser gesagt, der verwickelt begrenzten Erddruckkörper) sich auf eine größere Sohlfläche verteilt, sonst vergleichbare Verhältnisse natürlich vorausgesetzt.

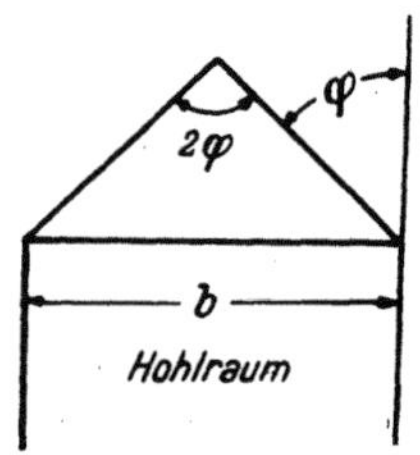

Abb. 83. Annähernde Berechnung des auf eine söhlige Firste drückenden Gebirgskeiles.

Von der H ö h e des Hohlraumes hängt der auf die Firste wirkende Bergdruck innerhalb der im Stollenbau üblichen Ausmaße kaum ab; der Ulmendruck nimmt aber in sehr großen Tunneln und Hallen (Domen) mit der Vergrößerung der Höhe des Hohlraumes in erheblichem Maße zu (Hallen für Pumpwerke, Krafthäuser, Hallen für Untertagwerke u. dgl.), so besonders in gebrächen Bergarten. Darauf deuten im standfesten Gebirge Bergschläge hin (Bergbaue bei Schwaz, rund 700 m Überlagerung, Hallen höher als 20 m). Bleiben zwischen Domen hohe, schmale Pfeiler stehen, so kommt — je nachdem — ihre Biegungs- oder ihre Knickfestigkeit zur Geltung. Nur ganz untergeordnet wirkt sich auf den Bergdruck die L ä n g e eines Hohlraumes aus, wenn sie im Vergleiche zu seiner Breite sehr groß ist; eine Ausnahme machen wiederum Dome und solche Tunnel, in welchen der Schichtenbau Schübe in der Längsrichtung wachruft.

Wohl zu unterscheiden von dem Einfluß der Ausmaße eines Hohlraumes auf den Einheits-Bergdruck sind die R ü c k w i r k u n g e n des Bergdruckes auf den Hohlraum je nach seinen Ausmaßen. Wir wissen in dieser Hinsicht, daß das Gebirge unter sonst gleichen Umständen um so weniger widerständig gegen den Bergdruck ist, je breiter und je höher man den Hohlraum aussprengt. Man nimmt gewöhnlich an, daß sich die Wirkungen des Gebirgsdruckes auf die Leibung mit der Zunahme der Hohlraumbreite in quadratischem Verhältnisse steigern; dabei stützt man sich auf die Formel für die Fläche F des auf die Firste drückenden Keiles: $F = \dfrac{h}{2} b$ oder, weil $h = \dfrac{b}{2\,\mathrm{tg}\,\varrho}$ $F = \dfrac{b^2}{4\,\mathrm{tg}\,\varrho}$. In dieser Gleichung bedeuten: h die Höhe, b die Breite des Keiles, ϱ den Winkel der inneren Reibung (Abb. 83, φ).

Ausdrücke, wie „gebräches", „standfestes" Gebirge usw. haben daher strenge genommen nur dann Sinn, wenn man sie in Beziehung zu einer bestimmten lichten Weite des Hohlraumquerschnittes setzt. Von einem bestimmten Werte der Hohlraumbreite an senkt sich jedes Gebirge bildsam oder unter Bruch, mag es auch in engeren Stollen sich so standfest wie nur möglich verhalten. Je kleiner man den Querschnitt des Hohlraumes annimmt, desto leichter bilden sich in seiner Firste tragende Gewölbe, welche den wirksamen Gebirgsdruck herabsetzen, unter Umständen bis auf Null.

f) Die Herstellungsart des Hohlraumes.

Schonendes Sprengen weckt in der Regel den schlafenden Gebirgsdruck nicht oder nur in geringem Maße, solange es sich um

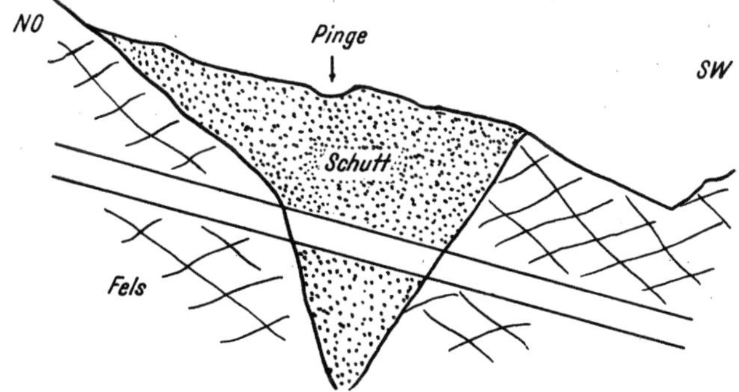

Abb. 84. Schutterfüllte Rinne im Wettersteinkalk; Riffelries, Zugspitzbahn. Nach K n a u e r.

verhältnismäßig feste Gesteine handelt. Zerschießt man aber durch lange, scharf geladene oder gar stark gekesselte Bohrlöcher Ulmen und Firste, dann macht man das Gebirge lebendiger, als seinem sonstigen Verhalten bei schonender Behandlung entspricht. Das Streben des Vortriebes, die Strecke möglichst rasch aufzufahren, verleitet oft zur Mißhandlung des Gebirges im Richtstollen. Beim Ausweiten des Hohlraumes bis auf seine planmäßigen Ausmaße geht man gezwungenerweise doch meistens schonend vor; man würde sonst den unvermeidlichen Überquerschnitt unnötig vergrößern. Man macht dann die Erfahrung, daß das Gebirge sich beim Ausweiten standfester zeigt als bei der Auffahrung des Richtstollens; die Standfestigkeit der Bergarten ist eben ein fließender Begriff, in entscheidendem Maße abhängig von den Abmaßen des Hohlraumes, seiner Herstellungsart und von verschiedenen, anderen Umständen.

W a g n e r hat bereits aufgezeigt, daß auch die Tunnelbauweise einen großen Einfluß auf die Äußerungen des lebendigen Gebirgsdruckes ausübt; je weniger eine Bauweise das Gestein mißhandelt und auflockert, desto geringer wird der fühlbare Gebirgsdruck ausfallen. So führt z. B. die sonst vielfach bewährte österreichische Bauweise durch wiederholtes Unterfangen der Pölzung unter Umständen ausgiebige und selbst schädliche Auflockerungen der Firste herbei; die Längsträgerbauweisen lockern durch das „Schnappen" der Pfähle die Leibung mehr auf als die Querträgerbauweisen. Nachsenkungen des Gebirges verhindert dagegen sehr wirksam die Kölner Bauweise (weitere Angaben im Hauptstück K).

g) Schwächestellen des Gebirges, Höhlen.

Zerrüttungstreifen können an sich standfestes Gebirge druckhaft, ja sogar äußerst schwierig gewältigbar machen. Im übrigen verhalten sie sich im Stollenbau sehr verschieden, je nach dem Grade der Zertrümmerung und Auflockerung, welche das Gebirge erlitten hat und in zweiter Linie wohl auch je nach der Gesteinsart und ihrer Wasserführung. Bricht eine Firstglocke aus, dann verspannt sich selbst stark zerrüttetes, aber „trockenes" Gebirge oft wieder soweit, daß man es zu gewältigen vermag; so z. B. häufig im Hauptdolomite der Voralpen. In der Regel jedoch führen Ruschelstreifen mehr oder weniger Wasser; dieses erweicht die Massen, setzt ihre Reibung und ihren Zusammenhalt herab und verstärkt ihre Druckäußerungen. Fein zerriebenes, durchnäßtes Gebirge kann in Zerrüttungstreifen sogar „schwimmend" werden, so besonders in Gesteinen, welche gebirgbauliche Vorgänge mit Seidenglimmern angereichert haben.

Verwerfungen und Zerrüttungstreifen verraten sich dem kundigen Auge oft schon durch die Kleinformen des Geländes und durch den Pflanzenwuchs. Im Urgebirge sind weiche Sättel und sanfte Mulden der Hänge umsomehr verdächtig als Beherberger von Störungen, je feuchter sie sind (Wiesenstreifen mit Naßgallen, Erlengebüsche u. dgl., vgl. S. 22). Das Kalkgebirge aber zeigt seine gebirgsbaulich bedingten Mürbstellen und Schwächeorte durch Schuttreisen (Schuttriesen), Blocklammern, durch Bergsturzmassen, Sacktäler, Karstrichterreihen, Höhlenzüge usw. an; der Kundige läßt sich dann auch durch Mauerfluchten (Peggauer Wand, Abb. 21, rechts, usw.) nicht täuschen, wenn er aus den Kaminen, Felsschluchten usw. oben und aus den Schuttmassen am Fuße der Steilwände das Ausmaß des schlechten Gesundheitszustandes des Gebirges abgelesen hat. Der inneren Zerklüftung zahlreicher Streifen des Gebirges entspricht dann die Notwendigkeit, längere Strecken zu verkleiden, als man beim flüchtigen Anblick der Gebirgsmasse angenommen hatte. In dieser Hinsicht enttäuschte z. B. der Wechselgneis sehr, welchen der Große Hartberg-Tunnel durchörterte; der Gneis war vorherrschend zerrüttet und zersetzt.

Der Jimori-Tunnel im Zuge der Ofunato-Linie der japan. Staatsbahnen begleitet eine Störung im Gebirgsbau in geringem Abstande von ihr und begegnete infolge dieser ungünstigen Trassenwahl mannigfachen Schwierigkeiten; der Bau kam dadurch sehr teuer zu stehen.

Der Südstollen des Simplontunnels fuhr bei km 4.42 zermalmten, kalkhaltigen Glimmerschiefer an, welcher eine bildsame Masse ergab und gewaltigen Gebirgsdruck äußerte. Der stärkste Holzeinbau zerbrach; man baute daher, um des Druckes Herr zu werden, eiserne Rahmen ein und betonierte den Raum zwischen den Gevieren aus. Es gelang, den Stollen zu halten; die 44 m lange Druckstrecke erforderte aber riesige Kosten und viel Zeitverlust (November 1901 bis Mai 1902). Die Druckstrecke erschwerte auch den Vollausbruch; man verwendete gemauerte Lehrbogen, die nach Aufführung des Tunnelgewölbes durch Sprengarbeit entfernt wurden; die Scheitelstärke des Gewölbemauerwerkes betrug 1.60 m.

Wie viele Störungen, so setzen auch die Ruschelstreifen sehr häufig in steiler Stellung durch das Gebirge. Man durchörtert sie am leichtesten senkrecht zu ihrem Streichen; verhängnisvoll für den Stollenbau ist annäherndes Zusammenfallen der Hohlraumlängsachse mit dem Streichen eines Ruschelstreifens. Man muß dann nicht bloß das zerrüttete Gebirge auf große Erstreckung hin auslängen, sondern hat auch bei steiler Aufrichtung des Ruschelstreifens in seiner Mitte mächtigen Firstdruck und häufige Firstbrüche zu erwarten. Sehr unangenehm sind wiederholte Richtungsänderungen eines mit der Stollenachse streichenden Zerrüttungstreifens, besonders wenn sie geringfügig sind. Der Stollen schneidet dann bald mit dem einen, bald mit dem andern der beiden Ulmen die Ruschelmassen an, welche darauf mit Seitendruck antworten; bald wiederum liegt der Hohlraum zur Gänze in der Zerrüttung und ist Firstbrüchen oder Deckenbrüchen u n d Ulmenbrüchen ausgesetzt.

Im Lötschbergtunnel war der triadische Quarzit um km 3.513 N herum vollständig zerhackt; die Zwischenräume zwischen den Bruchstücken füllte grober Quarzsand aus; die unteren Lagen zerfielen beim Anfahren vollständig zu Grus. Bei km 3.551 N fuhr man dann Steinkohlenzeitschiefer an, welche mit schwachem Südfallen an der unter 15⁰—20⁰ nordfallenden Trias abstoßen; zahlreiche Verwerfungen, in der Regel steil nördlich einschießend, traf man besonders zwischen km 3,660 und 3,640 N an; hier stellten sich dem Vortriebe besonders hohe Druckkräfte entgegen.

Steil einfallende Zerrüttungsstreifen verraten sich in der Regel durch die Kleinformen des Geländes. Diese sind stets sanfter als im geschonten Gestein. Wo der Schutt, welchen die in dem Zerrüttungstreifen kräftig arbeitende Verwitterung erzeugt, bald nach seiner Ablösung vom Anstehenden vom rinnenden Wasser, von Lahnen oder vom Steinschlag weggeschafft wird, senken sich, je nach Bergart, Furchen, Wasserrisse, kleine Schluchten und Kamine in das Gehänge ein und verraten Linien geringerer Widerständigkeit.

K n a u e r schildert, wie die bayr. Zugspitzbahn zwischen km 1,416 und km 1,447 eine schutterfüllte Rinne im festen Wettersteinkalk anfuhr und hier unter starkem Druck zu leiden hatte (Abb. 84); trotz vorsichtigen Vortriebes mit Getriebezimmerung brach an einer Stelle die Firste aus und es entstand in der Schuttreise obertags eine Pinge. Die unter Schutt begrabene Felsrinne liegt im Zerrüttungstreifen der Riffelries, welcher 65—70 m breit ist.

Annähernd söhlige bis sanft ansteigende Zerrüttungsmassen sind häufig mit Überschiebungen verknüpft. Auch sie bringen Druck; er wechselt mit der Richtung des Einfallens der Überschiebungsfläche, der Art ihres Verschnittes mit dem Hohlraume, mit der Mächtigkeit und dem Grade der Verruschelung usw.

Örtlich, besonders im Schiefergebirge, schließen die Zerrüttungstreifen bei gleichem Streichen mit der Richtung des Einfallens der Gesteinstöße einen sehr spitzen, oft sich Null nähernden Winkel ein (Gleitzerrüttungen). Besonders lästig werden sie, wenn sie bei flacherem Einfallen in der Firste auftreten. Beim Auffahren

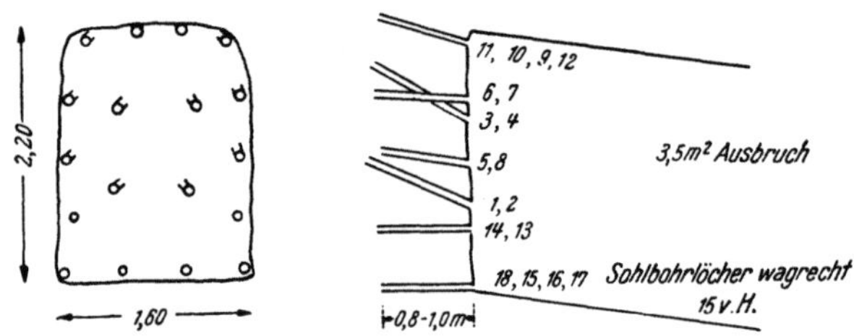

Abb. 85. Anordnung der Bohrlöcher beim Baue der Zugspitzbahn; Wettersteinkalk. Nach Fred Kilian.

des Stollens für das Teigitschkraftwerk, beim Baue des Gerloswerkes und des Tauernkraftwerkes im Kaprunertale erschwerten zahlreiche Gleitzerrüttungen den Vortrieb.

Schwächestellen und wirkungsvolle Ungleichförmigkeiten des Gebirges sind ferner breite, offene Spalten, Höhlenschläuche, Naturschächte u. dgl. Sie erzeugen je nach ihrer Lage zum Tunnel Sohlenniederbrüche (z. B. im Montretout-Tunnel), Deckeneinstürze (Karsttunnel z. B.) oder Ulmenverbrüche.

Im Tunnel 6 der Karstbahn (Koschantunnel) zwischen den Bahnhöfen St. Peter und Oberlesetscher stürzte die Ausfüllung eines alten Hohlraumes in den voll ausgebrochenen, in Ausmauerung begriffenen Tunnel und verschüttete ihn bis zum Gewölbeanlaufe; die trennende Lage des Karstkalkes war nur mehr 18 Zoll bis 2 Fuß stark und konnte auf die Dauer das Gewicht des Bergschuttes vermischt mit Sand, Lehm und roter Erde nicht mehr tragen; der Bruch trat plötzlich ein; die Stelle lag nahe dem Schachte 2. In km 8,890 des oberen Klammtunnels der Gasteiner Bahn fuhr man einen Hohlraum im sog. „Klammkalk“ an; seine Wände schmückten schöne Drusen von Kalkspat, sein Inneres füllte Lehm aus.

Besonders gefährlich für den Bestand eines Stollens können Hohlräume werden, welche sich nach der Inbetriebsetzung unterhalb eines Tunnels oder eines Wasserstollens im Anhydrit-Gipsgebirge durch Auslaugungsvorgänge bilden. Bei der alljährlichen Überprüfung des Opponitzer Kraftwerkstollens entdeckte man noch rechtzeitig eine binnen wenigen Jahren entstandene, große Aushöhlung unter der Sohle des Freispiegelstollens.

Unregelmäßige Zerfressung kennzeichnet sehr häufig das Salz-, Anhydrit- und Gipsgebirge. O. Fraas schildert diese für den Tunnelbau sehr unangenehmen Auslaugungserscheinungen am Beispiele des Forsttunnels mit folgenden Worten: „Einschnitt und Tunnel boten während des Baues ein Bild der Zerstörung und Umwandlung von Gebirge, wie das in diesem Maße an keinem anderen Punkt unserer Eisenbahnen beobachtet werden konnte. 300.000 Schachtruten waren zu bewegen, welche nur zum kleineren Teile aus den frischen, unangegriffenen Mergeln und Dolomiten des Wellengebirges bestunden. Alles übrige war das bis ins Innerste zerfressene und ausgelaugte Haselgebirge, Dolomit und das Liegende des Hauptmuschelkalkes. Von irgendwelcher ursprünglichen Lagerung war keine Rede mehr, es folgten zwar im großen Ganzen noch Bänke zerfressenen und umgewandelten Dolomites aufeinander, aber im Einzelnen war alles verstürzt, verbogen, gesprengt und geborsten. Ein Chaos übereinander geschobener und aneinander abgerutschter Blöcke in zähem, grauen Schlamme steckend."

Höhlen zwingen auch dann, wenn sie keine Verbrüche bringen, zu Absicherungsmaßnahmen, zu verstärkten Einbauten usw. In seltenen Fällen bieten sie Gelegenheit zur Unterbringung von Ausbruch, dessen weite Verführung sie ersparen helfen; ihre Sohle muß aber dann entsprechend günstig liegen.

Der Skert-Tunnel der Linie Podbrdo—Görz z. B. fuhr zwei Höhlengänge an, welche mäßige Räumigkeit besaßen. Sie zwangen aber trotzdem zu vielen, außergewöhnlichen Aufmauerungen und Betonausfüllungen. Zudem mußte man in ihrem Bereiche die belgische Bauweise mit Firststollenvortrieb verlassen und die Ausmauerung von unten nach oben bewerkstelligen.

Im Opcina-Tunnel, unweit Triest, mußte man eine Strecke des Widerlagers, unter welchem eine Höhle durchzog, mittels eines 19 m weiten Bogens unter demselben sichern.

Beim Baue der Zugspitzbahn km 2,075—2,089 nötigte, wie Knauer berichtet, die Schuttfüllung einer angefahrenen Höhle zu Getriebzimmerung und zum Einbau eines sehr stark bewehrten Betongewölbes. Wie in den Hallen der Peggauer Wand war auch hier der Bergschutt lehmig und etwas feucht; die Gesteinbruchstücke waren im Zugspitztunnel eckig und von ziemlich gleichmäßiger Korngröße (1—5 cm). Die Höhle knüpft an hier durchstreichende Verwerfungen, wie z. B. an jene der Riffelries, an; doch hat ihr das Wasser erst ihre Räumigkeit gegeben, wie man u. a. an ihrer NW-Wand schon konnte.

Kleinere Höhlenschäuche, offene Spalten usw. fuhr die Bayr. Zugspitzenbahn an mehreren Stellen an. Die bedeutsamste Kluft war an der Kreuzungsstelle mit dem Tunnel 6—7 m breit; man überwand sie mit einer Brücke. Bergwärts verbreitete sie sich zunächst auf etwa 10 m in Lichten, verengte sich aber dann wieder; der breitklaffende Spalt nahm 3350 m³ Ausbruch auf.

Klaffende Spalten beobachtete man im Simplon-Tunnel in Kalkschiefern rund 3000 m tief unter der Oberfläche und im glimmerreichen Gneis des Gotthard-Tunnels in 2700 m Tiefe. Hoskins berechnet, daß leere Spalten bis zu 6520 m, mit Wasser gefüllte Klüfte aber bis zu 10.350 m Tiefe offen stehen können.

Vor ausgefüllten Spalten warnt Fr. Jenikowsky (1927). Im Hauptdolomit des Frieslingstollens des Opponitzer Kraftwerkes waren nach seiner Schilderung öfters Spalten mit lehmig verbundenem Zerreibsel ausgestopft (der Verfasser vermutet, daß es sich um Quetschdolomit handelte).

Beim Anfahren trat aus ihnen kein Wasser aus. Bei starken Regengüssen aber füllten sich diese Ruschelstreifen (?) bzw. Spalten oberhalb des Stollens mit Wasser hoch an. Das gespannte Wasser der feinteilchenärmeren, oberen Teile der Spalten bahnte sich bald einen Weg nach dem Stollen zu als eines neu geschaffenen Ortes geringsten Widerstandes. Das Wasser nimmt Sand und Feinteilchen mit, wäscht die Lücken zwischen den gröberen Bruchstücken frei und spült in wachsender Menge Schlamm und Breimassen in den Stollen. Unter höherem Druck vermuren diese Wassereinbrüche den Stollen zuweilen auf weite Erstreckung und gefährden die Belegschaft. Ein heftiger solcher Einbruch in den Frieslingstollen verursachte eine Unterbrechung des Vortriebes in der Dauer von 6 Wochen. Um derartigen Ereignissen vorzubeugen, mußte man solche harmlos aussehenden, aber gefährlichen Ruschelstreifen und ausgestopften Spalten sofort nach ihrer Bloßlegung verbauen, am besten mit Beton in Form eines geschlossenen Ringes.

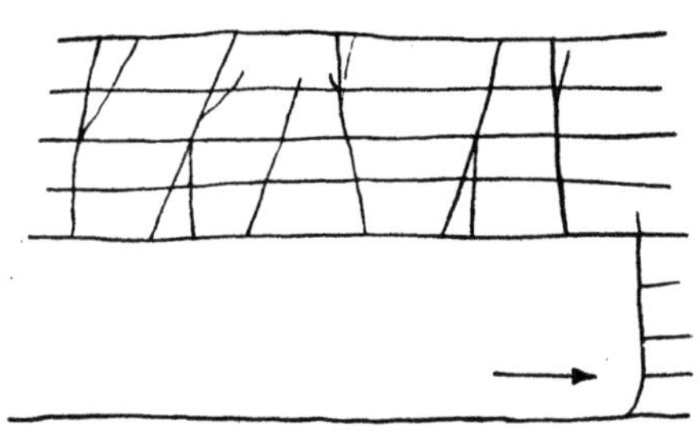

Abb. 86. „Firstenkeile" verursachen Ablösungen von der Firste.

Breiten Spalten begegnet man bekanntlich am häufigsten im Kalkgebirge. Sie fehlen jedoch auch in anderen Gesteinen nicht ganz. Der Navigance-Stollen bei St. Louis fuhr z. B. im massigen, sandigen Quarzit Klüfte an, welche bis zu ½ m breit klafften und entweder leer standen oder mit feinem, weißen Schlamm ausgefüttert waren. Aus einer weiten, schlammerfüllten Kluft erfolgte beim weiteren Vortrieb sogar ein mächtiger Wassereinbruch (vgl. S. 93).

h) Die Lagerung der Schichten.

Die Abhängigkeit des Bergdruckes von der Art der Lage der Schichten im Raume haben die Stollenbauer bereits frühzeitig erkannt. Trotzdem führten zuweilen besondere Lagerungsverhältnisse zu mehr oder minder großen Überraschungen bezüglich der Verteilung des Bergdruckes.

Ebenflächige Schichtstöße.

Söhlige Lagerung wirkt sich auch in sehr festen Gesteinen und in vergleichsweise schmalen Hohlräumen häufig ungünstig aus. Das Verhalten der Schichten hängt jedoch unter sonst gleichen Umständen hauptsächlich von ihrer Biegungssteifigkeit $St = \dfrac{E\,h^3}{11}$ genauer $St = \dfrac{E\,h^3}{12\,(1 - m^2)}$ ab; dickbankige Durchbruch- und Absatzgesteine sowie wenig verschieferte Umprägungsgesteine tragen ihr Hangendes im allgemeinen gut. Große Lichtweite des Hohlraumes, Dünnplattigkeit des Gesteins, Klüftigkeit usw. führen dagegen leicht Ablösungen herbei (Sargdeckel), unter Umständen sogar größere Nachstürze; die Abbrüche bevorzugen die Mitte der Firste und ihre Ränder.

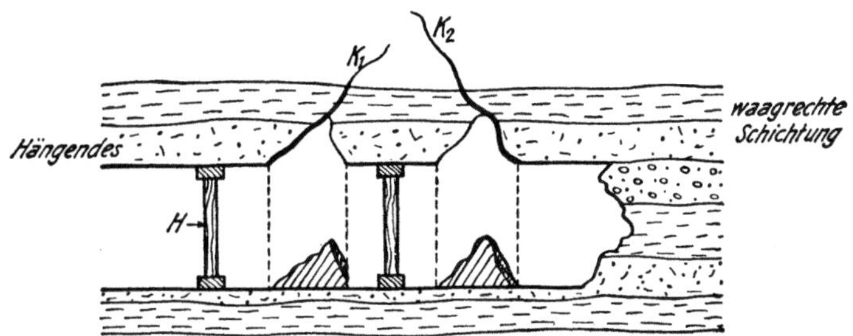

Abb. 87. Ausbruch von Firstenkeilen nach Schrägrissen (K_1 und K_2). Der Holzstempel H hätte den Keil und nicht die Platte stützen sollen. Nach B e n d e l, Ingenieurgeologie.

R z i h a hat in seinem berühmten Werke über die Tunnelbaukunst gezeigt, wie bei söhliger Lagerung besonders Klüfte, welche in der Firste aufsetzen, zu größeren Brüchen führen können, wenn sie nach oben zu zusammenlaufen (Firstenkeile; Abb. 86, 87), Sickerwässer, durch Tonbeläge, mergelige oder tonige Zwischenmittel u. dgl. zurückgestaut, begünstigen die Ablösung von Platten und größeren schnittbegrenzten Blöcken, ja sie „drücken" zuweilen die Massen förmlich ab und schleudern sie in den Hohlraum hinein. Seltener hat der Stollen bei starkem Ulmendrucke unter dem Einschube von söhlig gelagerten Platten von den Stößen her zu leiden; hier bremst meist die Reibung kräftig; tonige Beläge und Wasser schmieren aber häufig die Flächen.

Im Simplon-Zwilling-Stollen brach in den flachliegenden Kalkphylliten von km 9,140—7,150 Süd das Dach überall lebhaft nach, so daß der Einbau bis vor Ort nachgeführt werden mußte. Ellipsoidische, mit Rutschharnissen geschmückte Gesteinbrocken preßte der Druck aus den Ulmen heraus. Einige Monate nach dem Durchfahren der Strecke trieb die Sohle auf. Dieselben Kalkphyllite erwiesen sich im Norden, in der Bedrettomulde, sehr standfest, weil sie dort steil aufgerichtet quer zur Tunnel-Achse streichen.

Bei geneigter Lagerung der Schichten u. zw. etwa von einem Fallwinkel von mehr als 15 bis 20 Graden an, kommt es nicht bloß auf den Neigungswinkel, sondern auch auf das Streichen des Gesteins im Stollen an (vgl. S. 16).

Am wenigsten Gebirgsdruck bringen unter sonst gleichen Umständen Schichten, welche steil aufgerichtet sind oder auf dem Kopfe stehen und dabei s e n k r e c h t   a u f   i h r   S t r e i c h e n durchörtert werden (Abb. 42). Wie v. R a b c e w i c z (Gebirgsdruck und Tunnelbau, S. 10) richtig hervorhebt, wölbt sich dann die Firste jeder Schicht zu einem Bogen, welcher weitgehend unabhängig von den Nachbargewölben sein kann und doch sein Hangendes kräftig trägt; entwickeln die Schichtflächen einige Haftfestigkeit, dann ergibt sich sogar eine erhebliche Steifigkeit des Schichtverbandes in der Längsrichtung des Stollens. In solchen q u e r verlaufenden Strecken beginnt der Platteneinschub erst von einer gewissen Lichtweite an und erreicht in der Regel keine so großen Ausmaße als in streichenden Strecken.

Im Stollen des Kapruner Kraftwerkes haben sich sonst wenig standfeste bis schwach nachbrüchige Schwarzschiefer des Tauernrahmens gutmütiger gezeigt, als man erwarten durfte; der Stollen quert die steilgestellten Schiefer annähernd senkrecht auf ihr Streichen. Auch bei der Durchörterung der Hartland-Schiefer (Ordovicium) durch den Shepaug-Tunnel hat sich das Streichen der Schieferung nahezu senkrecht zur Achse als recht günstig erwiesen. Mittelsteil aufgerichtete und auch flacher geneigte, querstreichende Schichtstöße erzeugen oft Längenschub mäßiger Größe; so besonders, wenn Tonbestege oder tonige Zwischenmittel die Reibung der Schichten aufeinander herabsetzen.

F a l l e n dagegen S t o l l e n a c h s e und G e b i r g s s t r e i c h e n völlig oder annähernd zusammen, dann weckt der Vortrieb in wenig tragfähigen Gesteinen einen überdurchschnittlich großen Bergdruck; zusätzliche Voraussetzung für ihn ist ein Neigungswinkel der Schichten, welcher größer ist als der Winkel der Reibung der Schichten aufeinander.

Die Ungunst des annähernden Gleichlaufes von Tunnelachse und Gesteinstreifen haben u. a. der Bau des Jeschken-Tunnels und des Gerlos-Kraftwerkstollens erfahren. Auch im Bukovo-Tunnel erzeugte das spitzwinkelig zur Tunnelachse gerichtete Streichen der Triasschiefer sehr bedeutenden Druck. In dünnplattigen Bergarten schieben die Schichtköpfe gerne von dem Ulm her in den Hohlraum hinein, eine Neigung, welche tonige Bestege, lettige oder mergelige Zwischenmittel, Sickerwässer usw. nur noch begünstigen. Diese Erscheinung zeigt u. a. auch die Abb. 71. Den Gewölbescheitel würde gedachtermaßen nur eine Spannung entsprechend der Überlagerungshöhe h beanspruchen; Lehmklüfte zwischen den durchörterten, steil aufgerichteten Schichten können einen Druck erzeugen, welcher von einem Gesteinstoße allenfalls bis zur Höhe H hinauf ausstrahlt.

Je mehr der Schichtfallwinkel die Reibung der Gesteinsplatten oder ihre Haftung aneinander überschreitet, desto erheblicherem Drucke wird der Einbau ausgesetzt sein; der Schub geht dabei oft einseitig von der Ulme mit dem stolleneinwärts gerichteten Verflächen aus; zuweilen wächst er so stark an, daß man neben dem Ulmendrucke auch ein mehr oder minder lebhaftes Aufsteigen der Sohle beobachtet. Aber auch die Firste kann in steil stehenden

Schichtstößen streichender Strecken leicht lebendig werden; ausgedehnte Platten verlassen ihren Verband und rutschen in den Hohlraum; der Einschub erfolgt von der Firste her bei starkem Drucke und in spröden Gesteinen zuweilen unter Knall. In der Decke gähnen dann Kamine, deren Sicherung nicht immer leicht und billig ist. In der Querrichtung fehlt eben jede Gewölbewirkung.

In Lehnenstollen stellt man häufig fest, daß steil bergeinwärts fallende Schichten auf den talseitigen Ulm kräftiger drücken als auf den bergseitigen (Stollen der Gerloswerke).

Mit der Verkleinerung des Verflächungswinkels nähert sich das Verhalten geneigter Schichtstöße mehr oder weniger jenem flach

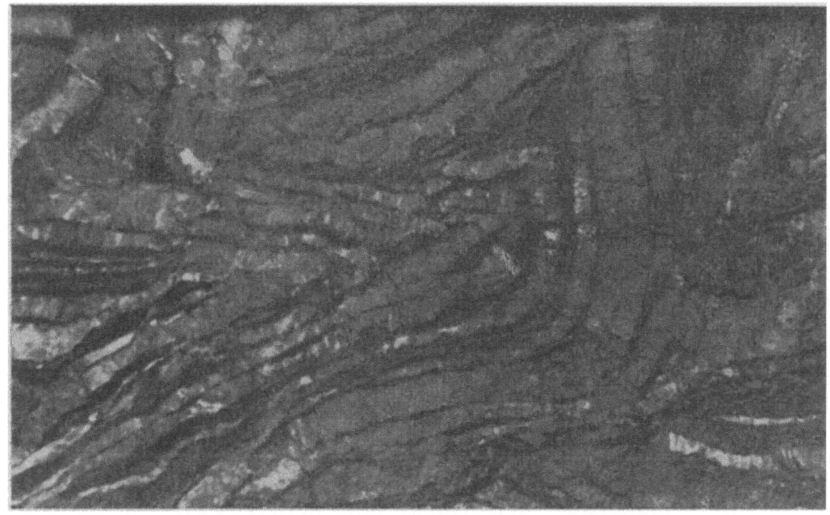

Abb. 88. Faltung dünnplattiger Kalke im Loibltunnel.
Nach einer Aufnahme von Oberbaurat Dr. H o i n i g.

gelagerter Schichten. Eine große Rolle spielen aber auch dann noch wasserführende Schichtfugen, erweichbare Zwischenmittel, Mächtigkeit der Einzellagen des Gesteins, Größe und Form des „Grundkörpers“ und manche andere Umstände mehr. In sehr festem, mehr oder minder sprödem Gebirge lösen sich von den geneigten Schichtstößen oft Platten mit lautem Knall los und schnellen in den Hohlraum (Schichtenbrüche). Umfangreichere Schichtenbrüche grenzen sich mehr oder minder parabolisch ab.

Die Rolle der K l ü f t u n g hat u. a. auch R z i h a bereits erörtert. Fallen ziemlich steil geneigte Schichten der Arbeitsbrust zu, so erzeugen sie an sich vor Ort mehr oder minder Druck; außerdem trennen aber die wohl kaum jemals fehlenden, auf den Schichtflächen annähernd senkrecht stehenden Querklüfte von der Firste Felskeile ab, welche von Längsklüften oder von den Schichtfugen vorne und hinten begrenzt werden, hohen Firstdruck bringen und die Arbeiter gefährden können. Hier tut Vorsicht beim Vortriebe not; sie darf aber auch dann nicht fehlen, wenn die Schichten von der Arbeitsbrust abfallen; denn die Möglichkeit der Ablösung von Keilen ist auch in diesem Falle gegeben; es tauschen in diesem Falle Schichtung und Längsklüftung ihre Rolle.

In streichenden Strecken begünstigen die Längsklüfte das Hereinbrechen und Drücken von Massen besonders auf jener Seite der Firste, von welcher die Schichten abfallen. Unter besonderen Umständen, wie sie z. B. im Ambergstollen der Westtiroler Kraftwerke herrschten, formen Schichtung und Klüftung spitzdachartige Firsten aus (Abb. 14).

Vereinter Einfluß ungünstiger Lagerung der Schichten und der Klüfte verursachen u. a. das Unglück beim Baue des nur 46 m langen Ittertunnels in Tirol i. J. 1874, dem am 6. Juli 20 Arbeiter samt dem leitenden Ingenieur zum Opfer fielen.

Der permotriadische, rote Sandstein, welchen man hier durchörterte, gliedert sich in Bänke von 1—2 m Mächtigkeit; dünne Schieferlagen trennen sie voneinander. Die Schichten bilden eine flache Mulde, indem sie am nördlichen Mundloche gegen Westen, am südlichen Tunnelhaupte ähnlich sanft gegen Osten verflächen. Saigere Klüfte, 2—3 m voneinander abstehend, streichen von SSO gegen NNW und zerlegen den Sandstein im Vereine mit der Schichtung in ziemlich große Grundkörper. Es war daher verfehlt, auf einmal 16 m Stollenlänge voll auszubrechen, ohne nachzumauern, bzw. eine entsprechend kräftige Zimmerung einzubauen.

Wählt man in streichenden Tunneln die Kernbauweise, so beeinflußt der Druck von dem einen Ulm unmittelbar und mittelbar durch die Zimmerung den Kern mit seiner einseitig geneigten Schichtfolge ungünstig.

Gefaltetes Gebirge.

Unseren Betrachtungen lagen bisher mehr oder minder ebenflächige Schichtstöße zugrunde (einseitig geneigte Schichtfolge). Begeben wir uns in Gedanken in gefaltetes Gebirge.

Unser Stollen v e r q u e r e beispielsweise eine Schichtfolge, welche in Wellenfalten von geringer Pfeilhöhe gelegt ist. Die Längsklüfte des Schichtstoßes neigen sich dann in den Sätteln der Falten nach unten zu gegeneinander so ähnlich, wie dies die Stoßfugen der Mauerwerksgewölbesteine tun. Quert dann der Hohlraum ein solches Faltengewoge, so drücken kleinere oder größere Massen der Sättel, von ihren Hangenden abgelöst, auf die Firste (Abb. 19); diese kann dann auch ganz plötzlich zubruche gehen (R z i h a, 2. Bd., Zeichnung 563, S. 373). Druckwasser und schwellende Binder im

Hangenden der Sättel pressen oft ganze Schalen ab, besonders wenn Mergel (oder Schiefer, Letten und ähnliche Binder) mit Sandsteinen (Kalken, Dolomiten usw.) wechsellagern.

Folgt die Stollenachse streckenweise den Achsen der Klein-Sättel (Brachyanticlinalen) oder der Kleinmulden (Abb. 15), dann leidet der Stollen in ganz ähnlicher Weise und aus denselben Gründen vielleicht noch mehr unter den geschilderten Erscheinungen. In vielen Fällen, kann hier ein streichender Stollen (im Sinne der Gleichrichtung mit den Faltenachsen) schwerer unter Druck zu leiden haben als eine Querstrecke.

In Mulden geringer Tiefe ergeben sich ähnliche Verhältnisse wie in Kleingewölben; an die Stelle der dem Mittelpunkte des Sattels zustrebenden Klüfte (a der Abb. 19) treten in den Mulden die nach der Umbiegung zusammenlaufenden Schichtfugen und übernehmen ihre Rolle in ähnlicher Weise wie dies in streichend durchörterten Gewölben die Klüfte tun. Ja, die Verbreiterung der längskluftbegrenzten Keile nach unten zu vergrößert noch die Gefahr von Firstbrüchen.

Die Druckverhältnisse im Faltengebirge mit hohen Pfeilen der Gewölbe sind bekannt (S. 17 ff.).

Im übrigen bietet jede Unterfahrung von Faltenketten mit tiefliegenden Tunneln ihre Besonderheiten; eine allgemeine Vorhersage des Bergdruckes ist daher hier sehr übel am Platze; nur eine sorgfältige geologische Feldaufnahme in Verbindung mit Craeliusbohrungen ermöglicht eine einigermaßen verläßliche Anschätzung der zu erwartenden Druckverhältnisse; eine tunlichst weitgehende Kenntnis der Wasserführung des Gebirges spielt dabei eine große Rolle.

Durchörtert man, was wohl nicht häufig vorkommt, geschlossene Kuppeln (Aufwölbungen), dann beurteilt man sie ähnlich wie Gewölbe; Stollen in der Richtung eines Durchmessers verhalten sich anders — meist günstiger —, wie solche nach einer Sehne. Kleinkuppeln (Brachyantiklinalen) bieten ·die Druckerscheinungen der Gewölbe mit kurzer Sehne; auch mit diesen geologischen Erscheinungen hat der Tunnelbauer selten zu tun.

Kleingefaltetes Gebirge bricht umso leichter nach, je gequälter die Fältelung ist; dies lehren u. a. auch die Erfahrungen in den dünnplattigen, dunklen mergeligen Kalken der oberen Werfener Schichten, welche der Loibltunnel anfuhr (Abb. 80, 88). Die Knickstücke der Zickzackfalten brechen leichter aus als die rundbogigen Umbiegungen gewöhnlicher Falten.

Schollengebirge.

Im Schollengebirge herrschen im allgemeinen keine von der Regel abweichenden Druckverhältnisse. Unangenehm sind unter allen Umständen die Fälle, in welchen die Schollenverstellungen noch andauern; dann gesellt sich zum Überlagerungsdruck an den Grenzen der Schollen noch der Bewegungsdruck, den wir weiter oben echten Gebirgsdruck genannt haben; hier könnten wir ihn Schollendruck oder Verstellungsdruck nennen und ihn so vom Faltendruck und vom Überschiebungsdruck trennen.

Abweichungen von der regelmäßigen Verteilung der Spannungen kann auch das Keilschollengebirge bringen (Abb. 25).

Es besteht aus gewaltigen, mehr oder minder keilförmigen Blöcken, welche ihre Schneide bald nach aufwärts, bald nach abwärts kehren; an ihren Grenzflächen bedrohen sie Querstrecken mit Abscherung (vgl. S. 26).

Sogar die „Zwerge" unter den Keilschollen, die Tonausfüllungen breiter zusammenlaufender Gebirgsspalten, können beim Stollenvortriebe sehr unangenehm werden, wenn sie der Hohlgang an Stellen anschneidet, wo ihre Grenzflächen nach oben zusammenlaufen. Die englischen Tunnelbauer fürchteten stets den "clay back". Vgl. S. 20.

i) Die Schichtfolge.

Durchaus nicht gleichgültig für die Größe und den Ablauf der Druckerscheinungen ist die Schichtfolge. Wie Kegel (1942) an der Hand seiner Abb. 32 und 33 (S. 35) gezeigt hat, brechen z. B. bei flacher Lagerung weiche, gebräche Schiefertonschichten im Liegenden von tragfähigen, hohlraumnahen, dickbankigen Sandsteinen rasch nach (Abb. 89), bringen aber nicht sehr starken Druck, weil die Formänderung des Schiefertones einen größeren Teil des Arbeitsvermögens des Berges aufzehrt und der Hangendsandstein nur ganz allmählich sich absenkt oder — in schmalen Hohlräumen — standfest bleibt. Lagert dagegen der Schieferton über Sandstein (Kalk oder einer Bergart von ähnlicher Festigkeit), dann sinkt der Sandstein — wenn überhaupt — ganz langsam in den Hohlraum nach; die Schiefertone (Abb. 90) mit ihrer wesentlich höheren Verformungsfähigkeit legen sich in mächtigen Stößen mit ihrem vollen Gewichte auf den Sandstein, verstärken seine Druckwirkung und beschleunigen sie. Weber'sche Hohlräume und ähnliche, entlastend wirkende Erscheinungen fehlen im zweiten Falle ganz.

Der Einfluß der Schichtlagerung auf den lebendigen Bergdruck äußert sich besonders kräftig, aber mit örtlicher Beschränkung dann, wenn Gesteine ganz verschiedenen technischen Verhaltens in geneigter Lagerung aneinander grenzen. Überlagert z. B. wasserführender, an sich fester Kalkstein (2 der

Abb. 62) mit mäßigem Neigungswinkel wasserstauende Schiefer (1), so wird der Druck des Wassers und die Last der Kalkbänke bei der Annäherung an den Kalkzug die dünn gewordene, trennende Schieferlage von Ort her eindrücken; außerdem folgt ein Wassereinbruch nach. Aber auch beim Ausfahren des Kalksteines 2 tut Vorsicht not, wenn man sich seiner Hangendgrenze nähert. Dann vermag, wie schon R z i h a erwähnt hat, der Druck des Hangendschiefers vom Kalkstein ganze Platten und auch größere Keile abzusprengen und hinter die Brust zu schleudern. Klüftigkeit des Kalkes, Plattigkeit u. a. begünstigen solche Ortbrüche.

Lagern Mergel, weicher Schiefer u. dgl. söhlig über Kalksteinbänken, dann muß man die Sohle des Stollens womöglich so einlegen, daß zwischen Firste und Hangendgrenze des Kalkes eine genügend mächtige Bank tragfähigen Kalksteins verbleibt, um ein Durchbrechen der Schiefer zu verhindern. Schwierigkeiten entstehen auch, wenn eine im Schiefer umgehende Strecke zwischen dem Dache des Schiefers und den fast immer wasserführenden, hangenden Kalksteinbänken zu wenig Fleisch beläßt; zum Durchdrücken des Schiefers gesellen sich dann noch lästige Wassereinbrüche von der Firste her (Abb. 89; man denke sich den Sandstein durch Kalkbänke ersetzt).

Daß bei solchen Ablösungen infolge örtlich verstärkten Gebirgs-

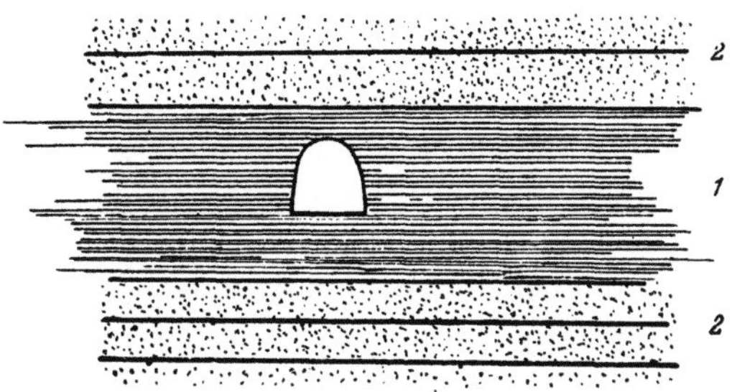

Abb. 89. Weiche, gebräche Schiefertone *1* im Liegenden von tragfähigen dickbankigen Sandsteinen *2* brechen leicht nach, wenn die Firste ihrer Dachfläche sich nähert. Frei nach K e g e l.

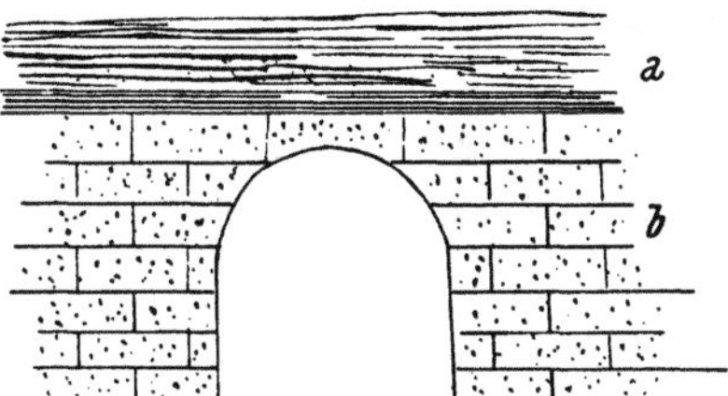

Abb. 90. Gebräche Schiefertone *a* liegen über festem Sandstein *b*, welchen der Stollen ungünstigerweise in seinen Dachschichten durchörtert.

druckes Lautwerden des Gebirges den Arbeiter warnt, war schon den alten Bergleuten bekannt. Ebenso, daß man an dem dumpfen Tone beim Abbrechen oder Abklopfen der Firste und der Ulmen bevorstehende Abtreibungen meist noch rechtzeitig erkennen kann. Die meisten Gesteine „schalen" dabei „ab", d. h. es lösen sich Platten von der Firste und von den Ulmen, welche ohne Rücksicht auf vorhandene Schichtung und Klüftung mit ihrer Innenfläche dem Umfange der Hohlraumleibung folgen (Abb. 91).

k) Die Mächtigkeit der Einzelschicht.

Dünne Platten widerstehen dem Drucke ungefähr drittpotenzig schlechter als dicke Schichten (Biegungssteifigkeit $= \dfrac{E\,h^3}{12\,(1-m^2)}$; $m = $ P o i s s o n'sche Zahl). Dagegen sinkt die Bergschlaggefahr mit der Abnahme der Mächtigkeit der Einzelschicht.

In schwebend gelagerten, dünnschichtigen Stößen bilden sich tragende Scheingewölbe um so schwieriger, je geringmächtiger die Einzelschichten sind; am ehesten halten sich noch spitzbogige Querschnitte (Abb. 6). Auch echte Gewölbewirkungen beobachtet man seltener als in gebankten Bergarten. Die Lichtweite von Stollen, deren Wirtgestein sich gerade noch trägt, ist unter diesen Umständen in dünnplattigen Gesteinen in aller Regel gering. Söhlig gelagerte, dünnschiefrige Gneise stehen vielleicht noch in schonend vorgetriebenen, naturbelassenen Mauslochstollen ganz gut, in Tunneln dagegen brechen sie lebhaft nach. Man macht daher beim Vollausbruche oft die Erfahrung, daß Mergel, kristalline Schiefer und andere, stark verschieferte oder dünnschichtige Gesteine, welche keines Einbaues bedurften, im größeren Querschnitt rasch nachbrüchig werden. Zusammen mit den Schnitten und Klüften (Abschnitt c) erzeugen eben geringe Abstände der Schichtfugen und Schieferungsflächen kleinere Grundkörper; diese brechen um so leichter aus dem Gesteinsverbande heraus, je ungünstiger das Verhältnis ihrer Ausmaße zur Lichtweite des Hohlraumes wird und je häufiger Lehmbestege sie begrenzen.

Scheinbare Ausnahmen machen Stollen, welche sehr steil stehende dünnschichtige Gesteinstöße annähernd senkrecht zum Streichen queren. Bei solcher Lagerungsart und Auffahrungsweise sind die Bergarten aber an und für sich standfester und man braucht nur größere Lichtweiten zu betrachten, um sich auch unter diesen Umständen von der geringeren Widerständigkeit dünner Schichten, verglichen mit gebankten Bergarten, zu überzeugen.

l) Der Einfluß der Zeit.

Der Einfluß der Zeit auf die Auswirkung des Gebirgsdruckes wird in standfesten und bedingt bildsamen Bergarten oft sehr spät bemerkbar. Der Bergmann kennt das allmähliche Zuwachsen mancher seiner Stollen. Der Kalkalgensandstein von Aflenz bei Leibnitz, Steiermark, trägt sich frei auf Spannweiten von 10 Metern und mehr; nach Jahrhunderten bricht jedoch da und dort die Firste nieder (Römersteinbrüche); die Fortsetzung alter, weiter, natürlicher Höhlen versperren häufig Verstürze, die sich oft erst nach langem Bestande der Höhle gebildet haben mögen (Drachenhöhle bei Mixnitz).

Für die Langsamkeit, mit welcher sich Höhlendecken selbst bei annähernd söhliger Lagerung der Schichten herabsenken, gibt ferner K n i e r e r K. ein Beispiel. In der Erdmannhöhle bei Hasel (Dinkelberg), auch Haselhöhle genannt, hängen einige Platten des Muschelkalkes herab; man hat sie untermauert, obwohl Tropfsteinzäpfchen zwischen ihnen und der oberen Decke anzeigen, daß die Spalten schon Jahrzehnte lang aufklaffen, ohne zum vollständigen Niederbruch geführt zu haben.

Auch der l e b e n d i g e Gebirgsdruck ändert sich im Laufe der Zeit; es hängt daher seine fühlbare Größe u. a. auch von dem Zeitraume ab, welcher von der Auffahrung bis zur Herstellung des endgültigen Einbaues verstreicht; in den meisten Fällen, wie z. B. regelmäßig bei Auflockerungsdruck, tut man gut, das Gebirge möglichst rasch abzuschließen, um es gegen schädliche Einflüsse zu schützen und den Druck weiter schlafen zu lassen. Selbst verhältnismäßig gutartiges Gebirge kann druckhaft werden, wenn man es zu lange auf der nachgiebigen Rüstung stehen läßt; anfänglich standfestes

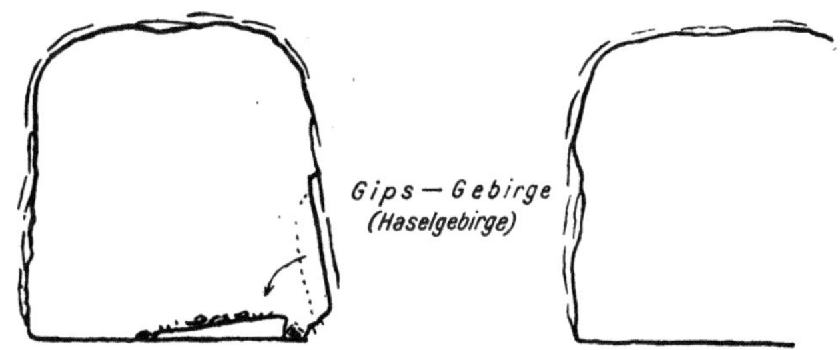

Abb. 91. „Abschalen" des Gebirges längs der Leibung eines Hohlraumes; sog. „Seegrotte" in der Brühl bei Mödling, N.-Ö.

Gebirge bröckelt nicht selten nach, wenn es längere Zeit der Stützung entbehren muß; schwer bildsames aber schiebt mit der Zeit in den Hohlraum hinein. Man läßt daher gerne den dauernden Einbau tunlichst rasch auf den vorübergehenden folgen.

Ausnahmen von dieser Regel gibt es natürlich; sie sind meist im Gesamtbauplane oder in Zeitverhältnissen bedingt und werden häufig vom Druckstollenbauer in Anspruch genommen. Sehr standfestes, den Einflüssen der Stollenluft und jenen des Wassers trotzendes Gebirge kann vielleicht jahrelang ohne Einbau stehen oder sogar dauernd unverkleidet bleiben. Einer weiteren Ausnahme ging T e r z a g h i rechnerisch zu Leibe, nachdem ihre Erscheinung selbst schon lange bekannt war; erfordert nämlich die Entspannung der Leibung und damit auch die Bildung eines Traggewölbes längere Zeit wie z. B. bei Tonen, Tonmergel u. dgl., dann kann es sich empfehlen, zuzuwarten, bis der Gebirgsdruck nachgelassen hat. Man hat schon oft die Erfahrung gemacht, daß Tunnelgewölbe, welche man kurz nach der Öffnung des Hohlraumes eingezogen hatte, zerbrachen, während sie bei den Erneuerungsarbeiten ohneweiters standhielten. In neuerer Zeit wartet man häufig das Abklingen des Bergdruckes nicht ab, gibt aber solchem Gebirge die Möglichkeit zu weiterer Ausdehnung, indem man in den rasch eingezogenen, endgültigen Ausbau nachgiebige oder andersartig raumbietende Bauglieder einfügt (siehe auch Abschnitt 1 d); sie sind u. a. dort am Platze, wo man mit Schwellungsdruck rechnen muß.

Den fachlich Fernestehenden mag vielleicht das scheinbar widerspruchvolle Verhalten des Gebirges überraschen. In Wirklichkeit ist nur der Zeitpunkt des Eintrittes des Höchstdruckes bei den einzelnen Bergarten verschieden. Ein Gestein (Abb. 92), welches gleich beim Anfahren einen starken Druck äußert, welcher eine kurze Zeit lang noch wächst, wird man nicht schon im Zeitpunkte x starr vermauern; man tut besser, bis zum Zeitpunkte x_1 mit dem endgültigen Einbau zuzuwarten oder ihn zwar zur Zeit x auszuführen, aber bis zu einem gewissen Grade nachgiebig zu gestalten. Eine den Höchstdruck spät äußernde Bergart 2 erheischt einen tunlichst raschen Endausbau, die wenig druckhafte Bergart 3 gönnt dem Ingenieur etwas mehr Zeit zur Einbringung der Ausmauerung.

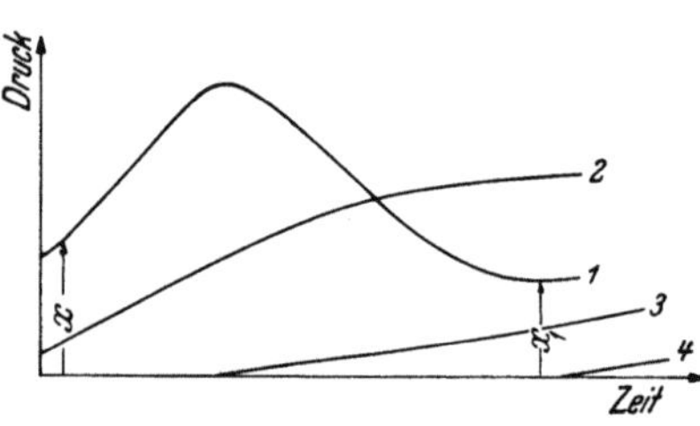

Abb. 92. Verlauf der Zeit-Druck-Linie bei verschiedenen Gesteinen.

Noch langsamer stellt sich Nachbrüchigkeit und Druck in Gesteinart 4 ein, bei welcher man den Hohlraum geraume Zeit ohne Rüstung belassen darf. Man kann nun den Punkt auf der Zeitachse, von welchem ab man mit Ablösungen rechnen muß, recht weit nach rechts schieben und den ansteigenden Ast der Zeit-Drucklinie beliebig flach verlaufen lassen; man erhält dann das Bild eines von Natur aus recht standfesten und dem Bergdrucke durch Jahrzehnte oder Jahrhunderte trotzenden Gesteines.

m) Die Ungleichförmigkeit des Wirkdruckes.

Man darf niemals damit rechnen, daß der wirksame Bergdruck über die Leibung des Hohlraumes sich annähernd gleichmäßig verteilt.

Über der Firste gesellt sich das Eigengewicht der gestörten Massen zum durchschnittlichen Drucke hinzu und verstärkt hier die Auflockerung, während in der Sohle das Eigengewicht der verritzten Bergmassen das Bestreben des Bergleibes unterstützt, sein verlorenes Gleichgewicht wieder zu finden. Daher greifen Störungen weiter nach oben als nach unten ins Gebirge ein; die Schale aufgelockerten oder sonstwie durch die Auffahrung in Mitleidenschaft gezogenen Gebirges besitzt in der Firste eine größere Stärke als in der Sohle.

Weitere sozusagen zufällige Ungleichförmigkeiten des Druckes ergeben sich durch Wärmeeinflüsse, durch den Wechsel der Schichten, durch die Lagerung der Gesteine, durch die Ungleichmäßigkeit in der Beschaffenheit der Bergarten usw. Um Wiederholungen zu vermeiden, verweise ich auf die vorangegangenen Abschnitte.

n) Der Einfluß der Oberflächenformen.

Der Einfluß der Oberflächenform auf den wirksamen Gebirgsdruck geht über jene Fälle hinaus, wo die Oberflächenformen ein eindeutiger, sichtbarer Ausdruck des geologischen Aufbaues der Örtlichkeit sind. Bei seiner Betrachtung teilen wir die Tunnel nach ihrer Lage zur Oberfläche des Geländes am besten in Lehnentunnel, Zehentunnel, Nasentunnel, Rückentunnel, Wasserscheidentunnel und Bergkettentunnel ein.

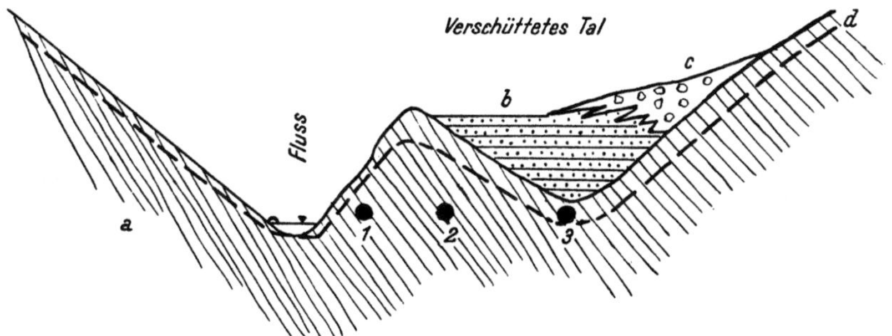

Abb. 93. Einfluß einer Talauflegung auf den Tunnelbau (1, 2, 3). a sog. Pinzgauer Blätterschiefer (Phyllite), b eiszeitliche Talverbauung, z. T. verzahnt mit dem Haldenschutte c; d Lockerschwarte des Gebirges. Frei nach S i n g e r.

Lehnentunnel.

Die Lehnentunnel streichen annähernd gleich mit dem Fuße der Lehne, welche sie durchlochen; sie stehen häufig unter dem vorwiegenden Einflusse eines Wanderdruckes (Talzuschubes!) und lassen daher gegen Tag hin mehr oder weniger Fleisch; genügt der Abstand der äußeren Tunnelleibung von der Geländeböschung nicht, dann können die Äußerungen des Wanderdruckes (Lehnenschubes) die Tunnelröhre zerstören, wie dies z. B. beim Baue des ersten Tunnels am Unterstein zwischen Eschenau und Kitzlochklamm (Salzburg) der Fall war.

Hier ließ man talseits nur etwa 6—10 m Fleisch und gegenüber der Straße örtlich nur eine Überlagerung von 2 m.

Hänge, welche nicht wandern, bringen den Tunnelröhren, abgesehen von den fallweisen Unannehmlichkeiten geringer Überlagerung, meist nur kleinere zusätzliche Schwierigkeiten; größere wohl nur dann, wenn sich in weniger festen Gesteinen einseitiger Ulmendruck in der Richtung hangauswärts in stärkerem Grade bemerkbar macht. Das an sich lästige Hangauswärtsfallen von Schichten erhöht die Bergdruckwirkung (vgl. S. 16).

Sehr widerständige, so gut wie keinen Bergdruck wachrufende Hänge streben in aller Regel auch steil auf und bilden mehr oder minder schroffe Wände; solche Tunnel nennt man dann W a n d tunnel (Polleroswandtunnel der Semmeringbahn).

Nach dem Gesagten begünstigen Neubaustreifen den Bau von Lehnentunneln mehr als Altlandshänge; letztere tragen oft eine sehr mächtige Decke aus Verwitterungsschutt und angewittertem Fels, während die Gesteine der Neubaustreifen bekanntlich die jugendliche Abtragstätigkeit mehr oder weniger gründlich von ihrer Ver-

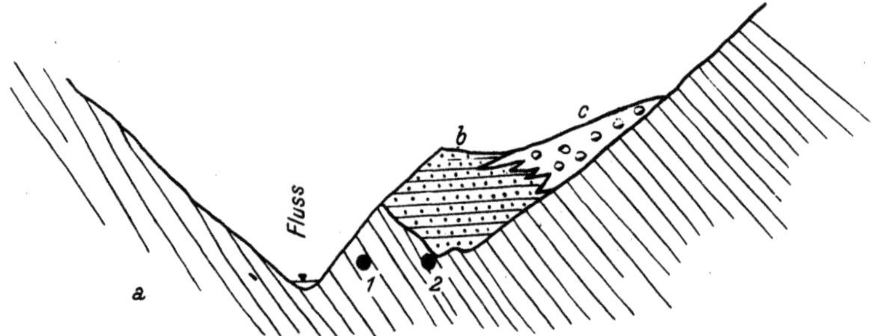

Abb. 94. Tunnelbau und Talauflegung (Epigenese, Doppeltal). Talquerschnitt benachbart jenem der Abb. 93; Erklärung wie dort.

witterungsschwarte befreit hat. Man darf daher in frischen Neubaustreifen die Vorlage etwas knapper bemessen als auf Hängen, welche die Landformung bereits vor vielen Jahrzehntausenden in ihrem Rohbaue geschaffen hat. In solchen Altlandschaften bildet die Oberkante der eingesenkten Junglandstreifen die Grenze zwischen seichter und tiefer im Bergleibe anzuordnenden Lehnentunneln.

Der wirksame Bergdruck in Lehnentunneln durchläuft mithin alle Stufen von sehr hohen Beträgen bis zu ganz geringen; zuweilen fehlt er in Wandtunneln ganz. Er wächst unter sonst gleichen Umständen mit der Größe eines allenfalls vorhandenen Wanderdruckes und mit der Abnahme der Standfestigkeit der Bergarten überhaupt und sinkt mit der Zunahme des Abstandes der Röhrenachse von der Geländeoberfläche (Zunahme der Vorlage) und dem Günstigerwerden des Schichteneinfalles oder des Verflächens der Klüfte; in dieser Hinsicht ist Schichtstreichen senkrecht zum Verlaufe des Hanges am günstigsten, Hangauswärtsfallen der Schichten oder einer stark betonten Hauptkluftschar am schlechtesten. Ein näheres Eingehen auf Einzelheiten machen die Erörterungen der Abschnitte 1 und 2 überflüssig.

Die großen Alpentäler, wie z. B. jene der Salzach, der Enns, des Isonzo usw. haben in ihren Schluchtstrecken nicht selten Verlegungen ihres Stammflusses erlebt. Neben ihrer heutigen Furche liegt, derzeit verschüttet, eine ältere Furche, welche der Fluß später mit seinen Geschieben (b der Abb. 93, 94) ausstopfte. Beim Wiedereinschneiden fand er, Schlingen beschreibend, sein altes Bett nicht wieder, sondern schnitt daneben eine neue Dreieckfurche in den Fels (Talauflegung, Epigenese).

Die Lage 1 eines Tunnels wie in Abb. 93 beläßt zu wenig Fleisch; rückt man, einen Bogen bergeinwärts einlegend, die Achse der Röhre nach 3, dann gerät der Tunnel in einen doppelten Gefahrenbereich: in die Verwitterungschwarte der alten Landoberfläche und in die nächste Nähe der grundwasserführenden alten Talsohle. Aber auch die Lage 2 befriedigt nur in dem vorliegenden Schnitte. Legt man den Querschnitt nicht, wie in Abb. 93 angenommen, dort, wo das neue Tal am weitesten von der alten Furche absteht, sondern nahe einer der beiden Stellen, wo das neue Tal vom alten abzweigt, so erkennt man ohne weiters, daß auch die Lage 2 nicht ratsam ist (Abb. 94). Wo die geologische Aufnahme eine Talverlegung (Talauflegung) festgestellt hat, ist es unbedingt nötig, den Verlauf der Felsoberfläche des verschütteten Tales durch eine ausreichende Zahl von Bohrungen, allenfalls in Verbindung mit geophysikalischen Untersuchungen, zweifelsfrei zu klären.

S t i n i (1942) schlägt für Lehnentunnel in vergletschert gewesenen und daher bis zu einem gewissen Grade von der Witterschwarte gereinigten Gebieten eine Breite der Vorlage von mindestens 10—30 m vor, für ältere Formen eisfrei gebliebener Landstriche aber 30—60 m, je nach Seehöhe, Abdachung, Böschungswinkel, Kleinformen des Hanges, Bergart, Beanspruchung des Gesteins durch Gebirgsbildung und Krustenbewegung usw. Diese rohen Angaben gelten jedoch nicht für Täler, welche zuwachsen. Für Druckstollen gibt man Zuschläge entsprechend dem Innendrucke; übersteigt er 3—4 atü, dann rückt man die Stollenachse am besten mindestens 100—150 m weit in den Bergleib hinein. Für Drücke von 8—11 atü haben sich Vorlagen von 200—300 m bestens bewährt; sie bieten im Gebirge Überlagerungen dar, welche zum Dichthalten der Stollenröhre wesentlich beitragen. Die Verlängerung der billig aufzufahrenden Fensterstollen fällt insbesonders dann nicht ins Gewicht, wenn sich gleichzeitig der Hauptstollen streckt und verkürzt.

Einige Beispiele für Lehnentunnel: Die meisten Triebwasserstollen von Wasserkraftanlagen (Abb. 95); Weinzettelwandtunnel und Polleroswandtunnel der Semmeringbahn (mittelzeitliche Kalke); Ennsmauertunnel (Gesäuse; Dachsteinkalk); Hochsteg-Tunnel (Gesäuse; Dachsteinkalk); mehrere Tunnel auf der Strecke St. Veit—Taxenbach; Mühltal-Tunnel (Brennerbahn; Blätterschiefer); Dössener Tunnel (Tauernbahn; Bergsturzblockwerk); Oberne-Tunnel (Wocheinerbahn, Schotter und Bergschutt); Servissteintunnel 2 (Lötschbergbahn; Röhre nahe der Grenze zwischen Kalkschiefer und Hangschutt; große Schwierigkeiten); Viktoriatunnel (Lötschbergbahn; Bergsturzblockwerk, schwierig zu gewältigen).

S t i n i , Tunnelbaugeologie.   12

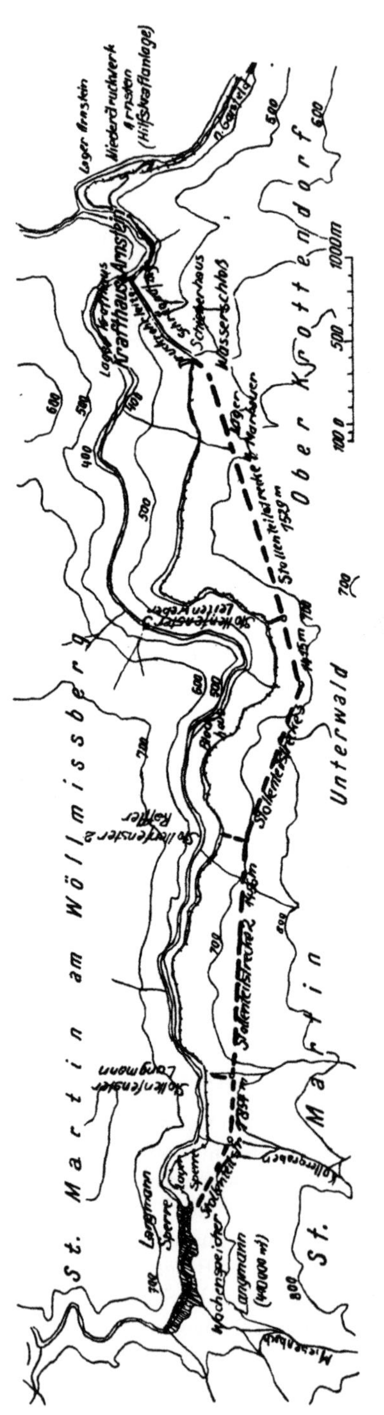

Abb. 95. Lehnenstellen der Unterstufe des Teigitschkraftwerkes, Weststeiermark.

Zehentunnel.

Als Zehen (Schleppen) bezeichnet die Landformenkunde sanft vorgebauchte, breitere Tiefteile des Hanges, welche demgemäß den allgemeinen Verlauf des Hangfußes nicht nennenswert stören; sie leiten zu den Sporntunneln hinüber, welche auffallendere Hangvorsprünge und ganze Bergrippen durchörtern.

Es bilden mithin die Zehentunnel das Verbindungsglied zwischen den gewöhnlichen Lehnentunneln und den Sporntunneln; als solche Zwischenglieder hat man sie auch vom Standpunkte des Gebirgsdruckes aus zu beurteilen. Die geringe Pfeilhöhe vieler Zehen verleitet oft dazu, sich mit einer kleinen Vorlage zu begnügen; diese Sparsamkeit rächt sich, wenn der Schuttmantel der Schleppe ziemlich mächtig ist und so für das gewachsene Felsfleisch nach Abrechnung seiner Verwitterungsschwarte eine zu kurze Strecke übrig bleibt. Übrigens umfährt man Zehen öfters als man sie durchtunnelt; in letzterem Falle schaltet man aus geologischen Gründen vorteilhafter einen Bogen nach innen ein.

Sporntunnel.

Sporntunnel (Ausweichtunnel, Abkürzungstunnel; M e t a g 1934) durchstoßen Gebirgssporne an der Innenseite von Krümmungen fließender Gewässer und von Tälern. Je jugendlicher die Prallstellen sind, an derem Steilhange man die Mundlöcher ansteckt, desto frischer ist hier das Gestein und desto geringer unter sonst gleichen Umständen der wirksame Bergdruck. Wie sonst, so verraten sich auch bei Auslaufspornen Verruschelungen durch weichere Formen und durch eine gewisse, wenn auch nur geringe Einschnürung des Spornes an ihren Durchstreichlinien.

Übergänge verbinden die Sporntunnel mit den Zehentunneln. Das Endglied auf der anderen Seite der Reihe ist die Durchörterung des Halses eines Umlaufberges.

Längere Sporntunnel sind nach M e t a g: Der Cochener-Tunnel (4205 m), der Goldberg-Tunnel (2200 m), der Tunnel im Weiler (1205 m, Wutachtal), der Buchholzer-Tunnel (936 m, Lennetal), der Husberg-Tunnel (792 m, Lennetal). Weitere Sporntunnel sind: Der Loreley-Tunnel (370 m), Petersberg-Tunnel (Linie Koblenz—Trier), Prinzenkopftunnel (Eifel), Wilsecker-Tunnel (1280 m, Linie Köln—Gerolstein—Trier), der Rohrbacher-Tunnel (297 m, Riesengebirgsgranit), Altmühltal-Tunnel (670 m). Andere Sporntunnel sind der Ronco-Tunnel (3259 m, Italien) und in besonders mustermäßiger Form der Vosburg-Tunnel (3209′, Linie New York —Pennsylvania; Abb. 96).

Ein sehr kurzer Sporntunnel durchörtert den Einödberg (verderbt „Anna"-berg) zwischen St. Michael und Hinterberg (Obersteier, Murtal). Der Bergsporn, welcher die Mur in einer weit nach Süden ausholenden Schlinge umfließt, besteht im wesentlichen aus Echtgneis; dieser wird in der Nähe

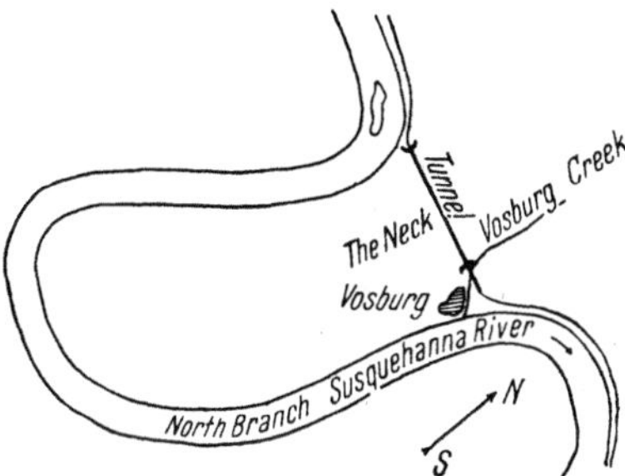

Abb. 96. Vosburg Tunnel, Beispiel eines Sporntunnels.

der auflagernden Schichtstöße des Grauwackengürtels von Gleit-Zerrüttungsstreifen durchzogen; einer davon, welchen der neue zweigeleisige Tunnel durchfuhr, bereitete dem Vortriebe Schwierigkeiten.

Von Sporntunneln in den Ostalpen seien genannt: Kastenreiter-Tunnel (O.-Ö., Liasseelilienkalk); Tunnel nördlich Hieflau (Ennstal, Dachsteinkalk); Tunnel beim Wihry (Ennstal, Opponitzer Schichten und Gosau); Laussa-Tunnel (Ennstal, Hauptdolomit); Hüttauer-Tunnel westlich Hüttau (Fritzbachtal, Salzburg); Windau-Tunnel (Brixental, Tirol); Rattenberger-Tunnel (Tirol); St. Jodocker-Tunnel (Brennerbahn); Ofenauer-Tunnel (Golling S, Dachsteinkalk); Hungerblicktunnel (Klaus N, Hauptdolomit).

Rückentunnel.

Als Rückentunnel (Bergtunnel) bezeichnet man gewöhnlich Röhren, welche einen Auslaufrücken unterfahren; zuweilen hat der Auslaufrücken seine Verbindung mit dem Hintergehänge schon weitgehend verloren, wie z. B. der Wachberg bei Melk, N.-Ö.; man kann dann solche Durchörterungen immerhin noch als Rückentunnel benennen, obwohl sie unter Umständen (Wachberg) bereits zu den Wasserscheidentunneln hinüberleiten.

Selbstverständlich bedingt auch in Rückentunneln in erster Linie das Gestein die Art und Größe des wirksamen Gebirgsdruckes; unter sonst gleichen Umständen aber nehmen die Landformen doch einen entscheidenden

Einfluß auf ihn. Vor allem wird es darauf ankommen, ob man den Rücken
am Fuße von Neubauhängen untertunnelt oder in größerer Höhe über dem
Tale; im ersteren Falle ist die Strecke, welche man in angewitterten, gebrächen Gesteinen und in ihrer Schuttdecke zu durchörtern hat, meist kleiner
als dann, wenn man einen hochliegenden Rückentunnel in Hängen ansteckt,
welche bereits dem tiefverwitterten Altlande angehören. Anderseits umgürten
sich auch die Lehnenfüße des Junglandes häufig mit einem Saume von Hangschutt; in diesem Falle bieten dann nur alte Prallstellen des Talbaches, tote
Winkel zwischen Schuttkegeln und Schutthalden, Steilhänge zwischen den
Ausmündungen von schwemmkegelerzeugenden Seitenbächen und sonstige
Schroffen der unteren Teile von Ausläufrücken günstige Ansteckpunkte für
Tunnelröhren.

Einige Beispiele von Rückentunneln: Kreuzberg-Tunnel nördlich
Bischofshofen (Werfener Schiefer); Wolfsberg-Tunnel (Semmeringbahn);
Wachberg-Tunnel bei Melk, N.-Ö. (oligozäner, sogenannter Melker Sand);
Verkehrstunnel durch den Posillipo bei Neapel, Neutor-Tunnel in Salzburg
(Mönchsberg, Nagelfluh).

Nasentunnel.

Nasentunnel durchstoßen schmale, oft mauerähnlich aus den
Hangflächen heraustretende Bergnasen; da sie wohl stets aus festerem Gestein bestehen als ihre unmittelbare Umgebung, aus welcher
sie der Abtrag in oft auffallender Weise herausgearbeitet hat, begegnen sie in aller Regel nur einem geringen Wirkdrucke; man darf
daher die Tunnelachse, wenn nötig, auch in geringerem Abstande von
der Hangböschung anordnen; viele solcher Nasentunnel hat man
nicht verkleidet. Wasser dringt in aller Regel nur gelegentlich von
Niederschlägen zu.

Ein Musterbeispiel für einen kurzen Nasentunnel bietet jener von Hinter-
haus bei Spitz a. d. Donau, welcher einen Gang von Riesenkorngneis im
kristallinen Spitzer Kalksteine durchörtert. Zu den Nasentunneln gehören ferner: der Kleinbahntunnel bei Törl nördlich von Kapfenberg (Kalkstein), der
Kupovo- und der Kumar-Tunnel (Wocheinerbahn), der Tunnel Nr. 35 der
Bosnischen Ostbahn (384 m G.) u. a.

Wasserscheidentunnel.

Wasserscheidentunnel in dem von mir vorgeschlagenen Sinne
durchstoßen die Wasserscheide zwischen zwei Tälern oder eine
sonstige Wasserscheide abseits des Rückgrates eines Gebirges; sie
verbinden also meist die Einzuggebiete kleinerer Gewässer oder
die Täler benachbarter Flüsse und Ströme; sie unterfahren nicht
die Hauptketten eines Gebirges wie die Bergkettentunnel, zu welchen
übrigens Übergänge hinüberleiten.

Viele Wasserscheidentunnel steckt man in den Talschlüssen von Wasserläufen an, welche einander gegenüberliegen und den bekannten Kampf um
die Wasserscheide miteinander führen. Dort, wo sie einen tiefen Sattel durchstoßen, läuft man zuweilen Gefahr, mit dem Stollen in einen Zerrüttung-

streifen zu geraten, welcher mehr oder weniger Druck und Wasserzudrang bringt; dies war z. B. bei der Untertunnelung des Sattels des Semmering der Fall.

Der 1853 m lange Furka-Tunnel wurde zuerst unter dem Sattel vorgetrieben, wo der vorhandene Einschnitt im Gebirge allein schon den Ingenieur auf das Durchstreichen leicht ausräumbarer Bergarten hätte aufmerksam machen sollen. Auf die geologischen Verhältnisse nahm man jedoch keine Rücksicht. Eine geringe Verschwenkung der Tunnelachse (um etwa 30 m oder etwas mehr) hätte den Tunnel in günstigere Gesteine verlegt. Als der Sohlstollen in den weichen, seidenglimmerreichen, triadischen Schiefern mit ihren Gipseinlagerungen auf gewaltigen Druck stieß, verlegte man die Achse südlich in das Gneisgebiet, leider nicht weit genug. Da die Achse dem Streichen der randlich stark verschieferten Gneise folgte, äußerte sich auch hier noch starker Druck. Die wenige Zentimeter starken Gneisplatten standen saiger und schlossen zersetzte Lagen ein, reich an Seidenglimmer. Abseits der Achse war der Gneis weit fester.

Sättel meißelt der Abtrag ja gar nicht selten dort heraus, wo Schwächestreifen des Gebirges durchziehen. Die geologische Untersuchung von Wasserscheidentunneln wird mithin gerade darauf ein besonderes Augenmerk richten müssen. Insbesondere tut unterhalb breiter talstrunkartiger Sättel Vorsicht not. Diese bedecken sich oft mit Moränen oder anderen mächigen Hangschuttmassen, betten in ihre Mulden Moore oder kleine Seen und bedrohen unter ihnen ausgehöhlte Röhren mit Einsturzgefahr oder mit Wasserzudrang.

Vor dem Baue des Shepaug-Tunnels, Conn., bohrte man den Untergrund des Bantam-Sees und seines Beckens ab, um die Höhenlage der festen Felsoberfläche unter den Eiszeitablagerungen und unter dem Seeschlamme kennen zu lernen. Auf diese Weise konnte man ein Anfahren dieser wasserführenden und auch sonst schwierig zu behandelnden Bergarten vermeiden; man verlegte die Achse des Tunnels und ordnete sie so an, daß sie im gewachsenen Fels verblieb. Im übrigen durchfuhr dieser Tunnel auf nahezu 2000 Fuß Länge mürben, angewitterten Fels; man mußte durchlaufend zimmern, um des heftig nachbrechenden Gebirges Herr zu werden. In dieser Strecke lag der Tunnel in der tiefgreifenden Witterschwarte der sanften, voreiszeitlichen Oberfläche; seine Sohle lag also zu seicht. Dieses Beispiel zeigt, daß man selbst bei Wasserscheiden-Tunneln auf die Oberflächenformen des Gebirges und ihre möglichen Auswirkungen auf den Bau achten muß.

Beispiele von Wasserscheidentunneln sind: Der Ratkonya-Tunnel (Abb. 2) unter der Porta orientalis zwischen Temeschburg und Orsova; der Tunnel westlich von Rekawinkel (Wienerwaldflysch); Arlbergtunnel (Glimmerschiefer); Tunnel westlich Preßburg (Granit); Ricken-Tunnel (8604 m); Semmeringtunnel (1430 m lang); Shepaug-Aqueduct-Tunnel, Conn. (7.24 Meilen lang); Lassnitz-Tunnel (Graz—Gleisbach; Tertiär).

Bergkettentunnel (Kammtunnel, Gebirgscheidentunnel).

Bergkettentunnel unterfahren eine oder mehrere Ketten eines Gebirges. F. G. Hahn nennt sie Kammtunnel. Hierher gehören die langen Alpentunnel wie z. B. der Simplon-T., Mont Cenis-T., Gotthard-T., Tauerntunnel, Karawankentunnel, Wocheiner-T., ferner der neue Apennintunnel, der Lupkower T. und viele andere. Der Natur

der Sache nach verqueren die Bergkettentunnel das Streichen der
Schichten; dieser Umstand ist an sich günstig, indem er den wirksamen Gebirgsdruck herabsetzt. Anderseits leiden tiefliegende Ge-
birgskettentunnels zuweilen unter den Erscheinungen hoher Gesteinswärme (Simplon), großen Wasserzudranges, kräftiger Bergschläge (in spröden, festen Gesteinen) usw. Im einzelnen sind natürlich die Druckverhältnisse in Gebirgswasserscheidentunneln
ebensosehr verschieden wie die geologischen Besonderheiten der
Ketten, welche sie durchstoßen.

Kehrtunnel.

Die Kehrtunnel (Steigungtunnel, Siedentop) schneiden,
einen Kreisbogen beschreibend, in geneigten Schichtfolgen die Stöße
in allen möglichen Richtungen zum Gesteinstreichen an. Dort, wo
die Teile der Röhre übereinander liegen, ist die Beeinflussung der
einen Strecke durch die andere wohl zu beachten.

Die Gotthard- und die neue Col di Tenda-Bahn benützen je
7 Tunnelkehren; weitere Kehrtunnel finden sich an der Lötschbergbahn u. v. a. m.

Stadttunnel.

Wo dicht mit Häusern bebaute Flächen die offene Führung einer
Bahn nicht gestatten, fährt man Tunnel auf. Sie haben in den Stadt-
gebieten meist mit großen Schwierigkeiten zu kämpfen. Selten durchbohren sie feste Gesteine; in der Regel durchörtern sie Lockermassen, oft solche von der übelsten, technischen Beschaffenheit. Zu
diesen Erschwernissen gesellt sich dann noch ein in aller Regel
größerer Wasserandrang. Firstsenkungen müssen mit Rücksicht auf
die Häuser vermieden werden. Man muß daher Stadtttunnel mit der
größten Sorgfalt planen und umfangreiche Bodenuntersuchungen
(Bohrungen usw.) vorausgehen lassen. Man führt sie zuweilen als
überwölbte Einschnitte aus.

3. Die Festigkeit des Gebirges und ihr Einfluß auf den tätigen Bergdruck.

Die Gebirgsfestigkeit im allgemeinen.

Der Einfluß der Festigkeit des Gebirges auf die Größe des zur
Auswirkung kommenden Teiles des Bergdruckes ist entscheidend
groß. Man sollte ihn daher nicht an so später Stelle behandeln; ich
trachte der Bedeutung der Bergfestigkeit aber dadurch gerecht zu
werden, daß ich sie aus den Untergruppen des Abschnittes 2, in
welchen ihre Erörterung eigentlich gehört, heraushebe und ihr einen
eigenen Abschnitt widme.

Das Verhalten des Bodens gegenüber Hohlräumen in seinem Innern kann in jedem Einzelfalle einer Reihe eingeordnet werden, die von der scherfestigkeitslosen Flüssigkeit, dem „schwimmenden" Gebirge, zur bildsamen Masse und von hier über den festen, nicht bindigen Boden zum „gewachsenen" mehr oder minder festen Fels führt. Entscheidend für die Sicherheit des Hohlraumbestandes ist stets die — mangelnde oder vorhandene — Festigkeit des Gesteins. In flüssigen Böden („Schwimmsand", breiiges Gebirge) ist natürlich kein Hohlraum ohne Einbau zu erhalten, ebensowenig in rolligem Gebirge dann, wenn die Trümmer so locker gelagert sind, daß sie sich nicht verspannen können, sondern „ausrinnen" (Laufsande). Aber schon in einigermaßen dicht gelagerten Massen können sich die einzelnen Blöcke, Körner oder Feinteilchen gegenseitig verspannen; Reibung, Haftung und Aufbauwiderstand — bald überwiegt der eine, bald der andere Einfluß — bilden über dem Hohlraume in verschiedener Höhe und in mannigfacher Art solange ein schützendes Dach, als nicht die Stärke des wirksamen Bergdruckes (p) die Standfestigkeit der Massen überwindet. Auch in bildsamen Massen erhalten sich Hohlräume, wenn der Bergdruck kleiner bleibt als die Druckfestigkeit des bergfeuchten Binders (siehe spätere Abschnitte).

Manche Sandsteine, wie z. B. solche der Molasse, zeigen in ihren oberflächennahen und daher trockeneren Lagen eine größere Standfestigkeit als weiter drinnen im Bergleibe, wo anscheinend die größere Bergfeuchtigkeit ihre Festigkeit herabmindert. Zudem wandern aus dem Berginnern durch Jahrtausende hindurch Kalklösungen gegen die Geländeoberfläche, wo sie nach dem Verdunsten des Wassers zur Verfestigung der Sandsteine beitragen.

Dem ruhenden Gebirgsdruck und den durch ihn hervorgerufenen Spannungen wirkt also die Festigkeit des Gebirges entgegen. Diese darf man nicht mit der Gesteinsfestigkeit verwechseln, wie sie in den Prüfanstalten usw. untersucht wird. Schon im Prüfraume stellt man fest, wie sehr z. B. die Druckfestigkeit von den Abmaßen des Probekörpers abhängt. Je größer diese unter sonst gleichen Umständen sind, um so geringer erscheint die Bruchfestigkeit einer und derselben Bergart des gleichen Vorkommens; dieses aus zahlreichen Versuchen abgeleitete Ergebnis erklärt sich durch die Zunahme der Zahl der Risse und sonstigen gröberen Schwächestellen der Bergart mit der Vergrößerung seiner Abmaße.

Der große Körper des Gebirges ist eben noch weniger gleichteilig (homogen) als der baulich verwendete Gesteinsblock. Wir wissen, daß in manchen Bergleibern Bergarten ganz verschiedener Beschaffenheit wiederholt und auf engem Raume miteinander abwechseln; aber auch gesteinkundlich ganz einheitliche Bergkörper, wie etwa Kalkstöcke, Granitmassen u. dgl. erscheinen

förmlich durchlöchert und zersägt von Höhlen, Röhren und Schloten oder von
Spalten, Schnitten u. dgl. Sehen wir von den mehr oder weniger schlauch-
ähnlich gestalteten örtlichen Ungleichteiligkeiten ab, so zerlegen doch in weiter
Verbreitung Klüfte den Gebirgskörper in kleinere oder größere Blöcke, je
nach ihren Abständen; im spröden Dolomit geht die Zerhackung bis zur Erzeugung von grusgroßen Stückchen. Im unverwitterten Bergleib schließen
zum überwiegenden Teile die Kluftränder enge zusammen oder tragen wenigstens Bestege von Ton, Letten u. dgl. In solchen Gesteinskörpern beruht
die Gebirgsfestigkeit auf der gegenseitigen Reibung der kluftbegrenzten Teil-
blöcke und bei Geschlossenheit der Schnitte auf der Haftung der Salbänder
aneinander; sie tritt daher nicht im gewöhnlichen Sinne als Würfelfestigkeit,
sondern als Kanten- und Eckfestigkeit, ich möchte sagen, als Randfestigkeit
in Wirksamkeit; sie ist weit kleiner als die Gesteinsfestigkeit der einzelnen
Grundkörper, deren Gruppen für die Gebirgsfestigkeit in Betracht kommen. Das
gelegentliche Auftreten der Oberflächenkräfte und das gute Ineinander- und
Aneinanderpassen der Blöcke unterscheidet große Bergkörper von losen Massen wie Blockwerk usw., welche ja auch eine gewisse Gebirgsfestigkeit ent-
falten können; sie beruht jedoch bei den rolligen Massen im wesentlichen auf
dem Aufbauwiderstande und auf der Reibung allein. Man wird also kluftzer-
legtes Gebirge unter Umständen (große Hohlräume, geringe Teufen) ähnlich
beurteilen dürfen wie dichtgelagerte Lockermassen (z. B. von Bergstürzen).

Noch besser stimmen für die hier vorgetragene Anschauung die Verhältnisse in der Verwitterungsschwarte der Festgesteine, in derem Bereiche offene Klüfte und Spalten das Zustandekommen einer Haftung der
Blöcke aneinander verhindern; Unterschiede ergeben sich durch das weitere
oder engere Klaffen der Spalten, die stärkere Beimengung von Zerfallsge-
bilden usw., ferner durch die infolge der Zersetzung weitaus verringerte
Festigkeit der Einzelstücke; die Unterschiede sind jedoch nur grad- und nicht
artmäßige.

Besonders die oberen und hangäußeren Teile vieler Kalk- und Dolom-
stöcke bieten gute Beispiele für Bergleiber, deren Festigkeit hauptsächlich
auf der Reibung und in zweiter Linie auf der Haftung beruht. Daß die Festigkeit derartiger Bergmassen in aller Regel ganz bedeutend größer ist als jene
der rolligen Bergarten, hat seinen Grund vor allem in der wohlgeordneten
und innigen Aneinanderfügung der kluftbegrenzten Einheitskörper des Gesteins; die geordnete und mehr oder minder dichte Zusammenfügung der
Bausteine eines Berges, welche an das rohe Trockenmauerwerk einfacher
menschlicher Bauten (Zyklopenmauerwerk) erinnert, wirkt eben nicht nur
durch Reibung allein, sondern auch durch sich selbst, nämlich durch den
Widerstand ihres Gefüges (Gefügewiderstand, Aufbauwiderstand); Formänderungen sind nur durch einen Umbau dieses Gefüges möglich; damit ergibt sich eine weitere Ähnlichkeit mit dem Verhalten dichtgelagerter, rolliger
Lockermassen, welche ja auch erst dann stärker verformt werden können,
wenn ihr Aufbau mehr oder minder kräftig zerstört worden ist.

So können wir also die Gebirgsfestigkeit von Felsgesteinen in vielen
Fällen ähnlich betrachten wie die Festigkeitsverhältnisse ungewöhnlich dicht-
gefügter Lockermassen. Bald spielen Reibung, Gefügewiderstand (Strukturwiderstand) und bis zu gewissem Grade auch Eigenfestigkeit der Einzelblöcke
(Kantenfestigkeit z. B.) die Hauptrolle; bald tritt zu diesen Einflüssen noch
jene der Haftung und verwandter Oberflächenkräfte; es können sich natürlich die einzelnen Einflüsse in der verschiedensten Weise paaren und überlagern.

Man trug der Tatsache der Abhängigkeit der Würfelfestigkeit von der Kantenlänge des Probekörpers im Bauwesen dadurch Rechnung, daß man den Begriff der **Verwendungsfestigkeit** einführte. Schottergut prüft man z. B. an Probekörpern von etwa Schottergröße (30—60 mm Kantenlänge; Schotterfestigkeit); Bruchsteine, Quadern usw. erfordern größere Prüfkörper (200—250 mm Kantenlänge; Bruchsteinfestigkeit), um Ergebnisse zu erhalten, welche man im Bauwesen unmittelbar verwenden kann. Noch größere Gesteinskörper, wie sie an die Ulmen und die Firste von Stollen und Tunneln grenzen, weisen eine Ungleichteiligkeit auf, welche jene von Bruchsteinen derselben Bergart noch weit übertrifft. Zu den feinen Haarrissen, den Ungleichheiten in der Korngröße, den Verschiedenheiten der mineralischen Zusammensetzung, den Schicht- und Schieferungsfugen usw. gesellen sich noch mehr oder minder weit flächenhaft ausgedehnte Schnitte, offene Spalten, mit Belägen ausgepolsterte Klüfte und zahlreiche andere Unterbrechungen oder Verminderungen des Gesteinszusammenhaltes.

Die Gebirgsfestigkeit als Widerständigkeit eines Bergblockes von drei und mehr Geviertmetern freier Oberfläche erreicht daher nur einen Bruchteil jener Werte, welche die Prüfung kleinerer Versuchskörper im Prüfraume liefert. Der Tunnelbau müßte höchsten Wert darauf legen, daß sich berufene Stellen dazu entschlössen, Großversuche in dieser Richtung anzustellen. Bis dahin ließen sich Anhaltspunkte bei dem Betriebe unterirdischer Steinbrüche, bei der Auffahrung von Tunneln, bei der Aussprengung von Zechen, beim Abbaue von Lagerstätten usw. gewinnen. Auch Beobachtungen in natürlichen Höhlen (Domen), an Überhängen (Balmen), an Felspfeilern u. dgl. brächten größenordnungsmäßig Einblicke in die Gebirgsfestigkeit. Vielleicht nimmt sich auch die Geophysik der Bestimmung der Bergfestigkeit an.

Zwei Anschätzungen der Mindest-Scherfestigkeit an Überhängen ergaben eine überraschend geringe Gebirgsfestigkeit von etwa 4—5 kg/cm² (S t i n i 1940). Vielleicht stellt es sich bei einer planmäßigen Ausmessung von Hohlräumen und bei Ausführung von Großversuchen heraus, daß die Bergfestigkeit nicht nur verhältnismäßig gering ist, sondern auch bei den Festgesteinen sich in einen kleineren Bereich einengen läßt als die Würfelfestigkeit. Mit anderen Worten, es will mir scheinen, daß über die Größe der Gebirgsfestigkeit weniger die Gesteinsart als solche entscheidet, sondern mehr noch die mechanische Beanspruchung, welche der betreffende Teil des Bergleibes bei der Gebirgsbildung und im Ablaufe der Krustenbewegung erlitten hat. Aus diesem Grunde gewinnt die Erhebung der Klüftungsziffer für den Tunnelbau hohe Bedeutung (vgl. Arbeiten von S t i n i).

Aus den Lichtweiten ausgeführter Hohlräume, deren Decke sich selbst trug, schätze ich die Gebirgsfestigkeit gegen B i e g u n g an bei

pannonischen Sanden der Oststeiermark	mit 0.3—0.4 kg/cm²
Oligozänem Molkor Sand (schonend ausgebrochen)	mit 0.5—0.9 kg/cm²
Algenkalksandstein der Wiener Stufe	mit 1.8—3.6 kg/cm²
Schwazer Dolomit, mäßig zerklüftet	mit 4.0—5.0 kg/cm²
Dachsteinkalk, wenig zerklüftet	mit 7.0—8.0 kg/cm².

Die Werte habe ich aus der Formel Gebirgsfestigkeit $= {}^2/_4\,\gamma \iota$ erhalten, in welcher γ das Raumgewicht der Bergart und ι die Lichtweite beobachteter, freitragender Decken bedeutet; die Gleichung liefert natürlich nur ganz rohe Größenordnungswerte, welcher strenger Überprüfung nicht standhalten.

Überschreiten die Spannungen, welche die Auffahrung des Hohlraumes im Gebirge gelöst hat, die Festigkeit des Gebirges, dann zerbricht sprödes Gestein — vermutlich infolge Überwindung der Oberflächenspannung —, zähes verformt sich federnd, wieder andere Bergarten mit geringem Aufbauwiderstand (Strukturenergie) und großer Oberflächenspannung verhalten sich mehr oder minder bildsam. Das aufgelockerte Gebirge sucht sich wieder zu verspannen und strebt einem neuen Gleichgewichtszustande zu. Die Brocken und Blöcke, in welche brechendes Gebirge zerfallen ist, haben nun kleinere Ausmaße als die Einheitskörper des unverritzten Gebirges. Ihre Festigkeit muß nach dem weiter oben Gesagten größer sein als vor dem Zerfalle. Je weitgehender der Bruch der Firste das Gestein zerkleinert, desto festere Teilchen ergeben sich, bis schließlich bei der Entstehung von Gesteinsmehl die ungeheuer große, molekulare Festigkeit (S m e k a l) nahezu erreicht wird. Auf das Festerwerden der Gebirgsteile nach dem Zusammenbruche der Leibungen hat T e r z a g h i in seiner Erdbaumechanik schon hingewiesen. Ich greife gerne seine manchen verblüffende Behauptung auf und schließe mich seiner Anschauung an, die in ihrem Grundgedanken bestimmt zutreffend ist; man muß sie nur richtig verstehen und sinngemäß anwenden.

Man hat sich jedoch davor zu hüten, die Festigkeit der Einzelteilchen wieder mit der Festigkeit der Bergmasse zusammenzuwerfen. Die Gebirgsfestigkeit der Gesamtheit der kleineren Teilchen ist gewiß groß, wenn sie nicht ausweichen können. Gegenteiligenfalls halten sie nur Haftung, verschiedene andere Äußerungen der Oberflächenkräfte und der Haarröhrchenerscheinungen (bei Anwesenheit von Feuchtigkeit) und schließlich die innere Reibung zusammen. Die Haftung der einzelnen Einheitskörper der Bergmasse aneinander kann unter Umständen größer sein als die Haftung der Zerfallteile; es kann aber auch der umgekehrte Fall eintreten. Jedenfalls lehrt die Bauerfahrung, daß zusammengebrochenes Gebirge sich wieder verspannen und derart beruhigen kann, daß man es ohne Mühe zu bändigen vermag; darin kommt sicherlich eine nicht gerade geringe Wiederverfestigung des Gebirges zum Ausdrucke.

Zur Rissebildung neigt von Haus aus besonders das spröde Gebirge; Risse zeigen die Überschreitung der Bruchfestigkeit an. Es wird aber nicht immer leicht sein, die Art des Bruches zu unterscheiden. Anhaltspunkte für die Erkennung der Bruchart können geben: der Ort der Entstehung der Risse, ihrer Öffnungsweite, ihr Verlauf usw. Hinweise gibt auch die Höhe der einzelnen Festigkeiten; daher werden Zugrisse und in zweiter Linie Scherrisse sehr bald eintreten, da die Zug- und die Scherfestigkeitswerte bei den Gesteinen am niedrigsten liegen; etwas größer als die Scherfestigkeit ist die Biegefestigkeit, am größten die Druckfestigkeit. Daher müßte man eigentlich Druckbrüche am seltensten antreffen. In der Tat können wir Ablösungen, die an der Firste und an den Ulmen so häufig auftreten, als durch Schubrisse entstanden denken, wenn auch ihre erste Ursache in der Druckwirkung zu suchen ist; daher spricht der Bergmann auch vom „Abdrücken“ (vgl. Abb. 91) und von „Drucklagen“. Es tritt jedoch unter der Einwirkung des Gebirgsdruckes sowohl an der Firste als auch an den Ulmen eine Ausbiegung (Ausbauchung) ein, welche zu Abscherungen durch Aufblätterungen führt.

Im übrigen hängen die Bruchformen wesentlich von dem Verlaufe der Unstetigkeitsflächen (Schichtfugen, Schieferungsflächen, Klüfte usw.) ab; hierher zählen auch die Begrenzungen von Schlieren, fremdartigen Einlagerungen, Adern, Gängen usw.

Zähigkeit und Sprödigkeit des Gebirges.

Sprödigkeit und Zähigkeit der Bergarten nehmen mehr mittelbar als unmittelbar Einfluß auf die Größe des wirksamen Gebirgsdruckes. Dagegen hängt von ihnen in mehr oder minder hohem Grade die Art und Weise, bzw. die Form ab, in welcher sich der Bergdruck äußert.

Zähes Gestein senkt sich, wenn seine Festigkeit überschritten wird, allmählich und gewissermaßen zusammenhängend auf die Verkleidung des Stollens herab. Spröde, hochbelastete Bergarten drücken unter Knall Schalen von der Hohlraumleibung ab (Bergschläge). Das knallende Gebirge sagt mithin eigentlich nichts über die Größe eines Überlagerungsdruckes aus, sondern ist nur der Ausdruck des besonderen technischen Verhaltens eines Gesteines; Bergschläge ereignen sich auch bei obertägigen Aufschließungen, wenn gebirgsbauliche oder krustenbewegungsbedingte Spannungen lebendig sind; auch der gewöhnliche Gleitungsdruck in Hangschollen kann sie erzeugen, wenn die beanspruchten Gesteine nur entsprechend spröde sind.

Gleichnisweise, wenn auch ganz unscharf, können wir behaupten, daß das Verhalten der zähen Gesteine an jenes der Binder unter den Lockermassen erinnert; die spröden Gesteine ähneln in ihren Gebirgsdruckerscheinungen dagegen vielfach den rolligen Bergarten. Sprödgesteine zerbrechen bei entsprechend hohen Einheitsbelastungen und liefern Trümmerwerk, dessen Massen man bodentechnisch ebenso beurteilen kann wie Sand, Grus, Kantschotter u. dgl.; nur die Größenordnung ist zuweilen eine andere. Unter den Zähgesteinen sind es besonders die sog. milden, welche ihrer mineralischen Zusammensetzung nach Übergänge zu den Tonen bilden, wie z. B. manche Mergel, Schiefertone usw. Je „weicher“ sie sind, um so leichter verformen sie die Bergdruckspannungen bildsam, um so weniger lockern sie sich bei Nachsenkungen über Hohlräumen auf. Dagegen neigen die harten und sehr harten Untergruppen der Zähbergarten im allgemeinen um so mehr zum gelegentlichen Zerbrechen und zur Raumvergrößerung, je härter sie sind; es ist dann ihre Schnittigkeit, welche sie im großen zerbrechen läßt, während Handstücke von ihnen sich äußerst zäh und druckfest zeigen können. Die Eigenschaften der „Zähigkeit“ und der „Sprödigkeit“ hängen genau so wie die Festigkeit ganz allgemein von der Größe des Gesteinskörpers ab, den man betrachtet; eine Vielheit von Grundkörpern eines zähen Gesteins zerfällt in Stücke, nämlich in die einzelnen Einheitskörper, mögen auch diese selbst oder ihre Teile der Bearbeitung noch so große Zähigkeit entgegensetzen. Solches Verhalten beobachten wir bei manchen Amphiboliten, bei sehr basischen und dabei zähen Durchbruchsgesteinen (bei manchem Gabbro, Diabas und Peridotit), an manchen Eklogiten der Alpen usw.

In federnden Sprödgesteinen verursacht einachsiger Zug einen Trennungsbruch; die Kristallkörner verschieben sich nach Überwindung der Oberflächenkräfte senkrecht zur Kraftrichtung nach innen und in der Kraftrichtung nach außen; nach der Schubverformung trennen sich die Körner an den Stellen größter Zugbeanspruchung.

Den einachsigen Druck beeinflußt die Querdehnung entscheidend. Ist diese möglich, dann suchen die Körner senkrecht zur Druckrichtung nach außen auszuweichen. Vermag nun die Oberflächenspannung zwischenmolekulare Zugkräfte aufzunehmen, dann werden die Körner zerdrückt; ist dies nicht der Fall, dann wird die Oberflächenspannung überwunden, so daß das Gestein auf diese Art zerbricht.

Verhinderte Querdehnung schaltet die Oberflächenkräfte aus und weckt den Widerstand des Aufbaues der Bergart (Strukturwiderstand; reine Druckfestigkeit). Es tritt eine Rauminhaltsänderung ein, wobei der Aufbau des Stoffes zerstört wird.

Aus diesen Erwägungen ergibt sich die hohe Bedeutung der Querdehnungsziffer m. Sie ist der Gradmesser für die Zusammendrückbarkeit eines Gesteins, wobei ihr Einfluß rein gütemäßig bleibt. Sie nimmt ab

mit steigender Verformungslast und
mit wachsendem Wärmegrade.

In der Nähe des Schmelzpunktes nähert sie sich dem Werte 2, ebenso in der Nähe der Bruchgrenze.

Verhindert Umschließung das Querausweichen, dann können auch lockere Massen Kräfte aufnehmen, ähnlich den festen Gesteinen. Wir können dann auch für Lockermassen m und E bestimmen.

Wert m (insgesamt) und m_f (federnd) für einige Bergarten.
Nach M o o s und Q u e r v a i n.

	m	mf
Granit von Handeck	7.6—11.5	7 —10
Gneis, Tessin	3.4— 6.0	3.3— 6.6
Diabas, Würtenberg	3.1	3.1
Marmor, Carrara	3.3— 4.3	3.7— 4.3
Völlig unzusammendrückbares Gebirge	2	
Kalkstein, Arvel	2.7	2.7
Kalkstein, Waadt	2.9— 3.1	2.9— 3.1
Grauer Sandstein, St. Margarethen (St. Gallen)	7.5	2.8
Sandstein, Rossens		6 —10

Die Federziffer E schwankt zwischen Null (schwimmendes Gebirge) und unendlich (unzusammendrückbares Gebirge); sie nimmt mit steigendem Wärmegrad ab und übt einen rein mengenmäßigen (quantitativen) Einfluß aus.

4. Die Zustandsformen des Gebirges (Zusammenhaltsgrade).

Bei den Lockermassen, insbesondere den sog. Bindern, sind die Festigkeitsverhältnisse innig verwoben mit ihren Zustandsformen (ihren Zusammenhaltgraden). Zum besseren Verständnis der übli-

Übersicht über die Zustandsformen der Binder. B = Bildsamkeitszahl = F—A.

Zustandsform		Zustandgrenze	Bezeichnung der Zustandformen für bautechnische Zwecke	
Hauptart	Unterart nach Atterberg			
Fest	Härter fest	Schrumpfungsgrenze	Ganz fest — Stückchen haften schwach gegeneinandergedrückt nicht mehr aneinander und schwinden beim Trocknen nicht mehr; Luft verdrängt das Lückenwasser	
	Loser fest		Halb fest — Tonstückchen lassen sich schon durch schwachen Druck miteinander vereinigen; beim Trocknen schwinden sie; keine Luftaufnahme	
Bildsam	Zähe	Ton wird bröckelig Ausroll- oder untere Bildsamkeitsgrenze (A)	Steifbildsam $= A + \dfrac{B}{4}$	
		Klebegrenze	Weich bildsam $= A + \dfrac{B}{4}$ bis $A + \dfrac{B}{2}$	
			Sehr weich bildsam $= A + \dfrac{B}{2}$ bis $A + \dfrac{3B}{4}$	
	Klebend	Fließ- (F) oder obere Bildsamkeitsgrenze; Ton schließt Furchen nicht mehr durch Zusammenfließen	Flüssig bildsam $= A + \dfrac{3B}{4}$ bis F	
Flüssig	Zähflüssig	} Dickflüssigkeitsgrenze	Zähflüssig oder dickbreiig; fließt erst in dickeren Schichten	Thixotrop; fließt, wenn erschüttert flüssig
	Dickflüssig		Dickflüssig oder dünnbreiig	
	Dünnflüssig	} Dünnflüssigkeitsgrenze	Dünnflüssig oder leichtflüssig	

chen Fachausdrücke füge ich eine Übersicht der Zusammenhaltformen der Binder in Anlehnung an T e r z a g h i an.

Überträgt man die Zustände der Binder, wie „fest", „weich", „breiig" usw. auf das Gebirge in jener Form, so kann man vielleicht im Stollenbau die in späteren Sonderabschnitten erörterten Arten von Zustandsformen bindiger Bergarten scheiden und sie durch Zusammenhaltsgrade weiterer Gesteine ergänzen. Eine gewisse Berechtigung zu diesem Vorgange schöpfen wir aus der Tatsache, daß z. B. auch feste Felsgesteine bildsam werden können; in diesem Falle sind es besonders Wärme, Druck und Bergfeuchtigkeit, welche ihre bruchlose Verformung fördern, während die Bildsamkeit der Binder im wesentlichen vom Wassergehalte und damit im Zusammenhang vom angewendeten Drucke abhängt; in beiden Fällen spielt der Einfluß der Zeit eine große Rolle; er kann bei Tonen, beim Eis, beim Pech usw. den Druck bis zu gewissem Grade ersetzen oder ergänzen.

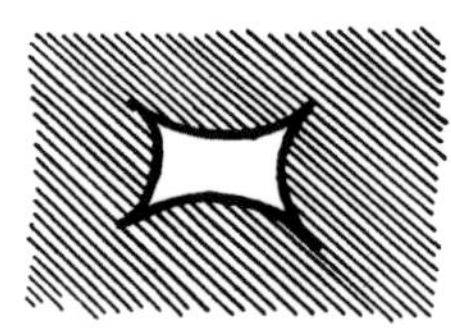

Abb. 97. Einfaltung der Ecken eines Hohlraumes im bildsamen Gebirge; der Hohlraum „wächst" allmählich zu.

Bildsam verformbare Bergarten schieben sich in einen Hohlraum hinein, wenn der Gebirgsdruck stärker ist als die Druckfestigkeit des Gesteins; diese ist bei Ton nur sehr gering. Ton drängt, federnd sich ausdehnend, in den Hohlraum hinein (Abb. 97), u. zw. um so rascher, je durchlässiger er ist (Schlufftone z. B.); in feinlückigen Tonen verzögert der Strömungswiderstand Ausdehnung und Vordringen des Einschubes. Daß man diese Erscheinungen früher meist als „Blähen" bezeichnet oder mit dem „Schwellen" („Quellen") infolge Aufnahme von Feuchtigkeit verwechselt hat, betonte neben anderen T e r z a g h i besonders klar und nachdrücklich.

Wie man in Bergbaustollen beobachten kann, verspannen sich in schmalen Hohlräumen auch Binder oberhalb der Firste gewölbeähnlich; Voraussetzung ist neben der kleinen Lichtweite des Hohlraumes eine entsprechend große Überlagerungshöhe. So erwiesen sich z. B. die tertiären Tegel der Obersteiermark bei den Schürfungen auf Kohle in der Umgebung von Feldbach während des Weltkrieges häufig als befriedigend standfest oder doch wenigstens als nicht drückend.

Der Vorgang der Entspannung des Gebirges vollzieht sich meist in folgender Weise: Unmittelbar nach dem Aussprengen liegen Ulme und Firste scheinbar trocken, d. h. bergfeucht da; nach wenigen Tagen schon beginnen die Röhrenwände zu schwitzen; der Gegendruck vom entfernten Stolleninneren her fehlt, der Gebirgsdruck vermag daher die Umgebung des Hohlraumes zu „entwässern". Die engere Nachbarschaft der Stollenwände wird dadurch „schwellen" und „nachbrüchig" („druckhaft") werden. Die Schwitzwasser liefernde, weitere Umgebung des Stollens wird „Schrumpfen" und dadurch an sich tragfähiger werden. In jenen seltenen Zufallsfällen, in welchen der Gebirgsdruck nur wenig größer ist als die Gebirgsfestigkeit, mag damit der

Vorgang vielleicht zu Ende sein. In der Regel läuft die Umbildung des Gebirges aber weiter. Der Gebirgsdrucküberschuß preßt den Ring immer enger und quetscht ständig neue Wassermengen aus ihm heraus; die Nachbarschaft wird immer stärker in der Richtung gegen die Röhrenachse zu „gestreckt"; das ganze Gebirge wird bis in größere Entfernungen von der Leibung beunruhigt und solange in Bewegung erhalten, bis es die Stollenröhre völlig zugedrückt und sich ein neues Gleichgewicht geschaffen hat.

Geringe Überlagerung zwingt zur raschen und tunlichst restlosen Abfangung des Gebirgsdruckes durch eine gut am Gebirge anliegende Zimmerung, bzw. durch eine satt an der Firste und Leibung sich anschmiegende Ausmauerung. Ansonsten treten Setzungen obertags ein oder es entstehen gar größere Tagaufbrüche.

Mächtige Überlagerungen bewirken in einem gewissen Zeitabschnitte nach der Auffahrung derart bedeutende Druckäußerungen, daß es ratsamer ist, dem Gebirge Zeit zur Ausdehnung zu geben; einstweilen schützt ein nachgiebiger, endgültiger Einbau die Lochung; man macht den Einbau erst starr, wenn die Bildung der Schutzhülle soweit fortgeschritten ist, daß die Spannungen an der Leibung auf einen Bruchteil herabgesunken sind. Es empfiehlt sich diese Vorgangsweise mehr, als wenn man mit dem endgültigen Einbau solange zuwartet, bis man mit wirtschaftlich zu bemessenden starren Einbauten auslangt oder überhaupt erst imstande ist, mit ihnen dem Gebirgsdrucke das Gleichgewicht zu halten. Die Annahme L e n k s, daß sich in großen Teufen um den Abbauraum herum ein bildsamer Mantel als Folge des Gebirgsdruckes bildet, lehnt S t ö c k e (1934) ab. Auch das Zuwachsen älterer Stollen soll nach S t ö c k e nicht auf Bildsamkeit, sondern eher auf federnde Nachwirkung der Gesteine zurückzuführen sein. Ich halte jedoch diese Erklärung nur auf gewisse Fälle anwendbar und ziehe im allgemeinen die L e n k'sche Ansicht vor; auch T e r z a g h i erhält mit seinen Formeln für gewisse Tone Schwellwerte, welche dem Verschließen des Loches nahe kommen.

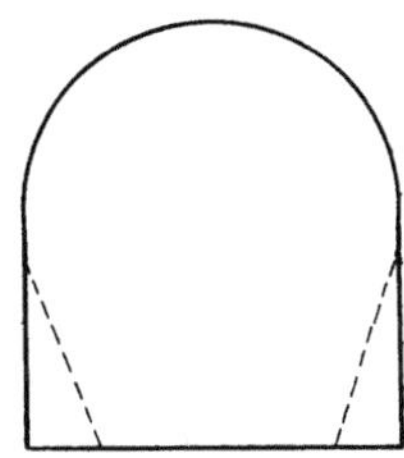

Abb. 98.   Lotrechte Widerlager (vollausgezogen) bei fehlendem Ulmdruck; tritt scharfer Seitendruck auf, dann zieht man die Widerlager ein (gestrichelte Linien).

Die Neigung zum Schließen der Hohlräume ist bei bindigen Gesteinen, welche reich an Seidenglimmer sind (z. B. kaolinähnliche Weißerde), weitaus geringer als bei Kaolin und Kaolintonen; am lebhaftesten ist sie naturgemäß bei den stark schwellenden Bentoniten.

5. Anhaltspunkte für die Anschätzung des wirksamen Bergdruckes.

Noch lange Zeit werden alle Versuche aussichtslos bleiben, dem Bergdruck rein rechnerisch gerecht zu werden, etwa in der Weise, wie dies bei der Werkstoffprüfung und sogar bei der Belastung des Baugrundes schon gelungen ist (T e r z a g h i, F r ö h l i c h u. a.). Die Büchlein von S c h m i d und von L e n k bieten zwar wertvolle Ansätze hierzu, bleiben aber immer noch erste Annäherungen an das Ziel. Man wird bei der Beurteilung des zu erwartenden Bergdruckes ähnlich vorgehen müssen, wie man dies bei der Anschätzung

der Tragfähigkeit des Baugrundes gemacht hat. Man führe Großversuche über die Gebirgsfestigkeit aus und suche daneben aus
Höhlen, lotrechten Wänden, Balmen u. dgl. Anhaltspunkte über die
Standfestigkeit verschiedener Gesteine zu gewinnen. Man nütze weiters jeden längeren Stollen, welcher aufgefahren wird, zur Messung des wirksamen Bergdruckes aus und sammle auf diese Weise
so viele Erfahrungstatsachen als nur möglich in den verschiedensten Bergarten und unter den abweichendsten Verhältnissen. Hand
in Hand damit müssen im Prüfraume die technischen Kennziffern
der Gesteine bestimmt werden. Auf diese Weise mag es gelingen,
in einigen Jahrzehnten brauchbare Unterlagen zu gewinnen für annähernde Rechnungsverfahren; so ungenau diese auch sein mögen,
so sind sie doch besser als gar keine Anhaltspunkte und geben
wenigstens größenordnungsmäßig ein Bild von den Drücken, welche
den Ingenieur im Tunnel erwarten. Vorstellungen darüber bedarf
man aber unbedingt, wenn man die Baukosten, die Bauzeit und manches andere zutreffend anschätzen und richtige Maßnahmen für die
Baustelleneinrichtung usw. treffen will.

Bis wir soweit sind, bleibt die Beurteilung der in einem Tunnel
auftretenden Drücke dem Gefühle und der Erfahrung überlassen.
Gewisse Richtpunkte bieten dabei die bereits vorliegenden Nachrichten über das Verhalten verschiedener Bergarten bei ausgeführten Tunnelbauten, ferner Versuche im Arbeitsraume, sowie sie
namentlich zum Besten des Deutschen Bergbaues ausgeführt worden
sind und ferner Formeln, wie sie verschiedene Forscher für Lockermassen aufgestellt haben. Ich will im nachstehenden versuchen,
unter weitestgehender Verwendung des am Schlusse nachgewiesenen
Schrifttumes einiges über die bereits vorliegenden Leitgedanken
für die Anschätzung des wirksamen Bergdruckes mitzuteilen, ohne
dabei irgendwie annähernd vollständig sein zu können. Man kann
aus diesen kurzen Erwägungen entnehmen, wieviel auf dem Gebiete des Bergdruckes noch zu arbeiten übrig bleibt und welch
weiter Weg der Irrungen noch vor uns liegt.

a) Die an der Tunnelleibung auftretenden Spannungen.

Im Augenblicke der Auffahrung eines Stollens werden an den
Leibungen Spannungen lebendig, deren Größe von jenen ganz beträchtlich abweicht, welche an dem betreffenden Punkte im unverritzten Gebirge geherrscht haben. Für kreisförmige Querschnitte
von Hohlräumen untertags gelten nach den Versuchen und Berechnungen von G. Kirsch, A. Leon und F. Willheim kurz
zusammengefaßt nachstehende Leitsätze:

1. Die Spannungen an den Leibungen kreisquerschnittiger Stollen hängen von der Federziffer (Elastizitätsziffer) nicht ab und sind für alle Stoffe gleich, welche dem H o o k e'schen Gesetze und dem Superpositionsgesetze gehorchen.

a) Der Druck wirkt allseitig gleich stark ein.

Die größte Druckspannung gleicht der zweifachen Durchschnittlichen; sie tritt an den Ulmen sowohl wie an First und Sohle auf (tangentiale Spannung, Längsspannung).

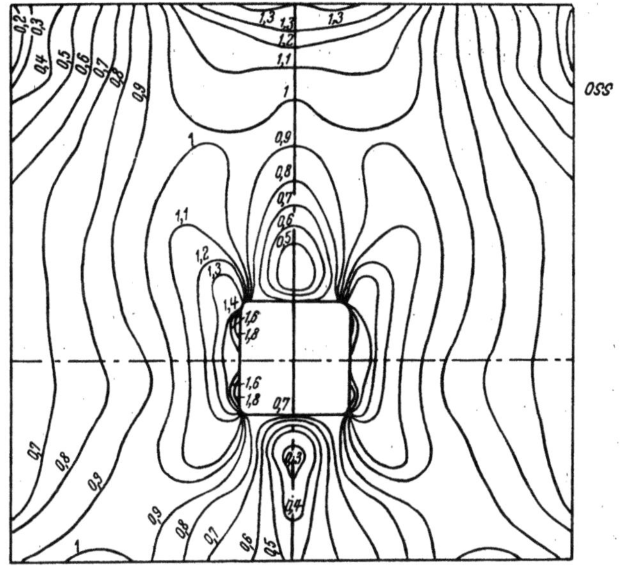

Abb. 99. Anstrengungsplan um einen quadratischen Hohlgangquerschnitt. Nach S t ö c k e.

b) Die waagrechte Druckspannung beträgt den dritten Teil der lotrechten.

An den Ulmen erreicht die Druckspannung einen Wert, welcher zwischen der zweifachen und zwischen der dreifachen durchschnittlichen liegt; Sohle und Firste sind spannungslos.

c) Seitendruck (Ulmendruck) fehlt.

Die größte Druckspannung wird an den Ulmen geweckt; sie beträgt das Dreifache der durchschnittlichen; die daran anschließenden Punkte haben eine geringere Spannung. In Sohle und Firste treten Zugspannungen auf; erst nach dem Durchreißen dieser gezogenen Körper treten rings um den Hohlraum nur mehr Druckspannungen auf.

2. Die Spannungen in kugelförmigen, in einer Richtung beanspruchten Hohlräume hängen von dem Werte der P o i s s o n zahl ab; mit ihrem Anstiege verringern sie sich etwas. Die Druckspannungen an den Ulmen vergrößern sich auf mehr als den zweifachen Betrag der durchschnittlichen; am Sohlen- und Firstenscheitel treten Zugspannungen von der Größe $^3/_5$ p bis $^3/_4$ p auf (L e o n). Hohlräume von halbkugeliger oder einer ähnlichen, zechenartigen Form sprengt man insbesondere beim Baue von Wasserkraftanlagen aus (Schiebekammern, Pumpenhäuser, unterirdische Umformerkammern, untertägige Krafthäuser); man legt ferner zur Sicherheit gegen Luftangriffe auch Werkhallen unter Tag.

3. Allseitige, gleichmäßige Beanspruchung eines kugelförmigen Hohlraumes. Die Spannungen erhöhen sich an der Begrenzungsfläche eines kugelförmigen Hohlraumes bei allseitiger Beanspruchung auf das Eineinhalbfache. Die Störung ist von der Federziffer (Elastizitätsziffer) unabhängig.

F o l g e r u n g e n a u s d e n b i s h e r i g e n V e r s u c h e n.

Die obigen Leitsätze gelten nach L e o n u. a. nur unter der Voraussetzung, daß die Dehnungen mit den Spannungen linig zunehmen (H o o k e'sches Gesetz) und daß die Formen sich rein federnd (elastisch) ändern. Das Verhalten der Gesteinsmassen in der Natur entspricht jedoch diesen Bindungen keineswegs. Dehnungen und Stauchungen nehmen oft rascher als linig zu; es ergeben sich mithin im Gebirge Spannungsstörungen, welche hinter den errechneten Werten zurückbleiben, und zwar um so mehr, je näher die größte Spannung an die Bruchgrenze des Gesteines heranrückt.

Die Gesamtkräfte, welche auf einen Hohlraum einwirken, vergrößern sich nach dem Ähnlichkeitsgesetz mit den Abmessungen des Hohlraumes; die Spannungsstörungen dagegen hängen unter den in der Natur verwirklichten Verhältnissen in der Regel nicht von der Größe des Hohlraumes ab; die Widerständigkeit des Gebirges dagegen sinkt mit der Lichtweite des Hohlraumes sehr rasch (ungefähr zweitpotenzig).

Einschneidende Ausnahmen von der gewöhnlichen Spannungsverteilung bringen u. a. Ablagerungen sehr großer Blöcke in Bergsturzmassen, Blockhalden, Blocklammern, Grundmoränen mit großen Blöcken u. dgl.

Im festen Gestein beeinflußt die Form des Hohlraumes ganz wesentlich die Spannungsstörungen. Ein kreisschnittiger (Abb. 107) Stollen z. B. veranlaßt bei allseitigen gleich großem Drucke die vergleichsweise geringsten Spannungsabweichungen. Die speichig nach dem Inneren des Hohlraumes wirkenden Federkräfte nehmen die gleichzeitig tätigen Längskräfte auf. Nach G r e m m l e r besteht Neigung zum Ausgleich der Belastungen am Ringumfange. Man wird daher kreisförmige Querschnitte vorwiegend bei allseitig (hydrostatisch) wirkendem Drucke bevorzugen. Drückt das Gebirge dagegen vorwiegend in lotrechter Richtung, dann stört ein Stollen mit Kielbogenform das Gebirge weniger als ein kreisschnittiger Tunnel; die Praxis paßt sich diesen Verhältnissen mit hochgestellten Eiformen (Abb. 82 unten), Spitzbogen (Abb. 76), Parabeln, Tropfenformen (Abb. 82 Mitte) usw. mehr oder minder an; fehlt seitlicher Druck vollständig, dann kann man die Widerlager lotrecht aufmauern (Abb. 98); tritt Ulmendruck auf, dann zieht man die Widerlager etwa nach Art der gestrichelten Linie in Abb. 98 ein oder wählt eine liegende Eiform, wenn gleichzeitig der Firstdruck gering ist; noch wesentlicher ändert die Spannungsverteilung ein Stollen mit trapezförmigem (Abb. 82 oben) oder mit quadratischem Querschnitte (Abb. 99); an einer mathematischen Kante werden die Drucksteigerungen gedachtermaßen unendlich. Im übrigen erlangen die federnden Ausdehnungen im rechteckigen Querschnitte in der Mitte der Leibung ihre größte Stärke und führen hier schalenförmige Abbrüche, unter Umständen auch Bergschläge hervor. Vermag das Gebirge die im Gefolge der Federdehnungen auftretenden Zug- und Scherkräfte aufzunehmen, dann entsteht im widerstehenden Gebirge hinter dem Ulme eine federnde Zusammenpressung, welche mit der Entfernung vom Stoß zunimmt, bis schließlich die der Überlagerungshöhe entsprechende durchschnittliche Spannung wieder erreicht ist.

Einseitiger Druck erzeugt neben Druck- unter Umständen auch Zugspannungen (Abb. 82), und zwar dann, wenn m größer ist als 4; es entstehen Zugrisse; sie entlasten — wenigstens teilweise — die gedrückten Teile des Querschnittumfanges und setzen die Gefährdung des Hohlraumes herab; nach L e o n sinken die Druckspannungen nach dem Aufreissen von Zugklüften rein rechnungsmäßig vom dreifachen auf den etwas mehr als doppelt so großen Wert der Urspannung herab. In Wirklichkeit sind sie aus den weiter oben angeführten Gründen noch weit kleiner; besonders in wenig festen Gesteinen oder bei an und für sich großen Durchschnittsdrücken auch in sehr festen Felsarten; es kommt eben immer darauf an, wie sehr die Drucksteigerungen sich der Bruchfestigkeit des Gebirges nähern. Unterschreitet m den Wert von 4, dann erfahren auch Sohle und Scheitel nur Druck. An den Ulmen von Druckstollen tritt ausnahmsweise Zug auf.

Wie L e o n gezeigt hat, verändern selbst Einschaltungen weicherer Massen (Zerrüttungstreifen, Tonmergel zwischen Kalkstein usw.) die Spannungsverteilung nur innerhalb mäßiger Grenzen; das gleiche gilt von härteren (festeren) Einlagerungen (Zusammenwachsungen) in Lockermassen. Bei letzteren gesellt sich zu den Einflüssen von Druckfestigkeit und Zusammenhalt (Kohäsion) des Gesteins noch jener der Haftung zwischen festem Körper und umgebender, weniger widerständiger Bergart.

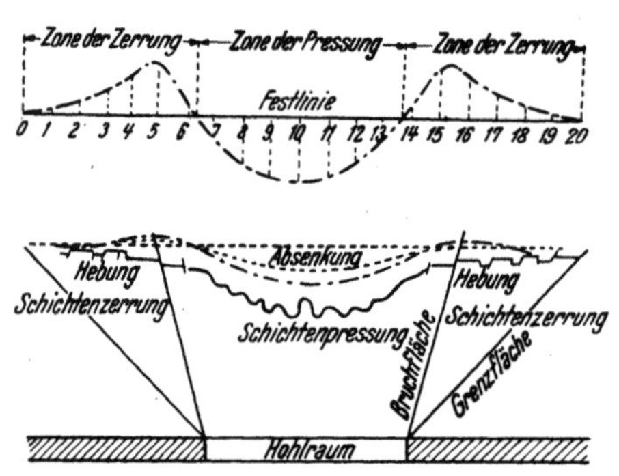

Abb. 100. Rißmäßige Darstellung der Pingenbildung. Oben: Zerrungs- und Pressungslinie des Querschnittes; unten: Pingenquerschnitt. Stark überhöht.

Die Zugrisse traten bei den Versuchen von L e o n und W i l l h e i m in der Sohle tunnelartiger Lochungen schon bei etwas geringeren Belastungen auf als am Firste; hier wirkt sich die Krümmung der Fläche günstig aus. Die Zugrisse stellen sich bei um so geringeren durchschnittlichen Spannungen ein, je spröder die Felsart ist; mit zunehmender Sprödigkeit des Gesteins werden die Zugrisse auch länger. Wo beim Stollenvortrieb Zugerscheinungen fehlen, darf man auf das Wirken von waagrechten Druckkräften im Gebirge schließen. Den Verlauf der Zugrisse beeinflussen natürlich vorhandene Klüfte, Schichtfugen, Schieferungsflächen und andere Zusammenhangunterbrechungen im Gestein.

Soweit Überlegung und Deutung von Versuchsergebnissen. Welche Spannungszustände beim Auffahren eines Stollens sich tatsächlich ergeben, hängt vom Zustande des Gebirges ab.

In losen, nicht bindigen Massen beherrscht die Reibung die Gleichgewichtsverhältnisse; das Haften der Teilchen aneinander und ihr Zusammenhalt ist vergleichsweise gering (Übergang zu den Bindern) oder meist gleich Null (trockene Sande). Die Größe der Reibung hängt vom Drucke ab und nimmt daher mit der Überlagerung zu.

Im festen „federnden" Gebirge rufen die durch den Gebirgsdruck erzeugten Spannungen Verformungen hervor (brechende, bild-

same oder federnde) welchen das Gestein Widerstand entgegensetzt.
Es kommt auf das Verhältnis: Spannung-Formänderungswiderstand
an. Brechende Verformung setzt eine Schubfestigkeit voraus, welche
bedeutend größer ist als die Zugfestigkeit; dieser Fall trifft bei
sehr vielen Felsgesteinen zu; bei diesen beträgt die Zugfestigkeit
nur rund die Hälfte des Wertes der Schubfestigkeit. In feuchten
Bindern ist wiederum die Schubfestigkeit klein; geringe Schubfestigkeit begünstigt die bildsame Verformung, da der „Knetwider-
stand" gering ist.

Im nachgiebigen Gebirge werden an der Leibung selbst unter
sonst gleichen Verhältnissen kleinere Spannungen lebendig als im
spröden Gebirge; in diesem verteilen sich die durch den Vortrieb
geweckten, zusätzlichen Spannungen auf einen schmäleren Streifen, während das nachgiebige Gebirge diese Drücke auf einen breiteren Gürtel rund um die Leibung verteilt; die Höchstspannung an
der Leibung ist geringer, der Übergang zur durchschnittlichen
Spannung ein weit allmählicherer. Die Häufung der Spannungen an
der Leibung und der jähe Spannungsanstieg hier fördert u. a. auch
die Entstehung der Bergschläge in spröden Gesteinen.

Für die Längsspannung (L) im Scheitel ergibt sich nachstehendes Bild:

L kleiner als Z (Zugfestigkeit des Gebirges)	L größer als Z; die Druckfestigkeit (D) des Gebirges an den Ulmen bestimmt das Verhalten der Massen	
Der Spannungsausgleich vollzieht sich im Gebirge	L kleiner als D an den Ulmen	L größer als D
	Die Ulmen haben nur die Lockermassen über der Firste zu tragen	Das Gebirge geht zu Bruch wird bildsam je nach dem Gestein, das die Ulmen zusammensetzt

Den Wirkungsbereich der Störung, welche die Lochung im Gebirge hervorruft, errechnet S c h m i d aus der Formel

$$R = r\pi \sqrt{\frac{m^2(m-1)E}{\gamma(m+1)(m-2)H}}$$

R bedeutet den Halbmesser des Störungsbereiches, innerhalb dessen
die Bergfestigkeit vom Störungsvorgange beansprucht wird, r den
Halbmesser des kreisrund angenommenen Stollenquerschnittes, H die
Überlagerungshöhe und m die Querdehnungsziffer. R wächst mit der

> Weite des Hohlraumes,
> Abnahme der Überlagerung,
> Zunahme der Federziffer,
> Abnahme der Wichte der Bergart.

b) Gesteins- und Gebirgsfestigkeit.
(Siehe auch Abschnitt H 3.)

Man kann die Gesteine als einfache oder zusammengesetzte Anhäufungen von kristallinen Körnern mit Feinbau betrachten; die

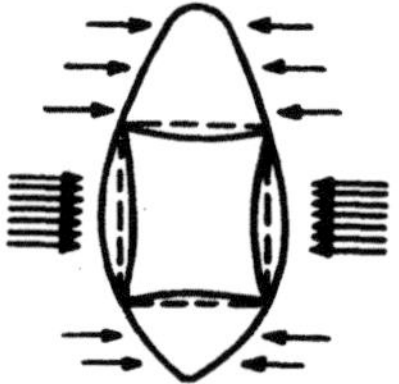

Abb. 101. Verformung eines
rechteckschnittigen Hohlraumes
durch den Gebirgsdruck. Auflockerung der Ulmen. Nach
K. S e i d l. Vgl. S. 209.

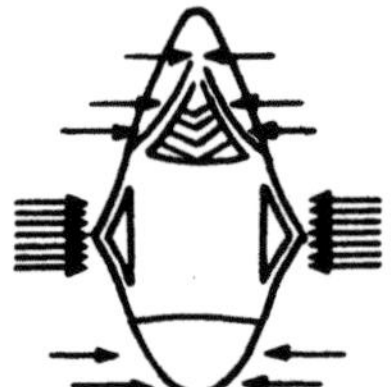

Abb. 102. Fortschreiten der
Verformung des Hohlraumes
der Abb. 101. Bildung des
Eselrückens. Nach K. S e i d l.
Vgl. S. 209.

Oberflächenspannung hält in den Bergarten mit unmittelbarer Korn-
bildung die benachbarten Teilchen zusammen und bestimmt ihre
Festigkeit. Wird die Oberflächenspannung überwunden, dann stellt
sich unter Gestaltänderung Schubverformung ein. Bei den Gesteinen
mit mittelbarer Kornbindung tritt an Stelle der Haftung von Korn
an Korn die Wirkung des Bindemittels.

Einachsiger Z u g führt im spröden Zustande federnder Körper
zum Trennungsbruch, dem Schubverformung vorausgeht.

Einachsiger D r u c k erzeugt unter Querdehnung entweder Zer-
drückung der Körner (die Oberflächenspannung ist stärker als die
lebendigwerdenden Zugkräfte zwischen den Körpern) oder Abschie-
bung von Korngruppen (die Oberflächenspannung wird überwunden). Verhindert man die Querdehnung, so wird die Oberflächenspannung unwirksam und es leistet der Feinbau der Körner dem

Drucke allein Widerstand (reine Druckfestigkeit); wird er bei gesteigertem Drucke zerstört, so verhält sich der Stoff bildsam.

Im bildsamen Zustande erleidet der sich verformende Stoff nur eine Gestalts-, aber keine Rauminhaltsänderung. Die Oberflächenspannung nimmt die Energie auf und leitet sie in Form von Hauptschubspannungen weiter. Die Verformungsarbeit erschöpft sich dabei in der Gestaltsänderung. Infolge der Schubspannungen können sich Fließschichten bilden. Bei allseitiger Umschließung zieht keine Belastung Formänderungen nach sich. Mustermäßig bildsame (urbildsame) Stoffe lassen sich schon unter gewöhnlichen Druck-, Wärme- und Feuchtigkeitsverhältnissen bruchlos verformen; sie verdanken ihre Oberflächenspannung dem Haarröhrchenwasser und' sind von Haus aus unzusammendrückbar. Für gewöhnlich nicht bildsam sich verhaltende Körper macht erhöhter Druck bildsam (schlummerbildsame Stoffe).

Schlummerbildsam oder verstecktbildsam verhalten sich Stoffe, welche unter gewöhnlichem Druck wenig verformbar sind, unter Zusatzlasten aber etwa von der Fließgrenze ab der Verformung wenig oder gar keinen Widerstand mehr entgegensetzen; eine eigentliche Bruchgrenze fehlt. Das in ihnen durch die Belastung geweckte, schlummernde Arbeitsvermögen drängt solange nach Freigabe, bis der störende Hohlraum mit Massen gefüllt ist, welche am Aufbau eines neuen Gleichgewichtes mitzuwirken vermögen.

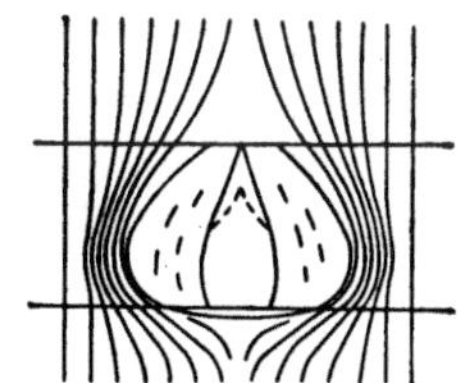

Abb. 103. Spitzbogen als standfestere Form, entstanden aus dem Eselsrücken (Abb. 102) durch Nachfall des spannungslosen Gebirges.

Wenden wir diese Voraussetzung auf die Bergarten an, welche der Tunnelbauer durchörtert, so erhalten wir etwa folgendes Bild: Wir unterscheiden dabei Lockermassen und Festgesteine und schalten vorläufig die vorkommenden Übergangsglieder aus.

Bei den Festgesteinen bestimmen, wenn wir so gut wie rissefreie Teilkörper von ihnen betrachten, Feinbau und Oberflächenkräfte die Festigkeit. Rollige Lockermassen wie Sand, Schotter, Bergschutt usw. äußern nur Kornwiderstand; Haftung der Körner, bzw. Korngruppen fehlt.

E i n i g e   A n g a b e n   ü b e r   G e s t e i n s f e s t i g k e i t.

Da das einschlägige Schrifttum dem Ingenieur schwer zugänglich ist, gebe ich einige Werte wieder, welche Versuche der letzten Jahre gewinnen halfen.

Nach Stöcke u. a.

Bergart	Raumgewicht	Druck-	Biege-	Scher-	Federziffer in kg/cm². $.10^{-3}$ innerhalb des Spannungsbereiches 0-100 kg/cm²
		Festigkeit in kg/cm²			
Granit	2.6 —2.8	1200—2400	100—200	100—150	500— 600
Diorit, Gabbro	2.8 —3.0	1600—3000	100—220	130—180	800—1000
Quarzporphyr, Porphyrit, Andesit	2.55 - 2.80	1800—3000	150—200	100—160	500— 700
Basalt, Melaphyr, dicht gefügt	2.9 —3.00	2000—4000	150—250	100—150	900—1200
desgleichen, schlackig	2.2 —2.4	800—1500	80—120	—	400— 500
Diabas	2.8 —2.95	1700—2500	150—250	130—200	700— 800
Quarzite, Quarzschiefer, Kieselschiefer	2.6 —2.65	1500—3000	130—250	80—120	400— 600
Buntsandstein	2.5 —2.6		85		110
Sandstein i. A., trocken	2.0 —2.6	500—1800	75—125	40—100	150— 300
Sandstein i. A., feucht			50— 75		35 und mehr
Sandsteinschiefer, trocken			100—500		320— 350
Tonschiefer, trocken	2.0 —2.1		90—225		230— 550
Tonschiefer, naß	2.1 —2.3		25— 80		200 und mehr
Kalkstein, dicht fest	2.65—2.70	800—2000	60—160	50—120	400— 700
Kalkstein, minder fest	2.4 —2.6	400—900	50— 90	30— 80	300— 600
Feuerbergtuffe	1.8 —2.2	200—400	20— 60	15— 40	30— 150
Gneis	2.6 —2.8	1200—1800			
Amphibolit	2.7 —3.1	1600—2800			
Serpentin	2.6 —2.7	1200—2500			
Dachschiefer	2.7 —2.8		500—800		700—1000
Ton, fest, je nach Wassergehalt	2.7 —2.9	0.6— 6		0.15—0.40	30— 200

Nach den Untersuchungen von Herrmann, Stöcke und
Udluft, zeigen Gesteine mit vorwiegendem Gehalte an Quarz in
gröberen Körnern eine niedrigere Federzahl und einen geringeren
Federgrad gegenüber den Schluffgesteinen. Die Federzahl nimmt
ferner mit zunehmendem Lückenraume ab, desgleichen mit dem Anwachsen der Korngröße. Man darf annehmen, daß Verglimmerung
(Seidenglimmer) und Vertonung der Feldspäte die Federzahl herab-

setzen, grobe, schuppige Glimmer und kohlensaure Mineralien die Federzahl erhöhen. Gut ausgeprägte Schichtung begünstigt das federnde Verhalten, ebenso betonte Schieferung in vielen Fällen; doch bedingen Kalkgehalt, Reichtum an Quarz usw. häufig Abweichungen. Kalkgehalt erhöht bei den Begleitgesteinen der Steinkohle im allgemeinen die Federzahl.

Federzahl nach S t ö c k e und U d l u f t.

senkrecht zur Schichtung		gleichlaufend mit der Schichtung
Druck-Federziffer in kg/cm² im Spannungsbereich 0—100 kg/cm²	Tonschiefer 450.000 Sandschiefer 350.000 Sandstein 100.000—200.000	210.000 90.000—140.000

Biegungsfederziffer in kg/cm²		Biegungsfestigkeit in kg/cm²	
		trocken	feucht
Tonschiefer, trocken	230.000—550.000	90—225	25— 80
Tonschiefer, naß	200.000 und mehr		
Sandschiefer, trocken	320.000—350.000 (500.000)	100—500	25—175
Sandstein, trocken	150.000—300.000 (100.000)	75—125	50— 75
Buntsandstein	110.000	85	
Sandstein, naß	35.000 und mehr		

Federzahl in Abhängigkeit vom Druck.
Nach S t ö c k e 1934.

Spannung	E-Wert
2.8 kg/cm²	4.800 kg/cm²
22.4 kg/cm²	10.900 kg/cm²
42.0 kg/cm²	17.300 kg/cm²
84.0 kg/cm²	25.200 kg/cm²

Man muß daher bei der Auswahl der Federzahl für Berechnungen stets die Teufe berücksichtigen; heute noch vorhandene Gebirgsdruckspannungen erheischen Beachtung.

Die Federzahl sinkt nach Wasserdurchtränkung bei

Tonschiefer	um 37—75 v. H.
Sandschiefer	um 0.7—74 v. H.
Sandstein	um 35 v. H.

Der Federgrad (Elastizitätsgrad) drückt das Verhältnis der federnden Formänderung zur Gesamtformänderung aus.

Tonschiefer federn nach S t ö c k e im trockenen Zustande fast 93 bis 98 v. H.; im feuchten Zustande sinkt der Wert auf 60—24

v. H. bei westlichen und auf 43—80 v. H. bei oberschlesischen Gesteinproben. Selbst feuchte Tonschiefer sind noch weitgehend rückformbar.

Sandsteine federn erheblich weniger gut; ihre Federzahl sinkt von 73—87 im trockenen, auf 55—78 v. H. im naßen Zustande.

Sandsteinschiefer halten etwa die Mitte zwischen den beiden vorgenannten Gesteinsgruppen; ihre Federzahl beträgt 88—97 v. H. im trockenen und 47—81 v. H. im feuchten Zustande.

Zusammenpreßbarkeit zerbrochenen Gesteins; Rauminhalt vor dem Zerbrechen = 100.

Preßdruck in kg/cm²	Rauminhalt des zerbrochenen Gesteins			
	Ton (Tonstein)	Schiefer	Sandstein	Kohle
1000 (etwa 500 m Teufe)	100	128	136	130
2000	90	116	125	125
5000	75	110	120	118
10000	70	97	105	109

Durchbiegung in Abhängigkeit von der Feuchtigkeit.

Nach Herrmann, Stöcke, Udluft.

Ansteigen der Durchbiegung nach Wasserdurchtränkung bei
Tonschiefer   um das 3.5   und 16 fache
Sandschiefer   um das 0, 1½, 2   und 5 fache

Feucht verkürzen sich die Bergarten durchwegs mehr als trocken; die Unterschiede sind bei Sandsteinen gering, bei Tonen und Sandschiefern recht erheblich.

Die bleibenden Formänderungen der Tonschiefer sind im feuchten Zustande ebenfalls größer als im trockenen. Sie wachsen im allgemeinen rascher als die entsprechenden Spannungen. Bei Sandsteinen nehmen dagegen die bleibenden Formänderungen weniger zu als die Spannungen.

Der feuchte Zustand setzt die Federzahl beim Tonschiefer um durchschnittlich 50 v. H., bei Sandstein um rund 25 v. H. herab.

Die Knistergeräusche steigen anfänglich mit zunehmendem Drucke an; hört die Druckbeanspruchung auf oder bleibt sie gleich, dann verstummen die Geräusche. Kurz vor der Bruchlast, wenn das Gestein bei gleichbleibender Druckeinwirkung immer weiter sich auflockert, dauern die Geräusche gleichstark fort, solange der Druck anhält. Bei Granit stellte Stöcke keine Knistergeräusche als Begleiter der Belastung fest; er zerbricht unter laut hörbarem Knall.

Knistergeräusche warnen also in manchen Gesteinen ziemlich verläßlich beim Vortrieb. Schiefer melden die Bruchgefahr durch lebhafte Bewegung vor der Bruchgrenze und sie begleitende Geräusche; Sandstein bricht plötzlich.

Zugfestigkeit Z in kg/cm² nach Dr. Hans Kühl.
(Wiedergegeben von Kommerell.)

W = Wassergehalt in Hundertsteln, Schw = linige Schwindung in Hundertsteln.

Alter in Tagen	Reiner, fetter Ton			1 Teil Ton mit 1 Teil Sand			1 Teil Ton mit 2 Teilen Sand			1 Teil Ton mit 3 Teilen Sand		
	W	Schw	Z	W	Schw	Z	W	Schw	Z	W	Schw	Z
0	28.2	—	0.5	22.0	—	0.5	14.6	—	0.4	13.0	—	0.2
1	—	1.6	1.8	—	1.6	1.5	9.8	3.9	3.0	7.0	2.7	2.4
2	22.0	6.1	3.6	13.9	3.9	2.7	3.5	5.0	3.4	2.1	3.9	2.8
3	—	8.3	6.9	—	5.0	4.2	1.7	5.0	5.6	1.5	5.0	4.5
5	8.0	9.5	9.0	2.9	6.2	6.6						
7	5.3	9.5	9.8	2.1	7.3	6.7						
10	4.1	9.5	11.9	1.9	8.3	8.9						

Wendet man zur Erleichterung des Vortriebes eines Stollens oder zur Beschleunigung des Abteufens von Schächten das Gefrierverfahren an, so muß man die Festigkeitswerte der Gesteine im gefrorenen Zustande kennen. Ich füge tieferstehend einige Werte nach Kredeler an.

Druckfestigkeit gefrorener Gesteine in kg/cm².

Bergart	Kältegrade				
	0	10	15	25	43—47
1 Feines Eis			18		37
2 Kies, sehr grob, und Sand, fein				335	
3 Kies, sehr grob, aber ohne Sand				237	
4 Quarzsand, rein, wassergesättigt	20	120	—	200	—
5 Sand, mittel und fein, gesättigt			138	200	
6 Baggersand, fein, gesättigt		142	160	195	
7 Sand, fein, mit Sohle gesättigt			124		188
8 Sand, scharf, sehr fein, vollständig wassersatt		87	133	152	190
9 Sand, scharf, sehr fein, ³/₄ gesättigt		77	106	147	
10 Sand, scharf, sehr fein, halb gesättigt		52	62	120	
11 Sand, fein, 0.8 mm 1 kg und 200 g Wasser			77		
12 Sand, fein, 0.8 mm 1 kg und 150 g Wasser			21		
13 Sand, fein, 0.8 mm 1 kg und 150 g Wasser			17		
14 Sand-Tongemenge, gesättigt			90	110	
15 Ton, rein gesättigt		55	70	95	

Druckversuche, welche S t ö c k e (1934) an Sandsteinen, Sandschiefern und Tonschiefern im Spannungsbereiche von 0—200 kg/cm² vornahm, ergaben nachstehende Leitsätze.

Im trockenen Zustande der Gesteine nehmen die Gesamtformänderungen einen ziemlich geradlinigen Verlauf; sie sind bei Tonschiefer am kleinsten, bei den Sandsteinen am größten.

Dem H o o k e'schen Gesetz gehorchen jedoch zahlreiche andere Gesteine allgemein oder unter bestimmten Umständen nicht (B a c h, S t ö c k e u. a.).

Bei Sandstein nehmen die Dehnungen oft rascher zu als die Spannungen. Doch beobachtet man auch das Gegenteil (S t ö c k e). Vielfach nahmen unter einem mit der Schichtung gleichgerichteten Druck die Dehnungen weniger zu als die Spannungen; so besonders bei feuchten Proben. Bei manchen Abarten des Sandsteins wuchsen die Dehnungen nur anfangs rascher als die Spannungen, während sie bei höheren Drücken eine geringere Zunahme zeigten.

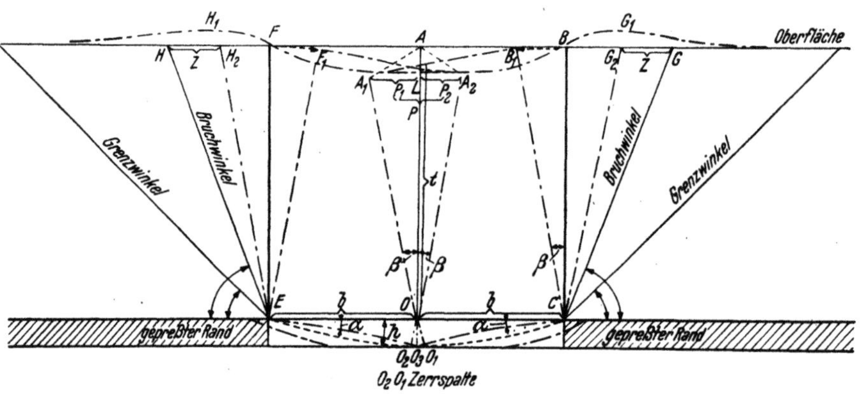

Abb. 104. Pingenbildung (vgl. S. 310 ff.).

Beansprucht man die Sandsteine senkrecht zur Schichtung, dann nehmen die Dehnungen wie bei den Tonschiefern weniger zu als die Drücke.

Bei schieferähnlichen Gesteinen, welche gleichlaufend zur Schichtung beansprucht werden, wachsen die Dehnungen stets mehr als die Spannungen. Beansprucht man die Schiefer senkrecht zur Schieferungsebene, dann nehmen die Dehnungen langsamer zu als die Spannungen. Der Zustand, ob trocken oder naß, bleibt ohne Einfluß (S t ö c k e).

Faßt man die vorstehenden Ergebnisse zusammen, so sieht man auch in diesem Belange die gewaltigen Schwierigkeiten, welche sich einer rechnungsmäßigen Erfassung des Gebirgsdruckes entgegenstellen. Die Gesteine zeigen im einzelnen ganz verschiedenes, derzeit noch nicht voraussehbares Festigkeitsverhalten.

c) Die Verspannungsfähigkeit des Gebirges.

Die Verspannungsfähigkeit des Gebirges ist sein Vermögen, über natürlichen oder künstlichen Hohlräumen ein Traggewölbe zu bilden. Sie fällt mit der Festigkeit des Gebirges nicht zusammen, hat jedoch insoferne eine gewisse Verwandtschaft mit ihr, als im allgemeinen mit der Festigkeit eines Gesteins auch seine Fähigkeit wächst, ein Traggewölbe zu bilden. Doch gibt es auch zahlreiche Ausnahmen.

Lockeres Gebirge verspannt sich nur, wenn die Lockermassen halbwegs dicht gelagert sind und innere Reibung von Korn zu Korn wirksam wird. Beim Übergange von losen Massen in Binder gesellt sich zu diesen Voraussetzungen der Bildung von Tragkörpern noch die Haftung.

Mit der Verspannungsfähigkeit des Gebirges hängt die sogenannte „Schadlose Teufe" nicht sehr enge zusammen, welche seit R z i h a im Schrifttum eine große Rolle spielt; man darf sie auch „gefahrlose" Teufe nennen, weil unterhalb ihr umgehende Stollen auch in einem sich auflockernden Gebirge die Geländeoberfläche nicht mehr beunruhigen oder schädigen. Man will sie erhalten, indem man die lichte Höhe des Tunnels durch die Auflockerungsziffer (zwischen 0.01 und 0.25) teilt. Ihren Wert machen jedoch Verspannungen im Gebirge zuweilen vollständig unbrauchbar; in manchen anderen Fällen gebietet eine eingelagerte, feste Schicht dem Höhergreifen der Auflockerung Halt. Sie bietet also auf jeden Fall eine ziemlich weitgehende Sicherheit; mehr Gutes aber kann man dieser Formel nicht nachsagen.

Sogar rundkörnige Lockermassen können sich verspannen, wie u. a. B i e r b a u m e r gezeigt hat (Schlußsteinlagerung); ihre Lagerung muß aber dicht sein. Man kann jedoch nicht leugnen, daß Eckigkeit, Kantigkeit und Oberflächenrauhigkeit von Trümmerwerk die Verspannungsfähigkeit und ihren Bestand erhöhen und so den wirksamen Gebirgsdruck herabsetzen. Auch die Vorgangsweise bei der Auffahrung einer Strecke, die Art der Einbringung des Einbaues, die Zeitdauer, während welcher das Gebirge frei stehen bleibt und manche andere Umstände beeinflußen die Verspannungsfähigkeit des Gebirges. Sprödigkeit einer Bergart kann die Bildung eines Traggewölbes erschweren, Zähigkeit sie begünstigen. Das Vermögen des Gebirges, einen Tragkörper zu bilden, sinkt unter sonst gleichen Umständen mit der lichten Weite des Hohlraumes; in zweiter Linie ist sie auch von der Höhe des Lichtraumes abhängig. Sickerwässer setzen die Reibung und damit auch die Verspannungsfähigkeit von Bergarten schon durch die bloße kräftige Durchfeuchtung herab, welche sie herbeiführen und im Bestande erhalten; zusätzlich wirkt sich dann noch eine allenfallsige größere Strömungsgeschwindigkeit oder ein Hohlraumwasserüberdruck aus, wie er in den Lücken der Lockermassen oder auf den Schnitten zerklüfteter Gesteine in aller Regel beobachtet werden kann.

Nichts hindert uns, anzunehmen, daß sich je nach Schichtenbau, Bergart, Mächtigkeit der Einzelschicht usw. über tief liegenden Hohlräumen auch mehrere „Brücken" bilden; so z. B. wenn brechend sich verformende und sich durchbiegende Schichtstöße miteinander wechsellagern.

Daß verritztes Gebirge sich verspannt, bleibt unbestritten; es tobt jedoch noch immer ein lebhafter Streit um die Frage, ob sich gewölbeartige Verspannungen einstellen oder der geweckte Druck das Gebirge ähnlich beansprucht wie eine Platte.

Den erstgenannten Standpunkt vertreten Kenner wie B i e r b a u m e r, E c k h a r d t, F a y o l, F o r c h h e i m e r, O b e r s t e B r i n k, G i l l i t z e r, L ü t h g e n, S p a c k e l e r, T e r z a g h i und W i l l m a n n, um nur einige Namen von Ruf zu nennen. Für die Balken- oder Plattenlehre setzte sich besonders W e b e r mit seiner Druckwellenlehre ein, ferner K o r t e n, O b e r s t e B r i n k, R z i h a u. a.

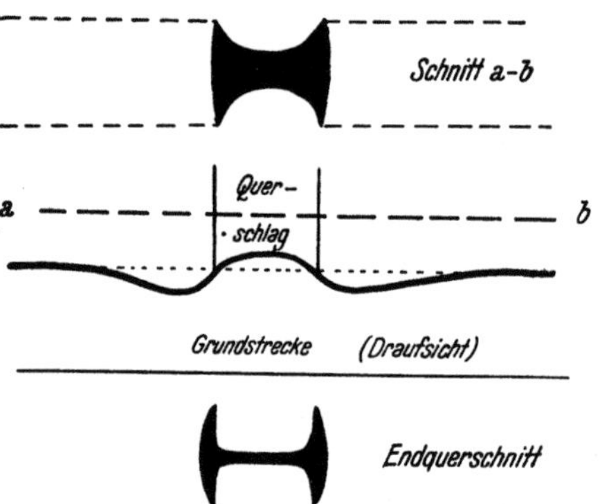

105. Verformung von quadratschnittigen Hohlräumen. Nach L e h r und K. S e i d l.

Abb. 106. Verformung bildsamen Gebirges bei der Einmündung eines Querschlages in die Grundstrecke (vgl. S. 285). Nach L e h r und K. S e i d l.

Wo Tagbrüche pingenähnliche Vertiefungen auf der Geländeoberfläche erzeugen, beobachtet man häufig, daß sich auf das zu Bruche gegangene Gebirge ein Schichtstoß herabsenkt, welcher sich plattenähnlich verbogen hat (Biegungsstreifen; vgl. auch L e h m a n n, 1919); folgen über tiefliegenden Hohlräumen mehrere Schichtstöße übereinander, welche sich teils biegend, teils brechend verformen, so können sich auch mehrere Biegungsstreifen zwischen Bruchstreifen einschalten (Abb. 100, 104).

Die Auffassung der Firste von Abbauräumen als eine beanspruchte, unvollkommen eingespannte Platte auf nachgiebiger Unterlage berücksichtigt besser als die Balkenlehre die flächenhafte Ausdehnung der Schichten und wird durch Untersuchungen sehr unterstützt, welche wir N a d a i, G r a f und anderen Forschern verdanken; auch H e r r m a n n und S t ö c k e haben sich eingehend mit dieser Frage beschäftigt. Wir können aber nur die Tiefbau-Hohlräume größter Spannweiten halbwegs mit den weitspannigen Abbaulücken des Bergbaues vergleichen.

Die Balkenversuche von L e h r (1935) deuten auf eine wellenartige Verbiegung des Hangenden über einer Abbaulücke hin; neben der größten Durchbiegung in der Mitte der Lücke beobachtet man je eine Höherwölbung im unverritzten Gebirge in einer bestimmten Entfernung vom Stoß (je nach den örtlichen Verhältnisse; vgl. auch Abb. 100). Das unmittelbare Hangende wird am Abbaustoß stets gepreßt und erscheint deshalb verschwächt.

Die höchste Biegungsspannung über der Abbaulücke liegt stets in ihrer Mitte. Die Höchstspannung im unverritzten Gebirge daneben hängt von zwei Umständen ab. Erstens von dem Federfestwert des Flötzes $C = \dfrac{F\,E}{D}$, worin

F die offene Fläche, E die Federziffer und D die Flözmächtigkeit bedeutet. Zweitens von der Abbauweite.

Der über dem Großhohlraume lastende Druck wird auf die Auflager übertragen und preßt die Stützen zusammen. Die Federkraft der Stützen wirkt dem Auflagerdrucke entgegen (Rückstellkraft); bei Größengleichheit herrscht Gleichgewicht. Die Schaulinien der Auflagerkräfte zeigen am Stoß einen Höchstwert, im unverritzten Felde aber deutlich Einbuchtungen und Verschiedenheiten in gesetzmäßigen Abständen von Stoß (W e b e r u. a.).

Hoher Auflagerdruck läßt Drucklagen und Gesteinsabsprünge entstehen; diese Vorgänge erleichtern die Lösung der Bergarten; sie erzeugen einen „guten Gang“ für den Bergmann, dem Tunnelbauer dagegen bringen sie Schwierigkeiten. Der Auflagerdruck steigt mit der Abbauweite in einem von der Geraden wenig abweichenden Verhältnisse. Bei gleichbleibender Hohlraumbreite steigt der Höchstdruck mit dem Anwachsen des Federfestwertes zuerst schnell, dann aber langsam und erreicht schließlich bei 6 kg den Wert für starre Stützen (L e h r).

Auf weite Hohlräume in geschichteten oder geplatteten, flachgelagerten Bergarten kann man die Druckwellenlehre H. W e b e r s (1915) wohl ohneweiters anwenden. Das Hangende senkt sich an mehreren Stellen auch im unverritzten Gebirge ein; so etwa 12—15 m vom Abbaustoß entfernt und außerdem bei etwa 40 m. U l l r i c h (1916) maß 10—15 m vom Abbaustoß entfernt den Beginn der Senkungsbewegungen. H o f f m a n n (1931) stellte das Auflager des Gebirgsbalkens in einer Entfernung von 10 m und eine Umkehrung der Gleitrichtung in 13 m Entfernung fest; auf die Entfernung werden eben Raschheit des Vortriebes, Festigkeit des Daches usw. Einfluß ausüben.

Mir will scheinen, daß sich die beiden Standpunkte ganz gut vereinigen lassen. Erstlich dürfen wir die Beanspruchungen nur als gewölbeähnliche und plattenähnliche bezeichnen; ganz genaue Übereinstimmungen mit diesen Gebilden in statisch reiner Form wird die Natur höchst selten darbieten.

Zweitens hängt meiner Meinung nach das Verhalten der Firste von der Gesteinbeschaffenheit, der Gestalt und gleichzeitig von der Lichtweite des Hohraumes ab. Bei seinem Bestreben, die ihm geschlagene Wunde wieder zu schließen, drückt der Berg auf die Firste. Biegungsfeste Gesteine widerstehen auch dann noch, wenn man die Firste nicht wölbt, sondern eben, also als Platte ausbildet. Bergarten aber, deren Biegungs- und Scherwiderstand gering ist, brechen solange nach, bis die gewölbeähnliche Form der Firste den mehr oder minder lotrechten Druck in einen seitlichen Widerlagerschub umgewandelt hat (Bildung eines Traggewölbes in trockenen Lockermassen z. B.).

Großen Einfluß auf die Möglichkeit einer Verspannung übt die Form der Firste aus; gebe ich ihr beim Vortriebe in bestimmten Bergarten von vorneherein eine nach oben sich mehr oder weniger wölbende Form, so begünstige ich die Ausbildung einer gewölbeähnlichen Verspannung; eine in waagrechter Richtung vollkommen gerade abgeschnittene Firste gibt dagegen dem Gebirge den Anreiz zur plattenförmigen Beanspruchung; doch kann sich auch über einer waagrechten Firste ein Traggewölbe einstellen. Gewölbte Firstflächen lassen sich im festen Gebirge dann leicht herstellen, wenn es ohne Zimmerung steht; wo das Gestein jedoch eines vorübergehenden Einbaues

bedarf, erschwert jede Abweichung von der waagrechten Ebene die
Verzimmerung und den Verzug der Firste; man kann sich allerdings,
wie dies im Bergbau nicht selten geschieht, durch Brechen der Kappen
helfen, wodurch man eine Dachform der Firste in irgend einer Art
erzeugt (einfach oder doppelt gebrochene Firste; V-Form oder Trapezform (Abb. 77, 78 und 79).

Je weiter man die Hohlräume aussprengt, um so schwerer macht
man es dem Berge, eine Platte zu halten; man zwingt ihn zur Ausbildung eines Traggewölbes. Gewölbe sind aber ungemein empfindlich
gegen Biegungsbeanspruchung; ihr Widerstand gegen den wirksamen
Bergdruck wird daher unter sonst gleichen Umständen um so schwächer werden, je mehr die freie Spannweite zwischen den Ulmen des
Tunnels anwächst und je flacher der Bogen ist, welcher sich unter
den gegebenen Umständen bildet. In besonders hohen Hohlräumen ge-
fährdet dann wieder die Möglichkeit des Nachgebens der Ulmen die
Widerlager des Traggewölbes.

Es hängt mithin die Bildung eines Entlastungsbogens in ganz wesent-
lichem Grade nicht nur von den Eigenschaften des durchörterten Gesteines,
sondern auch von der Lichtweite des Hohlraumes ab. Von einer gewissen
Lichtweite an wird in keinem der uns bekannten Gesteine ein Traggewölbe sich
herausbilden können; wir müssen dann in Gedanken den Bergdruck auf eine
Art Platte wirken lassen, welche an den Enden mehr oder weniger federnd
aufliegt und deren randliche Aufbiegung durch die Last des Hangenden verhindert wird. Wir begreifen es jetzt, warum gerade die Fachleute, welche mit
großen Abbauräumen zu tun haben, für die Plattennatur des Hangenden so
sehr eintreten.

d) Der zeitliche Ablauf der Spannungsänderungen nach der Auffahrung.

Für den Arbeitsvorgang im Tunnel ist es wichtig zu wissen, wie
die Bergdruckerscheinungen nach der Auffahrung des Hohlraumes ab-
laufen. Ich führe als Beispiel einen Musterfall aus dem Bergbau an,
welchen Kurt S e i d l (1934) sehr anschaulich geschildert hat; er kann
mit den durch die örtlichen, besonderen Verhältnisse bedingten Abänderungen auch für andere Gesteinsverhältnisse gelten. Ich gebe die
S e i d l'schen Ausführungen fast wörtlich wieder.

Gleich nach Herstellung des Hohlraumes dehnt sich das benachbarte Gebirge je nach seiner Federndheit mehr oder weniger nach dem Hohlraume
zu aus; dementsprechend sinkt die Spannung in dem Gesteinskörper, welcher
sich ausgedehnt hat.

Infolge der Ungleichteiligkeit des Gebirges erfolgt der starke Spannungsabfall nicht auf einmal, sondern verteilt sich auf einen gewissen Zeitraum;
er erfolgt also ungleichmäßig und örtlich verzögert; diese Ungleichmäßigkeiten
führen zu mehr oder minder gewaltsamen Ablösungen, zuweilen zu Bergschlägen (Spucken der Stöße). Die Spannungen verdichten sich in höchstem
Grade an Ecken und Kanten (Kerbwirkung).

Der entspannte Körper rings um den Hohlraum wird gewöhnlich parabelähnlich begrenzt gedacht; bezüglich seiner tatsächlichen Form wären die Versuche von Stöcke, Lehr und anderen fortzusetzen. Er steht hauptsächlich unter der Wirkung seines Eigengewichtes und drückt auf den Einbau (wirksamer Gebirgsdruck). Das Gewicht des übrigen Hangenden (Überlagerungsdruck) wird auf die Streckenstöße und das Gebirge hinter ihnen übertragen (Abb. 101). Wo man keine Zimmerung nötig hat, nehmen die Zugkräfte vom seitlich anstehenden Gebirge das Gewicht des entspannten Körpers auf und setzen es in Normaldruck auf die Stöße, bzw. ihr Dahinterliegendes um.

Im anfänglichen Zustande der federnden Formänderung setzt mithin der Stollenvortrieb die Urquerspannungen in der Umgebung des Hohlraumes stark herab, u. zw. in der Sohle, wo das Eigengewicht in der Richtung vom Hohlraume weg wirkt, noch stärker als in der Firste. Hinter den entspannten Streifen der Stöße erhöhen sich die ursprünglichen Querspannungen (Spannungsanhäufung im Innern des Stoßes, starker Spannungsabfall gegen die spannungslos gewordene Stoßoberfläche).

Nach der federnden Formänderung tritt eine bleibende Verformung ein; je nach der Bergart erfolgt sie brechend oder bruchlos (bildsam). Die Dauer der geleisteten Formänderungsarbeit verteilt sich je nach den Eigenschaften des Gesteins auf einen kürzeren oder längeren Zeitabschnitt. Das Gebirge geht aus dem ruhenden (statischen) Zustand in das arbeitende (dynamische) Verhalten über, während dessen es sich je nach seiner Bildsamkeit bruchlos verformt oder auflockert und bis zur Zerstörung seines Gefüges umbaut.

Ähnlich wie beim Druckversuch bildet sich an den Ulmen ein „Zugkörper", welcher sodann in den Hohlraum gedrückt wird, wobei die Auflockerung des Gefüges des Gebirges weit in die Stöße hineinreichen kann (Abb. 101).

Hinter den entspannten Körpern in First und Sohle regen sich gleichfalls Seitenspannungen, jedoch in geringerem Grade wie an den Ulmen, weil ihnen hier eine Lücke, im First aber eine Bergmasse — wenn auch aufgelockert — entgegensteht. In der Firste vermindern die entstehenden Seitenspannungen die Zugspannungen, welche das Eigengewicht des entspannten Körpers auf das Nebengestein ausübt. Aus ähnlichen Gründen werden in der Sohle die Druckspannungen zwischen entspanntem Körper und Nachbarschaft verstärkt. So wächst in der Firste die Scheitelhöhe des entspannten Körpers und mit ihr der Firstdruck; gleichzeitig steigt der Sohldruck an.

Nehmen die Seitenspannungen weiter zu, dann stellen sich Querspannungen ein, welche gegen die Firste gerichtet sind und nach Überschreitung der Federgrenze zur Bildung eines Zugkörpers in der Firste und zu seiner Ausstoßung führen. Die völlige Abtrennung des Zugkörpers wölbt die Firste eselrückenähnlich (Abb. 102).

In der Sohle gestalten sich die Spannungszustände ähnlich, doch schwächen hier folgende Umstände ihr Ausmaß ab. Das Gewicht der Massen wirkt der Verschiebung der Gesteinteilchen entgegen; zudem liegen die Querspannungen im Bereiche der Sohle anfänglich beträchtlich niedriger, weil die Strecke selbst im Bereiche ihrer Stöße und in jenem der sich entspannenden

Firste entspannend wirkt und daher die gegen den entspannten Körper in der Sohle gerichteten Seitenspannungen anfänglich schwächer sind als in der Firste.

Mit der fortschreitenden Auflockerung und Zerrüttung des Gebirges entlang der Leibung rücken die lotrechten Höchstpressungen noch weiter ins Gebirge hinein und erreichen in einem bestimmten Abstande von der Leibung einen Höchstwert, während um den Hohlraum herum sich ein breiterer Gürtel der Mindestspannung geformt hat. Aus der Eselrückenform des Firstes entsteht im sich selbst überlassenen Gebirge durch Nachfall spannungsloser Massen die standfestere Form des Spitzbogens (Abb. 103). Auch die Ulmen kommen zu verhältnismäßigem Stillstande; das Gestein längs der Leibung ist aufgelockert und in der Nähe der Ulmen von Rissen durchzogen; diese Spalten kennzeichnen die fortgeschrittene Entspannung. So umgibt nun ein ringförmiger Entspannungsgürtel das verhältnismäßig standfest gewordene Gebirge; im Entspannungsgürtel kommt man von einem Saum weitgehender, nach innen zunehmender Entspannung in einen äußeren Streifen, in welchem die Entspannung gegen außen wächst; dieser leitet über zu einem Gürtel über den Durchschnittsdruck erhöhter Spannungen, ohne welche ja die inneren Gürtel bis auf Null verminderter Spannungen nicht zu denken sind; von hier an nähern sich die Spannungsbeträge wieder dem Urwerte.

Schließt sich der Gürtel erhöhter Spannung um den entspannten Stollenbereich nach Art eines Ringgewölbes, dann bleibt der Stollen in Zukunft spannungslos. Kommt es zur Bildung dieser Verspannung nicht, dann geht die Zerstörung des Gebirges weiter, bis der Hohlraum zugedrückt ist.

Der ringförmigen Schließung des Gewölbes steht nicht selten die Spannungsverteilung in der Sohle entgegen; die seitlich gerichteten, gegeneinander gekehrten Spannungen setzen die Schichten des Liegenden unter eine Knickbeanspruchung, welche bei dünnplattigen, söhlig gelagerten Gesteinen gefährlich werden kann. In einem noch recht günstigen Falle bildet sich über dem Entspannungsgürtel der Firste und der Ulmen eine gewölbeähnliche Verspannung aus, deren Widerlagerdrücke nach unten auseinanderlaufen, ohne sich zu einem Gegengewölbe im Liegenden des Tunnels zu schließen. Viel seltener wird sich neben dem Firstgewölbe auch ein Sohlgewölbe bilden, das sich mit dem ersteren zu einem einheitlichen Ringe schließt.

Strittig ist bis zu einem gewissen Grade noch die Frage, ob das Gebirge vor dem Bruche bildsam wird oder nicht; das neuzeitliche Schrifttum tritt überwiegend für eine „bildsame" Schale ein, welche ohne Zerfall vom ruhenden Gebirge gegen den Hohlraum zu vorrückt.

e) Die Anschätzung des wirksamen Bergdruckes.

Untertitel wie vorangegangene Abschnitte weisen schon darauf hin, daß es sich bei dem derzeitlichen Stande unserer Einblicke in die Gebirgsdruckverhältnisse niemals um eine verläßliche Berechnung des zu erwartenden Wirkdruckes, sondern nur um eine mehr oder minder näherungsweise Schätzung handeln kann. Dies müssen wir umsomehr bedauern, weil die Hohlraumbauten kostspielige Unternehmen sind, bei deren Ausführung Irrtümer schwere wirtschaftliche Schäden und nicht minder nachteilige Zeitverluste herbeiführen können. Geologe und Ingenieur vermögen sich nur auf ihre Erfahrung und ihr „Gefühl" zu stützen, wenn sie in gemeinsamer Arbeit darangehen, den beim Vortriebe sich voraussichtlich einstellenden wirksamen Bergdruck anzuschätzen; die möglichst richtige Voraussicht des Gebirgsdruckes im zu durchörternden Boden sichert die Annahmen des Kostenvoranschlages, die Bemessung der vorzusehenden Bauzeit, die richtige Wahl der erforderlichen, umfangreichen Baueinrichtungen und schließlich auch die Zweckmäßigkeit der Baustoffbeschaffungen.

Am unsichersten gestaltet sich die Anschätzung eines echten Gebirgsbildungsdruckes; sie ist des Geologen ureigene Angelegenheit, ebenso wie die Voraussage der meisten Fälle von Umwandlungsdruck, die Schwellung von Tongesteinen etwa ausgenommen, bei deren Beurteilung die Baugrundmechanik ein wichtiges Wort mitzureden hat. Auch hinsichtlich der Anschätzung eines zu erwartenden Wanderdruckes wird sich der Geologe am besten mit einem Erdrutschfachmann beraten. Dagegen bearbeiten Ingenieur und Geologe gemeinsam die große Mehrzahl der Fälle, in welchen Auflagerungs- und Auflockerungsdruck allein die Röhre beanspruchen.

Bei Lehnentunneln und Lehnenstollen hat der Geologe die Lage einer möglichen Gleitfläche festzustellen, welche den Bestand der Röhre bedrohen könnte. Der Bergdruck, welchen sie lebendig macht, ist dann einer annähernden Berechnung zugänglich; es hat jedoch selten viel Sinn, diese Rechnung durchzuführen; es ist weit ratsamer, den Hohlgang entsprechend weit bergeinwärts zu verlegen.

α) Die Anschätzung des Firstdruckes.

Daß der Firstdruck nur bei geringer Tiefenlage des Hohlraumes und minder gutem Gebirge von der Höhe der Überlagerung abhängt, haben vorhergehende Abschnitte bereits betont. Bei seiner Anschätzung schlägt man wohl am besten verschiedene Wege ein, je nachdem die Aufstellung für die Planung bestimmt ist oder erst während des Baues erfolgt; so z. B. nach Auffahrung des Richtstollens, wenn schon gewisse Erfahrungen über die tatsächliche Beschaffenheit des Gebirges und Beobachtungen über Druckerscheinungen vorliegen. Die Anschätzung bedient sich ferner verschiedener Grundlagen je nach dem technischen Verhalten und der Zustandsform der zu durchfahrenden Massen.

Die Anschätzung des Wirkdruckes zusammenhangloser Massen.

Im völlig zusammenhanglosen „schwimmenden" Gebirge, im Laufsande und in allen ähnlichen lockeren Ablagerungen ohne Reibung ist die Formel für den vollen Überlagerungsdruck p je Breiteneinheit des Hohlraumes am Platze:

$$p = \gamma H$$

Es bedeutet γ das Raumgewicht der Bergart und H im allgemeinen die Überlagerungshöhe; so z. B. wenn in diesen Massen wegen der seichten Lage des Tunnels Tagbrüche zu erwarten sind; in selteneren Fällen schützt ein Dach aus festerem Gebirge die „schwimmenden" Massen, so daß dann H die Mächtigkeit dieser Bergarten bedeutet, einschließlich etwa jener Schichten, welche das Eindringen des Schwimmgebirges in den Hohlraum mitreißen kann.

Da der Ulmendruck in solchem Gebirge auf $q = \gamma \left(H + \dfrac{h}{2}\right)$ und der Sohldruck auf $S = \gamma \, (H + h)$ ansteigt, empfiehlt sich als Querschnitt für diese Hohlgänge die Kreisform; h bedeutet die Höhe des Stollens.

Für gewöhnliche, zusammenhanglose Massen mit nennenswerter Reibung, wie trockener Sand, Schotter, Blockwerk, grober Gehängeschutt usw. führen Gedankengänge A. B i e r b a u m e r s zu einem M i n d e s t w e r t e des Wirkdruckes. In der von ihm aufgestellten Formel

$$p = \frac{\gamma}{4} \, b^2 \cot g \, \varphi$$

bedeutet b die Breite des Hohlraumes und φ den Reibungswinkel (natürlichen Böschungswinkel). Voraussetzung ist dichte Lagerung und gute Packung der Lockermassen.

Die B i e r b a u m e r s c h e Vorstellung fügt sich gut in eine Reihe von Erscheinungen ein, welche schon die alten Bergleute kannten und auf welche in neuester Zeit v. R a b c e w i c z (S. 3, Abb. 2 b) wieder aufmerksam gemacht hat. Der Melker Sand böscht seine Firste im Laufe der Zeit von selbst gaisrückenförmig und in alten Bergbaustollen hat sich die Form des Spitzbogens bestens bewährt und zwar nicht bloß in Lockermassen, sondern auch in festeren, mäßig nachbrüchigen Gesteinen, welche einen ausgesprochenen Zusammenhalt zeigen.

Die Bierbaumer'sche Formel hat allerdings einen Schönheitsfehler. Für $\varphi = 0$ wird $p = \infty$ statt $= \gamma bH$. Gedachtermaßen reicht ferners der Giltigkeitsbereich der Formel nur bis zum Werte $\dfrac{b}{2} \cot g \, \varphi$ für H. Dann berührt die Firste des Spitzbogens des Hohlraumes gerade die Tagoberfläche. In der Natur bricht das Hangende schon früher in den Hohlraum hinein, nämlich bei $H = x + \dfrac{b}{2}\cot g \, \varphi$; x wird dabei meistens einen Wert zwischen 5 und 10 Metern haben.

Schließlich versagt die Schlußsteinformel, wie T e r z a g h i sie nennt. völlig für sehr breite Hohlräume; der Einheitsdruck steigt mit zunehmender Breite des Hohlraumes zwar geradlinig, aber gewaltig an und erreicht Werte, welchen die Gebirgsfestigkeit rolliger Massen nicht gewachsen sein kann und auch nicht gewachsen ist, wie die Beobachtung lehrt.

Berücksichtigt man alle diese Umstände, dann gibt die B i e r b a u m e r'sche Spitzdachformel immerhin einen guten Anhaltspunkt für die Anschätzung des M i n d e s t d r u c k e s auf nicht zu breite Hohlräume; sie hat auf jeden Fall den Vorzug großer Einfachheit und Übersichtlichkeit. Man würde sich daher versucht fühlen, sie auch auf gebrächen Fels anzuwenden. Dies wäre jedoch aus zweierlei Gründen nicht statthaft. Erstlich müßte man einen ganz unwahrscheinlich kleinen Reibungswinkel annehmen. Man erhält nämlich für die Druckstrecke des Karawankentunnels mit ihrem Wirkdrucke von 100 bis 120 t/m² ein φ von rund 2⁰. Weiters muß der gewachsene Fels, auch wenn er sehr gebräch ist, beim Zerbrechen und anschließend an dasselbe seinen bescheidenen Lückenraum auf jenen erweitern, welchen seine Bruchstücke benötigen, um einen neuen Tragkörper zu bilden (T e r z a g h i). Man wird daher den Geltungsbereich der B i e r b a u m e r'schen Formel auf dicht gelagerte Lockermassen einschränken, für welche sie auch ursprünglich aufgestellt wurde.

B i e r b a u m e r hat noch eine andere Formel für den Firstdruck angegeben, deren Anwendung ihm in einigen Fällen Ergebnisse lieferte, welche mit Feststellungen während mehrerer Tunnelbauten übereinzustimmen scheinen. Diese Formel setzt jedoch für den Firstdruck

$$p = \gamma\, H\, \mathrm{tg}^4\left(45 - \frac{\varphi}{2}\right)$$

eine Beziehung zwischen Firstdruck und Überlagerung voraus, welche nicht besteht. Man kann daher ihren Gebrauch grundsätzlich nicht empfehlen.

Viel enger als der Anwendungsbereich der B i e r b a u m e r'schen Spitzfirstformel ist jener der Formel von Ph. F o r c h h e i m e r

$$p = \frac{1}{4}\,\gamma b\,\frac{1 + 2\,\mathrm{tg}^2\varphi}{\mathrm{tg}\,\varphi}.$$

Sie gilt nur für sperrig gelagerte Lockermassen; solche durchörtern jedoch die Stollen — abgesehen von den Eingangsstrecken — viel seltener als Lockermassen in dichter Packung, für welche die B i e r b a u m e r'sche Dachformel empfohlen werden kann. Locker bis sehr locker gelagert sind u. a. Dünensande, oberflächlich anstehende, ganz junge Ablagerungen von Schottern und Sanden, welche noch keinem Belastungsdrucke ausgesetzt waren, die obersten Lagen von Schuttkegeln und Schutthalden, Ufermoränen usw. Einige weitere Ausnahmen führt T e r z a g h i aus dem Schrifttume an (Ingenieurgeologie, S. 370).

Die Unmöglichkeit, die Gleitflächenformel F o r c h h e i m e r s auf dicht
gelagerte Lockermassen anzuwenden, dürfte sich auch darin ausdrücken,
daß die Werte des Firstdruckes mit steigendem Reibungswinkel nur bis zu
einem Werte von φ von ungefähr 35 Graden abnehmen, um jenseits dieses
Umkehrpunktes wieder anzuwachsen (vgl. die tieferstehende Übersicht).
Die Tafel 34 auf S. 208 in T e r z a g h i's Erdbaumechanik zeigt tatsächlich
das völlige Versagen der Gleitflächenformel für Strandsand mit einem
φ = 54° bei guter Übereinstimmung der Versuchergebnisse mit der Dachformel.

Die Anschätzung des Gebirgsdruckes in festen und sehr festen Bergarten.

Übertrifft die Gebirgsfestigkeit die Beanspruchungen eines festen
bis sehr festen Gesteins, dann bleibt der Bergdruck schlafend und es
entfällt seine Anschätzung. Freilich ist die Voraussage des Ausbleibens eines wirksamen Gebirgsdruckes nicht immer leicht, da sich
schwer beurteilbare Grenzfälle einschieben. In spröden Gesteinen drohen oft Bergschläge.

Gemäß den Erörterungen auf S. 193 beansprucht die Öffnung des Hohlraumes die Leibung des Stollens mit einem Werte, welcher etwa 2 bis 3 mal
so groß ist als die Spannung, welche vor dem Ausbruche in diesem Punkte
geherrscht hat (Ringspannung, Tangentialspannung, Querspannung) Man
darf jedoch die Ringspannung nicht ohneweiters gleich dem Wirkdrucke
setzen, denn dieser ändert sich mit der Zeit, wenn die Ringspannung größer
ist als die Druckfestigkeit des Gebirges. Denn dann zerbricht das Gestein
von der Leibung beginnend bergeinwärts fortschreitend und strebt einen
neuen Gleichgewichtszustande zu; bis es diesen z. B. durch Verspannung
oder auf andere Weise erreicht hat, ändert sich die Größe des Wirkdruckes
an der Leibung fortwährend; der Punkt, an welchem die Höchstspannung
im Mantel um den Hohlraum herum herrscht, wandert von der Leibung weg.
Es ist denkbar, daß der Wirkdruck an der Leibung zeitweise größer ist
als der schlafende Gebirgsdruck an dieser Stelle vor dem Ausbruche war;
er sinkt sodann aber auf einen Wert herab, welcher je nach der Überlagerungshöhe mehr oder minder tief unter dem durchschnittlichen Ruhe-
drucke liegt. Die Spannungsverteilung in festen Gesteinen, welche den Gesetzen des Zusammenhaltes gehorchen, deuten die Abb. 99 und 106 an.

Gesteine, welche den Bergdruck aufnehmen, ohne ihn in Erscheinung treten zu lassen, bedürfen vom Standpunkte des Gebirgsdruckes
aus eigentlich keinerlei Verkleidung. Es empfiehlt sich jedoch in vielen
Fällen trotzdem eine Spritzbetonhaut oder eine dünne Betonschale auf-
zutragen, um fließendem Wasser weniger Angriffsmöglichkeit zu
bieten und die Rauhigkeit herabzusetzen oder die Leibung gegen alle
Vorgänge der Verwitterung und der langsamen Gesteinablösung zu
schützen, welche in Stollen ferne vom Mundloch zu erwarten sind.

Die Anschätzung des Bergdruckes in mehr oder minder nachbrüchigen Felsarten.

Für Felsarten, welche sofort nach der Öffnung des Hohlraumes oder allmählich im Laufe der Zeit nachbrüchig werden, fehlen derzeit brauchbare, formelmäßige Angaben vollkommen. Die Gebirgsdruckberechnungen, welche S c h m i d t und L e n k empfehlen, versprechen allerdings mit der Zeit sich dem ersehnten Ziele zu nähern. Auch T e r z a g h i verweist uns auf Seite 211 seiner Erdbaumechanik diesbezüglich auf die Erfahrung und schlägt für die Zukunft Versuche vor; so z. B. die Verformung und Zertrümmerung eines weichen Gesteins in der Festigkeitsmaschine, wobei man die seitliche Ausdehnung der zermalmten Gesteine teilweise verhindert.

Für sehr große Werte von φ dürfte ja auch die B i e r b a u m e r sche Formel $p = \gamma h \, tg^4 \left(45 - \dfrac{\varphi}{2}\right)$ annähernd richtige Ergebnisse liefern; so wäre z. B. laut tieferstehender Übersicht der Firstdruck in mittelfestem Grünschiefer bei 500 m Überlagerung, $\varphi = 79^0$ und $\gamma = 2.7$ rund 0.109 t/m² oder 1.09 kg/cm², was mit der Wirklichkeit ziemlich gut übereinstimmen dürfte. Wir haben jedoch weiter oben gefunden, daß die Formel einen grundsätzlichen Mangel aufweist und sehen daher von ihrer Verwendung besser ab. Der Fehler wird umso klarer hervortreten, je größer die Überlagerung ist, weil ja zwischen ihr und dem Firstdrucke eine einfache, linige Beziehung keineswegs besteht.

W e r t e   f ü r   d e n   F i r s t d r u c k   b e i   Z u g r u n d e l e g u n g   v e r s c h i e d e n e r   F o r m e l n. (für $\gamma = 2$ und b $= 2$ m).

in Graden	Größe des Firstdruckes p in t/m² nach der Formel von		
	Bierbaumer $p = \dfrac{1}{4}\, 8b^2 \, cotg\,\varphi$	Forchheimer $p = \dfrac{1}{4}\gamma\, b\, \dfrac{1 + 2\,tg^2\varphi}{tg\,\varphi}$	Bierbaumer $p = \gamma\, h\, tg^4\left(45 - \dfrac{\varphi}{2}\right)$
0	∞	∞	1.00 $\gamma\,h$
3	38.2	20	0.73 ,,
6	20	12	0.66 ,,
11	10	5.4	0.44 ,,
14	8	4.2	0.37 ,,
18	6	3.5	0.27 ,,
27	4	3	0.13 ,,
30	3.4	2.9	0.11 ,,
36	2.8	2.8	0.068 ,,
45	2	3	0.029 ,,
59	1.2	3.3	0.0053 ,,
68	0.8	5.4	0.0013 ,,
79	0.4	10.3	0.000081 ,,
84	0.2	19	0.000013 ,,
90	0	∞	0

Für die Anschätzung des zu erwartenden Firstdruckes entwarf A. B i e r-
b a u m e r aus der Erfahrung heraus nachstehende Übersicht.

Gebirgsbeschaf-fenheit	Firstdruck in t/m²		Vorübergehender, hölzerner Einbau		Anmerkung
	während d. Aus-bruches	nach der Auf-fahrung	Ausführung	Bean-spruchung	
Fels, mehr oder weniger gebräch	0	8—12	schütter und leicht	Null bis unbedeutend	Auflockerungs-druck gering
Sehr gebrächer Fels, bindiger Schotter, mildes Gebirge bei ge-ringer Über-lagerung	10	35	schütter, aber stark	gering	Auflockerungs-drücke größer, sie machen sich wäh-rend des Ausbru-ches noch nicht bemerkbar
Fels, überaus gebräch (First-brüche!); Schotter rollig	20—25	35	dicht und stark	mittel mäßig	Größere Auflage-rungsdrücke, wel-che schon wäh-rend des Ausbru-ches beobachtet werden; voraus-sichtlich schwieri-ge Beruhigung
Gebirge mild, druckhaft (auch schwimmend); Überlagerung höher	35	50	sehr dicht und kräftig	beträchtlich	
Gebirge mild, sehr druckhaft; Überlagerung beträchtlich	50	120	möglichst dicht und tunlichst kräftig (Hartholz)	bis zum Bruch	

An diese Übersicht fügt B i e r b a u m e r nachstehende beherzigungswerte
Ratschläge.

Die Ausbrucharbeiten haben tunlichst jede Auflockerung des Gebirges
zu vermeiden; man muß vorsichtig sprengen, die Verpfählung sorgfältig
hinterpacken und den vorübergehenden Einbau rasch durch den endgültigen
ersetzen. Dabei ist das Mauerwerk satt an das Gebirge anzuschließen. Hohlräume sind auszumauern, die Zimmerungshölzer unbedingt und der Verzug
nach Tunlichkeit zu entfernen.

Man kann noch einen anderen Weg der Anschätzung des Firstdruckes im gewachsenen, nachbrüchigem bis milden Fels gehen, welcher gleichfalls auf Erfahrungen fußt.

Bierbaumer berechnete den Firstdruck in der Druckstrecke des Karawankentunnels mit 10—12 kg/cm²; dieser Wert entspricht einer reinen Überlagerungshöhe von 45—55 m, wenn man das Raumgewicht des Tonschiefers mit 2.2 in die Formel $DH = \dfrac{p}{\gamma}$ einsetzt. Die tatsächliche Überlagerung betrug jedoch etwa 450 m. Man kann also den Firstdruck von einem Felskörper ausgehen lassen, welcher die Einheitsbreite und die Höhe DH besitzt; man darf wohl von Druckhöhe und Druckkörper sprechen. Die ganze restliche Überlagerungshöhe tritt nicht als Wirkdruck in Erscheinung, sei es, daß der Fels sich bruchlos oder brechend verspannt oder den Überlagerungsdruck kraft seiner Festigkeit bruchlos aufnimmt. Der „Gesamtstörungsbereich" ist in vielen Fällen erheblich größer als der anzuschätzende, wirksame Druckkörper, welcher dann nur ein Teilgebiet des ganzen Störungsbereiches umfaßt.

Das Gewicht des angenommenen „Bruchkörpers" drückt auf die Firste; das unter der Überlagerungsspannung stehende Gestein trachtet zerbrechend, mit großer Gewalt seine verschwindend geringe Hohlraumsumme so weit zu vergrößern, daß seine Trümmer sich halbwegs bewegen können. Dazu benötigen sie Raum; sie zerbrechen Verzug und Zimmerung und schieben sich in den Hohlraum hinein. Ist es ihnen auf diese Weise gelungen, ihren Lückenraum jenem von rolligen Lockermassen anzugleichen, dann verspannen sie sich in der Regel wieder und der gebildete Tragkörper entlastet den Einbau; der Firstdruck sinkt wieder, die Gewältigung des Gebirgsdruckes gelingt verhältnismäßig leicht.

Das Verfahren verlangt mithin nicht die Anschätzung des Reibungswinkels φ, einer dem Ingenieur vertrauten Größe, sondern die Beurteilung der Höhe DH des „Druckkörpers" und die Berechnung der aus ihr sich ergebenden Firstbelastung γH_d, wenn man $DH = H_d$ setzt. Die Anschätzung der „Druckhöhe" gelingt in vielen Fällen leichter als die Beurteilung des Wertes φ. Man weiß z. B. aus Erfahrung, daß in Hauptdolomit bestimmter Beschaffenheit örtlich Glocken bis in eine Höhe von 5—6 m oberhalb der Firste ausbrechen und legt dann diese „Druckhöhe" der Berechnung zugrunde ($p = 600 \times 2.8 = 1.68$ kg/cm²). Bei der Einschätzung der Nachbrüchigkeit von Schiefern beachte man den Einfluß der Zeit; insbesonders fasse man die stetig zunehmende Auflockerung ins Auge, welche das Gebirge in der Zeit zwischen dem Ausbruche und der Einbringung des endgiltigen, starren Einbaues erfährt.

In manchen, allerdings nicht häufigen Fällen wird es notwendig sein, von dem gänzlichen Verbruche des Hohlraumes und seiner Füllung mit Versturztrümmern auszugehen. Gemäß dem Verfahren Kommerell's ergibt sich die Auflockerungshöhe H_d mit $\frac{h}{n}$, worin h die Höhe des Hohlraumes und n die Ziffer der bleibenden Auflockerung bedeutet. Im übrigen empfiehlt sich die Anwendung der Kommerell'schen Senkungsformel nicht, wie besonders v. Rabcewicz betont hat. Der Wert n trägt an sich schon eine gewisse Unsicherheit in die Rechnung; die Firstsenkung hängt von der Nachgiebigkeit der Sohle, der Sorgfalt des Ausbruches, der Güte der Zimmerung und Verpfählung und von manchen anderen, schwer einschätzbaren Einflüssen ab. Zudem vergrößern Ausquetschungen in der Firste den Druck oft beträchtlich über jenen hinaus, welchen der Kommerell'sche Druckkörper ergibt.

Die aus tieferstehender Übersicht entnommene oder auf eine sonstige Art und Weise gewonnene Firstdruckhöhe vergleicht man dann mit der tatsächlichen Überlagerungshöhe; ist diese kleiner als jene, dann droht bei unvorsichtigem Vorgehen ein Tagbruch; ist ihr Wert dagegen erheblich größer, dann kann bei unachtsamen Vortrieb ein Tagbruch sich entwickeln, muß jedoch nicht eintreten; jedenfalls aber hat der Geologe auf solche Möglichkeiten hinzuweisen.

Werte der „Druckgebirgshöhe" für verschiedene Gebirgsgruppen. Bei ihrer Einschätzung verdient auch die Lichtweite des Hohlraumes innerhalb gewisser Grenzen Beachtung (Anmerkung am Schlusse der Übersicht), ebenso mögliche Ausquetschungen von Gebirgsmassen in der Firste

40—60 m Schweres Druckgebirge. Hölzerne Zimmerung zerbricht, auch wenn man sie tunlichst dicht und kräftig ausführt. Schiefertone, mürbe Mergel, Quetschgesteine, schwere Zerrüttungstreifen.

25—40 m Mittleres Druckgebirge. An der sehr dicht und kräftig hergestellten, hölzernen Rüstung beobachtet man bedeutende Inanspruchnahme. Mürbe, dünnplattige Seidenschiefer, Blätterschiefer (Phyllite), Weichmergel, graphitische Schiefer (Schwarzschiefer) z. T., nasser Ton (im Ratkonyatunnel 27 m).

15—25 m Leichtes Druckgebirge. Die dicht und stark hergestellte Holzrüstung steht unter kräftigen Spannungen. Schwarzschiefer (z. T.), weniger durchbewegte Blätterschiefer, glimmerreiche Seidenquarzschiefer, Hartgesteine mit engständigen, tonreichen Zwischenmitteln, Gesteine von mittleren Zerrüttungstreifen, viele Mergelschiefer, bergfeuchter Ton („trockener" Ton des Ratkonya-Tunnels 14—19 m), feuchte Grundmoräne (im Dössener Tunnel etwa 20 bis 25 m).

10—15 m **Sehr gebrächer Fels**, welcher schon beim Ausbruche sich lebhaft auflockert; örtlich treten Firstbrüche auf. Dünnschichtige, besonders mergelige Sandsteine, glimmerreiche Phyllite, manche Hartmergel, Kalkblätterschiefer, Ufermoräne (im Zwenbergtunnel etwa 15 m).

4—10 m **Gebrächer Fels**, welcher beim Ausbruche sich noch ziemlich standfest zeigt, dann aber rasch und kräftig nachbricht. Die Zimmerung zeigt geringe Beanspruchungen. Tonmergel, manche dünnschichtige Mürbsandsteine, Quetschdolomite (in Ruschelstreifen).

2—4 m **Mäßig gebrächer Fels**, welcher nach anfänglicher Standsicherheit im Laufe von Monaten nachbrüchig wird. Stark zerhackte Dolomite in Störungstreifen.

1—2 m **Leicht gebrächer Fels**. Beansprucht die Rüstung wenig; löst sich während des Ausbruches nur wenig ab und wird erst nach Monaten lebendiger. Kräftig durchbewegte und zerhackte Quarzphyllite, Chloritschiefer, glimmerreiche, blättrige Kalkglimmerschiefer.

½—1 m **Fels von an sich befriedigender Standfestigkeit**; Nachbrüche nur durch die mehr oder minder unvermeidlichen Auflockerungen beim Ausbruche verursacht und erst im Laufe der Zeit von einigem Belange. Glimmerschiefer (besonders glimmerreiche), stark verschieferte Gneise usw.

0—½ m **Standfeste bis sehr standfeste Gesteine**. Sehr geringe Auflockerung längs der Leibung infolge der Ausbrucharbeiten.

Bei der Einreihung einer aufzufahrenden Strecke in eine obiger Gebirgsdruckgruppen dürfen wir nicht vergessen, neben dem Grade des schonenden Ausbruches, der Vorsicht bei der Umrüstung usw. auch die Lichtweite des Hohlraumes zu berücksichtigen. In obiger Übersicht wurde sie mit etwa 4—5 m angenommen; für Lichtweiten um 2 m herum wäre sie um rund 30 v. H. zu vermindern, für jeden Meter über 4 m hinaus aber um ungefähr 10 v. H. zu vergrößern; man erhielte z. B. auf diese Weise für Lichträume von etwa 6 m Weite statt 40—60 m etwa 44—66 m, für 9 m lichte Weite 56—90 m usf. als vermutliche Höchstwerte.

Wegen ihrer großen Bedeutung füge ich noch einige Angaben an, welche K. **Terzaghi** in seiner Veröffentlichung über „Rock defects and loads on tunnel supports" (1945—1946) gemacht hat, obwohl sie mir erst nach dem Drucke der Fahnen bekannt geworden sind.

Terzaghi geht bei der Anschätzung des Gebirgsdruckes ebenfalls von den geologischen Verhältnissen aus und erläutert seine Ausführungen durch lehrreiche Abbildungen; er berücksichtigt jedoch mehr, als dies die vorstehenden Zeilen getan haben, die Lichtweite (b) und außerdem noch die Höhe (h) des Hohlganges; die folgende, von ihm verfaßte Übersicht gilt für Tiefen von mehr als 1.5 (b + h). In Stollen oberhalb des Grundwasserspiegels darf man die Werte der Gruppen von 4 bis 6 um 50 v. H. vermindern.

Eigenschaften des Felsens	Bergdruck in Metern Gesteins	Anmerkung
1. Fest, gesund	Null	Leichte Verkleidung, nur nötig, wenn gelegentliche Abschalungen oder Bergschläge sich ereignen
2. Fest, geschichtet oder geschiefert	0 bis 0.5 b	Leichter Einbau. Der Bergdruck kann regellos von Stelle zu Stelle sich ändern
3. Massig, mäßig zerklüftet	0 bis 0.25 b	
4. Mäßig zerblockt und lassig	0.25 b bis 0.35 (b + h)	Seitendruck fehlt
5. Kräftig zerblockt und lassig	(0.35 bis 1.1) (b + h)	Geringer oder fehlender Ulmendruck
6. Vollständig zerhackt, aber unzersetzt (chemisch unverändert)	1.1 (b + h)	Beträchtlicher Seitendruck. Die erweichende Wirkung von Sickerwässern auf die Tunnelsohle erfordert entweder Einbauten auch in der Sohle oder kreisförmigen vorübergehenden und dauernden Ausbau
7. Drückend; Stollen seicht liegend	(1.1 bis 2.1) (b + h)	Kräftiger Seitendruck. Sohlstreben erforderlich, kreisförmiger Einbau empfohlen
8. Drückend; Stollen tiefliegend	(2.1 bis 4.5) (b + h)	
9. Schwellgebirge	Ohne Rücksicht auf den Wert von (b + h) bis zu 80 m hinauf	Kreisförmiger Einbau erforderlich. In besonders ungünstigen Fällen nachgiebiger Einbau
10. Dicht gelagerter Sand	0.62 (b + h) bis 1.38 (b + h)	
11. Locker gelagerter Sand	1.08 (b + h) bis 1.38 (b + h)	

Die Anschätzung des Gebirgsdruckes in bindigen Massen.

In vollkommen bildsamen, luftfreien Gesteinen führt wirksamer Bergdruck zuerst Verengung und sodann mit der Zeit vollständigen Verschluß des Hohlraumes herbei, wenn der Unterschied der Längs-

und Querspannungen die Druckfestigkeit (σd) der Bergart überschreitet und sich kein Tragkörper bildet. Meist entsteht jedoch um den Stollen herum eine Schutzhülle, welche den größten Teil des Druckes vom Hohlraume fernhält.

Im luftfreien, bildsamen Ton bestimmt nach T e r z a g h i (1925) nicht ein gewisser Unterschied der Hauptspannungen, sondern der Bruch $p_k + q_{dmax}$ durch p_k mit seinem Größtwerte D die Fließgrenze des durchlochten Gesteins nach dem Ausgleiche der durch den Ausbruch geweckten Wasserströmungsspannungen; p_k bedeutet den Haarröhrchendruck, q_{dmax} die Druckfestigkeit des Tones, D den Höchstwert des Erdwiderstandes. Wirkt auf eine Walzenschale von der Dicke dx (entsprechend dem Halbmesser x) von außen ein Druck p', so erreicht die Schale die Grenze ihrer Tragfähigkeit, wenn der Längsdruck n dieser Schale gleich dem Werte $Dp'dx$ ist. T e r z a g h i erhält auf diesem Wege die Gleichung $p'dx + xdp' =$ $= p'Ddx$, in welcher dp den Spannungsabfall bedeutet, welcher in der Schale den

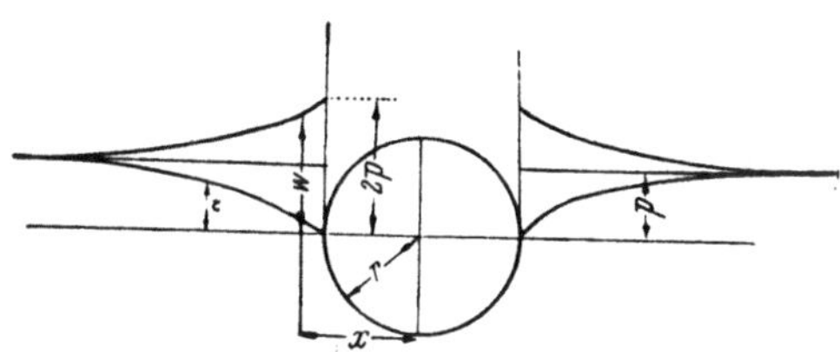

Abb. 107. Spannungsverteilung in der Umgebung eines Hohlganges von kreisförmigem Querschnitte im festen Gestein. p ruhender Gebirgsdruck vor der Öffnung des Hohlraumes, $2\,p$ Ringspannung an der Leibung sofort nach dem Ausbruche, w Ringspannung in der Entfernung $x - r$ von der Leibung, τ Lotspannung (Radialspannung).

Längsdruck xdp erzeugt. Für $p' = p_1$ und $x = r_1$ ergibt sich

$$\frac{p'}{p_1} = \left(\frac{x}{r_1}\right)^{D-1} \text{ bez. } \frac{p}{p_1} = \left(\frac{R}{r_1}\right)^{D-1}$$

woraus sich der äußere Durchmesser des Tragkörpers zu

$$R = r_1 \left(\frac{p}{p_1}\right)^{\frac{1}{D-1}} \text{ berechnet (Abb. 107).}$$

Der Wert der kleinsten Hauptspannung ist in jedem Punkte des Tragkörpers kleiner als der Druck p, welcher vor dem Ausbruche in der Nachbarschaft des Hohlraumes geherrscht hat; infolgedessen schwillt der Ton innerhalb des Bereiches des Tragkörpers. Die Oberflächenspannung des Lückenwassers (der Haarröhrchendruck) bringt den Druck p_1 hervor, welcher, auf die Leibung wirkend, das Gleichgewicht aufrecht erhält; so bleibt dann der Stollen u. U. auch ohne Einbau offen.

Der Tragkörper wird demnach um so breiter, je
g r ö ß e r der Halbmesser r_1 des Stollens nach vollendeter Ausdehnung des Tones ist; das Anwachsen erfolgt linig;

g r ö ß e r der von außen her wirkende Druck p (z. B. der Überlagerungsdruck) ist;

k l e i n e r der Haarröhrchendruck p_1 ist.

T e r z a g h i stellte weiters nachstehende Formeln zur Berechnung
von R und r_1 auf (Abb. 108):

$$R = r \left(\frac{p}{p_1} + 1 \right)^{1/2}$$

$$r_1 = \sqrt{r^2 - a_1 \, p_1 \, (R_1{}^2 - R^2)}$$

In diesen Bedingungsgleichungen bedeuten R_1 den Halbmesser der
äußeren Mantelfläche der Entwässerungs-Walze, R den Halbmesser
der äußeren Begrenzungsfläche der Schutzhülle, r den Halbmesser der
Höhlung für die Zeit Null, a_1 die bei der Zunahme des Druckes p'
(Querspannung, welche im Zeitpunkte in einem Abstande x von der
Achse der Bohrung herrscht) um die Druckeinheit aus der Raum-
einheit des Tones austretende Wassermenge (Mittelwert für die Druck-
stufe p bis $p + p_1$).

Der H a l b m e s s e r der Höhlung nach vollendetem Schwellen des Tones
wächst mit der

Zunahme des Anfanghalbmessers (selbstverständlich),
Abnahme der austretenden Wassermenge,
Vergrößerung von R
Verkleinerung von R_1
Steigerung von p_1.

Außerdem bestätigen die Rechnungen T e r z a g h i s einige aus der
Tunnelbaugeschichte bekannte Richtsätze. Der Schwellungsdruck ist
anfänglich stark (3.5 kg/cm² nach F o r c h h e i m e r im zweiten Belsize-Tunnel in London) und nimmt im Laufe der Zeit bis auf sehr
geringe, leicht zu bewältigende Werte ab. Starre Einbauten werden
nicht zerquetscht, wenn man sie später einbringt oder mit Ausweich-
plätzen für die Raumvermehrung des Binders versieht. Man wird aus
verschiedenen Gründen in vielen Fällen den letzteren Vorgang wählen
oder einen begrenzt nachgiebigen Einbau anbringen.

Die A b l a u f g e s c h w i n d i g k e i t des gegen den Einbau vordringenden Schwelldruckes nimmt ab mit der

Durchlässigkeitsziffer K; wasserführende Schnüre von leicht durchlässigem Sand bringen das Wasser rasch aus dem Druckbereich
in den Schwellungsgürtel und rufen damit auch hier eine unverhältnismäßig rasche Druckzunahme hervor.
Zunahme der mittleren Länge des Sickerweges.

Für die Zeit, welche Binder benötigen, um den Quellvorgang zu
beenden, gibt T e r z a g h i (1925) eine verwickelte Formel an. Ihre
Bedeutung für das Bauschaffen dürfte hauptsächlich in dem Hinweise
bestehen, daß die Zeiträume für den vollständigen Ausgleich der
Störungen in vielen Bindern zu groß sind, als daß man sie im Bauplane berücksichtigen könnte.

Den Einfluß der Zeit auf den Ablauf der Schwellung hat T e r z a g h i an dem Beispiele eines hochbildsamen Tones berechnet. Dabei machte T. folgende Annahmen:

Außendruck $p = 40$ kg/cm² (Überlagerung etwa 200 m), $D = 3$, $a_1 = 0.0192.10^{-4}$ g^{-1} cm⁵ (Mittelwert der Verdichtungssteigerung innerhalb eines Druckbereiches von 40—42 kg/cm²), $R_1 = 90$ m, $R = 19.40$ m und erhielt nachstehende Ergebnisse für die Zeit, welche verstreicht, bis der Halbmesser des Hohlraumes um einen bestimmten Betrag abgenommen hat:

$$r - r_1' = 5 \text{ cm}, \quad 5.4 \text{ Jahre } p'_1 = 3.05 \text{ kg cm}^{-2}$$
$$= 10 \text{ cm}, \quad 15.7 \text{ Jahre } = 1.81 \text{ kg cm}^{-2}$$
$$= 50 \text{ cm}, \quad 250 \text{ Jahre } = 0.457 \text{ kg cm}^{-2}$$

Die Werte p_1' geben annähernd den Druck an, welchem eine Verkleidung im Zeitpunkte $t = \infty$ unterworfen ist, soferne sie imstande ist, unter dem Einflusse dieses Druckes um $r - r_1'$ nachzugeben, ohne zu zerbrechen.

Anhang zum Abschnitte α.

Auf die Erfahrung und Beobachtungen am Einbau greift ein Vorschlag zurück, welchen B i e r b a u m e r zur rohen Anschätzung des Bergdruckes gemacht hat. B i e r b a u m e r schließt aus der Stärke und aus dem Verhalten des ganzen vorübergehenden Einbaues auf die für den endgültigen Einbau erforderlichen Mauerwerkabmasse. Insbesonders beobachtet B. die auf Druck

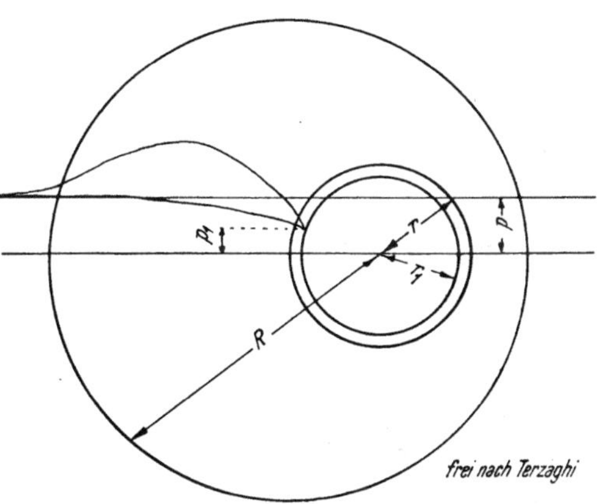

Abb. 108. Spannungsverteilung in der Umgebung eines kreisschnittigen Stollens.

und die auf Knickung beanspruchten Teile der Rüstung; so z. B. die Unterbocksäulen bei der österr. Bauweise, deren Anzahl, Ausmaße und Einbeißgrade guten Einblick in die Größe des Druckes gewähren, die Zentralstreben und schließlich auch Zahl, Abmessungen und Verhalten der Kronbalken.

β) Die Anschätzung des Ulmendruckes.

Unter einer wagrechten Geländeoberfläche ergibt sich der Seitendruck nach der Erddrucklehre in zusammenhanglosen Massen aus der Formel $\gamma \, H \, \mathrm{tg}^2 \left(45 - \dfrac{\varphi}{2}\right)$; es bedeuten H die Höhe der Überlagerung, φ den Reibungswinkel, γ das Raumgewicht der Bergart und c einen Abminderungswert kleiner als 1. So groß auch der Spielraum ist, welchen der Wert c der Anschätzung des Ulmdruckes leider gewährt, es geht aus dieser Formel doch klar hervor, daß der Ulmdruck mit der

Zunahme der Überlagerung,
Zunahme des Raumgewichtes und mit der
Abnahme des Reibungswinkels steigt.

Im Gegensatze zum Firstdruck zeigt sich somit der Ulmdruck linig von der Tiefenlage des Tunnels unter der Geländeoberfläche abhängig. Bei größeren Überlagerungen wirkt sich der Druck an den Stößen meist viel stärker aus als jener in der Firste. Ihm wirkt die Reibung entgegen.

Besitzt das Gebirge Zusammenhalt (Kohäsion), dann bleibt die Abhängigkeit des Ulmdruckes von der Überlagerungshöhe in Kraft; Einschub von Massen in den Stollen verhindert jetzt die Fähigkeit des Gebirges an den Stößen zur Querdehnung (Maß: Querdehnziffer nach P o i s s o n; S. 188).

Wird der Widerstand der Stöße durch den Seitendruck überwunden, dann brechen die Ulmen zusammen; sie gleiten ab und schieben sich in den Hohlraum vor. Dadurch werden die Stöße entlastet.

Bei Lehnentunneln und allen anderen Hohlgängen, welche unter einer einseitig geneigten Geländeoberfläche vorgetrieben werden, beansprucht das Gebirge die beiden Ulmen in spiegelbildlich ungleicher Weise. Man muß diesen Umstand bei der Anschätzung des Seitendruckes ebenso beachten wie ein allfälliges Zu- oder Abfallen von Schichtung oder Klüftung von dem einen oder anderen Stoße.

Im Ono-Tunnel der Oito-Linie, Japan, erzeugte der verwitterte, tertiäre Tuff beim Vortriebe großen Druck; man maß bis zu 15 kg/cm² Lotpressung und 6.9 kg/cm² Ulmendruck.

Im Schwimmgebirge steigt der durchschnittliche Ulmendruck auf

$$q = \gamma \left(H + \frac{h}{2} \right),$$ wobei h die Höhe des Stollens bedeutet.

γ) D i e   A n s c h ä t z u n g   d e s   S o h l d r u c k e s.

Gedachtermaßen ist der Sohldruck etwas geringer als der Firstdruck, weil bei diesem das Gewicht des Gebirges druckerhöhend, bei jenem aber druckvermindernd wirkt. Der Unterschied ist jedoch im Vergleiche zur Größenordnung des Druckes geringfügig. Man wird daher dort, wo ein Sohlgewölbe erforderlich ist, ihm die gleiche oder nahezu gleiche Stärke geben wie dem Firstgewölbe. Man steht dann eigentlich vor dem Falle, in dem es ratsam wäre, einen kreisförmigen Querschnitt zu wählen.

In rolligen Massen bedarf es selten eines Sohlgewölbes; in diesen kommt ein Sohlauftrieb nicht zustande; raten die Umstände trotzdem zum Einziehen eines Sohlgewölbes, dann kann man es in rolligen Massen erheblich schwächer halten als das Firstgewölbe.

Das Verhältnis zwischen Sohldruck und Firstdruck geht für bestimmte, örtliche Verhältnisse aus den von J. G r ö g e r ermittelten Werten des Gebirgsdruckes in kg/cm² im Ratkonya-Tunnel hervor.

	Richtstollen	Vollausbruch
Sandiger, gelber Lehm	0.7	0.7?
Trockener, fester, blauer, glimmerreicher Tegel		
Firstdruck	2.8	3.6
Sohldruck	1.6	1.6?
Nasser, erweichter, blauer, glimmeriger Tegel		
Firstdruck	6.0	5.4
Sohldruck	3.2	3.2?
Druck in der Richtung des Schichteinfallens	2.0	1.5

Die mit Fragezeichen versehenen Werte hat G r ö g e r eingeschaltet.

Im Schwimmgebirge beträgt der Sohldruck $\gamma\,(H + h)$.

f) Der rückwirkende Gebirgsdruck (Gebirgswiderstand).

Gegen den Hohlraum zu äußert sich der Bergdruck, den wir bisher betrachtet haben; wir könnten ihn, soweit er wirksam wird, auch den „tätigen" (aktiven) Gebirgsdruck nennen, in Anlehnung an eine gewohnte Bezeichnungsweise beim Erddruck. Wo nun ein Einbau irgendeiner Art sich drückend gegen das Gebirge stemmt, weckt er den rückwirkenden (passiven) Bergdruck (Bergwiderstand).

Der rückwirkende Gebirgsdruck besitzt Wichtigkeit für den Untertagbau. Er ermäßigt die Größe der auf die Ringe wirkenden Speichenkräfte (Querkräfte im Sinne von L e n k) und gestattet so schwächere Ausmaße des satt am Gebirge anliegenden Einbaues; nach L e n k ergänzt er bei nachgiebigen Einbauten die Biegungsbelastungen besser zu einer Längskräfte erzeugenden Beanspruchung; er setzt überhaupt die für Gewölbe gefährlichen Biegungsspannungen herab. Wenn in vielen Fällen schwache Ausmauerungen in ausgeführten Hohlräumen dem Bedenken des Statikers zum Trotz standgehalten haben und der gefühlsmäßigen Anschätzung der Mauerstärke durch den erfahrenen Stollenbauer Recht gaben, so ist dies in der Regel ein Verdienst des rückwirkenden Gebirgsdruckes, den man solange nicht berücksichtigte. Die alten Tunnelbauer, welche Hohlräume zwischen Einbau und Gebirge duldeten oder sich bilden ließen, durften allerdings mit dem Bergwiderstande nicht rechnen und begaben sich damit einer wertvollen Mithilfe der Natur.

Mit seinem Anwachsen vergrößert der rückwirkende Bergdruck die Längskräfte und verhindert dadurch in steigendem Maße ein Klaffen der Fugen beim nachgiebigen Einbau von vielgliedrigen Ringen. Eine gewisse — wenn auch geringe — Durchbiegung ist freilich Voraussetzung für die Weckung des rückwirkenden Bergdruckes; die Federziffer des Baustoffes an der unteren Grenze seines Zustandekommens ist klein gegenüber der Federziffer des Gebirges; im umgekehrten Falle tritt kein rückwirkender Bergdruck in Erscheinung.

Bei Einbauten mit kleinem Trägheitsmoment, also von sparsam bemessenen Stärken, begrenzt nach L e n k der rückwirkende Bergdruck die Spannungen auch dann schon, wenn die Federziffer des Gebirges klein ist. Daher verlohnt sich die Anwendung eines hochwertigen Baustoffes bis zu einer bestimmten Grenze; diese zieht das Auftreten der Knickfestigkeit.

Das Gebirge entwickelt in der Erscheinung des rückwirkenden Bergdruckes eine weitaus größere Festigkeit als bei der Entfaltung des tätigen Gebirgsdruckes. In diesem letzteren Falle verringern die Haarrisse, Klüfte und anderen groben Unstetigkeiten des Gesteingefüges die Widerständigkeit der dem Hohlraume benachbarten Gebirgsmasse so sehr, daß ihre Gebirgsfestigkeit auf einen Bruchteil jener Widerständigkeit herabsinkt, welche man im Prüfraume ermittelt. Wird jedoch der rückwirkende Bergdruck geweckt, dann macht sich eine gewisse Umschließung der Gesteinsmasse geltend und der Wert der Gebirgsfestigkeit nähert sich nun größenordnungmäßig den Festigkeitszahlen, welche die Untersuchung des Gesteins im Prüfraume ergibt. Wir müssen demnach zwei Arten von Bergfestigkeit unterscheiden: die tätige und die rückwirkende; ihre Werte liegen in den meisten Fällen sehr weit auseinander.

Der rückwirkende Gebirgsdruck tritt auch in Druckstollen und Druckschächten während ihres Betriebes auf (Druckstollenfragen im Hauptstück L); hier äußert er sich in einer für die Anlage mehr oder weniger günstigen Weise. Das Verhalten des gedrückten Gebirges beleuchten einige bereits ausgeführte Versuche.

Seidenschiefer (Serizitschiefer), welchen man in Amsteg mit hydraulischen Pressen drückte, zeigte zu 40 v. H. bildsame und zu 60 v. H. federnde Zusammendrückungen; die Gesamtzusammendrückung betrug bei einer Steigerung der Pressung

von 0.5 bis 2.5 atü $^{40}/_{100}$ mm
von 2.5 bis 5 atü $^{130}/_{100}$ mm, zusammen $^{170}/_{100}$ mm
von 5 bis 15 atü $^{550}/_{100}$ mm, davon 50 v. H. federnd.

Bei den Abpreß-Versuchen in Amsteg fand man bei 4 atü Beanspruchung im

Seidenschiefer $^{80}/_{100}$ mm Nachgiebigkeit,
Dunkelgneis (Bilotitgneis) $^{5}/_{100}$ mm Nachgiebigkeit.

Der Stollendurchmesser maß 3.4 m. Dabei verliefen die Zusammendrückungen im harten Gestein vorwiegend federnd, im gebrächen größtenteils bildsam.

Der Glimmerschiefer des Ritomstollens gab in rein bildsamer Weise bei 4.5 atü um 8. 3 mm.

bei 12.5 atü um 20.8 mm nach; federnde Zusammendrückungen blieben aus.

Für den gesunden, festen Granit des Schwarzenbacherstollens (rund 3 m Durchmesser) gibt W a l c h die Gesamtdurchmesserdehnung bei Abpreßversuchen unter 5.8 atü mit $^{87}/_{100}$ mm an, davon weniger als $^{30}/_{100}$ mm in bildsamer Form.

Wenn es gestattet ist, aus dieser geringen Anzahl von Versuchen Schlüsse zu ziehen, dann möchte man annehmen, daß die rückwirkende Gebirgsfestigkeit in den angeführten Fällen dem H o o k'schen Gesetze nicht gehorcht hat. Die Nachrechnung der Federziffer aus den Zusammendrückungen deutet darauf hin, daß die Gebirgsfestigkeit bei einiger Umschließung größenordnungsmäßig etwa der Bruchsteinfestigkeit gleichzusetzen wäre.

Auch in der Sohle eines unter geringer Überlagerung stehenden Hohlraumes kann sich rückwirkender Gebirgsdruck einstellen oder wenigstens eine Bergfestigkeit sich zeigen, welche erheblich größer ist als der Gebirgswiderstand in Firste und Ulmen. Es kann nämlich in der Sohle das Eigengewicht des Gebirges einen günstig wirkenden, wenn auch geringen „Umschließungsdruck" hervorrufen.

g) Schlußbemerkungen zur Anschätzung des Gebirgsdruckes und des Gebirgswiderstandes.

Aus den vorstehenden Erörterungen dürfen wir wohl den Grundsatz ableiten, daß vom Standpunkte der Eindämmung des Wirkdruckes aus in allen Fällen der endgültige Einbau dem Vortriebe so rasch als möglich folgen soll. Diesem Leitgedanken muß sich unter Umständen die Bauweise anpassen. In Gesteinen, welche zur Zeit eines rasch einsetzenden Ausbaues noch gewaltigen, allenfalls sich sogar noch steigernden Druck äußern, wird man diesem durch eine gewisse, später zu beseitigende (Einpressungen!) Nachgiebigkeit des Einbaues oder durch Zellenräume entgegenwirken (vgl. S. 191). Rasches Einziehen des dauernden Einbaues beugt ansonsten u. a. bleibenden Formänderungen, Auflockerungen usw. vor oder vermag sie wenigstens auf ein möglichst geringes Maß einzuschränken. Dies empfiehlt sich besonders in jenen Fällen, in welchen man auf diese Weise verhindern kann, daß eine mit der Zeit zunehmende Formänderungsgeschwindgkeit den Gesteinzusammenhalt mehr oder minder stark vermindert.

Einen weiteren Vorteil eines Dauerausbaues, welcher dem Auffahren gleich nachfolgt, besteht darin, daß man mit geringeren Ungleichmäßigkeiten des wirksamen Bergdruckes rechnen darf. Freilich äußert sich dafür der Gebirgsdruck kräftiger als sonst, weil das Gebirge dann meist noch weit von der Einstellung in eine neue Gleichgewichtslage entfernt ist. In einem Grenzfalle könnte z. B. die Auffahrung eines Hohlraumes den vollen Überlagerungsdruck geweckt haben; nach einiger Zeit ermäßigen eingetretene Verspannungen den wirksamen Bergdruck auf einen Bruchteil des gesamten Überlagerungsdruckes.

Festes Gebirge, welches in Verkehrstunneln und Freispiegelstollen keines dauernden Einbaues bedarf, kann man natürlich dem Bauvorgang zuliebe auch beim Druckstollenbau längere Zeit unverkleidet belassen. Handelt es sich aber um minder feste oder gar nachbrüchige Bergarten, dann muß man wohl überlegen, wie lange man das Gebirge schutzlos stehen lassen darf, ohne größere Schäden herbeizuführen.

Bei der Anschätzung des Gebirgsdruckes für die Zwecke der Planung und des Kostenvoranschlages muß man sich vorerst über die Beschaffenheit des zu durchörternden Gesteines unterrichten; Bohrlöcher, Probestollen, Probeschlitze usw. bringen neben geologischen Feldbeobachtungen auch nach dieser Richtung Klarheit; die entnommenen Bodenproben sind im Arbeitsraume auf ihre technischen Eigenschaften, darunter auch auf Scher-, Zug- und Druckfestigkeit, Querdehnungszahl, Federziffer, Raschheit des Strömungsdruckausgleiches usw. zu untersuchen. Will man auf dieser bodentechnischen und geologischen Grundlage fußend den Gesamtbetrag des anzuhoffenden Gebirgsdruckes über einem gegebenen Lichtraumquerschnitte, z. B. in Lockermassen, wenigstens annähernd ermitteln, dann zeichne man in geologischen Querschnitten die Ablösungslinien ein, die man bei dem angenommenen Zusammenhalt des Gebirges, bei seiner Verspannungsfestigkeit usw. zu erwarten hätte (Bruchwinkel). Auf dieser Linie berechne man den wirksamen Gebirgsdruck aus einer der passenden Formeln oder schätze ihn an. Die Geländebeschaffenheit muß ebenso berücksichtigt werden, wie die Breite des Hohlraumes. Aus der Rechnung oder Anschätzung ergibt sich die zu erwartende Spannung durch den später sich bildenden und einstweilen gedachten Tragkörper; dieser stellt sich wirklich ein, wenn die aus Versuchen oder aus geologischen Erwägungen heraus richtig angeschätzte Widerständigkeit (Verspannungsfestigkeit) des Gebirges größer ist als die Beanspruchung durch den Wirkdruck.

Den besten Einblick in die Druckverhältnisse gewährt natürlich der Richtstollen, und zwar insbesonders dann, wenn man ihn dem Vollausbruche weit vorauseilen läßt. Im nassen Gebirge erntet man auf diese Weise als Nebenfrucht das „Ausbluten" des Berges. Doch tut auch hier Vorsicht in der Beurteilung des Verhaltens des Gebirges not; kurzklüftiges Gebirge, welches im Richtstollen frei steht, bricht in weiten Hohlräumen oft ausgiebig nach.

Formeln und Rechenstift versagen öfters selbst in Fällen von Lockermassen, in welchen die Anschätzung des wirksamen Bergdruckes bereits verhältnismäßig am besten begründet ist; um so mehr können Annahmen in sog. „festen" in nachbrüchigen oder in weichen Bergarten irreleiten; hier muß meines Erachtens eine künftige Erweiterung der Erdbaumechanik zur Gebirgsmechanik einsetzen. Solange mittels einer solchen Ergänzung die rechnerischen Grundlagen der Beurteilung des zu erwartenden Bergdruckes nicht vervollkommnet sind, bleiben neben ihnen große Bauerfahrung und geologischer Weitblick immer noch die besten Ratgeber bei der Bemessung der Einbauten.

h) Die Bemessung der Fleischstärke beim Hallenbau.

Unterirdische Hallen ergeben sich öfters im Bergbau und erreichen dort zuweilen ganz gewaltige Ausmaße. Da der Bergmann jedoch den Schauplatz seiner Tätigkeit meist bald wieder der Natur überläßt, zieht der Tunnelbauer aus Beobachtungen in Untertag-Steinbrüchen mehr Gewinn.

Große Standfestigkeit z. B. zeigen die Leithakalksandsteine von Kroisbach in Ungarn und Aflenz bei Leibnitz in Steiermark. Die Bergarten beider Vorkommen lassen sich mit freiem Auge nicht voneinander unterscheiden;

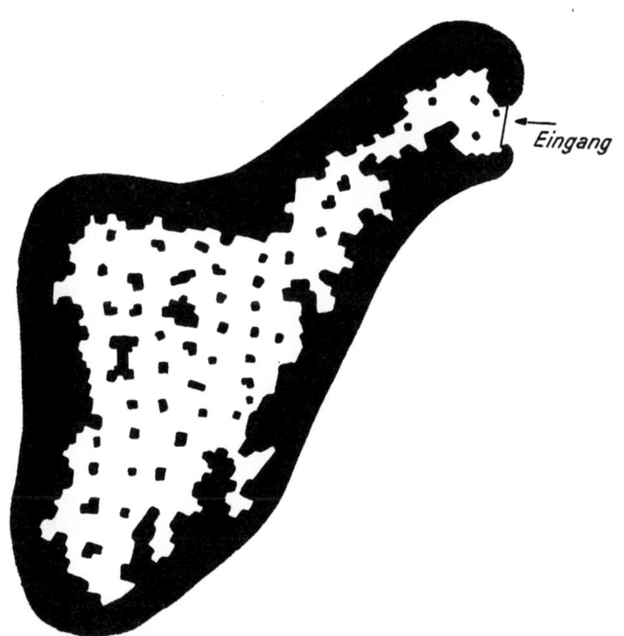

Abb. 109. Grundriß eines Untertagbruches bei Aflenz, südlich Leibnitz, Steiermark.

so sehr ähneln sie sich. Es sind feinkörnige, lückenreiche Sandsteine, aufgebaut aus dem Zerreibsel der Algenkalkriffe. Die Stärke und Verteilung der Pfleiler, welche die Decke der Hallen von Aflenz tragen, geht aus dem Risse 109 hervor. Man staunt beim Durchschreiten dieser Hallen, daß sich die ebenen Decken durch Jahrhunderte hindurch ohne nennenswerte Nachbrüche frei getragen haben. Die Räume sind allerdings — und das ist wesentlich — durch pflegliches Herausschrämen der Werksteine entstanden.

Viel weniger standfest erwies sich der Gipsstein in den unterirdischen Brüchen der Vorderbrühl bei Wien. Der ziemlich unreine Gipsstein zeigte sich überall dort nachbrüchig, wo die tonigen Verunreinigungen stärker hervortraten; je reiner der Gipsstein war, desto standfester blieb er. An der Grenze der Gipslagerstätte gegen die Haselgebirgtone brach an einigen Stellen ein Lehmbrei in die Lichträume herein. Das Verhältnis: Pfeilerstärke zur

Lichtweite der Hallen bemaß man gefühlsmäßig mit etwa 1 : 1. Trotzdem zeigten sich im Verlaufe weniger Jahrzehnte Abschalungen von der Firste und von den Ulmen (Abb. 91); die Risse folgen den Leibungen gleichläufig und die sich ablösenden Platten sind oft ziemlich dünn, zumindest an den Rändern, während sie in der Mitte dicker sind. Die Überlagerung ist gering und bleibt überall unter 27 Metern. Die Ablösungen geben sich zweifelsfrei als eine Auswirkung ruhigen First- und Ulmendruckes zu erkennen. Nach der Stillegung der Gipsgewinnung dienten die in zwei Stockwerken übereinander angeordneten Hallen als Schaugrotte (Seegrotte) und zuletzt als Werkshallen. Während des Betriebes ereigneten sich öfters Abbrüche von der Firste.

Die Luftschutzhallen im unterdevonischen Dolomit des Grazer Schloßberges brach man 6 m weit im Lichten aus und beließ zwischen ihnen Pfeiler von 9 m Stärke (Abb. 111). Dieses Verhältnis 1 : 1½ dünkt mir etwas knapp; der Dolomit ist hier an und für sich einigermaßen zerhackt; obendrein durchziehen ihn öfters Zerrüttungsstreifen und vermehren seine Nachbrüchigkeit. Man hat die Achsen der Hallen gegeneinander versetzt, um die schwierig auszuführenden und zeitraubenden Kreuzgewölbe zu ersparen.

Im unterdevonischen Schöckelkalk der Peggauer Wand erwies sich das Verhältnis Lichtraum zu Fleischstärke mit 1 : 2 als etwas zu knapp bemessen. Man muß ja, so wie Abb. 112 dies rißmäßig andeutet, auf das Durchstreichen von Ruschelstreifen, alten Höhlengängen usw. gefaßt sein; diese Schwächestreifen können die Tragfähigkeit der Pfeiler stark herabsetzen.

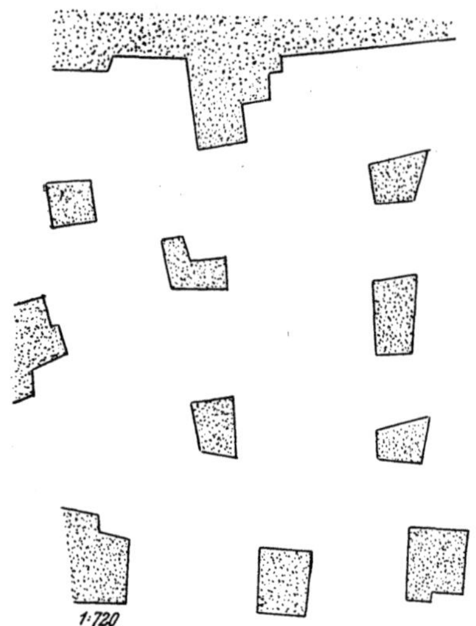

Abb. 110. Einzelheit aus Abb. 109 in größerem Maßstabe.

Die Überbelastung eines Pfeilers tritt in federnden, unspröden Bergarten auch ohne anschneidende Ruschelstreifen schon durch das Sich-Übergreifen der Abbürdungslinien der hohen Randspannungen ein (Abb. 113).

Unsere Berge bieten meist genügenden Raum zum Ausbrechen eines ganzen Netzes von Hallen, welche durch schmälere Verkehrstunnel miteinander in Verbindung stehen. Man tut gut, in einem solchen Falle die Pfeilerstärken zu überbemessen (Abb. 114). Durchstreichende Störungen bringen dann erheblich geringere Verlegenheiten; die Druckverteilung im Gebirge kann sich freier ausbilden und im ganzen günstiger gestalten; man verfügt dann außerdem über genügend Felsfleisch, um nachträglich notwendig sich erweisende Zusatzräume wie Nischen, Nebenhallen für Lagerungszwecke usw. ohne Schaden und in zweckmäßigster Weise für den Betrieb anzufügen.

Man kann es daher nicht empfehlen, mit dem Verhältnis der Lichtweiten zu den Pfeilerdicken auf 3 : 1 hinaufzugehen, wenn die Überlagerung so gering ist wie im Falle der Abb. 115. Wo man eilige und sparsame Herstellung fordert, wie bei den meisten Hallenbauten, darf man das Gestein nicht zu Pfeilerbrüchen einladen und kann sich auch keinesfalls kostspielige und nicht immer leichte Sicherungsmaßnahmen an den Pfeilern leisten.

Das Verhältnis 1 : 2 der Abb. 116 dürfte gerade noch für den dort anstehenden, recht standfesten Dachsteinkalk zulässig sein, wenn man die Hallen, so wie der Plan zeigt, annähernd senkrecht zum Gesteinstreichen auffährt.

Von dem grundsätzlichen Verhalten des Gebirges, welches zwei gleichgroße, gleichlaufende Tunnel in einem Ulmabstande von rund 0,4 ihrer Lichtweite durchhörtern, geben uns F. Willheim und A. Leon ein anschauliches Bild (Abb. 117). Man ersieht aus ihm, daß die oben erhobene Forderung nach größerer Fleischstärke berechtigt ist. Der Druck greife angenommenerweise nur einseitig, z. B. als Überlagerungsdruck an.

Zu Beginn der Beanspruchung des Gesteins in der Nachbarschaft der Höhlungen durch den Vortrieb treten in der Firste, in der Sohle und in der Spiegelachse des Doppeltunnels Zugspannungen auf; die Ulmen dagegen erleiden erhöhte Druckspannungen; so in besonderem Ausmaße die einander

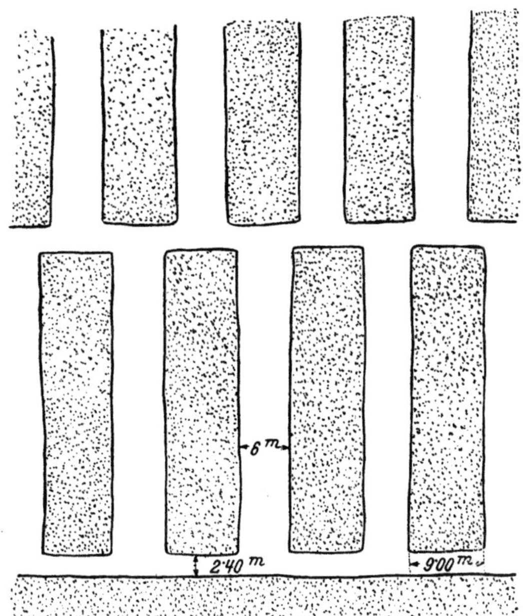

Abb. 111. Hallen im Dolomit des Grazer Schloßberges (Unterdevon).

zugekehrten Stöße (Innenstöße; Abb. 117 a). Schon bei einer verhältnismäßig geringen, durchschnittlichen Beanspruchung reißen unter Überwindung des Zusammenhaltes (der Kohäsion) Sohle und Decke auf; also z. B. bei geringer Belastung (Überlagerung) oder bei starkem Wirkdrucke, wenn das Gestein recht widerständig oder der Hohlraum schmal ist. Die Bildung der Zugrisse vermindert die Zugspannungen in der Firste, welche damit in der Spiegelachse anwachsen (Abb. 117 b).

Innerhalb des Pfeilers zwischen den Tunneln summen sich die Druckspannungen (Abb. 117 b), so daß früher oder später die Druckfestigkeit oder bei im Verhältnis zu ihrer Höhe schmalen Pfeilern ihre Knickfestigkeit überwunden wird. Die Zermalmung des Pfeilers setzt die Druckspannungen in ihm herab, während sich etwa in gleichem Maße die Druckbeanspruchung der außenseitigen Stöße steigert.

Nach der Zerstörung des trennenden Pfeilers erscheinen uns laut Beanspruchungsbild beide Tunnel samt dem Zwischenpfeiler zusammen als

eine einzige Durchhöhlung (Abb. 117 c). Wie in einem einfach durchlochten
Körper reißen in der Mittellinie Sohle und Firste auf und die Außenstöße
erfahren erhöhten Druck. Statt zweier, kleinerer Öffnungen hat man nun
eine Tunnelöffnung vor sich, welche im Verhältnis zu ihrer Höhe sehr
breit ist und einen großen lotrechten Druck auf die Außenulmen abbürden
muß.

Beträgt dagegen die Fleischstärke zwischen den unausgemauerten Zwil-
lingstunneln ungefähr das 3.3 fache der Tunnellichtweiten, so beeinflussen
sich die beiden Röhren anfangs nicht sehr und es tritt auch eine andere Folge
der Zerstörungen des Gesteins ein (Abb. 118 links).

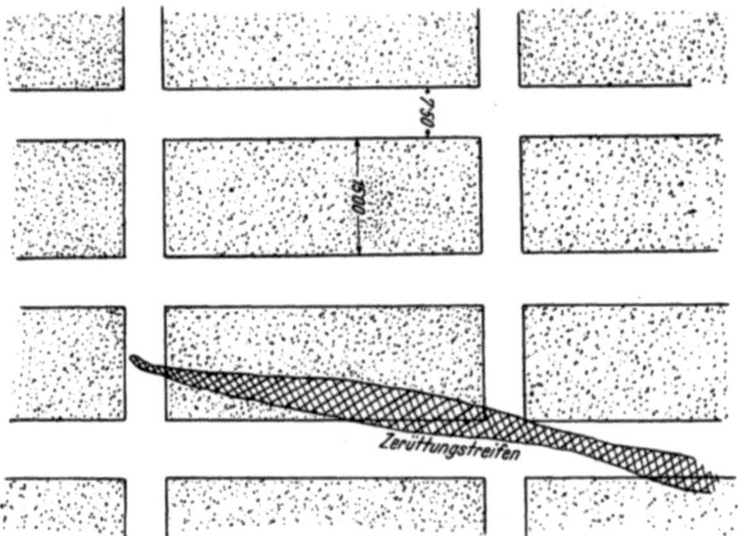

Abb. 112. Hallen im Schöckelkalk der Peggauer Wand.

Diese beginnt mit dem Aufreißen von Sohle und Firste; die Zugspannungen verschwinden hier und wandern nach oben und nach unten; in der Spiegel-
ebene wachsen die Zugspannungen kräftig an und ihr Schwerpunkt verlagert
sich ebenfalls in lotrechter Richtung nach unten und oben (Abb. 118 Mitte).

Nun bilden sich an allen Ulmen gleichzeitig Scherrisse (Gleitflächen);
in der Spiegelachse zerren die Zugspannungen das Gebirge auf; die Risse
leiten die Zugspannungen weiter hinauf und tiefer hinunter; andererseits aber
entspannen sie Sohle und Firste der Tunnel, so daß die hier zuerst gebildeten
Fugen sich nicht mehr verlängern, sondern kurz bleiben. Schließlich lösen
sich von den Ulmen Schalen ab (Abb. 118 rechts); man hat aber auch bei
größerer Fleischstärke den Eindruck, daß auf die Außenstöße ein größerer
Druck wirke als auf die Innenulmen.

Bei vorstehenden Erwägungen setzten Willheim und Leon voraus,
daß nur lotrechter Druck die Hohlraumwände beanspruche. In der Natur ist
diese Bedingung kaum jemals verwirklicht; neben dem Lotdrucke stellt sich
— als seine Folge — kleinerer oder größerer Ulmendruck ein. Es ändern
sich dann natürlich die Verteilungen und Größen der Spannungen, das grundsätzliche Verhalten des Gebirges aber bleibt ein dem geschilderten mehr oder

weniger ähnliches. Jedenfalls tut man gut, die Fleischstärken zwischen großen Hohlräumen reichlich zu bemessen. Die beiden Röhren des Engelbergtunnels der Reichsautobahnlinie Stuttgart—Heilbronn z. B. stehen an den Nordosthäuptern 34, an den Südwesthäuptern aber 56 m voneinander ab, von Achse zu Achse gemessen; die Höhe des Vollausbruches betrug durchschnittlich je 12.6 m bei 13.5 m Breite. Dagegen beträgt die Achsentfernung zwischen altem und neuem Belsize-Tunnel in London nur 15.2 m am Eingange und 40.2 m am Ausgange des zweiten Tunnels.

Auswahl aus dem Schrifttum.

A n d r e a e, C., Einige Erfahrungen im Lehnenbau a. d. Südrampe der Lötschbergbahn. Schweiz. Bauzeitg., 1916, I. S. 223, 236, 255 u. 267; — Der Einfluß der Überlagerungshöhe auf die Bemessung des Mauerwerkes tiefliegender Tunnel. Schweiz. Bauz., 1925, S. 71—73. — B e r n h a r d i, Fr., Über den Gebirgsdruck in den verschiedenen Teufen und seine Folgen für den Abbau der in Oberschlesien in so großer Ausdehnung gebauten mächtigen Flöze. Gesammelte Schriften. Kattowitz 1908. — B i e r b a u m e r, A., Die Dimensionierung des Tunnelbauerwerkes. Leipzig und Berlin 1913, Wilh. Engelmann. — B l ü m e l, E., Statische und dynamische Betrachtungsweise im Bergbau. Glückauf, 66, 1930, 17, S. 581—583. — B o i l e a u, Les accidents par ébonlements et le soutenement métallique. Rev. ind. min. 1927, S. 211 Coll Guard 1927, S. 871 (bezogen durch Spackeler). — B o r n, A., Aus „Gutenberg Lehrbuch der Geophysik". Verlag Borntraeger, Berlin 1929, 102. — B r a n d a u, K a r l und K a r l I m h o f, Der Tunnelbau. Handbuch der Ingenieurwissenschaften, Bd. 5. — B r a n d a u, Karl, Der Einfluß des Gebirgsdruckes auf einen tief im Erdinnern liegenden Tunnel. Schweiz. Bauzeitung, 1912, Bd. 59, S. 277. — Das Problem langer, tiefliegender Alpentunnel und die Erfahrungen beim Bau des Simplontunnels. Schweiz. Bauz., 1910. — B u d r y und T o l r i n g, Mechanic and mining. Engeng. Min. J. 136 (1935), S. 74. — C l o o s, H., Experimentelle Tektonik. Brüche und Falten. Z. Die Naturwissenschaften, 19, 242 (1931). — Einführung in die Geologie. Verl. Borntraeger, Berlin, 1936. — Experimente zur inneren Tektonik. Z. f. Min. usw. B. 1938, 608. — D i n s d a l e, Ground pressures and pressure profiles around mining excavations. Colliery Engng. 12, 1935, S. 406; 13, 1936, S. 19. — D o m a n n, G., Untersuchungen über die Wirkung von Druckformen und Hohlformen in allseitig gespanntem Gestein zur Klärung der Gebirgsdruckfragen. Z. Glückauf, 72, S. 1169—1199, 1936. — E c k h a r d t, Mechanische Einwirkungen des Abbaues auf das Verhalten des Gebirges. Glückauf, 1913. — E n g e s s e r, Über den Erddruck gegen innere Stützwände. Deutsche Bauzeitung, 1882, S. 91. — E x n e r, F. M., Über den Druck von Sandhügeln. Sitzungsb. Akad. d. Wiss. in Wien, math.-nat. Kl. Abt. 2 a, 133. Bd., H. 7/8, 1924. — F a u l d n e r und P h i l l i p s, Cleavage induced by mining Trans. Instn. Min. Engr. 89, 1935, S. 264. — F l e i s c h e r, O., Beobachtungen und Untersuchungen über Gebirgsbewegungen beim oberschlesischen Pfeilerbruch bau. Z. Glückauf, 70, 671 (1934), 29. S. 661—667, 30, S. 685—693, 31, S. 761 bis 721. — F o r c h h e i m e r, Ph., Über Sanddruck und Bewegungserscheinungen im Innern trockenen Sandes. Zeitschr. Österr. Ing. u. Archit. Ver. 1882. — F r i t s c h l, H., Spannungsverteilung um Grubenbaue. Glückauf, 72, 1936, H. 26, S. 640—642. — F r i t s c h e und G i e s a, Beobachtungen über Beanspruchungen des Ausbaues in Abbaustrecken. Glückauf, 71, 1935, S. 125. — G a e r t n e r, A., Bestimmungen der Spannungen im Gebirge. Ber. des Reichskohlenrates A. 39, VDI-Verl. Berlin (1933). — G r i p p e r, Charles F., Railway tunneling in heavy ground. London 1879. E. und F. P. Spon. — G r o n d, Gebirgsbewegungen bei Steinkohlenbergbau. Dissert. 1926, s. Gravenhage-Mouton u. Co., S. 25 ff. — H a a c k, Die Beherrschung des Gebirgsdruckes. Glückauf, 1928, S. 711—719. — H a r l o f f, Ch. E. A., Gebergtedruk als polijstende factor. Seite 26. De Mijning. 12. Bandoeng 1931. — H e i m, A., Tunnelbau und Gebirgsdruck. Vierteljahrschr. der naturforsch. Ges. in Zürich, 50. Jhgg., 1905, H. 1. — Nochmals über Tunnelbau und Gebirgsdruck und über Gesteinumformung bei der Gebirgsbildung. Vierteljahrschr. der Naturforsch. Ges., Zürich 1908. — Einiges aus der Tunnelgeologie. Mitt. Geolog. Ges. Wien, 1908. — Zur Frage der Gebirgs- und Gesteinsfestigkeit. Schweiz. Bauzeitung, 1912, Bd. 79, S. 107—108. — Entgegnung an W i e sm a n n. — H a n n i n g s, E., Der Emmersbergtunnel bei Schaffhausen. Schweizer Bauzeitung, 1894, II, S. 67, 75, und 1895, I, S. 135. — H e r rm a n n, S t ö c k e, U d l u f t, Gebirgsdruck und Plattenstatik. Elastizitätsversuche an karbonischen Gesteinen Oberschlesiens. Zeitschrift f. Berg-, Hütten- und Salinenwesen, 1934, B. 82, H. 6. — H i l g e n s t o d e, Untersuchung über wechselnde Kohlenfestigkeit und ihren Einfluß auf das Lohnwesen. Glückauf, 1909, S. 1897. — H o f f m a n n, Der Ausgleich der Gebirgsspannungen in einem streichenden Strebbau. Dissertation Technische Hochschule Aachen 1931. — I m m e r l u n g, H., Markscheiderische Feinmessungen zur Klärung von Gebirgsdruckfragen an Kohleninseln und Restpfeilern im oberschlesischen Steinkohlenbergbau. Diss. T. H. Berlin, 1937. — J a n s s e n, H. A., Versuche über Getreidedruck in Silozellen. Zeitschr. d. Ver. d. Ing. 1895, S. 1045. — K a f k a, Anschauungen über Ursachen und Wirkungen des Gebirgsdruckes. Glückauf, 1921, S. 53 ff. — K a m p e r s, B., Der geologische Aufbau des oberschlesischen Steinkohlengebirges als Entstehungsursache von tektonischen Spannungsunterschieden und Gebirgsschlägen. Glückauf, 1934, H. 24. — K á r m á n, von, Festigkeitsversuche unter allseitigem Druck. Berlin 1912. — K e g e l, K., Über den Abbau von Kalisalzlagerstätten in größeren Teufen. Z. Glückauf, 52, 1309 (1906). — K i e n o w, S., Schichtverbiegungen als Folgeerscheinung plastischer Deformation von Erdkrustenteilen. Geol. Rundsch., 25, 255 (1934). — K a b u s c h o k, Über die Arten, Entstehung und Bedeutung der Rißbildung in oberschlesischen Steinkohlenflözen. Zeitschrift d. oberschl. Ver. Kattowitz, 1931, S. 458. — K o m m e r e l l, O., Statische Berechnung von Tunnelmauerwerk. Berlin 1912, Wilh. Ernst und Sohn. — K ü h n, P., Betrachtungen über die Gebirgsdruckfrage. Z. Glückauf, 67, 1477 (1931). — Elastizität und Plastizität des Gesteins und ihre Bedeutung für Gebirgsdruckfragen. Z. Glückauf, 68, 185 (1932). — Spannungs- und Strukturzustand des Gesteins im ungestörten Gebirge. Glückauf, 1933, 25, S. 560—563. — L a n g e c k e r, Gebirgsdruckerscheinungen im Kohlenbergbau in Oberbayern. Österr. Berg- und Hüttenmännisches Jahrb., Bd. 76, H. 1. — L e h m a n n, K., Bewegungsvorgänge bei der Bildung von Pingen und Trögen. Z. Glückauf, 55, 933 (1919). — L e n k, Der Ausgleich des Gebirgsdruckes in großen Teufen beim Berg- und Tunnelbau. 1930, S. 60. — L ö f f l e r, W., Die Rißbildung im Gestein und in der Kohle. Glückauf, 72. Jhgg. 49, 1936, S. 1217 bis 1225. — M a i l l a r t, R o b e r t, Über Gebirgsdruck. Schweizer Bauzeitung, 1923, S. 168 ff.—171. — M o r i n, Quelques effets de pressions de terrains dans les exploitations houilleres. Bulletin de l'industrie et mineral 1912, II., S. 251 ff. — M ü l l e r, H., Der wasserdichte Ausbau von Schächten in nicht standfesten Gebirgsschichten. Glückauf, 64. Jhgg., 1928, S. 169—176, S. 205—211. — Untersuchungen an Karbongesteinen zur Klärung von Gebirgsdruckfragen. Glückauf, 1930, S. 1601. — Experimentelle Gebirgsdruckforschungen. „Kohle und Erz“, 1931, H. 20. — N á d a i, A., Die Formänderungen und die Spannungen von rechteckigen elastischen Platten. Mitt. über Forsch.-Arb., 1915, H. 170/71. — Elastische Platten. Verl. Springer, 1925. — N i e m c z y k, O., Zur Frage des Grenz- und Bruchwinkels bei Bodensenkungen. Mitt. aus d. Markscheidewesen, 46, S. 37—48 (1935). — N o z a k e T a k a t a d a, An Examination into the collapse of the Katsusaka-Tunnel on the Fuji-Minobu railway line. Bulletin Gedech-Committeé Gouvernment Railways of Japan. 1932, H. 2, S. 183. — P a r k e r, Roof control. Coll. Engg. 1928, S. 380. — P o l l a c k, V., Über Quellung oder Blähung und Gebirgsdruck. Verh. d. Geolog. Reichsanstalt Wien, 1916, S. 101—117. — Über Frostwirkung, Quellung (Quellungsdruck) usw. Technische Blätter, Teplitz-Schönau, 1921. — P r a n t e, Messungen des Getreidedruckes gegen Silowandungen. Zeitschr. d. Ver. d. Ing. 1896, S. 1122. — R a b c e w i c z, L. von Gebirgsdruck und Tunnelbau. Wien 1944, Springer-Verlag. — Wiederherstellung einer Verbruchstrecke im Tunnel 31 der Elbrus-Nordrampe, Persien. Die Bautechnik, 15. Jhgg., 1937, H. 50. — R e n s c h, H., Eine amerikanische Theorie über das Verhalten des Deckgebirges beim Bruchbau flachgelagerter Flöze. Glückauf, 1929, 13, S. 448—449. — R i e d e l, W., Zur Mechanik geologischer Brucherscheinungen. Zbl. f. Min. Abt. B 1929, 354. — R o t h p l e t z, Woran leiden unsere Eisenbahntunnel? Schweizer Bauz., 1918. — S c h ä f e r, H., Versuch einer Berechnung des Gebirgsdruckes untertage. Glückauf, 62, 1926, S. 376—378. — S c h m i d, J., Statische Probleme des Tunnel- und

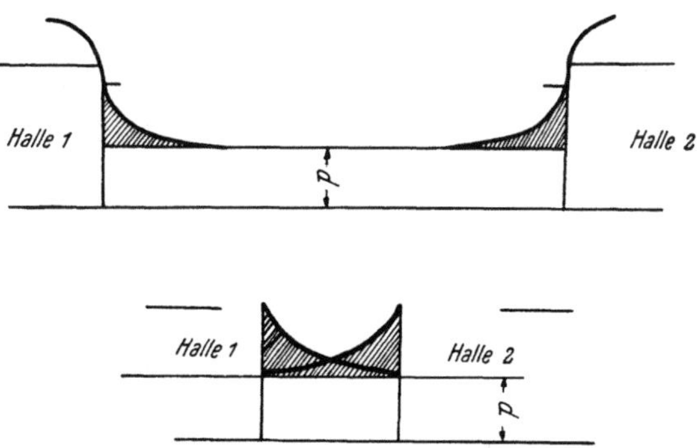

Abb. 113. Die Abbürdungslinien der Randspannungen sollen sich nicht überschneiden (untere Zeichnung), sondern ähnlich verlaufen, wie dies die obere Zeichnung andeutet.

Druckstollenbaues. Berlin 1926, J. Springer. — Statische Grenzprobleme in kreisförmig durchörtertem Gebirge. — S p a c k e l e r, G., Der heutige Stand der Gebirgsdruckfragen. Bergbau, 1931, S. 402. — Druckwirkungen im Liegenden. Glückauf, 66, 1930, 23, S. 757—763. — Der Nutzdruck als Abbaufolge. Z. Glückauf, 65, 1929, H. 15/15, S. 460—469, 498—505. — Gewölbebildung über Abbauen. Glückauf, 70, 1934, 26, S. 589—594, 27, S. 613—626. — S t e i n e r m a y r, August, Der Bau der zweiten Eisenbahnverbindung mit Triest. Wien 1906, Selbstverlag d. Verf. — S t i n i, J o s e f, Unsere Täler wachsen zu. Geologie u. Bauwesen, Jhgg. 13, H. 3, 1941. — Nochmals der Talzuschub. Geologie u. Bauwesen, Jhgg. 14, H. 1, 1942. — Über Gebirgsdruck. Geologie und Bauwesen, Jhgg. 15, H. 2, 3, 4, 1944, S. 51—148. — S t ö c k e, K., H e r r m a n n, H. und U d l u f t, H., Gebirgsdruck und Plattenstatik. Teil I: Elastizitätsversuche an karbonischen Gesteinen Oberschlesiens. Z. f. Berg-, Hütten- und Salinenwesen, 82, 307 (1934). Teil II: Elastizitätsversuche an Gesteinen aus Niederschlesien und Westfalen. Z. f. Berg-, Hütten- und Salinenwesen 84, 467 (1936). — T e r z a g h i, K. v., Erdbaumechanik. Leipzig und Wien

1925, Franz Deuticke. — T r o m p e t e r, Die Expansionskraft im Gestein als Hauptursache der Bewegung des den Bergbau umgebenden Gebirges. 1899. — U l l r i c h, H., Verfahren zur Erforschung des Gebirgsverhaltens untertage. Glückauf, 72, 1936, H. 4, S. 81—87. — W a g n e r, C. S., Tunnelbau und Gebirgsdruck. Schweizer Bauzeitung, 1905, Bd. 46, H. 1—4. — W e b e r, H e i n r i c h, Der Gebirgsdruck als Ursache für das Auftreten von Schlagwettern, Bläsern, Gasausbrüchen und Gebirgsschlägen. Glückauf, 1916, 52. Jhgg., H. 48, S. 1025 ff. 1917, S. 1, 25, 49 und 65. — W e b e r, Webersche Hohlräume. Glückauf, 1916, S. 1025. — W e i s s n e r, Gebirgsbewegungen beim Abbau flachgelagerter Steinkohlenflöze. Glückauf, 1932, Jhgg. 1932, S. 945 ff. — W i e s m a n n, E., Über Gebirgsdruck. Schweizer Bauz., Bd. 60, S. 87, 1912. — Über die Stabilität von Tunnelmauerwerk. Schweiz. Bauz., 64, S. 27. — W i l l m a n n, E. von, Eine bei Tunnelwiederherstellungsarbeiten auftretende Gebirgsdruckerscheinung. Deutsche Bauz., 1912, S. 535. — Die Instandsetzung alter Eisenbahntunnel. Leipzig, 1913. — Über einige Gebirgsdruckerscheinungen in ihren Beziehungen zum Tunnelbau. Fortschr. d. Ingenieurwissenschaft, 2. Gr. H. 26. Leipzig 1911. W. Engelmann. — W i n k l e r, R., Die Tunnelstrecke der Jungfraubahn. Schweiz. Bauz., 1916, S. 248—249.

O t t J C., Quelques aspects du problème de la poussée sur les tunnels, Bulletin technique de la Suisse Romande 1945 und

P r o c t o r R. V.-W h i t e T. L., Rock tunneling with steel supports, Youngstown, Ohio 1946, konnten nicht mehr benützt werden.

W a n d e r d r u c k.

A m p f e r e r, O., Über einige Formen der Bergzerreißung. Sitzungsb. Akad. d. Wissensch. Wien, math. nat. Bl. 1939. — Zum weiteren Ausbau der Lehre von den Bergzerreißungen. Ebenda, 1940. — S t i n y, J o s e f, Bergzuschub und Bauwesen. Die Bautechnik, 1942. — Unsere Täler wachsen zu. Geologie und Bauwesen, Jhgg. 13, H. 3, S. 71—79.

D r u c k   i n f o l g e   c h e m i s c h e r   U m s e t z u n g e n.

B o d e n s e e r, E., Die Ausbesserung der durch Gipsquellen zerstörten Wasserstollen. Schweiz. Bauz., 1927, S. 127. — G r ü n, R., Die Verwitterung der Bausteine vom chemischen Standpunkte. Chemiker-Ztg., 57, 401 (1933). — H u m m e l, A., Das Beton-ABC. 2. Aufl., S. 58. Verl. Chemisches Laboratorium für Tonindustrie, Ztg. Prof. Dr. H. Seger & E. Cramer, Berlin, 1937. — K a i s e r, E., Grundfrage der natürlichen Verwitterung der Bausteine im Vergleiche mit der freien Natur. Z. Chemie der Erde, 3, 200—290 (1929). — K i e s l i n g e r, A., Zerstörungen an Steinbauten. Verl. F. Deuticke, Berlin, Wien, 1932. — M a y e r, F., Berchtesgaden. Geogr. Jahresh. F. 1912, München 1913, S. 129 ff. — N e w l a n d, D. H., Relation of Gypsum supplies to mining. Minig and Metallurgy, H. 177, September 1921. — S c h a f f e r, R. J., The weathering of building stones. Building Research Nr. 18 (1932). — Tunnelbau im quellenden Gebirge. Bautechnik, 1926, S. 437—452. — S t i n y, J., Das Gipsgebirge der Ostmark und sein Nachweis. Geologie u. Bauwesen, 13. Jhgg., S. 111. — Tunnelumbau im quellenden Gebirge. Bautechnik 1926, S. 437, 452.

E c h t e r   G e b i r g s d r u c k.

K a h l e r, Franz. v., Forschungen über jugendliche tektonische Vorgänge in Kärnten und ihre praktische Auswertung. Bericht d. Bergmannstages Leoben 1937, S. 303—305. — S t i n y, Josef, Bewegungen der Erdkruste und Wasserbau. Die Wasserwirtschaft, 1926. — T s c h e r n i g, E., Bergschläge in Bleiberg und ihre Beziehung zur jugendlichen Tektonik. Ber. Leobener Bergmannstag, Wien 1937, Verlag Springer, S. 321—326. — V a n i a v. P a v a, Fr., Über die jüngsten tektonischen Bewegungen der Erdrinde. Földtani Közlöny, Budapest 1928, 55. Bd. — T e r z a g h i K., Rock defects and loads on tunnel supports. Harvard University, soil mechanics series Nr. 25. 1945—1946.

D i e K l ü f t i g k e i t d e r B e r g a r t e n.

S t i n y, J., Hebung oder Senkung? Petermanns Mitt. 1924, Heft 9/10. — Gesteinsklüfte und alpine Aufnahmsgeologie. Jahresbericht der geolog. Bundesanstalt LXXV, 1925, S. 97. — Einiges über Gesteinsklüfte und Gelände-

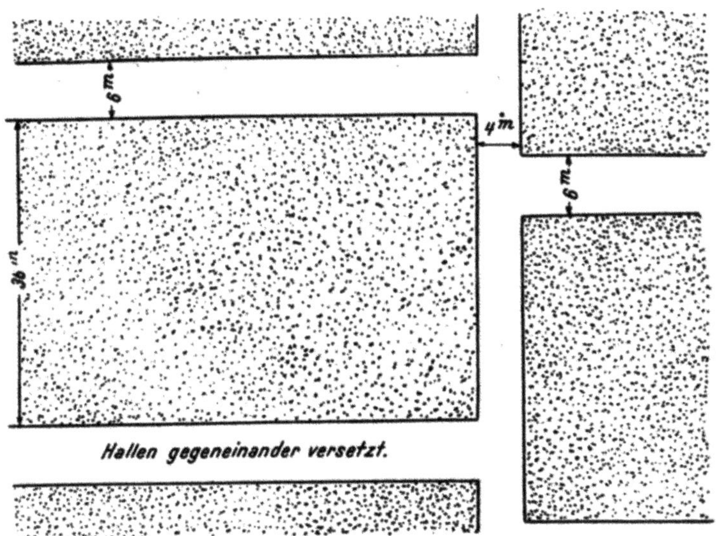

Abb. 114. Günstiges Verhältnis zwischen Pfeilerstärke und Hallenweite im Dolomit des Unterdevon.

formen in der Reisseckgruppe, Kärnten. Zeitschrift f. Geomorphologie, 1. Bd. 1925/26, S. 254. — Die Ausführung der Kluftmessung. Der Geologe Nr. 38, 1925, S. 873—877. — Gesteinsklüftung im Teigitschgebiet. Tschermaks Min. und Petr. Mitt., Bd. 38, 1925. — Kluftmessung und Erdölgeologie. Intern. Zeitschrift f. Bohrtechnik usw. Jhgg. 34, 1926, S. 137—138.

I. Linienführung und Wahl der Ansteckpunkte des Tunnels.

Nur bei langen Tunneln spielt die Wahl der Ansteckpunkte eine verhältnismäßig geringe Rolle gegenüber der Gesamt-Linienführung des Hohlganges. Bei kurzen Tunneln muß man diese heiklen Stellen der Anlage ganz besonders sorgfältig auswählen, um die gefürchteten

Zusammenbrüche und Hangrutschungen an den Mundlöchern zu vermeiden; manchmal kann sogar schon die Fertigstellung des Voreinschnittes erhebliche Schwierigkeiten bereiten und ein gutes Ineinandergreifen der Bauvorgänge an den zukünftigen Tunnelhäuptern erfordern.

Die Linienführung als solche soll allen vorauszusehenden geologischen Erschwernissen aus dem Wege gehen, w e n n und s o w e i t als dies möglich ist. Beim Baue des Tauerntunnels rächte sich z. B. die Trassenführung unterhalb des Schwemmkegels des Höhkarbaches,

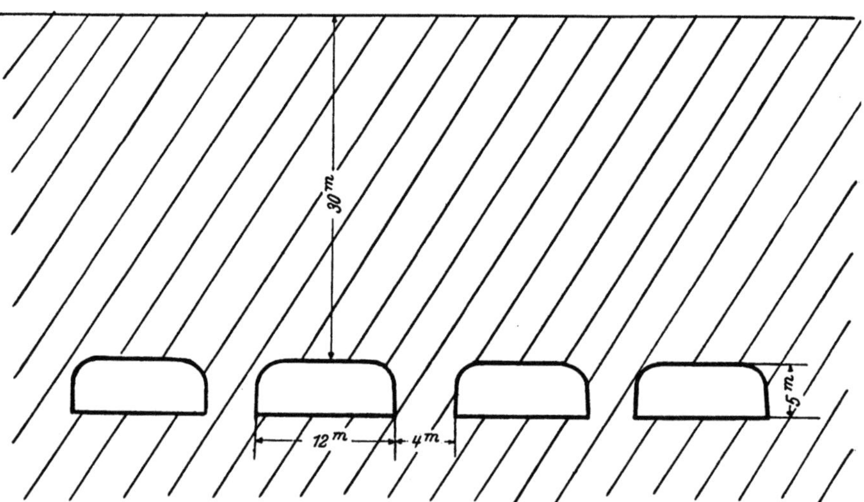

Abb. 115. Zu geringe Stärke der Pfeiler gegenüber den Lichtweiten der Hohlräume bei geringer Überlagerung.

welcher im September 1903 in den Stollen drang und den Vortrieb bis Mitte Jänner 1904 unterbrach.

Es hat sich noch immer gelohnt und Zeit sowohl wie Kosten erspart, wenn man, soweit man dies konnte, Höhenlage oder Richtung der Tunnelachse oder beide den geologischen Verhältnissen anpaßte. Insbesonders meide man Gebirge, welches kräftigen Druck äußert oder Gips und Anhydrit führt (Abb. 119), Rutschgelände (Abb. 120), den Bereich des Talzuschubes (bei Lehnenstollen) usw.; diesbezüglich gaben ja die vorangegangenen Abschnitte dieses Werkes zahlreiche Winke, welche eine einzelweise Anführung aller zu vermeidenden Bauerschwernisse wohl überflüssig macht.

Manchesmal tut man besser, statt eines Tunnels einen Einschnitt auszuheben, wie dies z. B. F i s c h e r berichtet (S. 84 und S. 113); beim Übergange vom Sulmtal zur Brettach (Württemberg) hätte ein Tunnel Gipsgebirge durchfahren müssen; man führte daher einen 20 m tiefen Einschnitt aus. Auch für den Abstieg von Althengstett (Württemberg) in das Nagoldtal sah der Entwurf einen Tunnel bei km 40 vor; in den Voreinschnitten drang reichlich Wasser zu und durchnäßte den anstehenden Wellenmergel; dieser drückte und schob in den Hohlraum; durch Erfahrungen auf anderen Strecken gewitzigt, schnitt man lieber die Trasse 35 m tief in den Bergrücken offen ein und sah von der Untertunnelung ab.

Zu den Fällen, in welchen ein Tunnel nicht am Platze war, gehört auch die Durchörterung eines riesigen Felsblockes am Sarca Durchrisse im Zuge der Straße von Riva am Gardasee nach Store (Judikarien). Die Wandung des merkwürdigen Verkehrstunnels berührt fast eine Einlagerung eiszeitlichen Schotters zwischen dem altabgerutschten Block und dem anstehenden, gewachsenen Triaskalk (Abb. 121). Diese Mißgeburt eines Tunnels mahnt eindringlich, niemals auf eine geologische Voruntersuchung der Trasse zu verzichten, auch wenn es sich nur um einen ganz kurzen Hohlgang handelt.

Der Druckstollenbauer wird zu verhindern haben, daß sein Stollen mit wenig Fleisch durch Bergarten führt, welche sehr stark wasserwegig sind. Er wird mit seinem Stollen dort, wo ihm wasserdichte Schichten nicht zur Verfügung stehen, mit der Achse soweit in den Bergleib hineinrücken, daß auch in den wasserdurchlässigen Schichten das Bergwasser dem Bestreben des Triebwassers, zu entweichen, einen gewissen Gegendruck entgegensetzt. Die mit der sicheren Bergeinwärtsverlegung des Hauptstollens verbundene Verlängerung der Fensterstollen fällt bei ihrem geringen Querschnitte wenig ins Gewicht; schon gar nicht dann, wenn, wie häufig, das Hineinschieben der Stollenachse in den Berg den Hauptstollen verkürzt.

Die Lage der Seitenstollen bestimmen nicht technische oder wirtschaftliche Forderungen allein. Bei der meist langen Dauer der Benützung des Fensterstollens muß man vermeiden, ihn in geologisch oder landformenkundlich ungünstiges Gelände zu legen. Man steckt ihn, damit er kurz ausfällt, gerne in Runsen, Tälern, Klammen u. dgl. an. Hier läuft man öfters Gefahr, längere Strecken in Gehängeschutt, in Moränen, Murmassen usw. ausfahren zu müssen und hat daher auf diese stollenbaulich recht ungünstigen Gesteine sorgfältig zu achten. Am meisten eignen sich die steilwandigen Kerben des Jungschurfes dort, wo er den anstehenden, frischen Fels bloßgelegt hat, für das Anstecken der Fenster. Natürlich muß auch Platz für die Halde und für die Baueinrichtungen vorhanden sein, von der Zugänglichkeit der Baustelle gar nicht zu reden.

Hat man sich für eine bestimmte Linienführung des Tunnels entschieden, oder die Örtlichkeit für die gewünschten Hohlgänge einmal gewählt, dann erfordert die Festlegung der Ansteckpunkte besondere Sorgfalt und Gewissenhaftigkeit. An den Mundlöchern der Tunnel bereiten Schutt (Abb. 122), mächtige Verwitterungsschwarten, zerklüfteter Fels, Lahnen- und Steinschlaggefahr usw. zusätzliche Erschwernisse, welche sich jenen zugesellen, welche die Ausführung des Tunnelhauptes ohnedies schon erwarten.

Schuttkegel und Schutthalden von größerer Räumigkeit sind dem Anstecken von Stollen nicht günstig; darauf wies schon Fr. J e n i k o w s k y (1927) hin. Die oberen Lagen sind in der Regel locker gelagert; aber auch die inneren Schichten, welche weniger sperrig gefügt sind, verlangen noch sehr kräftige Getriebezimmerung, da in ihnen der volle Überlagerungsdruck wirksam wird, oft noch vermehrt durch einen starken Schub bergauswärts, welchen die Schrägschichtung der Schuttmassen verursacht (Abb. 122). Man hat daher eine Längsversteifung der Rüstung vorzusehen. Erst weiter bergeinwärts füllen sich die Lücken zwischen dem Trümmerwerk mit kleinen Bruchstücken und Feinstoffen; die lehmige Zwischenmasse verbindet im trockenen Zustande die Gesteinbrocken etwas, so daß die Standfestigkeit wächst und die Möglichkeit der Bildung entlastender Brücken größer wird. Lagenweise schalten sich zwischen die Schichten gröberen Haldenschuttes auch stark verlehmte Massen oder Schnüre von Lehm ein, welche das Senkwasser stauen und Gleitflächen schaffen. Zuweilen fügen sich in die Halden auch sandige Lagen ein. Dort, wo sich der Haldenschutt an den Felshang anlehnt, rieselt gewöhnlich etwas Sickerwasser über die Oberfläche des gewachsenen Gesteins herab. Die im Bergschutte auszufahrende Strecke ist nach einem landformenkundlichen Gesetze etwas kürzer als der Abschnitt der Haldenaufstandfläche, den man erhält, wenn man die offen zu Tage tretende Felsoberfläche nach unten gerade verlängert und mit der Aufstandebene zum Schnitte bringt (Ausnahme Abb. 122). Besonders gefährlich kann ein schräges Anschneiden steil aufgehäuften Bergschuttes werden (Südeingang des Wocheiner Tunnels).

Wo immer dies nur möglich ist, lege man die Ansteckpunkte in gewachsenen, festen, unverwitterten Fels. Man meide Zerrüttungstreifen, Störungsbereiche im Gebirge, und räume lieber größere Massen von Gehängeschutt ganz ab, als die Anfangstrecke des Hohlraumes noch im rolligen Gebirge zu belassen.

Es gibt jedoch auch Ausnahmen. Im Falle, den der Riß 116 darstellt, war es sicherlich vorteilhafter, den Richtstollen für den Verkehrswegtunnel bei A in der Schutthalde anzustecken. Bei B wäre der Tunnel erheblich länger geworden und hätte klüftigen Lias-Kalk und eine, allerdings untergeordnete Störung durchörtern müssen, ehe er den standfesten Dachsteinkalk anfahren hätte können. Da die Kleinformen des Geländes in aller Regel brauchbare Aufschlüsse über die Beschaffenheit des Gesteins geben, aus dem sie geformt sind, achte man auf sie und weiche Mulden, feuchten Hangstreifen, überhaupt Sanftformen nach Tunlichkeit aus. So bot z. B. der Inozeramenflysch bei Langenzersdorf, N.-Ö., zum Anstecken eines Stollens eine sanfte Mulde dar (Abb. 123, B); es erwies sich günstiger, das Mundloch in der Flanke des schmalen Vorsprunges daneben anzustecken (Abb. 123, A); hier fuhr man sehr rasch anstehenden Fels in günstiger Lagerung an. Steile Felswände oder wenigstens Schroffen, die Abbaubrustflächen von Steinbrüchen, Baustoffgruben usw. bringen rasch die wegen der Bombensicherheit oder der

Abminderung des Bergdruckes erwünschte Überlagerung. Felskanzeln, Bergrippen, nicht zu schmale Felsnasen u. dgl. werden selten enttäuschen. Selbstverständlich verbieten Steinschlagrinnen, Lahnenstriche, offensichtliches
Rutschgelände (Abb. 120, links unten) usw. das Anstecken von Mundlöchern,
es wäre denn, daß es gelingt, mit wirtschaftlichen Mitteln der drohenden
Gefahr Herr zu werden. Die sanften Hänge von Altland (Abb. 124) ergeben
ungünstige Ansteckmöglichkeiten; der erforderliche Voreinschnitt wird sehr
lang und stört das Landschaftsbild; außerdem hat man auf einer unerwünscht
langen Strecke bei geringer Überlagerung die zerklüftete Randschale des Jahr-
hunderttausende lang der Verwitterung ausgesetzt gewesenen Gesteins zu
durchörtern.

In Tälern, Schluchten u. dgl. legt man die Ansteckpunkte hoch genug
über die Höchstwasserlinie des Wasserlaufes; weder Hochwässer, noch Mur-
gänge dürfen die Möglichkeit haben, in den Hohlraum einzudringen oder den
Zugang zu ihm zu verlegen. Höhere Lage der Tunnelsohle erleichtert auch
den Haldensturz.

Für die Kippe sind die Grundstücke schon bei der Planung zu wählen.
Man denkt da meistens an Geländemulden und Talgründe unweit der Mundlöcher. Den Haldenfuß dürfen jedoch Angriffe von Bachwässern nicht bedrohen; die Absperrung einer Furche durch eine Halde ist unstatthaft, wenn
sie dem Wasserlauf keinen unterirdischen Weg durch die Schuttmassen bietet,
sondern ihn aufstaut (Dammanbrüche). Auf Berglehnen untersuche man die
Möglichkeit des Eintrittes einer Belastungrutschung durch die Ablagerung
der schweren Massen. Erweichbare Bergarten wie Mergelbrocken, Tone
Zellenkalke und dolomitische Rauhwacken lösen in regnerischen Zeiten Ab
rutschungen aus, welche die Unterlieger schädigen.

Sofort nach Beendigung des Baues begrüne man die Halde, um die häß-
liche Wunde im Landschaftsbilde rasch wieder zu schließen. Robinien, Birken,
Götterbaum (Weinklima), gemeine Kiefer, Schwarzföhre usw. eignen sich
für trockene Halden in niederen und mittleren Seehöhen, kanadische Pappel,
Weißerlen, Weiden u. dgl. für tiefere Lagen auf feuchten Halden; in großen
Seehöhen denkt man an die Alpenerle, die Krummholzkiefer, die Lärche, die
Zirbe und an die Spirke; allenfalls hat man auch mit Alpenrosenbüschen
Erfolg.

In allen jenen Fällen, in welchen die Kleinheit des Querschnittes
oder die gewählte Bauweise es erlaubt, den Hohlraum ohne Richtstollen gleich in voller Breite aufzufahren, halte ich es für günstig,
nach dem Vorgange der Bergleute das Haupt so bald als möglich endgültig auszubauen. Seine feste Mauerung dient den nach innen zu
folgenden Ringen als Stütze. Wo vorgelagerter Schutt oder gebrächer
Fels Druck auch in der Längsrichtung des Tunnels erwarten lassen,
empfiehlt es sich, für größere Querschnitte den Voreinschnitt erst dann
auf volle Breite auszuheben, wenn das Tunnelhaupt fertiggestellt und
fähig ist, Schübe von der Lehne her aufzunehmen. Bis dahin soll der
Voreinschnitt nur so breit aufgefahren werden, als die Förderung es
verlangt; allenfalls fördere man durch einen Stollen und hebe den Voreinschnitt erst zum Schluße aus. Verwickeltere Verhältnisse erfordern
manchesmal die Ausführung des Tunnelhauptes von einem Schachte

aus, sei es, daß man ihn ohne Zugangstollen nur von oben her abteuft, oder die Abfuhr der Massen durch den rechtzeitigen Beginn des Sohlstollens erleichtert und den Schacht nach beiden Seiten zum Schlitze erweitert. Die sofortige Aufschlitzung des ganzen Voreinschnittes vor Aufmauerung des Tunnelhauptes und vor Betonierung der Eingangstrecke hat beim Baue des Einödtunnels bei St. Michel,

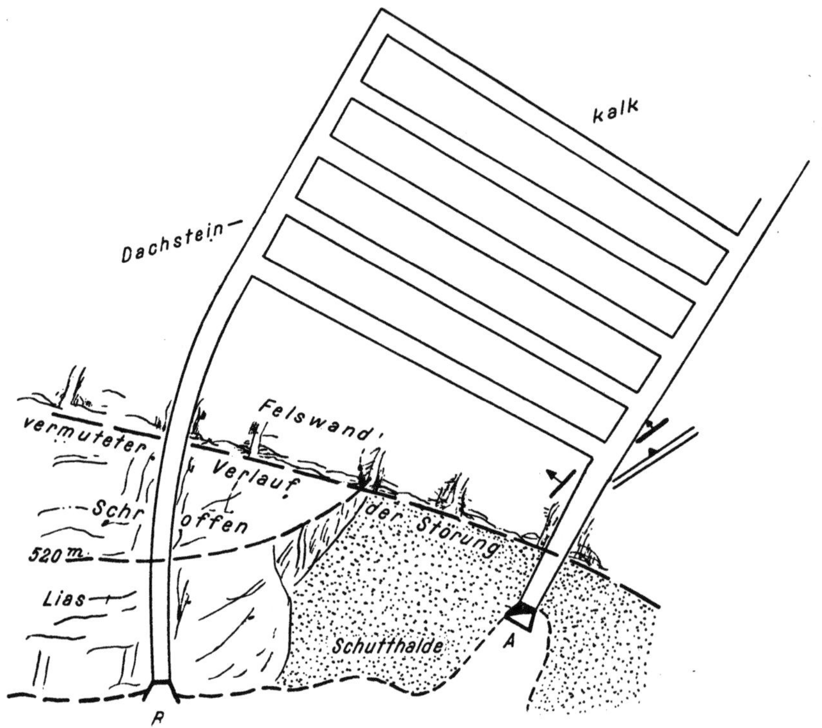

Abb. 116. Bemessung von Pfeilerstärke und Hohlraumlichtweite im standfesten Dachsteinkalk.

Steiermark (fälschlich auch Annatunnel genannt), zu zwei schweren Bauunglücken geführt, welche mehr als zwanzig Arbeitern das Leben gekostet haben (Mundloch-Felsstürze).

Über Mundlochverbrüche schlage man S. 308 ff. nach.

Auswahl aus dem Schrifttum.

Collier, E. A., Highway Location problem solved by tunnel. Eng. News-Record 110, 1933, S. 83. — Diwald, Karl, Die Führung von Verkehrslinien in ihrer Anhängigkeit von der Morphologie des Tales. Geologie und Bauwesen, 3. Jhgg., H. 2, S. 31—64. — Fischer, Adolf, Die Bedeutung der Geotechnik für die Linienführung von Eisenbahnen. Geologie und Bauwesen, 3. Jhgg., 1931, S. 73—134. — Singer, Max, Über Talverlegung und Tunnelbau. Österr. Wochenschrift f. d. öffentlichen Baudienst, 1915, H. 35.

K. Einbauten, Bau- und Betriebweisen.

I. Der vorübergehende Einbau in Holz.

Der S c h a r - T ü r s t o c k (polnische T.) fängt hauptsächlich Firstdruck ab (Abb. 126 a); gegen ganz schwachen, gleichzeitigen Seitendruck versichert man die Stempel durch Einschlagen von Schienennägeln oder Keilen, gegen stärkeren Ulmdruck treibt man einen Riegel (Kopf-Spreize, Absperre) zwischen die Ständer (Abb. 127).

Der Z a h n - T ü r s t o c k (Deutsche T.) nimmt auch geringen Seitendruck auf, besonders wenn man den Zahn so anordnet, wie die

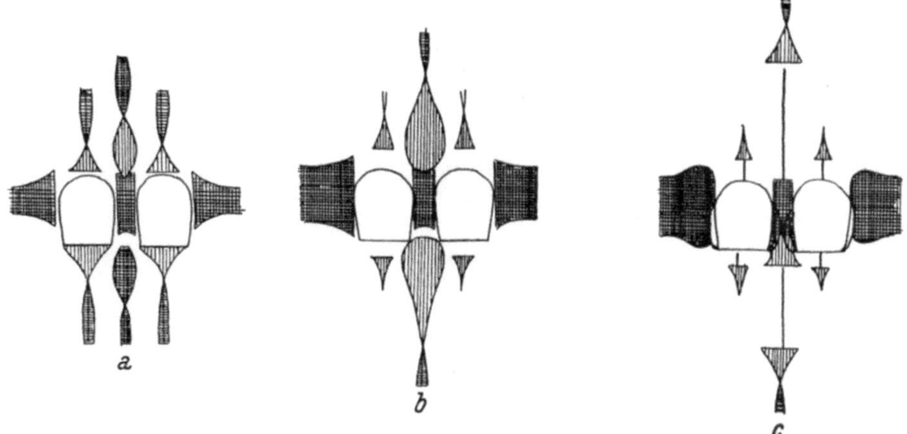

Abb. 117. Verhalten des Gebirges, wenn es zwei Stollen in einem Abstande voneinander durchörtern, welcher nur $^4/_{10}$ ihrer Lichtweite beträgt. Nach L e o n und W i l l h e i m.

Abb. 126 b zeigt; stärkerer Seitendruck erfordert das Einziehen einer Spreize.

Starkem Bergdrucke begegnet man durch Wahl dickerer Hölzer, durch Verminderung des Abstandes der Zimmer (bis auf „Mann an Mann"-Stellung), durch Türstöcke mit eingebautem Spitzbau (Sprengwerk; Abb. 128), durch das Einziehen von Sohlschwellen, Längsriegeln, durch die Verwendung von Eisen usw.

Die V e r k l e i d u n g (Verladung, Verpfählung, Verschalung, Vorzug) verhindert das Hereinbrechen kleinerer Massen (Gestein-bruchstücke, Geschiebe, Sand, Tonbrocken usw.) in den Hohlraum. Man unterscheidet Längsverzug und Querverzug nach der Lage der Hölzer zur Stollenachse und „E i n f a c h e n V e r z u g" und „V e r-z u g m i t P f ä n d u n g" (einschließlich Getriebezimmerung).

a) Man langt mit e i n f a c h e r V e r l a d u n g der Firste (Kopf-schutz) bzw. mit Verzug von Firste und Ulmen (Türstockzimmerung) aus, wenn das Gebirge sich mindestens auf die Entfernung zweier Kappen oder zweier Türstöcke selbst trägt. Man braucht dann den

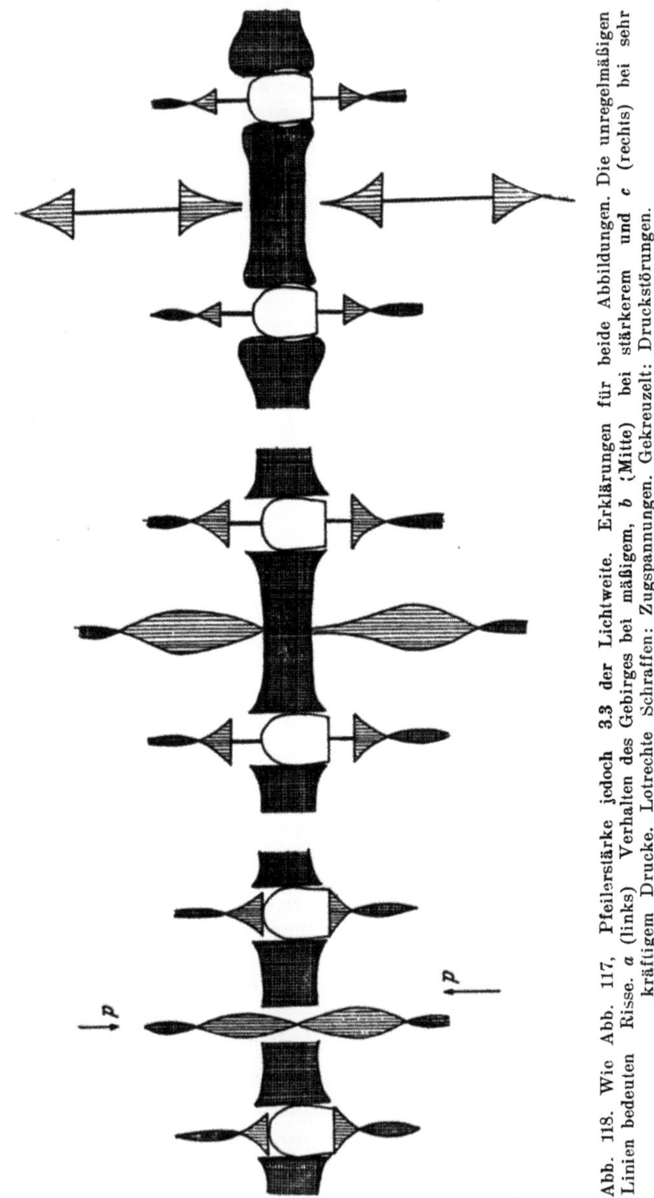

Abb. 118. Wie Abb. 117, Pfeilerstärke jedoch 3.3 der Lichtweite. Erklärungen für beide Abbildungen. Die unregelmäßigen Linien bedeuten Risse. *a* (links) Verhalten des Gebirges bei mäßigem, *b* (Mitte) bei stärkerem und *c* (rechts) bei sehr kräftigem Drucke. Lotrechte Schraffen: Zugspannungen. Gekreuzelt: Druckstörungen.

Verzug erst nach Ausfahrung dieser Länge einzubringen (Anlegezimmerung). Den stumpf gestoßenen oder übergreifenden Verzug stellt man aus Schwartlingen, Brettern (bei schwachem Nachbrechen des Gebirges), Bohlen (Pfosten; bei stärkerer Nachbrüchigkeit des Gebirges), Stangen, Prügeln usw., seltener aus Kanthölzern her; je nach der Größe der sich ablösenden Stücke und je nach ihrer Gefährlichkeit legt man die Verzughölzer Mann an Mann oder läßt zwischen ihnen Zwischenräume offen. Zwischen der Dachfläche des Verzuges und der Firste muß man jedoch alle Hohlräume dergestalt fest zusetzen (ver-packen), daß das Gebirge keine Möglichkeit erhält, sich aufzulockern oder gar beweglich zu werden; je weniger verläßlich das Gestein ist, umso nötiger ist es, es satt auf dem Verzuge, bzw. auf der Zimmerung aufliegen zu lassen.

b) Die **e i n f a c h e P f ä n d u n g** (Abb. 129), setzt voraus, daß man das Gebirge trotz seiner großen Nachbrüchigkeit doch noch auf ganz kurze Längen sich selbst überlassen darf. Besonders die Brust muß eine gewisse Standfestigkeit besitzen.

c) Regelrechte **G e t r i e b e z i m m e r u n g** (G. im engeren Sinne) erfordert ein Gebirge, welches schon **w ä h r e n d**, um nicht zu sagen **v o r** seiner Ausräumung abgestützt und gesichert werden muß (Abb. 130). Man findet in solchem rolligen oder gar schwimmenden Gebirge nicht mehr Zeit, die Verschalungshölzer dem Ausbruche ent-sprechend nachzutreiben, sondern muß die Pfähle in die weichen Berg-arten einschlagen, um, gesichert durch sie, den Hohlraum abschnitt-weise Stück für Stück herstellen zu können. Fast immer verlangt außer der Firste auch die Brust einen Verzug (lotrechte und waag-rechte Verpfählung); häufig haben ihn auch die Stöße nötig.

Im breiigen Gebirge drohen die mehr oder minder flüssigen Massen durch jede Ritze des Verzuges, durch Astlöcher usw. sich in den Hohlraum zu pressen. Man hat dann auf eine dichte Herstellung der Verschalung ein besonderes Augenmerk zu richten. Quellendes Gebirge erfordert im Gegen-teile einen undichten Verzug, wenn man es nicht vorzieht, dem Streben des Gebirges nach Raumvermehrung in anderer Weise entgegenzukommen (Zu-setzen von Hohlräumen mit Faschinen, nachgiebiger Einbau, Darbietung von langsam ausfüllbaren Zellenräumen usw.).

Zimmerungsarten im Vollausbruch.

Bei der Bemessung der Stärke der Ausbauhölzer beachte man den Umstand, daß im feuchten Gebirge, namentlich bei schlechter Be-wetterung, die Festigkeitswerte des Holzes oft schon nach wenigen Monaten wesentlich herabsinken („Ersticken" des Holzes). Besonders wichtig ist die tunlichste Verhinderung jeder Verschiebung der Be-standteile der Zimmerung, um einer Auflockerung des Gebirges vor-zubeugen oder ihr Fortschreiten und damit ein Wachsen des Gebirgs-druckes zu verhüten. Zwei Hauptarten der Vollausbruchzimmerung stehen im Gebrauche: die Längsträger-(Joch-)Zimmerung und die Querträger-(Sparren-)Zimmerung. Wie sonst in diesem Büchlein, sollen auch bei diesen Erörterungen nur Dinge zur Sprache kommen, welche Beziehungen zur Geologie (Gesteinkunde) aufweisen.

1. Die Längsträger-Zimmerung.

Die Länge der Kronbalken und Wandruten (Abb. 133), welche die Jochzimmerung in der Tunnelachse einbaut, richtet sich nach der

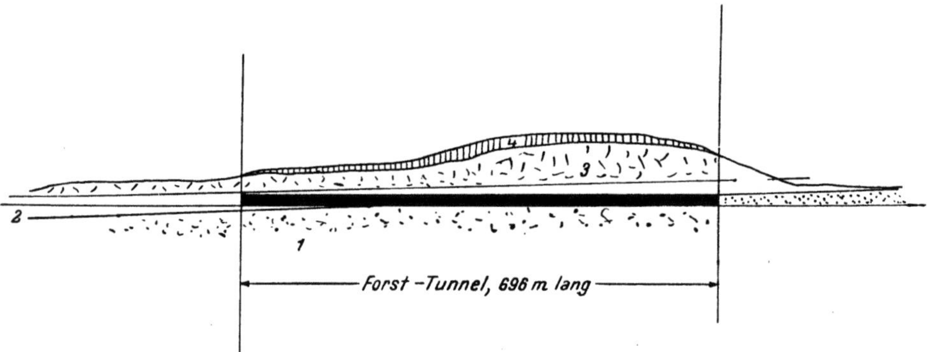

Abb. 119. Forsttunnel bei Alt-Hengstett, Württemberg. Längenschnitt nach F r a a s, zweifach überhöht. *1* Wellengebirge, *2* Salzgebirge (Anhydritgruppe), *3* Unterer Dolomit, *4* Hauptmuschelkalk.

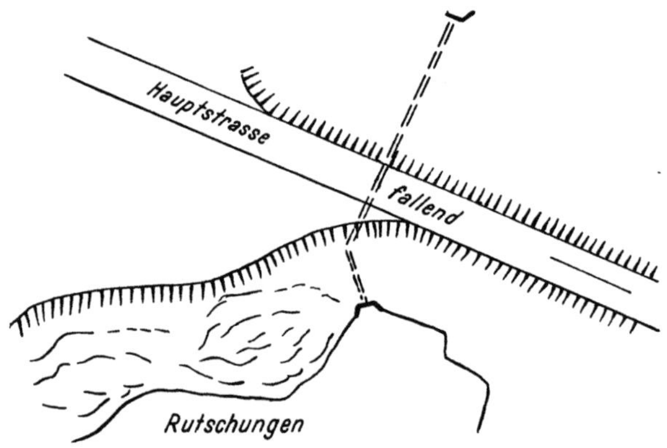

Abb. 120. Der Ansteckpunkt des Stollens sollte die Kröpfe und Stirnwülste der Rutschungen noch sorgfältiger meiden; man müßte ihn ein Stück weiter nach rechts verschieben. Pannonische Tegel des Wienerberges in Wien.

Gebirgsfestigkeit bzw. dem wirksamen Gebirgsdrucke und schwankt etwa zwischen 3 und 9 Metern, selten mehr (Ringlänge).

Langständer, welche man auf die Tunnelsohle abstützt (Abb. 136), kann man nur im festen Gebirge anwenden, das keine großen Holzstärken erfordert. Im druckreichen Gebirge sieht man von dieser Zimmerungsweise ab, weil die knickungbeanspruchten Langständer dann dick, sehr schwer, recht unhandlich und ganz unwirtschaftlich werden; darum wendet man schon im milden, mäßig gebrächen Gebirge weit besser eine Mittelschwelle an; man muß jedoch dann für eine zweckmäßige Versteifung der ganzen Zimmerung und insbesonders für einen kräftigen Längsverband sorgen. Im druckhaften Gebirge verstärkt man

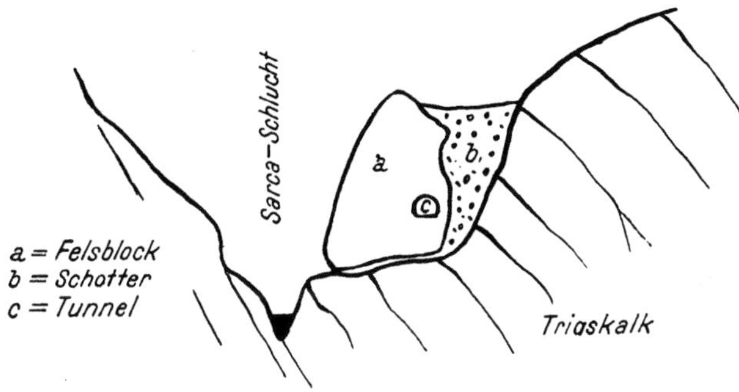

Abb. 121. Verfehlte Anlage eines Straßentunnels (c) in einem riesigen Felsblock (a).

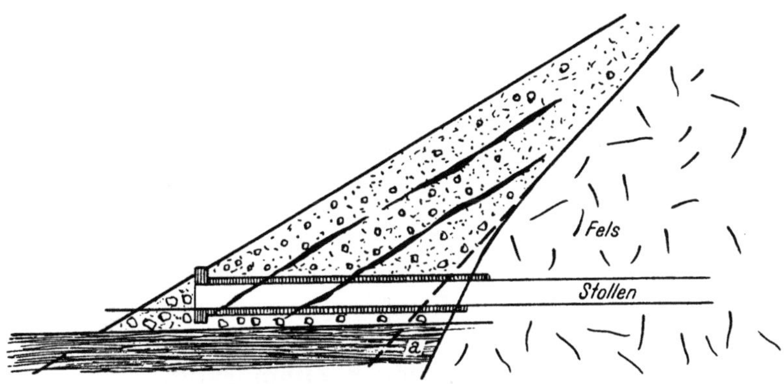

Abb. 122. Schuttvorlagen erschweren das Anstecken eines Hohlganges. a undurchlässige Unterlage; gestrichelt: Verlängerung der Felsoberfläche nach unten bis zur Stollensohle.

die Mittelschwelle noch durch ein Sattelholz (Sattelschwelle); Schub von der Brust her begegnet man durch Einziehen von ein bis zwei Brustschwellen, deren Ausbiegen man erforderlichenfalls mit Schrägstreben (Bruststreben) verhindert.

Nachteile der Längsträger-Zimmerung: das Einbringen der Verschalung erfordert den Ausbruch eines Mehrraumes zum „Schnappen der Pfähle"; er kann im ungünstigen Gebirge nicht immer ohne Auflockerung des Gesteines entsprechend versetzt werden. Das Schnappen der Pfähle läßt sich nur schwer vermeiden. Weiters setzt sich die Zimmerung in großen Querschnitten zum Teile aus wichtigen, unhandlichen Bestandteilen zusammen. Außerdem muß man die Tunnelröhre auf Ringlänge gleichzeitig vollständig aufschließen; man beschränkt daher die Längsträgerzimmerung auf festes bis gebräches, aber nur mäßig druckhaftes Gebirge.

V o r t e i l e   d e r   J o c h z i m m e r u n g: Man kann sich durch entsprechende Bemessung der Kronbalkendicke, durch Wahl einer zweckmäßigen Ringlänge und engere Stellung der Jochträger dem Bergdrucke bis zu gewissem Grade anpassen. Der Längsverband wirkt vor-

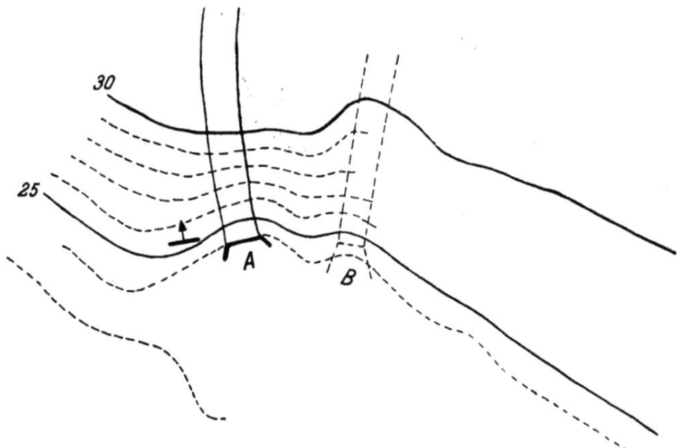

Abb. 123. Der Stollen *A* meidet die Hangmulde bei *B*; sein Ansteckpunkt sucht die festere Rippe (links) auf. Bisamberg bei Wien.

züglich. Die Rüstung läßt sich auch noch nachträglich nach Bedarf verstärken. Außerdem bietet die Längsträgerzimmerung in der Regel den Bauarbeiten mehr freien Raum.

2. Die Querträger-Zimmerung.

Die Querträger-Zimmerung (Sparrenzimmerung, Abb. 137), im Stollen die Regel, übernimmt zuweilen auch der Tunnelbau. Die Traghölzer bilden, quer zur Tunnelachse angeordnet, Drei- bis Vielecke (je nach Lichtweite und Form des Querschnittes). Die Pfähle liegen in der Richtung der Hohlraum-Längsachse. Man kann daher Getriebezimmerung anwenden. In stark nachbrüchigem oder sehr druckhaftem Gebirge greift man aus diesem Grunde gerne zur Querträgerzimmerung.

Andererseits führt man in Amerika (amerikanische Zimmerung) und zuweilen auch bei uns die Sparrenzimmerung auch in Gesteinen aus, welche keines Verzuges bedürfen oder nur eine leichte Sicherung der Firste gegen Ablösungen von Platten oder Schalen nötig haben. Man stellt dann die

Sparren-Rahmen in Entfernungen von $^3/_4$—1½ m von Mitte zu Mitte gemessen auf und verspannt sie gegeneinander mittels Riegeln.

Es setzt jedoch die mögliche Pfahllänge schließlich dem Einbau der Sparrenzimmerung eine Grenze, so daß man im allgemeinen im festen Gebirge die Längsträger-Zimmerung vorzieht. Als Regel mit Ausnahmen ergibt sich daher der Rat: Man wende unter dem Zwange der Gesteinverhältnisse im standfesteren Gebirge Längsträgerzimmerung und in getriebezimmerungsbedürftigen Bergarten, wie z. B. im schwimmenden, rolligen und sehr gebrächen Gebirge die Querträgerrüstung an (falls man hier nicht eine neuzeitlichere Vorgangsweise vorzieht!); unter mittleren Verhältnissen, also im Gebirge milder Beschaffenheit,

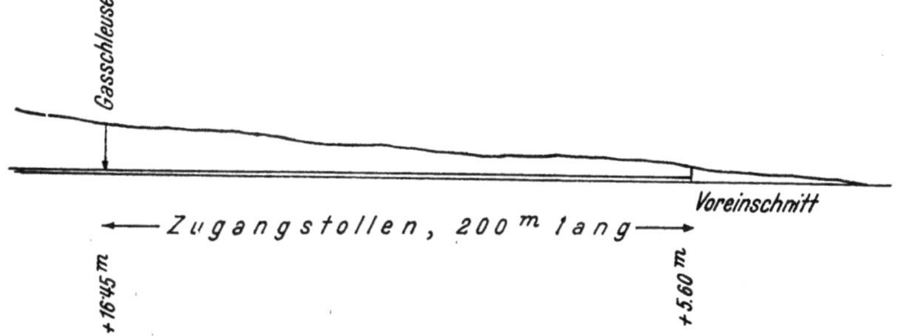

Abb. 124. Allzulanger Zugangstollen auf der sanften Abbaufläche. Gmünd. N.-Ö.

dürften Erfahrung, Geschmack und untergeordnete Einflüsse zwischen Längs- und Querträgerzimmerung entscheiden.

Gegen Längsschub bietet die reine Querträgerzimmerung wenig Sicherheit; ebenso auch nicht gegen stärkeren Firstdruck. Wo man mit einer stärkeren Beanspruchung der Firste zu rechnen hat, vermeidet man die Sparrenzimmerung oder unterstützt die Vielecke durch Schubstreben, Unterzüge, Langständer, Mittelschwellen mit Stempeln u. dgl.; auch sorgt man für einen ausreichenden Längsverband (Sprengbolzen, Schubstreben, Langhölzer, welche mehrere Gespärre verbinden usw.). Die Auswechslung der Querträgerzimmerung während des Baues ist schwierig.

II. Der vorübergehende Einbau in Eisen, Beton usw.

Eisen verwendet der neuzeitliche Ingenieur in steigendem Maße für die Rüstung, namentlich im Querträgerbau. Auch Beton (v. R a b c e w i c z) und Eisenbeton zieht man in neuerer Zeit zur vorübergehenden Stützung der Leibung heran.

Vorteile des Eisenausbaues: größere Tragfähigkeit bei kleinerer Rauminanspruchnahme, längere Dauer, schneller und leichter Einbau

bei zweckmäßiger Ausbildung, häufig auch Möglichkeit der Wieder-
verwendung und Ersparnis an Beton, weil man das Eisen als Bewehrung des Einbaues verwenden kann.

Nachteile des eisernen Baustoffes: geringes Anpassungsvermögen
an rasch wechselnde Gestein-, Druck- und Vortriebverhältnisse, verwickeltere Verbindungen, meist höherer Preis, Empfindlichkeit gegen

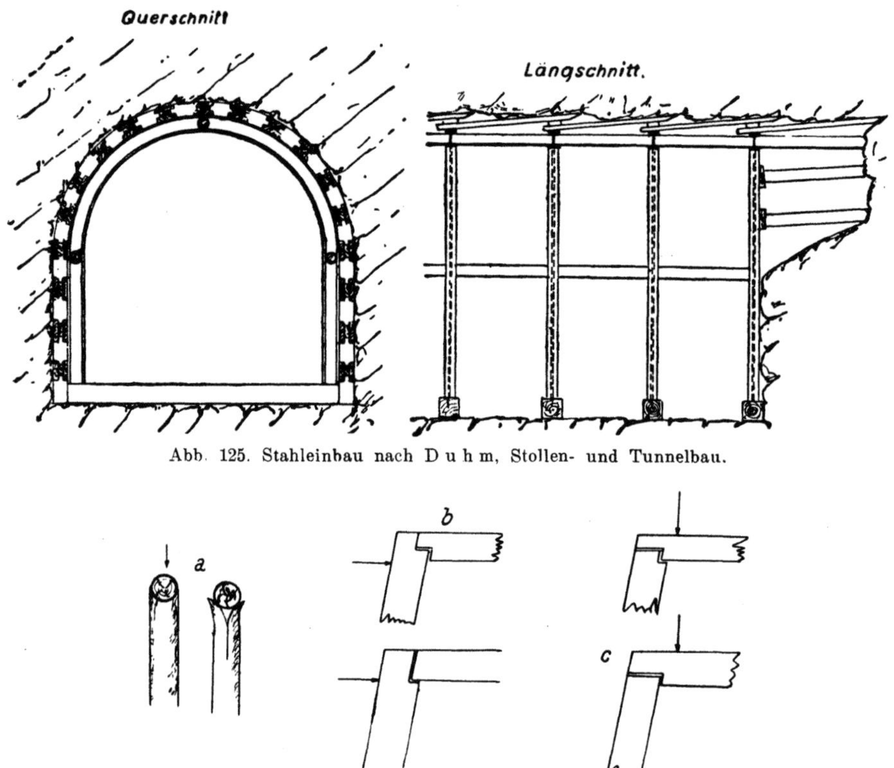

Abb. 125. Stahleinbau nach D u h m, Stollen- und Tunnelbau.

Abb. 126. *a* polnischer Türstock; *b* und *c* deutscher Türstock.

Wasser (namentlich Mineralwässer und saure Wässer jeder Art);
nachträgliche Änderungen, wie z. B. Verstärkungen, bereiten mehr
Schwierigkeiten; die ersten Äußerungen kräftigen Gebirgsdruckes entziehen sich der Wahrnehmung und der Ingenieur sieht sich unvermittelt starkem Drucke gegenüber; hat der Gebirgsdruck die eisernen
Einbauten verbogen, dann lassen sich die Verbindungen schwer lösen.

Die an R z i h a anknüpfende, eiserne (stählerne) Ausbauweise
(Abb. 131) hat neulich W i e d e m a n n richtlinienartig beschrieben.
Sie arbeitet mit „Ringen". Jeder Ring besteht aus der „Sohlschwelle"

und aus dem „Bogen“; die Sohlschwelle stellt man wohl immer aus
Holz her, den Bogen aus Formstahl; zuweilen zimmert man, namentlich bei kleineren Querschnitten und in vorübergehend standfestem
Gebirge den Bogen auch aus Holz oder stampft ihn stückweise in
Eisenbeton. Dem tragenden Bogen teilt man einen zweiten zu, welcher
die Schalung aufzunehmen hat (Ausbruchbogen und Lehrbogen).

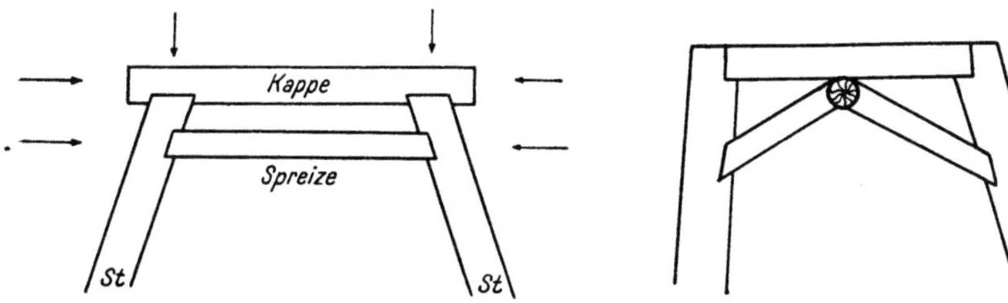

Abb. 127. Schar-Türstock mit Kopfspreize gegen
Seitendruck.

Abb. 128. Türstock mit eingesetztem Spitzbau.

Die Bogen tragen über kleinen Lichtweiten frei, über größeren
stützt man sie durch Stempel. Bei kleinen Querschnitten stößt man
zwei Halbbogen im Scheitel, bei größeren setzt man sie aus drei oder
mehreren handlichen, leicht zu befördernden und einzubauenden
Einzelteilen zusammen.

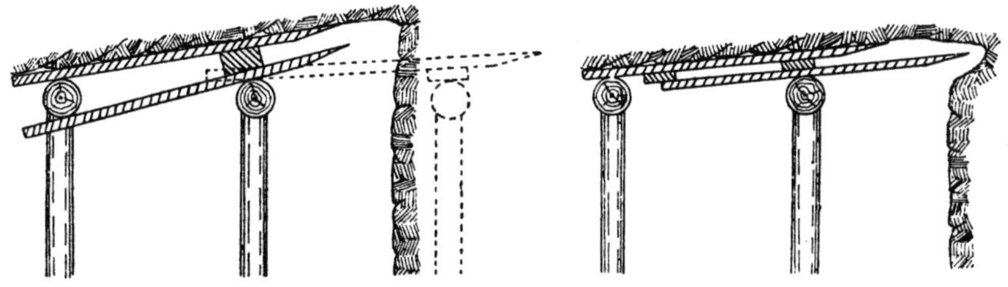

Abb. 129. Einfache Pfändung.

In Amerika verwendet man als Stahlrüstung handelsüblich bemessene Wandplatten (wall plates), welche man gegen Verdrehen entsprechend sichert oder einfache H-Träger. Als Verzug dienen je nach
dem Bergdrucke Bretter, U-Eisen oder Stahlbleche (steel liner plates;
Abb. 187, vgl. auch S. 338).

Für die Auskleidung verwendet Amerika heute fast nur mehr
B e t o n. S p r i t z b e t o n bringt keine Tragwirkung oder Verstärkung
der Leibung, sondern gewährt bloß Schutz gegen die Einwirkung der
Stollenluft und beugt der Auflockerung vor. Die Stärke des Einbaues
bemißt man meist mit 17 cm und darüber im Fels, wobei man für

jeden Meter Lichtweite 8½ cm Stärke anordnet, und mindestens 20 cm im nachgiebigen Gestein.

Die Art des Vortriebes mit den Rüstungsplatten geben der Anhang O und die Abb. 182, 190 und 191 wieder.

An dieser Stelle sei auch die Bauweise der U n i v e r s a l e A. G. in Wien, I.. Renngasse 6, für kleine Querschnitte erwähnt, welche D r. I n g. Z i e r i t z ersonnen hat. Sie verwendet zwei Fertigteile aus bewehrtem Beton, welche eingebaut einen Spitzbogen liefern; die beiden Bogenhälften besitzen einen verdickten Fuß, welcher die Sohlschwelle überall dort ersetzt, wo die Sohle halbwegs tragfähig ist. Die Bauweise hat sich in dicht gelagerten Schottern, in Tegeln usw. bisher sehr gut bewährt und gibt z. B. in Luftschutzstollen auch den endgültigen Einbau ab. In kurzfristig standfesten Gesteinen hilft· sie sehr Holz sparen.

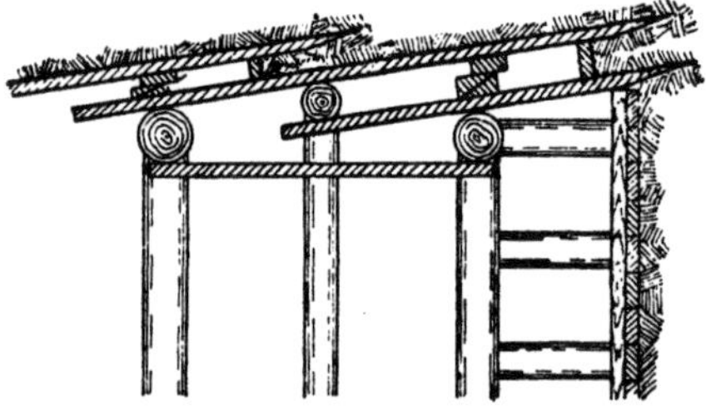

Abb. 130. Regelrechte Getriebezimmerung.

Die neuere Eisenbauweise besitzt einige, wesentliche Vorteile. Sie verbraucht wenig Rundholz und mäßig viel Schnittholz, ein Umstand, welcher in Zeiten der Holzverknappung den Ausschlag geben kann; dadurch wird auch eine Anzahl von Fachkräften (Pölzmineuren z. B.) entbehrlich, welche oft schwer zu beschaffen sind. Zweitens lassen sich die Stahlringe bei der Einbringung des endgültigen Einbaues wieder ausbauen und weiter verwenden; die Anschaffungskosten verteilen sich bei kleinem Verschleiß auf große Stollenlängen. Drittens behandelt die Bauweise kleine und große Querschnitte in der gleichen, einfachen Weise, die sich immer wiederholt und auch von Hilfsarbeitern unschwer rasch erlernt werden kann. Der Bau des Ringes bleibt viertens auch bei Änderungen im technischen Verhalten des Gebirges grundsätzlich gleich. Endlich zwingt die neuere Eisenbauweise dazu, den endgültigen Einbau dem Vortriebe tunlichst rasch nachzuführen; man weckt dadurch den Gebirgsdruck nur in geringem Maße, beugt einem Fortschreiten der Auflockerung des Gesteins vor, vermindert das sonst zusätzlich sich ergebende Mehr an Ausbruch und Beton und sichert die Arbeiter und das Bauwerk in bestmöglicher Weise. Es gibt mehrere Arten der neuzeitlichen Einrüstung.

Die K u n z sche Rüstung (Abb. 132) biegt die (inneren) Lehrbogen aus Doppel-U-Stahl; sie tragen die Schalung und außerdem noch „Reiter“; letztere übertragen den Wirkdruck und stützen die leibungwärts angebrachten Ausbruchbogen ab, welche man schwächer halten und aus U-Stahl, Eisenbahnschienen oder Pokalstahl anfertigen kann. Die Ringschwellenabstände betragen in der Regel 1.2 m. Längssprieße

verbinden die eisernen Lehrbogen untereinander. Die Ausbruchbogen
tragen die Bergmannpfähle auf Keilen; man treibt sie im rolligen, bin-
digen und überhaupt im nachbrüchigen Gebirge unter Abgraben der
Brust auf Ringlänge vor, worauf man eine neue Ringschwelle setzt.
Zwischeneinbau eines „Esels" verhindert das Auswärtsdrücken der
Pfähle. Die Brust mit den wagrechten Brustbrettern stützt man auf
den Ring ab; die Verschalung der Brust hängt übrigens ganz von der
Beschaffenheit des Gebirges ab, ebenso jene der Ulmen.

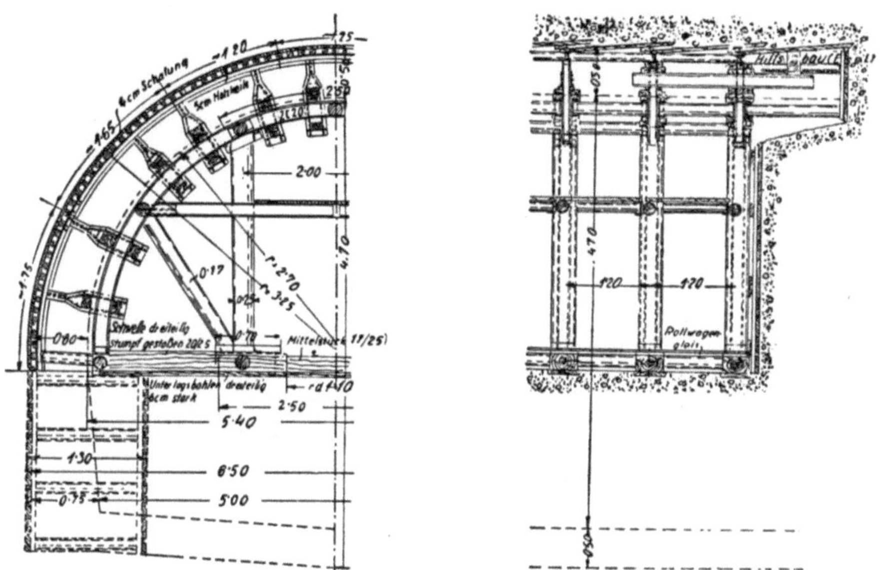

Abb. 131. Querträgerbauweise nach K u n z. Aus D u h m, Stollen- und Tunnelbau.

Die K ö l n e r Rüstung ersetzt die hölzernen Bergmannpfähle
durch stählerne („Stollenbleche", Abb. 134); man rammt sie mittels
eines Preßlufthammers Mann an Mann wagrecht in die Ortsbrust,
welche man unter ihrem Schutze abbaut. Das Gebirge stützt man auf
die Ausbruchbogen ab und stellt die Lehrbogen für die Gewölbe-
mauerung später auf. Ausbruchbogen und Verpfählung werden einbetoniert und gehen verloren. Dadurch schließt man Firstsenkungen
und überhaupt Gebirgsbewegungen so gut wie restlos aus, was in
schlechtem Gestein ein bedeutender Vorteil ist; so besonders beim
Unterfahren von Gebäuden, Verkehrswegen, Gewässern usw. In Zeiten
von Eisenmangel wird man allerdings den Verlust eines erheblichen,
schwer ersetzbaren Teiles der Rüstung schmerzlich empfinden.
T-Träger, Eisenbahnschienen oder Pokalstahl liefern den Baustoff für

die Ausbruchbogen; die Lehrbogen verfertigt man aus Stahl oder aus Holz und baut sie wieder aus.

Die **Julius Berger A. G.** verwendet für die Ausbruchbogen, welche den Gebirgsdruck übernehmen, ebenfalls Pokalstahl, Eisenbahnschienen oder T-Träger. Bergmannpfähle von doppelter Länge

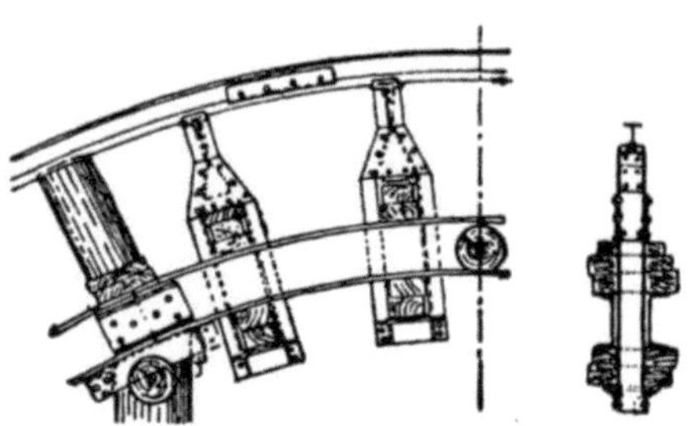

Abb. 132. Einzelheiten der K u n z'schen Reiter.
Aus D u h m, Stollen- und Tunnelbau.

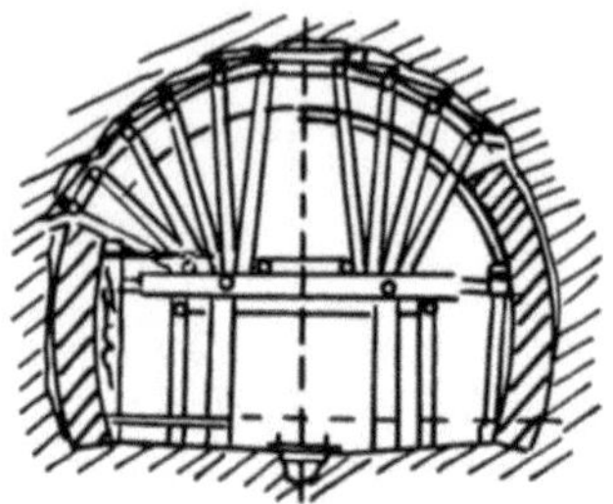

Abb. 133. Längsträger und Mittelschwellenzimmerung der älteren österreichischen Bauweise.

(1.2—2.4 m) erleichtern das Ausbauen der Ausbruchbogen und schaffen breitere Betonierungsringe; sie erfordern jedoch eine entsprechend stärkere Pfändung, verursachen also einen Mehrausbruch. Wie bei der Kölner Bauweise bringt man die Lehrbogen nachträglich an.

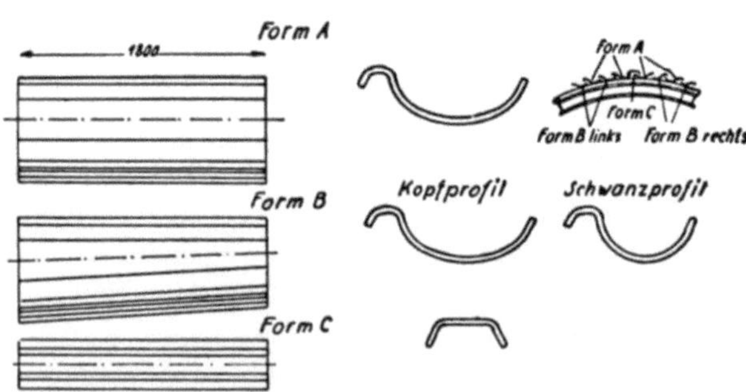

Abb. 134. Bergmannspfähle der Kölner Bauweise. Aus D u h m, Stollen- und Tunnelbau.

Der Messervortrieb nach S c h ä f e r (Abb. 135), drückt mittels Hebeln, Winden und Brechstangen stählerne Vortriebmesser von etwa 210 cm Länge in die Arbeitsbrust; die von ihnen gebildete Verpfählung wandert mit dem Freimachen der Brust weiter.

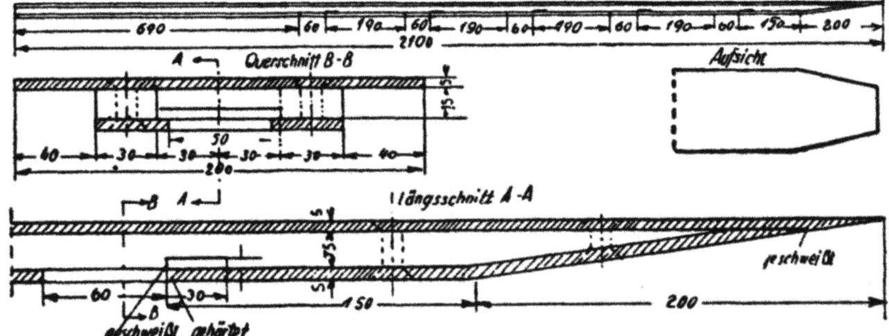

Abb. 135. S c h ä f e r's Vortriebmesser. Aus D u h m, Stollen- und Tunnelbau.

III. Vortriebsweisen.

Man kann die gewünschten Hohlräume sofort mit dem geplanten Endquerschnitte ausbrechen oder sie abschnittweise aushöhlen; dann folgt der Aufschließung und Entspannung des Gebirges durch ein oder mehreren Stollen die Ausweitung oder der Vollausbruch nach. Beide Vorgangsweisen — Bauweisen genannt — haben Vorzüge und Nachteile; diese wertet man gegendweise verschieden; Mitteleuropa zieht meistens den Richtstollenbetrieb vor, während Amerika in der Regel gleich auf volle Hohlraumweite ausbricht.

Im allgemeinen vermindert die sofortige Herstellung des Endquerschnittes die Bauzeit und die Baukosten; sie setzt das Gebirge auch nur einmal den Erschütterungen aus, welche die Aussprengungsarbeiten verursachen; gesteinschonend, bzw. der Auflockerung vorbeugend wirkt sich auch die zumeist rasch erfolgende Einziehung des endgültigen Einbaues aus. Vorteile des Richtstollenvortriebes sind dagegen: Weitgehende Entspannung des Gebirges; bessere Möglichkeiten, das Gebirge bei der Ausweitung zu schonen; Gewinn eines Einblickes in die technischen Eigenschaften der

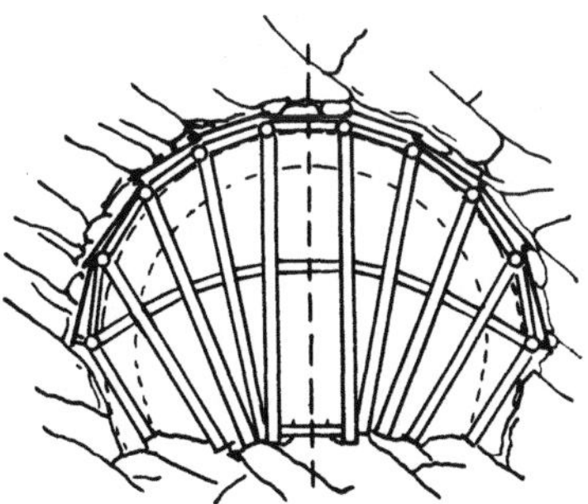

Abb. 136. Langständerzimmerung.

zu durchörternden Gesteine, ihre Lagerung usw., ferners in die Wasserverhältnisse des Gebietes; Vorentwässerung des Gebirges (wichtig namentlich bei großem Wasserzudrange); zu diesen baugeologischen Vorzügen des Richtstollenbetriebes gesellen sich noch gewisse, mehr oder minder in die Wagschale fallende, bautechnische Annehmlichkeiten.

Die Aufschließung des Gebirges geht zumeist von F i r s t - s t o l l e n oder von S o h l stollen aus. Vorzüge des F i r s t s t o l l e n - b e t r i e b e s: verhältnismäßig einfacher Arbeitsvorgang, geringer

Holzbedarf. Nachteile: Mehrmalige Umlegung der Verkehrs- und Betriebsanlagen, Schwierigkeiten der Entwässerung.

Vorteile des Sohlstollenbetriebes: dauernd gute, endgültige Entwässerung; Fördergleis liegt während der ganzen Bauzeit fest; Sturz der Ausbruchmassen von oben her in die Förderwagen; Leitungen bleiben mehr oder minder an Ort und Stelle (Kraft-, Licht-, Wetter-, Fernsprech-Leitungen usw.); Möglichkeit der Vermehrung der Angriffstellen und damit Abkürzung der Bauzeit; Möglichkeit früheren Einziehens der endgültigen Ausmauerung. Nachteile: Notwendigkeit, in den meisten Fällen außerdem einen Firststollen aufzufahren (häufig mit einer Verteuerung der Arbeit verbunden); die Aufbrüche sind schwer zu bewettern.

Die Vorzüge des Sohlstollenbetriebes überwiegen in der Regel so sehr, daß man den Firststollenbetrieb hauptsächlich nur mehr in kürzeren Tunneln und im trockenen Gebirge anordnet.

Bau- und Betriebsweisen.

Die dankenswerte klarere Fassung der Begriffe durch A n d r e a e nennt „B a u w e i s e n" die Anordnung und Reihenfolge der einzelnen Ausbruch- und Einbauarbeiten im Q u e r s c h n i t t, B e t r i e b w e i s e aber die Arbeits-Einteilung im L ä n g e n s c h n i t t e des Tunnels. Aus verschiedenen Gründen muß ich in diesem Buche leider auf eine scharfe Trennung von Bau- und Betriebweise verzichten.

Der Vollausbruch und Hand in Hand damit die Ausführung des Tunnelmauerwerkes lassen sich auf verschiedene Weise bewirken; man kann die Vorgangsweisen in fünf Gruppen gliedern:

1. Das K e r n b a u v e r f a h r e n (Deutsche Bauweise) bricht zuerst das Gebirge längs der Leibung des Hohlraumes aus und läßt einen Kern stehen (Abb. 138); diesen beseitigt man erst nach Vollendung des Mauerwerkes.

2. Die U n t e r f a n g u n g s b a u w e i s e stellt zuerst das Gewölbe her; unter seinem Schutze macht man die Ulmen stückweise frei (Abb. 142) und mauert die Widerlager auf; so „unterfängt" man die Wölbung (Kalotte).

3. Die R i n g b a u w e i s e schließt den Hohlraum in Scheiben von geringer Dicke vollständig auf und mauert dann Widerlager und Gewölbe auf (Abb. 133); seltener wird der Vollausbruch fortlaufend und zwar meist stufenförmig der Mauerung vorausgeführt.

4. Die F i r s t s c h l i t z b a u w e i s e schlitzt den Querschnitt vom Sohlstollen bis zur Firste auf und erspart so den Firststollen (Abb. 150).

5. **Besondere Vortriebweisen.** Hierher gehören die Verfahren, welche mit chemischer Verfestigung des Gebirges, mit der Erzeugung eines Frostmantels um die Stollenröhre oder mit einem Schilde bzw. mit Druckluft arbeiten.

1. Die Kernbauweise.

Der Gebirgskern stützt die Zimmerung und mit ihr das junge Mauerwerk (Abb. 139, 140; Rovetunnel, erster Ausbau); damit der Kern diesen Zweck erfüllen kann, muß sein Baustoff entsprechend druckfest und seine Breite genügend groß sein. Diese Forderung beschränkt die Kernbauweise auf Hohlräume von großer Lichtweite und auf standfeste Gebirgsarten. Im Druckgebirge wendet man sie nur

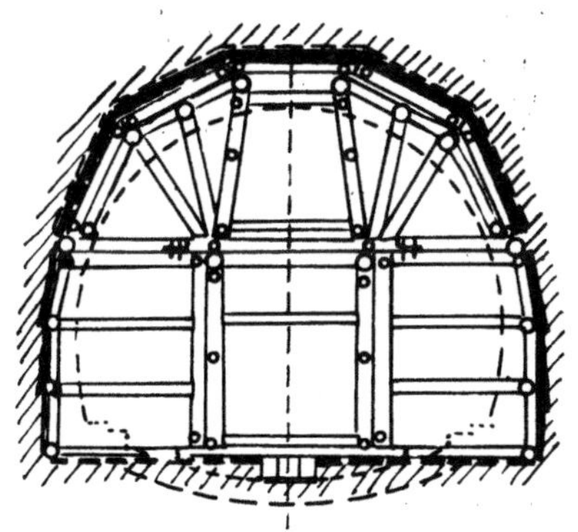

Abb. 137. Querträger-(Sparren-) Zimmerung.

Abb. 138. Kernbauweise.

ausnahmsweise an; kleinere Querschnitte verbieten die Deutsche Bauweise auch aus dem Grunde, weil neben dem Kern in den zwei Sohlstollen oder seitlichen Schlitzen zu wenig Raum für die notwendigen, eine gewisse Bewegungsfreiheit erfordernden Arbeiten verbleibt. Bei sehr großen Hohlräumen und befriedigend standfestem Gebirge beginnt man häufig mit einem sog. Kernstollen, sonst mit zwei Sohlstollen (Abb. 139, 5, 5; Notstollen); die Sohlstollen verband man beim Vortrieb des Königsdorfer Tunnels durch Querschläge, welche in dem durchörterten Druckgebirge (örtlich Schwimmsand!) einzelne Gurte des Sohlgewölbes aufnehmen und bereits in einem früheren Bauabschnitte die Widerlager gegeneinander abstützen konnten. Dringt in der Sohle sehr viel Wasser zu, dann läßt man der Auffahrung der beiden Sohlstollen 5 den Vortrieb eines entwässernden Mauslochstollens (A) vorangehen.

Die Kernbauweise verlangt wenig Holz für die Zimmerung, was wohl als wesentlicher Vorteil empfunden wird. Sehr ungünstig würde ein Nachgeben des Kernes wirken, wie es im gebrächen Gebirge leicht eintreten kann; es hätte Firstsetzungen zur Folge und würde zur Auflockerung des Berges führen.

Als Nachteil der Kernbauweise empfindet man auch das späte Einziehen des Sohlgewölbes; darauf könnte man allerdings erwidern, daß man in einem Gebirge, welches ein Gegengewölbe erfordert, besser auf die Kernbauweise überhaupt verzichtet.

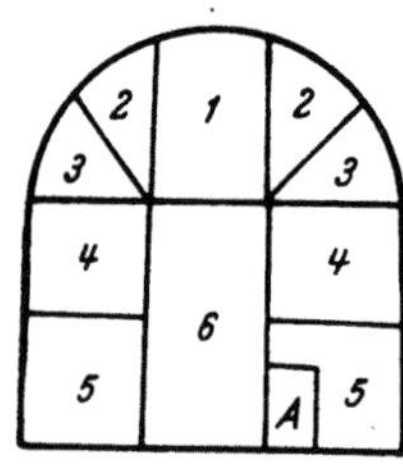

Abb. 139. Abänderung der Kernbauweise, wenn in der Sohle Wasser zudringt; der Mauslochstollen A wirkt entwässernd.

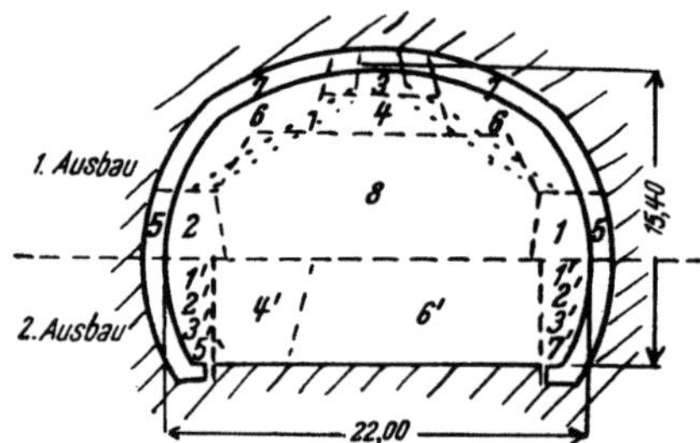

Abb. 140. Kernbauweise im Rove-Tunnel.

2. Die Unterfangungsbauweise.

Man nennt die Unterfangungsbauweise (Abb. 141) meist auch belgische, seltener französische Bauweise. Kennzeichnend für sie ist die Aufschließung des oberen Teiles des Hohlraumquerschnittes bis zur Kämpferhöhe, worauf man das Gewölbe fertig mauert (Abb. 142); auf diese Weise sichert man also zunächst den First und legt nachher erst die Ulmen für die Aufmauerung der Widerlager frei. Die Unterfangung des Firstgewölbes kann man auf verschiedene Weise bewirken:

a) S c h a c h t m ä ß i g (Abb. 146). Unter den Stoßfugen der Betonierungsringe des Firstgewölbes teuft man 2—3 m breite Schächte ab und mauert Pfeiler auf; die Schächte versetzt man an den Stößen gegeneinander. Nach Fertigstellung der Widerlagerpfeiler schachtet man im sehr gebrächen und rolligen Gebirge die Zwischenberge zwischen den Pfeilern ebenfalls aus und schließt das Widerlagermauerwerk; zuletzt räumt man auch den Kern aus. In einem Gebirge, welches vorübergehend sich trägt, wie z. B. in guten Mergeln, festen Tonen, in gutartigen Lehmen usw. fördert es die Arbeit wesentlich, daß man hier den Kern samt den Zwischenstücken zwischen den Pfeilern auf einmal herausnehmen und dann die Lücken im Widerlagermauerwerk schließen kann.

Die schachtmäßige Lösung ist in wasserreichem Gebirge nicht am Flatze.

2. S c h l i t z m ä ß i g. Man hebt in der Mitte des Querschnittes einen Längsschlitz aus und schlitzt dann die Widerlager seitlich ein; die Widerlagerschlitze werden planmäßig der Gebirgsbeschaffenheit angepaßt und an den beiden Stößen gegeneinander versetzt (Abb. 147).

Das Verfahren eignet sich im allgemeinen für festere, mäßig bis mittel standfeste Gesteine.

3. N a c h t r i e b s m ä ß i g (fortlaufend). Man räumt die Ulmen fortlaufend aus und unterfängt dabei das Firstgewölbe mittels hölzerner Stempel; den Widerlagerbeton führt man in höchstens 3—4 m Entfernung dem Ausbruche nach (Abb. 148).

Das fortlaufende Unterfangen gestattet ein rasches Einziehen des Sohlgewölbes, wo ein solches erforderlich ist und ermöglicht eine leichte Entwässerung der Baustrecke. Vortrieb und Nachtrieb stehen nicht

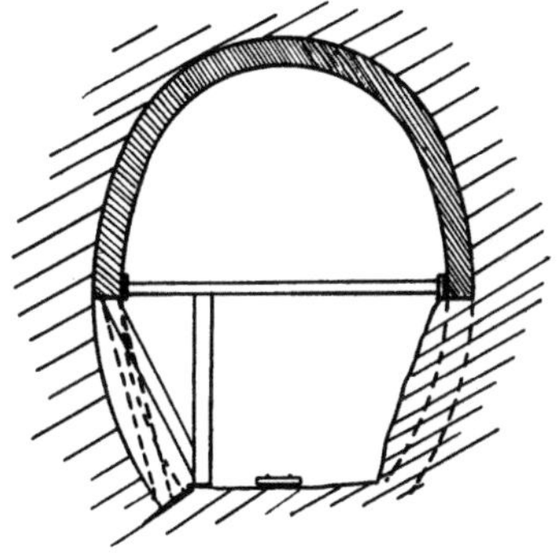

Abb. 141. Unterfangungsbauweise.

weit voneinander ab (30—60 m etwa), so daß man die gesamte Ausmauerung des Querschnittes in wenigen Wochen nach dem Anstiche des Berges fertigstellen kann; die Kürze dieser Zwischenzeit begrüßt man namentlich dort, wo die Sohle unruhig zu werden droht, wie z. B. in quellendem oder sonstwie drückendem Gebirge; ferners in Gesteinen, welche bei Durchfeuchtung erweichen, die Stempel trotz aller Gegenmaßnahmen einsinken lassen und das Mauerwerk durch Setzungen bedrohen.

Zusätze zur Unterfangungsbauweise.

In hohen Querschnitten würden die Unterfangungsbaugruben mehr als 3 m tief werden; da man aus begreiflichen Gründen darüber nicht hinausgehen will, muß man in solchen Fällen die Unterfangung in zwei oder mehreren Stufen vornehmen.

Den Richtstollen legt man nur noch im trockenen Gebirge und bei kurzen Tunneln in die Firste; ansonsten geht man zweckmäßiger von einem Sohlstollen aus; dieser schwächt allerdings die Widerständigkeit des Gebirges, ein Umstand, welcher in kleineren Querschnitten oder im minder festem Gestein eine gewisse Bedeutung beanspruchen kann.

Die Abstützung des Gebirges beschränkt sich im festen Gestein auf die Abspreizung einzelner Schwächestellen der Leibung. Für minder festes und für gebräches Gestein empfiehlt man die Längsträger-Zimmerung sehr; man ordnet die Joche je nach dem abzuwehrenden Bergdrucke in 0.8—2.0 m Entfernung längs der Leibung des Gewölbes an und spreizt sie durch speichig gestellte Stempel gegen die Sohle des Bogenortes entweder unmittelbar oder unter Zwischenschaltung von Sohlschwellen ab. Sehr nachbrüchiges oder rolliges Gebirge, welches Getriebezimmerung erheischt, zwingt aber zur Querträgerzimmerung.

Beurteilung der Unterfangungsbauweise.

Für die Unterfangungsbauweise spricht die schnelle Sicherung der Firste durch das Gewölbe; unter seinem Schutze kann man alle

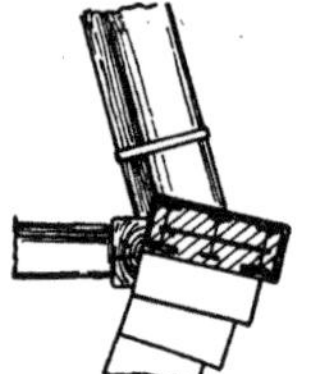
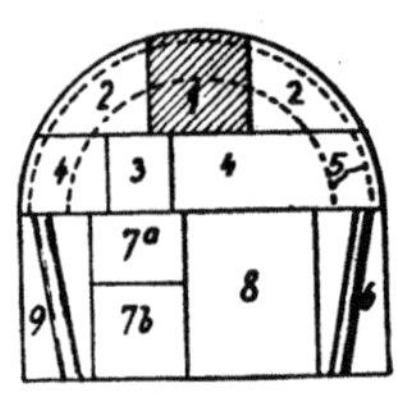
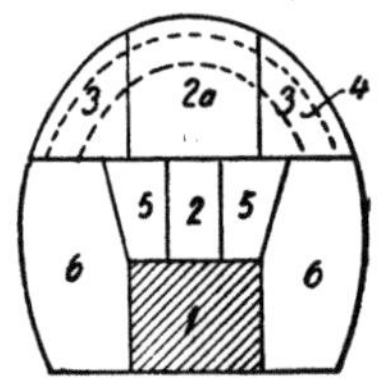

Abb. 142. Unterfangungsbauweise. Aus D u h m, Stollen- und Tunnelbau.

weiteren Ausbrucharbeiten und Einbauten leichter ausführen. Das Gebirge steht ferner nur kurze Zeit auf der Rüstung; man beugt so nicht bloß einer weitgehenden Auflockerung des Gebirges vor, sondern darf auch die Pölzung einfacher halten. Die Ausbrucharbeiten stören sich gegenseitig nicht; dies beschleunigt den Arbeitsfortschritt.

Diesen Vorteilen stehen allerdings auch Nachteile gegenüber,

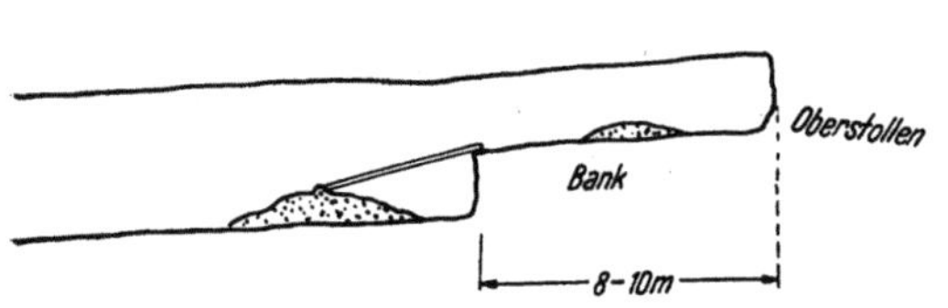

Abb. 143. Vortrieb mit Bank.

welche je nach der Beschaffenheit des Gebirges mehr oder minder schwer wiegen; ihre teilweise Vermeidung hängt von der Sorgfalt und Sachgemäßheit der Bauausführung ab. Die Unterfangungsarbeiten gestalten sich an und für sich schwer. Im druckhaften Gebirge kommt hierzu noch eine starke Belastung der Kämpfer; diese können, weil das Sohlgewölbe zuletzt eingezogen wird, leicht nachgeben und dadurch das Gewölbe beschädigen; zumindest entstehen durch Bewegungen der Widerlager nach innen und Senkungen des Gewölbes Risse im Mauerwerk (Abb. 144); in derem Gefolge werden einige Zeit nach Bauvollendung zuweilen umfangreiche Ausbesserungsarbeiten not-

wendig. Man ist auch nicht immer imstande, das Widerlager in einer
jedes Nachgeben des Gewölbes ausschließenden Weise vollkommen
satt an das Gewölbemauerwerk anzuschließen. Im festen Gestein fallen
zwar diese Übelstände weg, doch läuft hier wieder das bereits fertige
Mauerwerk Gefahr, daß es die Sprengungen bei der Unterfangung
beschädigen.

Zusammenfassend darf man vielleicht sagen, daß die belgische
Bauweise unter folgenden Verhältnissen am Platze ist: Im trockenen
Gebirge, in kurzen und mittleren Tunneln, bei mäßigen Lichtweiten des Querschnittes, im milden, im gebrächen und im standfesten, aber nicht zu harten Gebirge; für stark drückendes, rolliges und schwimmendes Gebirge eignet sie sich umso weniger, je größer die Lichtweite des Tunnels ist; auch stärkerer Wasserzudrang rät von der

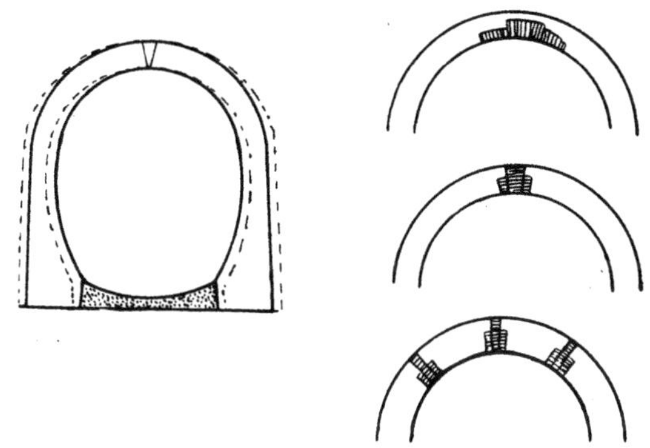

Abb. 144. Firstrisse bilden sich durch Nachgeben der
Widerlager. Rechts: Behebung von Gewölbeschäden.

Unterfangungsbauweise ab. Dann und wann hat man auch in wasserdurchtränkten Druckstrecken und im schwimmenden Gebirge zur bel-
gischen Bauweise gegriffen; doch handelt es sich um Ausnahme-
fälle, in welchen man sich für die restlichen Arbeiten in erster Linie
einen Schutz durch das Gewölbe sichern wollte (Albula-Tunnel). Die
belgische Bauweise gewinnt in aller Regel durch Verknüpfung ihrer
Urform mit verschiedenen anderen Bauweisen; man vergleiche diesbezüglich den Vorgang beim Baue des Rove-Tunnels (Abb. 140).

3. Ringbetriebweise.

Die Ringbauweise neuzeitlicher Art — richtiger Ringbetriebweise genannt — knüpft in vieler Hinsicht an die neuere österreichische Bauweise an. Sie bricht aber den ganzen Hohlraumquerschnitt
auf einmal in Scheiben von rund 1.2 m Dicke aus. Dieser Verzicht
auf einen Richtstollen fördert in kurzen Stollen die Fertigstellung des
Hohlganges und beugt der Auflockerung des Gebirges weitgehend vor.
In Abständen von etwa 1.2 m stützt man den Berg mit „Ringen" und
stellt den Einbau von den Widerlagern aus beginnend her. Die reine
Ringbauweise überschreitet Querschnitte von 3½ m niemals erheblich.
Höhere Hohlräume kann man in dieser Bauart nur dann vortreiben,

wenn man den Querschnitt unterteilt; es ergeben sich aber dadurch
Übergänge zur Unterfangungs- oder zur Kernbauweise.

In der reinen Ringbetriebweise ersetzen die Ringe gewissermaßen die
Türstöcke des alten Stollenbaues. Man kann sie deshalb in sehr verschiedenen
Gesteinen anwenden und leicht an wechselnde Gebirgsverhältnisse anpassen.
Die Ringbetriebweise wird erst im standfesten Fels überflüssig; andererseits
freilich versagt sie dann, wenn Vortriebart oder Gesteinbeschaffenheit die
Ortsbrust nicht mehr mit einem gewöhnlichen Holzverzug zu halten vermögen, also z. B. im treibenden und im schwimmenden Gebirge, soferne man
es nicht mit Preßluft, durch Einpressungen oder durch ein Gefrierverfahren
gewältigt. Der Grad der Standfestigkeit des Gesteins entscheidet darüber, ob
man gleich nach jedem Abschlage einen neuen Ring setzt oder zwei bis mehrere Ringe gleichzeitig in eine dementsprechend längere Vortriebstrecke einfügt. Die Gewölbeherstellung (Beton, Mauerung) folgt dem Ausbruche auf
12—15 m Länge nach (tiefe, stark geladene Bohrlöcher vermeiden, Einzel-
zündung!).

Abb. 145. Österreichische Bauweise. Aus D u h m, Stollen- und Tunnelbau.

V o r t e i l e der Ringbetriebweise sind u. a.: Vollausbruch nur
auf kurze Strecken, daher geringe Beunruhigung des Gebirges, das
nicht lange auf der Pölzung ruht, sondern bald endgültig gestützt
wird; leichte Sicherung gegen Längsverschiebungen; geringerer Mehrausbruch durch raschen Schutz des Hohlraumes gegen Nachbrüche
und Auflockerung.

Vorteile der neuen Ringbetriebweisen, welche der österreichischen
Betriebweise ganz oder größtenteils fehlen, sind: beträchtliche Ein-
sparung von Rundholz; geringer Verschleiß der Stahlringe, welche
man immer wieder verwenden kann (Ausnahme: K ö l n e r Bauweise);
normt man die Lichtraumquerschnitte für Wasserstollen, Luftschutzstollen, Fertighallen, Straßentunnel, ein- und zweigleisige Eisenbahntunnel, Befestigungstollen usw., dann kann man die Stahlrüstung von
einer Baustelle zur anderen unschwer übertragen; die Arbeitsvorgänge
sind einfach, lassen sich leicht überblicken und auch gewöhnlichen
Handlangern in kurzer Zeit anlernen; wechselnden Gesteinverhältnissen (Gebirgsdruck) kann man sich leicht durch Steigerung der
Gewölbestärke anpassen; die Ringbetriebweise eignet sich daher sowohl bei allseitigem Drucke wie auch bei söhligem Druck, bei Ulmdruck oder wie in Lehnentunneln bei einseitigem Einfallen der Schichten.

Nachteile: Der Anschluß von Zwischenringen (bei der österr. Bauweise) an bereits fertige Ringe macht mehr oder minder schwierige Verbindungen der Gewölbe und ihrer Abdeckungen erforderlich; die Baukosten sind daher höher als bei durchlaufendem Ausbruch mit anschließender Mauerung (diesen Nachteil vermeiden die neuen Ringbauweisen); das absatzweise Neuunterfangen der Joche bei der österr. Bauweise führt im minderen Gebirge die Gefahr von Senkungen der Firste herbei.

Von den verschiedenen Vortriebarten, welche der Ringbetrieb anwendet, seien erwähnt: die neue österreichische Bauweise, die

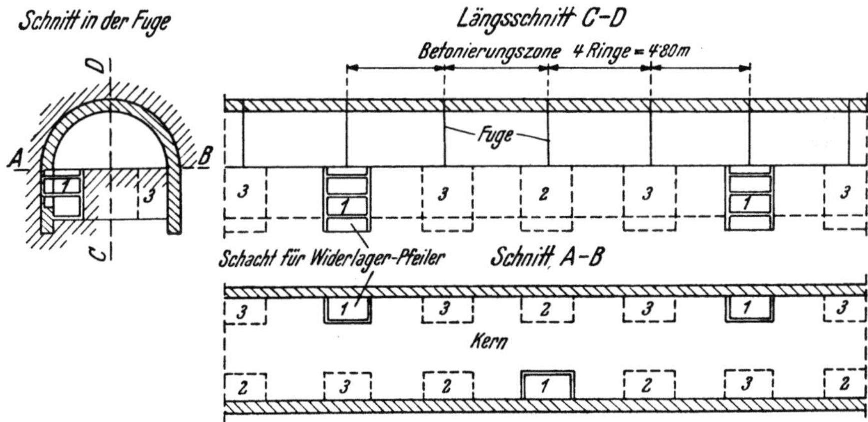

Abb. 146. Schachtmäßiges Unterfangen des Firstgewölbes.

Bauart Kunz (S. 252), die Kölner Bauweise (S. 253), das Verfahren Berger (S. 254), der Messervortrieb nach Schäfer, die Bauarten mit Verwendung von Fertigteilen u. a. m.

a) Die neue österreichische Ringbetriebweise.

Von dem Richtstollen aus treibt man in Abständen, deren Länge vorwiegend die Gesteinverhältnisse vorschreiben, Aufbrüche hoch; von diesen aus längt man nach beiden Seiten einen Firststollen aus; dieser wird auf Ringlänge über die ganze Breite des Querschnittes erweitert (ähnlich wie in Abb. 145). Hierauf bricht man den Hohlraumquerschnitt bis zur Sohle herab aus, mauert die Widerlager auf und spannt das Gewölbe ein, welches also zum Unterschiede von der Unterfangungsbauweise gleich auf festen, bleibenden Kämpfern aufruht. Wo ein Sohlgewölbe erforderlich ist, zieht man es nach der Fertigstellung des Firstgewölbes ein. In der Regel darf man einen Nachbarring erst

dann ausbrechen, wenn man die Mauerung des Gewölbes des anschließenden Ausbruchringes bereits beendet hat.

Die Ringlänge schwankt zwischen 1½ m im drückenden und im
beweglichen Gebirge und etwa 12 m oder auch noch mehr im standfesten Fels. Ein nachträgliches Zusammenfassen zweier planmäßiger
Ringe zu einem einzigen erlauben nur örtlich erheblich gebesserte
Gesteinverhältnisse; ansonsten schließt es Gefahren ein, besonders in
den Eingangstrecken.

Manches gemeinsam mit der österreichischen hat die englische Bauweise. Sie erstrebt die sofortige Aufschließung und Ausmauerung des vollen
Tunnelquerschnittes auf kurze Längen (3—6 m) unter Anwendung einer
kräftigen Jochzimmerung, deren Kronbalken einerseits auf dem fertigen

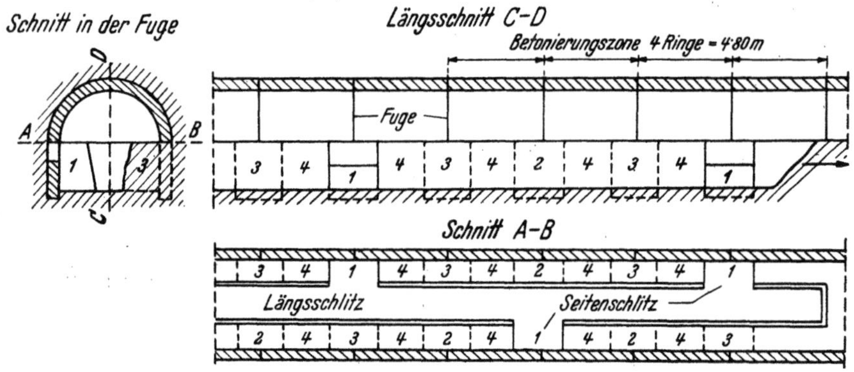

Abb. 147. Unterfangung des Firstgewölbes von einem Bergschlitze aus.

Mauerwerk der hinteren Zone, anderseits auf dem Brustgebirge oder auf seiner
Zimmerung aufliegen; Zwischenstützen fehlen. Von dem voreilenden Sohlstollen aus erfolgen Aufbrüche zu einem Firststollen, der allmählich nach
beiden Seiten erweitert und nach unten zu abgebaut wird. Eine gegen das
Mauerwerk gestützte Brustzimmerung muß den auftretenden starken Gebirgsdruck an der Tunnelbrust aufnehmen. Die Aufmauerung beginnt mit der Herstellung des Sohlgewölbes und der Widerlager. Erst nach Vollendung der
Ausmauerung eines Ringes schreitet man zum Angriffe des benachbarten
Ringes. Die Kronbalken bleiben während der Mauerung ober dem Gewölbe
und werden nach seiner Vollendung in den erweiterten Firststollen vor-
gezogen; der dadurch freiwerdende Raum zwischen Gewölbe und Gebirge
wird mit Bruchsteinen ausgefüllt; bei großem Drucke müssen die Kronbalken
eingemauert werden, weil es nicht möglich ist, sie in die neue Zone vorzuziehen; ihr Verfaulen gibt dann oft Anlaß zu Gebirgsbewegungen.

Die Vorteile der englischen Bauweise liegen in der wesentlichen Erleichterung der Gewinnung und Förderung des Gebirges, der Lüftung und Wasserhaltung und in der bequemen Mauerung. Nachteile sind die starken Brust-
drücke, ferner die Schwierigkeiten beim Vorschieben der kräftig zu bemessenden Jochhölzer und der Ausbruch eines größeren Tunnelquerschnittes;
man wendet deshalb die englische Bauweise nur mehr selten an.

b) Der Messervortrieb (siehe auch S. 254).

S c h ä f e r verwendet an Stelle der hölzernen Bergmannpfähle stählerne Vortriebmesser (Abb. 135); in ihre Unterseite senken sich reihenweise Löcher, in welche man Werkzeuge zum Vorwärtsdrücken der Messer einsetzen kann (Brechstangen, Winden, Hebel usw.). Dem Vortriebe folgend stellen sie eine Art wandernden Verzuges dar. Unter ihrem Schutze macht man die Brust frei. An ihrem hinteren Ende ruhen sie auf dem fertigen Gewölbe auf, während ihre Schneide in die Ortsbrust eingreift; hier treibt man sie mit Keilen an. Die innere Sichtfläche der Messer deckt Dachpappe ab, um zu verhindern, daß beim Betonieren des Gewölbes Beton in die Ansetzlöcher zum Vortreiben

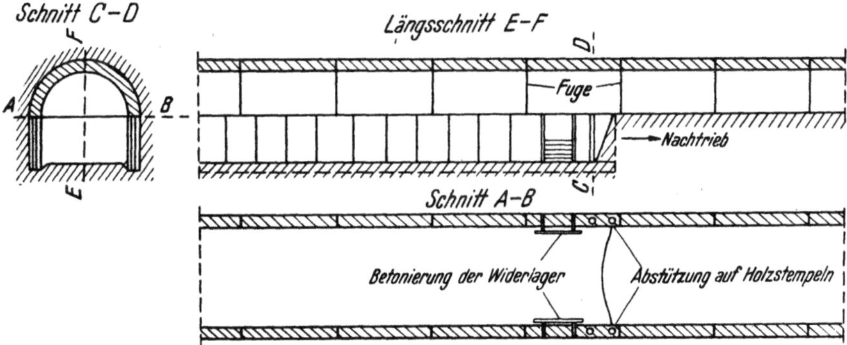

Abb. 148. Nachtriebmäßige Unterfangung des Firstgewölbes.

der Messer eindringe. Nach dem Abbau der Brust auf Ringlänge stellt man einen neuen Ring auf, welcher nur als Lehrbogen dient, nicht aber den Berg abstützt. Nach Vollendung des neuen Gewölberinges setzt man den Vortrieb fort, nachdem die Messer auf dem Betongewölbe ein Auflager gefunden haben.

In Kies oder in Sand gibt man den Vortriebmessern eine Führung; im Mergel, Lehm, Ton, Tegel und ähnlichen Bergarten treibt man sie meist ungeführt vor. Häufig genügt das Ansetzen der Messer in der Firste allein. Der Hohlraum, welchen die Messer beim Vorrücken zwischen Außenleibung des Gewölbes und Gebirge hinterlassen, muß mit einer Blase-Versetzmaschine mit Sand vollgefüllt werden, um Sackungen der Firste hintanzuhalten und das Gebirge nicht in Bewegung zu setzen. Bei der Ausfahrung von Schottern hat sich das Messerverfahren nicht immer bewährt; so z. B. in Österreich. Es verbraucht jedoch am wenigsten Holz.

4. Die Firstschlitzbauweise.

Vom Sohlstollen aus bricht man auf einmal oder in Absätzen einen Schlitz aus, welcher bis zur Firste reicht (Abb. 149 u. 150). Von dem Firstschlitze aus erweitert man sodann den Querschnitt stufenweise. Die Ausmauerung beginnt mit dem Widerlager und wird meist durchlaufend nachgeführt; man kann aber in langen Tunneln auch von mehreren Angriffspunkten aus aufschlitzen und verbreitern; man beschleunigt so die Bauvollendung.

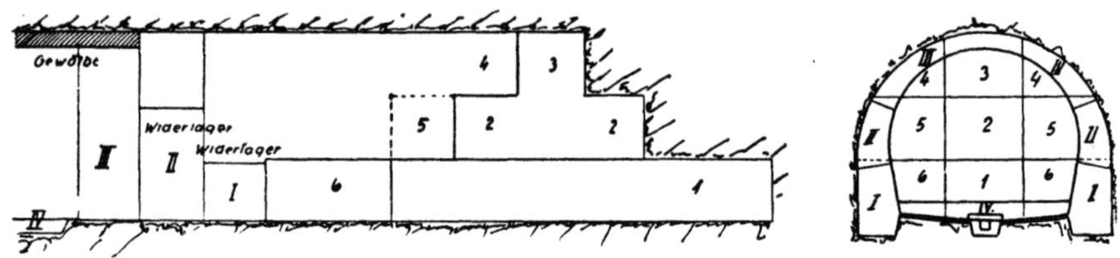

Abb. 149. Firstenbau. Aus D u h m, Stollen- und Tunnelbau.

Als Zimmerung wendet man den Längs- oder den Querträgerbau an. In nicht zu hohen Querschnitten hat sich die Längständerzimmerung bewährt, wenn sich kein stärkerer Druck einstellte.

Gegenüber dem Firststollenbetrieb bietet das Firstschlitzverfahren einige Vorteile: ausgedehnte, freie Angriffsflächen erleichtern und verbilligen die Sprengarbeiten; die besondere Lüftung des Firststollens entfällt; die Bau-

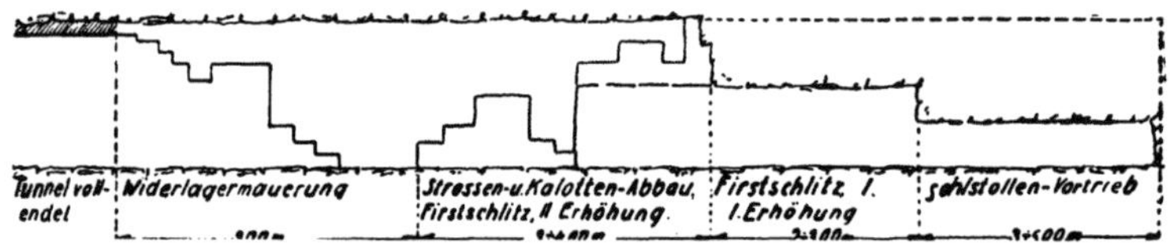

Abb. 150. Firstschlitzbetrieb. Aus D u h m, Stollen- und Tunnelbau.

stellen lassen sich leichter überblicken. Dabei kann man die Zahl der Angriffstellen in gleicher Weise wie beim Firststollenbetrieb durch Aufbrüche vermehren. Ein weiterer Vorteil der Firstschlitzbauweise ist die leichte Möglichkeit, die verwendeten Hölzer wieder auszubauen und weiter zu verwenden.

Im standfesten Gebirge, welches vorübergehende Einbauten entbehrlich macht oder nur geringfügiger Sicherung der Leibungen bedarf, muß man freilich besondere Arbeitsbühnen einbauen, oder die etwa vorhandene Zimmerung des Sohlstollens entsprechend verstärken.

Im drückenden Gebirge führt man die Zimmerungsarbeiten in der Reihenfolge von unten nach oben aus; gegenüber der österreichischen Bauweise vermeidet der Firstschlitzbetrieb also das mehrmalige Unterfangen der Pölzung und damit auch die mehr oder minder oft sich wiederholende Beunruhigung der Firste. Wichtig ist allerdings, daß man in Druckstrecken oder im Gebirge, das nach einiger Zeit lebendig wird, den Vollausbruch sofort nach der Öffnung des Firstschlitzes in Ringen (Scheiben) von passender Länge bewirkt und das Gewölbe rasch aufmauert und schließt; man darf dem Gebirge keine Gelegenheit zur Auflockerung bieten. Damit nähert sich das Verfahren der Ringbetriebweise.

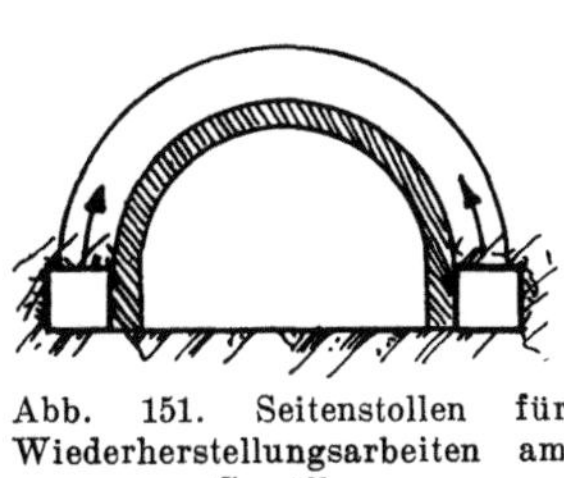

Abb. 151. Seitenstollen für Wiederherstellungsarbeiten am Gewölbe.

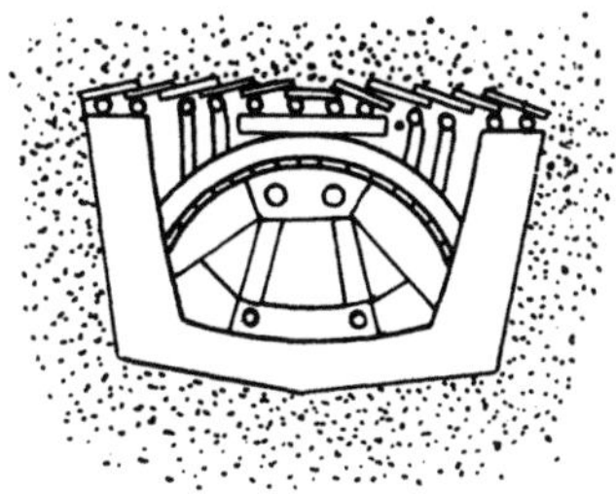

Abb. 152. Arbeit der italienischen Bauweise. Stazza-Tunnel.

5. Andere Bau- und Betriebweisen.

Bei Abdichtungs- oder Wiederherstellungsarbeiten am Gewölbe bricht man von einer Nische des Tunnels oder von einer sonstigen, geeigneten Stelle des Stoßes aus auf und bewirkt die erforderlichen

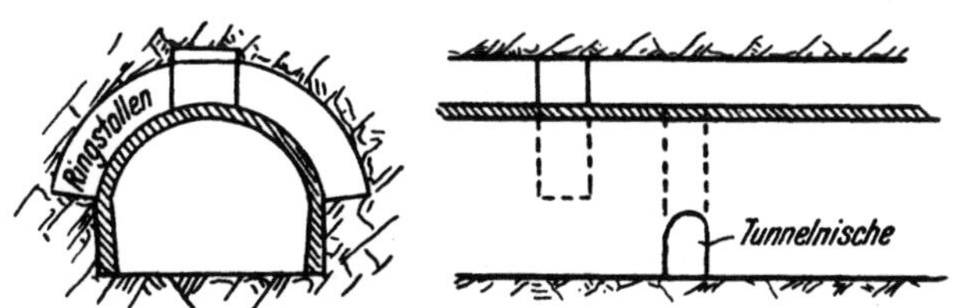

Abb. 153. Wiederherstellungsarbeiten von einer Nische aus.

Arbeiten von einem Ringstollen aus (Abb. 153); ein Firststollen verbindet die einzelnen, im Baue befindlichen Ringe.

Die italienische Bauweise (Abb. 152) befolgt den Grundsatz, stets nur einen kleinen Raum auszubrechen und ihn so schnell als möglich mit behelfsmäßigem oder mit endgültigem Mauerwerk zu schließen; sie läßt dem Gebirge keine Zeit, sich in Bewegung zu setzen. Diese, bei Tunnelbauten in Italien, in der Druckstrecke des Simplontunnels von 4450—4492 m Süd, usw. angewendete Bauweise gewältigt auch sehr schwieriges Gebirge, verursacht aber hohe Kosten.

Beim Baue des Stazza-Tunnels, welcher mit starkem Druck zu kämpfen hatte, änderte man die italienische Bauweise insoferne ab, als man die unteren Teile des Seitenmauerwerks durch ein Gewölbe gegeneinander abstützte und vor dem Zusammengehen bewahrte. Im Zeitalter des Eisenbetons könnte man den Bogen durch Stahlbetonabsteifungsrippen ersetzen.

Der Hauptvorteil der italienischen Bauweise ist die Zerlegung des großen Hohlraumes in zwei gesonderte, kleinere, in welchen man der Schwierigkeiten schlechten Grundes leichter Herr ·werden kann. Die hohen Baukosten schränken jedoch die Bauweise auf wenige besondere Fälle, ein.

Stollen kleineren Querschnittes treibt man in **e i n e m A r b e i t s- v o r g a n g e** vor (Beispiel: Fußgängerstollen der Zugspitzbahn; vgl. Abb. 85).

In **A m e r i k a** bricht man gewöhnlich den vollen Querschnitt in zwei (oder drei) zeitlich und räumlich sich aneinanderreihenden Arbeitsvorgängen aus („heading and bench"-Vortrieb; Vortrieb mit Bank). Bei der Herstellung des New York Rapid Transit-Tunnels tat man die Bank auf einmal ab (Abb. 143). Im Vosburg-Tunnel nahm man die Bank in zwei Stufen nach (vgl. Abb. 179).

Anstatt den Oberraum voraneilen zu lassen, treibt man in nicht zu großen Querschnitten (20—35 m² bei Weiten bis zu etwa 4 m) und in sehr gutem Fels nach v. **R a b c e w i c z** zuerst den Sohlraum vor; dann baut man ein Schüttergerüst ein und schießt auf dasselbe die Firste mit nicht zu starken Ladungen ab. Im Schuttergerüst spart man Löcher zum Beladen der Förderzüge aus. Zwischen Oberkante des Schuttergerüstes und Unterkante des Felsens in der Firste des Sohlstollens verbleibt ein Luftraum von etwa 0.5 m. Mit nacheilender Firste trieb man auch einen Hallenbau in Tirol vor.

6. Besondere Vortriebverfahren.

Zu einem Vortrieb unter besonderen Bedingungen nötigt häufig die Forderung, Bodenbewegungen unbedingt hintanzuhalten, um Schäden an Wohngebäuden, Verkehrswegen usw. auszuschließen; die Überlagerung ist in solchen Fällen meist gering; je kleiner sie ist, umso größere Vorsicht erfordert unter sonst gleichen Umständen der Vortrieb. In anderen Fällen verlangt die Beschaffenheit des zu durchörternden Gesteins eine besondere Vortriebweise.

Vortrieb mit gewöhnlichem Schild ohne Preßluft.

Der Vortrieb mit gewöhnlichem Schild ohne Preßluft ersetzt die Getriebezimmerung in den weiter oben genannten Fällen.

B e i s p i e l e: Wasserhältiger Sand im „Clichy" Sammler „intra muros" der Pariser Stadtentwässerung; reiner, rolliger Flußkies, Sand und Mergel im „Bièvre" Sammler der Pariser Stadtentwässerung; Ton im Doppeltunnel der „Waterloo and City" Straßenbahn in London; Reading-Tonschichten, durchsetzt mit hartem, roten Ton und Alaunstücken (Tunnel der „Central London" Straßenbahn); London-Ton („Charing Cross Easton and Hampstead"-Eisenbahn-Tunnel in London); rolliger Boden und Schlamm (Tunnel für die Gasleitung unter dem East River in New-York).

Vortrieb mit gewöhnlichem Schild unter Anwendung von Preßluft.

Stärkerer Wasserzudrang erfordert gewöhnlich die Anwendung von Preßluft. Das Gebirge darf nicht zuviel Luft entweichen lassen; die Anwendung der Preßluft setzt daher eine gewisse Überlagerung und eine genügende Luftdichtheit des Gebirges voraus.

Beispiele: wasserführender Londonsand (Doppeltunnel der „Waterloo and City" Straßenbahn in London); Schlamm, rollige Sande und Kiese, Baumstümpfe, örtlich Ton in häufigem Wechsel (Tunnel unter dem Mersey-Fluß für die Wasserleitung vom Virnwy-See nach Liverpool); verschiedene Arten von Sand vom Bausand bis zum Triebsand (Tunnel für die Entwässerung von Brooklyn, New-York); Ton (Stammsiele in Hamburg; 0.75 at); Triebsand (Stammsiele, Hamburg); Sand, auch Triebsand und Ton (Stammsiele, Hamburg; 0.95 at); Kies (Stammsiele, Hamburg); Silt und Ton (Tunnel für die Abwasserleitung in Melbourne, Viktoria); Kies mit Findlingen („Clichy" Düker unter der Seine, Abwasserleitung von Paris nach Achères); fester, jedoch wasserdurchlässiger Mergel (Concorde-Düker der Pariser Stadtentwässerung); Schwimmsand (Tunnel für eine Bachverlegung, Gelsenkirchen); wasserhältiger Sand und blauer, sandiger Lehm (Unterdükerung des Kaiser-Wilhelm-Kanals für die Entwässerung der Stadt Kiel); Sand mit Baumwurzeln (Spree-Tunnel der Straßenbahn Treptov—Stralau; 1 at); Kies und Sand mit Wasserandrang (Doppeltunnel der „City and South Railway" London); Torf, Sand, Kies und Ton (Tunnel unter der Themse zwischen Blackwell und Woolwich).

Druckluftvortrieb.

In Amerika wendet man Druckluft im allgemeinen aus wirtschaftlichen Gründen selten bei Überdrücken an, welche 1 atü erheblich übersteigen. Als Faustregel nimmt man an, daß für je 3 m Wasserdruck 0.35 atü Luftgegendruck erforderlich sind; dieser Wert wird jedoch in vielen Bodenarten mehr oder weniger kräftig unterschritten, weil der Widerstand den Wasserdruck bis zu 30 v. H. seines Sollbetrages abschwächen kann.

An der Arbeitsbrust herrscht ein Luftdruck, welcher an der Firste größer und in der Sohle kleiner ist als der Sollbetrag. Daher bläst oben Luft aus und in der Sohle sickert Wasser in den Tunnel ein. Verstärkt man den Luftdruck, dann hält man vielleicht das Wasser an der Sohle ab, verliert jedoch umsomehr Luft in der Firste; schwächerer Luftdruck ruft die entgegengesetzte Wirkung hervor. Der Nachteil des Druckunterschiedes des Grundwassers an der Firste und in der Sohle wird freilich erst in höheren Tunnelquerschnitten lästig.

Der Preßluftvortrieb eignet sich am besten für T o n und tonreiche, wasserundurchlässige Gesteine; der Gegendruck der Luft hält in kleineren Querschnitten das Gebirge wirksam zurück, so daß man nur eines schwachen oder auch gar keines Einbaues bedarf, bis man den Dauerausbau hergestellt hat; so hilft Druckluft im Tongestein Holz sparen.

S c h l a m m und S c h l u f f t o n e verhalten sich beim Anfahren unter Druckluft ähnlich wie Kleinchentone. Sie verflüssigen aber viel leichter; deshalb ist die Stärke des Luftdruckes sorgsam zu überwachen, da zu geringer Druck Schlamm in der Sohle einfließen läßt und zu kräftiger Druck die Firste in Unruhe versetzt. Man räumt daher die Firste meist unter geringerem Drucke aus und wendet sich, nachdem man die Verkleidungsplatten verlegt hat, mit stärkerem Drucke der Behandlung der Sohle zu. Im allgemeinen jedoch treibt man im Schlamm mittels Schild vor.

S a n d führt meist Wasser. Die Luft dringt nun in die Lücken zwischen den Sandkörnern ein und verdrängt das Wasser in den Hohlräumen soweit von der Tunnelleibung, bis ein Gleichgewichtszustand erreicht ist. In der Sohle trachtet das Wasser in den Stollenraum zu dringen, weshalb man in den unteren Teilen des Querschnittes die Brust sorgfältig verziehen muß (Verstopfen der Fugen zwischen den Brettern mit Heu u. dgl.). Steckt man hier ein paar Entwässerungsrohre in den Sand, dann gelingt es meist, auch die Sohle des Tunnels trocken zu legen, ohne den Luftdruck zu verstärken.

Entwässerung macht die meisten feinen bis mittelgroben Sande recht standfest für kurze Zeit, da die verbliebene, geringe Menge von Häutchenwasser sie zusammenhält. Grobsande rinnen trocken wie naß und erheischen Getriebebauweisen.

G r o b e S c h o t t e r lassen sich innerhalb des Grundwasserbereiches am schwersten durchörtern. Die Luft entweicht sehr leicht und es ist schwer, den erforderlichen Luftdruck zu erreichen. Wellblechplatten, Bretter und Massen von verstopfendem Ton sind nötig, um die Luft zurückzuhalten; man darf nur eine kleine Fläche der Brust auf einmal in Angriff nehmen.

H a l t e n d e s L u f t d r u c k e s.

Um die Luftverluste tunlichst einzuschränken, zieht man den Betonausbau dem Vortriebe möglichst rasch nach. Im schlechten Gebirge betoniert man gewöhnlich schon nach zwei bis drei Tagen. Außerdem sucht man die Leibung nach Fugen ab, durch welche die Luft entweichen kann, und verstopft sie mit Ton oder mit gutem, beim Trocknen nicht rissig werdendem Lehm. Auch Tapetenpapier hat man in

Amerika oft schon mit Erfolg benützt, um die Leibungen luftdicht zu machen.

Findet die Preßluft irgendwo im Hangenden des Tunnels einen Ausweg ins Freie, dann sinkt der Druck im Tunnel sofort ab und Wasser kann eindringen. Man sucht die Undichtheit sofort mit dem nächsten, was man zur Hand hat, zu verstopfen, durch Anlassen von bereitstehenden Kompressoren den Luftdruck zu halten und schließlich die Lücke mit Ton ganz zu verstopfen. An der Oberfläche aber trägt man soviel als möglich Tonmassen teppichartig auf. Beim Baue des East-River-Tunnels der Pennsylvaniabahn schüttete man auf einer Breite von etwa 45 m Ton in einer Dicke von fast 4 m auf.

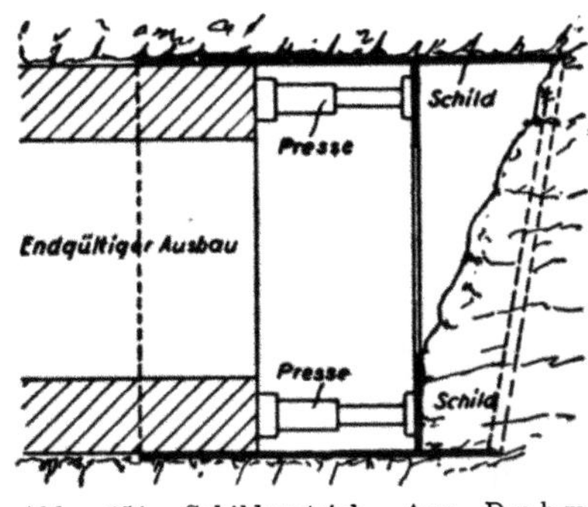

Abb. 154. Schildvortrieb. Aus D u h m, Stollen- und Tunnelbau.

Die   S c h i l d b a u w e i s e (Brustschildverfahren;   Abb.   154) bricht unter dem Schutze des Brustschildes das Gebirge in schmalen Scheiben (Ringen) aus und bringt gleich darauf den endgültigen Einbau ein (Beton, Mauerwerk, Eisenbeton usw.). Sie schließt also in dieser Hinsicht an die Ringbauweise an. Im stark drückenden, was-

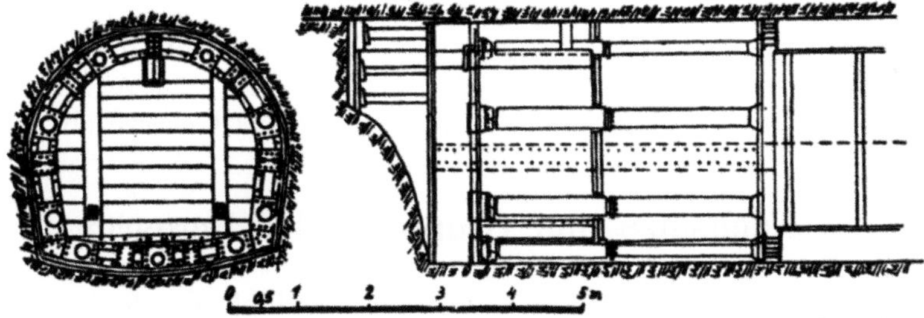

Abb. 155. Schildvortrieb nach H a l l i n g e r. Aus D u h m, Stollen- und Tunnelbau.

serführenden Gebirge ist sie ratsamer als die Getriebezimmerung. Abänderungen hat die Fa. Hallinger, München, ersonnen (Abb. 155 und 156).

Der Anwendungsbereich der Schildbauweise ist vornehmlich das wasserführende Druckgebirge und der seicht liegende Tunnel (Unterwassertunnel, Tunnel für Untergrundbahnen und Untergrundstraßen). Die Schürfkugel von H a l l i n g e r hat ihn erweitert; man kann sie auch in besseren Bergarten verwenden, in denen man bisher an den

Schildvortrieb nicht gedacht hat (Sande und Kiese über dem Grundwasserspiegel, Lehm, Ton, Mergel); die Arbeitsfortschritte befriedigen nach Wiedemann sehr (5.9—11 m in 24 Stunden bei einer Höchstausfahrung von 16.3 m innerhalb 24 Stunden).

Ein Preßwasserkolben bewegt die Schürfkugel, deren Messer das Gebirge abschaben. Die abgeschürften Massen fallen durch Schlitze in das Innere der Kugel, von wo sie ein Becherwerk auf Förderwagen lädt. Die Schürfkugel ist in einen Schild eingebaut, dessen Vortrieb Preßwasser besorgt. Seine Steuerung erfolgt durch seine äußere Formgebung und durch geschickt angebrachte Trage-, Auftrieb- und Ablenkflächen.

In der Moräne, welche der Sulgenbachstollen zu Bern durchörterte, bewährte sich der Hallinger-Schild sehr (Grundwasser, sandiger, blauer Lehm, lehmiger Sand, Findlinge usw.).

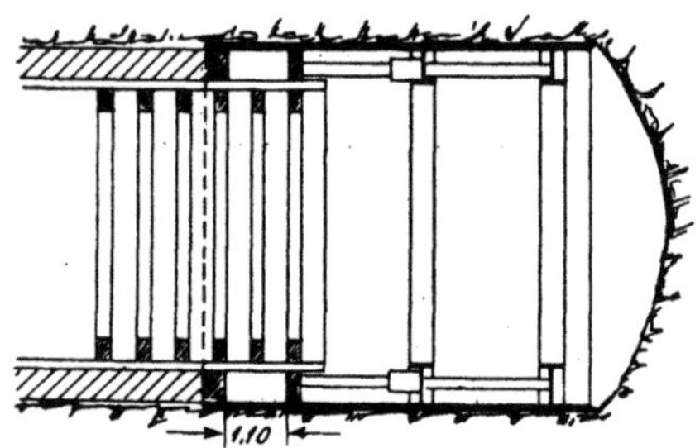

Abb. 156. Schildvortrieb nach Hallinger.
Aus Duhm, Stollen- und Tunnelbau.

Schließt die Tiefenlage eines Stollens die Anwendung von Druckluft aus, dann wendet man zuweilen verschiedene Verfestigungverfahren an; sie kosten jedoch meist ziemlich viel Zeit sowie Arbeits- und Geldaufwand. Man erzeugt z. B. um die künftige Leibung des Tunnels herum einen Mantel gefrorenen Gesteins (so z. B. im wasserführenden, kiesdurchsetzten Lehm des Fußgängertunnels in Stockholm) oder man preßt im aufnahmefähigen Gebirge Zement in die Ulmen und in die Firste; in manchen Lockermassen hat sich das chemische Verfahren Joosten oder das Shellperm verfahren bewährt. Die Einpressungen dichten gleichzeitig das Gebirge ab.

IV. Nachsätze und Gruppung der Bergarten.

Alle Hohlräume, welche man unverkleidet läßt oder nur mit einer schwachen Verkleidung versieht, bedürfen nach ihrer Fertigstellung einer ständigen, fachmännischen Überwachung. Die Zeitabstände, welche zwischen je zwei Nachprüfungen des Zustandes der Leibungen verstreichen dürfen, hängen von der Beschaffenheit des Gesteins ab; im unbedingt standfesten Gestein genügt eine Nachschau im Laufe eines Jahres. Ich brauche nicht weiter zu unterstreichen, daß man die Leibung dem Betriebe nur in einem Zustande übergeben darf, in welchem man keinerlei Risse bemerkt; alle gelockerten Schalen, Platten oder Brocken des Felsens müssen restlos abgeschlagen oder abgekeilt sein.

Zusammenfassend kann man vielleicht die tieferstehenden Wechselbeziehungen zwischen Gestein und Bauweisen aufstellen. Die Darstellung ist ein bloßer Versuch und gibt als solcher nur Winke; örtliche Verhältnisse geologischer und bautechnischer, ja sogar wirtschaftlicher Art werden Abweichungen bedingen. Die Anschauungen sind schon aus dem Grunde raschem zeitlichem Wandel unterworfen, weil gerade heutzutage immer neue Arbeitsgeräte erfunden und bessere Arbeitsvorgänge erdacht werden, welche nicht ohne Rückwirkung auf die Beurteilung der Gesteinverhältnisse bleiben können. Bei der Aufstellung der nachstehenden Übersicht verwende ich auch Meinungen, welche Herr o. Prof. v. R a b c e w i c z in Gesprächen mit mir geäußert oder in Handschriften niedergelegt hat.

1. Festes Gebirge (feste Zustandsform).

Die Mineralien oder Gesteinteilchen, welche eine feste Bergart zusammensetzen, haften mehr oder minder fest aneinander und zeigen daher auch im trockenen Zustande einen nicht geringen Zusammenhalt. Als Maß dieses Zusammenhaltes kann man die Zugfestigkeit, bzw. den Wert derselben von einer gewissen Grenze an betrachten.

Manche Festgesteine erfahren durch Befeuchtung eine mehr oder minder große Verminderung ihrer Festigkeit; sie werden „weicher" (erweichen). Sinkt ihre Zugfestigkeit im bergfeuchten Zustande unter einen gewissen Grenzwert, dann rechnet man sie vom Standpunkte des Ingenieurs aus nicht mehr zu den Festgesteinen, wenigstens nicht im feuchten Zustande. Es bilden daher gewisse Lehme und Tone, welche in der Natur häufig in mäßiger Mächtigkeit lufttrocken vorkommen, den Übergang zu den Weichgesteinen (Abschnitte 2 und 5); außer diesen sind noch zahlreiche andere Festgesteine „erweichbar", manche in so hohem Maße, daß ihre Durchnässung den wirksamen Gebirgsdruck wesentlich steigert; so z. B. tonreiche Mergel, so fest sie auch im trockenen Zustande erscheinen mögen, Schiefertone (Tonsteine), tonhältige Mürbsandsteine, glimmerreiche Seidenschiefer (Serizitschiefer), Konglomerate und Breschen mit mergeligem Bindemittel u. a. m. Darum trachtet man in solchem Gebirge, auch die Massen vor Wasserzudrang zu schützen und sie dort, wo sie durchnäßt sind, zu entwässern und so standfester zu machen; aus demselben Grunde halten es viele für vorteilhaft, die Entwässerungsmaßnahmen auch noch nach der Fertigstellung des endgültigen Einbaues in ihrer vollen Wirksamkeit zu erhalten (eine Ausnahme bildet jedoch z. B. der Druckstollenbau).

Wie sehr die Grenze zwischen Fest- und Weichgesteinen sich verwischt und von der augenblicklichen Zustandsform der Bergart abhängt, zeigte u. a. ein Netz von Stollen, welches im jungtertiären sogenannten Rohrbacher Konglomerat (N.-Ö.) mit 3—3½ m Lichtweite aufgefahren wurde. Das Gestein erwies sich im allgemeinen trocken und recht befriedigend standfest; manche Lagen desselben beutet man anderswo auch steinbruchmäßig aus und verwertet sie als Bruchstein für Mauerwerk oder als Blockwurf zum Uferschutze (Regelung des Schwarzaflusses). An einer Stelle durchfuhren zwei sich kreuzende Strecken eine Linse aus schlecht verbundenem Schotter; ihr toniges

Zwischenmittel fängt das Senkwasser auf, zeigt die weiche Zustandsform und zwingt ihren Zusammenhaltsgrad der ganzen Einlagerung auf; hier war es notwendig, die Stollenabschnitte kräftig auszuzimmern.

Die festen Gesteine ordnet man in mehrere Gruppen der Lösbarkeit; man kann diese Einteilung auch für die Beurteilung der Gebirgsfestigkeit anwenden, begeht aber damit einen Fehler, welcher in einzelnen Fällen beachtlich werden kann; Gewinnungsfestigkeit (Lösbarkeit) und Standfestigkeit des Gesteins im Stollenbau fallen nämlich durchaus nicht zusammen, ja sie stehen vielfach überhaupt nicht in einem einfachen geraden Verhältnisse zueinander. Sehr harte, mühsam zu bohrende und daher schwer lösbare, aber stark zerhackte Quarzschiefer z. B. zeigen im Stollen meist eine geringe Standfestigkeit, leicht schrämmbare Kalklucksteine, lückenlose Kalksandsteine, Schreibkreide, Gips, Anhydrit usw. oft eine unerwartete hohe. Lösbarkeit und Standfestigkeit gehen auch in folgender Hinsicht auseinander; die Verspannung der Gesteine ist in weiten Hohlräumen leichter zu überwinden als in engen; man bricht ein bestimmtes Gestein daher umso leichter aus, je größere Ausmaße der Stollen hat; mit der Zunahme der Lichtweite sinkt jedoch sehr rasch die Standfestigkeit der gleichen Bergart.

Ich möchte für die Beurteilung des Gebirgsdruckes folgende Unterteilung der festen Gesteine vorschlagen, welche an verschiedene Vorgänge in ihnen anknüpft; sie bezieht sich nicht auf eine bestimmte Art des Gesteins im wissenschaftlichen Sinne, sondern nur auf sein technisches Verhalten vor Ort.

a) Äußerst feste Gesteine.

Das Gebirge bricht nicht nach; es „steht" ohne Rüstung.

Der wirksame Gebirgsdruck bleibt bei kleinen Lichtweiten der Hohlräume in den meist vorkommenden Teufen sehr klein oder wird nahezu Null. Die Verformung der Leibung — meist federnd — entgeht wegen ihrer Geringfügigkeit in aller Regel der Aufmerksamkeit des Ingenieurs völlig. Die im Gebirge vorhandenen Spannungen lösen aber in spröden Gesteinen gar nicht selten Bergschläge aus; der wirksame Bergdruck meldet sich dann auf diese Weise.

Ohne Warnung schleudern die Ulmen, weniger oft die Firste und noch seltener die Sohle des Stollens kleinere bis sehr große, gegen ihre Ränder ausdünnende Platten in den Hohlraum. Ein heftiger Knall und Erderschütterungen begleiten das Abplatzen. Stempel werden weggedrückt, umgeworfen oder geknickt. Es ist unmöglich, die abgeknallten Scherben unverletzt wieder in ihr Lager zurückzudrücken; sie haben sich federnd ausgedehnt. Die Schalen springen meist erst einige Stunden oder mehrere Tage nach der Bloßlegung der Felsoberfläche ab. Die Ablösung erfolgt gleichlaufend mit der Leibung des Hohlraumes, ohne Rücksicht auf Schieferung, Schichtung und Klüftung der Bergart. Der Vollausbruch löst Gebirgschläge meist in größerer Zahl aus als der Richtstollenbetrieb.

Knallendes Gebirge (Gesteinstöße, Selbstschüsse) setzt sprödes, kluftarmes, womöglich massiges oder wenigstens dickschichtiges bis dickbankiges Gestein voraus, in welchem Spannungen sich angehäuft haben, welche zur Auslösung drängen. Die Aufspeicherung der Spannungen hat verschiedene Ursachen: Überlagerungsdruck, Resterscheinung echten gebirgbaulichen Druckes usw.

Unfehlbare Gegenmittel gegen Bergschläge beim Vortrieb von Tunneln kennt man nicht. Man trachtet die Arbeiter durch Holzeinbauten zu schützen. In einem Steinbruche bei Springfield, Mass., hauen die Steinarbeiter schmale Schlitze in den knallenden Gneis, entspannen dadurch seine Oberfläche und bleiben von Unfällen verschont. Die gegenteilige Wirkung des Einbaues von Furchen in der Gangmasse berichtet Aubrey S t r a h a n von Bleiglanzgruben in Derbyshire; hier führen die Bergleute auf diese Weise absichtlich Ab-

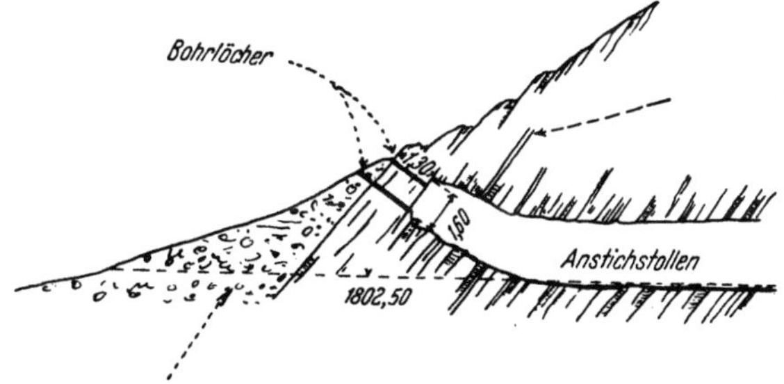

Abb. 157. Anzapfung des Ritomsees. Pfeil rechts oben: wasser- und schlammführende Spalte; Pfeil links unten: Schuttvorlage vor dem Fels.

schalungen herbei. Beim Baue eines Amstegwerkdruckstollens beschleunigte das Bearbeiten der Ulmen mit langen Eisenstangen nach dem Abschießen die Auslösung der Spannungen. Häufig warnt das Gebirge durch deutliches Knistern, dem kurz darauf dann der schußähnliche Knall folgt. Im Tauerntunnel löste man die Bergschläge durch Bespritzen des Gneises mit kaltem Wasser aus.

Zähe Gesteine werden selten laut; ihre Entspannung erfolgt z. B. in Form einer geringfügigen federnden Ausdehnung ohne Rißöffnung, z. T. begleitet sie die Bildung von Haarrissen, welche jedoch nur in größeren Hohlräumen und im Verlaufe längerer Zeit zu beachtlichen Ablösungen führen. Hoher Belastungsdruck kann im Laufe geologischer Zeiträume auch zu bleibenden Verformungen (z. B. Verdichtungen des Gesteins) geführt haben; das anteilmäßige Verhältnis zwischen federnder und dauernder Formänderung bestimmt jeweils die Beschaffenheit des Gesteins.

Der Begriff „äußerst festes Gestein" ist natürlich auch nur ein verhältnismäßiger und keineswegs unbedingt aufzufassen. Er hängt von dem Verhältnisse ab, in welchem die Gebirgsfestigkeit zu dem gesamten Bergdrucke steht,

mag er wie immer sich zusammensetzen (z. B. Belastungsdruck allein oder
Belastungsdruck + echter Gebirgsdruck oder Belastungsdruck + Wanderdruck usw.); diese Verhältniszahl muß sehr groß sein, wenn man ein Gestein
äußerst fest nennen will. Aus dieser Feststellung folgt aber ohneweiters, daß
sich ein und dasselbe Gestein je nach der Art und Weise seiner Beanspruchung recht verschieden „fest" zeigen kann; so z. B. in mäßigen Teufen, in
engeren Hohlräumen oder bei geringem Drucke als „äußerst fest", in großen
Teufen, bei sehr starkem Bewegungsdruck oder in weiten Tunneln aber nur
„mittelfest" oder gar nur „wenig fest".

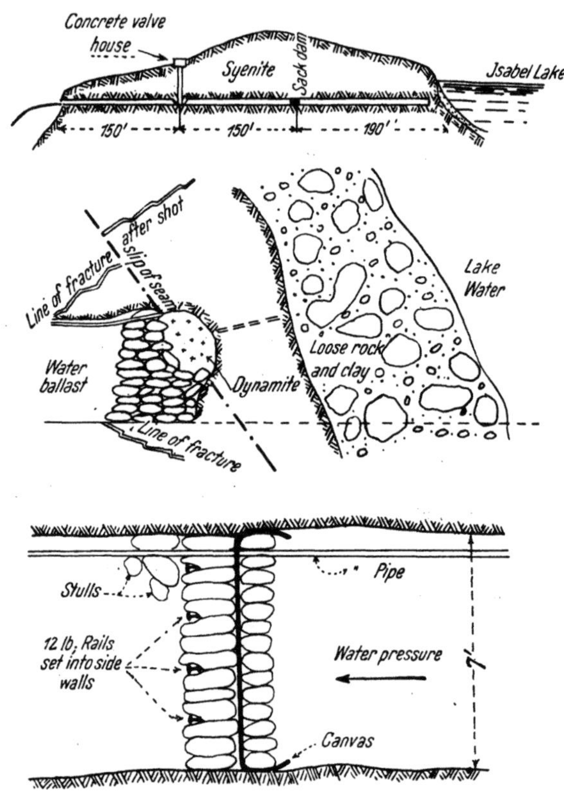

Abb. 158. Anzapfung des Isabelsees. Eng. News Rec. 1926/2, Bd. 97, S. 152.

Trotz hoher Festigkeit der meisten Massengesteine wird man
natürlich sehr weite Tunnel sowie sehr hohe und dabei weite Hallen
für innerbergische Krafthäuser u. dgl. zur Vervollständigung der
Sicherheit ausmauern; man wählt dabei für Spannweiten um 16—18 m
herum gewöhnlich Scheitelstärken von 80 bis 100 cm. Engräumige
Stollen läßt man in der Regel entweder ganz unausgemauert und berg-
roh oder man spritzt eine mehr oder minder dünne Betonhaut auf.

Unbedingt standfestes Gebirge, Hohlraumweite größer als 5 m.

Die Firste lockert sich auch bei Spannweiten von mehr als 5 m in längeren Zeiträumen weder auf, noch bröckeln Bruchstücke des Gesteins von ihr ab; Erschütterungen führen keine Risse in der Firste oder in den Ulmen herbei.

Nur wenige Gestein-Vorkommen fallen in diese Gruppe: vollkommen gesunde, gebirgbaulich nicht beanspruchte, in weiten Abständen zerklüftete Durchbruchgesteine (Granit, Syenit, Diorit, Porphyr, Porphyrite, Andesit usw.), hochkristalline, wenig durchbewegte und kluftarme Gneise (Echtgneise. Orthogneise), massige oder sehr dickbankige Absatzgesteine, wie z. B. gewisse Vorkommen von Steinsalz, geschontem Gips und Anhydrit, sehr dickbankige und dabei weitständig geklüftete Kalksteine (z. B. Dachsteinkalk, Wettersteinkalk), massig erscheinende oder dickbankige Sandsteine, welche keine kräftigere Gebirgsbildung mitgemacht haben (z. B. die meisten tertiären Kalksandsteine, gut verkittete Konglomerate und Breschen) u. a. m.

Den Scheitel der Hohlräume formt man am besten nach einem Spitzbogen oder nach einem Parabelbogen; doch kennt man auch Fälle, in denen ebene Decken von zehn bis fünfzehn Meter Spannweite sich durch Jahrzehnte, ja durch Jahrhunderte naturbelassen erhalten haben. Eine Verkleidung der Leibungen ist entbehrlich. Weißtünchen verbessert die Beleuchtungsverhältnisse und erleichtert die ständige Überwachung des Gebirges; diese kann sich zuweilen auf örtlich vorhandene, weniger gute Stellen des Berges beschränken.

Als Bauweise empfiehlt sich u. a. die Kernbauweise.

Unbedingt standfestes Gebirge; Hohlgangbreite gleich oder kleiner als 5 m.

Auch nach längerer Zeit und trotz der Beanspruchung durch dauernde Erschütterungen lockert sich das Gefüge des Gebirges nicht auf. Man darf daher die Leibungen unverkleidet lassen; die Firste erhält die Form eines spitzen oder eines parabelähnlichen Bogens.

Außer den bereits zur Gruppe 1 gerechneten Bergarten fallen in die Gruppe 2 noch Granite und andere Durchbruchgesteine nicht erstrangiger Ausbildung, aber geringer Zerklüftung, mäßig durchbewegte, hochkristalline Schiefer wie viele Echt- und Truggneise (Paragneise), gut gebankte und kluftarme Absatzgesteine (viele Kalksteine, manche Dolomite, dickbankige Sandsteine usw.) usw. Bei den kristallinen Schiefern, welche eine lebhaftere Durchbewegung mitgemacht haben, kommt es darauf an, daß ihre Kristallisation die Durchbewegung überdauert und deren mechanische Schäden voll ausgeheilt hat.

L. v. Rabcewicz empfiehlt für Querschnitte bis zu 20 m² den Vortrieb mit Bank; die Höhe der Bank bemißt man so, daß man auf ihr die Firste ohne Rüstung abzubohren vermag. Größere Querschnitte gestatten nach R. den Vortrieb mit nacheilender Firste (S. 268).

b) Feste Gesteine.

Der wirksame Gebirgsdruck in festen, gerichteten Gesteinen beschränkt sich innerhalb kleinerer Hohlräume auf gelegentliche Abschalungen und andere, mehr oder minder geringfügige Ablösungen im Laufe der dem Vortriebe folgenden Monate. Die zeitliche Zunahme der Auflockerung ist mäßig; langes Stehenlassen ohne Einbau ist jedoch in weiten Hohlräumen oft nicht mehr ratsam. Durchlaufende Zimmerung erfordern kleinere Hohlräume nicht; stellenweiser Kopfschutz (Firstensicherung Abb. 78 und 79) genügt in den kaum jemals fehlenden Schwächestreifen, solange sie schmal sind; ansonsten nimmt in solchen Strecken meist eine einfache Anlege-Zimmerung den Auflockerungsdruck auf.

Sind feste Gesteine massig ausgebildet, dann wird man in der Regel mit gewölbeartigen Verspannungen rechnen dürfen. An die Stelle des Ablösens von Platten bei Schichtgesteinen und Schiefern tritt meistens Abbröckeln und Abblocken. Die Dauersicherungsarbeiten bestehen häuptsächlich in einem Schutze der Firste; aber auch die Ulmen sind zuweilen für zweckmäßigen Abschluß gegen die Einflüsse des Sickerwassers und der Stollenluft sehr dankbar.

Die Grenze gegen die massigen, ungerichteten, äußerst festen Bergarten fließt natürlich; aber auch gegen die Gruppe A c hin gibt es alle möglichen Übergänge; die Natur kennt eben keine Sprünge, wie wir sie mit unserer, der Notdurft entspringenden Einteilung zu machen gezwungen sind. Mit diesen Vorbehalten dürfen wir zur gegenständlichen Untergruppe zählen: Hornblendegneis, Augitgneis und andere, feste Gneise (z. B. die meisten Kerngneise unserer Alpen, manche Truggneise), wenig zerhackte Amphibolite, feste, oder grobgeschichtete Kalke, gut geschichtete und gebankte Dolomite ohne Zerrüttungserscheinungen (Hauptdolomit zuweilen), feste Sandsteine etwa mit kalkigem oder kieseligem Bindemittel, feste Konglomerate mit weitständigen Schichtfugen usw. Auch hier kommt es wiederum weniger auf den Namen des Gesteins als auf seine technische Ausbildung an.

Die festen und äußerst festen unter den gerichteten Felsarten bedürfen meist weder eines vorübergehenden (vgl. S. 276) noch eines dauernden Einbaues; es genügt dann eine Spritzbetonhaut, einfach oder mehrfach aufgetragen, um das Gestein vor den schädlichen Einwirkungen der untertägigen Verwitterung usw. zu schützen. Eine Ausnahme machen fallweise z. B. große Lichtweiten, söhlige Lagerung und in geneigten Schichtfolgen Auffahrung annähernd im Streichen. Bei söhliger Lagerung lösen sich leicht „Sargdeckel" ab; bei dieser Gesteinslagerung und auch bei streichenden Tunneln mit größeren Lichtweiten ist es ratsam, dauernden Mauerwerks-Einbau vorzusehen; auch rächt es sich, wenn man im Vertrauen auf die sonstige Standfestigkeit des Gesteins in solchen Fällen mit dem Einziehen des Einbaues zu lange zuwartet; es kann sich dann Platte um Platte in

gebirgbaulich lebhafter bewegt gewesenen Bergleibern im Laufe weniger Jahre von der Firste ablösen und auch die Ulmen können mit
der Zeit unruhig werden.

Bedingt standfestes Gebirge.

Das Gebirge neigt erst nach längerem Stehen in naturbelassenem
Zustande oder dann, wenn es häufigen Erschütterungen ausgesetzt ist,
zu Nachbrüchen von der Firste; die Ulmen bleiben mehr oder minder
ruhig oder schalen nur wenig ab.

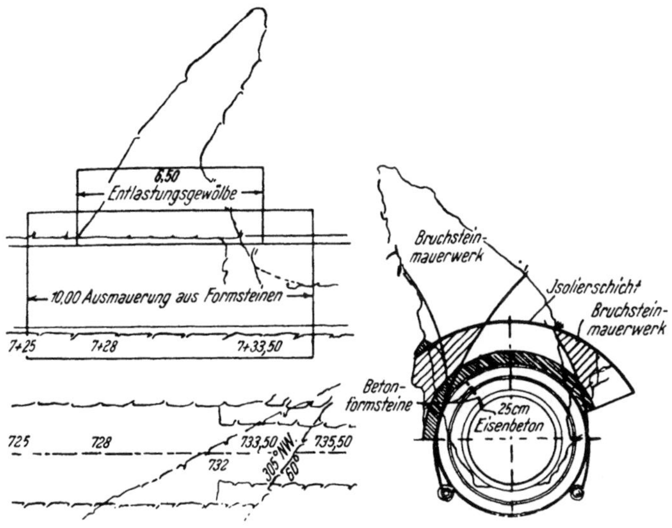

Abb. 159. Sicherung eines Firstenbruches.

Die so umschriebene Eigenschaft der bedingten Standfestigkeit hängt von
der Lichtweite der Hohlgänge ab; je nach ihrer Größe kann dann ein und
dieselbe Gesteinart noch in diese Gruppe fallen oder einer anderen Gruppe
zuzuteilen sein. Bedingt standfest sind viele nicht erstrangig ausgebildete, also
z. B. durch die Gebirgsbildung mitgenommene Durchbruchgesteine und kristalline Schiefer; außerdem zahlreiche, dickschichtige Absatzgesteine mit geringer Zerklüftung, wenn sie annähernd söhlig gelagert sind; letztere Lagerungsart ist auch für die Einreihung vieler Schiefergesteine in die vorliegende
Gruppe maßgebend.

Gegen Sargdeckelabsturz und Ablösungen von der Firste muß man
gleich nach dem Vortriebe Firstkappen einziehen; in leichteren Fällen
genügt für dauernden Schutz schon ein ein- bis mehrfacher Spritz-
betonbewurf, in minderem Gestein eine Betonkappe von 15 bis 20 cm
Stärke. Die Ulmen stehen bei söhlig gelagerten Gesteinen meist ohne
jede Verkleidung. Nur dann, wenn die Schichten geneigt sind und unter

Winkeln einfallen, welche größer sind als der Reibungswinkel der
Schichtstöße (Bewegung von Schichte auf Schichte angenommen), hat
man es nötig, an jenem Stoße, welchem die Schichten zufallen, ein
Widerlager aufzumauern; die Gebirgsbeschaffenheit entscheidet darüber, ob man es durchlaufen läßt oder in Pfeiler auflöst; dann und
wann kann es auch genügen, in bestimmten, von der Gesteinsbeschaf-
fenheit abhängigen Abständen Gurten (oder Halbgurten) über die
ganze Leibung aufzumauern und mit ihnen Firste und Ulmen zu
sichern.

Querschnitte bis zu 20 m² Lichtraumfläche (L. v. R.) treibt man
vorteilhaft mit einer Bank vor. Für größere Querschnitte kann man
die Firstschlitzbauweise anwenden (Ambergstollen des Ötzkraftwer-
kes), für sehr große allenfalls die Kernbauweise.

c) Nachbrüchiges Festgebirge.

Der lebendige Bergdruck ist noch klein und rührt hauptsächlich
von den zahlreichen Ablösungen und Abbröckelungen her, welche sich
auf der durchlaufend nötigen Firstsicherung anhäufen; es bildet sich
jedoch schon in geringer Entfernung von der Kappe der Zimmerung
ein Tragkörper. Die Ablösungen beginnen sogleich nach der Öffnung
des Hohlraumes vereinzelt und nehmen im Laufe der Folgezeit mehr
und mehr an Zahl und an Häufigkeit zu; sie könnten bei höheren
Graden der Nachbrüchigkeit allmählich den ganzen Stollenraum voll-
füllen, wenn man nicht für vorübergehenden Einbau sorgen oder den
endgültigen Ausbau dem Ausbruche unmittelbar nachführen würde.
Diese Maßnahmen setzen der weiteren Auflockerung des Gebirges
rasch ein Ziel. Man wird überhaupt in Gesteinen dieser Gruppe bei
nicht zu großer Weite des Hohlraumes noch mit dem Eintritte einer gewissen Verspannung rechnen dürfen. Verwerfungen,
Ruschelstreifen u. dgl. begünstigen freilich Firstbrüche in Form von
Glocken' usw. Abgesehen von diesen örtlich beschränkten Schwächestellen bedarf jedoch das Gebirge selten einer kräftigen Ausmauerung;
eine Verkleidung mit einer Betonschale oder derem Gleichwert genügt
in den meisten Fällen. Ihre Stärke bemißt man je nach der Beschaffenheit des Gebirges und je nach der lichten Weite des Hohlraumes.
L. v. Rabcewicz gibt sie mit 25 cm bei einer Stollenbreite von 5 m
an; für jeden Mehrmeter an Lichtraumweite steigert er die Stärke
der Verkleidung um etwa 4 cm, so daß die Mauerung bei 10 m Spannweite des Gewölbes 45 cm stark wird. Eine Verstärkung des Widerlagers kann erfahrungsgemäß entfallen; vorstehende Zacken, Kanten
und Ecken des Felsens dürfen bis zu 15 cm Weite in das Mauerwerk
hineinragen; man kann dadurch wesentlich Mauerung ersparen. Dem

Gewölbe gibt man die Form eines Halbkreises oder einer Parabel. Der Grad der Nachbrüchigkeit wechselt von „wenig nachbrüchig" über „mittelmäßig nachbrüchig" zu „stark nachbrüchig"; diesen Zustandsformen entspricht der jeweilig wirksame Auflockerungsdruck.

Nachbrüchig verhalten sich viele Mürbsandsteine, schlecht verkittete Nagelfluh, zerhackter Dolomit, kristalline Schiefer mit engständigen Schieferungsfugen, wie z. B. viele Quarzschiefer, Glimmerschiefer, Blätterschiefer usw., sehr dünnplattige Kalke, kleingefältelte Gneise u. a. m.

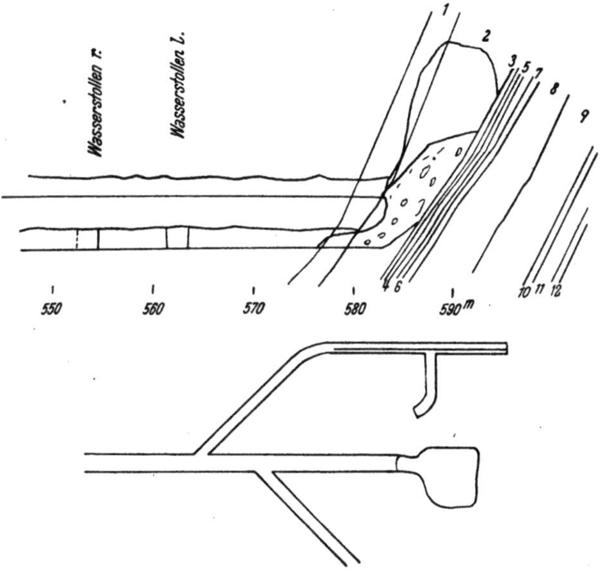

Abb. 160. Verbruch im Bosrucktunnel. Nach R. H e i n e. *1* Quarzite, sehr hart, plattig, grünlichgrau, *2* Berggrus, *3* Kalke, hart, grau, *4* Kalke, mürbe, grau, plattig, *5* Kalke, mürbe, gelb, ausgelaugt, *6* Kalke, sehr hart, schwarz, *7* Kalke, sehr hart, grau, *8* Kalke, sehr mürbe, ausgelaugt, *9* Kalke, hart, grau, plattig, *10* Kalke, mürbe, gelb, ausgelaugt, *11* Kalke, hart, grau, *12* Gips, rechts davon Anhydrit.

Kleinere Querschnitte wird man meistens sofort voll ausbrechen und ringweise möglichst rasch verkleiden. In Querschnitten von 20 bis 30 m² fördert der Firstschlitzbau mit mehreren Angriffstellen sehr. Auch die belgische Bauweise wird öfters angewendet. Für sehr große Lichtweiten möchte ich zur Kernbauweise raten.

In die Gruppe c fallen auch engere Stollen in weichen Böden ohne Sprengnotwendigkeit, wenn sie kurzfristig standfest sind. Milde Gesteinsarten, welche sich ohne Sprengarbeit nur mit der Hacke (Picke) oder mit dem Schrämhammer lösen lassen, können noch so standfest sein, daß man Zeit findet, ohne besonderen vorübergehenden Einbau den endgültigen Ausbau nachzuführen. Die Zeitdauer, während welcher das Gebirge einer Unterstützung nicht bedarf, schwankt zwischen wenigen Tagen und mehreren Monaten; sie hängt übrigens unter sonst gleichen Verhältnissen entscheidend von der Weite des Hohlraumes ab. Nimmt man 1.8—2.2 m als Ausbruchweite an, dann gehören hierher u. a.: fester Ton etwa oberhalb der Ausrollgrenze, manche Kreidearten, söhlig gelagerter, nicht zu tonreicher Schlier, Löß, manche sehr fest gelagerte Sande (Melker Sand, Linzer Sande, Grunder (Oncophora-)Sande) u. a. m. Damit hat die Natur den Übergang vom nachbrüchigen Festgebirge zu den bedingt standfesten Lockermassen hergestellt.

d) Druckäußerndes Festgebirge.

So wie das äußerst feste Gebirge in das „feste" übergeht und zwischen „festem" und „nachbrüchigem" Gebirge Zwischenglieder auftreten, verschwimmt auch gelegentlich die Abgrenzung zwischen sehr stark nachbrüchigem und sofort druckhaftem Gebirge. In diesem letzteren lockert sich schon während des Auffahrens, aber noch mehr nach demselben das Gebirge in der Nachbarschaft des Hohlraumes durch brechende Verformung immer mehr und mit wachsender Lebhaftigkeit auf; es kommt dann ein mehr oder minder großer Gebirgsdruck zur Wirkung, welcher einen seinem Grade entsprechenden, kräftigen, vorübergehenden und dauernden Einbau erfordert.

Die nicht erweichbaren, festen, aber druckäußernden Bergarten kennzeichnet ihre Widerständigkeit gegen Erweichen und ihre mäßige Festigkeit; diese ist immerhin wesentlich höher als bei den meisten Bindern, zu welchen hin Übergänge bestehen, aber geringer als bei den festen Felsarten der Untergruppen a, b und c.

Sehr druckhaftes Gebirge.

Die Auffahrung des Tunnels kann ein an sich schon wenig tragfähiges, aber doch noch „feste" Zustandform zeigendes Gebirge derart weithin auflockern und vielleicht bis zum Tag empor zerrend aufrütteln, daß es sich etwa mit der vollen Wucht des Überlagerungsdruckes auf den Einbau legt und ihn zu zerstören sucht (Untersteintunnel, Salzburg). Das druckhafte wie das sehr druckhafte Gebirge gehören zur Zeit der Auffahrung des Hohlraumes zur festen Zustandsform; nach ihrer Auflockerung wären jedoch beide hinsichtlich ihrer Zustandsform und baulichen Behandlung dem rolligen Gebirge gleichzuhalten. Unter Umständen können sich empfehlen: B r e i l'scher Ausbau, Verbundtübbinge nach G o l d k u h l e (Vorteile: Wasserdichtheit, Längssteifigkeit, Entfall einer besonderen Einrüstung für die Verschalung, Entbehrlichkeit von geübten Eisenbeton-Facharbeitern) usw. Die Nachbrüchigkeit wächst im allgemeinen mit der Abnahme der Zugfestigkeit des Gebirges.

In diese Gruppe fallen manche besonders stark zerhackte Dolomite und viele andere, durch die Gebirgsbildung stärker zerklüftete, aber sonst feste Gesteine, zahlreiche engfugige Schichtgesteine und kristalline Schiefer; so z. B. viele Urtonschiefer, dünnplattige Kalkschiefer, glimmerreiche Glimmerschiefer, mürbe, kittarme Sandsteine, fast alle Sandsteinschiefer usw. Doch kommt es bei ihrer Einreihung weniger auf die wissenschaftlich richtige gesteinskundliche Bezeichnung des Gesteins, sondern hauptsächlich auf seine Ausbildung an; so mag z. B. ein Gneis, wenn er glimmerreich und kräftigst verschiefert ist, zur Gruppe „d" gehören, während ein anderer Gneis, dessen Glimmerarmut mit geringer Verschieferung und Quarzreichtum sich paart, in eine höhere Festigkeitsgruppe einzureihen wäre. Dünnschichtigkeit, bzw. starke Verschieferung entscheiden meist über die Zuteilung der Bergarten zur Gruppe 1 c oder 1 d.

Vorübergehender Einbau ist stets nötig; der endgültige Ausbau besteht aus einem Tragwerk, das man entweder in Beton, Eisenbeton oder in Mauerwerk (Bruchsteine, Ziegel, Formsteine) ausführt. Die Querschnittsform richtet sich nach den Druckverhältnissen; vorherrschender Firstdruck rät zur höheren Eiform, sich zugesellender Ulmendruck, wie ihn größere Teufen bringen, zu einem sich der Kreisform nähernden Querschnitt.

Die Türstockzimmerung empfiehlt sich nach L. v. Rabcewicz für Querschnitte bis zu etwa 12 m²; in engen Stollen genügt oft Kopfschutz allein; die Kappen werden eingebühnt oder auf Stempel gesetzt, hinter welchen drucklose Ulmen unverzogen bleiben. Die Abstände der einzelnen Zimmer schwanken je nach den Gebirgsverhältnissen zwischen 1.0—1.5 m. Statt der Türstockzimmerung kann man auch eine der Ringbauweisen anwenden; so etwa eine Bauweise mit Fertigteilen oder jene nach Kunz u. a. m.

Für Querschnitte von 12—25 m² Ausbruchfläche rät L. v. R. zur Firstschlitzbauweise mit Langständerzimmerung (S. 266); die Verbreiterung folgt dem Aufschlitzen auf etwa 20 m Länge nach u. z. in Ringen, deren Länge das Gebirge einerseits und der Wunsch nach raschem Fortschritt andererseits bestimmt (6—9 m); auch die Ausmaße der erhältlichen Wandruten beeinflussen oft die Ringlänge.

Bei Querschnitten von 25 und mehr Geviertmetern hat sich die belgische Bauweise vielfach eingebürgert. Man setzt neuerdings das Gewölbe auf einen durchlaufenden kräftigen Balken aus Beton mit einer leichten Bewehrung auf der Unterseite; man beginnt die Unterfangung frühestens zehn Tage nach der Fertigstellung des Balkens.

Wenn in Lichträumen von mehr als 25 m² Fläche die Ulmen nachgeben und dem bewehrten Balken, welcher das Gewölbe tragen soll, kein sicheres Auflager mehr gewähren, ist die belgische Bauweise nicht mehr ratsam. Man kann dann entweder nach der neuen österreichischen Bauweise vorgehen oder die Kernbauweise wählen.

Anhang zur Gruppe 1.

Für die weniger festen Gesteine der Untergruppen gilt im allgemeinen der Grundsatz, daß man den endgültigen Einbau nicht zu sehr hinausschieben soll. Meist ist auch ein kräftiger vorübergehender Einbau erforderlich; selten genügt eine schwächere Zimmerung in einigermaßen großen Querschnitten; im kleinen Querschnitte stehen jedoch selbst wenig feste Schiefer oft dann unerwartet gut, wenn man sie unter annähernd rechtem Winkel zum Streichen durchörtert. Unter dieser Voraussetzung haben z. B. Freispiegelstollen im Großarlgebiete in sonst gebräch sich zeigenden Schwarzschiefern und anderen Phylliten (Blätterschiefern) viele Jahre hindurch unverkleidet gestanden. Es hängt also die Einordnung von Gesteinen in eine Untergruppe — wie schon wiederholt betont — nicht nur von ihrer Ausbildung, sondern auch von ihrer Lagerung ab; dadurch verschwimmen die Grenzen zwischen den einzelnen Gruppen noch mehr.

Liegen Schichtung oder Schieferung flach oder gar söhlig, dann bildet sich über der Firste eines nicht zu großen Hohlraumes zuweilen eine Art Scheingewölbe, wie es z. B. K e g e l (1942) auf S. 24 abbildet.

Im nachbrüchigen Gebirge können wir mit J. S c h m i d um den frisch aufgefahrenen Hohlraum herum die Entstehung von drei Schalen verschiedener Verformungsstufen unterscheiden. An das in noch ruhendem Gleichgewichte

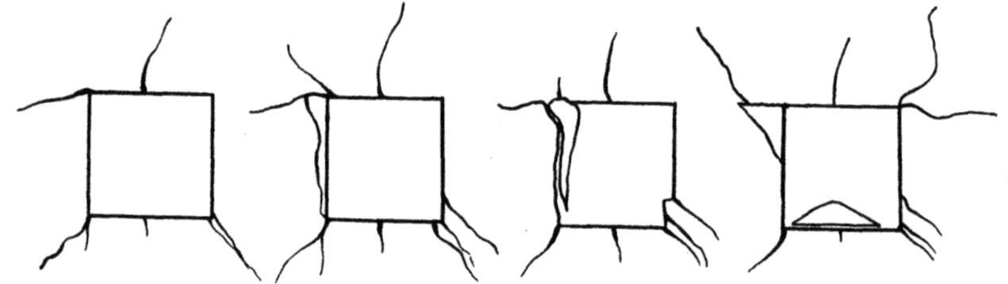

Abb. 161. Rissebildung im völlig spröden Gebirge; nach L e h r und S e i d e l.

befindliche Gebirge legt sich eine Schale, deren Gestein sich eben federnd ausgedehnt hat und noch ohne eigentlichen Zerfall gegen den Hohlraum nachdrückt. Die ihr vorgelagerten Gesteine bilden den nach innen zu anschließenden Gürtel allmählichen Zerfalles der Bergmassen, welche langsam gegen die Leibung des Hohlraumes vordrängen. An dieser selbst zerfällt das Gestein sehr rasch und der Gürtel völliger Auflockerung, der sich unmittelbar in den Stollen einschiebt, trachtet den Hohlraum schließlich ganz mit Trümmerwerk auszufüllen. Die Gürtel der langsamen Auflockerung, des raschen Zerfalles und des Nachschiebens, gehen meist ohne scharfe Grenze ineinander über.

Der wirksame Gebirgsdruck steht nach obigen Erörterungen in einem zwar losen, aber doch merklichen Umkehrverhältnisse zum Zusammenhalte des Berges; je kleiner dieser ist, desto stärker wächst unter sonst gleichen Umständen der Gebirgsdruck an; es kommt nicht die Bergart und nicht die Gesteinsfestigkeit zur Wirkung, sondern die Widerständigkeit im Großen, wie sie die Klüftung des Gesteins, Gleitflächen, die Lagerungsverhältnisse, die gebirgbauliche Inanspruchnahme und mancherlei andere Umstände beeinflussen.

Modellversuche von E. L e h r und K. S e i d l (1935) mit Stoffen, welche völlig spröde Gebirge nachahmten (Paraffin), lassen folgendes Grundsätzliche für Hohlräume mit quadratischem Querschnitte erkennen.

Versuch a) Ein Querschlag zweigt von einer Grundstrecke ab. In der Firste und in der Sohle des Querschlages zeigen gleich anfangs Risse die Überwindung des Zusammenhaltes an; von den unteren Ecken laufen Schubbrüche unter etwa 45⁰ schräg nach abwärts. Steigender Druck vergrößert und vermehrt die Schubbrüche; die Ulmen brechen dachförmig in den Hohlraum hinein. Die Schubbrüche zerlegen das Gebirge in Schollen (Abb. 161).

Versuch b) Ein Stollen durchörtert fern von anderen Hohlräumen sprödes Gebirge. Es entstehen wie im Falle a zuerst Risse in Firste und Sohle durch Zerstörung des Zusammenhaltes; sehr bald stellen sich dann auch Schubbrüche ein, welche unter etwa 45⁰ von den vier Ecken auslaufen und die Versuchmasse in keilförmige Teilkörper zerlegen. Mit zunehmender Belastung wirkt sich die brechende Verformung in dem Absprengen dachförmiger Stücke von den Ulmen aus, die schließlich ganz zusammenbrechen; in den vier keilförmigen Kör-

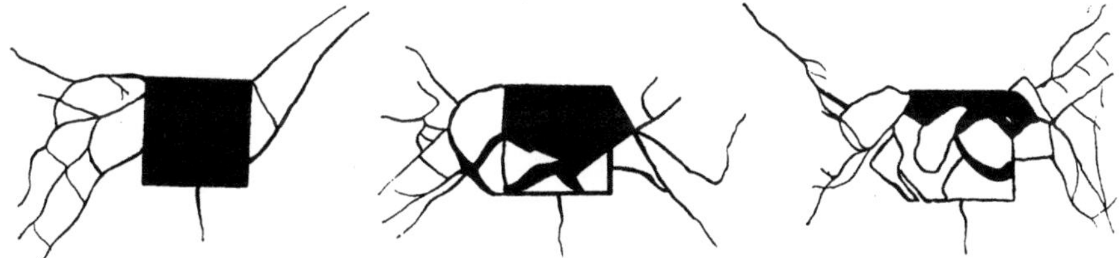

Abb. 162. Rissebildung im spröden Gebirge, welches ein Stollen quadratischen Querschnittes durchörtert. Nach L e h r und S e i d e l.

pern hinter den Ulmen entsteht ein Netz von Bruchflächen, welche miteinander Winkel von etwa 70⁰ einschließen; die kräftigere Zerstörung an den Ulmen selbst gibt sich durch engere Maschen zu erkennen; mit der Entfernung von den Stößen nimmt die Maschenweite des Netzes zu. Den stark zerbrochenen Keilmassen an den beiden Ulmen stehen die verhältnismäßig gut erhaltenen, nur von Zusammenhalts-brüchen zerrissenen Keilkörper in Sohle und Firste gegenüber (Abb. 162). Der große Firstdruck wirkt sich somit wie oft in der Natur (große Überlagerung) in Ulmzerstörungen aus.

Versuch c) Den Verlauf der Verformung im federnd verformbaren Gebirge veranschaulichen Versuche L e h r s und S e i d l s mit Gelatine-Glyzerin-Mischung (E = 1,4 kg/cm², m = 2 bis 2.5) an quadratischen Durchlochungen.

Versuchsanordnung wie bei a. Bei geringem Druck wölben sich Firste und Sohle leicht ein, während die Ulmen im wesentlichen gerade bleiben (Abb. 106). Wächst der Druck an, dann wölben sich auch die Stöße nach innen; die Zudrückung der Lücke wirkt sich in lotrechter

Richtung stärker aus als in der Waagrichtung. Die Zugspannungen bleiben wesentlich niedriger als in dem Falle, daß nahe Begleitstollen ein Ausweichen des federnd sich verformenden Gebirges nach den beiden Flanken erlauben. Wo dies möglich ist, wölben sich die Massen gegen die gleichlaufend begrenzten Nachbarhohlräume vor; wachsende Belastung verstärkt diese seitliche Auswölbung des Versuchskörpers; die senkrechte Lichtweite des Stollens verkürzt sich rasch, während die waagrechte sich etwas vergrößert. Die sich verstärkenden Dehnungen erzeugen Zusammenhaltsbrüche an den Ecken, welche senkrecht zu der Hauptspannung verlaufen; die Risse dringen immer weiter vor, während sich Firste und Sohle bis zur schließlichen Berührung nähern.

2. Weiches und erweichbares Gebirge.

Das weiche Gebirge hat einen geringen Zusammenhalt, weil sein Aufbauvermögen (Strukturenergie) gering ist und obendrein sein Feuchtigkeitsgehalt die Zugfestigkeit und die im Stollenbau oft maßgebende Biegungsfestigkeit mehr oder minder weitgehend herabsetzt. Es entwickelt größere Oberflächenspannung und geht ohne Rißbildung in den bildsamen Zustand über; es verhält sich versteckt bildsam, keinesfalls brüchig oder rollig; die Firste senkt sich mehr oder minder langsam in den Stollen herab. Erweichbar ist ein Gebirge, welches im trockenen Zustande zwar eine gewisse Festigkeit aufweist, durchfeuchtet sich aber genau so verhält wie von Haus aus weiches Gestein.

Das weiche Gebirge erheischt stets einen Einbau. Im allgemeinen wird man den endgültigen Einbau so rasch als möglich dem Vortriebe folgen lassen. Dort aber, wo Haarröhrchenwässer zur Leibung strömen und das Gestein zum Schwellen bringen, kann es statthaft sein, mit dem dauernden Einbau solange zuzuwarten, bis der Berg seinen neuen Gleichgewichtszustand wieder zum größeren Teile gefunden hat; man kann aber auch durch geeignete Mittel dem wachsenden Gebirge Raum bieten (vgl. S. 173).

Zum weichen Gebirge zählen bildsame Tone im Zustandbereiche zwischen flüssig und fest, bergfeuchte, tonreiche Mergel, bergfeuchte Schiefertone usw. Zu den im Stollen erweichenden Gesteinen der Ostalpen gehören beispielsweise die Partnachschichten, die Wengener und Cassianer Schichten, die schiefrigen Lagen der Lunzerschichten und der Raiblerschichten, die Reingrabener Schichten, die meisten Liasfleckenmergel und Mergel des Neokom, die Tonsteine und Mergel der Gosau, die mergeligen und tonigen Glieder der Flyschstöße, viele tonige und mergelige Anteile des Tertiärs usw.

Besonderen Schwierigkeiten begegnete der Stollenvortrieb in aller Regel im Haselgebirge (obere Schichtstöße der Werfener Schichten) und in anderen Tongipsmassen. Im bergtrockenen Zustande be-

wahren sie so ziemlich ihre Form; wo jedoch Wasser mit ihnen in
Berührung kommt, quellen sie, werden örtlich sogar breiig und er·
zeugen dann Schlammeinbrüche wie im Hinterleitenstollen des Opponitzer Kraftwerkes, im Hochkogelstollen der zweiten Wiener Hochquellenleitung u. a. m.

Der Tunnelbauer muß dort, wo eine Erweichung der zu durchörternden Bergarten droht, Maßnahmen gegen sie treffen, soweit dies
möglich erscheint (Abhalten des Wassers, Entwässerung der Umgebung der Tunnelröhre, sofortigen, endgültigen, sattanliegenden Einbau). Verhindert man die Erweichung des Gesteins mit Erfolg, dann
verhält sich das Gebirge ungefähr so, wie jenes mäßigfester Gruppen; versäumt man die Entwässerungsmaßnahmen oder gelingen sie
nicht, dann benimmt sich das Gebirge ähnlich wie von vornherein bildsame Gesteine. Die Gruppe der erweichbaren, vielfach als „mild“ bezeichneten Festgesteine nimmt also eine Zwischenstellung ein; von der
bildsamen Gruppe trennt sie die anfänglich meist erheblich größere
Festigkeit ihrer Bergarten, von der dauernd festen ihre Empfindlichkeit gegen Wasser. Übrigens schaltet die Natur allerlei Zwischenglieder ein.

3. Rolliges Gebirge (Nichtbindende trockene Lockermassen).

Rolliges Gebirge entbehrt im allgemeinen jedes Zusammenhaltes
(jeder Kohäsion); zumindest ist er kleiner als die Wirkung der
Schwerkraft (R z i h a); das Gebirge erlangt jedoch eine gewisse
Scherfestigkeit durch die Reibung seiner einzelnen Teilchen aneinander und durch allfälliges gutes Ineinandergreifen seiner Bestandteile bei dichter Packung; die erste Ursache seiner Festigkeit tritt
schon bei sperriger Lagerung der Körner in Erscheinung, letztere —
im Verein mit der Berührungsreibung — erst bei dichter Lagerung,
bei welcher die Ecken und Kanten der einzelnen Körner in die Hohl·
räume zwischen den Nachbarn hineinragen oder ganz in sie eindringen.

Bewegung kann bei dichter Lagerung erst eintreten, wenn sich
das Gefüge der Körnermasse auflockert, wobei häufig die spitzesten
Ecken und schärfsten Kanten absplittern; aber auch dort, wo die Run-
dungen von Körnern in die Buchten zwischen den Nachbarn sich
schmiegen, muß die dichte Lagerung zuerst in eine sperrigere übergehen, ehe Teile der Masse bewegungsbereit werden.

Grundsätzlich macht es, wie bereits weiter oben erwähnt, wenig Unterschied, wie groß die Einzelteilchen des Rollgebirges sind. Wie schon obertags
die feinen Sande gleich dem Grus, dem Schotter und dem groben Blockwerk
denselben Gesetzen der geraden, natürlichen Böschungslinie unterworfen
sind, so macht es auch im Stollen grundsätzlich nichts aus, ob wir Sand,

Blockwerk oder ein Festgestein durchörtern, welches erst beim Vortriebe zerbricht und sich in ein drückendes Trümmerwerk auflöst. Im einzelnen beobachtet man freilich Abweichungen vom allgemeinen Verhalten. So bringen große Blöcke mit ihren Kanten und Ecken zuweilen eine außerordentliche, örtlich eng beschränkte Erhöhung des Druckes; wo man in der Lage ist, die Achse des Tunnels zu verschwenken, wird man sich daher hüten, Bergsturzablagerungen dort zu unterfahren, wo der Hohlraum einen besonders großen Block aus seinem Gleichgewicht bringen könnte. Im Milwaukee waterworks Tunnel, Wis., lagen öfters gewaltige Blöcke am Außensaume der Leibung. Ihre Zersprengung beim Vortriebe durfte man nicht wagen; man ummauerte sie daher zuerst, ehe man sie beseitigte. Es ergaben sich so örtliche, ganz unregelmäßige Verbreiterungen des Stollens, die aber weiter nicht störten.

Es treten auch im rolligen Gebirge früher oder später Verspannungen ein, welche den Gebirgsdruck herabsetzen und den Einbau entlasten, welchen man nur in dichtgelagerten Rollern und in kleinen Hohlräumen ausnahmsweise entbehren kann (siehe die Bemerkungen auf S. 292). In Sanden gesellt sich zur Reibung festigkeitserhöhend noch zeitweise die Wirkung von Wasserhäutchen um die einzelnen Körner (bei bestimmten, geringen Wassergehalten); wir dürfen darauf im Stollenbau aber keine Rücksicht nehmen, da der Bereich, innerhalb dessen der Wassergehalt die Festigkeit des Sandes erhöht, eng begrenzt ist und der günstige Durchfeuchtungsgrad überhaupt in aller Regel nur eine kurze Lebensdauer besitzt (zeitliche Schwankungen im Feuchtigkeitsgehalte des Sandes, welche die Auffahrung meist noch verstärkt).

Zusammenhanglose, körnige Stoffe befähigt erst eine gewisse Umschließung zur Kraftaufnahme. Bei Ausweichmöglichkeit greift der Zerfall sehr rasch um sich, namentlich an den Ulmen; raschester Einbau tut dann not. Die Zerstörung des Verbandes der Körner ist in geringen und großen Teufen am gefährlichsten, in mittleren weniger bedrohlich.

Zu den nichtbindigen, trockenen Lockergesteinen gehören im allgemeinen Massen, welche ganz überwiegend aus Körnungen mit einem Durchmesser von mehr als 0.02 mm bestehen. Es ist dabei gleichgültig, ob diese Körnungen schon von Haus aus vorhanden waren oder erst durch das Zubruchgehen von spröden Festgesteinen mit großer Aufbaufestigkeit und geringer Oberflächenspannung entstanden sind. An sich locker und rollig, verspannen sich die hierher gehörigen Bergarten mehr oder minder gut über Hohlräumen von nicht zu großer Weite (Beispiele bieten Gruben in den pannonischen und sarmatischen Sanden der Oststeiermark, natürliche Höhlendome im Bergsturze von Rötelstein längs des Oberwassergrabens des Murkraftwerkes Mixnitz-Laufnitzdorf u. a.). Trotz einer gewissen technischen Standfestigkeit, welche bis zu einer bestimmten Grenze mit der Verfeinerung des Kornes wachsen kann, muß man mit dem Ausbrechen von Glocken, ja mit örtlichen Tagbrüchen rechnen; zu diesen Vorgängen tragen Lockerheit der Packung (sperrige Lagerung) und geringe Überlagerung ganz wesentlich sei, ebenso natürlich auch die Lichtweite und Höhe des

Hohlraumes sowie die Bauweise; dichter und rascher Abschluß des Hohlraumes schränkt Auflockerung und Nachbrüche ein. In der Natur sehen wir im Gegensatze zu den Erscheinungen in unseren Baugruben den natürlichen Böschungswinkel von Schuttkegeln und Schutthalden im allgemeinen mit der Zunahme der Korngröße anwachsen; eine Ausnahme bildet u. a. der Löß.

Die dauernde Wasserführung bleibt in aller Regel auch in größeren Teufen sehr gering; selbstverständlich muß die Sohle des Hohlraumes oberhalb des Grundwasserspiegels und seines Schwankungsbereiches liegen; innerhalb des Grundwasserbereiches wendet man Versteinerungsverfahren, Gefrierverfahren usw. zur Gewältigung des Wassers an. Der zeitweise Wasserzudrang geht in Schottern und groben Sanden oberhalb des Grundwasserspiegels mengenmäßig mit den Niederschlägen und mit der Schneeschmelze gleich; die zeitliche Verzögerung ist gering, am größten noch bei den feineren Körnungen (Engerwerden der Wasserwege).

Der Vortrieb erheischt in aller Regel Getriebezimmerung und umso besseren Verzug, je feiner die Körnung ist; selten werden noch weitergehende Maßnahmen erforderlich. Die Schichten lagern meist söhlig oder flach; geneigte Schichtflächen trifft man bekanntlich in ehemaligen Dünengebieten, im Bereiche von alten Mündungskegeln und Schotterbänken, in Schutthalden usw. an; Krustenbewegungen und Gebirgsbildung führen weitere Abweichungen von der flachen Schichtlagerung herbei.

Schrägschichtung begünstigt den Eintritt von Gewölbewirkung weniger als söhlige Lagerung; man darf aber auch nicht mit einer Plattenwirkung der Schichten rechnen, da den Rollern sozusagen jede Biegungsfestigkeit und Biegesteife fehlt. Kräftigen Widerstand leisten die Nichtbinder unter Umständen gegen Druck; diese Fähigkeit kommt der Bildung von „Traggewölben" bei flacher Lagerung und großem Abstand der Schichtflächen zugute.

In den groben Lockermassen stellen wir mit unseren Hilfsmitteln keine Haftung fest; sie macht sich erst bei den feineren Körnungen der Gruppe bemerkbar; am kräftigsten wohl beim Löß; hier aber beruht sie vorwiegend auf chemischen Wirkungen (ausgefällte Kalkhäutchen usw.), so daß er aus dieser Gruppe wohl ausscheidet. Das technische Verhalten der Gesteinsgruppe 3 beherrscht in erster Linie die Reibung und alles, was mit ihr zusammenhängt. Die Verspannung der Massen gehorcht den Silogesetzen.

Eine gewisse Sonderstellung nimmt der sog. „Laufsand" ein; es ist dies ein trockener Sand, welcher trotz seiner Feinkörnigkeit nicht die geringste Korn-zu-Korn-Haftung zeigt, sondern gleichsam wie eine Flüssigkeit „rinnt" und „läuft". Man kann ihn nur mit sorgfältigster Getriebezimmerung bewältigen; zuweilen gelingt es, ihn durch Besprengung an der Brust standfester zu machen.

Zur Gruppe 3 gehören u. a.: Bergsturzablagerungen, Schutthalden, die meisten Schwemmkegel, Schotter aller Art, Ufermoränen, viele

Stirnmoränen, Dünensande und sonstige Sande, Murböden aller Art, Dammerde, lehmarme Verwitterungsmassen (z. B. von Granit), vollständig zertrümmertes Gebirge (Ruschelstreifen!) usw.

In den Schilderungen, welche A. Lorenz und andere vom Baue des Semmering-Scheiteltunnels geben, spielt druckäußernder „Quarzsand" eine große Rolle; er soll in einigen Schächten bis zu 42 Fuß mächtig gewesen sein. Wie bei Turnau, bei Mürzzuschlag usw. handelt es sich auch hier sicherlich um spröden Quarzschiefer, welchen erst der Gebirgsbildungsdruck zu Sand und Grus zerquetschte und „rollig" machte.

4. Nasser Rollschutt.

Nasser Grobschutt (Durchmesser im allgemeinen größer als 2 mm) erschwert natürlich den Vortrieb um so mehr, je feiner sein Korn ist und je größere Wassermengen er führt. In den meisten Fällen bringen Entwässerungsmaßnahmen nicht nur Erleichterung der Arbeit, sondern ermöglichen zuweilen überhaupt erst die Auffahrung. Das entwässerte Gebirge verhält sich dann so wie die trockenen Arten der Gesteinsgruppe 3. Nassen Grobschutt trifft man häufig in breiteren Zerrüttungsstreifen an; ansonsten gehören hierher die Ablagerungen der Gruppe 3 innerhalb des Grundwasserbereiches.

Von den Sanden (Korngröße von 2—0.2 mm) und den Muarten (0.2 bis 0.02 mm Durchmesser) darf man nur jene Absätze zum nassen Rollschutt rechnen, bei welchen der Korn- zu Korndruck, bzw. eine gewisse Größe der eben wach werdenden Oberflächenkräfte stärker ist als der Strömungsdruck des die Lücken zwischen den Körnern durchfließenden Grundwassers. Überwiegt letzterer, dann geht der nasse Rollschutt in schwimmendes Gebirge (5) über.

5. Nasse Feinlockermassen einschließlich Schwimmsand und schwimmendem Gebirge überhaupt.

Sinkt der Durchmesser der maßgebenden Körnung der Lockermassen etwa unter 2 mm bis 0.02 mm herab und erfüllt Wasser die Hohlräume zwischen den Körnern so vollständig und in der Art, daß es die angefahrenen Massen unter einen gewissen, wenn auch oft nur kleinen Druck setzt, dann nehmen die Nichtbinder mehr oder minder das Verhalten vom Schwimmsand an. Die angenommene Grenze von 2 mm ist willkürlich, ebenso die untere von 0.02 mm; ja diese schwankt noch weit mehr als die obere. Während breiiges Gebirge mehr oder weniger Feinstoffe enthält, besteht das schwimmende vorzugsweise aus Feinsand, dessen Körner ohne Haftung aufeinander ruhen; dadurch, daß Strömungsdruck von der Größe vorhanden ist, daß er die Drücke von Korn zu Korn aufhebt, wird der Sand erst zum Schwimmgebirge. Druckwassererfüllte Sande und andere schwimmende Massen entbehren daher nicht nur jedes Zusammenhaltes, sondern haben auch keine merkliche Scherfestigkeit mehr; sie sind zusammenhaltlos und so gut wie reibungslos. Dementsprechend äußert sich in ihnen auch der Gebirgsdruck: er ähnelt dem allseitigen Drucke unter Wasser.

S c h w i m m s a n d nennt man einen ziemlich gleichmäßig gekörnten Sand, dessen Lückenwasser unter Druck steht; seine Körner lagern daher sehr sperrig, so daß sie leicht übereinander gleiten können. Meist ist der Schwimmsand feinkörnig bis sehr feinkörnig; dann genügt schon eine kleine Ausflußgeschwindigkeit des Wassers, um die Sandkörner mitzureißen und den Sand durch Astlöcher der Verzugbretter, schmale Spalten usw. hindurchzudrücken, als wäre er eine Flüssigkeit. Ist das Korn des Sandes gröber, dann setzt ihn erst größere Strömungsgeschwindigkeit des Grundwassers in Bewegung; dies ist etwa bei Durchmessern von mehr als 0.2 mm der Fall. Die meisten Schwimmsande haben einen Korndurchmesser von 0.05—0.1 mm oder noch weniger.

Das Verhalten des schwimmenden Gebirges beim Vortrieb kennt der Tunnelbauer von vielen üblen Erfahrungen her; er hat einige Bauverfahren ersonnen, um der oft ungeheuren Schwierigkeiten Herr zu werden (z. B. Vortrieb unter Schild); meist umschließt man den Hohlraum s o f o r t mit einem widerstandsfähigem Mauerkörper. Entwässerung des Gebirges und Versteinerung haben sich in zahlreichen Fällen bewährt (Abb. 177 u. 178); man empfiehlt rasches Vortreiben des Sohlstollens, damit das Gebirge sich „ausblutet"; doch hat jedes Vorkommen von Schwimmgebirge seine Eigenart und will besonders behandelt werden. „Ausrinnen" des schwimmenden Gebirges durch eine Lücke des Verzuges hat schon oft den einseitigen Druck so verstärkt, daß die Zimmerung krachend zusammenstürzte. Man trachtet daher durch sorgfältige, dicht gefügte Verladung und Verstopfen aller Ritzen mit Stroh, Heu, Moos usw. den Hohlraum so gut als möglich und pausenlos gegen das Schwimmgebirge abzuschließen.

Gelingt es, durch Hilfsstollen, Bohrungen u. dgl. das Schwimmgebirge in der Umgebung der Tunnelröhre vollständig trocken zu legen, dann haben wir wiederum die Gesteinsgruppe 3 vor uns.

Zum Schwimmgebirge zählt nicht bloß der gefürchtete Schwimmsand im eigentlichen Sinne, sondern auch Quetschgestein von einschlägiger, maßgebender Körnung, wie es wasserführende Rütterstreifen von einiger Breite zuweilen bergen.

6. Trockene (feste) Binder.

In die Gebirgsgruppe 6 fallen alle trockenen Lockermassen, für deren technisches Verhalten die Korngruppen mit weniger als 0.02 mm Durchmesser maßgebend werden. Der Ausdruck „trocken" ist ingenieurmäßig und nicht etwa streng aufzufassen; die Bodenprobe erscheint dem Auge und dem Fingergefühl unfeucht, kann aber bei der

Prüfung im Versuchsraume immerhin noch einen den Laien überraschenden Feuchtigkeitsgehalt zeigen.

Zur Gruppe 6 gehören beispielsweise die festen Zustandsformen von Lehmen, Tonen aller Art (Seetone, Tegel, Opok, Letten, Bändertone usw.), jene der meisten Grundmoränen (Geschiebelehm u. dgl.), der weichen Abarten des Schliers, des Seeschlammes, vieler Gehängelehme, zahlreicher, lehmreicher Hangschuttmassen u. dgl. Ein Teil der trockenen Binder fällt unter den Begriff der „milden" Bergarten nach R z i h a. Je nach seinem Wassergehalte kann mithin ein und dasselbe Gestein bald zur Gruppe 6 (feste Binder), bald zu Gruppe 7 gehören.

Die Vorkommen „trockener" Binder beschränken sich begreiflicherweise auf die höher gelegenen Teile der Erdkruste unmittelbar unter der Oberfläche. Tiefer drinnen im Schoße der Erde sind die Binder häufig feucht (bergfeucht).

Gegen die Gruppe 2 hin, welcher im allgemeinen höhere Festigkeit zukommt, gibt es Übergänge, ebenso gegen die Gruppe 3, mit welcher der Löß vermitteln dürfte. Noch mehr kann die Grenze gegen die Gruppe 7 verschwimmen; die Gesteine der Gruppe 7 stehen ja weiter im Bergleibe drinnen an und für sich schon alle mehr oder minder „bergfeucht" da; fährt man in ihnen einen Stollen auf, dann erscheint die Leibung zwar anfangs nahezu „trocken"; nach einiger Zeit aber wandert die Gebirgsfeuchtigkeit aus der Umgebung der Röhre allmählich nach dem Hohlraume zu und das „trockene" Gebirge nimmt dann in gleichem Maße die Beschaffenheit einer feuchten bis nassen Masse an. Diese Entwicklungsmöglichkeiten muß man bei Planungen und Vortrieben stets im Auge behalten.

Die Lösung trockener Binder bewirkt man mit der Spitzhacke, mit dem Schrämer, mit gelegentlichen Schüssen usw. je nach der jeweiligen besonderen Beschaffenheit der Bergart und den Anforderungen, welche der Bau stellt.

Die Standfestigkeit der trockenen Binder kann in Stollen geringer Lichtweite bei nicht zu mächtiger Überlagerung überraschend groß sein. Im übrigen rufen Schichtung und Lagerung große Unterschiede hervor. In dickschichtigen bis mäßig dünnschichtig erscheinenden, festgepreßten Tonen beobachtet man Neigung zur Bildung von Firstgewölben und Traggewölben über der Firste; man unterstützt sie am besten durch entsprechende Formgebung der Stollenfirste. Blättrige Tone lockern sich nicht nur leicht und nach kurzer Zeit auf, sondern verhalten sich gleich den dünnschichtigen Tonen meistens eher wie Platten denn als sich wölbende Masse; bei der Durchbiegung erweisen sie sich bald mehr oder minder bildsam, bald zerbröckeln sie förmlich (laminated clay der Amerikaner). Bei der gegebenen Umschreibung der Gruppe genügen örtliche Entwässerungsanlagen bescheidenen Umfanges und einfachster Ausführung. Ganz kann man ihrer nicht entbehren; denn auch die an sich wasserabweisenden Tone führen auf Absonderungsklüften (z. B. tertiäre Tone von Podsusek westlich von Agram) und längs Verwerfungen etwas Wasser; ja vom Vortriebe des Milwaukee Waterworks-T., Wis., berichtet man, daß sich dort Grundwasser bachähnlich im roten Ton ein wohl abgegrenztes Gerinne ausgearbeitet habe.

7. Nasse Binder.

Das technische Verhalten nasser, bindiger Bergarten hängt u. a. von der Korngrößenverteilung, sowie von der Menge und Verteilung des Wassers in ihnen ab. Mit Federndheit kann man in ihnen nicht rechnen. Die Verformung ist niemals eine brechende, sondern immer eine mehr oder minder bildsame. Da bildsame Formänderungen keine Raumvermehrung des Gesteins bringen, reichen ihre Wirkungen gedachtermaßen bis zur Tagesoberfläche hinauf, ohne Rücksicht auf die Teufenlage des Hohlraumes. In Wirklichkeit stellen sich jedoch auch im bildsamen Zustande der Stoffe häufig Verspannungen ein, u. zw. um so eher, je schmäler der Hohlraum ist.

Versuche von E. Lehr und K. Seidl (1935) mit Plastilin führen für den Stollenbau im bildsamen Gebirge u. a. zu nachstehenden Folgerungen, rechteckigen Querschnitt der Hohlräume vorausgesetzt.

a) Wo Querschläge zu einer Grundstrecke aufgefahren werden oder Stollen sonstwie von bestehenden Hohlräumen ihren Ausgang nehmen, drängen Firste und Sohle in den Querschlag stanzenmäßig hinein; die Ulmen des Querschlages bleiben lange Zeit annähernd gerade. Am Kreuzungspunkte wölben sich die Stöße kissenartig gegen die Grundstrecke vor, während sich Firste und Sohle nach Art einer Einschnürung in der Richtung der Achse des Querschlages zurückziehen (Abb. 106). Die Stanzwirkung führt schließlich zur Berührung von Firste und Sohle.

b) In Stollenteilen, welche von anderen Hohlräumen so weit entfernt sind, daß das Gebirge nur gegen das Stolleninnere vordringen kann, bleibt die Stanzwirkung aus und es wölben sich Ulmen, Firste und Sohle annähernd gleichartig gegen die Längsachse des Hohlraumes vor. Dabei werden die Ecken eingefaltet (Abb. 97) und sämtliche vier Hohlraumwände in der Längsrichtung des Stollens etwas eingeschnürt. Die Firste verqueren Risse annähernd senkrecht zur Stollenachse; an den Ulmen zeichnen sich eigenartige Fließvorgänge ab.

Der Feuchtigkeitsgehalt bestimmt vor allem die Zustandsform, in welcher uns der Binder entgegentritt (vgl. S. 189); wird das bindige Gebirge durch Wasserzutritte breiig (Gruppe 8), dann nähert sich sein Verhalten mehr oder minder jenem des Schwimmgebirges und bereitet dem Vortriebe die allergrößten Schwierigkeiten. Je geringer der Wassergehalt der auszufahrenden Bergart ist, um so standfester erscheint das Gebirge. Am unangenehmsten für den Ingenieur sind Tone, deren Schichten Schnüre von Sand durchziehen; das Wasser dieser Lagen führt die Tone nach dem Anfahren in die breiige Zustandsform über; zugleich verursacht die Aufspaltung der Schichten in Lagen grobungleichen Verhaltens auch eine beträchtliche Herabminderung der Gebirgsfestigkeit. Unter diesen Umständen verwundert es nicht, daß Tone, wie z. B. der blaue Wealdenton des Blechingley-Tunnels, von Ort zu Ort ein verschiedenes, den Ingenieur oft überraschendes Verhalten zeigen. Schwierig gestaltet sich der Vortrieb auch in vielen Bändertonen und blättrigen Tonen; die letzteren (laminated clays) sind in den USA berüchtigt (vgl. auch Gruppe 6).

Unangenehm für den Stollenbauer ist die oft beobachtete Erscheinung, daß sich das Gebirge sehr häufig nach dem Anfahren mehr oder minder beträchtlich verschlechtert (Tonboden im Saltwood-Tunnel, Blechingley-Tunnel bei Sydenham). Schon weiter oben wies ich darauf hin, daß der an der schwellenden Hohlraumleibung entstandene Unterdruck das Wasser auch entfernterer Massen zum Nachrücken einladet; der Stollen wirkt „entwässernd"; in diesem Falle gegen den Wunsch und gegen die Pläne des Ingenieurs, dem das an der Tunnelleibung schwellende Gebirge manchmal riesigen Druck bringt (Quellungsdruck).

Am unangenehmsten können Schlufftone werden, wenn sie breiartige Zustandsform annehmen (Fließgebirge); ihr Verhalten leitet zu jenem des schwimmenden Gebirges hinüber (Abschnitte 5 und 8). Der Schluffanteil ist besonders in manchen Quetschstreifen, Kluftfüllungen, Seetonen (z. B. des Pannons der Ostmark und Ungarns) und Blockhalden groß genug, um den Vortrieb ungeheuer zu erschweren.

Entwässerung sehr nasser Schichtstöße würde den Bau wesentlich erleichtern; sie gelingt jedoch nicht immer im gewünschten Ausmaße und rasch genug. Denn die Binder geben ihr Wasser um so langsamer und wiederstrebender ab, je feiner ihre Wasserwege sind. Viel leichter fällt es in der Regel, Wasser abzuhalten oder abzufangen, ehe sein Zutritt das ungünstige Verhalten des Gebirges herbeigeführt hat.

Da sich nasse Binder mehr oder minder bildsam bis fließend verhalten, fällt es in Einzelfällen oft schwer zu entscheiden, ob sie den Gesetzen der Platten oder jenen der Gewölbe gehorchen. In schmäleren Hohlräumen beobachtet man bei nicht sehr großem Wassergehalt häufig Verspannungen; die Bildung von Traggewölben oder Tragringen spielt auch in den Erwägungen Terzaghis eine große Rolle (S. 221 ff.).

Nasse Binder aller Feuchtigkeitsgrade muß man in aller Regel zum „Druckgebirge" rechnen. Dieses Druckgebirge rät oft zu Ab-

weichungen vom gewöhnlichen Bauvorgange; während es sonst immer
mehr oder minder große Vorteile bringt, das Gebirge nicht lebendig
werden zu lassen und den dauernden Einbau möglichst rasch an den
Vortrieb anzuschließen, kann es hier ratsam werden, mit dem endgültigen starren Einbau abzuwarten, bis sich das Gebirge entspannt
hat. Der Einbau braucht dann bloß den Druck eines beschränkten Ge-
steinsringes um die Leibung herum aufzunehmen. Das Schrifttum
bringt zahllose Angaben darüber, wie solches Gebirge zuerst gewalt-
sam die Fesseln zerbricht, welche man ihm anlegen will, während es
sich nach Verlauf einiger Zeit, gewissermaßen erschöpft, dem Willen
des Ingenieurs fügt. Man kann aber in solchen Fällen auch der Spitzen-
regel gehorchen und den Dauereinbau rasch bewerkstelligen; man muß
ihn dann nur nachgiebig gestalten (Quetschholzeinlagen, Füllzellen,
Faschinenlagen usw.).

Es bedarf keiner ausführlichen Begründung, warum in nassen
Bindern nur mehr oder minder schwere Auspölzungen, dicke Ausmauerungen und sorgfältige Dränungen am Platze sind. Formsteine
oder Formstücke erleichtern in vielen Fällen die Arbeit sehr und gestatten raschen Anschluß der Einbauarbeiten an den Vortrieb. Die
chemische Beschaffenheit der Wässer in Tonmassen muß in allen
Fällen gründlich klargestellt werden (Gehalt an angreifender Kohlensäure, an Sauerstoff, Schwefelsäure, Humussäure usw.).

8. Breiiges Gebirge.

Weiches Gebirge, Zerreibsel verschiedener Entstehung und feiner,
unreiner Sand werden unter Umständen durch den Zutritt von reichlich Wasser in einen Brei verwandelt, welcher auf die Verschalung
drückt, sich durch die Fugen und Ritzen des Verzuges in den Hohlraum drängt und ihn auszufüllen trachtet; mehr oder minder großer
Gebirgsdruck begleitet diese Erscheinungen, welche den Vortrieb in
jeder Weise erschweren, hemmen und kostspielig gestalten. Oft reicht
die gewöhnliche Getriebezimmerung mit Holzeinbau zur Bewältigung
der Schwierigkeiten nicht mehr aus; man muß dann zum eisernen
Einbau greifen (Kölner Bauweise, Vortriebweise K u n z u. dgl.) oder
unter Schild arbeiten. Breigebirge trifft man z. B. in Zerrüttungsstreifen häufig an; es bereitet um so größere Schwierigkeiten, je mehr
Feinteilchen sich in das Zerreibsel mischen. Reichlich vorhandener
Seidenglimmer begünstigt die Gleit- und Fließvorgänge. Aber auch
Moränen, sandig-tegelige tertiäre Absätze und lehmig-sandige Schotter
jeden Alters (z. B. „Pechschotter“ des Alpenvorlandes) können beim
Vortrieb breiartig werden. Zum „Schwimmgebirge“ führen Übergänge
hinüber.

1. Versuch einer Übersicht über die annäherden Beziehungen zwischen Wirkdruck und einigen baulichen Maßnahmen.

	Zustandform	Wirksamer Bergdruck		Vortrieb	Besondere Maßnahmen	Dauer-Einbau	Allfällige Anschätzung des Wirkdruckes
		Art	Größe				
A	fest bis äußerst fest	Überlagerungsdruck	nicht wahrnehmbar	ohne Einbau	—	—	nicht nötig; örtlich Bergschlaggefahr
Nicht erweichbares, festes Gestein	wenig nachbrüchig	**Auflocke**rungsdruck mittellebhaft	kaum wahrnehmbar bis gering	Kopfschutz bis Zimmerung	z. B. Unterfangungs- oder auch österr. Bauweise; Firstschlitz weniger empfehlenswert	Spritzbetonhaut bis schwache Verkleidung	Druckkörperhöhe (Höhe des Auflockerungsbereiches über der Firste)
	druckäußernd mäßig mittel stark	Auflockerungsdruck u. Überlagerungsdruck	mäßig mittel stark	Getriebezimmerung	U. U. Entwässerungen	z. B. Ringbauweise: mittel kräftig schwer	dzt. noch unmöglich bis unsicher
B	weich oder erweichbar	Auflockerungsdruck, Überlagedruck, Umwandlungsdruck	mäßig bis stark	Anlegezimmerung bis Getriebezimmerung	Abhaltung von Wasser	rasch einzuziehen; mittelkräftig, u. U. Sohlgewölbe	dzt. noch unmöglich bis unsicher

	Zustandform	Wirksamer Bergdruck		Vortrieb	Besondere Maßnahmen	Dauer-Einbau	Allfällige Anschätzung des Wirkdruckes
		Art	Größe				
C	rollig-trocken	Auflockerungs- und Überlagerungsdruck	mäßig bis stark	Getriebezimmerung. Bewegungen des Gebirges sorgfältig verhindern	österr. Bauweise z. B. oder Kunz, Schäfer u.a.	kräftig bis sehr kräftig	Siloformeln
D	rollig, grob, naß	Auflockerungs- und Überlagerungsdruck	mittel bis stark	Getriebezimmerung	Entwässerung, allenfalls Versteinerung	kräftig bis sehr stark. Meist Kreisform	Siloformeln
E	schwimmend	Überlagerungsdruck	stark	Schild mit oder ohne Preßluft	Entwässerung, Gefrierverfahren u. U. Versteinerung oder chemische Verfestigung, gut schließenden der Verzug	sehr kräftig; Sohlgewölbe oder Kreisform	voller Schweredruck
F	bindig, fest	Auflockerungsdruck; Umwandlungsdruck	gering bis mittelmäßig	Kopfschutz bis Anlegezimmerung	Rascher endgültiger Einbau. Abhaltung von Wasser	mittel	Terzaghiformel
G	bindig, bildsam	Auflockerungs- und Überlagerungsdruck, Umwandlungsdruck	mäßig bis stark	Anlegezimmerung bis Getriebezimmerung	Abhaltung von Wasser	mittel bis kräftig, u. U. Sohlgewölbe oder Kreisform	Terzaghiformel
H	bindig, breiig	Überlagerungsdruck	stark	Schild mit Preßluft	Entwässerung, Gefrierverfahren	sehr kräftig; Sohlgewölbe oder besser Kreisform	voller Schweredruck

2. Übersicht über häufige Wechselbeziehungen zwischen Teufe und vorläufigem Einbau bei verschiedenen Zustandsformen des Gebirges.

Gebirge	Teufe		
	gering	mittel	groß
fest bis sehr fest	kein Einbau	kein Einbau; zuweilen Bergschläge	kein Einbau oder nur Kopfschutz; häufig Bergschläge
fest, aber nachbrüchig	schwacher Einbau bis Kopfschutz	schwacher bis mittlerer Einbau	mittlerer Einbau
fest, aber druckäußernd	kräftiger Einbau je nach Druck	kräftiger Einbau je nach Druck; Sohlschwelle	sehr kräftiger Einbau je nach Größe des Druckes, Sohlschwellen
weich oder erweichbar	kräftiger Einbau	sehr kräftiger Einbau, meist Sohlschwellen	sehr kräftiger Einbau; Sohlschwellen
rollig, trocken	sehr kräftiger Einbau; Gefahr von Tagbrüchen	kräftiger Einbau	kräftiger Einbau
rollig, naß	desgleichen nach Entwässerung (allenfalls Versteinerung durch Einpressen von Zement oder Chemikalien)		
bindig, trocken	Einbau schwach bis unnötig	schwacher bis mittlerer Einbau	kräftiger Einbau
bindig, feucht	kräftiger Einbau	sehr kräftiger Einbau (allenfalls Mann an Mann), Sohlschwelle	
breiig	sehr kräftiger Einbau von mit der Teufe wachsender Stärke; Entwässerungen; selbst geringfügiges Einrinnen des Gebirges verhindern!		
schwimmend			

Auswahl aus dem Schrifttum.

1. Andreae, C., Die Bedeutung des Bausystems bei der Ausführung von Eisenbahntunneln. Schweiz. Bauztg. 75, 1920, S. 24—27, 35—37. — 2. Andreae, Über Tunnelbau- und Betriebsweisen. Bautechnik 1926, H. 23, S. 330. — 3. Baldwin, A. E., On Tunnel construction and on the Sydenham-Tunnel. Minutes of Proceedings of the Institution of Civil Ingineers. Bd. 49, London 1877, S. 232 ff. — 4. Belani, V. D. I., Schnellere Stollenvortriebe. Montanistische Rundschau. XXIII. Jahrg. 1931, H. 8, S. 137. — 5. Becker, Fritz, Die Beschleunigung der Stollenvortriebe. Der Bauingenieur. 1930, H. 34, S. 581—582. — 6. Berg, A. und E. Ewers, Neue Ausbauverfahren für Tunnel. Bautechnik 1934, H. 24. — 7. Crawhall, J. S., Tunneling a water-bearing fault by Cementation. Eng. News-Record 102, 1929, S. 874—877. — 8. Davis, E. C., Lining the St. Louis water tunnel with concrete by means of compressed air. Eng. News 1915, Bd. 73, H. 4, S. 164 ff. — 9. Everham, A. C., Concreting a tunnel by compressed air.

Eng. News. 1913, Bd. 70, H. 5, S. 208 ff. — 10. F i t z g e r a l d, J. H., Evolution of the Concret Lining Plant, Eng. News-Record, 106, 1931, S. 616—619. — 11. F o r c h h e i m e r, Ph., Englische Tunnelbauten bei Untergrundbahnen sowie unter Flüssen und Meeresarmen. Aachen, 1884, I. A. Mayer. — 12. G r i m e s, O. J., The Karns tunneling machine. Eng. News, Bd. 69, H. 10, 1913, S. 470/71. — 13. G r i p p e r Charles F., Railway tunneling in heavy ground. London 1879, E. v. F. N. Spon. — 14. G u t, A., Der Zugspitzstollen Schneefernerhaus—Zugspitzeck. Bautechnik 1938, H. 42. — 15. H a g e m a n, E. L., Large-Section Tunnel Construction at Ashville Eng. News-Record 100, 1928, S. 441—443. — 16. H a t c h, Harry H., Tunnel concreting and surveying at Cobble Mountain. Eng. News-Record 107, 1931, S. 988—990. — 17. H i c k s, H. L., Rapid driving of a short tunnel in Black Hills limestone. Eng. News-Record, Bd. 79, 1917, S. 1167. — 18. H o l l i n g s w o r t h, C. H., Rapid progress on St. Louis intake tunnel. Eng. Record, 1914, Bd. 69, H. 10, S. 281. — 19. H o l l i n g s w o r t h, C. H., Collapsed tunnel shield at Memphis rebuilt in bad ground. Eng. Record, 1915, Bd. 71, H. 13, S. 388 ff. — 20. I m h o f, K., Die Bedeutung des Bausystems bei der Ausführung von Eisenbahntunneln. Schweizer Bauzeitung, Bd. 75, 1920, Heft 24, S. 261—263. — 21. I m h o f, K., Die Gesteins-Auflockerungsziffer in ihrer Bedeutung für die Bestimmung der äußeren Kräfte bei Untertagbauten. Geologie und Bauwesen. — 22. J e n i k o w s k y, Franz, Bau eines Ersatzstollens in Kilometer 68/69 der II. Wiener Hochquellenleitung in Hendorf bei Scheibbs, N.-Ö. Z. Ö. Ing. u. Arch. Ver. 1934, Heft 39/40, 235 f. — 23. Mc. K a y, Guy R., Lining a tunnel in swelling Rock. Eng. Record 1912, Bd. 65, H. 21, S. 564—566. A description of the methods used on the Snake Creek Tunnel in Utah. — 24. K i l i a n, Fred, Stollenbauten auf der Zugspitze. Nobel-Hefte, 14. Jhgg., 1939, H. 2, S. 24—29. — 25. L a u c h l i, Eugene, Lining long and deeply overlaid tunnels. Eng. News, 1914, Bd. 72, H. 6, S. 298. — 26. M. L e o d, D o n a l d, F., Filling a tunnel cave in by the hydraulic method. Eng. News, 1913, Bd. 69, H. 25. — 27. L u g s c h e i d e r, Otto, Bau eines Eisenbahntunnels im Senkungsgebiete des oberschlesischen Steinkohlenbergbaues. Die Bautechnik, 1931, H. 46, S. 667—670, und H. 48, S. 693—696. — 28. M e y e r- G e o r g e, Stollenvortrieb-Methode "heading and bench". Schweiz. Bauztg. 1931, Bd. 97, H. 8, S. 92. — 29. M ü l l e r, H., Neuzeitlicher Streckenausbau in steiler Lageung auf der Zeche Zentrum-Morgensonne. Glückauf 69, 1933, 16, S. 353—361. — 30. P e l z e r, A., Betriebserfahrungen mit dem Keilkranzausbau von Herzbruch. Glückauf, 70, 1934, 34, S. 784—788. — 31. P r e s s e l, Die neue Tunnelrüstung in Holz- und Eisenkonstruktion, System A. Kunz, München, 1919, Selbstverlag der Bauunternehmung A. Kunz u. Co. — 32. P r e s s e l, Die Tunnelrüstungen von Franz Rziha und Alfred Kunz. Bautechnik 1926, H. 9 und 12, S. 105 und 173. — 33. R a b c e w i c z, L. v., Forderungen an neuzeitliche Tunnelbauweisen mit besonderer Berücksichtigung der Alpen.tunnel der Reichsautobahn. Bautechnik 1940, 18. Jhgg., H. 47/48, S. 547—551. — 34. R i c h a r d s o n, H. W., Safe or Unsafe Tunneling? Eng. News-Record, 106, 1931, S. 739—741. — 35. R i e p e r t, S c h l ü t e r und v. S t e g m a n n, Neuzeitliche Betonbauweisen im Bergbau. Glückauf 62, 1926, S. 889. — 36. O' R o u r k e, John, F., Elimination of timbering in rock tunneling. Eng. News, Bd. 69, H. 7, 1913, S. 324 ff. — 37. R u s s e l, Thomas, F., Bottom heading driving on C. S. R. Tunnel in Quebeck. Eng. News-Record, 108, 1932, S. 716—718. — 38. S c h a e c h t e r l e, Tunnelbau in quellendem Gebirge. Bautechn. 1926, Heft 30 und 31. — 39. S c h ä f e r, Sonderkonstruktion bei der Abdichtung von Bauwerken mit bituminösen Stoffen.

Vedag-Jahrbuch, S. 51, Berlin 1935. — 40. S c h n e i d e r s, Baggerbetrieb beim maschinellen Streckenauffahren unter Tage. Diss. Augsburg 1926, J. P. Himmer. — 41. V o l l m a r, Ausbau von Hauptförder- und Wetterstrecken in Beton auf westfälischen Steinkohlengruben. Z. VDJ., 75, 1931, S. 349. — 42. W a l b r e c h e r, Versuche und Studien über das Gefrierverfahren. Glückauf 1910, S. 1681. — 43. W e r k e n, Die Kölner Stollenvortriebweise, ihr Entstehen und ihre Durchbildung. Bautechnik 1931, H. 8 und 10, S. 97 u. 127. — 44. W i e d e m a n n, Karl, Neuere Anwendung der Unterfangungsbauweise im Tunnel- und Stollenbau. Berlin 1940, W. Ernst u. Sohn. — 45. W i e d e - m a n n, Stahl und Stahlbeton im Tunnel- und Stollenbau. Bautechnik 1940, H. 34, S. 393. — 46. W i e s m a n n, E., Über die Stabilität von Tunnelmauer- werk. Schweizer Bauzeitung, 1914, S. 27 ff. — 47. W i t s c h, J., Erfahrungen mit dem Eisenringausbau von Schwarz. Glückauf 69, 1933, S. 246—248. — 48. W o l f, Statische und bautechnische Betrachtungen über den Strecken- ausbau untertags. Glückauf 1931, S. 1269. — 49. W ü r k e r, Streckenausbau mit Stahl. Berlin 1935. W. Ernst & Sohn. — 50. W ü r k e r, New roof shield used for driving railroad tunnel in soft earth. Eng. Record, 1915, Bd. 71, H. 9, S. 272/73. — 51. W ü r k e r, Tunneling in Volcanic Formations on Pit River Project. Eng. News-Record, 93, 1924, S. 168—170. — 52. W ü r k e r, Concrete Lining Methods in the Skagit Tunnel. Eng. News-Record, 93, 1924, S. 700—701. — 53. W ü r k e r, Rim Drilling ond broaching Used in Driving and Enlarging N.Y.C.R.R. Tunnels. Eng. News-Record, 104, 1930, S. 638—641. — 54. W ü r k e r, Concrete Block Lining permits rapid driving of large water tunnel in Detroit. Eng. News-Record, 107, 1931, S. 202/206. — 55. W ü r k e r, Steel Sheetpiling carries tunnel through fault zone, 108, 1932, S. 361—364. — 56. W ü r k e r, Large equipment units speed tunnel work. Eng. News-Record 109, 1932, S. 107—108. — 57. W ü r k e r, Tunnel Driving and Shaft Sinking in Slaking Rock, Eng. News-Record, 96, 1926, S. 573—576.

V. Die Anzapfung von Seen.

Der Bau von Wasserkraftanlagen sieht zuweilen den Anstich eines Sees vor, um ihn für Speicherzwecke besser ausnutzen zu können. Die hierzu erforderlichen Arbeiten stellen fast immer eine kühne Ingenieur- tat dar, deren Wagnis nur gewissenhafte Voruntersuchungen und ge- schickt aus ihnen abgeleitete Vorgangsweisen herabsetzen können. Man unterstützt zuweilen die Anzapfung vom Lande her durch Maßnahmen am Seeboden (Bagger, Taucherglocken, Senkkästen). Einige Beispiele gelungener Seespiegelabsenkungen durch Stollen mögen dies erläutern.

Der Hauptstollen des S p u l l e r s e e - Werkes der österreichischen Bundesbahnen weist eine Sohlhöhe von 1785.96 m beim Einlaufe auf, gegen- über einer Seespiegellage von 1795 m vor dem Beginn des Baues; die Sohle des Absenkungsstollens legte man auf Höhe 1783.31 m an, also um fast 12 m tiefer als der alte Spiegel des Sees.

Den R i t o m s e e s p i e g e l senkte man von 1832 m auf 1805 m, also um rund 27 m.

Das Seebecken ist felsig und liegt vorwiegend in dolomitischen Triaskalken; am rechten Ufer säumen es Bündnerschiefer ein, welche fast überall von Bergschutt und Bachablagerungen bedeckt sind; am linken Ufer stehen Gneise und Glimmerschiefer der Lukmanier-Masse an. Der Streifen kalkhältiger Dolomite setzt sich nach Osten fort; in ihm haben die dolomitischen Sande ihren Ursprung, welche den großen Mündungskegel bei der Einmündung der Murinascia vorwiegend zusammensetzen.

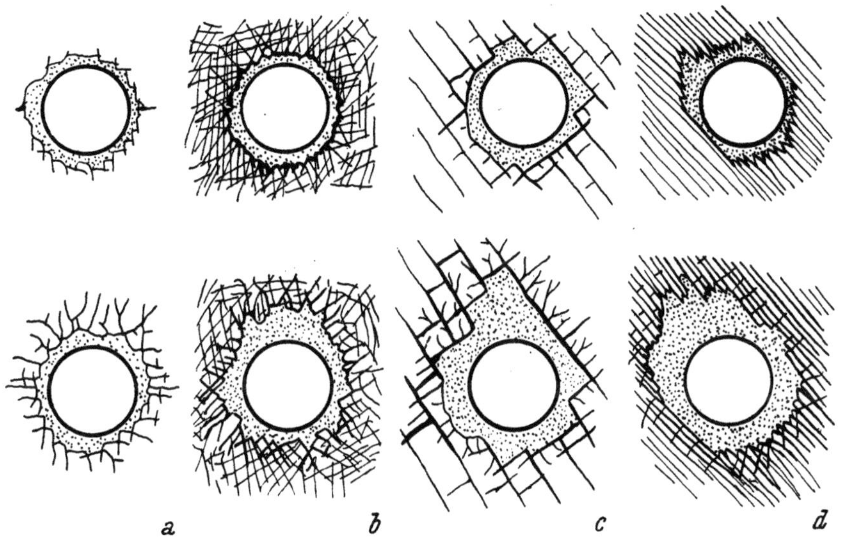

Abb. 163. Zerrüttung der Stollenleibung durch den Ausbruch (oben: schonend; unten: rücksichtslos). Gestein: *a* grobgebankt, *b* stark zerhackt (z. B. Dolomit), *c* geschichtet, *d* dünn geschiefert. Frei nach O. A m p f e r e r.

Man zapfte den See mit einem 220 m langen Stollen an (Abb. 157). Dieser durchfuhr hauptsächlich Augengneis und Glimmerschiefer. Unter dem See wurde 3.5 m lang annähernd senkrecht auf die Schieferungsflächen des Gesteins vorgebohrt. Bei 94 m Länge vom Absperrschacht fuhr man eine wasser- und schlammführende Spalte an, die zur Vorsicht mahnte; man dichtete sie mit Zementeinpressungen ab, da der Schwefelwasserstoffgehalt des Wassers bei einigen Arbeitern heftige Augenentzündungen hervorrief. Man arbeitete sich bis auf 1.35—1.75 m an die Wasserunterfläche heran. Es wurden 17 Bohrlöcher mit 62 kg Sprenggelatin geladen. Die Sprengung gelang; etwa 10 Sekunden nach ihr schoß das Wasser bereits aus dem Schachte heraus.

Bei der Anzapfung des F u l l y - Sees in Wallis stieß man unter dem See weit früher als man annahm, auf eine Schlammschichte (Eiszeitlehm). Man wagte es daher nicht, ohne vorherige Verminderung des über dem Stollen lastenden Wasserdruckes von 35 m den Vortrieb fortzusetzen; man

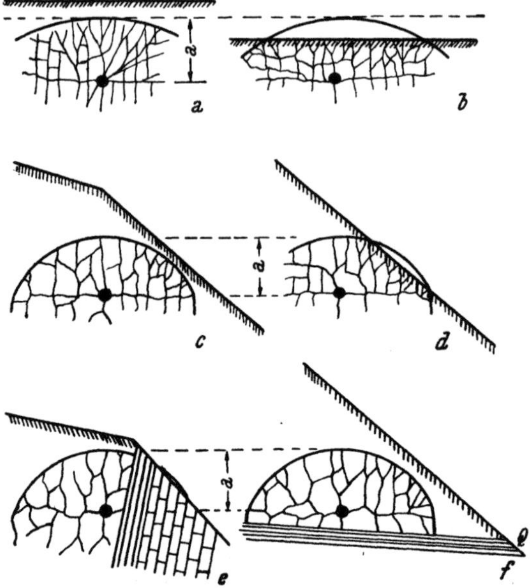

Abb. 164. Häufige Fälle der Lage eines Druckstollens im Gelände; Q Quelle, a Austritthöhe des Stollenwassers. Geäder: Wasserbahnen, für deren Benützung durch aussickerndes Wasser der Innendruck im Stollen hinreicht. Frei nach Gruner.

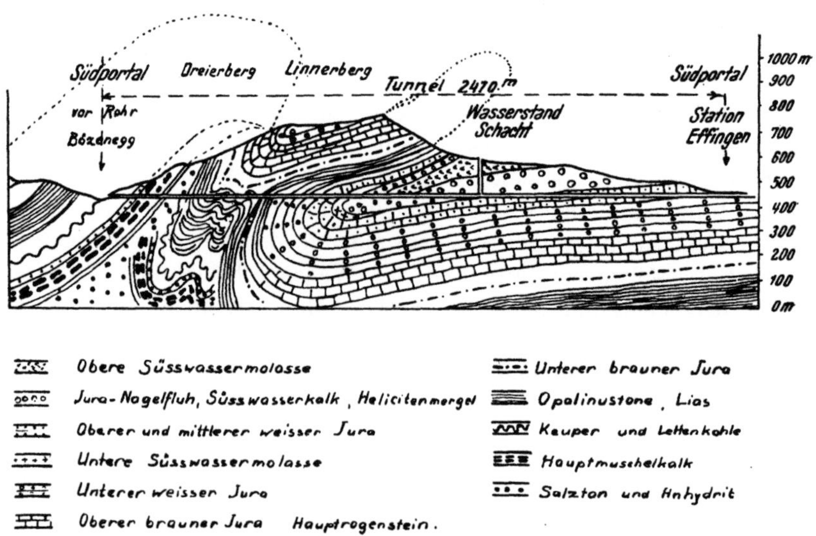

Abb. 165. Geologischer Schnitt durch den Bözbergtunnel. Nach Mühlberg.

brach daher vom Stollen aus einen Schacht bis zu jenem Punkte des See-untergrundes auf, wo man noch zweifelsfrei Fels feststellen konnte (18 m unter dem Seespiegel). Die letzte, 2—3 m starke Felsschicht sprengte man mit elektrischer Zündung und gutem Erfolge.

Bei Denver, Colorado, trieb man, wie die Eng. News-Record, Bd. 97, 1926, S. 152, melden, in festem Syenit einen 490 Fuß langen Stollen vor, um den Isabel-See 30 Fuß unter dem Wasserspiegel anzuzapfen (Abb. 158). Als eine Versuchbohrung anzeigte, daß man nur mehr 6 Fuß von der Felsoberfläche entfernt war, stellte man den

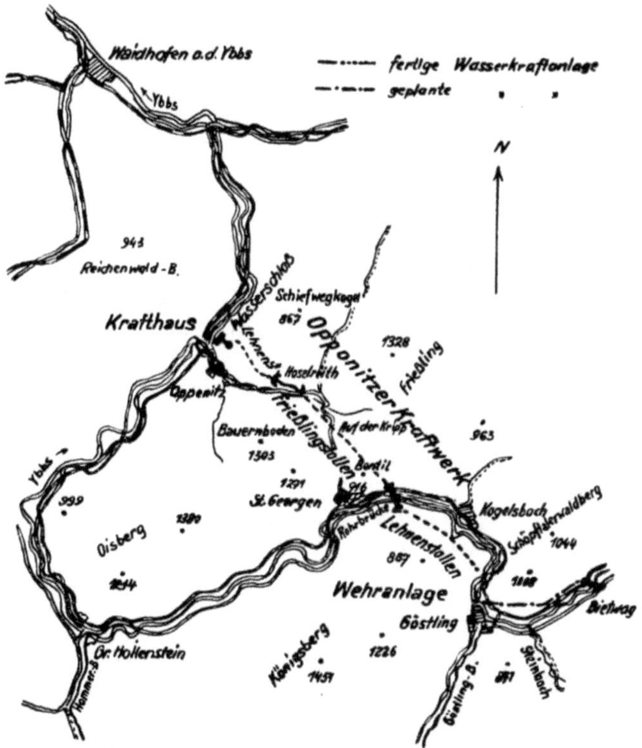

Abb. 166. Stollenführung des Opponitzer Kraftwerkes, N.-Ö.

Vortrieb ein. An dieser Stelle war die Felsoberfläche 12 Fuß hoch mit Ton bedeckt; der Ton war gespickt mit Felstrümmern. Vor Ort stellte man einen „Wasserballast" her, welcher so wirkte wie Fels; es gelang daher mit einer verhältnismäßig kleinen Ladung, Fels und Seeton weg-zuschießen.

Die Montana Power Company zapfte den Mystic-See 43 Fuß unterhalb des Wasserspiegels mit einem Stollen an. Dieser wurde bis kurz vor dem Seeboden vorgetrieben; der trennende Block wurde dann durch Schüsse weggesprengt aus fünfzölligen Bohrlöchern, welche landeinwärts der Arbeitsbrust lotrecht nach abwärts abgeteuft worden waren. Außerdem entzündete man $2^3/_4$ t von Dynamit vor Ort. Die losgesprengten Trümmer verlegten den Stollen nur teilweise und verhinderten die Anzapfung des Sees nicht.

Mystic Lake ist ein gletschergespeistes Becken an einem Nebenbache des Stillwater-River, 45 Meilen SW von Columbus, Montana. Er liegt 5.650 Fuß hoch und bedeckt 350 Acker Fläche. Den Seeriegel bildet ein massiger Gang von quarzreichem Granit, durch welchen der Tunnel vorgetrieben werden mußte.

Der T r e m o r g i o - See im Tessingebiet (Schweiz) bedeckt 36 ha, und liegt in 1828 m Seehöhe in jurassische Kalkphyllite der Bündnerschiefer eingesenkt. Die Schichten fallen durchschnittlich 60⁰ gegen SW. Moräne und Gehängeschutt überlagern teilweise Seeufer und Seeboden. Die Ufer fallen verhältnismäßig steil in die Tiefe; das legte den Gedanken nahe, den See zu Speicherzwecken anzuzapfen und um 26 m abzusenken (T r z c i n s k i, 1927).

Der Grundablaßstollen durchörterte mit 180 m Länge und 1.80×1.50 Querschnitt die zerklüfteten Kalkphyllite. Einige Quellen, die in den Stollen einbrachen, deuteten an, daß das Seebecken nicht ganz dicht war und mahnten zur Vorsicht. Da im Winter die Verluste den Seespiegel um 2—3 m unter die Auslaufschwelle herabsetzen, konnte man den Wasserverlust auf etwa 60 l/sec. anschätzen. Die Quellen hörten jedoch im Stollen bald auf und man fuhr Moräne an, welche dem Seeboden angelagert war. Die Sprengung hatte aber die Verstopfung des Stollens an der Arbeitsbrust mit Felstrümmern und Moräne zur Folge. Nachdem das trübe Wasser bis auf einen kleinen, beständigen Ausfluß abgefloßen war, beseitigte man vorsichtig einen Teil des Trümmerwerkes und schoß wieder; neuerliches Eindringen von Moränenmassen machten eine mehrmalige Wiederholung des Arbeitsvorganges nötig, bis schließlich im März 1918 die Anzapfung gelang.

Bei der Absenkung des P o s c h i a v o - Sees baute man eine Heberleitung ein. Den stauenden Riegel bildet eine durchlässige Endmoräne. Diese brachte den erforderlichen Schacht- und Stollenbauten großen Wasserzudrang.

Auswahl aus dem Schrifttum.

1. C h e n a u x, H. und L. D u b o i s, Die Wasserkraftanlage Fully. Schweiz. Bauztg. 80, 1922, S. 247 ff. — 2. G r u n e r, Lac Fossée. Wasserwirtschaft, Wien 1929. — 3. S c h i f f m a n n, T., Der Anstich des Weißsees in der Granatspitzgruppe. Österreichische Bauzeitschrift, 2. Jhg., H. 4/6, S. 94—96. — 4. T r z i n s k i, M., Kraftwerk Tremorgio, Tessin. Schweiz. Bauztg. 89. 1927, S. 1—4.

VI. Verbrüche.

Während des Vortriebes ereignen sich Verbrüche im naturbelassenen Stollen umso eher, je weiter sich der Lichtraum spannt, je weniger Zusammenhalt die durchörterte Bergart hat, je dünnschichtiger sie entwickelt ist, je mehr Klüfte sie zerlegen und je mehr sich ihre Lagerung der söhligen nähert; Wasserführung setzt die Standsicherheit der Leibung besonders stark herab; auch die Wetter lockern das

Gestein auf; am meisten aber machen tiefe Bohrlöcher und starke Ladungen das Gebirge nachbrüchig.

Unzureichende Rüstung begünstigt Verbrüche. Man verwendete z. B. zu schwache Hölzer, hielt den Abstand der Türstöcke u. dgl. zu groß, verstrebte die Rüstung in der Längs- oder in der Querrichtung zu wenig oder entfernte Ständer zu früh, um Raum für das Arbeiten zu gewinnen. Zuweilen gibt die Stollensohle nach, die Steher bohren sich in den weichen Untergrund und geben das Dach örtlich frei; nachlässige Wasserableitung trägt sehr viel zur Verminderung der Tragfähigkeit der Sohle bei. Beim Durchörtern von Schwimmsand, Schlamm usw. verursacht das Offenlassen selbst kleiner Öffnungen (Astlöcher z. B.) und schmaler Ritze das Einrinnen von Massen und die Entstehung von Hohlräumen, der dann Verbrüche nachfolgen.

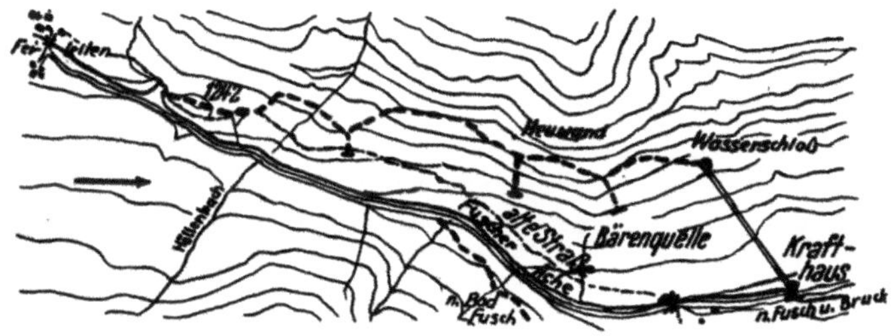

Abb. 167. Stollenführung des Bärenwerkes im Fuscher Tale, Salzburg.

In anderen Fällen setzte man eine zu geringe Stärke der Ausmauerung fest oder führte die Mauerung zu wenig sorgfältig aus. Zu schwache Lehrgerüste oder ihre frühzeitige Entfernung führten gleichfalls öfters zu Bauunglücken.

Unter Umständen, welche die vorhergehenden Abschnitte bereits angeführt haben, ist es jedoch der unvorhersehbar große Gebirgsdruck, welcher zum Bruche des Mauerwerks führt. Daß man in solchen Fällen den nachgiebigen Ausbau wählt oder mit dem endgültigen Einbaue zuwartet, wurde schon erwähnt.

Drohende Verbrüche künden sich in mannigfacher Weise an, so daß der aufmerksame Ingenieur meistens imstande ist, ihnen vorzubeugen oder wenigstens die Schäden zu verkleinern, welche sie anrichten. Die Hölzer oder das Gebirge werden laut; die Hölzer biegen sich, reißen auf oder brechen entzwei. Im Mauerwerk öffnen sich Risse; da und dort „brennen" die Fugen.

Zur Abwehr der Verbrüche während des Vortriebes sichert man das Dach, wenn man es bisher nicht eingerüstet hat oder man verstärkt eine schon bestehende Zimmerung. Man unterstützt die Kappen durch

Riegel oder durch Spitzbau, schaltet auf Langschwellen Hilfstürstöcke
ein oder verringert den Abstand der Zimmer, erforderlichenfalls bis
zur „Mann an Mann‟-Anordnung. Erhöhtem Drucke begegnet man
allenfalls auch durch Eisen-, bzw. Stahlrüstung u. dgl. Im allgemeinen
tut man gut, in solchen Fällen den endgültigen Einbau nicht hinauszuschieben.

Zeigen sich in der Ausmauerung Risse, dann ist eine sofortige
genaue Untersuchung der Ursache nötig. Verdrehungen und Zer-
reißungen des Mauerwerkes können unbedenklich sein; es kann sich
z. B. schon ein Gleichgewicht zwischen Bergdruck und Widerständigkeit des Mauerwerks eingestellt haben. Wo aber Sickerwässer Höhlungen im Gebirge ausgewaschen haben, welche benachbarte Flächen der
Leibung unter verstärkten,
rißerzeugenden Druck ge-
setzt haben, tut schleunige
Abhilfe not. Handelt es sich
um eingedrungenes Tagwas-
ser, dann leitet man es womöglich von der Tunnelachse
ab oder dichtet das Rinnsal
auf geeignete, dauerhafte
Weise. Kennt man die Ein-

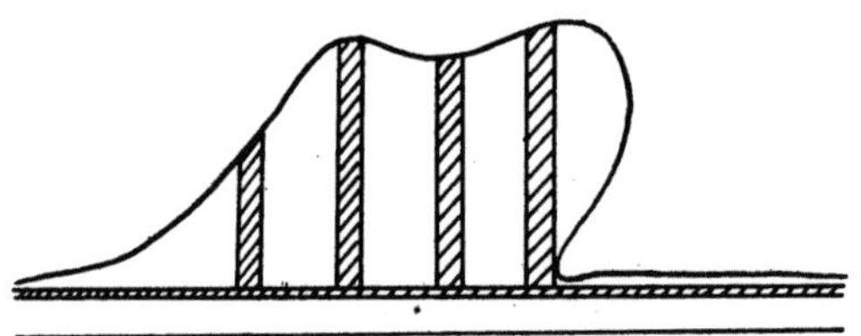

Abb. 168. Sicherung eines Firstenbruches durch
gemauerte (betonierte) Scheiben. Den seitlichen
Anschluß vermittelt ein hinterpreßtes Firstgewölbe.

sickerungstelle obertags nicht oder handelt es sich um Grundwasser,
welches aus weiterer Entfernung kommt, dann faßt man es mit nach
dem Seihgesetze gebauten Sickerungen und leitet es unschädlich ab.
Die Unschädlichmachung gefährlichen Bergwassers hängt übrigens
in jedem Einzelfalle von eigens zu behandelnden Umständen ab.

Arten der Verbrüche.

Häufig treten Verbrüche an den Mundlöchern auf, welche die
Zugänge zu den Tunneln verschütten (Mundlochrutschun-
gen, Eingangsstreckenverbrüche). Firstbrüche kleineren oder größeren Ausmaßes bleiben in längeren Stollen selten aus; da sie mit der
Nachbrüchigkeit des Daches zusammenhängen, fehlen sie natürlich
auch in manchen kurzen Tunneln nicht. Minder oft begegnet man Ver-
brüchen in der Sohle, wie sie darunter befindliche Hohlräume veran-
lassen (Sohlenverbrüche, Sohleneinstürze). Ortsbrüche
entstehen an der Arbeitsbrust, Ulmenverbrüche an den Stößen.

Ulmenverbrüche stellen sich in Lockermassen schon bei
verhältnismäßig geringen Überlagerungen ein; im nachbrüchigen Fels
sind sie im allgemeinen auf tiefer liegende Stollen beschränkt. Ortsbrüche vermeidet man oft, wenn man bei der Ausräumung an der

Arbeitsbrust den natürlichen, der freien Höhe der ungestützten Massen entsprechenden Böschungswinkel nicht überschreitet. Wo die Brust verbrochen ist, beseitigt man die in den Hohlraum gefallenen Massen und stützt die Brust kräftig ab, wobei man je nach dem Gestein Bretter, Pfosten, Rundhölzer, Faschinen usw. verwendet.

Die Hohlräume unter der Stollensohle, welche deren Einsturz verursachen, können verschiedener Entstehung sein. Zuweilen ging im Tunnelgelände Bergbau um, dessen Anlagen allmählich verfallen. In anderen Fällen, insbesonders im Salz-, Gips- und Anhydritgebirge sowie in den meisten Brausgesteinen sind die Höhlungen ein Werk des rinnenden Wassers (vgl. Abschnitt H 2 g, S. 162). Ist nur die Tunnelsohle oder bloß ein Teil von ihr eingesunken, während Seitenwände und Gewölbe unversehrt blieben, dann füllt man am besten die entstandene Senke auf; in besonderen Fällen verwendet man hierzu Beton und trachtet mit ihm auch die Hohlräume zwischen dem eingesunkenen Trümmerwerk zu verstopfen, soweit dies von oben her möglich ist. Teilweise Beschädigungen des Gründungmauerwerkes an den Ulmen bessert man unter Verfüllung der Höhlung in gewohnter Weise aus, nachdem man das benachbarte, unbeschädigte Mauerwerk entsprechend abgesteift und abgestützt hat.

Am unangenehmsten sind D e c k e n v e r b r ü c h e, insbesonders. wenn sie größeres Ausmaß angenommen und den ganzen Tunnelquerschnitt mit ihrem Trümmerwerk verlegt haben (Abb. 159 und 168).

Im Bosrucktunnel brach bei 582 m von S her die Firste auf eine Höhe von 22 m über Schwellenkante aus. Die mit Wasser vollgesoffenen Rauhwackenmassen stürzten in einer Mächtigkeit von durchschnittlich 6 m in den Richtstollen und verlegten ihn vollständig; gleichzeitig brachen rund 800 l/sec. Wasser in den Stollen. Die Gewältigung der Verbruchstrecke und des Wasserzudranges erforderte 7 Monate Arbeit. Die Entwässerung der Verbruchmasse bewirkte man durch den Vortrieb von Wasserstollen und leitete den dauernd an 200 l/sec. führenden Untertagbach in einer entsprechend großen Wassersaige ab. Außerdem trieb man den Firststollen bis zur Verbruchmasse vor und ging von hier und vom Sohlstollen aus an die Sicherung der angehäuften. Massen. Die Verbruchhöhle stützte man mit einem kräftigen Holzeinbau ab. und schlitzte von der Sohle der Höhle bis auf Richtstollensohle durch. Das. Mauerwerk führte man besonders stark aus: 1.5 m in den Widerlagern und 1.6 m im Gewölbescheitel. Den über dem Firstgewölbe verbleibenden Hohlraum von 600 rm Inhalt versackte man mit einem Steinsatze; drei wagrechte,. 60 cm starke Betonplatten sorgten für die Druckverteilung (Abb. 160).

Füllen die Trümmer nur einen Teil des Querschnittes aus, dann kann man ohneweiters den entstandenen Hohlraum untersuchen. Die dringlichste Maßnahme ist die Verhinderung von Nachbrüchen und einer Vergrößerung des Hohlraumes überhaupt. Gewöhnlich zieht man im Hohlraum ein Schutzdach so ein, daß man unterhalb desselben das.

endgültige Firstgewölbe herstellen kann. Den Hohlraum verpackt man, so gut es geht, mit Steinen, Faschinen usw.

Verlegt der Ausbruch das ganze Innere des Tunnels unterhalb der Ausbruchglocke, dann steht man eigentlich vor der Aufgabe, einen Tunnel durch eine sperrig gelagerte Trümmerhalde vorzutreiben und zwar unter durch die Nachbruchgefahr, die eingeklemmten Hölzer usw. erschwerten Bedingungen. Man trachtet in der Regel, den Verbruch so rasch als möglich im kleinen Querschnitt zu durchörtern, um die beiden Tunneltrume wieder miteinander zu verbinden. Befürchtet man, daß sich unter den Trümmern Verunglückte befinden, so sind natürlich Versuche zu ihrer Rettung vordringlich.

Ereignet sich der Verbruch im Richtstollen eines Tunnels größerer Lichtweite, dann zieht man es meist vor, den Verbindungsstollen in das gewachsene Gestein und nicht ins Trümmerwerk zu legen. Für den Vollausbruch wählt man ein Verfahren, welches die Ausmauerung mit einem Mindestaufwande an Ausbruch gestattet. Man mauert z. B. nach Art der Kernbauweise die Seitenwände auf und wölbt darüber die Firste. Die Belgische Bauweise wendet man zur Gewältigung von Firstverbrüchen seltener an, weil das Haufwerk dem Gewölbeschenkel ein höchst fragwürdiges Widerlager darbietet. Das Verfüllen des Hohlraumes oberhalb des vollendeten Mauerwerks ist eine gefährliche, aber im allgemeinen recht wichtige Maßnahme; sie beugt einem Höhergreifen des Verbruches vor; inwieweit dabei die Einpressung oder Einpumpung von Beton möglich und ratsam ist, muß fallweise entschieden werden.

Firstverbrüche in seicht liegenden Tunneln gewältigt man zuweilen am besten durch das Abteufen eines Schachtes, den man nach der Ausbesserung der Schadenstelle mit verspannungsfähigen Massen ausfüllt.

Verbrüche an den Mundlöchern (vgl. S. 242) treten in Lockermassen wie in der Verwitterungsschwarte von Festgesteinen gewöhnlich dann ein, wenn man den Voreinschnitt vorzeitig voll öffnet. Man beugt ihnen auf verschiedene Weise vor. Man mauert z. B. vor Öffnung des Voreinschnittes von Schächten oder von dem Zugangstollen aus das Tunnelhaupt in kräftiger Ausbildung fertig auf und versieht es mit starken Flügelmauern, welche imstande sind, Schübe von der Lehne her im Vereine mit dem Mauerblocke des Hauptes aufzunehmen; die Baugrube darf in einem solchen Falle nur in Abschnitten hergestellt werden; die Brust ist gegen den Lehnenschub bestens abzustützen, wozu meist die Massen des noch nicht in Angriff genommenen Voreinschnittes den nötigen Halt bieten.

Viele Ingenieure ziehen es vor, den Vollausbruch des Tunnels von innen her gegen die Mundlöcher zu führen (z. B. nach der österr. Bauweise). Dann fällt das Tunnelhaupt in den letzten Ausbruchring; man muß ihn bei gleichem Gestein kürzer anordnen als die inneren Ringe, weil sein Gestein ja der Verwitterung ausgesetzt war und daher in aller Regel weniger standfest ist als das Gebirge weiter drinnen im Bergleibe; keinesfalls darf man zur Beschleunigung der Fertigstellung den vorletzten und letzten Ring gleichzeitig ausbrechen; die Außerachtlassung dieser Regel hat das erste Bauunglück im Einödtunnel bei St. Michael ob Leoben hauptsächlich ausgelöst.

Wo E i n g a n g s verbrüche bereits eingetreten sind, steht man vor der Entscheidung, die neue Abbruchfläche als Tunnelende beizubehalten oder das Haupt nach vor- oder rückwärts zu verlegen.

Für den ersten Vorgang wird man sich entscheiden, wenn die Abbruchböschung aus festen Massen besteht, welche einen standsicheren Eindruck machen und keine Gefahr weiterer Nachbrüche in sich schließen. Will man trotz mäßiger Standsicherheit der stehen gebliebenen Massen das Tunnelhaupt doch an dieser Stelle aufmauern, dann sorge man für beste Abstützung der Abbruchwand gegen den freien Raum und spare nicht mit kräftigen Verstrebungen. Die Stirnmauer des Tunnelhauptes führt man so hoch, daß sie Nachrutschungen vorbeugen kann; Verkleidungsmauerwerk schützt vor Steinschlag, wenn man es nicht vorzieht, die Massen oberhalb des Tunnelhauptes vollkommen standsicher abzuböschen.

Hat die Lehnenrutschung größere Mengen von Schutt vor dem Tunneleingange aufgehäuft, und drohen weitere Massenbewegungen, dann kann es vorteilhaft sein, das Tunnelhaupt in einiger Entfernung von der ursprünglichen Baustelle etwa dort zu errichten, wo seine Maueroberkante die Gehängeschuttablagerungen um einige Dezimeter überragt. Der Rutschungskropf erhält dadurch einen festen Fuß. Nach Bedarf sorge man für Entwässerung der Ablagerung.

Sind die abgerutschten Massen nicht groß und reicht die Ausbruchnische ein Stück bergeinwärts der geplanten Tunnelhauptbaustelle, dann verlegt man das Tunnelende meist bergwärts, vorausgesetzt, daß man es hier vorteilhaft sichern kann. Der Voreinschnitt wird dadurch allerdings länger.

Treten in einem bereits dem Verkehr übergebenen Tunnel Schäden an der Ausmauerung ein, so bessere man sie in schmalen Abschnitten (Ringen) aus, um das ohnedies schon aus der Ruhe gekommene Gebirggleichgewicht nicht noch mehr zu stören und nicht unter Umständen einen gänzlichen Verbruch der Tunnelröhre herbeizuführen. Die

Notwendigkeit, den Verkehr aufrecht zu erhalten, erschwert natürlich die Arbeiten erheblich.

Ist das Gewölbe des Tunnels eingestürzt, dann wird man vor allem trachten, einen Fußgängerverkehr durch den Tunnel wieder herzustellen; bei umfangreicheren Firstbrüchen besorgt dies ein Stollen, dessen Zimmerung man besonders kräftig und sorgfältig ausbilden muß. In eingleisigen Tunneln stellt man sodann von diesem Hilfsstollen aus in schmalen Ringen den vollen Tunnel-Querschnitt wieder her. Bei zweigleisigen Anlagen öffnet man zuerst die eine Hälfte des Tunnels und sichert sie behelfsmäßig für die Aufnahme des eingleisigen Verkehrs. Dann bricht man die zweite Hälfte des Hohlganges wieder aus und leitet den Verkehr auf dieses Geleise, das man endgültig gesichert hat. Nun ersetzt man den vorübergehenden Einbau des ersten Halbraumes durch einen dauernden und schließt die Wiederherstellungarbeiten ab.

Tagbrüche.

Setzt sich das Zerbrechen von Festgesteinen oder das Nachsacken von Lockermassen (Bindern, Rollern) bis zur Tagoberfläche empor fort, dann bilden die aufgelockerten Massen einen sogenannten Bruchkörper oder Senkungskörper (Senkungsprisma; Abb. 100, 104). Mit diesem haben sich u. a. B u n t z e l, E c k a r d t, G o l d r e i c h, K o r t a n, L e h m a n n, N i e s s, N o v a k und zahlreiche andere beschäftigt. Der Vorgang und die Kleinformen des Geländes, welche er erzeugt, unterscheiden sich von den natürlichen Verstürzen kaum, wie sie in den Gipstrichtern, den Einsturztrichtern des Karstgebietes und in vielen sonstigen Fällen in Erscheinung treten; nur ist ihr Vorkommen hier geologisch bedingt, dort führen es Menschen ohne Rücksicht auf den inneren Aufbau der Erdkruste willkürlich herbei.

Die Senkung erfolgt nur in ganz festen Gesteinen nach annähernd lotrechten, seitlichen Begrenzungslinien (Scherflächen); ansonsten weichen die Bruchwinkel mehr oder weniger von 90⁰ ab (Abb. 169); man gibt für sie z. B. nachstehende Werte in verschiedenen Gesteinen an:

Lose Massen	45—48 Grade
Ältere Schiefertone, Mergel u. dgl.	50—60 Grade
Kalksteine, Mürbsandsteine, Dolomite	60—75 Grade
Feste Sandsteine, Konglomerate u. a.	80 und mehr Grade.

Die Bruchlinie verbindet den Ausbiß der Scherfläche im Stollen mit dem Bruchrand auf der Tagoberfläche. Man nimmt sie zur Vereinfachung der Rechnung als Gerade an. Sie weicht jedoch so wie die Gleitflächenspur bei obertägigen Massenbewegungen sicherlich in mehr oder minder hohem Grade von einer geraden Linie ab und dürfte sich einer Kegelschnittlinie, vermutlich einer Hyperbel oder einer Parabel nähern. Bei Rutschungen haben K r e y und seine Anhänger die Gleitlinie durch einen Kreisbogen annäherungsweise ersetzt. Der gleich nach der Erzeugung des Hohlraumes in Erscheinung tretende Gebirgsdruck ist somit nicht selten wesentlich größer als der ruhende, lotrechte Auflagerungsdruck in der Firste des Stollens; er ist bei sehr seichter Lage des Tunnels auch noch etwas größer als das Gewicht der Massen, welche von den heute meist angenommenen, geraden Bruchlinien eingeschlossen werden; bei tieferliegenden Hohlräumen entlasten freilich Verspannungen die Leibung.

Bei Tagbrüchen sinken die Massen über dem Hohlraum, wie besonders L e h m a n n 1919 gezeigt hat, nach; bei diesen vorwiegend

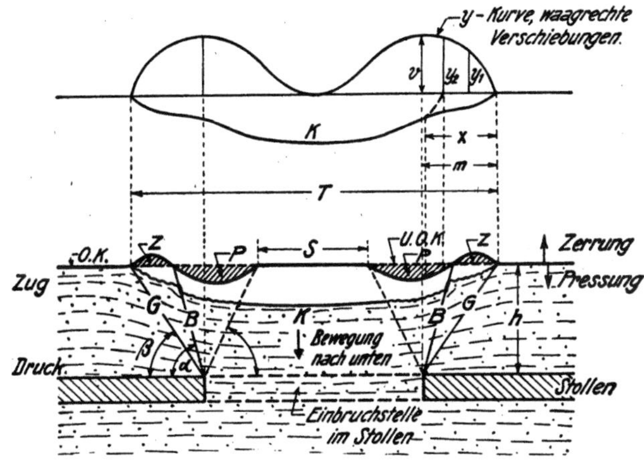

Abb. 169. Einfluß eines Verbruches im Stollen auf die Erdoberfläche. α Bruchwinkel, β Grenzwinkel, *B* Bruchfläche, *G* Grenzfläche, *h* Mächtigkeit der Überlagerung, *K* Senkungslinie, *OK* Erdoberfläche, *UOK* ursprüngliche Erdoberkante, *P* Pressungsbereich, *S* gleichmäßige Vollsenkung, *T* gesamtes beeinflußtes Gebiet, *Z* Zerrungsgebiet. Aus B e n d e l, Ingenieurgeologie, 2. Bd., S. 556.

lotrecht gerichteten Bewegungen werden die Massen zusammengepreßt und geschichtete, bzw. geschieferte Gesteine deutlich gefaltet. Die sogenannte Bruchfläche, welche unter dem Bruchwinkel gegen die Waagrechte geneigt ist, säumt das Pressungsgebiet ein (Abb. 104, 169). In dem nach außen folgenden Gürtel bis zum Rande des Senkungsfeldes zerrt das Absinken die Schichten, welche in schmale, langgestreckte Schollen zerfallen; diese ordnen sich in eine Reihe von Zwerghorsten und winzigen Gräben an und schließen längs der unter dem Grenzwinkel geneigten Grenzfläche das beeinflußte Gelände ein. An Erscheinungen bei der Durchbiegung von Platten erinnert die Feststellung L e h m a n n s (1919), daß sich am Rande des gestörten Gebietes Aufwölbungen zeigen können; sie sind geringfügig und erreichen etwa 5 v. H. (L e h m a n n) oder 7 v. H. (G o l d r e i c h) des Betrages der Absenkung.

Im Tunnelbau kommen Tagbrüche weniger häufig vor als in Bergbaugebieten, wo sie trotz Spülversatz und anderen Hilfsmitteln zur Verminderung der Schäden fast die Regel bilden. Sie ereignen sich nur im schlechtesten Gebirge (Schwimmsand u. dgl.) und bei sehr geringer Mächtigkeit der Tagdecke auch in schmalen Stollen; ansonsten werden sie erst mit zunehmender Breite des Hohlraumes häufiger; von einer bestimmten, für jede Bergart besonderen Lichtweite an treten sie dann ausnahmslos ein; es gibt kein noch so festes Gebirge, welches nicht von einer gewissen Weite und Höhe des Hohlraumes an bis zum Tag empor zusammenbrechen würde. Daneben ist auch der Einfluß der Tiefenlage des Hohlganges groß.

Je tiefer der Hohlraum liegt, desto ausgedehnter wird das obertägige Senkungsfeld werden; es wächst ferner auch, obwohl langsam, in geradem Verhältnis mit der Lichtweite des Tunnels in die Breite; es fällt um so kleiner aus, je fester das Gestein ist und wird in zähen oder bildsamen Bergarten im allgemeinen sich weiter ausdehnen als in spröden. Großen Einfluß üben natürlich auch die Lagerungsverhältnisse aus; söhlige Schichten liefern mehr oder weniger regelmäßige Senkungsfelder von spiegelbildlichem Querschnitte; geneigte Schichten dagegen verzerren die Trichterumrisse und machen den Querschnitt des Bruchkörpers spiegelbildlich ungleich. Saigere Schichtstellung erzeugt in der Regel kleinere Senkungsfelder als steile Aufrichtung; diese ist wieder hinsichtlich des ausübenden Gebirgsdruckes günstiger als minder steiles Schichteinfallen, bis von einem gewissen, flachen Einfallswinkel an die Weite des Senkungsfeldes wieder abnimmt und sich jener nähert, welche schwebend lagernde Schichtstöße kennzeichnet.

Tagbrüche ereignen sich, der geringeren Überlagerung entsprechend, zuweilen in den Eingangsstrecken von Tunneln. Einen lehrreichen Fall hat v. Rabcewicz von der Elburs-Nordrampe, Tunnel 31, Teheraner Seite geschildert. Man brachte die mit dem Verbruche der ersten Tunnelringe verknüpfte Eingangsrutschung zum Stillstande, indem man ein schweres, blockartig wirkendes Tunnelhaupt einbaute und die Gleitfläche entwässerte. Die aus Sandsteinplatten zwischen Schiefertonen gebildeten Liasschichten des Tunnelgeländes schossen unter 55^0 gegen das Tunnelhaupt ein.

Der wirksame Gebirgsdruck, den Tagbrüche ausüben, bleibt nur im „schwimmenden" Gebirge oder bei sehr geringer Überlagerung so groß, wie er bei der Auffahrung des Hohlraumes war. Massen, welche in den Stollen hineinrinnen, so daß das Aufräumen kein Ende nimmt, ändern ihren Druck im Laufe der Zeit kaum. Es wäre denn, daß man fließendes Gebirge entwässert oder den Gebirgsdruck durch ein Gefrierverfahren oder durch Verfestigung (Versteinerung) herabsetzt. In den meisten anderen Bergarten aber beruhigt sich das Gebirge nach einiger Zeit, besonders wenn es trocken oder nur wenig feucht ist; es lagert sich, nachsackend, dichter; die Zwischenräume zwischen den größeren Körnern füllen sich mit kleineren Teilchen; die spitzen Ecken und scharfen Kanten der anfänglichen, sperrigen Lagerung brechen ab, so daß die Körner enger zusammenrücken und inniger ineinandergreifen können; in feinkörnigen Absätzen verringert der Überlagerungsdruck allmählich den Abstand der locker gelagerten Teilchen wieder und verstärkt so die Wirkungsfähigkeit der Oberflächenkräfte

(Anziehung, Haftung) und auch die Reibung. Das Gebirge gesundet gewissermaßen wieder; der wirksame Gebirgsdruck verkleinert sich in dem Maße, in welchem die Verspannungsfähigkeit der Massen wächst.

L. Unterirdische Hohlräume für besondere Zwecke.

Die vorangegangenen Erörterungen bezogen sich vorwiegend auf Stollen und Tunnel für Verkehrszwecke und für die Abfuhr freifließenden Wassers (Freispiegelstollen für die Schiffahrt, für Wasserleitungen, für Entwässerungen einschließlich der Siele und für Wasserkraftnutzung).

In neuerer Zeit gewinnen D r u c k s t o l l e n und D r u c k s c h ä c h t e sowie U n t e r d ü c k e r u n g e n steigende Bedeutung. Muß bei ersteren Anlagen auf den Innendruck während ihres Betriebes besondere Rücksicht genommen werden, so verlangen die Dücker wiederum sorgfältige Maßnahmen zur Abwehr des Grundwassers und anderer Gefahren, mit denen der meist schlechte Baugrund das Bauwerk bedroht. In den letzten Jahrhunderten trieb man G e s c h ü t z s t o l l e n vor und legte u n t e r i r d i s c h e U n t e r k ü n f t e und L a g e r r ä u m e an (z. B. für Munition). Während des zweiten Weltkrieges suchten die Menschen gegen Bombenabwürfe Zuflucht in eigenen L u f t s c h u t z a n l a g e n und führten gefährdete Betriebe in unterirdischen W e r k h a l l e n weiter. Ausgiebige Hohlräume für friedliche Zwecke beanspruchen die unterirdischen K r a f t h ä u s e r und U m f o r m e r h a l l e n , welche man jetzt gerne an die Druckschächte anschließt.

a) Druckstollen und Druckschächte.

Der Druckstollen muß drei Forderungen gerecht werden. Seine Wandung muß erstens dem Außendrucke des Gebirges gewachsen sein, zweitens den Innendruck des Triebwassers aufnehmen und drittens das Wasser halten.

Die A n s c h ä t z u n g des G e b i r g s d r u c k e s , welchem die Rohrleitung besonders nach einer Entleerung des Stollens ausgesetzt ist, unterscheidet sich nicht von den unsicheren Vorgängen, welche man für luftgefüllt belassene Hohlräume empfohlen hat.

Die W a s s e r d i c h t h e i t gewährleisten nur wenige Gesteine im frischen, gesunden Zustande von vornherein; in der Regel zerlegen Schnitte und Risse selbst unsere festen, völlig unverwitterten Felsarten und gestatten mehr oder minder beachtenswerten Wassermengen den Durchtritt. Man hilft sich in solchen standfesten, aber nicht kluftfreien Gesteinen durch Aufbringen einer Spritzbetonhaut; man hat mit solchem Verputz, dessen Stärke man durch mehrmaliges Auftragen den Anforderungen der Wasserdruckverhältnisse anpassen kann, bisher gute Erfahrungen gemacht. Rauh belassene Leibungen schweißen in Gesteinen, welche keine offenen Klüfte, sondern nur enge, schwer wasserwegige Schnitte zerteilen, dann nicht, wenn die Wasserüberdrücke einige Atmosphären nicht übersteigen; höhere Innendrücke verlangen auch in den besten Gesteinen eine Verkleidung mit Spritzbeton.

Stärker zerklüftetes Gestein schützt man, wenn es ansonsten standfest ist, durch eine Betonverkleidung von geringer Stärke gegen Eintritt von Stollenwasser. Diese Betonhaut schützt die durchörterten Gesteine auch gegen eine allfällige Erweichung und gegen andere Arten der Umwandlung durch Betriebwasserverluste. Da die Betonverkleidung allein nicht unbedingt dichtet, empfiehlt man Hinterpressungen und verschiedene andere, zusätzliche Dichtungsmaßnahmen. Die Hinterpressungen verbinden gleichzeitig den Betonmantel mit dem benachbarten Gebirge zu einer Einheit, sie wirken daher in schlechterem Gebirge besonders gut. (Gerät hierzu siehe Abb. 74.)

Die Beanspruchung von Stollenwand und Gebirge durch den Betrieb des Druckstollens.

Der Innendruck des Betriebwassers erzeugt an der Wandung des Stollens Ringzugspannungen nach der vereinfachten Formel

$$\sigma = \frac{H\,r}{S}$$

in welcher H den von der Druckhöhe abhängigen Wasserdruck, r den Durchmesser des Hohlraumes bis zur Mitte der Wand und S die Wandstärke bedeutet (γ vernachlässigt). Die Ringspannungen wachsen also mit dem Wasserdrucke und der Lichtweite des Hohlraumes und sie sinken mit der Vergrößerung der Wandstärke. Aus letzterem Grunde hinterpreßt man das Gebirge längs der so satt als möglich anliegenden Verkleidung (Ausmauerung), wo man eine solche nötig erachtet, um Gebirge und Mauerwerk miteinander zu verschweißen und einen widerständigen Einheitskörper zu schaffen (Abb. 171, 172). Die Wirkung der Hinterpressung klingt nach dem Berginnern zu aus, sowie ja auch die speichig gerichtete Druckspannung von σ_d an der Innenleibung auf Null an der Außenwandung abnimmt.

Die maßgebende größte Beanspruchung (reduzierte Zugspannung) des Rohres rechnet man gewöhnlich nach der Formel

$$\max \sigma\,\text{Zug} = \gamma\,H\left(\frac{r_a^2 + r_i^2}{r_a^2 - r_i^2} + \frac{1}{m}\right)$$

worin r_a den äußeren, r_i den inneren Rohrdurchmesser und m die Querdehnungszahl nach Poisson bedeutet. Der Beanspruchungshöchstwert wächst also mit der

      Zunahme der Druckhöhe

      Abnahme der Querdehnungszahl

      Zunahme des Innendurchmessers.

Die übliche Berechnungsweise mutet mithin dem Gebirge, welchem man die ganze (naturbelassene Stollen) oder einen Teil der Belastung (Stollen mit Einbau) aufbürden will, die Fähigkeit zu, Zugspannun-

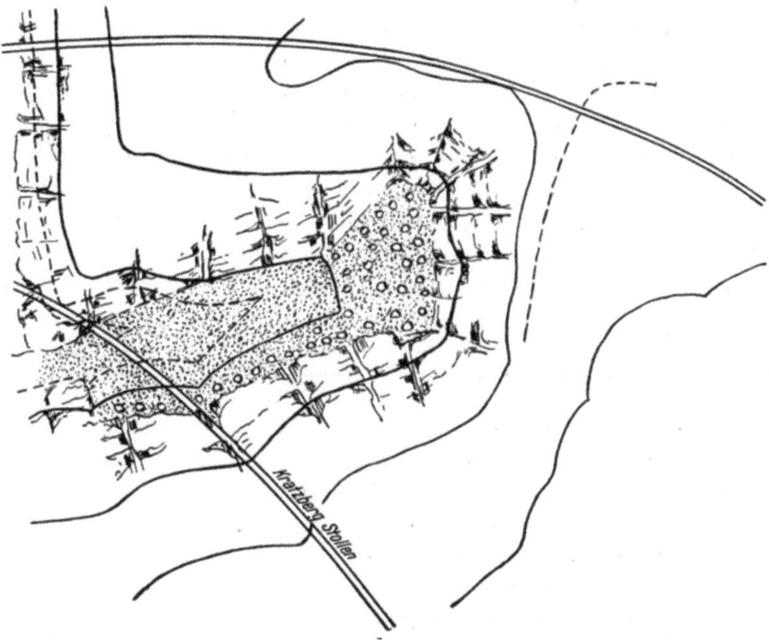

Abb. 170. Der Kratzbergstollen (Salzburg) fuhr einen Zerklüftungsstreifen an, dessen Verlauf das schutterfüllte Sacktal bereits obertägig ankündete.

gen schadlos aufzunehmen. Diese Voraussetzung trifft selten zu und ist im vornhinein schwer zu beurteilen. Abpreßversuche geben noch am ehesten Aufschluß über das Vorhandensein von zugfestigkeitsaufhebenden Schnitten und Klüften im Gebirge. Erfahrungsgemäß darf man mit einer gewissen, aber nicht sehr großen Zugfestigkeit des Gebirges nur bei n i e d r i g e n Wasserüberdrucken und in sehr gesunden, kluftarmen Gesteinen wie in manchen ausgezeichneten Graniten, hochkristallinen, wenig durchbewegten Gneisen, harten Quarzporphyren usw. rechnen. Man wird gewissenhaft überlegen müssen, wieviel von der errechneten Höchstzugspannung die zu durchörterten Bergarten vertragen können, ohne übermäßige Wasserdurchtritte zu erzeugen. Diese Anschätzung ist höchst unsicher und gefühlsmäßig.

Die Wandstärke eines bewehrten Druckrohres berechnet man gewöhnlich nach der Formel

$$S = \frac{\gamma\,H\,r}{K_z}$$

in welcher K_z die zulässige Zugbeanspruchung bedeutet. Man trachtet nun in der Regel, an Wandstärke (Beton) und an Eiseneinlagen Einsparungen zu erzielen, in der Erwartung, daß die Gebirgsfestigkeit die ungedeckten Restspannungen übernimmt. Bei längeren Druckstollen mit wechselnden Bergarten (Gesteinseigenschaften) führen Geologe und Ingenieur vor dem Einbringen des endgültigen Einbaues gemeinsame Begehungen der Stollentrume aus, beurteilen gewissenhaft den Zustand des Gebirges und stufen die einzelnen Strecken in Gütegruppen des Gesteins mit Hinblick auf rückwirkende Festigkeit ein.

Während des Baues und später bei jeder Entleerung wirkt auf die Röhre der wirksame Gebirgsdruck ein, ohne in dem Wasserinnendrucke seinen ihn abschwächenden Widerpart zu finden. Bezeichnen wir den nach Hauptstück H angeschätzten (unsicheren!) in der Speichenrichtung arbeitenden Wirkdruck mit p, dann erhalten wir für die Ringspannung so den Wert $\frac{p\,r}{S}$. Die Stollenröhre muß auch dieser Beanspruchung gewachsen sein.

Bei der Berechnung von Druckstollen gehen übrigens die Fachleute (B ü c h i, E f f e n b e r g e r, M ü h l h o f e r u. a.) verschiedene Wege; ihre Ergebnisse weichen auch je nach den gemachten Annahmen über das technische Verhalten des Gebirges erheblich voneinander ab. Voraussetzen muß man bei allen diesen Berechnungen, die eher überrechnete Anschätzungen sind, daß

1. die Federziffer der Baustoffe und der durchörterten Bergarten Festwerte sind.

2. Das H o o k e sche Gesetz auf sie angewendet werden darf.

3. Alle Schalen des „Druckrohres" lückenlos aneinander schließen.

4. Schwindspannungen und Achsialkräfte ausbleiben.

5. Man Wärmespannungen vernachlässigen darf.

M ü h l h o f e r rechnet, daß man der Bewehrung des Betonmantels eines Druckstollens entraten kann, wenn die Druckhöhe kleiner ist als

22 m bei mürben Fels

27 m bei festem Gestein

48 m bei höchst widerständigem Gebirge.

Im schlechten Gebirge zerlegt man die Wandung mit Vorteil in Schalen verschiedener Ausführung.

Die Anlage Penischia der Società Forze Idrauliche del Moncenisio brachte auf eine äußere Stampfbetonauskleidung eine Eisenbetonschale auf. Diese Ausführung leitet zum Verbundeinbau über. Einen äußeren Betonmantel, dessen Stärke die Beschaffenheit des Gebirges bestimmt, schließt man mittels Hinterpressungen sorgfältig an den Berg an; auf ihn bringt man eine Zementschutzschicht — meist mit Spritzverfahren — auf. Innerhalb derselben zieht man noch eine Eisenbetonschale ein, deren Bewehrungsstärke vom Wasserinnendrucke und von der Güte des Gebirges abhängt. Die Ausführung der Musterstrecke des Citytunnels der Catskill-Wasserleitung, New York veranschaulicht Abb. 172.

Verwendet man Betonformsteine an Stelle der Stampfbetonschale, so genießt man beim Auswechseln der Rüstung und bei der ganzen

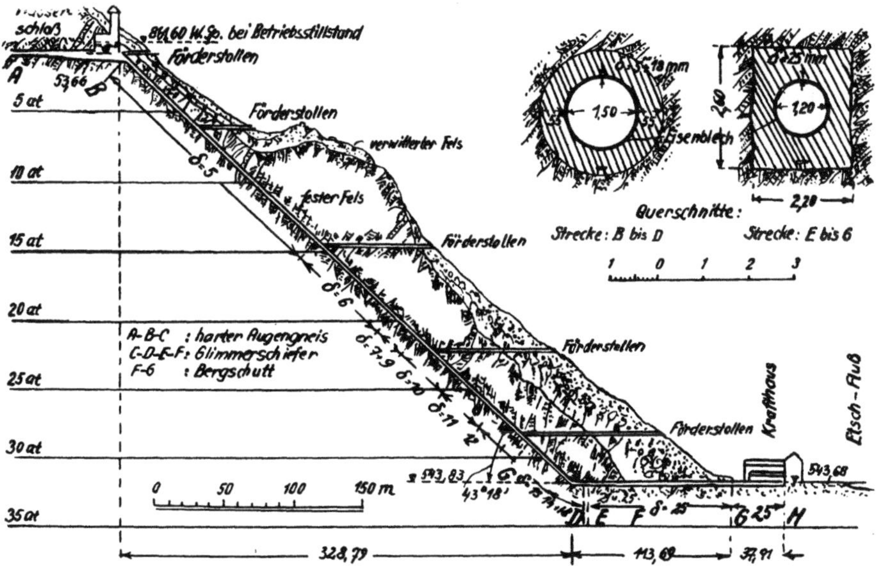

Abb. 171. Druckschacht des Schnalstalwerkes (Südtirol).

Ausführung einige Vorteile (Druckstrecken des Partensteinwerkes, O.-Ö.). Das Kraftwerk Amsteg verzichtete auf die Putzschicht. Die Anhydritstrecke des Walchenseewerkstollens erhielt einen äußeren Druckring aus Klinkermauerwerk und einen inneren Eisenbetonring von 10 cm Stärke. In einigen Druckstrecken des Teigitschstollens (Steiermark) setzte man auf einen 20—30 cm starken Stampfbetonmantel einen Eisentorkretring von 7 cm Stärke. Im Stollen Venaus der Anlagen am Cenischia preßte man zunächst das Gebirge aus und trug dann eine schwach bewehrte Eisenbetonschale von 45 cm Stärke auf; der Zementputz darüber war 3 cm stark; auf ihm legte sich ein kräftig bewehrter Eisenbetonmantel von 26 cm Stärke und sodann der 3 cm dicke, wasserdichte Innenputz.

Zuweilen panzert man den Druckstollen mit Eisenblech aus. So besonders in Druckschächten wie jene des Achensees und des Gerloswerkes. Abpreßversuche im Druckschachte des Achenseewerkes haben ergeben, daß die Blechhaut beim Unterdrucksetzen den größten Teil der Spannungen auf das Gebirge überträgt, indem sich Gestein und Eisenblech gleichgängig zurückziehen. Bei der Druckabnahme dagegen eilt die Blechverkleidung im Zusammenziehen dem Gebirge etwas voraus. Wo Gebirgsdruck und im Berge gestautes Druckwasser auf den Schrägschacht wirken, empfiehlt es sich daher, unterhalb des Druckschachtes eine ständig wirksame Entwässerung vorzusehen, um einer Gefährdung der Blechhaut beim Entleeren des Schachtes vorzubeugen; die Entwässerungsanlage hat man so anzuordnen und auszubilden, daß sie die Schachtausmauerung in keiner Weise schwächt oder sonstwie nachteilig beeinflußt. Die Versuche im Achensee-Druckschachte haben grundsätzlich gezeigt, daß hier $\frac{1}{3}$ des Innendruckes von der Blechhaut und $\frac{2}{3}$ vom Gebirge aufgenommen wurden.

Was übrigens die bauliche Ausgestaltung von Druckschächten anlangt, so ist sie ja bekannt. Die Rohreinlage nimmt nur einen Teil des Innendruckes auf; meist jenen, welcher gerade noch unter der Fließgrenze des Eisens liegt; sattes Ausbetonieren der Räume zwischen der Außenwand der Blechpanzerung und dem Vollausbruche mit nachfolgendem Auspressen von Bohrlöchern vom Rohrinnern aus gewährleistet die Übertragung von Druck an das Gebirge und damit den erwünschten Sicherheitsgrad. Minder gute Ulmflächen wurden beim Baue des Druckschachtes für das Achenseekraftwerk durch Verwendung von Rohren mit größerer Wandstärke überbrückt. Daß man grundsätzlich auch schon vor dem Einziehen der Rohre Einpressungen vornehmen könnte, um das Gebirge selbst zu verstärken, hat Stini angeregt; es erhöht dies die Sicherheit und macht den Einbau von dickwandigeren Rohren überflüssig; dadurch wird der Baubetrieb von Unregelmäßigkeiten befreit, welche ihn unter Umständen verwickelter gestalten und daher mehr oder minder verteuern können. Freilich sind auch die dem Aufbruche folgenden Einpressungen mit Mehrkosten verbunden; hier spricht neben der Zweckmäßigkeit wohl der Rechenstift das letzte Wort.

Die Herstellung von Druckschächten setzt im allgemeinen standfestes Gebirge voraus. Ein solches fordert man ja auch für Druckstollen; wenn man trotzdem zahlreiche Druckstollen auch in schlechten Bergstrecken auffuhr, so bezahlte man diesen Entschluß mit schwieriger Arbeit und höheren Baukosten; man lernte aber bald, der Schwierigkeiten Herr zu werden und nahm die teuere Ausführung überall dort in Kauf, wo es die Wirtschaftlichkeit zuließ. Kühne Ingenieure wagten es in neuester Zeit, auch Druckschächte in nachbrüchigen Bergarten auszuführen; grundsätzlich zieht man damit eigentlich nur die Folgerungen aus dem Druckstollenbau. Bei der großen Unsicherheit, mit welcher die Berechnung von Druckschächten verbunden ist, wird man in solchen Fällen die Ausmauerung und Panzerung reichlich sicher bemessen müssen; man schrecke auch vor einem langen Sohlstollen nicht zurück, um die Tonnlage besonders in den gefährlicheren unteren Teilen so tief als möglich in den Berg hineinschieben zu können. Die tiefe Lage der Röhre, welche baugeologisch günstig ist, bringt freilich überall dort, wo das Gebirge gespanntes Wasser (z. B. in Klüften) führt, dem leeren Druckschachte mehr oder minder großen Außendruck durch gestautes Wasser; man vermeidet ihn durch den Einbau der oben erwähnten, d a u e r n d wirksamen Dränung.

Von besonderer Bedeutung für die Dichtheit eines Druckstollens ist unter sonst gleichen Umständen die schonende Behandlung der Leibung beim Ausbrechen. Darauf hat u. a. A m p f e r e r eindringlich hingewiesen.

Rücksichtsloser Vortrieb bringt zwar mehr oder minder großen Zeitgewinn, zerstört jedoch die Leibung derart, daß sie bei der Füllung des Druckstollens nachgibt und Zugrisse im Betonmantel hervorruft. Scharf geladene Schüsse erzeugen obendrein eine örtlich verschiedene Widerständigkeit des Gebirges innerhalb ihres Wirkungsbereiches und verstärken eine etwa schon vorhandene; sie bereiten auf diese Weise das Auftreten von Scherspannungen bei der späteren Beanspruchung vor.

Die Zerschießung von Firste und Ulmen — die Sohle leidet meist weniger — erzeugt je nach der Ausbildung des Gesteins recht verschiedene Ortsbilder.

In sehr festen, kluftarmen, massigen oder dickbankigen Bergarten verlaufen die Sprengrisse mehr oder minder unregelmäßig von der Leibung nach auswärts. Bei schonendem Ausbruche werden sie haarfein bleiben und wenig tief in den Gesteinsmantel hineinreichen. Freilich ist die Forderung nach pfleglicher Behandlung des Gebirges gerade bei den harten und zähen Bergarten ohne Opfer an Zeit und Arbeit schwer zu bewirken, da gerade sie die Anwendung kräftiger Lösungsmittel erheischen. Jedenfalls bleibt eine schonende Gestaltung der Endform der Leibung in aller Regel ohne merklichen Einfluß auf die Widerständigkeit des Gesteinmantels. Dagegen kann rücksichtsloser Vortrieb unter Umständen das Wirtgestein des Stollens schon einigermaßen merklich schädigen (Abb. 163 a, unten).

Bei stark zerhackten Bergarten, wie z. B. Dolomit, Quarzschiefer und anderen, spröden Gesteinen fällt der Überausbruch an und für sich schon größer aus als im festen, annähernd massigen Gestein. Er vergrößert sich bei roher Lösung (Abb. 163, unten) ganz erheblich; insbesondere von der Firste aus können dann ganze Säcke in den Bergleib hineingreifen. Zusätzlich leidet aber auch das stehengebliebene Gestein sehr; die vorhandenen, feinen Risse werden erweitert und ein mehr oder minder breiter Gesteinring um den Hohlraum herum aufgelockert, ablösungsbereit, wasserwegig und zusammendrückbar gemacht.

Von geschichteten Gesteinen lösen sich schon beim pfleglichen Ausbruche einzelne Platten los, mögen die Schichten wie immer einfallen. Die Abbröckelungen nehmen mit dem Dünnerwerden der Schichten zu. Bei rücksichtslosem Schießen stürzen noch mehr Platten in den Hohlraum; der Überquerschnitt wird unwirtschaftlich groß. Die Schichten dünnplattiger Gesteine lockern sich bis zu bemerkenswerten Entfernungen von der Leibung, insbesonders in der Firste. Außerdem bilden sich neue Risse quer und schräg zu den Schichtfugen, während die alten Querklüfte sich erweitern (Abb. 163 c, unten).

In geschieferten Bergarten erzeugt rohes Ausbrechen umsomehr das Losbrechen von Platten, die Aufblätterung und Auflockerung des Schichtstoßes, je betonter und engständiger die Gesteine geschiefert sind.

Es gibt nun freilich Mittel, die unangenehme Nachgiebigkeit der Auflockerungsschale um den Hohlraum herum ganz oder teilweise wieder wettzumachen. Die Natur selbst schließt entstandene Fugen, indem sie aus kalkhältigen Sickerwässern Kalkspat absetzt, oder die Spalten mit Feinteilchen ausfüllt. Auf solche Vorgänge darf allerdings der Druckstollenbauer nicht allzusehr rechnen; sie erfordern eine gewisse Zeit und setzen geringe Geschwindigkeiten der Sickerwasserbewegung voraus. Entscheidend wirkt nur der Überdruck des Bergwassers dem Schweißen eines Druckstollens entgegen (vgl. S. 102); man legt daher mit größtem Erfolg die Druckstollen soweit als möglich bergeinwärts. Außerdem haben sich Hinterpressungen und Einpressungen ins Gebirge immer noch dort bewährt wo eine Verheilung der Risse durch Zementbrei oder Mörtel möglich ist.

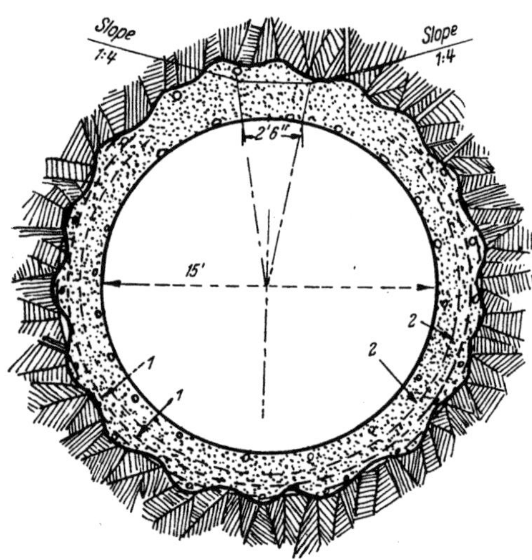

Abb. 172. Musterquerschnitt des City-Stollens der Catskill-Wasserleitung für New York.

Der Austritt von Wasser aus Druckstollen bis zu Tag herauf hängt übrigens auch sehr von der Lage des Stollens im Gelände und vom Schichtenbau ab (G r u n e r). In den Fällen a und c der Abb. 164 verhindern hohe Überlagerungen, bzw. breite Vorlage das Aussickern von Stollenwasser aus dem Boden; es ist begründete Hoffnung vorhanden, daß die Bergwässer einem Schweißen des Stollens ausreichenden Gegendruck entgegensetzen. Im Falle b entstehen oberhalb des Stollens auf mehr oder minder breiter Fläche Naßgallen; ähnliche Erscheinungen, vielleicht sogar das Ausfließen von Quellen, ruft die Stollenlage d hervor. Eine wasserstauende Schicht (f), welche unterhalb des Stollens durchstreicht, kann das Wasser der durchlässigen Hangendschicht der Quelle Q zuführen; Schweißen der Stollenwandung wird hier die Quellschüttung verstärken, obwohl man Überlagerung und Vorlage reichlich bemessen zu haben glaubte. Dagegen schützt der Wasserstauer, welcher im Falle e den Überfließer Q zutage zwingt, den Hang darunter vor Sickerwasseraustritten; der Stollen wird schon aus dem Grunde dicht sein, weil der Gegendruck des hochgestauten Grundwassers Wasserverluste aus ihm verhindert.

Zusammenstellung einiger ausgeführter Druckschacht-anlagen.

	Rohr-Druck-höhe in m	Neigung	Anmerkung
Achenseewerk, Tirol	400	45⁰	Wettersteinkalk und -Dolomit. Eisenpanzerung
Biaschina-Werk, Bodio, Tessin	180		
Eisackwerke, Südtirol	600	22⁰	
Gerloswerke, Nordtirol	600	38⁰	Quarzphyllit
Grimselwerk	547		fester Granit
Hudson Dücker der Catskill-Wasserleitung für New York	467	90⁰	Granit
Kern-River-Werk der Electric Co., Los Angeles	265	40—52⁰	
Lender Kraftwerk (Gasteiner Ache), Salzburg	65		
Loranco-Werk, Domodossola	711		4 mm starke, gewellte Eisenblechhaut. Rohrschüsse 6 m lang; Flanschen mit einer Blei- und Gummidichtung
Ovesca-Werk, Domodossola	531		
Sand Creek-Dücker der Wasserleitung für Los Angeles	140		
Schnalstalwerk (Abb. 190)	318	43⁰ 18′	Harter Augengneis; Eisenpanzerung, 5 bis 25 mm (Sohlstollen) stark.
Strubklammwerk	126	45⁰	Hauptdolomit; Betonverkleidung, 25 cm stark, mit Eisenrohr (7 bis 25 mm stark, Schüsse 1 m lang)
Svaelgfos-Werk	44		
Töllwerk	69		
Caribou Development der Great Western Pover Co.	82	27⁰	Eisenrohr 4.7 mm stark; Betonfüllung zwischen Rohr und Gebirge

Flache Tonnlagen verlangen die Abförderung des Ausbruches mittels des im Stollen sowieso verlegten Bremsberges. Fällt jedoch die Sohle des Schrägschachtes steiler ein als etwa 38—42⁰ (je nach Gesteinart), dann besorgt die Schwerkraft die Abförderung der Massen. Zu große Steilheit des Schrägschachtes erschwert von einer gewissen Grenze (etwa von 55⁰—60⁰) an wieder den Vortrieb und gestaltet ihn für die Arbeiter gefährlicher; darunter leidet dann der Arbeitsfortschritt. Neigungswinkel zwischen 40⁰ und 50⁰ gelten als die günstigsten für den Ausbruch von Schrägschächten.

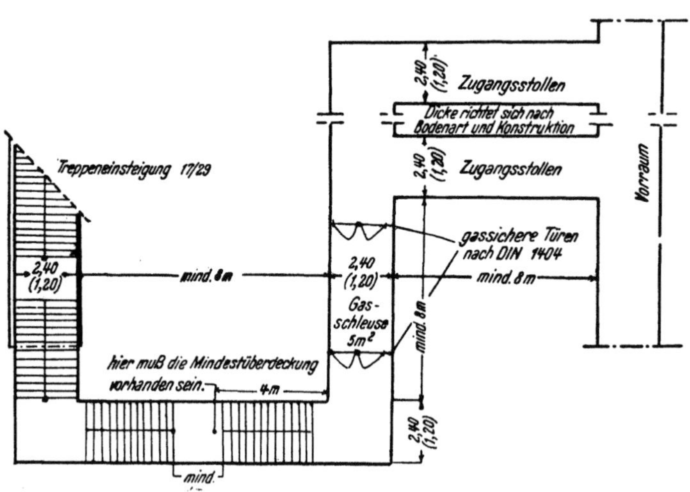

Abb. 173. Zugangstrecke eines versenkten Luftschutzstollens. Nach amtlichen Richtlinien.

b) Luftschutzanlagen.

Luftschutzanlagen (Zufluchtstollen) sollen Sicherheit gegen Bombeneinschläge bieten, wie sie verschiedene, sehr feste Felsgesteine gewährleisten, und andererseits doch rasch mit nicht zu hohem Arbeits- und Baustoffaufwand herstellbar sein.

Die Bombensicherheit hängt von der Widerständigkeit des Gesteins, von der Größe, Zündungsart und Ladung der Bombe sowie von einigen mehr nebensächlichen Umständen ab. Der Begriff der „Bombensicherheit" ändert sich natürlich mit der Zeit und mit den technischen Fortschritten, die sie bringt. Aus begreiflichen Gründen kann nur der Stand der Sicherheitsfrage anfangs des Jahres 1945 zugrunde gelegt werden.

Die Wirkungen von Bomben auf die verschiedenen Bergarten ähneln jenen, welche man bei Sprengungen hervorruft.

An den Z e r s c h m e t t e r u n g s k r e i s einschlagender Bomben schließt sich ein Z e r s t ö r u n g s r i n g an; dieser geht allmählich in den u n g e störten A u ß e n b e r e i c h über. Während im Zerschmetterungsbereiche der Zerknall der Sprengladung den Boden vollkommen zertrümmert, zerreißt oder gar förmlich pulvert, lockert sich der Boden des Zerstörungsringes nur mehr oder minder auf, wobei er den Stoß der Sprenggase in Form einer heftigen

Druckwelle weiterleitet; diese zerquetscht Hohlgänge, auf welche sie auftrifft, oder beschädigt sie mehr oder minder. Nach den Erfahrungen des ersten Weltkrieges reichte der Zerstörungsring in

	bei Auf- schlagzündung	bei Ver- zögerungszündung
Sand, Schotter, Schreibkreide usw. bis zum	3fachen	1½fachen
Lehm, Ton und anderen Bindern bis zum	4—5fachen	1½fachen

Betrage der Eindringungstiefe.

In Österreich hielt man bis Ende März 1945 folgende Mindestüberlagerungen der Firste für ausreichend:

  7— 8 m im festen Granit,
10—11 m im festen Kalkstein,
11—13 m in gutartigen Flyschmergeln,
13—15 m in tonreichen Flyschmergeln,
     15 m in Schlier,
15—20 m in dichtgelagerten Lockermassen (Sanden, Schottern, Tegeln
        usw.).

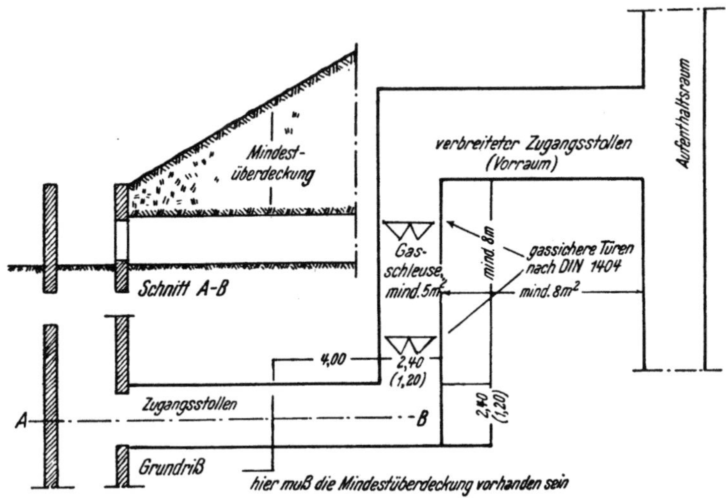

Abb. 174. Zugangstrecke eines im Schweregefälle entwässernden Luftschutzstollens. Nach amtlichen Richtlinien.

Natürliche Entwässerung im Schweregefälle, wie sie Hangstollen ermöglichen, ist unbedingt der künstlichen Wasserhaltung in Tiefstollen vorzuziehen. Man muß daher die Lage des Grundwasserspiegels und seine Schwankungen gewissenhaft erheben. Bohrungen und andere Schurfarbeiten sollen den Baugrund bis auf mindestens 4 oder 5 m Tiefe unter der geplanten Stollensohle erkunden; man unterrichtet sich dadurch über Versickerungsmöglichkeiten usw.

Bei der Wahl der Ansteckpunkte für die erforderlichen 2—3 Zugangstollen — je mehr, desto besser — hat man die Kleinformen des Geländes geschickt auszunützen. Schluchten, Steilabfälle, Felswände verkürzen die verlorene Zugangstrecke. Man meide stark nachbrüchige oder gar druckhafte

Bergarten und gehe auch allen andern größeren, geologischen Schwierig-
keiten tunlichst aus dem Wege (Zerrüttungstreifen, Störungen, spaltenreichem
Gebirge, Örtlichkeiten, in welchen starker Wasserandrang zu erwarten ist,
Schwimmsand, Rutschgelände usw.).

Querschnitte von 2½—3½ m Lichtweite bieten ja mancherlei Vorteile für
die Unterbringung der schutzsuchenden Personen und auch für eine allfällige,
spätere, anderweitige Verwendung der Stollen. Man kann sie jedoch nur in
halbwegs standfesten Gesteinen empfehlen. In stark nachbrüchigen Bergarten
verschlingen derartige Lichtweiten unverhältnismäßig viel Rüstholz und ver-
zögern die Fertigstellung der Anlage; unter solchen Verhältnissen verzichtet
man lieber auf die Annehmlichkeiten breiter Räume und wähle Lichtweiten
von 1.6—2.0 m in der Firste; die Gesteine tragen sich dann leichter frei und
der Vortrieb gewinnt rasch größere Überlagerungen, die über das geforderte
Mindestmaß hinausgehen und die Sicherheit erhöhen können. Es ist dann ohne
weiters zulässig, für besondere Zwecke Nischen und kurzstreckige Erwei-
terungen zu schaffen.

Wo tunlich, sehe man einen Notausstieg vor und ordne ihn so an, daß er
gleichzeitig die natürliche Bewetterung der Anlage besorgen kann; die bei
größeren Anlagen eingebaute künstliche Wetterzufuhr kann ja versagen.

Sehr harten Gesteinen weiche man aus, obwohl sie durch hohe Standfestigkeit anlocken; man erzielt in den kleinen Querschnitten der Luftschutzstollen
in ihnen doch nur geringe Vortriebsleistungen, muß aber viel Kraft aufwenden und sich mit einem starken Verschleiß der Bohrer und anderen Bohr-
werkzeuge bei hohem Sprengmittelbedarf abfinden.

Der Firste gebe man die Form eines Spitzbogens, eines rohen Kreis-
bogens oder der Kappe eines hochgestellten Eies. Im übrigen gehe man so
vor, wie beim Baue anderer Stollen (siehe die Hauptstücke A—K).

c) Geschützstollen, unterirdische Truppenunterkünfte und Lagerräume.

Der Stellungskrieg 1915—1918 erforderte die Anlage von Untertagständen
für leichte und schwere Geschütze, von Räumen für die Unterbringung der
Bedienungsmannschaft und des Schießbedarfs und zwang außerdem auch vielfach zum Ausbruche unterirdischer Unterkunftsräume für verschiedene andere
Truppen.

Die Wahl der Örtlichkeiten für solche Hohlgänge entspringt natürlich
in erster Linie den Bedürfnissen und Wünschen der Heeresleitung. Daneben
kann sich aber auch die geologische Beratung äußerst nützlich erweisen; sie
beachtet so wie bei den Luftschutzanlagen die Winke der Hauptstücke A—K
und achtet dabei besonders auf die Wasserverhältnisse des Geländes. Das Sohlengefälle der mit Wassersaige versehenen Gänge bemesse man mit mindestens
½, besser jedoch mit 1—2 v. H.

d) Unterirdische Krafthäuser und Umformeranlagen.

Die Räumigkeit der Aushöhlung, welche ein unterirdisches Kraft-
haus aufnehmen soll, übersteigt alle im Tunnelbau üblichen Ausmaße;
Lichtweiten von 14—18 m und ähnliche Höhen werden nicht selten ge-
fordert. Derart gewaltige Hallen stellen hohe Anforderungen an die
Standfestigkeit des Anstehenden, welches daher besonders sorgfältig,
am besten mittels eines Probestollens, zu untersuchen ist. In so hohen
Räumen drückt das Gebirge meist auch an den Stößen mehr oder min-

der kräftig herein. Die gewölbeförmige Ausbildung der Firste soll die Sicherheit des Raumes vor Nachbrüchen usw. erhöhen. Die Aussprengung der Endform des Hohlraumes hat so schonend als möglich zu erfolgen. In vielen Fällen kann sich eine Art Kernbauweise empfehlen; die Leibung muß auch hier äußerst pfleglich hergestellt werden; die teure Reinarbeit macht dann allerdings die leichte Lösung der großen Kernmasse wieder wett.

e) Untertägige Werkhallen, Kraftwagenschuppen u. dgl.

Während des zweiten Weltkrieges ging man in einzelnen Ländern daran, wehrwirtschaftlich wichtige Betriebe in unterirdische

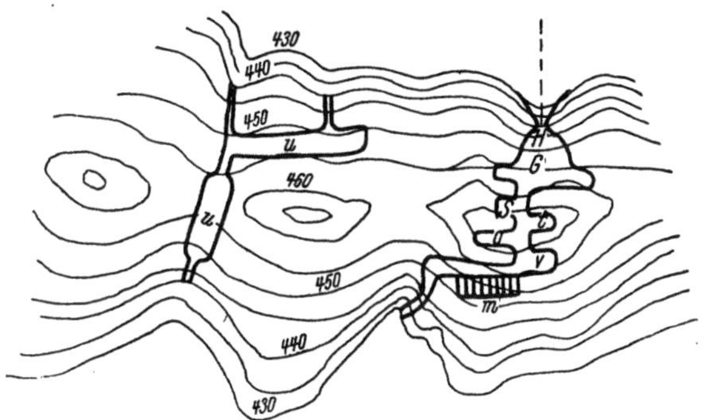

Abb. 175. *G* Geschützhalle, *H* Ausschußstollen, *m* Mannschaftsunterkünfte, *O* Offiziersunterkunft, *C* Munitionsnische *V* Verpflegsvorräte, *u* Unterkünfte mit Ausschußstollen für Maschinengewehre.

Hallen zu verlegen. Von den Erfahrungen, welche man beim Auffahren dieser Hohlräume machte, seien einige mitgeteilt, da sie der Herstellung von Weiträumen für andere Zwecke zugute kommen können.

Da für die Fertigstellung nur kurze Fristen gewährt wurden, kam sehr hartes Gebirge für die Aufnahme der Hohlräume nicht in Betracht. Man wollte daher tunlichst leicht bearbeitbare Bergarten aushöhlen, weil man in ihnen besondere Vortriebfortschritte zu erzielen hoffte. Es blieb jedoch in den häufig gewählten Sanden der Erfolg in zweifacher Hinsicht hinter den Erwartungen zurück; der beschleunigte und daher mehr oder minder das Gebirge überraschende Ausbruch verminderte die Standfestigkeit des Gesteins, indem er es breitschalig auflockerte; auch die tägliche Ausfahrung war kleiner, als man hoffte. Verhältnismäßig gut bewährten sich mäßig harte und dabei doch feste Gesteine wie gebirgbaulich wenig beanspruchter, massiger Anhydrit, dickbankiger, gesunder Dachsteinkalk u. a. m.

Bei großen Querschnitten scheut man auch vor der Durchörterung harter Gesteine nicht zurück, wenn sie, wie zumeist, hohe Standsicherheit gewährleisten. Die Gestaltung der Firste ahmt wieder Spitzbogen. Parabeln, Eiformen u. dgl. nach. Die Leibung wird man wohl auch dann mit Spritzbeton überziehen, wenn das Gebirge unbedingt standfest ist; im bedingt standsicheren Gebirge zieht man statt eines mehrmaligen Spritzbetonbewurfes häufig ein leichtes Firstgewölbe ein, wenn söhlig gelagerte und dabei feste oder massige Ulmgesteine ihm ein sicheres Widerlager bieten; dieses ist auch in geneigten Schichten noch gewährleistet, wenn die Hallenachse das Schichtstreichen unter annähernd rechtem Winkel kreuzt; neigen sich jedoch die Schichten einem der Stöße zu, dann muß man das Gewölbe auf dieser Seite durch ein gemauertes Widerlager stützen; unter günstigeren Verhältnissen genügt es, das Gewölbe mit einzelnen Pfeilern zu unterfangen. In flach gelagerten Schichtfolgen löst man das durchlaufende Firstgewölbe unter Umständen auch in einzelne Gurten (Ringe) auf, deren Breite und gegenseitige Abstände die Standfestigkeit der Bergart bestimmt.

Wichtig ist es, in Gruppen von Hallen die Fleischstärke dick genug zu bemessen (vgl. S. 229).

f) Unterwassertunnel.

Als Unterwassertunnel kann man jene Hohlgänge bezeichnen, welche unter einem fließenden Gewässer, einem Meeresarm usw. aufgefahren werden.

Durchörtern solche Tunnel undurchlässigen Grund in v e r h ä l t n i s m ä ß i g großer Tiefe, dann droht kein außergewöhnlicher Wasserzudrang und man vermag die gewöhnlichen Vortriebsweisen anzuwenden.

Ist man dagegen gezwungen, den Unterwassertunnel in durchlässigen Bergarten aufzufahren, dann bedient man sich in der Regel des Schildes oder der Preßluft oder einer Verbindung beider Verfahren. Zu den Schwierigkeiten der Wasserabwehr gesellt sich sehr häufig ein rascher Wechsel in der technischen Beschaffenheit der Schichten, welche bald mehr oder minder standfest, bald sehr druckhaft, ferner wasserreich oder wenig durchlässig sein können. Zuweilen hat man in den Eingangstrecken größere Schwierigkeiten zu überwinden und erreicht tiefer unten und weiter vorne standfestere oder auch ansonsten leichter zu gewältigende Schichten, hier und da sogar festen Fels. Ebenso oft aber bieten die Eingangstrecken nur mäßige Erschwernisse, während die sich daran anschließenden Strecken schlechteren Baugrund aufweisen, dessen Gewältigung unter sonst gleichen Umständen umso mühsamer ist, je mehr die Entferung der schwierigen Strecken vom Mundloche oder dem bedienenden Schachte anwächst.

Beim Baue von Unterwassertunneln hat der Ingenieur als brennendste Frage jene der Entwässerung zu lösen. Der Geologe, welcher ihn dabei berät, hat, gestützt auf Bohrungen, nicht nur die wasserführenden Schichten anzugeben, welche voraussichtlich zu durchörtern sein werden, sondern muß auch auf allenfalls zu verquerende Störungen (Wasserbringer!), auf Klüfte, Spalten, Ruschelstreifen u. dgl. aufmerksam machen.

Seicht liegende Verquerungen von Flüssen bewirkt man nach dem Muster von gedeckten Einschnitten mit Hilfe von Fangedämmen oder mit Preßluftkästen (Kaissons).

Die Bauart der Schilde muß sich dem zu durchörternden Gestein anpassen. Demgemäß untercheidet Raynald L é g o u e x in seinem Buche über den Vortrieb mittels Schild drei Gruppen von Schilden; die erste eignet sich für steifen und vergleichweise standfesten Untergrund, wie z. B. für den bekannten London-Ton; die zweite arbeitet in Silt und weichen Tonen, die dritte in körnigen Lockermassen ohne Zusammenhalt.

Geringste Fleischstärke bei Unterwassertunneln.

East River gas-T., New York (2—5 Fuß Sand	
u. Schotter, darunter Fels)	40'
North-River-T. der Pennsylvania-R. durchschnittlich	25'
East River-T. der Pennsylvania-R.	8'
Spree-Tunnel, Berlin	10'
Boston Subway, Eas Boston Extension	16—18'
Mersey T. (nach F o r c h h e i m e r)	10 m

Auswahl aus dem Schrifttum.

1. A m p f e r e r, O., Geolog. Bemerkungen zum Druckstollenproblem. Zeitschrift d. österr. Ing.- und Architekten-Ver. 1923, H. 42/43, S. 283. — 2. A m p f e r e r, Otto und Karl P i n t e r, Über geologische und technische Erfahrungen beim Baue des Achenseewerkes in Tirol. Ib.G.B.A. 1927 (77 Bd.) S. 297—332. — 3. B ü c h i, J., Zur Berechnung von Druckschächten. Schweiz. Bau-Zeitung 1921, Bd. 77, H. 6, 7 und 8. — 4. D ö r r, Vom elastischen Verhalten der Gesteinswände in Druckstollen. Bauingenieur, 1925, S. 703. — 5. D ü n n, Über das elastische Verhalten des einen Druckstollen umgebenden Felsens. Proceedings of the American Society of Civil Engineers 1923, H. 4. — 6. E f f e n b e r g e r, Theorie des Druckwasserstollens. Melan-Festschrift. — 7. Über das Druckstollenproblem. Zeitschr. d. österr. Ing.- und Architekten-Ver. 1923, H. 42/43, S. 261. — 8. E m m e r i c h, O., Die Abdichtung von Gebirgstunneln. Bautechnik 1936, H. 17. — 9. F a n t o l i, Temperatureinflüsse auf Druckstollen. Deutsche Wasserwirtschaft 1924, H. 8. — 10. F e l l e r, Beiträge zum Problem der Abdichtung von Druckstollen. Schweiz. Bauztg. 86, 1925, S. 217—220. — 11. G i l b e r t H, L. W i g h t m a n und W. C. S a u n d e r s, The Subways and Tunnels of New York. New York 1912, John Wiley & sons. — 12. G r a b e r, Der Bau von Druckstollen. Beton und Eisen 1923, H. 13, S. 170. — 13. H a a g, Der Druckstollenbau. Bauingenieur, 1922, H. 23, S. 732. — 14. H e r r m a n n, P., Tiefgaragen in der Avenida 9 de Julio in Buenos Aires. Zentralblatt der Bauverwaltung 1932, H. 22. — 15. H o g a n John P., Reinforcing ruptured concrete lining in highpressure aqueduct tunnel (Catskill Aqueduct). Engineering Record 1914, Bd. 69, Heft 9, S. 240—243. —

16. **Innerebner**, Über die neuesten Erfahrungen auf dem Gebiete der Wasserkraftgewinnung. Wasserkraft, 1924, S. 366—387. — 17. **Lepnik**, Franz, Wasserstollenbau im druckhaften Gebirge. Zeitschr. d. österr. Ing.- und Architekten-Ver. 1923, H. 19/20, S. 116—118. — 18. **Lepnik**, Beitrag zur Druckstollenfrage. Wasserkraft 1924, H. 18, S. 325. — 19. **Lepnik**, Zur Druckschachtfrage. Beton und Eisen, 1923, H. 2, S. 24 ff. — 20. **Maillart**, R., De la construction de galeries sous pression interieur Bull. Techn. de la Suisse Romande 1922, H. 22, 23, 25, 1923, H. 4 und 5. — 21. **Mühlhofer**, Ludwig, Theoretische Betrachtungen zum Problem des Druckstollenbaues. Schweiz. Bauztg. 78, 1921, S. 245—249. — 22. **Mühlhofer**, L., Die Berechnung kreisförmiger Druckschachtprofile unter Zugrundelegung eines elastisch nachgiebigen Gebirges. Zeitschr. d. österr. Ing.- und Architekten-Ver. 1921, S. 101, 170, 181. — 23. **Posch**, E. von, Kontroverse über die „Spannungsverhältnisse im Druckstollen". Wasserkraft, 1923, S. 61, 91. — 24. **Puppini**, Tensioni e deformazioni nelle roccie per azione termicha dell' aqua delle gallerie in pressione. Energia elettrica, 1925, S. 864. — 25. **Rindsfoos**, C. S., Plugging a High Pressure Tunnel, Buffalo Filter Plant. Eng. News-Record 94, 1925, S 641—643. — 26. **Sattler**, W., Über den Einfluß der Temperaturänderungen auf den Durchmesser eines Druckstollens. Schweiz. Bauztg. 82, 1923, S. 293—295. — 27. **Schachermayer**, Hans, Neue Erfahrungen im Bau von Druckstollen für Wasserkraftanlagen. Die Wasserwirtschaft, 1922, H. 7, S. 100 ff. — 28. **Schmid**, H., Über den Einfluß der Temperaturänderungen auf den Durchmesser eines Druckstollens. Schweiz. Bauztg. 83, 1924, S. 162 bis 163. — 29. **Schrafl**, Kurzer Bericht über die Druckstollenversuche der Schweizer Bundesbahnen. Schweiz. Bauztg. 1924, H. 1, S. 7. — 30. **Steiner**, Fritz, Beitrag zur Theorie der Röhrentunnel kreisförmigen Querschnittes. Österr. Wochenschrift f. d. öffentl. Baudienst, 1906, H. 26, S. 403—415. — **Stiny**, Josef, Geologie und Bauen im Hochgebirge. Geologie und Bauwesen, 6. Jhgg. 1934, H. 1, S. 24—30 und H. 2, S. 33—65. — 32. **Stiny**, Josef, Geologische Randbemerkungen zum neuzeitlichen Bau von Krafthäusern. Mitteilg. der Geolog. Ges. in Wien, 32. Bd., 1939, S. 139—147. — 33. **Stiny**, Josef, Geologische Grundlagen des Baues von Druckschächten. Geologie und Bauwesen, 1940, H. 1, S. 7—14. — 34. **Vogt**, J. H. L., Tryktunneller og Geologi. Norges Geologishe Undersökelse. H. 93. Kristiania 1922. — 35. **Wolfsholz**, Neuere Bauarten von Druckstollen und Druckschächten. Beton und Eisen 1922, Heft 16, S. 226. — 36. **Wolfsholz**, Bericht der Druckstollenkommission über den Druckstollen des Kraftwerkes Amsteg, erstattet im Auftrage der Generaldirektion der Schweiz. Bundesbahnen. 1923. — Außerdem schlage man das reichhaltige Schriftenverzeichnis zu Hauptstück K nach.

M. Auswahl und Beschaffung des Bausteines.

Von steinischen Baustoffen kommen für unterirdische Hohlräume vornehmlich die nachstehenden in Betracht: Gewöhnliche Ziegel, Klinker, **Natursteine** und **Beton** (bewehrt und unbewehrt); die künstlich hergestellten Bausteine (Ziegel usw.) bleiben außer Betracht und vom Beton sei nur der Zuschlagstoff erörtert; auf die Art der Einbringung des Betons (Stampfbeton, Gußbeton, Pumpbeton, Rüttelbeton, Betonformsteine) sei nicht weiter eingegangen.

Der Ingenieur strebt aus verschiedenen Gründen danach, die Ausmaße der endgültigen Einbauten niedrig zu halten; er wählt deshalb möglichst widerständige Baustoffe. Weiters wünscht er, den gewonnenen Ausbruch, wenn möglich, zu verwerten. Der Geologe muß daher die zu durchörternden Gesteine auch auf ihre Verwendbarkeit für die Ausmauerung des Tunnels oder für Mauerungen längs der anschließenden, offenen Strecken prüfen und beurteilen. Den steinischen Baustoffbedarf, welchen der Ausbruch nicht deckt, müssen bestehende oder neu anzulegende Steinbrüche und Baustoffgruben befriedigen. Der Baugeologe hat diesbezügliche Vorschläge zu erstatten und hilft auch bei der Übernahme des Bausteines an der Gewinnungsstätte mit. Bergarten, welchen dauernde Nässe irgendwie schadet, indem sie z. B. weicher werden und nennenswert an Festigkeit einbüßen, scheiden natürlich als Baustoff im Tunnel aus. Die Mauersteine sollen eine möglichst vollkommene Undurchlässigkeit für Wasser besitzen, gegen Frost durchaus unempfindlich sein und dürfen keinerlei Bestandteile enthalten, welche die Tunnelwässer auszulaugen vermögen. Je größer die Druckfestigkeit des Bausteines ist, mit desto geringeren Abmessungen des Lehrgerüstes, des Mauerwerkes und in weiterer Folge auch des Ausbruches findet man das Auslangen.

Z i e g e l mauerwerk stellt man heute wohl nur mehr in unterirdischen Hohlräumen her, von denen man keine lange Dauer verlangt, wie z. B. von Luftschutzanlagen und dgl. Ziegel leiden unter den Rauchgasen in Eisenbahntunneln und unter der Bergfeuchtigkeit; in den Eingangsstrecken beschädigt sie der Spaltenfrost oft auf jene größeren Längen, welche von kalten Luftströmungen bestrichen werden; überdies ist ihre Festigkeit gering.

Weit besser haben sich K l i n k e r im Tunnelbau bewährt; sie kamen insbesonders in England vielfach zur Verwendung.

N a t u r s t e i n e müssen nicht nur wetterbeständig und sehr fest sein, sondern auch ein gutes Lager von Haus aus besitzen oder sich leicht lagerhaft anarbeiten lassen. Auch das Anarbeiten der Stoßfugen muß leicht und sauber erfolgen können. Ein guter Verband der Mauersteine ist von größter Wichtigkeit; deshalb verwendet man im Druckgebirge gerne Quadern; diese müssen namentlich für die Gewölbe genau nach der Lehre bearbeitet werden. Die Auswahl des Bausteins hat daher die Form des Grundkörpers und die Bearbeitbarkeit der Bergarten gewissenhaft zu prüfen; Mißgriffe in dieser Hinsicht verteuern den Bau beachtlich und können unter Umständen sogar die Bauzeit beeinflussen. Wo sich entsprechender Baustein in der Nähe der Baustelle nicht findet, muß man ihn allenfalls auch aus größeren Entfernungen herbeischaffen.

Für den Bau des Lupkover Tunnels in den Karpaten führte man den
zur Gewältigung des großen Druckes nötigen Granit fast 700 km weit zu.
Der in der Nachbarschaft der Mundlöcher anstehende, blaugraue Karpaten-
sandstein mit kalkigem Bindemittel zeigte sich zwar im frisch gebrochenen
Zustande sehr hart und ließ sich schwer bearbeiten, an der Luft aber wech-
selten selbst die schönsten Quader schon binnen mehreren Monaten die Farbe.
Das Gestein bewährte sich daher in den Tunnelringen nicht; ein großer Teil
derselben wurde oft schon nach mehreren Monaten schadhaft. Zuerst zeigte
sich ein Brennen der Quadern an den Fugen; dann begannen Abblätterungen;
lotrechte Sprünge rissen in den Steinen auf und zuletzt wurden die ganzen
Ringe verformt und sanken in die Gründungssohle ein. Waren einmal lotrechte Sprünge vorhanden, dann ging die weitere Beschädigung rasch vor
sich; die Sprünge mehrten sich, die Steine zerfielen in kleinere Stücke und
zerbröselten schließlich zu Sand. Neben der Druckwirkung äußerte sich darin
wohl auch die Tätigkeit der Sickerwässer, welche das Bindemittel auslaugten.
Es wurde in der Folge daher Granit von Mauthausen und Neuhaus, untergeordnet auch solcher aus Wolsau(Böhmen), Gmünd (N.-Ö.), Freistadt
(O.-Ö.) und Schmecks (Tatra) bezogen.

Im S p i t z b e r g t u n n e l mauerte man die Widerlager aus lagerhaft
in Platten brechendem, ebenschiefrigem Glimmerschiefer auf; die Wölbung
jedoch stellte man aus Granitquadern her.

Den R a k o n y a - Tunnel mauerte man in den nassen Tegelstrecken mit
Quadern von ausgezeichnetem, kräftig mit Kieselsäure durchtränktem Porphyr
aus, welchen man in den neu eröffneten Brüchen von Ruska gewann
(914 kg/cm² Würfelbruchfestigkeit). Für die Strecken mit Sand und in mehr
trockenen Tegeln verwendete man Klinker (248 kg/cm² Druckfestigkeit).

Den Baustein für die Seitenwände und das Kreisgewölbe des Vosburg-
Tunnels lieferten die Steinbrüche von Union Springs, N. Y., an der Ost-
küste des Caynga-Sees; hier baut man einen schwarzen Kalkstein ab, welcher
lagerhaft in Schichten von 18 bis 20 Zoll Dicke bricht.

In neuerer Zeit hat der Beton den Naturstein weitgehend aus
dem Stollen- und Tunnelbau verdrängt; insbesonders erfreuen sich
jetzt die Formsteine einer großen Beliebtheit, weil sie, in handlicher
Größe erzeugt, die rasche und leichte Einziehung des endgültigen Einbaues ermöglichen. In stark beanspruchten Strecken wählt man als
Baustoff bewehrten Beton, dessen Festigkeitsverhältnisse auch hohen
Ansprüchen gerecht werden können.

Mag man nun den Beton in welcher Form immer anwenden, seine
Bereitung erfordert Z u s c h l a g s t o f f e. Der Ingenieur sucht sie,
wenn irgend tunlich, aus dem Ausbruche zu beschaffen. Seine Verwendbarkeit ist daher gewissenhaft zu prüfen. Bei raschem Gesteinwechsel lohnt es sich selten, die technisch tauglichen Bergarten auf eine
besondere Halde stürzen zu lassen. Massenbetrieb und Zeitknappheit
gestatten keine umständlichen Güteabstufungen. Wo der Ausbruch den
Bedarf an Zuschlagstoff nicht oder nicht voll deckt, muß man ihn von
auswärts beschaffen; man sucht in erster Linie nach bestehenden
Schotterbrüchen und Schottergruben in der Nähe der Baustelle; noch

nicht aufgeschlossene Kiesvorkommen beschürft und untersucht man hinsichtlich Güte und Menge des gewinnbaren Zuschlagstoffes.

Ein häufiger Mangelstoff im Tunnelbau ist geeigneter Sand. Man stellt ihn, soweit dies möglich und wirtschaftlich ist, durch Quetschen von Ausbruch her oder beschafft ihn von auswärts. Für die Aufbringung von Spritzbeton verwendet man Sand von gleichmäßigem, feinem Korn und rescher Beschaffenheit, wie er für Bauten selten in der Nachbarschaft der Baustelle zur Verfügung steht, besonders im Hochgebirge. Für den Bau des Teigitsch-Kraftwerkstollens mußte man den nötigen Spritzbetonsand aus der Gegend von St. Georgen a. d. Gusen, O.-Ö., zuführen.

Auswahl aus dem Schrifttum.

1. M o o s, A. von und F. de Q u e r v a i n, Technische Gesteinkunde. Basel 1948. Birkhäuser, 221 S. — 2. S t i n y, J., Technische Gesteinkunde, 2. Aufl. Wien 1929, J. Springer. — 3. S t i n y, J., Die Anlage von Steinbrüchen und Baustoffgruben. Geologie und Bauwesen, 2. Jhgg. H. 1, S. 1—78. — 4. S t i n y, J., Die Auswahl und Beurteilung der Straßenbaugesteine. Wien 1935, J. Springer. — 5. S t i n y, J., Ist eine Bausteinübernahme nötig? Geologie und Bauwesen, 1929, H. 4.

N. Laufende geologische Beratung und geologischer Schlußbericht.

Für alle größeren Untertag-Hohlraumbauten ist es unumgänglich notwendig, daß man sie durch einen erfahrenen Geologen laufend betreuen läßt. Der Baugeologe begeht von Zeit zu Zeit die aufgefahrenen Strecken, stellt den Zustand des seit längerer Zeit verritzten und des neu durchörterten Gebirges fest, bespricht das Verhalten des Gesteins mit den bautätigen Ingenieuren, beobachtet die Wasserverhältnisse des Tunnels, überprüft die Gesteinswärme und besorgt die ganze geologische Aufnahme des Tunnels, entweder allein oder mit Unterstützung durch einen geologisch eingestellten Ingenieur, welcher nicht nur Lust und Liebe zur Baugeologie entwickelt, sondern auch die nötige Zeit für die Aufnahme findet.

Die geologische Aufnahme der Stollenaufschlüsse vermerkt gewissenhaft die angefahrenen Bergarten, entnimmt Probestücke für mikroskopische und andere Untersuchungen und hält ihr technisches Verhalten fest. Weitere Probestücke wären dem Bauarchive als Belegstücke einzuverleiben. Streichen und Fallen der Schichten wird erhoben, die Mächtigkeit der Einzelschichten eingemessen und die Klüftung fachgemäß nach Richtung und Abstand untersucht; Verwerfungen werden vermessen und in ihrer Rückwirkung auf den Tunnel beurteilt. Die Ergebnisse der Aufnahme stellt man in einem ausführ-

lich beschrifteten und großmaßstabigen Grundrisse etwa so zeichnerisch dar, wie dies H. A s c h e r für den Hauptstollen des Spullerseewerkes im Maßstabe 1 : 400 getan hat. Unter die Wiedergabgröße
von 1 : 500 soll man der Deutlichkeit halber nicht herunter gehen. Für
die Zeichnung der geologischen Verhältnisse im Gerlosdruckschacht
hat S t i n i den Maßstab 1 : 500 gewählt. Außer dieser grundrißmäßigen Darstellung liefert der Geologe auch einen übersichtlichen
Längenschnitt etwa im Maßstabe 1 : 1000 oder bei wenig wechselnden
Gesteinverhältnissen im Maßstabe zwischen 1 : 2000 und 1 : 10.000.
Außerdem müssen Ortbilder und Zeichnungen der Stöße besondere
geologische Wahrnehmungen, wie Verwerfungen, Einlagerungen,
Kleinfaltungen, verwickelte Zerklüftungen usw. festhalten; womöglich
suche man auch Lichtbilder fesselnder Erscheinungen, welche der
Bau aufschließt, herzustellen.

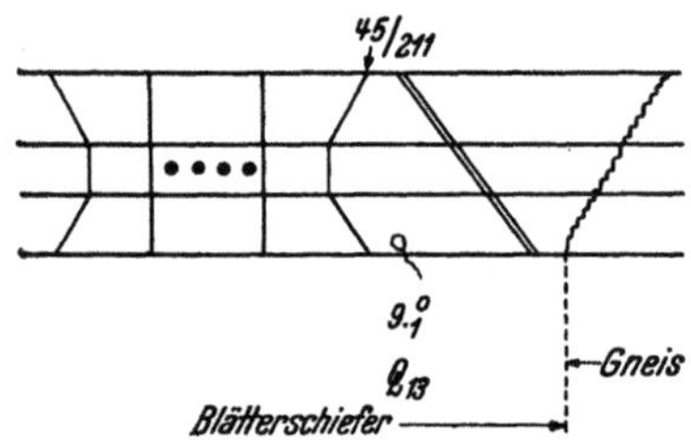

Abb. 176. Stollenaufnahme. 4 Punkte:
Firstentropf. Q_{13} Quelle. Doppellinie:
saigere Kluft mit Zerrüttung.

Alle Beobachtungen legt der Geologe auch in einem Tagebuche nieder.
Seine Laufendhaltung bezieht sich
nicht bloß auf die eben erörterte Aufnahme der Gesteinsverhältnisse und
der Schichtlagerung, sondern auch
auf die Vermerkung des beobachteten
Wirkdruckes, der erhobenen Erdwärmegrade, der Wärme, chemischen
Beschaffenheit und Wasserführung
der Tunnelquellen und auf alle anderen geologischen Beobachtungen, welche für den Bau und für die Wissenschaft der Baugeologie von Wert sind. Denn sowohl der Ingenieur
als auch der Geologe sollen nicht für den einzelnen Bau allein arbeiten, sondern die gewonnenen Einblicke in das Gebirge und sein Verhalten, ihre Erfolge und Mißgeschicke, kurz ihre ganzen, im Einzelfalle gesammelten Erfahrungen der Nachwelt zur Verfügung stellen;
nur so ist ein steter Fortschritt der Tunnelbaukunst und der baugeologischen Wissenschaft zum Wohle der Menschheit erzielbar.

Die laufende geologische Beratung und Betreuung eines Tunnelbaues bietet dem Unternehmen den nicht hoch genug einzuschätzenden
Vorteil, daß man auftretende geologische Erscheinungen sofort richtig
deutet und bewertet. Gar manche dem Baue drohende Gefahr kann
noch rechtzeitig abgewendet und manche, zu erwartende Bauerschwernis durch zeitgerechtes Erkennen in ihren nachteiligen Folgen abgeschwächt werden. Der ganze Bau kann, geologisch fortlaufend überwacht, einen fachgemäßeren, naturangepaßteren, zielsichereren Gang
einhalten.

Der geologische Abschlußbericht.

Nach Beendigung des Baues erstattet der Baugeologe Bericht über alle erdkundlichen Wahrnehmungen während des Baues. Er belegt ihn mit einer Auswahl der aufgenommenen Zeichnungen von Ortsbildern, mit Schaulinien der Messungen an Quellen und Wasserläufen, mit geologischen Querschnitten und nicht zuletzt mit einem vollständigen, geologischen Längenschnitte durch den Hohlgang und mit einer Grundrißdarstellung.

Der geologische Schlußbericht verursacht keine überflüssige Arbeit. Erstens gestattet er einen Vergleich zwischen Voraussage und Befund im Tunnel, welcher für spätere Fälle sehr lehrreich sein kann, zweitens ermöglicht er künftigen Geschlechtern, aus den gewonnenen Erfahrungen Nutzen zu ziehen, drittens gewinnen auch die Erhalter des Bauwerkes selbst durch die Festhaltung der Schichtfolge mit ihren Zerrüttungsstreifen, Wasserzutritten usw. wertvolle Anhaltspunkte für später etwa notwendig werdende Ausbesserungsarbeiten, Umbauten usw.

Anhang.

Neuerer amerikanischer Tunnelbau.

Nach Richardson und Mayo und den Abbildungen ihres Werkes.

Vorentwässerung des Stollens.

Um den Vortrieb eines Stollens im wasserführenden Gebirge zu erleichtern, entwässert man häufig das Erdreich vor der Brust und unterhalb der Sohle in einer Weise, welche dem Vortriebe stets ein wenig vorauseilt (Abb. 177, 178).

Ist die Überlagerung geringmächtig, dann teuft man von der Oberfläche aus Brunnen (Bohrlöcher) ab und senkt durch Pumpen den Grundwasserspiegel so weit, als man dies für nötig befindet. Ansonsten bringt man an der Arbeitsbrust und in der Sohle Entwässerungsrohre an und pumpt mit ihrer Hilfe den Grund in der Nachbarschaft der Arbeitsstelle trocken.

Vollvortrieb (Vollbrustvortrieb).

Den Vortrieb des ganzen Querschnittes auf seiner vollen Fläche wendet man allgemein in schmäleren Stollen an. In Amerika herrscht das Bestreben vor, diese Vortriebsweise auch bei Tunneln größeren Querschnittes mehr und mehr anzuwenden; dies ist durch die Verbesserung eines fahrbaren Bohrgerüstes möglich geworden, mit Hilfe dessen man die Arbeitsbrust auf einmal abbohren kann.

Bankvortrieb (Vortrieb mit Bank).

Des Bankvortriebes (Abb. 179 und 143) bedient man sich in Amerika sehr oft beim Ausfahren von großen Eisenbahntunneln in festem, hartem Fels. Bei mittleren Querschnitten wird diese Vortriebsweise von dem Vollvortrieb mehr oder mehr verdrängt.

Der obere, krummlinig befirstete Raum des Tunnels wird zuerst ausgebrochen und eilt dem Nachführen der unteren Tunnelhälfte in

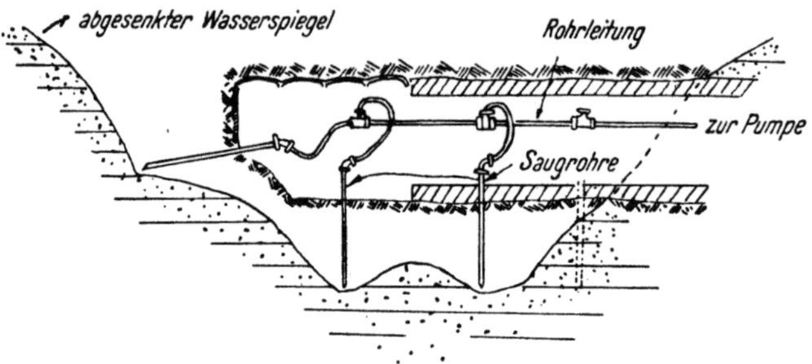

Abb. 177. Vorentwässerung der Stollenbrust durch Brunnenrohre, von Ort aus vorgetrieben.

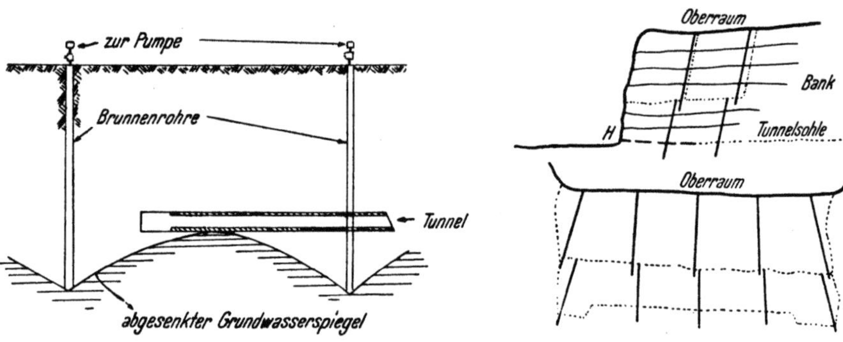

Abb. 178. Entwässerung des Stollens von der Oberfläche aus.

Abb. 179. Abtun der „Bank" in zwei Stufen.

der „Bank" um 2½—3 m voraus. Die in der Bank angesetzten Bohrlöcher schießt man zuerst ab, einen Augenblick später die Bohrlöcher in der Arbeitsbrust. Hat man die Schüsse in der Brust richtig bemessen, dann schleudern sie den größten Teil des Ausbruches bis auf die Sohle vor der Stufe der Bank; so geht dann die Abräumung der Bankoberfläche rasch von statten und die Bohrmannschaft kann wieder an ihre Arbeit gehen. Inzwischen räumt die Schuttermaschine die Sohle des Tunnels ab. Dieses gleichzeitige Bohren und Schuttern ist ein großer Vorteil des Bankvortriebes; er verbraucht auch weniger Sprengmittel.

Die Rüstung beim Bankvortrieb im schlechten Gebirge deutet Abb. 180 an.

Mittelstollenvortrieb.

In vielen Eisenbahntunneln und in verschiedenen Stollen anderer Art hat man zuerst in der Mitte des Querschnittes einen Stollen vorgetrieben und durchgeschlagen. Seine Ausmaße richten sich u. a. nach der Art der Förderung (4—8 Geviertmeter). Auf den Durchschlag folgt

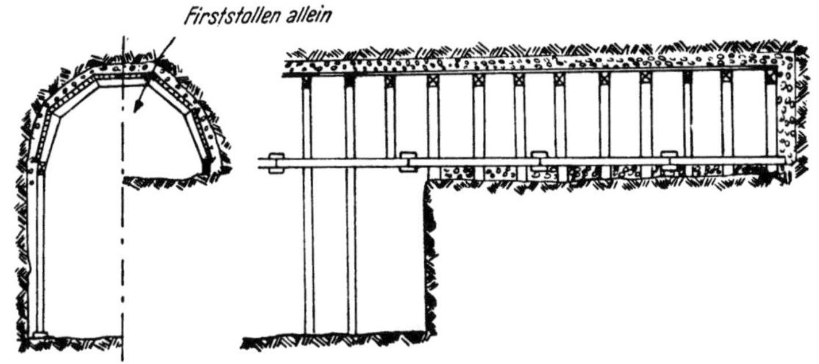

Abb. 180. Vortrieb „mit Bank" in schlechtem Gebirge (Topheading method).

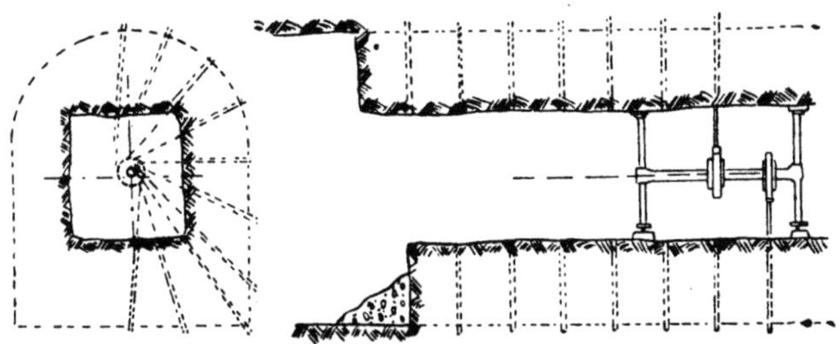

Abb. 181. Mittelstollenvortrieb.

die Ausweitung; von einer in der Mitte des Lichtraumes aufgestellten und an den Leibungen verspannten Achse aus bohrt man dann auf dem Umfange der Leibung Bohrlöcher (Abb. 181), wobei die abgebohrten „Kreise" je nach Gestein usw. einen Abstand von 1—1^1/$_3$ m erhalten. Das Abbohren der Kreise eilt dem Schießen und Schuttern um 15—23 m voraus. Der Cascade-Tunnel, welchen man auf diese Weise vortrieb, brachte auf jedem Kreise 29 speichenartige Bohrlöcher an.

Als Vorteile des Mittelstollenvortriebes führt R i c h a r d s o n gute Bewetterung und sparsamen Verbrauch an Sprengmitteln an. Ein

Nachteil, welchen man in dem an Richtstollenvortrieb gewöhnten Europa kaum anerkennen wird, ist, daß man die Ausweitung erst so spät beginnen kann. Schwerer wiegt der Nachteil, daß die Bohrmannschaft die Bohrlöcher nach einem festgesetzten Plane verteilen muß und eines Gesteinwechsels, welcher eine Änderung der Anordnung der Bohrlöcher erfordern würde, erst gewahr wird, wenn es fast schon zu spät ist, wenigstens für diesen Abschnitt des Tunnels.

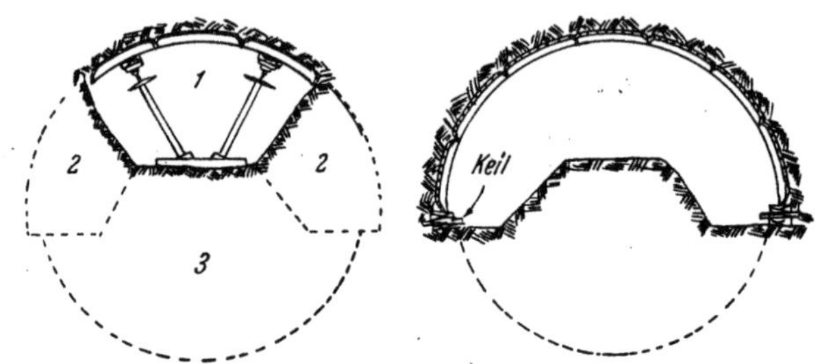

Abb. 182. Fächereinbau in einem verhältnismäßig engen Stollen

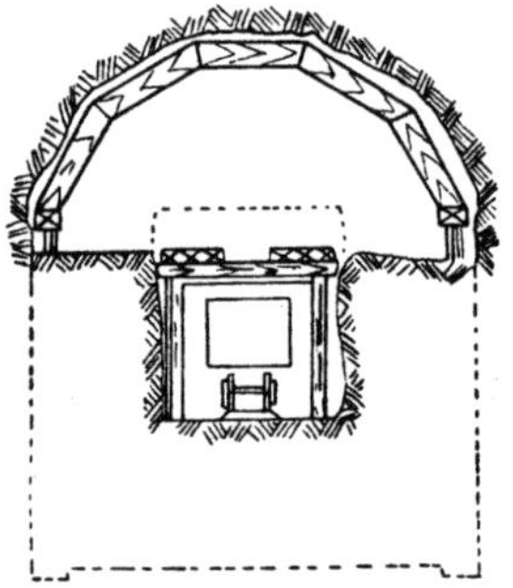

Abb. 183. Mittelstollenvortrieb
in schlechtem Gebirge.

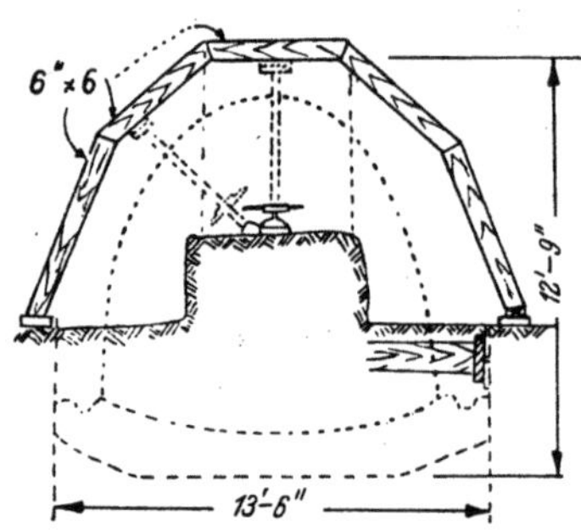

Abb. 184. Vieleckzimmerung in einem
Abwasserstollen in Chicago.
(Needle-beam timbering).

Fährt der Mittelstollen schlechtes Gebirge (Abb. 183) an, dann bricht man von ihm aus bis zur Firste des Tunnels auf, setzt Gewölbezimmerung und erweitert bis zu den Widerlagern des Gewölbes; die Gewölbezimmerung stellt man auf seitliche Längsschwellen (Bänke), welche man auf kurzen Säulen oder Holzböcken aufruhen läßt.

Den Fächereinbau (Abb. 182, 183, 184) ziehen die amerikanischen Tunnelbauer anderen Vortriebsverfahren vor, wenn das Dach einige Minuten standfest bleibt. Streben in fächerförmiger Anordnung tragen Segmente, welche den Verzug abstützen; die Streben finden in einem Längsbau in der Tunnelmitte ihre Absteifung.

In einem ziemlich weichen, blauen Ton, welcher gelegentlich erheblich drückte, wendete man in einem Tunnel in Chicago eine Vieleckzimmerung an, bestehend aus fünf Hölzern, fächerförmig gegen die Mitte abgestützt.

Das sog. amerikanische Verfahren (Abb. 185), welches man zuweilen beim Vortriebe von Eisenbahntunneln anwendet, ist ein Firststollenbau. In den Firststollen baut man sorgfältig ein Zimmer

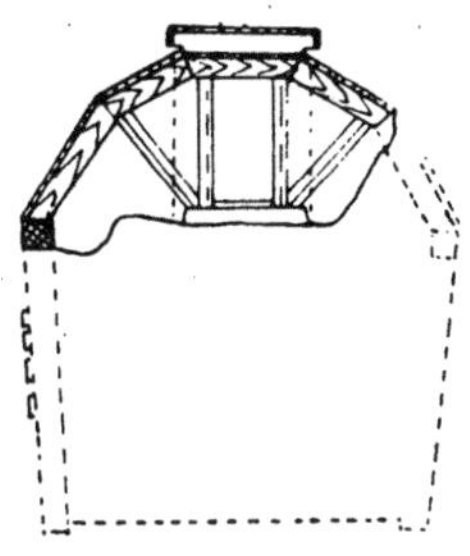

Abb. 185. Sogenannte amerikanische Vortriebsweise.

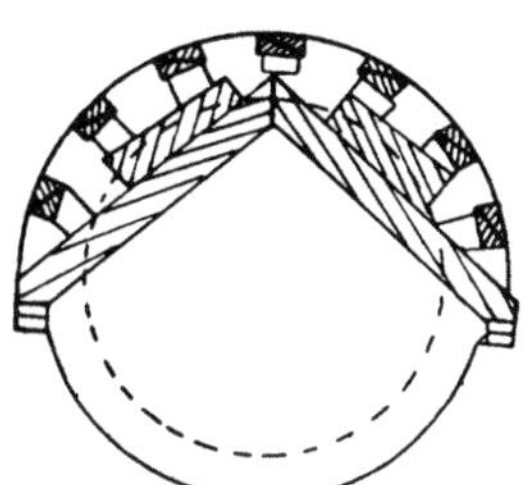

Abb. 186. Spitzdachzimmerung (Horse cup method of timbering).

ein, bestehend aus einer Kappe und zwei lotrecht aufgestellten Beinen, welche auf einer Sohlschwelle ruhen. Dann bricht man seitlich aus, setzt eine Schulterkappe nach der Krümmung des Tunnelgewölbes ein und stützt sie schräge gegen die Sohlschwelle ab. Dann weitet man seitlich weiter aus, bis man die Wandlangbäume setzen kann; diese macht man 5—8 m lang. Dann stellt man die Beine an die Ulmen und keilt tüchtig auf, um die Sohlschwelle zu entlasten; hierauf kann man die Hilfsstreben entfernen, da sich der aus fünf Stücken bestehende Vieleckbogen verspannt hat. Nach der Vertiefung des Tunnels

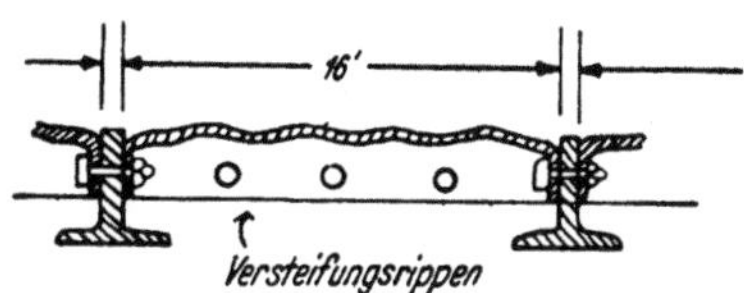

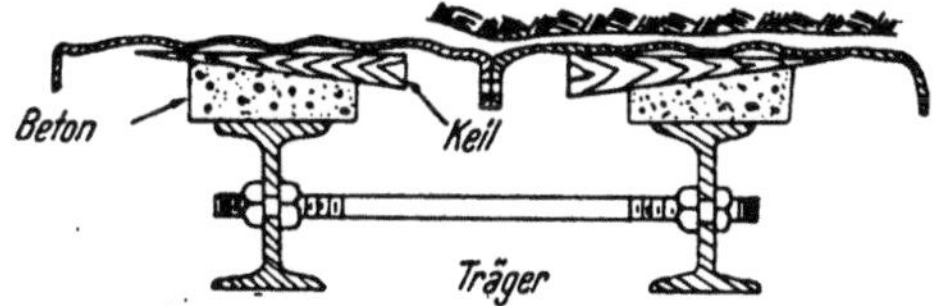

Abb. 187. Verkleidungsplatten; Rippen innenseitig.

Abb. 188. Verkleidungsplatten zwischen den Rippen (Trägern).

setzt man die endgültigen Beine, welche man gegen Seitendruck sichern muß, falls sich ein solcher äußert.

Das amerikanische Verfahren teilt alle Vor- und Nachteile des Firststollenvortriebes.

Tunnelvortrieb mit Wellblechplatten (Verkleidungsplatten).

Um die größere Zahl von Fugen zu vermeiden, verwendet man häufig statt des hölzernen Verzuges leichte, geriefte Preßstahlplatten; sie nehmen unter Umständen auch sehr schwachen Gebirgsdruck auf und können bei Äußerungen stärkeren Bergdruckes durch Stahlrippen usw. verstärkt werden.

In Amerika (Abb. 187, 188) macht man die Wellblechplatte z. B. 40 cm breit und 90 cm lang und versieht sie auf allen vier Seiten mit einem Flantsch von 5 cm Höhe; dieser ermöglicht es, sie aneinanderzuschrauben. Man stellt sie in verschiedenen Blechstärken her. Eine andere, übliche Plattenart ist bei 40 cm Breite 3 Fuß $1^{11}/_{16}$ Zoll lang, so daß der Durchmesser des Tunnels gleichzeitig auch die Zahl der Platten angibt, welche notwendig sind, um die Kreisleibung zu verkleiden. Eine dritte Art von Platten besitzt weite, tiefe Furchen, welche der Länge nach laufen; die Enden sind nicht zu Flantschen aufgebogen und man kann daher die Platten an den Enden übergreifen lassen. Die Schraubenbolzen nehmen die Ringspannungen auf und leisten Scherwiderstand. Diese Platten sind 45 cm breit und haben eine „nutzbare" Länge von 125 cm.

In Tunneln mit mehr als 3 m Durchmesser versteift und verstärkt man den Platteneinbau mittels Rippen von T- oder Doppel-T-Querschnitt; letzterer gewährt den Vorteil wirksamer Krümmung, erfordert aber zu seiner Anbringung einen Einschnitt in die Leibung.

Die Anbringung der Rippen geschieht auf zweierlei Weise. Man verbindet z. B. die Stege der Rippen mit den Flantschen der Platten. Im anderen Falle setzt man an die Platten einen Betonstein, welcher gegen die Rippen darunter mit einem Holzkeil festgekeilt wird. Schraubenschließen halten die Rippen zusammen, damit sie sich nicht verdrehen. Man kann, — und dies ist ein Hauptvorteil dieser Anordnung —, später die Rippen vollständig einbetonieren, so daß sie als Bewehrung des Betons wirken. Dann gehen allerdings diese Eisenmassen verloren.

Die Auswahl der Plattenstärken und der Rippen ist Sache des geologisch-technischen Gefühles. Sie richtet sich auch nach dem Durchmesser des Stollens. Richardsohn und Mayo empfehlen in "soft ground"

3.2—4.8 mm, ohne Rippen für Stollen mit 1.8—2.1 m Durchmesser

6.4—7.9 mm, ohne Rippen für Stollen mit 2.4—3.0 m Durchmesser

oder

3.2 mm,　mit Rippen für Stollen mit 2.4—3.0 m Durchmesser

3.2 mm,　mit Doppel-I-Rippen für Stollen von mehr als 3 m

Lichtweite. Die Trägereisen bemesse man nach dem lichten Durchmesser des Stollens.

Man setzt zuerst die Firstplatten an, indem man vor Ort eine Höhlung von etwa 40 cm Tiefe ausräumt; man soll die Firstplatte um 2½—7½ cm höher als planmäßig anbringen, um spätere Setzungen und auch Irrtümer wettzumachen. Dann weitet man aus und bringt rechts und links die Nachbarplatten an. Äußert das Gebirge einen Druck gegen die Platten, dann stützt man sie durch Winden auf eine Sohlbank auf. Gewöhnlich wiederholt man diesen Vorgang solange, bis 3 Ringe von Platten angebracht sind; dann weitet man schräg nach unten aus und baut weitere Platten ein bis etwas unter die halbe Stollenhöhe herab. Hier räumt man ein Bett aus für zwei Wandpfosten, lang genug, um alle drei Ringe aufzunehmen und etwa 5 cm stark bei ungefähr 20 cm Breite; diese beiden Wandpfosten treibt man mittels Keilen auseinander und setzt dadurch die Platten in Gewölbespannung, so daß man die Winden entfernen kann. Sodann wird bis zur Sohle herab ausgeräumt.

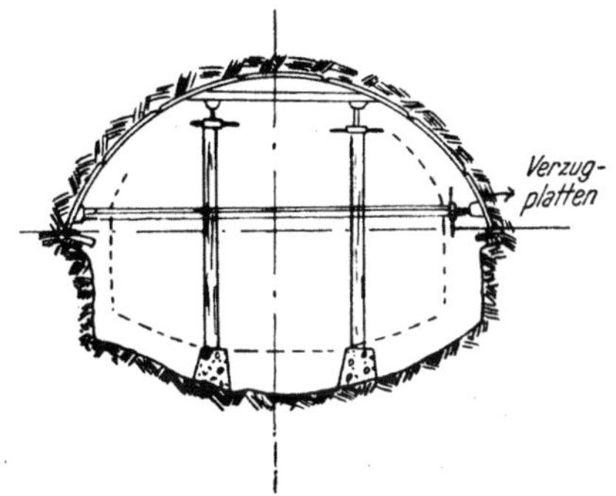

Abb. 189. Verkleidungsplatten, gestützt auf Betonblöcke, welche später in das Sohlgewölbe eingemauert werden.

Eine andere Vorgangweise treibt zwei Seitenstollen an den Gewölbekämpfern vor; sie eilen dem allgemeinen Vortriebe um mindestens 4 m voraus, das ist um die Länge der an den Widerlagern zu verlegenden Bank für die Aufsetzung der Wellblechplatten. Von den Seitenstollen aus erweitert man zuerst bis zur Firste, dann zur Sohle herab.

Fächerstrebenbauweise.

Als sicherste Vortriebweise mit Verkleidungsplatten in schlechtem Grund betrachtet man in Amerika das F ä c h e r s t r e b e n v e r f a h r e n (vgl. S. 336). Winden in fächerförmiger Anordnung (Abb. 190. 191) stützen die Blechplatten ab, so daß Stahlrippen entfallen können; die Winden ruhen auf einer Fußschwelle auf, welche später durch zwei Doppel-T-Träger mittels einem Kantholz dazwischen gut verschraubt in der Mitte des Kreisgewölbes ersetzt werden. Die Länge des Mittelbaumes entspricht etwa der täglichen Ausfahrung; sein Vorderende ruht auf lose aneinander gereihten Brettern, sein rückwärtiges Ende stützt eine Säule, welche auf dem Sohlbeton der vorhergehenden

Tagschicht aufruht; es folgt so die Betonierung dem Ausbruche un-
mittelbar nach. Nach Maßgabe des Arbeitsfortschrittes zieht man den
Mittelbaum vor; da er sehr schwer ist, bildet das Vorziehen einen
Hauptnachteil dieser Bauweise. Auch sind die vielen Winden und
der Mittelbaum selbst ein Hindernis für den Verkehr und für die
Arbeit.

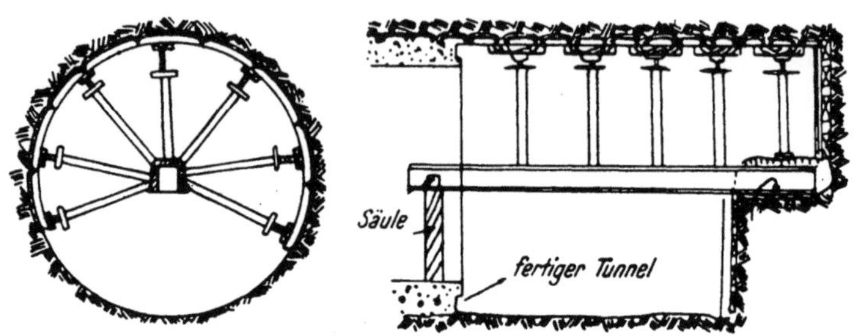

Abb. 190. Fächerstrebenrüstung (Needle-beam method of timbering with steel liner plates).

Drückt das Gebirge stark, dann zieht man außer den Platten
Rippen ein und stützt diese gegen den Mittelbaum ab. Die Rippen ver-
keilt man, wie dies auf S. 338 schon dargestellt wurde.

Firstgewölbevortrieb.

Die Firstgewölbebauweise ("flying arch"; Abb. 192) bricht zuerst
den Raum für das Firstgewölbe (die Hälfte des Kreisringes) aus und
unterstützt die Wellblechplatten für
die Gewölbeleibung durch Winden,
welche auf der Sohle des Halbtun-
nels aufruhen. Der tägliche Vortrieb
wird gleich ausbetoniert mit Halb-
kreisgewölbe-Formen (von Hand aus).
Den Widerlagerbeton trägt ein Pfosten,
um später einen guten, ebenen Zusam-
menschluß mit dem Sohlgewölbebeton
zu erzielen. 20 bis 25 Meter hinter
dem Firststollen räumt man die

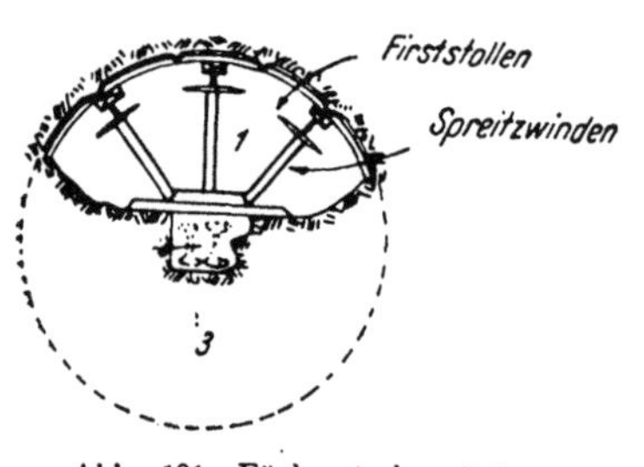

Abb. 191. Fächerstrebenrüstung.
1 Firstenraum, 3 Bank.

untere Hälfte des Kreisraumes aus und bringt den Sohlbeton ein;
dabei entfernt man die Schwelle, welche das Firstgewölbe bisher getragen hat.

Das Verfahren hat mehrere Nachteile. Die Hunde für den Ausbruch sowohl als für den Beton müssen über die Sohlstufe auf die

Firstbank geschoben werden. Die Fuge zwischen dem Firstgewölbe und dem Sohlgewölbebeton läßt sich schwer wasserdicht schließen, wodurch dieses Verfahren vermutlich für Druckstollen von Wasserkraftanlagen usw. ausscheidet. Außerdem besteht die Gefahr, daß durch unvorsichtiges Untermauern das Firstgewölbe nachsackt und Risse erhält. Diesen Nachteil könnte man weitgehend beheben, wenn man die Holzschwelle, auf welcher die Firstgewölbewellplatten aufruhen, ersetzt durch eine Eisenbetonschwelle, welche man bei der Untermauerung einfach einbetoniert.

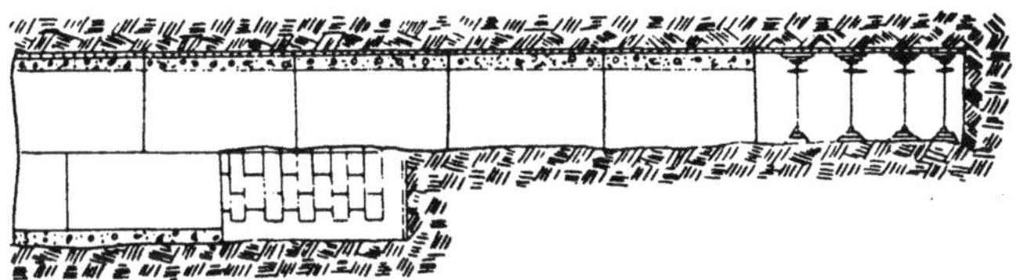

Abb. 192. Firstgewölbevortrieb. Der Firstenraum eilt voraus und wird täglich mit Beton verkleidet (Flying arch method of tunneling).

Getriebeplatten.

Mit Hilfe von Getriebeplatten überbrückt der Vortrieb kurze Strecken rolligen Gebirges, innerhalb deren das Dach nicht solange steht, bis man eine 40 cm starke Verkleidungsplatte eingebaut hat. Die Getriebeplatten stellt man aus Stahl her, 30.5 cm breit und 107 cm lang; die Seiten sind flanschenartig umgebogen, so daß sie sich gut ineinanderfügen (ähnlich den Schlössern der Spundwandpfähle). Diese ineinandergreifenden Getriebeplatten besitzen am Stirnende ein Ohr zum Ansetzen einer Sperrklinkenwinde beim Vortreiben der Platte, jedesmal um 5—10 cm; man muß besonders darauf achten, daß die Getriebeplatten sich nicht vorne nach unten neigen.

Einpressungen hinter den Verkleidungsplatten.

Die Wellblechplatten liegen dem Gebirge kaum jemals satt an. Jede ihrer Falten gibt gegen unten zu einen Hohlraum; für Rippen, welche man zwischen den Flanschen der Platte anbringt, muß man Furchen ausschneiden, welche stets größer ausfallen als unbedingt nötig wäre. An und für sich klein, nehmen alle diese Hohlräume zusammen doch einen so großen Raum ein, daß das benachbarte Gebirge früher oder später, nachdrängend und sich auflockernd von ihm Besitz ergreift. Sackungen des Gebirges sind die nächste Folge. Bei geringer Überlagerung können ihre Wirkungen bis zur Tagoberfläche fühlbar werden und in Städten usw. Schaden anrichten. Man trachtet daher und auch oft aus anderen Gründen, diese Hohlräume durch Niederdruckeinpressungen (1½—2 atü) mit nicht zu nassem Zementbrei auszufüllen. Um das Auspressen zu erleichtern, verwendet man zu etwa einem Zehntel Verkleidungsplatten mit kreisrunden „Einpreßlöchern" (Abb. 74). Unter Straßen, Gebäuden usw. preßt man so rasch als möglich nach dem Betonieren ein.

„Rauben" der Verkleidungsplatten.

Wenn kein Gebirgsdruck auf den Verkleidungsplatten lastet, kann man sie, nachdem sie ihren Zweck erfüllt haben, ohneweiters „rauben" und wieder verwenden.

Hilfsstollen.

Lange Wasserscheidentunnel vollendet man rascher, wenn man in einer Entfernung von mindestens 30 m oder bei schlechtem Gestein noch mehr neben ihnen einen Hilfsstollen auffährt von 6—8 m² Querschnitt. Während dieser Arbeit treibt man den Mittelstollen des Haupttunnels von beiden Seiten her vor. In passenden Abständen zweigt man vom Hilfsstollen einen schrägen Querschlag gegen den Haupttunnel hin ab; hat man dies erreicht, so hat man zwei weitere Angriffspunkte für den Vortrieb des Mittelstollens im Haupttunnel gewonnen. Ist der Mittelstollen durchgeschlagen, dann beginnt man mit der Ausweitung des Haupttunnels. In jedem Falle, in welchem man schlechten Grund anfährt, bricht man in der Weise auf, wie dies S. 336 angedeutet hat.

In Amerika hat man diese Vortriebsweise beim Moffat-, Rogers- und Cascade-Tunnelbau angewendet; man rühmt ihr gute Bewetterung nach.

Schuttern.

Um das Schuttern zu beschleunigen, benützt der amerikanische Tunnelbauer weitgehendst maschinelle Einrichtungen wie Förderbänder, Schaufelader (Full revolving shovels, Crawler Shovels, Mine car loaders), Schutterzüge (Conway-mucker), Kratzerhunde (Scraples oder Slushers), Schuttertraktoren (Truck haulage; Enclid, Linne tractor, Koehring dumptor, Regular dump treck) usw.

Erwähnte Seeanstiche.

Namenverzeichnis.

Sachverzeichnis.